U0896301

中国互联网发展报告
2013

中国互联网协会
中国互联网络信息中心 编

電子工業出版社
Publishing House of Electronics Industry
北京·BEIJING

内 容 简 介

《中国互联网发展报告》（2013）客观、忠实地记录了 2012 年以来中国互联网行业的发展状况，对中国互联网发展环境、资源、重点业务和应用、主要细分行业和重点领域的发展状况进行了总结、分析和研究，既有宏观分析和综述，也有专项研究。整个《报告》内容丰富、重点突出、数据翔实、图文并茂，对政府部门、互联网相关企业和单位以及相关领域的专家学者掌握互联网行业发展与前沿趋势有重要的参考意义，是互联网领域具有重要参考和收藏价值的文献。

未经许可，不得以任何方式复制或抄袭本书之部分或全部内容。
版权所有，侵权必究。

图书在版编目（CIP）数据

中国互联网发展报告. 2013 / 中国互联网协会，中国互联网络信息中心编. —北京：电子工业出版社，2013.7
ISBN 978-7-121-21030-3

Ⅰ. ①中… Ⅱ. ①中… ②中… Ⅲ. ①互联网络—研究报告—中国—2013 Ⅳ. ①TP393.4

中国版本图书馆 CIP 数据核字（2013）第 163612 号

责任编辑：赵　娜　　特约编辑：王　纲
印　　刷：涿州市京南印刷厂
装　　订：涿州市京南印刷厂
出版发行：电子工业出版社
　　　　　北京市海淀区万寿路 173 信箱　　邮编 100036
开　　本：787 × 1092　1/16　印张：30.75　字数：790 千字
印　　次：2013 年 7 月第 1 次印刷
定　　价：1280.00 元

凡所购买电子工业出版社图书有缺损问题，请向购买书店调换。若书店售缺，请与本社发行部联系，联系及邮购电话：（010）88254888。

质量投诉请发邮件至 zlts@phei.com.cn，盗版侵权举报请发邮件至 dbqq@phei.com.cn。

服务热线：（010）88258888。

《中国互联网发展报告》（2013）
编辑委员会名单

编辑委员会主任委员

胡启恒　　中国互联网协会理事长、中国工程院院士

编辑委员会副主任委员

高新民　　中国互联网协会副理事长

黄澄清　　中国互联网协会副理事长

侯自强　　中国科学院原秘书长

毛　伟　　中国互联网络信息中心（CNNIC）首席科学家、中国互联网协会副理事长

黄向阳　　中国互联网络信息中心（CNNIC）主任、中国互联网协会副理事长

编辑委员会委员（按姓氏笔画排序）

丁　磊　　网易公司首席执行官、中国互联网协会副理事长

马　云　　阿里巴巴集团董事长、中国互联网协会副理事长

马化腾　　腾讯公司首席执行官兼董事会主席、中国互联网协会副理事长

方滨兴　　中国工程院院士、北京邮电大学校长、中国互联网协会副理事长

王自强　　新闻出版总署法规司司长、中国互联网协会常务理事

王秀军　　工业和信息化部总工程师、中国互联网协会副理事长

卢　卫　　中国互联网协会秘书长

左迅生　　中国联合网络通信集团有限公司副总经理、中国互联网协会副理事长

申江婴　《中国网友报》主编

石现升　　中国互联网协会副秘书长

田舒斌　　新华网总裁、中国互联网协会副理事长

刘　冰　　中国互联网络信息中心（CNNIC）副主任

刘正荣　　国务院新闻办网络局副局长

刘韵洁　中国工程院院士、中国联合网络通信集团有限公司科技委主任

朱　波　华为技术有限公司互联网业务部总裁

吴建平　中国教育和科研计算机网网络中心主任、中国互联网协会副理事长

沙跃家　中国移动通信集团公司副总裁、中国互联网协会副理事长

张朝阳　搜狐公司董事局主席兼首席执行官、中国互联网协会副理事长

李伍峰　国务院新闻办网络局局长、中国互联网协会副理事长

李国杰　中国工程院院士、中国科学院计算技术研究所所长

李彦宏　百度公司董事长兼首席执行官、中国互联网协会副理事长

杨小伟　中国电信集团公司副总经理、中国互联网协会副理事长

汪文斌　央视国际网络有限公司总经理、中国互联网协会副理事长

赵　波　工业和信息化部电子信息司副司长

赵小凡　中国互联网协会常务理事

敖　然　电子工业出版社社长

钱华林　中国科学院计算机网络信息中心首席科学家、中国互联网协会副理事长

高卢麟　中国互联网协会副理事长

寇晓伟　新闻出版总署科技与数字出版司副司长

曹国伟　新浪公司首席执行官兼总裁、中国互联网协会副理事长

曹淑敏　工业和信息化部电信研究院院长、中国互联网协会副理事长

蒋　伟　人民邮电出版社副社长、中国互联网协会常务理事

蒋林涛　工业和信息化部电信研究院原总工程师

韩　夏　工业和信息化部电信管理局局长、中国互联网协会副秘书长

雷震洲　工业和信息化部电信研究院科技委副主任

熊四皓　工业和信息化部通信保障局副局长、中国互联网协会副秘书长

廖　玒　人民网总裁兼总编辑、中国互联网协会副理事长

总编辑

黄澄清

副总编辑

卢　卫　黄向阳　侯自强　钱华林

执行主编

石现升　刘　冰

责任主编

胡　冰　陈建功

撰稿人（按章节排序）

侯自强　孙小宁　孟　蕊　李　原　杨　波　苏　嘉　余周军　王存肃
敖　立　李　原　朱秀梅　周勇林　王明华　纪玉春　徐　娜　王营康
徐　原　李　佳　何世平　温森浩　赵　慧　李志辉　姚　力　张　洪
朱芸茜　朱　天　高　胜　胡　俊　王小群　张　腾　何能强　裴智勇
朱晓航　郝智超　周洪艳　孟凡新　刘福军　陈建功　沈　珅　李　智
董　旭　陈景国　徐　亮　覃远军　张　丽　张百玲　胡　欣　张瑞东
孙　锐　张　燏　丁佳琪　由天宇　张　希　李　超　谢　春　曹　笛
严华雯　徐　昊　王亭亭　张　晶

前　言

《中国互联网发展报告》（2013）如期与读者见面了，我们由衷地感到高兴和欣慰，因为我们已经认真地坚持了十一年。

自 2002 年开始，中国互联网协会联合中国互联网络信息中心（CNNIC），每年组织编撰出版一卷《中国互联网发展报告》（以下简称《报告》），真实记录每个年度中国互联网行业的发展状况，今年为第十一卷。

回顾 2012 年全年，我国互联网基础设施建设投入持续规模增长，各项基础资源发展情况良好，各种网络应用继续稳步发展，新技术、新应用、新升级层出不穷，微博影响力令人刮目相看，网络文化建设稳步推进，各类专业网络信息服务保持持续发展，移动互联网发展突飞猛进，云计算、物联网等新兴领域从战略部署走向实施，互联网的影响力与日俱增。

《中国互联网发展报告》（2013）力求客观、忠实地记录和描绘 2012 年中国互联网行业的发展轨迹，期望能够为互联网管理部门、从业企业和有关单位以及专家学者提供翔实的数据、专业的参考和借鉴。

结构上，本卷《报告》分为综述篇、资源与环境篇、应用与服务篇和附录四篇，共 26 章，3 个附录，力求保持《报告》结构的延续性。

内容上，本卷《报告》主要对 2012 年中国互联网发展环境、资源、重点业务和应用、主要细分行业和重点领域的发展状况进行总结、分析和研究；既有对 2012 年全年互联网发展情况的宏观分析和综述，也有着重对互联网细分业务和典型应用发展状况的关注和研究，内容丰富，重点突出，数据翔实，图文并茂，是一本对互联网从业者具有重要参考价值的工具书。

本卷《报告》的编写工作继续得到了政府、科研机构、企业等社会各界的关心、支持和参与，来自工业和信息化部、农业部、中国科学院、国家计算机网络应急技术处理协调中心、工业和信息化部电信规划研究院、工业和信息化部电信研究院、中国电子信息产业发展研究院、工业和信息化部信息中心、艾瑞咨询集团、易观国际、中国电信、阿里巴巴、中国电子学会云计算研究中心、中国互联网协会、中国互联网络信息中心（CNNIC）等诸多部门和单位的专家和研究人员近 50 人参与了本《报告》的撰写工作，编委会各位编委对《报告》内容进行了认真和严格的审核，一如既往地给予充分鼓励和支持，保障了《报告》的质量和水平。在此，谨向为本《报告》贡献了精彩篇章的各位撰稿人，以及支持本《报告》编写和出版工作的各有关单位和社会各界表示诚挚的谢意。

由于我们的能力和水平有限，本卷《报告》中难免会存在一些缺陷甚至错误，恳请广大专家和读者予以批评指正，以便在今后的编撰工作中及时改进，使《中国互联网发展报告》的质量和价值不断得到提升。

《中国互联网发展报告》（2013）编委会

2013 年 5 月

目　　录

第一篇　综 述 篇

第二篇 资源与环境篇

第三篇 应用与服务篇

第四篇 附 录

第一篇

综述篇

2012 年中国互联网发展综述

2012 年国际互联网发展综述

第 1 章　2012 年中国互联网发展综述

1.1　中国互联网发展概况

1.1.1　网民

根据中国互联网络信息中心（CNNIC）统计，截至 2012 年 12 月底，我国网民规模达 5.64 亿，全年共计新增网民 5090 万人。互联网普及率为 42.1%，较 2011 年年底提升 3.8 个百分点（见图 1.1）。

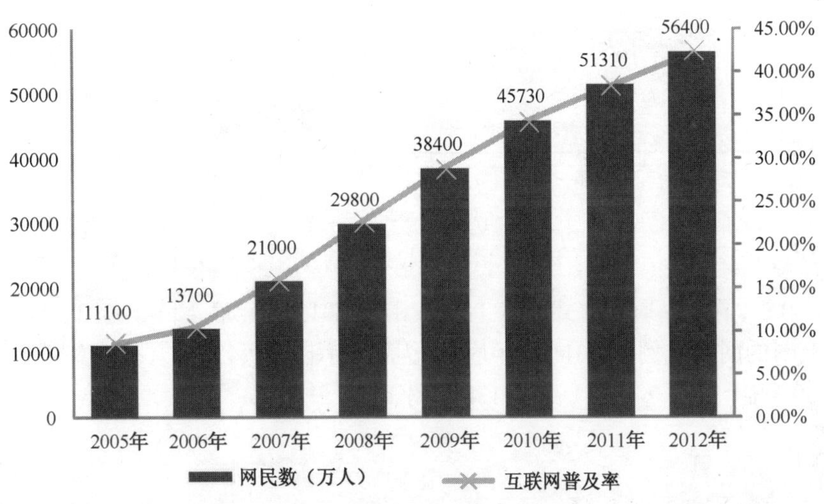

图1.1　中国网民规模与普及率

截至 2012 年 12 月底，我国手机网民规模为 4.2 亿，较 2011 年年底增加约 6440 万人，网民中使用手机上网的人群占比由 2011 年年底的 69.3%提升至 74.5%（见图 1.2）。

截至 2012 年 12 月底，我国网民中农村人口占比为 27.6%，相比 2011 年略有提升，规模达到 1.56 亿，比 2011 年年底增加约 1960 万人（见图 1.3）。

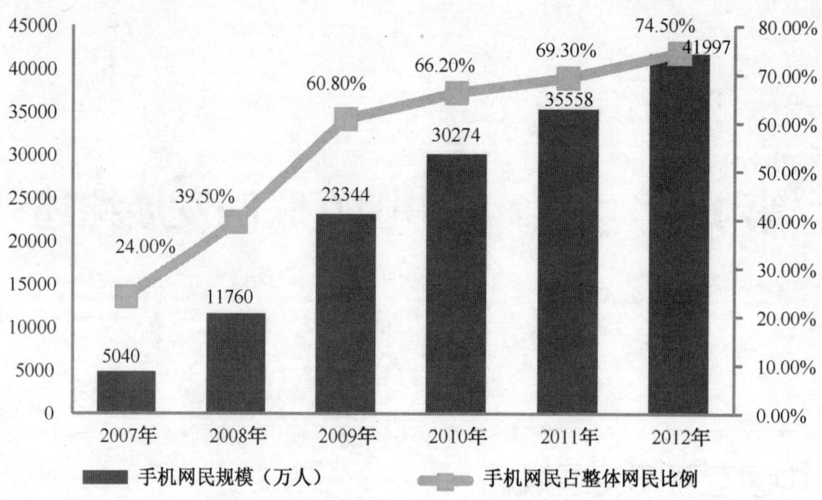

图1.2　中国手机网民规模及其占整体网民比例

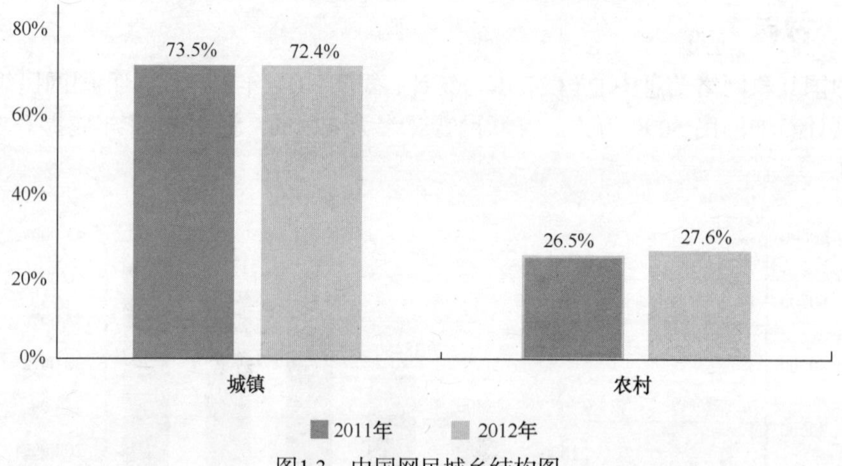

图1.3　中国网民城乡结构图

2012 年 70.6%的网民通过台式电脑上网，相比 2011 年年底下降了近 3 个百分点。通过笔记本电脑上网的网民比例与 2011 年年底相比基本持平，为 45.9%。手机上网的比例保持较快增速，从 69.3%上升至 74.5%（见图 1.4 和图 1.5）。

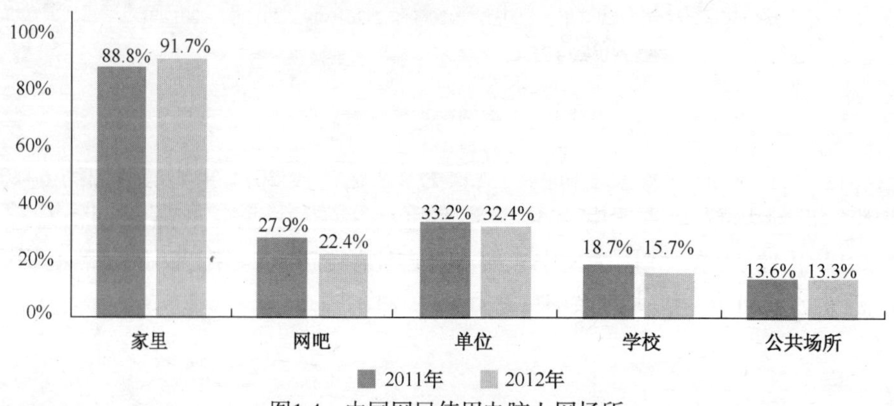

图1.4　中国网民使用电脑上网场所

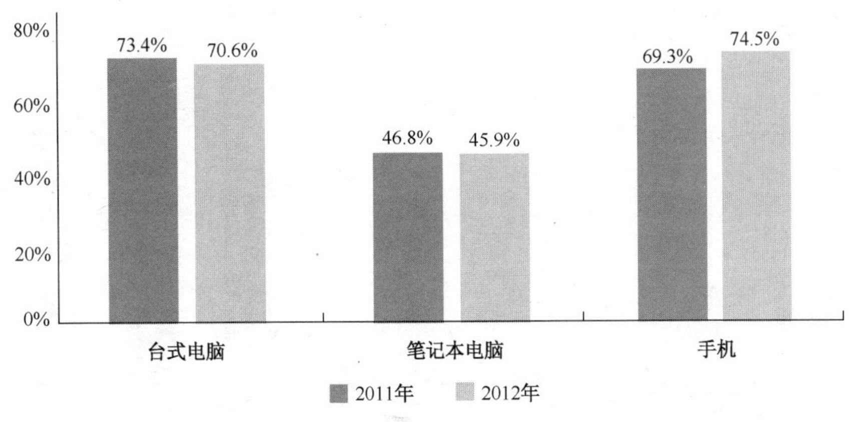

图1.5　中国网民上网设备

我国宽带用户数量也有所提升。非政府组织宽带论坛 Broadband Forum 的报告显示，2012年全球宽带用户增长 6549.36 万，宽带用户总数达到了 5.97 亿，年增长率达到 12.3%。在各个国家和地区中，中国宽带用户数达到 1.58 亿，位列全球第一。

1.1.2　基础资源

截至 2012 年 12 月底，我国 IPv4 地址数量为 3.31 亿，拥有 IPv6 地址 12535 块/32。2012年，我国 IPv6 地址数量较 2011 年增长 33.4%，在全球的排名由 2011 年 6 月的第 15 位迅速提升至第 3 位（见表 1.1 和图 1.6）。

表 1.1　2011 年与 2012 年中国互联网基础资源对比

	2011 年 12 月	2012 年 12 月	年增长量	年增长率
IPv4 地址（个）	330 439 936	330 534 912	94 976	0.0%
IPv6 地址（块/32）	9398	12 535	3137	33.4%
域名（个）	7 748 459	13 412 079	5 663 620	73.1%
其中“.cn”域名（个）	3 528 511	7 507 759	3 979 248	112.8%
其中“.中国”域名（个）	—	283 484	—	—
网站（个）	2 295 562	2 680 702	385 140	16.8%
其中“.cn”下网站（个）	951 609	1 036 864	85 255	9.0%
其中“.中国”下网站（个）	—	4095	—	—
国际出口带宽(Mbps)	1 389 529	1 899 792	510 263	36.7%

我国域名总数为 1341 万个，其中“.cn”域名总数较 2011 年同期大幅增长 112.8%，达到751 万个，占中国域名总数比例达到 56.0%；“.中国”域名数量为 28 万个。

我国网站总数为 268 万个，较 2011 年同期增长 16.8%。国际出口带宽为 1 899 792Mbps，较 2011 年同期增长 36.7%（见图 1.7 和表 1.2）。

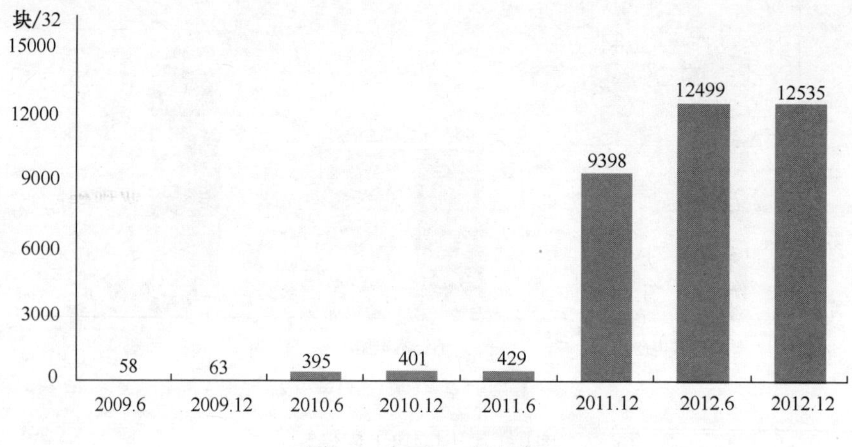

图1.6　中国IPv6地址数

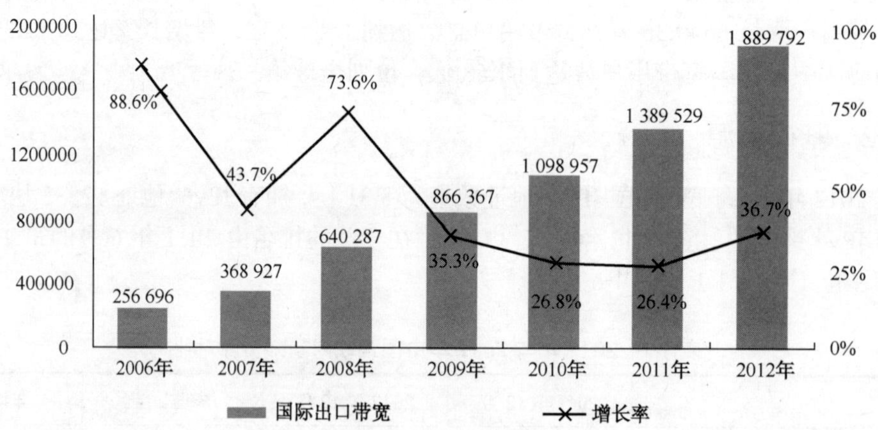

图1.7　中国国际出口带宽及其增长率

表 1.2 主要骨干网络国际出口带宽

网　络	国际出口带宽(Mbps)
中国电信	1 048 848
中国联通	586 279
中国移动	206 563
中国教育和科研计算机网	35 500
中国科技网	22 600
中国国际经济贸易互联网	2
合计	1 899 792

我国宽带基础网络承载能力显著提高。2012 年 1～12 月，城市光纤到户覆盖家庭数增长 87.6%，新增超过 4300 万户。2012 年光纤到户覆盖用户新增 4900 万户，达到 9400 万户，新

增固网宽带用户2510万户。全国乡镇100%通互联网、99%通宽带，农村行政村通宽带比例提高到85%。第三代移动通信（3G）网络覆盖全部地市、县城以及部分重点乡镇。

1.1.3　市场规模

2012年，包括互联网接入和互联网信息服务在内的我国互联网产业规模超过4500亿元（见图1.8）。其中，互联网信息服务收入突破2000亿元[1]。

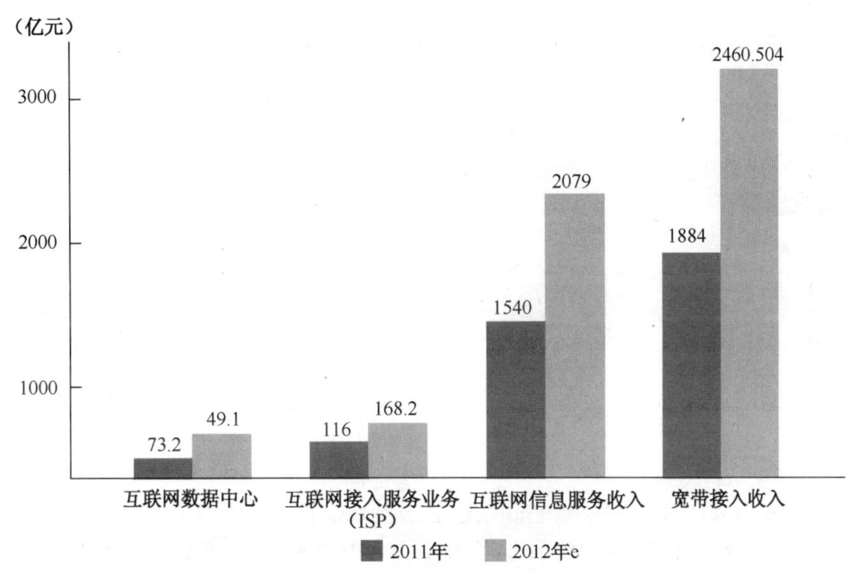

图1.8　2012年中国互联网市场规模

另据艾瑞咨询统计数据显示，2012年，中国网络经济[2]市场规模达3850.4亿元，同比增长54.1%。2012年，中国桌面网络经济市场规模为3300.7亿元，占整体网络经济市场的份额为85.7%；移动网络经济市场规模为549.7亿元，占比达14.3%。2012年，中国网络经济市场相比2011年增长1351.3亿元，其中电子商务市场增量贡献最大。2012年，移动购物市场规模同比增长328.6%，远远高于其他细分行业（见图1.9）。

1.1.4　发展动向

1．移动互联网改变产业格局和网民行为，影响社会运行模式

2012年，中国移动互联网用户数量、应用水平、终端普及、市场规模等均呈现迅猛增长态势。

工业和信息化部统计显示，截至2012年12月底，我国移动用户数已超过11亿，其中3G用户超过2.2亿，3G用户渗透率达20%。以千元级智能手机为代表的移动互联网终端迅速普及。2012年，以小米、华为、中兴为代表的国产智能手机出货量超过1亿部。据艾瑞咨询统计，2012年中国智能手机保有量达到3.6亿，增速为80.0%，智能手机已成为移动互联网发展的重要载体。

---

[1] 引自中国互联网协会承担工业和信息化部信息化推进司课题《面向2020的互联网生态环境研究》。

[2] 这里的网络经济，统计各细分行业企业的营收规模。

	2012年规模（亿元）	较2011年增加的规模（亿元）	2012年增长贡献率
网络经济整体	**3850.4**	**1351.3**	**100%**
电子商务	1628.2	626.3	46.3%
网络广告	753.1	240.2	17.8%
移动增值	291.3	108.7	8.0%
移动购物	130.3	99.9	7.4%
桌面网络经济其他市场	292.2	87.3	6.5%
网络游戏	517.7	83.9	6.2%
第三方网上支付	109.8	43.7	3.2%
移动营销	63.5	39.3	2.9%
移动游戏	52.1	15.1	1.1%
移动搜索	12.5	6.8	0.5%

注释：①此处指广义网络经济，艾瑞将广义网络经济定义为桌面网络经济与移动网络经济之和。网络经济市场规模统计各细分行业企业的营收规模；

②2012Q2开始：中国移动网络经济规模统计移动购物的营收规模；且仅发布自2011Q1起的修正后数据；

③电子商务市场营收规模不包含电子商务企业广告营收，包含中小企业B2B电子商务、网络购物和在线旅行预订市场；

④网络广告市场规模为图形展示广告与搜索引擎市场规模之和；

⑤移动搜索市场规模包括纯移动搜索市场规模与桌面搜索引擎在移动端的收入规模；

⑥由于四舍五入的原因。各行业增长贡献率加总不等于100%。增长贡献率=各细分行业2012年规模较2011年的增量/网络经济市场整体增量×100%；

⑦由于四舍五入的原因，各细分行业规模及增加的规模加总数据不等于网络经济整体的规模及增加的规模数据。

（数据来源：根据企业公开财报、行业访谈及艾瑞统计预测模型估算）

图1.9　2012年中国网络经济细分行业对比

网民中使用手机上网的人群占比迅速提升。据工信部数据，以及 CNNIC 调查报告显示，截至 2012 年 12 月底，手机网民达到 4.2 亿，占网民比例由 2011 年的 69.3%升至 74.5%，手机上网用户数在 2012 年实现了对计算机上网用户数的超越。手机作为第一大上网终端的地位更加稳固。移动互联网用户规模超过固网用户，引发市场格局的变革。

在开放平台和应用商店模式引领下，移动互联网在音乐、电商、游戏、搜索、位置服务、本地生活等领域的产业价值凸显。新浪开放微博平台，百度、搜狗开放搜索平台，淘宝、京东开放电商平台，支付宝、易宝支付开放支付平台，360 开放工具平台，三大电信运营商也不断打造自己的业务及能力开放平台。平台开放，引入合作伙伴，基于平台合作共赢成为主流。传统的 PC 互联网企业加紧在 O2O（线上到线下）业务上的布局，深刻影响企业运营模式和大众生活方式的改变。

2012 年，iPhone，iPod Touch 和 iPad 平台上共有超过 73 万款应用上线，Google Play 应

用数量达 70 万，微软在 2012 年授权和发布了超过 7.5 万款新应用和游戏，国内的中国移动 MM 平台上应用接近 15 万，注册开发者超过 370 万，腾讯应用宝、91 手机助手、360 手机助手、天翼空间、安智市场等应用商店也蓬勃发展。应用商店成为了移动互联网应用的主要市场，成为了移动互联网发展的强大助推器。

值得提及的是，微信用户数于 2013 年 1 月 15 日突破 2 亿。微信、米聊等 OTT 应用，正在对传统的话音、短信业务形成冲击，导致移动互联网入口成为争夺焦点，移动互联网业务对传统通信业务的挑战进一步加剧。

2012 年，以终端、平台和服务为主要组成的移动互联网产业体系得到整体发展，正在极大改变中国互联网产业的格局，极大改变网民上网行为乃至生活方式，并进一步影响从政府到社会组织到各行各业的运行方式。

2. 云计算走向商业化应用

2012 年，各种类型的云计算解决方案进一步走向成熟，云应用也开始起步，推动了传统各行各业的信息化浪潮，同时带来了巨大的新增市场空间。“十二五”期间，我国云计算产业链规模可达 7500 亿～1 万亿元。

互联网公司、IT 企业以及三大运营商等，纷纷推出云计算应用解决方案，构成了中国云计算服务的几大阵营。中国电信天翼云、中国联通的企业云、中国移动的大云平台纷纷推出；盛大开发公有云平台，推出云主机、云硬盘、云分发等一系列产品。目前盛大云注册用户已超过 4 万，活跃用户超过 8 千，初步打开了市场局面。新浪采用开源软件 Openstackt 搭建云计算平台 SAE，以 AWS 模式提供 IaaS 云计算服务。百度云以 SaaS 方式为广大开发者和最终用户提供一系列云服务和产品，目前用户已突破 1000 万。阿里云的云计算基础服务平台注重为中小企业提供云计算应用及服务。数家互联网企业的 PaaS 平台已经吸引了数十万的开发者入驻，通过分成方式与开发者实现了共赢。

云计算促进了基于大数据的网络精准营销的快速发展，互联网企业紧抓大数据带来的机遇，积极开拓网络营销市场。全国多省将大数据列为战略发展方向，大规模生产、存储、分享、应用数据的大数据时代已经来临。淘宝、腾讯、百度等纷纷加大研发投入，推出基于大数据支持的精准营销服务解决方案，大数据应用由此初见端倪。

3. 电子商务拉动市场重新布局

“双 11”、“双 12”等网络促销活动频繁。“双 11”淘宝天猫日总交易额达到 191 亿元，创全球网购单日交易额新高；至 2012 年 11 月 30 日，阿里巴巴集团宣布淘宝当年交易总额突破 1 万亿元。根据国家统计局数据，中国 2011 年 GDP 总额为 47.2 万亿元。与此相比，1 万亿元交易额约为 GDP 的 2%。这一交易额仅次于广东、山东、江苏和浙江的消费品零售额，甚至超过了排名靠后的云南、贵州、甘肃、新疆、海南、宁夏和青海的总和。据中国电子商务研究中心数据显示，截至 2012 年 12 月，中国网络零售市场交易规模占到社会消费品零售总额的 6.3%，而这一数据在 2011 年仅为 4.4%。这意味着电商改变零售业格局的开始。

面对电商的竞争，传统商业企业积极采取各种措施，转变经营方式，建立网上商城，针对网上和线下实行差异化竞争，利用微博、微信、APP 等互联网方式，改变营销渠道和手段，加强与消费者的互动，增强用户的黏性，以此拉动市场销售额。京东商城、苏宁易购与厂商合作独家首发新款手机，百度、高德地图等积极探索线上线下融合的 O2O 生活服务模式。电子商务已经成为优化传统产业模式、拉动内需增长的新生力量。

1.1.5 热点事件

1．综合搜索竞争格局被打破，自律公约促进行业健康发展

2012 年 8 月，百度与奇虎 360 爆发搜索引擎规则之争，引发行业多方关注。11 月 1 日，在中国互联网协会组织下，12 家企业签署《互联网搜索引擎服务自律公约》，承诺积极构建健康、文明、向上的互联网搜索引擎传播秩序，遵循国际通行的行业惯例与商业规则，遵循公平、开放和促进信息自由流动的原则。

2．电商上演价格战，主管部门拟严惩

2012 年 4 月，苏宁易购发起第一轮电商价格战，随后国美、当当、天猫、京东等电商参与，并在 6 月 18 日京东商城店庆日达到高潮，同时京东也开创了微博营销新模式。2012 年 8 月，京东 CEO 刘强东发布微博"京东大型家电三年内零毛利，所有大家电保证比国美、苏宁连锁店便宜 10%以上，将派员进驻苏宁、国美店面"，点燃电商争霸导火索，其后包括苏宁、国美等多家电商高层在微博中回应了刘强东，一时间电商行业硝烟弥漫，新一轮电商价格大战拉开。随着当当、易迅等企业的"乱入"，演变为整个国内电商行业的混战。2012 年 8 月，商务部回应电商价格战问题时表示，将致力于推进电子商务、网络购物健康发展，正在加强《电子商务模式规范》、《网络交易服务规范》等相关标准的建设。2012 年 9 月，国家发改委认定电商价格战包含欺诈成分，需要严惩。

3．优酷土豆强强合并，推动视频行业加速整合

2012 年 3 月 12 日，两大领先的网络视频上市公司优酷网与土豆网宣布以 100%换股的方式合并，这是中国资本市场首次强强联合。合并后的优酷土豆覆盖近 80%中国视频用户，占据中国网络视频市场收入份额约三分之一。优酷土豆推动了整个视频行业的整合加速，百度全资收购爱奇艺，SMG 入股风行网，爱奇艺、腾讯视频和搜狐视频共同组建"视频内容合作组织"，网络视频领域继续高速发展，对传统电视市场格局的变化产生更大的影响。

1.2 中国互联网应用发展情况

2011 年与 2012 年互联网应用对比如表 1.3 所示。

表 1.3 2011 年与 2012 年互联网应用对比

	2012 年		2011 年		
应用	用户规模（万）	网民使用率	用户规模（万）	网民使用率	年增长率
即时通信	46 775	82.9%	41 510	80.9%	12.7%
搜索引擎	45 110	80.0%	40 740	79.4%	10.7%
网络音乐	43 586	77.3%	38 585	75.2%	13.0%
博客/个人空间	37 299	66.1%	31 864	62.1%	17.1%
网络视频	37 183	65.9%	32 531	63.4%	14.3%
网络游戏	33 569	59.5%	32 428	63.2%	3.5%
微博	30 861	54.7%	24 988	48.7%	23.5%

（续表）

	2012 年		2011 年		
应用	用户规模（万）	网民使用率	用户规模（万）	网民使用率	年增长率
社交网站	27 505	48.8%	24 424	47.6%	12.6%
电子邮件	25 080	44.5%	24 578	47.9%	2.0%
网络购物	24 202	42.9%	19 395	37.8%	24.8%
网络文学	23 344	41.4%	20 268	39.5%	15.2%
网上银行	22 148	39.3%	16 624	32.4%	33.2%
网上支付	22 065	39.1%	16 676	32.5%	32.3%
论坛/BBS	14 925	26.5%	14 469	28.2%	3.2%
旅行预订	11 167	19.8%	4207	8.2%	—
团购	8327	14.8%	6465	12.6%	28.8%
网络炒股	3423	6.1%	4002	7.8%	–14.5%

1.2.1　电子商务

2012 年中国电子商务市场整体交易规模为 8.1 万亿元，较 2011 年增长 27.9%，但增速与 2011 年的 32.8%相比，下降了近 5 个百分点（见图 1.10）。分析增速放缓的原因是，2012 年国际贸易增速回落，欧洲债务危机不断加剧，美国经济复苏缓慢，全球经济收缩步伐加快。经济环境对企业间电子商务行为产生了较大影响，而 B2B 部分交易规模占电商整体八成以上，B2B 市场规模在 2012 年增速放缓直接影响了整体规模增速。

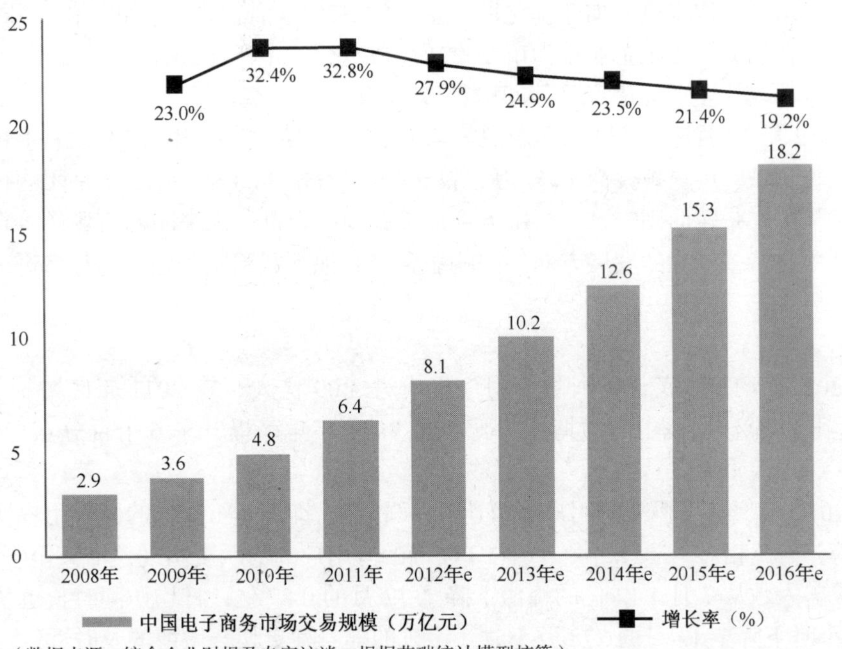

（数据来源：综合企业财报及专家访谈，根据艾瑞统计模型核算）

图1.10　2008—2016年中国电子商务市场交易规模

2012 年电子商务市场细分行业结构中，中小企业 B2B 电子商务占 53.3%，规模以上 B2B 占 28.3%，企业间电子商务合计占 81.6%；网络购物交易规模市场份额达到 16.0%；在线旅游交易规模占比为 2.1%（见图 1.11）。

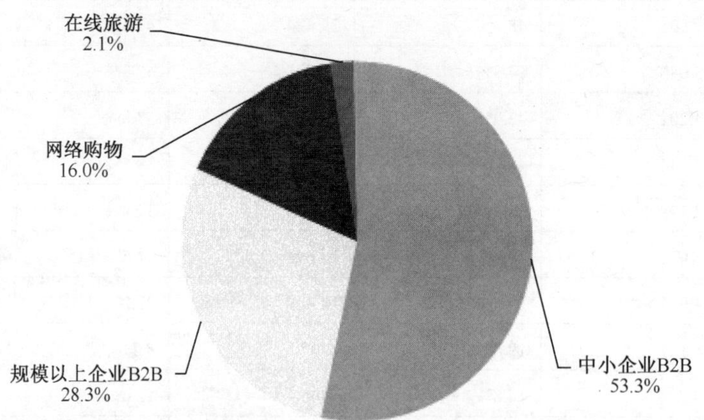

注释：2012 年中国电子商务市场整体交易规模为 8.1 万亿元，为预估值。
（数据来源：根据企业财报及专家访谈，根据艾瑞统计模型核算）

图1.11　2012年中国电子商务市场交易规模细分行业构成

截至 2012 年 12 月底，我国网络购物用户规模达到 2.42 亿人，网络购物使用率提升至 42.9%。与 2011 年相比，网购用户增长 4807 万人，增长率为 24.8%。其中，手机网购用户年增长 136.5%，达到 5550 万人。手机网络购物成为拉动网购用户增长的重要力量。手机网络购物的便捷性、手机购物类 APP 日益发展和手机支付的完善，以及智能移动终端的普及是手机购物增长的重要因素。

电子商务市场结构也进入加速优化期。主要的 B2C 电商企业展开平台化、开放化战略，企业间呈现竞合态势。传统企业成为市场重要组成部分，市场地位得以加固。但网购消费欺诈、用户信息泄露、企业无序竞争等问题在 2012 年也比较突出。

截至 2012 年 12 月底，我国团购用户数为 8327 万，使用率提升至 14.8%；手机团购依然是重要的增长领域，用户规模为 1947 万，较 2011 年增长 88.8%。2012 年是团购行业的转型年，市场逐步由扩张转向固守，主要服务商的发展稳中求进。未来团购市场还将在行业集中度持续提升中保持多样化的发展方向，团购服务与其他互联网服务融合趋势将进一步加深。

1.2.2　微博

截至 2012 年 12 月底，我国微博用户规模为 3.09 亿人，较 2011 年底增长了 5873 万人，增幅达到 23.5%。网民中的微博用户比例较 2011 年年底提升了 6 个百分点，达到 54.7%（见图 1.12）。

截至 2012 年底，手机微博用户规模达到 2.02 亿，即高达 65.6%的微博用户使用手机终端访问微博。与此相对，2012 年下半年，PC 端微博用户的活跃度出现停滞甚至下滑，PC 端微博日均覆盖人数从 7 月 1.12 亿的峰值下降至 12 月的 0.87 亿，日均访问时长也从 7 月的峰值 1172 万小时下降至 12 月的 778 万小时。手机的随身性更切合微博的及时性，让用户在碎片化时间方便使用，这是造成手机微博应用迅速增长的重要原因。

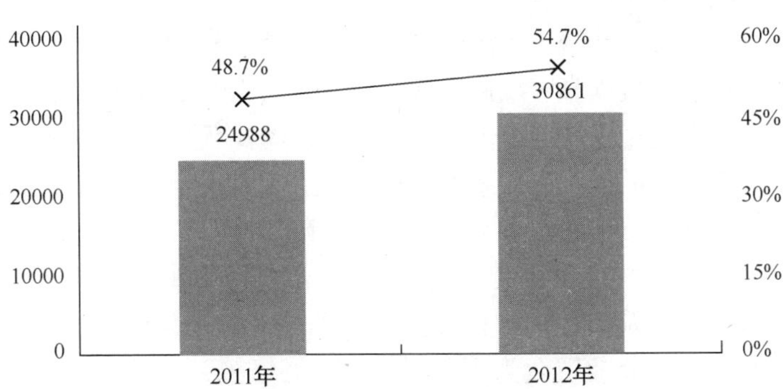

（数据来源：CNNIC 中国互联网络发展状况统计调查，2012.12）

图1.12　2011年和2012年微博用户数量和使用率

2012 年，互联网的沟通作用得到党政机关的普遍认同，政务微博高速发展。每天有上百家政务微博诞生，至 2012 年 12 月底，新浪认证的政务微博总数超过 6 万个，比 2011 年同期增长超过 230%。腾讯认证的政务微博总数超过 7 万个，近 2 亿腾讯微博用户关注政务微博。人民日报、新华社、中央电视台等权威媒体微博陆续上线，粉丝达到数百万。政务微博一改公安司法类微博"一家独大"的局面，团委、工商税务、街道等微博也纷纷上线，团委微博更是超过公安系统微博成为腾讯微博上第一大类政务微博。交通、医疗、税务等服务性微博数量上升明显，基层微博也纷纷建立起来，政务微博开始走上了多样化、服务化道路，服务类微博、政府类微博的影响力也与日俱增。

1.2.3　网络视频

截至 2012 年年底，中国网络视频用户达到 3.72 亿人，较 2011 年年底增加了 4653 万人，增长率为 14.3%。网民中上网收看视频的用户比例较 2011 年年底提升了 2.5 个百分点，达到 65.9%（见图 1.13）。

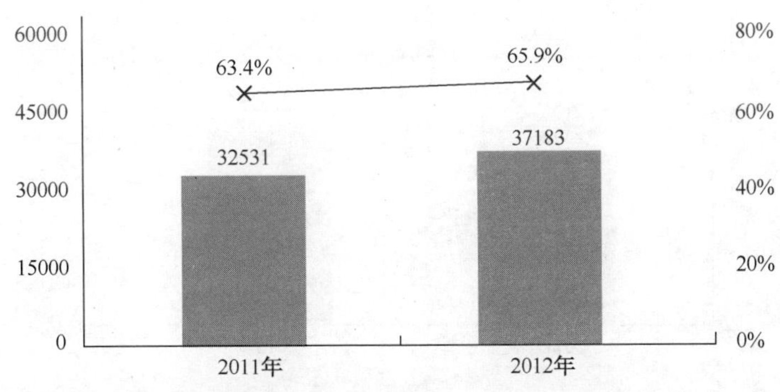

（数据来源：CNNIC 中国互联网络发展状况统计调查，2012.12）

图1.13　2011年和2012年网络视频用户数量和使用率

截至 2012 年年底，我国在手机上使用在线收看或下载视频的网民数为 1.3 亿，在手机网民中的使用率为 32.0%，相比 2011 年增长了 9.5 个百分点，增速仅次于手机微博，成为 2012 年娱乐类应用的新亮点。手机视频吸引越来越多的用户，分析其原因如下：首先，3G、WiFi 等高速网络接入，为手机视频的发展提供了基础，使手机视频受流量限制减少，未来随着 4G 技术的普及和无线网络覆盖的加大，手机视频用户规模将进一步扩大；其次，智能手机屏幕的增大和手机高清视频 APP 的推出，提高了手机视频观看体验，促进了手机网民的使用，并逐渐养成在家使用手机替代电脑观看视频的习惯；最后，手机视频和社交网站、微博和门户网站等其他网站的互动分享及应用内合作极大地推动了手机视频服务的发展。

2012 年，中国网络视频企业继续为用户提供优质网络视频服务，同时针对行业发展中存在的问题采取了积极的应对策略。在提升服务质量方面，继续强化网站内容建设；台网联动更加密切，合作形式更加多样，从同步播出和联合宣传等初级形式深入到内容策划和制作阶段，出现联合出品、周边节目开发等新形式；继续加大对自制内容的投入，部分优质内容已经能够输出到电视频道，并逐步形成网站特色。

1.2.4 社交网站

截至 2012 年 12 月底，我国使用社交网站的用户规模为 2.75 亿，较 2011 年年底提升了 12.6%。网民中社交网站用户比例较 2011 年略有提升，达到 48.8%（见图 1.14）。“社交化”作为一种功能元素，正在全面融入各类互联网应用中。一方面，2012 年涌现出大批具备社交基因的新应用，包括图片社交、私密社交、购物分享等，尤其在移动互联网领域，由于手机天生的通信功能，2012 年许多热门移动应用都具备社交功能；另一方面，搜索、网购、媒体等互联网应用正在融合社交因素，以丰富自身的功能，提升用户体验，创新服务和盈利模式。在整个互联网都走向社交化的大趋势下，传统的实名制社交网站也不断增加平台功能，在原有网站基础上融入以上新型的社交功能组件，尤其是将业务发展重点转向移动终端，进而带动了 2012 年社交网站用户增长。然而，整体上传统的实名制社交网站已进入用户增长的平台或衰退期，引入这些应用很难再刺激用户大规模增长，因而一些社交网站在发展移动应用时甚至另辟蹊路，推出全新的产品。

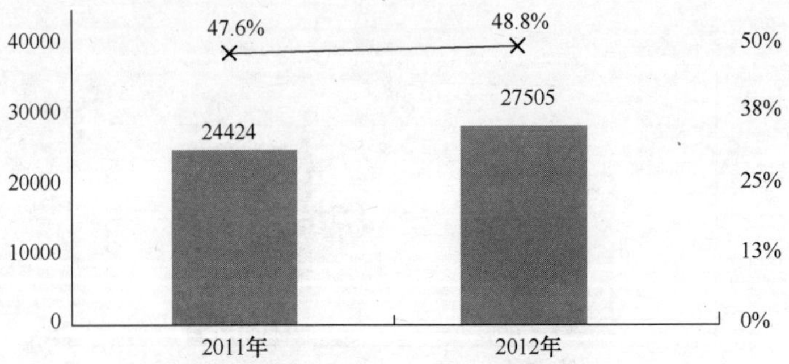

（数据来源：CNNIC 中国互联网络发展状况统计调查，2012.12）

图1.14 2011年和2012年社交网站用户数及使用率

1.2.5 即时通信

截至 2012 年 12 月底，我国即时通信用户规模达 4.68 亿，年增长率为 12.7%。即时通信使用率为 82.9%，较 2011 年年底增长了 2 个百分点（见图 1.15）。即时通信成为我国第一大上网应用。而智能手机端即时通信产品的发展，为即时通信市场注入了更多活力。截至 2012 年年底，我国手机即时通信用户数为 3.52 亿，使用率为 83.9%，在手机各应用中排名保持第一，成为最热手机应用。随着智能手机的普及，尤其是千元智能手机的推出，手机即时通信行业快速发展。手机即时通信产品改变着人们的社交方式，OTT 服务、O2O 模式的融入使其不再只是简单的聊天工具。手机即时通信产品不断研发新技术，推动了手机即时通信用户数量的增长，进而壮大整体即时通信市场的用户规模。

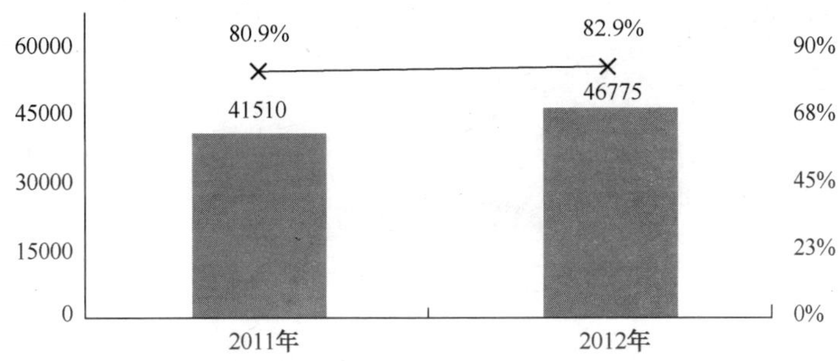

（数据来源：CNNIC 中国互联网络发展状况统计调查，2012.12）

图1.15　2011年和2012年即时通信用户数及使用率

即时通信已经成为手机终端的标准预置产品，功能逐渐从单纯的聊天工具向综合化平台方向发展，集成社交、资讯、娱乐等多种功能和企业客户、电子商务等多种服务，使用户能方便获取各种丰富资源，成为移动互联网的又一重要入口，呈现出巨大的商业价值。

微信是当下最流行的即时通信工具之一。腾讯 2011 年 1 月推出微信，2012 年 3 月用户近 1 亿，2012 年底用户达 3 亿，其迅猛发展对移动运营商的短信业务产生了巨大冲击，甚至威胁到话音业务。有人预测腾讯将拿到虚拟电信运营商牌照。微信开始是 QQ 在移动平台上的延伸，定位在通信+交友上，无缝整合 QQ、QQ 邮箱、腾讯微博、手机通讯录多个用户资源，还加入了视频功能。其 LBS 定位、“摇一摇”、漂流瓶等功能更是打破了熟人社交圈，扩大了交际范围。微信的战略定位是作为移动互联网的一个主要工具和入口，借助它，可以提供从线上到线下的一整套服务。微信会演变成一个游戏平台，产生其他的增值模式。微信还可以开展 O2O 业务模式。

1.2.6 二维码

二维码在我国发展迅速，具有较高的用户知名度。根据调查，目前我国有超六成用户听说过二维码，其中 38.2%的手机网民使用过二维码，作为一个新兴的手机应用，二维码用户市场增长较快，潜力较大。二维码是 O2O 的重要入口，可以打通线下线上，不仅能给用户提供便捷服务，还能给互联网企业提供优质的营销平台，因此受到各大互联网企业的重视，纷纷投入力度推广。如今，二维码已成为移动互联网市场众多产品的标配，成为网络浏览、下载、购物、支付等各项应用的入口，渗透至用户餐厅、地铁、电视、社交等生活的各个场所，具备了较大的用户市场。二维码是线下线上模式的最佳切入点，通过二维码进行购物、买票、获取优惠券等逐渐成为潮流。微信电子会员卡的品牌商家已经超过 1000 个，包括餐饮、旅行、服装、商城、娱乐等众多行业。购物消费是手机网民使用二维码最多的场景，占比达 32.7%；其次为添加好友，占比为 29.0%。

1.2.7 第三方支付

2012 年中国第三方互联网在线支付市场交易额继续保持快速增长，全年交易额规模达 3.8 万亿元。市场格局保持稳定，支付宝、财付通、银联网上支付分别以 46.6%、20.9%和 11.9%的份额占据市场前三位（见图 1.16）。

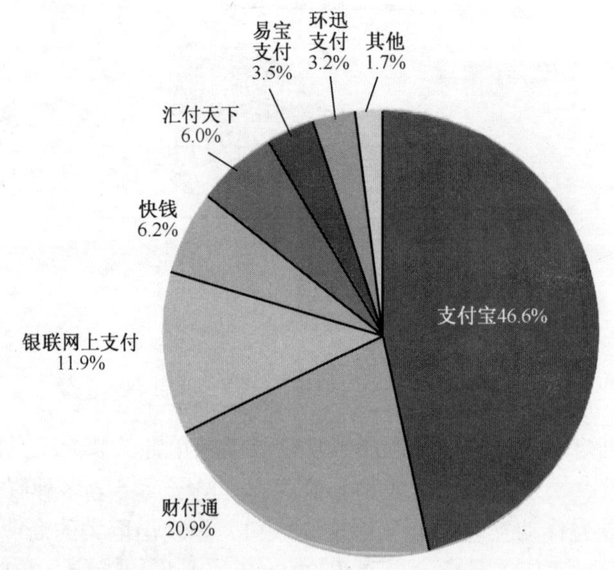

说明：以上数据根据厂商访谈、易观自有监测数据和易观研究模型估算获得，易观会根据最新了解的数据对历史数据进行微调。

（数据来源：易观国际・易观智库・eBI 中国互联网商情）

图1.16　2012年中国第三方互联网支付市场交易额份额

截至 2012 年 12 月，我国使用网上支付的用户规模达到 2.21 亿，使用率提升至 39.1%（见图 1.17）。与 2011 年相比，用户增长 5389 万，增长率为 32.3%。而随着移动支付技术标准的确立，支付企业在手机支付领域的布局与发力，也带动了手机网上支付用户的快速增长。截至 2012 年 12 月，手机网上支付用户达到 5531 万，用户年增长 80.9%，使用率为 13.2%。

2012 年，央行继续发放《支付业务许可证》，陆续出台细分业务领域管理办法，逐步向第三方支付企业开放传统金融领域支付结算业务，在完善监管、细化市场的同时，也形成了包括支付企业、传统银行、电商巨头、电信运营商在内的业态格局。未来支付领域的服务主体和模式更加多样化，网上支付的风险也在加大，需要从健全政府监管政策、加强企业联盟合作、提升消费者安全意识等方面，不断完善网上支付安全的生态环境。

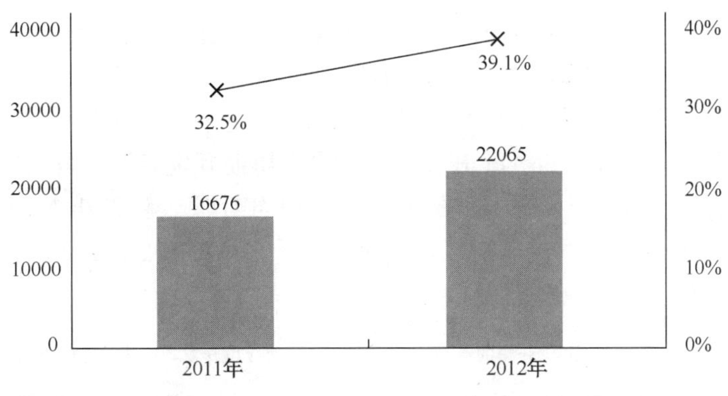

图1.17　2011年和2012年网上支付用户数及使用率

1.2.8　页面应用

页面应用的应用程序运行在网站上，用户使用 HTML5 浏览器可以在页面上直接点击运行，不需要再下载应用程序。由于它突破了原生应用的一些局限性，随着 HTML5 技术逐步成熟，页面应用发展迅速。在页面应用中发展最快的是网页游戏，网页游戏已经是游戏市场中占有优势的一员。2008—2012 年中国网页游戏市场实际销售收入和增长率如图 1.18 所示，其中一部分是使用 HTML5 的。最近网页游戏正在向 3D 游戏演进。

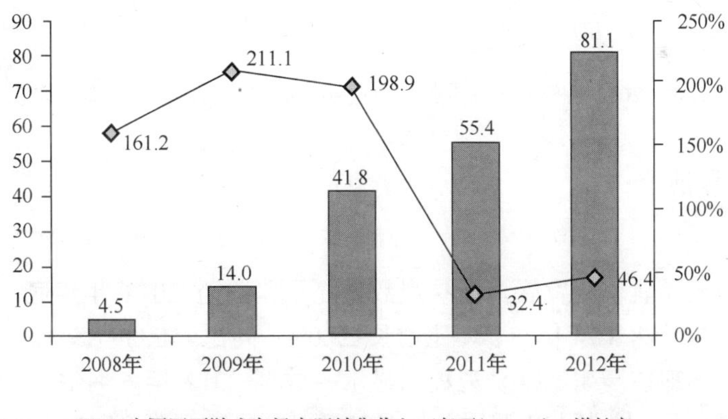

图1.18　2008—2012年中国网页游戏市场实际销售收入和增长率

对于网站来说，它们更喜欢页面应用，因为页面应用使互联网人口回归浏览器，不再受制于应用商店。一些互联网公司在开放平台支持页面应用开发者的同时，开设页面应用商店为开发者提供一条龙式的服务。

目前移动应用开发正在向企业应用发展，已经成立了移动应用产业联盟以促进发展。

1.2.9　应用开发

中国手机应用开发者总数约 100 万人。其中，针对 iOS（苹果平板电脑与手机）系统的应用开发者约 14 万人，安卓约 75 万人，塞班约 4 万人，其他约 7 万人。其收入和盈利情况如图 1.19 所示（目前没有权威数据，各方面数据不尽相同，这里给出一组数据供参考）。

页面应用开发者可以得到互联网公司的更多支持。腾讯、百度和阿里巴巴等均建设了自己的开放平台，将本网站资源的 API 开放给开发者，协助开发者开发页面应用软件，并且设立页面应用商店为开发者提供一条龙式的服务。2012 年年底，腾讯开放平台拥有超过 60 万的开发者、30 万款的注册应用，第三方应用的日活跃用户突破 2 亿，9 成开发者有收入，超过 10 家开发者月收入超过 1000 万元。

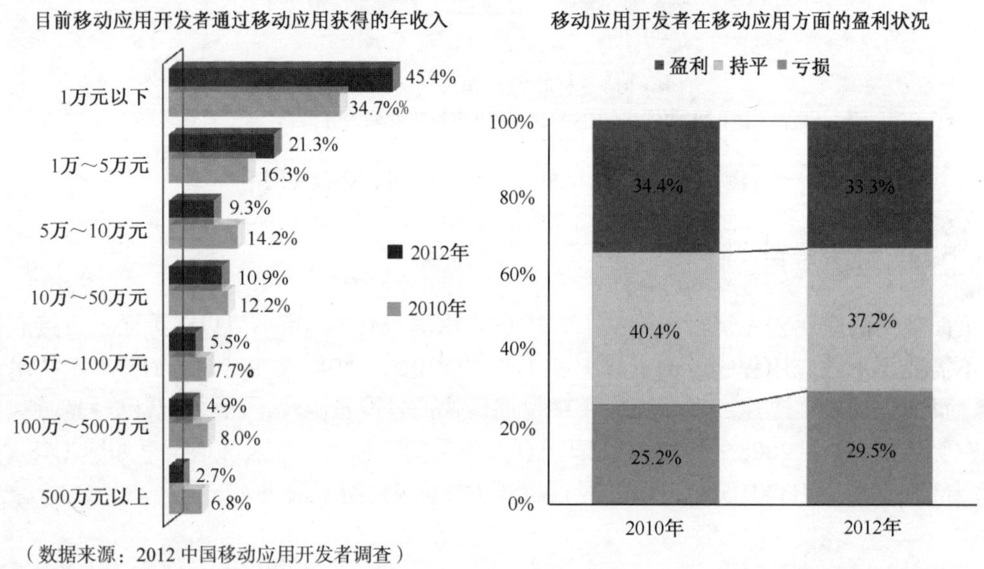

图1.19　2012年移动应用开发者通过移动应用获得的收入和盈利状况

1.2.10　LBS 服务

1．地图导航

近年来手机地图导航快速发展。据易观数据显示，截至 2012 年年底，中国手机地图客户端市场累计账户数已达 3.74 亿户，环比增长 22.0%，同比增长 177.8%。手机地图兴起的同时，互联网地图市场却在萎缩。据易观数据显示，截至 2012 年 6 月底，中国互联网地图网站日均页面访问量（不含地图 API 调用）为 5521 万次，环比下降 34.6%。而智能手机的出现，使得将互联网地图“移植”到手机成为可能。地图软件是目前消费者最为常用的手机应用软件之一，高达 74%的智能手机用户通过手机取得实时的所在地信息。使用谷歌、百度等地图，用户可以轻松定位自己目前所在的位置，寻找自己希望前往的地址并获得路线。目前国内市场上，高德地图、谷歌地图和百度地图分别以 26.3%，23.2%和 13.6%的市场份额名列前三名。

2．LBS 与社交

近年来国内移动互联网公司推出了各类 LBS 服务，如玩转四方、街旁、嘀咕、邻讯、16Fun 等。传统互联网公司也普遍加强 LBS 服务，如百度、腾讯、新浪、搜狐、人人、盛大等。LBS 成为了移动互联网 APP 的基本配置功能。艾瑞估计，2013 年中国位置签到服务的用户规模将达到8100万人。

但这种基于互联网签到方式的LBS业务存在着用户签到率低、黏性不足、盈利模式不清晰等不足之处。互联网公司正结合SoLoMo（Social+Local+Mobile）和O2O探索更多LBS盈利模式，如LBS与微博、电子商务、生活资讯、消费服务等结合，实现从线上到线下的落地。AppStore中国区社交免费应用中，已经有80%的手机社交应用具备以定位、签到、位置分享等为主的位置服务功能。移动位置交友是将LBS、SNS与本地生活服务相结合的新型服务模式。区别于传统社交，移动位置交友是在基于用户场景化的实时位置信息基础上，匹配点对点、点对多的沟通对象分类、时间等用户的社交诉求，以及匹配本地生活服务与用户诉求之间的供需精确营销。

3．本地生活服务（O2O）

2012年中国O2O市场的投资热度不减，11月O2O概念企业淘淘谷（TTG）在澳大利亚成功上市，成为中国首家上市的O2O企业。移动端成为O2O发展的最重要方向，三大互联网巨头大力布局，推动中国O2O市场整体发展。典型应用方面，团购市场格局逐渐明朗，O2O盈利企业初现。本地商户网络意识增强，试水社会化O2O营销。未来，技术应用的创新和普及，将推动餐饮、票务等细分行业的O2O进程。

微信发展O2O模式。2012年5月，在腾讯开放API接口给第三方应用后，腾讯专门成立腾讯电商控股公司（ECC），专注于运营电子商务业务，并在该公司下打造了专注于生活电子商务与O2O的解决方案——腾讯微生活。而腾讯微生活成立后，第一个重推的业务是微信会员卡。传统商家的会员体系是金字塔形，微信会员卡不重新建塔，也不打破原来的塔，它希望在塔下方重新划分出一个区域。商家通过塔底的人而增大原来金字塔的规模。使用腾讯微生活时，只需要通过微信扫描商家的二维码，就可以成为该商家的会员，目前与之合作的商家数量还比较有限。这种方式可以让品牌商家迅速获得大量"准会员"，比如汉庭快捷酒店，单日最大发卡量达45000张。目前，微信会员卡的推广主要集中在餐饮、影院和酒店。

1.3　中国互联网机构融投资和并购情况

据CVSource统计显示，2012年全年中国市场VC投资规模大幅收缩，国内市场共披露创业投资（VC）案例566起，投资金额为47.67亿美元，相比2011年全年（披露976起案例，投资总额为89.47亿美元）分别下降42.0%和46.7%。2011年中国VC/PE投资规模达到历史最高水平；而进入2012年以来，VC投资市场迅速降温，投资活跃度及投资规模仍保持较低水平。

从2012年VC投资数量的行业分布来看，互联网依然是投资最活跃的行业，披露案例118起，占比达20.8%。2012年中国互联网融投资事件总数量为169件，其中83件披露了金额，总披露金额为31.93亿美元。其中披露金额较高的企业如表1.4所示。

表1.4　2012年中国互联网融投资披露金额较高的企业

企　业	类　型	披露金额（美元）
芭乐网	网络视频	3000万

（续表）

企　业	类　型	披露金额（美元）
蚂蜂窝	网络社区	1500 万
阿里巴巴集团	电子商务	20 亿
到喜啦	电子商务	1000 万
暖暖	网络社区	300 万
瑞金麟	电子商务	1000 万
App Annie	互联网其他	600 万
大众点评网	网络社区	6000 万
佳品网	电子商务	1500 万
寺库	电子商务	3000 万
盛大文学	行业网站	1500 万
美乐乐家具网	电子商务	4000 万
Tutor Group	行业网站	1500 万
丁丁网	互联网其他	4000 万
乐淘	电子商务	3000 万
Viadeo	网络社区	3200 万
多购网	电子商务	2000 万
聚尚	电子商务	3000 万
淘房网	行业网站	1000 万
时光一百	电子商务	3000 万
买好网	电子商务	500 万
趣加游戏	网络游戏	1200 万
帮 5 买	电子商务	710 万
拍鞋网	电子商务	3000 万
玖易网	电子商务	1000 万
优众网	电子商务	4000 万

2012 年中国互联网企业 IPO 总案例数为 8 起，总涉及金额为 5.56 亿美元（见表 1.5）。

表 1.5　2012 年中国互联网企业 IPO 案例

企业	上市时间	交易所	CV 行业分类	募资金额
TTG	2012 年 11 月 27 日	ASX（澳大利亚）	电子商务	120 万澳元

（续表）

企业	上市时间	交易所	CV 行业分类	募资金额
欢聚时代	2012 年 11 月 21 日	NASDAQ（美国）	网络游戏	8190 万美元
环球市场	2012 年 06 月 22 日	LSE（英国）	电子商务	1 亿元
拉手网	2012 年 06 月 19 日	NASDAQ（美国）	电子商务	7499.79 万美元
人民网	2012 年 04 月 27 日	SSE（中国大陆）	互联网其他	13.82 亿元
唯品会	2012 年 03 月 23 日	NYSE（美国）	电子商务	7152.99 万美元
三六五网	2012 年 03 月 15 日	ChiNext（中国大陆）	行业网站	4.54 亿元

2012 年中国互联网企业并购事件总案例数为 102 起，其中 59 起披露金额。总披露金额为 148.66 亿美元，其中披露金额在 1 亿美元以上的交易如表 1.6 所示。

表 1.6　披露金额在 1 亿美元以上的交易

标的企业	买方企业	CV 行业分类	交易金额	宣布日期
动网先锋	北京掌趣科技股份有限公司	网络游戏	8.10 亿元	2013 年 02 月 05 日
去哪儿网	百度在线网络技术（北京）有限公司	行业网站	3.06 亿美元	2012 年 12 月 11 日
分众传媒	中国光大控股有限公司	网络广告	37 亿美元	2012 年 08 月 01 日
吉比特	成都博瑞传播股份有限公司	网络游戏	9 亿元	2012 年 07 月 25 日
阿里巴巴集团	阿里巴巴集团	电子商务	71 亿美元	2012 年 05 月 20 日
边锋游戏	浙报传媒集团股份有限公司	网络游戏	31.80 亿元	2012 年 04 月 06 日

1.4　中国互联网技术发展情况

1.4.1　HTML5 浏览器和网页应用

2012 年国内自主研发支持 HTML5 的浏览器的相关工作取得了巨大进展，目前有四款国内自主研发的浏览器在 HTML5TEST 测试中名列前茅：百度手机浏览器、UC 浏览器、海豚浏览器以及 QQ 浏览器。百度浏览器 2.2 版本的测试分数达 482 分，全球第一。在水族馆 WebGL 测试中可跑 5 帧，效果不错。海豚浏览器实验室版的测试分数为 450 分，被 HTML5TEST 官方介绍为“450 分，全球移动浏览器跑分第一”。

网站开放 HTML5 网页应用，用手工编程效率低且费时费力，采用 HTML5 前端开发框架可以大大加快开发速度。此前主要使用国外的 HTML5 前端开发框架，如 JQuery Mobile、Twitter Bootstrap、Schena Touch、BackBone 等。现在腾讯、阿里巴巴、百度等都推出了各自的前端开发框架，并且有平台和产业链支持，以吸引开发者为自己的网站开发网页应用，得到了开发者的欢迎。各公司提供的前端开发框架各有特色。例如，腾讯的 JX 比较适合构建和组织大规模、工业级的 Web App，腾讯内部的 WebQQ、Q+等产品都是采用 JX 框架开发的。

1.4.2 手机操作系统

目前国产智能手机 90%以上使用 Android 操作系统。出于安全的考虑以及对于谷歌是否会改变开源政策的顾虑，一些国内公司开始开发自主可控的手机操作系统。联通与全智达自主开发了沃手机操作系统，基于 Linux 采用 C 语言编写。采用此操作系统，联通推出了沃手机，但由于缺乏应用软件支持，生态系统不完备，市场反应冷淡，只少量生产就停止了。在 iOS 和 Android 垄断手机操作系统的今天，一个新操作系统没有强大的应用商店和生态系统支持是很难成功的。阿里云 OS 是基于 Linux 操作系统、自主开发虚拟机的自主可控的操作系统，但是它与 Android 兼容，可以使用 Android 的应用商店和生态系统。阿里云 OS 得到了市场的认可和手机生产厂商的接受，目前已有几百万台的生产。阿里云 OS 的成功威胁到谷歌的利益，遭到谷歌的封杀，谷歌以“解除在 Android 方面的授权和技术合作”威胁手机生产厂商不得采用阿里云 OS。由于二三线厂商不是谷歌威胁能够控制的，再加上阿里云后台支撑和技术服务的许诺，阿里云 OS 仍然有一定生产发展空间。其他几个公司则是在 Android 操作系统的基础上发展，在适应中国市场需求和安全性等方面做一些改进，被称为“定制的” Android 操作系统，如联想的乐 Phone 等。发展自主操作系统的努力得到了国家科技重大专项的支持。

1.4.3 语音识别和语义分析技术

语音识别最初用于手机的文字输入，成功的案例是科大讯飞输入法，进一步发展到搜索引擎的输入、写短信、发微博。百度手机搜索的语音输入有可能成为手机的入口。2012 年捷通华声和科大讯飞两款智能语音平台——“灵云”、“语音云”上线，向第三方开发者开放。第三方开发者可以利用语音平台开发出第三方应用。

语音识别加上语义分析使计算机能够理解人的口语，再加上语音合成就能够实现人和计算机的对话。苹果 iPhone4 的 Siri 就实现了这一功能，但时间一长，用户兴趣就下降了。原因是技术还不过关，智能不足，广泛内容的人机对话目前不可能满足人们的期望。今天有商业价值的是语音助手。这是一种智能型的手机应用，通过智能对话与即时问答的智能交互，实现帮忙用户解决问题，其主要帮忙用户解决生活类问题。2012 年我国出现了大量中文语音助手，如科大讯飞推出的应用软件讯飞语点中文语音助理。这是一款基于讯飞语音云平台的新一代智能语音手机软件，全程语音交互，包括 20 种功能：语音拨号、发短信、新建联系人/查询联系人、打开应用/搜索应用、打开网站/上网搜索语音设置提醒、地图导航、生活信息查询、音乐搜索、对话聊天等。它对问题格式有一定限制。已经推出的中文语音助手还有百度语音助手、搜狗语音助手、虫洞语音助手、快说语音助手和灵犀等。

1.4.4 云计算平台技术

国内主要网站为支持开发者开发应用程序都建设和开放了自己的云计算平台。目前国内的主流开放平台一般提供从开发、运营、推广到变现的全方位服务体系（见图 1.20）。一方面，提供服务器、带宽、虚拟机等云服务开放平台，把计算资源作为一种服务提供给开发者，使其能快速拥有大量、稳定的计算和存储资源，以及更高的带宽，专心做好应用的业务，实现快速开发和部署。另一方面，还根据自身平台资源向开发者提供差异化的开发工具和 API

接口、SDK包等，开发者利用这些接口，可以让产品调用平台的一些服务，如地图API、翻译API、微博API接口等，以丰富自己产品的功能。开放平台的运营分析工具能为开发者提供用户行为、产品收入等一系列的数据，开发结果能以可视化的方式展示。

百度开发者中心为开发者提供强大的开发支持，包括BAE、PCS、MTC等重点服务，形成了“开发—运营—推广—变现”的全流程服务体系，有强大的流量入口，主要侧重于移动开发者，所提供的服务和工具全部免费。新浪开发平台体系中的SAE借鉴早期国外GAE、Amazon等成功技术经验，技术成熟，提供简单高效的分布式Web服务、运行平台，其微博开放平台上有大量的微博用户。腾讯开放平台为开发者提供全方位的服务，其推广和变现能力较强，但接入有限制，目前正从Web端向移动端转移，平台服务和工具部分免费。

开发
运营
推广
变现

服务名称	百度	新浪	腾讯
云引擎名称	BAE：是基于百度基础架构推出的分布式网络应用开发平台。提供了PHP、Java、Python的执行环境，以及云存储、消息服务、云数据库等全面的云服务	SAE：分布式Web服务开发、运行平台选择在国内流行最广的Web开发语言PHP作为首选的支持语言。提供了一系列分布式计算、存储服务供开发者使用	CEE：是一种Web引擎服务，提供已部署好的Web环境，用户上传自己的代码，即可轻松地完成Web服务的搭建
虚拟机类服务	IaaS公有云平台	新浪云主机	腾讯CVM虚拟机
云存储类服务	云存储（BCS）、缓存系统Memcache	云存储Storage、缓存系统Memcache、数据存储kvdb	云存储Cloud Memcache
平台工具类服务	计数Counter、排名Rank、计划任务Cron、云触发	计数Counter、排名Rank、计划任务Cron、图像处理mage	—
云消息类服务	云消息（BCMS）Mail和Message Queue、URL消息推送、云推Channel服务	分布式邮件Mail，消息推送（IOS Only）、短信服务	云消息序列Cloud Memcache Queue
数据库类功能	mysql	mysql	mysql、云数据库Cloud Database
任务队列	Task Queue	Task Queue、QeferredJob	—
安全类服务	服务实时监控、签名算法、应用防火墙	应用防火墙、服务限制、服务配额	安全防护体系、监控、告警服务
个人云存储服务	个人云存储PCS（初始5G空间，免费扩容）	微盘（初始2G，每天签到扩容）	微云（初始2G）
代码测试、优化、管理服务	SVN，PHPUnit、JUnit、PyUnit测试框架、性能分析	SVN，代码测试PHP调优工具XHProf	SVN
临时读写I/O	TmpFS功能、FetchURL服务	TmpFS功能、FetchURL服务	FetchURL
带宽支持	百度全国CDN	SAE全国CDN	腾讯全国CDN
图像处理	—	Image	—
域名绑定	支持	支持	支持
权限管理服务	支持	支持	支持
应用测试类服务	支持（MTC）	—	—
本地开发环境	支持	支持	—
账号互通类服务	支持百度账号互通	支持新浪微博账号互通	支持QQ账号互通

图1.20　目前国内主流开放平台

1.5　中国网络信息安全与治理情况

2012年，我国互联网快速融合发展，宽带普及提速工程稳步推进，移动互联网、云计算、电子商务、网络媒体、微博等新技术和新业务相互促进、快速发展。在政府相关部门、互联网服务机构、网络安全企业和广大网民的共同努力下，我国相关单位和网民的网络安全防范意识进一步提高，互联网网络安全状况继续保持平稳状态，未发生造成大范围影响的重大网络安全事件。但总体上看，黑客活动仍然日趋频繁，网站后门、网络钓鱼、移动互联网恶意程序、拒绝服务攻击事件呈大幅增长态势，直接影响网民和企业权益，阻碍行业健康发展；针对特定目标的有组织高级可持续攻击（APT攻击）日渐增多，国家、企业的网络信息系统安全面临严峻挑战。

1．网络基础设施运行总体平稳，但依然面临严峻挑战

据 CNVD 收录的漏洞信息统计，2012 年发现涉及通信网络设备的通用软硬件漏洞数量为 199 个，较 2011 年下降 2.0%。但不容忽视的是，涉及通信网络设备的通用软硬件高危漏洞为 95 个，较 2011 年大幅增长了 30.1%。总体来看，2012 年我国网络基础设施运行基本平稳，未发生重大网络安全事件。然而，针对我国网络基础设施的探测、渗透和攻击事件时有发生，虽未造成严重危害，但高水平、有组织的网络攻击给网络基础设施安全保障带来了严峻挑战。

2．网站被植入后门等隐蔽性攻击事件呈增长态势，网站用户信息成为黑客窃取的重点

与以往通过明显篡改网页内容以表达诉求或炫耀技术不同的是，2012 年，黑客倾向于通过隐蔽的、危害更大的后门程序，获得经济利益和窃取网站内存储的信息。据 CNCERT 监测，2012 年，我国境内被篡改网站数量为 16388 个，其中政府网站有 1802 个，较 2011 年分别增长了 6.1%和 21.4%；被暗中植入后门的网站有 52324 个，其中政府网站有 3016 个，较 2011 年月均分别大幅增长 213.7%和 93.1%。此外，据不完全统计，2012 年，约有 50 余个我国网站用户信息数据库在互联网上公开流传或通过地下黑色产业链进行售卖，其中已证实确为真实信息的数据近 5000 万条。同时，由于网民习惯在不同网站使用同样的账号和密码，受 2011 年年底发生的 CSDN、天涯社区等网站信息泄露事件的影响，2012 年又有多个电商网站和论坛被披露由此导致用户个人信息泄露。网站安全，尤其是网站中用户个人信息和数据的安全，仍然面临严重威胁。

3．网络钓鱼日渐猖獗，严重影响在线金融服务和电子商务的发展，危害公众利益

2012 年，互联网用户通过网络开展的经济活动持续增多，在线销售和支付总额增长迅速，窃取经济利益成为黑客实施网络攻击的主要目标之一。2012 年，CNCERT 共监测发现针对我国境内网站的钓鱼页面 22308 个，涉及 IP 地址 2576 个，从钓鱼站点使用域名的顶级域分布来看，以.COM 最多（占 36.5%），其次是.TK 和.CC（分别占 20.6%和 9.5%）；接到网络钓鱼类事件举报 9463 起，较 2011 年大幅增长 73.3%，约占总接收事件数量的一半（49.5%）。这些钓鱼网站中，仿冒中国工商银行等网上银行的约占 54.8%，仿冒中央电视台、腾讯、淘宝等进行虚假抽奖或中奖活动、虚假新奇特或低价物品销售活动的约占 44.7%。钓鱼网站的主要目的是骗取用户的银行账号、密码等网上交易所需信息。2012 年，仅 CNCERT 监测发现被黑客骗取的用户银行卡信息就达 1.8 万条，这些信息的失窃很可能会给用户带来巨额财产损失。值得注意的是，除骗取用户经济利益外，一些钓鱼页面还会套取用户的个人身份、地址、电话等信息，导致用户个人信息泄露。

4．移动互联网恶意程序数量急剧增长，Android 平台成为安全重灾区

2012 年，我国移动用户数量稳步增长，新增智能设备数量跃居世界首位，应用程序商店下载量快速增长。在移动互联网快速发展的同时，移动互联网恶意程序也在快速繁衍和扩散。2012 年，CNCERT 监测和网络安全企业通报的移动互联网恶意程序样本有 162981 个，较 2011 年增长 25 倍，其中约有 82.5%的样本针对 Android 平台，已超过 Symbian 平台跃居首位，这主要是缘于 Android 平台的用户数量快速增长和 Android 平台的开放性。按照恶意程序的行为属性统计，恶意扣费类的恶意程序数量仍居第一位（占 39.8%），流氓行为类（占 27.7%）、资费消耗类（占 11.0%）分列第二、三位。2012 年，CNCERT 组织通信行业开展了多次移动互联网恶意程序专项治理行动，所重点打击的远程控制类和信息窃取类恶意程序所占比例分别从 2011 年的 17.59%和 18.88%大幅度下降至 8.5%和 7.4%。

5．拒绝服务攻击仍然是互联网运行安全最主要的威胁之一

2012 年我国境内日均发生攻击流量超过 1G 的较大规模拒绝服务攻击事件 1022 起，约为 2011 年的 3 倍，但与 2011 年不同的是，常见虚假源地址攻击事件所占比例由约 70%下降至 49%。在拒绝服务攻击事件中，约有 88.8%的被攻击目标位于境内。拒绝服务攻击所采用的技术手段日趋综合化和复杂化，从攻击网站本身逐渐转为攻击网站所使用的权威域名解析服务器，使得其所承载的大量其他网站的域名解析都间接受到影响，甚至对我国互联网的整体运行安全造成严重威胁。

6．实施 APT 攻击的恶意程序频被披露，国家和企业的数据安全面临严重威胁

2012 年，“火焰（Flame）”病毒、“高斯（Gauss）”病毒、“红色十月”病毒等实施复杂 APT 攻击的恶意程序频现，其功能以窃取信息和收集情报为主，且均已隐蔽工作了数年。2012 年我国境内至少有 4.1 万余台主机感染了具有 APT 特征的木马程序，涉及多个政府机构、重要信息系统部门以及高新技术企事业单位，且绝大多数这类木马的控制服务器位于境外。由于上述单位的网络信息系统中传输或存储的信息以及其自身的正常运行往往关系国家事务和经济社会运行，所以容易成为带有一定背景的组织或团体重点关注的目标，其数据安全面临严重威胁，需要各方高度重视。

值得关注的是，随着计算机和网络技术的发展，特别是信息化与工业化深度融合以及物联网的快速发展，工业控制系统产品越来越多地采用通用协议、通用硬件和通用软件，以各种方式与互联网等公共网络连接，高度信息化的同时也削弱了控制系统及 SCADA 系统等与外界的隔离，病毒、木马等威胁正在向工业控制系统扩散，工业控制系统信息安全面临的威胁越来越大。工业系统面临的安全威胁已经成为全球领域 2012 年的十大安全威胁之首。美国重视工业系统的网络威胁，正在通过立法和行政监管等手段加强网络安全。我国应加强工业系统的网络安全防御，加强顶层设计，明确监管职能，构建完整、联动、可信、快速响应的综合防御防护系统。

（中国科学院　侯自强）

第 2 章　2012 年国际互联网发展综述

2.1　国际互联网发展概况

2012 年是世界经济整体放缓的一年。全球经济复苏步伐依然沉重，经济增长陷入低迷困境。从互联网行业来看，行业并购和风险投资金额都出现了明显的下滑。尽管如此，全球网民人数仍实现了持续增长，突破 25 亿人。在发展中国家互联网的普及率不断增长，互联网的重心正逐渐向新兴市场转移。2012 年，受移动设备迅速普及的影响，移动上网方式受到人们的青睐，互联网移动化的趋势日益加深。传统的互联网巨头都在谋划移动互联网领域的布局，创业企业也将更多的目光投向移动互联网，移动互联网成为 2012 年逆势增长的行业。与此同时，移动互联网与社交媒体的结合正改变全球沟通方式，越来越多的网民从被动接受者，变为信息内容的创造者和积极分享者。

2.1.1　网民

2012 年，全球网民人数突破创纪录的 25 亿人，其中亚洲网民数量占到 43%。2012 年全球网民数量迎来了两个里程碑式数字：欧洲网民数量突破 5 亿人大关，亚洲则突破 10 亿人大关。

从我国的情况来看，根据工业和信息化部发布的统计公报显示，2012 年，中国网民数净增 0.51 亿人，达到 5.64 亿人，互联网普及率为 42.1%。截至 2012 年 12 月底，我国手机网民规模为 4.2 亿人，较 2011 年年底增加约 6440 万人，网民中使用手机上网的人群占比由 2011 年年底的 69.3%提升至 74.5%。

2.1.2　基础资源

1. 域名

根据 WebHosting.info 提供的数据显示，2012 年，全球顶级域名注册总数达到 2.46 亿个。其中，截至 2012 年 12 月 31 日，全球通用顶级域名（gTLD）注册总量为 1.327 亿个。通用顶级域名注册量分布情况稳定，域名总量呈现上升趋势，全年新增域名注册量近 417 万个（注：WebHosting.info 统计的通用域名总量指.com，.net，.org，.info，.biz 五大顶级域名的总量），如表 2.1 所示。2012 年，在新顶级域名冲击下，传统的.com、.net 等域名均受影响。从 WebHosting.info 统计的数据看，2012 年下半年，每月域名增量皆不及上一个月。

表 2.1　五大通用顶级域名注册总数（2012 年底）

五大通用顶级域名	注册总数
.com	1 亿个
.net	1410 万个
.org	970 万个
.info	670 万个
.biz	220 万个
总计	1.327 亿个

（数据来源：WebHosting.info）

从国家顶级域名的情况看，2012 年，国家顶级域名注册总数达到 1.049 亿个。其中，美国以 7962 万个域名总数持续稳居榜首，德国、中国分居域名总量排名的第二、三位。主要国家和地区的通用顶级域名注册数量如表 2.2 所示。

表 2.2　全球主要国家和地区通用顶级域名注册数量（2012 年 12 月 31 日）

排名	国家/地区	gTLD 注册数量（个）	排名	国家/地区	gTLD 注册数量（个）
1	美国	79 624 004	9	西班牙	1 681 027
2	德国	6 541 058	10	开曼群岛	1 439 171
3	中国大陆	5 755 180	11	荷兰	1 414 212
4	英国	4 798 777	12	意大利	1 332 456
5	加拿大	3 833 143	13	土耳其	1 242 136
6	法国	3 454 749	14	韩国	974 485
7	日本	2 850 432	15	中国香港	794 501
8	澳大利亚	2 332 944			

（数据来源：WebHosting.info）

2．IPv4 地址分配情况

自 2011 年 4 月 15 日，亚太地区进入 IPv4 地址耗尽的最后阶段后，2012 年 9 月，欧洲地区地址分配机构 RIPE NCC（服务欧洲、中东和部分亚洲地区的 RIR）宣布其 IPv4 地址分配自当年 9 月 14 日起进入耗尽的第二阶段，开始实施与亚太地区同样的分配政策，即每个会员最多获得一个/22。而亚太和欧洲以外的其他三个地区的 IPv4 地址分配仍照常进行。

到 2012 年底，全球拥有 IPv4 地址数量最多的前三个国家分别是美国、中国和日本，如表 2.3 所示。

表 2.3　全球 IPv4 地址数量最多的 20 个国家/地区（2012 年 12 月）

排名	国家/地区	IPv4 地址数量	排名	国家/地区	IPv4 地址数量
1	美国	1 562 739 840	11	澳大利亚	47 776 000
2	中国大陆	330 009 088	12	俄罗斯	45 512 736
3	日本	201 979 136	13	荷兰	45 330 432
4	英国	123 982 608	14	中国台湾	35 394 048
5	德国	119 667 560	15	印度	34 816 256
6	韩国	112 258 560	16	瑞典	29 677 608
7	法国	95 690 256	17	西班牙	28 659 584
8	加拿大	79 856 896	18	墨西哥	26 500 096
9	巴西	54 855 168	19	南非	24 435 456
10	意大利	53 102 496	20	瑞士	21 642 040

（数据来源：中国台湾网络信息中心，TWNIC）

3. IPv6 地址分配情况

2012 年，IPv6 地址请求数量呈现爆炸式增长。Akamai 数据显示，在 2011 年世界 IPv6 日，IPv6 地址数量为 28 万，到 2012 年 6 月 6 日的世界 IPv6 日，全球 IPv6 地址数量已超过 1800 万。与之相应的是，IPv6 地址的请求数量从 2011 年的 300 万激增至 2012 年的 30 多亿。在积极部署 IPv6 方面，美国和法国领先全球其他国家，日本紧随其后。在电信服务提供商中，美国的 Verizon 无线成为得到 IPv6 分配请求批准最多的公司，其次是美国的 AT&T。

Akamai 认为，IPv6 流量的增长归功于以下三个主要因素：

①更多内容可用，越来越多的网站与应用程序支持 IPv4 和 IPv6 流量；

②网络接入服务商的支持，Verizon 无线和 AT&T 等大的 ISP 大规模推出 IPv6 支持的服务；

③越来越多的终端用户设备支持 IPv6，终端用户设备不支持 IPv6 一直是阻碍 IPv6 被广泛采用的原因，随着用户升级了设备，许多设备都支持 IPv6。

2012 年的世界 IPv6 日，Akamai 发布的实时数据流量表显示：虽然预计 IPv4 仍将使用到 2020 年，但 IPv4 和 IPv6 的流量都在持续增加。

全球 IPv6 地址数量（/32）最多的 20 个国家/地区，如表 2.4 所示。

表 2.4　全球 IPv6 地址数量（/32）最多的 20 个国家/地区（2013 年 1 月）

排名	国家/地区	IPv6 地址数量	排名	国家/地区	IPv6 地址数量
1	巴西	65 728	5	日本	11 228
2	美国	19 101	6	法国	8888
3	中国大陆	12 537	7	澳大利亚	8591
4	德国	11 300	8	韩国	5229

（续表）

排名	国家/地区	IPv6 地址数量	排名	国家/地区	Ipv6 地址数量
9	意大利	4980	15	荷兰	1178
10	阿根廷	4241	16	西班牙	843
11	埃及	4106	17	俄罗斯	792
12	波兰	2405	18	挪威	541
13	中国台湾	2337	19	加拿大	507
14	英国	2231	20	瑞典	469

（数据来源：中国台湾网络信息中心，TWNIC）

2.1.3　市场规模

波士顿咨询公司（BCG）2012 年 3 月发布的报告显示，如果把互联网也当成一个国家经济体，它会是仅次于美国、中国、日本以及德国的全球第五大经济体。波士顿咨询公司认为，“促进企业积极应用互联网，会提升国家竞争力，促进经济增长。”

报告显示，2010 年，G20 国家/地区的互联网经济总规模为 2.3 万亿美元，占 G20 经济体的经济总规模的 4.1%。预计 2016 年将增至 4.2 万亿美元，其中移动互联网的快速增长起到主要推动作用。到 2013 年，移动终端将会超越固定线路终端，成为访问网络的最主要方式。到 2016 年，移动终端将占据宽带连接终端总数的 80%。

新兴国家/地区增长潜力极大。预计 2010—2016 年，G20 中新兴国家/地区的互联网经济总额将年均增长 17.8%。

按互联网经济占国内生产总值（GDP）比重排名，英国的互联网经济价值达 1920 亿美元，占到 GDP 的 8.3%，全球领先。韩国的互联网经济规模排在英国之后，占到 GDP 的 7.3%。中国以占到 GDP 5.5%的比例排在全球第三位，但价值达到 3260 亿美元。到 2016 年，中国的互联网经济价值将达到 8520 亿美元，互联网经济占 GDP 的比重将上升到 6.9%，保持全球第三的位置。

该调查是波士顿咨询公司与 Google 联手实施的。互联网经济规模是通过对网上商品的支付额等进行计算，分析企业以及普通消费者、政府支出等各领域中的互联网利用规模而得出的。

2.1.4　发展动向

1．互联网移动化趋势突显

互联网的重心正在发生转移。多年以来，互联网作为一种媒介，其接入方式主要是通过个人电脑，只有少数是通过小型个人电脑或移动应用程序。随着移动设备日趋普及且功能日渐完善，移动设备成为主流接入平台的前景一片光明。

投资者在不断地涌向新成立的移动公司，自 2001 年以来，涌入移动行业的风险资本不断增加并在 2011 年达到峰值。2012 年，专门为移动用户提供图片分享应用的开发商 Instagram

被脸谱网以 7.3 亿美元收购。2012 年上半年，移动互联网公司共获得风险投资 39 亿美元，占整个风险投资资金的 46.3%，而 3 年前这一比例为 17%。美国投资银行 Rutberg &Co 的高管昌德称："数据证明，互联网正在转向移动优先。"

2. 全球 LTE 网络商用化加速

全球移动供应商协会（GSA）的报告显示，截至 2012 年 11 月，全球 105 个国家或地区的 360 家运营商已承诺推出 LTE 服务，全球 LTE 商用网络已达 113 个，分布在 51 个国家或地区。预计到 2012 年底，商用 LTE 网络总数将达到 166 个。自 2012 年开始，LTE 建设呈加速态势，预计 2013 年电信资本支出仍不会停歇，主要动力来自新兴市场与北美市场的 LTE 网络持续商用化。

美国 美国并不是最早推出 LTE 的国家，但在 Verizon、AT&T、MetroPCS、Sprint 等运营商的大力推动下，现在美国已经是全球 LTE 覆盖面最广、设备和用户最多的国家。美国的四大运营商中，AT&T、Sprint、Verizon 都已经开始 LTE 商用，T-Mobile 则计划在 2013 年正式商用 LTE。有报道显示，美国一共有 19 家运营商，其中 13 家运营商都已经上了 LTE。

欧洲 据不完全统计，2012 年欧洲地区宣布商用 LTE 的国家和运营商有 T-Mobile 匈牙利、沃达丰葡萄牙、克罗地亚电信、俄罗斯 MegaFon、荷兰 KPN、Tele2 荷兰、葡萄牙电信、斯洛文尼亚 Si.Mobil、俄罗斯 MTS、丹麦 Hi3G、挪威电信（Telenor 本土商用）、英国 Everything Everywhere、意大利电信、比利时电信（Belgacom）、希腊 Cosmote、沃达丰罗马尼亚、法国电信 Orange（本土商用）、Tele2 爱沙尼亚、瑞士电信、Orange 罗马尼亚、Yota 以及电讯盈科等。

日本 早在 2010 年底，NTT DoCoMo 率先在日本推出基于 FDD 制式的 LTE 服务，不过其他几家运营商并未立即跟进推出 LTE 商用，到了 2012 年初迎来大爆发，2 月份，日本第三大运营商软银正式推出了基于 TD-LTE MiFi 终端的商用服务；2 月底，互联网服务提供商 IIJ 公司也推出了 LTE 服务，不过这是一家"虚拟运营商"，它租借了 NTT DoCoMo 公司的 LTE 网络为用户提供名为 IIJmio 的高速数据服务；3 月份，eAccess 公司也开始在东京和大阪等主要城市逐步推出 WCDMA 和 LTE 混合模式的网络，也进入了 LTE 市场；日本第二大运营商 KDDI 则于 9 月开通了 LTE 服务。

韩国 截至 2012 年 10 月底，韩国的 LTE 用户数已经超过 1000 万，预计 2012 年年底韩国 LTE 用户将达到 1600 万。其中，SK 电讯在 2012 年 7 月已经完成了覆盖韩国 99%人口的 LTE 网络部署，截至 12 月 12 日，其 LTE 用户数已经超过 700 万；韩国第二大移动运营商 KT 的 LTE 用户数已超过 200 万。

3. 社交媒体步入成熟

2012 年，Facebook 的 IPO 标志着社交网站步入成熟期。IT 咨询公司 Gartner 在 2012 年的报告中指出，尽管 Facebook 首次公开募股有些令人失望，但 2012 年社交媒体正走上正轨，2012 年全球社交媒体收入预计将达到 169 亿美元，与 2011 年的 118 亿美元相比增长 43.1%。广告收入仍是并将继续是全球社交媒体收入的最大来源，2012 年预计将达到 88 亿美元。社交游戏收入在 2010—2011 年增长了一倍，2012 年预计将达到 62 亿美元，而来自会员订阅的收入预计将达到 2.78 亿美元。

Gartner 高级研究分析师 Neha Gupta 表示，在线社交媒体的使用已日趋成熟，2012 年全球社交网络的用户将超过 10 亿人。虽然社交媒体用户数量庞大，而且在某些情况下用户使用社交媒体的方式已经日益成熟，但从收入的角度来说，社交媒体市场仍处于初期发展阶段。Gartner 还预测，社交媒体用户数将稳步增长。新的媒体和娱乐形式将促使用户使用社交媒体网站并将吸引更多新的用户加入。社交媒体之间的竞争日益激烈，均在争夺消费者的休闲时间和注意力，这将导致新的社交媒体形式（基于网络和移动设备）的崛起。

4. 大数据时代来临

随着社交网络和移动互联网的快速发展，数据呈现爆炸式增长。IDC 的一项研究显示，未来 10 年全球数据量将以 40%的速度增长，到 2020 年将达到 35ZB（Zetta Byte），大数据将迎来 ZB 时代。

为最大限度发挥大数据的效用和价值，奥巴马政府于 2012 年 3 月 29 日宣布启动一项“大数据研究与开发计划”。此计划将致力于提高美国政府从庞大而复杂的数字资料中进行知识提取和信息发掘方面的能力，从而帮助解决美国目前面临的一些迫在眉睫的问题和挑战。6 个美国联邦部门和机构同时宣布将共同投入超过 2 亿美元的资金，将之用于大幅度改进大数据的工具和技术，这些技术主要用于对海量数字资料的访问、组织与信息提取。

企业对大数据的投入也在增加。2012 年大数据市场的增长速度明显快于整个 IT 市场。据 Gartner 的最新统计，大数据市场销售额将在 2012 年增长 21.4%，达到 340 亿美元。CB Insights 和 Orrick 法律事务所报告显示，2012 年，风险资本家在大数据领域的投资超过以往所有的年份。大数据企业在 2012 年的交易量与 2011 年相比提升了 20%（从 132 例上升到 164 例）。

2.1.5　热点事件

1. 知名文件共享网站 Megaupload 被关闭

2012 年 1 月 19 日，美国司法部和联邦调查局关闭了全球知名共享网站 Megaupload（“百万上传”网站），并逮捕了网站数名成员。美国司法部在一份声明中说：“这次是美国历史上打击侵权的最大案件之一。”起诉书说，这家网站有超过 1.5 亿注册用户，每天的浏览量达 5000 万人次，是全球最经常被访问的第 13 家互联网网站。网站内容包括视频、音乐和图片，用户可匿名任意上传或下载。Megaupload 被关闭在网络上引发轩然大波，作为抗议，黑客组织“匿名者”对美国司法部、FBI、环球等网站进行了“历史上最大规模的攻击”，据统计，共有 5635 人参加攻击。

2. 脸谱网 IPO 未达预期

经过 8 年的成长，备受关注的脸谱网（Facebook）的 IPO 终于在 2012 年 5 月完成。发行价为 38 美元，首日以 38.23 美元收盘。然而，在 IPO 后的仅三个月，该公司的股票就暴跌了 50%。如今，Facebook 的股价开始逐步回升，但还没有回归到 IPO 时每股 38 美元的水准。

3. 苹果与三星争霸智能手机市场

2012 年是智能手机销量井喷的一年。据市场调查机构 Strategy Analytics 调查，2012 年全球手机销量达到 16 亿台，其中有 7 亿台是智能手机。在整体手机销量排行榜上，三星、诺基亚和苹果占据前三甲；而在智能手机销量排行榜上，三星以 2.13 亿台高居榜首，而苹果以 1.35 亿台屈居第二，第三名是诺基亚，只有 3500 万台。从市场占有率来看，根据 IDC 的统计，2012 年第三季度，三星以 31.3%的市场份额成为智能手机市场的霸主，是苹果 15%市场份额的两倍还多。从赢利能力来看，坚持走高端路线的苹果以 9%的市场份额获取了手机行业 75%的利润，单从利润率来看，目前苹果在手机行业几无对手。专家预测，2013 年，三星、苹果双雄争霸智能手机市场的局面仍会延续。

2.2 国际互联网应用发展情况

随着社交网络和移动互联网的兴起，SoLoMo（社交本地移动）被业界视为未来互联网发展的趋势。可以说，2012 年的互联网应用领域，SoLoMo 的影响无处不在。著名风投、美国 KPCB 风险投资公司合伙人约翰·杜尔在 2012 年 2 月第一次提出了“SoLoMo”这个概念，即 Social（社交）、Local（本地化）和 Mobile（移动）三个关键词的组合。理解这三个关键词并不难：“So（社交网站）”已经无处不在；而“Lo”则代表着以 LBS（基于位置的服务）为基础的各种定位和签到，如 Foursquare 或者“街旁”；“Mo”则是各种移动互联网应用。

2.2.1 电子商务

市场调研公司 eMarketer 预计，2012 年全球 B2C 电子商务销售额较 2011 年增长 21.1%，首次突破 1 万亿美元。预计 2013 年全球 B2C 电子商务销售额将增长 18.3%，达到 1.298 万亿美元。eMarketer 还表示，亚太区将在 2013 年超越北美，成为全球 B2C 电子商务销售额最高的地区。

eMarketer 指出，受低价格、更为便利、选择性强和产品信息丰富的推动，越来越多的消费者支出从实体店转向零售和旅游网站。2012 年，北美地区 B2C 电子商务销售额较 2011 年增长 13.9%，达到 3646.6 亿美元，占全球市场的 33.5%。美国依旧是全球最大的 B2C 电子商务市场，销售额达到 3434.3 亿美元，增长了 13.8%，占据全球市场 31.5%的份额。2012 年，亚太区 B2C 电子商务销售额达到 3324.6 亿美元，较 2011 年增长 33%以上。中国市场是亚太区 B2C 电子商务市场增长的主要推动力，2012 年销售额达 1100.4 亿美元；预计 2013 年，中国将超越日本，成为仅次于美国的全球第二大 B2C 电子商务市场，销售额达到 1816.2 亿美元，增长 65%。eMarketer 预计，从 2012 年到 2016 年，中国网络购物用户数量将增长近一倍。

随着智能手机和平板电脑的普及，消费者开始尝试移动电子商务。comScore 估计，2012 年第四季度，美国通过智能手机和平板电脑完成的移动商务交易额占到整体电子商务开支的 11%。Monetate 的电子商务季报也显示，在 2012 第四季度，智能手机和平板电脑占电子商务网站访问量的 20.6%，比 2011 年同期的 8.2%增长了一倍还多。

2.2.2 搜索引擎

“搜索引擎观察”（Search Engine Watch）提供的报告显示，在全球搜索市场排名中，搜索巨头谷歌的份额列第一，百度第二，雅虎第三。这份报告的数据来自美国市场研究公司 comScore 在 2012 年 11 月和 12 月期间的统计数据。

报告显示，在 2012 年 11 月和 12 月期间，全球用户通过谷歌进行的搜索查询达到了 1147 亿次，市场份额为 65.2%；使用百度搜索的查询达到了 145 亿次，份额为 8.2%；使用雅虎搜索的查询达到了 86 亿次，份额为 4.9%；排在第四的是来自俄罗斯的 Yandex 搜索，其搜索量为 48 亿次，份额为 2.8%；微软的必应搜索被挤到第五位，其搜索量为 44 亿次，份额为 2.5%。

2.2.3　社交网站

市场研究机构 GlobalWebIndex 的调查显示，截至 2012 年年底，在全球最为活跃的社交网络中，脸谱网（Facebook）仍遥遥领先，全球一半以上互联网用户都使用 Facebook。另据 Internet World Stats 的数据显示，截至 2012 年年底，Facebook 的全球用户数已达 9.76 亿，其中亚洲用户数达 2.54 亿，如表 2. 5 所示。

表 2.5　Facebook 用户数（2012 月 12 月 31 日）

地　　区	用　户　数
亚洲	254 336 520
全球其他地区	721 607 440
全球	975 943 960

（数据来源：Internet World Stats）

排在第二、三位的社交网站分别是谷歌旗下的 Google+和 YouTube。2012 年，Google+活跃用户增长了 27%，达到 3.43 亿，并跃升为全球第二大社交网络。YouTube 名列第三，约有 21%的全球互联网用户每月都使用 YouTube。Twitter 排名第四，全球活跃用户数达到 2.88 亿，在 GlobalWebIndex 研究的 31 个市场上的活跃用户数量已经增长了 40%。在这份社交网站排名中，共有九家中国社交网站上榜。其中，腾讯 QQ 空间（Qzone）、新浪微博在所有中国社交网站中居前两位，在全球排名中分居第五、六位。

2012 年，社交网络移动化的趋势逐渐显现。市场研究公司 Nielsen 发布报告称，全球近半数（47%）的社交媒体用户通过移动设备访问社交网站，而这种趋势在亚太地区更为明显。报告称，亚太地区 59%的社交媒体用户现直接通过移动设备登录 Twitter、Facebook 等网站进行互动，欧洲地区和北美地区的比例分别为 33%和 36%。

2.2.4　网络视频

据 comScore 发布的 2012 年 12 月美国网络视频市场（不包含视频广告）的数据显示，该月，1.82 亿美国互联网用户（占互联网用户数的 84.9%）观看了视频，共观看了 387 亿次内容视频及 113 亿次广告视频，如表 2.6 所示。

表 2.6　美国网络视频市场排名（2012 年 12 月）

视频网站	独立观众数（千人）	视频数（千个）	每用户观看视频分钟数
谷歌网站	152 971	13 181 969	388.3
Facebook 网站	58 776	419 959	16.4
VEVO	51 640	592 463	39.3
NDN	49 942	510 319	69.5
雅虎网站	47 516	383 514	51.5

（续表）

视频网站	独立观众数（千人）	视频数（千个）	每用户观看视频分钟数
AOL	42 425	692 467	55.0
Viacom Digital	42 334	431 833	39.4
微软网站	40 604	472 812	39.4
亚马逊网站	38 129	138 968	10.3
Grab Media	34 911	203 512	28.8
总计	181 717	38 673 322	1 150.2

（数据来源：comScore Video Metrix）

在内容视频观看量方面，包括 YouTube 在内的谷歌网站排名第一，独立观众数为 1.53 亿。排名第二的为 Facebook，独立观众数为 5880 万。VEVO、NDN 和雅虎网站排名第 3～5 位，独立观众数分别为 5160 万、4990 万和 4750 万。2012 年 12 月，美国互联网用户共观看了近 387 亿次内容视频。其中，谷歌网站为 132 亿次，AOL 为 6.92 亿次。在美国前 10 大视频网站中，以每用户观看视频分钟数来看，谷歌网站拥有最高的用户平均参与度。

2.2.5 即时通信应用

在移动互联网时代，除了传统的电话、短信方式外，即时通信（IM）工具正在成为人们沟通和社交的重要方式。2012 年是移动 IM 应用大行其道的一年。

移动数据公司 Onavo 2012 年 12 月提供的报告显示，目前，全球移动 IM 应用市场仍处于高度分裂和割据状态。在欧洲市场，WhatsApp 在大多数国家都占据了主导地位，从活跃使用量（西班牙 97%、德国 84%、荷兰 83%、意大利 81%、瑞士 69%）这一指标来看，远远超过了 Facebook Messenger。在亚洲市场上，情况则要复杂得多。在韩国，有 88%的苹果 iPhone 用户是 KakaoTalk 的活跃用户；在日本，NHN 日本公司的 Line 应用占有 44%的 iPhone 活跃用户；在中国，2012 年无疑是腾讯微信大获成功的一年。借助庞大 QQ 用户群的优势，到 2012 年年底，微信用户数直逼 3 亿大关，而此时距离这款应用推出的时间尚不足两年。在北美市场，Facebook Messenger 和 WhatsApp 的活跃度都很低，以美国为例，前者为 11%，后者为 7%。这一方面说明了整个北美市场对于传统的 SMS 业务还很依赖；另一方面可能说明了 iPhone 自带的 iMessenger 使用率很高，从而限制了 Facebook Messenger 和 WhatsApp 的增长。

2.2.6 移动支付

据 Gartner 2012 年 5 月发布的研究数据显示，2012 年的移动支付额将超过 1715 亿美元，较 2011 年的 1059 亿美元增长 60%以上。此外，2012 年将有 2.122 亿人使用某种形式的移动支付服务，比 2011 年的 1.605 亿人增长 32%。从 2011 年到 2016 年，移动支付将取得平均每年 42%的增长速率。到 2016 年，移动支付将形成一个价值高达 6170 亿美元的巨大市场，用户规模也将暴增至近 4.48 亿。

目前，SMS 仍然是发展中市场实现付款的主要技术，而在更加成熟的市场中，大多数的移动交易是通过移动互联网门户网站进行的。Gartner 预测，2012 年，北美市场 80%的移动支付交易将通过 Web / WAP 的方式进行，这一数字在西欧市场甚至高达 88%。

在国外，移动支付的形式主要有三种：一是移动刷卡器（需要外接设备），即采用一个外置的加密移动刷卡器和 APPS 应用相结合的方式，如 Square Wallet 服务；二是不需要外接设备的移动刷卡器，即利用安装的应用程序将手机本身变成刷卡器；三是手机钱包（也叫数字钱包），运用 NFC 技术将手机本身变成信用卡。

目前，已有多家知名公司在抢滩移动支付市场，包括苹果、谷歌、Facebook、PayPal、Square、Intuit 和亚马逊等。以总部位于美国旧金山的移动支付公司 Square 为例，在 2012 年，该公司的用户数量增长了两倍，年交易额超过了 100 亿美元。其 Square Wallet 服务是一款移动支付应用，它需要和 Square 公司提供的移动读卡器配合使用，通过应用程序匹配刷卡消费，它使得消费者、商家可以在任何地方进行付款和收款。该公司 2012 年成功地将其支付系统整合到了全美国 7000 多家星巴克咖啡店内。

2.2.7　LBS 服务

越来越多的手机嵌入 GPS 功能，极大地促进了基于位置的服务的繁荣。智能手机中位置服务、社交游戏和地图应用的普及是“移动革命”中值得关注的现象。然而，LBS 的盈利模式一直是令众多创业者头疼的问题。2012 年，在移动市场，位置服务正演化出更多功能。例如，谷歌地图的调度服务（Google Coordinate）将地图服务和地理定位服务搭配在一起，加上 API 和一套移动人力调度系统，可以让企业组织提高任务分配和调度的效率，这是 Google 首次将自己在地图和定位的工作运用到商业领域。此外，一些手机游戏也开始集成位置服务，提供增强现实功能，如谷歌 Ingress 和 TapLabs 的 TapCity。在中国，“LBS+本地生活服务”成为位置服务整体市场的主要发展趋势。手机地图领域已经有相当一部分应用转型平台化的生活服务 APP，而不再定位为单纯的地图应用。百度地图部门也在 2012 年拆分为独立的 LBS 事业部，进一步加强基于位置信息服务领域的布局。2012 年，在位置服务领域，苹果在秋季发布的 iOS6 系统中弃用谷歌地图最为引人瞩目。苹果自 2007 年一直沿用内置谷歌地图，此次转向自主地图服务的尝试备受市场期待。然而其错漏百出的贴图、严重扭曲的 3D 画面、错误标志等缺点使苹果地图应用在大众眼中丧失可靠性。很多用户甚至因此而迟迟不愿升级到 iOS6。2012 年 12 月，谷歌地图 iOS 版一经发布，立即受到了苹果用户的热捧，迅速登上了苹果 APP Store 榜首，48 小时内下载量突破千万。而谷歌地图也带动了用户升级系统，iOS6 用户数量猛增 3 成。

2.3　2012 年国际互联网投融资和并购情况

2012 年，美国、欧洲经济持续低迷带动了全球经济走入疲软期，市场对经济前景失去信心。全球 IT 行业风险投资和科技并购意愿受到一定程度的打压，从投资和交易金额上看比 2011 年均有明显下滑。

2.3.1　互联网产业风险投资情况

在风险投资领域，普华永道会计事务所与美国国家风险投资协会（NVCA）联合发布的

MoneyTree 2012 年第四季度风险投资报告指出，2012 年全年，美国风险投资总额为 265 亿美元，同比减少 10%；交易量为 3698 笔，同比减少 6%。这是美国三年来首次出现年度风险投资下滑。报告中的数据来源于汤姆斯路透集团（注：MoneyTree Report，即摇钱树报告，是一份研究美国风险投资活动的季度报告）。

报告显示，2012 年软件行业仍是最大赢家，投资额比 2011 年增加 10%，达到 83 亿美元，创下 2001 年以来的新高。而互联网领域的投资额和投资案数量都较 2011 年有所下滑。

报告指出，2012 年，美国针对互联网公司的风险投资额达到 67 亿美元，投资案为 976 笔，与 2011 年的数字相比均下滑 5%。尽管如此，2012 年仍然是自 2001 年以来互联网投资第二高的年份。2011 年则达到了过去 11 年间互联网领域投资的最高峰（注："互联网公司"是一个独立的企业分类，无论原始业务属于哪个类别，只要公司业务模式依赖于互联网，该公司就属于这一分类）。

2012 年，"互联网公司"的投资额占全部风险投资金额的 25%，比 2011 年的 24%略有上升。研究人员认为，软件及互联网公司之所以对风险投资具有吸引力，是因为大多数此类公司资本效率高，并且不需要很高的资本投入即可开展运营。

从全年来看，针对互联网公司的风险投资在第二季度达到顶峰，风险投资额达到 18 亿美元，投资案为 261 笔，该季度也是十几年中该领域获得风险投资额第二高的季度。而此后的两个季度，投资逐步下滑。尽管如此，在过去两年多的时间里，针对该领域的风险投资实现了每季度均超过 10 亿美元的高水平。

2.3.2 IT 产业并购情况

安永（Ernst & Young）会计师事务所发布的全球科技并购 2012 年第四季度和年终报告，对科技界的兼并和收购案进行了分析。总体来看，全球科技并购案成交数量在连续两年增加后，2012 年仅实现了与上年持平，为 2934 笔，仅比 2011 年少 2 笔；交易金额也从 2011 年的 1757 亿美元下降为 1141 亿美元，降幅达 35%。

由于宏观经济环境为收购案增加了很多的不确定性，尽管高科技企业仍坐拥大量现金，但 2012 年众多公司都不愿从事大型的、变革性的技术交易。举例来说，2012 年最大的一笔交易只能在 2011 年排第五位，全年也只有两笔交易能挤进 2011 年的前十大交易。但分析师表示，尽管没有这些大型的交易，但交易的数量还是保持相对稳定，因为他们主要从事一些小型的"趋势交易"，包括云计算和移动领域的收购。

2012 年，云计算和 SaaS（软件即服务）领域赢得业界科技公司的青睐，成为兼并和收购主流，尤其是来自 SaaS 的成长动力，使得云计算和 SaaS 引领大趋势。2012 年，有超过 15%的科技领域的兼并和收购案与云计算和 SaaS 有关，涉及供应链管理、SaaS 市场和零售，以及面向云的网络设备。例如，2012 年 5 月，SAP 美国公司以 45 亿美元收购基于云技术的商务网络公司 Ariba；2012 年 2 月，甲骨文公司以 19 亿美元收购云计算人才管理解决方案提供商 Taleo；2012 年 9 月，联想集团收购美国软件服务商 Stoneware 等。

此外，与大数据分析相关的收购案也显现了类似的成长趋势，但受重视程度仍无法与前者相提并论。

除了云计算和 SaaS、大数据分析，智能移动、社交网络、广告和营销、安全、移动/电子支付和健康护理信息技术（HIT）等领域的并购交易数都超过了 2011 年。在全球交易案与

2011 年整体持平的前提下，上述领域的并购案成交量占比增加。2012 年科技界十大并购案如表 2.7 所示。

表 2.7　2012 年科技界十大并购案

排名	收购方	被并购方	收购金额（亿美元）	宣布日期
1	思科（Cisco）	付费电视软件开发商 NDS	50.00	3 月 15 日
2	SAP	基于云技术的商务网络公司 Ariba	45.00	5 月 22 日
3	加拿大 CGI 集团	英国 IT 服务公司 Logica	26.63	5 月 31 日
4	戴尔（Dell）	IT 管理软件提供商 Quest Software	25.59	7 月 2 日
5	ASML	Cymer, Inc.	25.23	10 月 17 日
6	美光科技（Micron Technology）	日本尔必达记忆体公司（ELPIDAMemory）	25.17	7 月 2 日
7	ARRIS	以机顶盒为主业的摩托罗拉家庭业务（Motorola Home）	23.50	12 月 19 日
8	RedPrairie Corporation	JDA 软件集团公司	20.35	11 月 1 日
9	甲骨文（Oracle）	人才管理软件厂商 Taleo Corporation	20.16	2 月 9 日
10	黑石集团（The Blackstone Group）	家庭报警系统供应商 Vivint	20.00	9 月 19 日

（数据来源：安永会计师事务所）

在全球科技并购整体持平的情况下，互联网领域的并购案数量比 2011 年下滑了 12%，只有 528 笔。这其中，56%的交易案发生在上半年，下半年仅占 44%。从金额来看，全年互联网领域购入 93 亿美元，售出 151 亿美元。2012 年，互联网行业并购的主要驱动因素包括企业软件整合社交网络功能、在线视频、专利和移动/电子支付技术等。其中，互联网领域当年最大的一笔并购来自第四季度，Priceline.com 以 18 亿美元收购美国机票订购网站 KAYAK.com，如表 2.8 所示，引领了该季度的旅游网站并购潮。Expedia 公司也在该季度宣布以 6.32 亿美元收购一家德国的酒店比价网站 trivago。

表 2.8　2012 年互联网行业五大并购案

排名	收购方	被并购方	收购金额（亿美元）	宣布日期
1	线旅游服务公司 Priceline.com	美国机票订购网站 KAYAK.com	18.00	11 月 8 日
2	私募股权基金 Permira Funds （LIS）/Spectrum Equity	美国家谱网站 Ancestry.com	16.00	10 月 22 日
3	微软公司	企业社交网络公司 Yammer	12.00	6 月 25 日
4	优酷	土豆网	11.31	3 月 12 日
5	微软公司	向 AOL 公司购买 800 项专利及相关应用	10.56	4 月 9 日

（数据来源：安永会计师事务所）

2.4 国际互联网安全发展情况

数据显示，当前全球网络攻击事件的数量不断上升，自然事件、人为错误、技术故障或出于恶意动机的活动，如恶意攻击、经济间谍活动、恐怖主义和国家资助的活动，都可以引发网络事件。当它们影响到金融、卫生、能源和运输等关键部门时，会给社会和经济带来严重后果，削弱公众对一般网上活动的信任。各国政府和企业在网络安全管理方面和对抗恶意活动方面都面临着日益严峻的挑战。世界经济论坛公布的《2012 年全球风险》报告显示，针对政府以及商业机构的网络攻击已经成为危及全球稳定的五大威胁之一。该报告指出，由于科技发展的速度太快，确保网络的安全变得越来越困难。

赛门铁克称，勒索软件欺诈案件数量在 2013 年将大幅增长。哈利写道："2013 年，攻击者将使用更专业的勒索画面，使用感情因素来刺激受害者，并使用工具使受损更难以恢复。"赛门铁克报告称，除了上述两个主要的网络威胁，针对社交媒体服务、移动设备和云计算系统的网络攻击数量也将增加。英国著名企业家、软件厂商 Autonomy 公司的 CEO 迈克 · 林奇也强调，如果企业想保护数据安全，这三个领域是企业必须重视的关键安全风险点。

2.4.1 网络安全关注点

1．西方国家采取多种手段提升本国的网络安全防御能力，主要包括资金保障、机构组织设置、技术研发、人才储备、信息共享等多个方面

2012 财年，美国国土安全部获批 8.88 亿美元（比 2011 财年多 4950 万美元）用于基础设施和信息安全的保护。网络安全方面将投入 4.43 亿美元，相比 2011 财年增加了 8000 万美元，其中 2280 万美元将用于网络安全教育，提高网络安全意识。

欧盟委员会部署欧盟计算机应急响应小组（CERT-EU）。CERT 是由来自企业及机构的专家组成的小组，欧盟通过建立 CERT 组织帮助欧盟议会、欧盟委员会和理事会机构应对日益增长的网络威胁。欧盟委员会敦促其他成员国政府以 CERT-EU 为榜样，成立本国的 CERT 组织。

英国设立"网络人才储备库"，提高网络防御能力。英国国防部准备设立帮助军队提高网络安全防御能力的"网络人才储备库"，储备库中的网络安全专家将帮助军队抵御日益增长的网络安全方面的威胁。

美加网络安全机构开展信息共享计划。2012 年 10 月，美国国土安全部和加拿大公共安全部共同宣布了一项"网络安全行动计划"，两国政府将在网络安全方面进一步开展合作，加强两国关键基础设施威胁信息的共享。该计划还将促进企业间的信息共享，推动公共和私营部门在网络安全防御、事件救援与恢复等方面开展协同行动。

日本政府设立研发中心以防御针对控制系统的网络攻击。日本政府和国内企业组成的财团将在索尼公司位于宫城县的仙台技术中心共同成立控制系统安全中心（CSSC），该中心将参考美国的经验，对涉及日本国家安全的道路交通、航空、新干线等基础设施网络和化学工厂等工业设施实施强有力的网络防护，以阻止黑客集团对这些设施的攻击。日本政府将为这一网络安全测试平台提供 20 亿日元。

2. 全球安全支出达 600 亿美元

市场调查机构Gartner数据显示，2012年全球安全支出将达到600亿美元，同比增长8.4%，到 2016 年这一数字将达到 860 亿美元。根据 Gartner 的分析，安全基础设施市场包括用于企业和消费者 IT 设备防护的软件、服务和网络安全应用。IT 外包、Web 安全网关及安全信息和事件管理（SIEM）将在安全领域增长最快。另外，基于云的安全服务需求正成为影响安全市场的关键因素，这种新的安全交付模式增速将高于平均值。2012 年，排除汇率因素的影响，对全球安全市场贡献最大的是安全服务，其次是安全软件。

3. 由国家资助的恶意软件显著增加

2012 年破获了一系列超复杂恶意软件，这些软件是由某些国家发起的。其中，2012 年 5 月，一种破坏力巨大的网络间谍工具“火焰”在攻击伊朗网络时被发现，它被认为来自某个敌对国家。网络安全公司赛门铁克发布报告预测，类似于“火焰”（Flame）、“高斯”（Gauss）和“震网”（Stuxnet）等受到国家资助的恶意软件将在 2013 年继续涌现，将形成一个网络冷战的新时代。此举表明关键基础设施系统已成为敌对势力、个人黑客以及国家资助队伍的攻击目标。另有外媒报道称，2012 年初的一份报告曾披露，美国总统奥巴马批准使用“震网”病毒，旨在破坏伊朗的核浓缩设施。

4. 移动威胁不断增长

随着智能手机的普及，移动平台上涌现了大量的游戏、社交网络、应用软件和金融工具，恶意软件随之而来，企业安全和个人隐私都将受到影响。智能手机和平板电脑等移动设备正面临着丢失、盗窃、垃圾邮件、木马病毒、间谍软件、数据泄露和侵略性广告等带来的威胁。谷歌的安卓系统仍是手机恶意软件攻击的主要目标。市场调查机构 ABI Research 发现，在 2011 年第一季度至 2012 年第二季度，恶意软件独特变种数增长了 2180%，总数达 17439 个，而且这一数量还将急剧增长。ABI Research 预计，到 2012 年年底，全球移动应用安全市场市值将达 3.98 亿美元。

2.4.2　网络安全重大事件

1. 新型蠕虫“火焰”（Flame）肆虐中东

2012 年 5 月，一种破坏力巨大的全新电脑蠕虫“火焰”（Flame）被发现，这种蠕虫在中东地区大范围传播，其中伊朗受病毒影响最严重。据推测，“火焰”已在中东各国传播了至少 5 年时间。据介绍，“火焰”蠕虫非常复杂，危害性极高，一旦企业的计算机被感染，将迅速蔓延至整个网络。病毒进入系统后，会释放黑客后门程序，利用键盘记录、屏幕截屏、录音、读取硬盘信息、网络共享、无线网络、USB 设备及系统进程等多种方式在被感染电脑上收集敏感信息，并发送给病毒作者，给用户造成巨大安全隐患。受到此病毒影响的国家包括伊朗、以色列、苏丹、叙利亚、黎巴嫩、沙特阿拉伯和埃及。此前发现的“震网”病毒攻击的是伊朗核设施，“毒区”（Duqu）病毒攻击的是伊朗工业控制系统数据，而“火焰”病毒攻击的则是伊朗石油部门的商业情报。同年 8 月，卡巴斯基实验室又曝光类似“火焰”病毒的“高斯”（Gauss）病毒，一个从事收集财务信息的间谍软件。它是出现在中东地区的一个新的网络间谍软件，可以窃取浏览器保存的密码、网银账户、Cookies 和系统配置信息等敏感数据。卡巴斯基指出，有足够的证据表明，“高斯”和“火焰”、“震网”病毒有着密切的关系，都是某个国家赞助的网络攻击，因为它们都由相同的“工厂”制造。

2. 美国"2012 年网络安全法案"受阻

美国网络安全法案，全称为《网络情报共享与信息法》(CISPA)，是针对美国 1947 年《国家安全法》的一项修正案。CISPA 由众议院情报委员会主席迈克尔·罗杰斯于 2011 年 11 月提出。该法案允许政府将有关网络威胁的情报提供给企业以预防来自国外的网络攻击，反之企业亦可提交数据给政府以避免国内的重大基础设施遭到攻击。与失败的《反互联网盗版法案》(SOPA) 不同，脸谱网、英特尔和微软等约 800 个总部设在美国的科技公司对该法案表示支持。CISPA 于 2012 年 4 月在众议院获得通过，但在 8 月受阻于参议院，原因是部分内容涉嫌侵犯美国公民和企业隐私。CISPA 受到了互联网隐私支持者和公民权利组织的批评，这些组织认为该法案中对于政府如何以及何时能够监视公民个人的互联网浏览记录所设的限制过少；此外，他们还担心这一新权力可能被用于监视普通民众而非用于追踪恶意黑客。CISPA 的失利标志着历时 3 年，美国国会始终无法在网络安全立法问题上达成共识。

3. 大规模信息泄密事件频出

美国电子商务网站 Zappos 用户信息被窃。2012 年 1 月，亚马逊旗下美国电子商务网站 Zappos 遭到黑客网络攻击，2400 万名用户的电子邮件和密码等信息被窃取。

全球支付信息被盗。2012 年 3 月，信用卡支付中介机构美国"全球支付"公司确认，未授权者 3 月初进入它的系统并可能窃取一些信用卡账户信息。此次遭大规模盗取，涉及万事达和威士国际组织等机构信用卡用户、大型发卡银行和数家主要信用卡服务企业，波及账户数量暂时无法确定，评估数量从数以万计至超过 1000 万。

LinkedIn 用户密码泄露。2012 年 6 月初，美国知名社交网站 LinkedIn 被爆出其 iOS 应用程序会在用户不知情的情况下收集信息，并上传数据到公司的服务器。另外，该网站的 650 万名用户账户、密码被泄露。LinkedIn 目前拥有超过 1.5 亿名用户。

雅虎服务器被黑，45 万名用户信息遭泄露。2012 年 7 月中旬，据悉，一个自称 D33DS 的黑客组织公布了他们声称的雅虎 45.34 万名用户的认证信息，还有超过 2700 个数据库表或数据库表列的姓名以及 298 个 MySQL 变量。他们称，以上内容均是在此次入侵行动中获得的。黑客们利用特殊的 SQL 注入方式渗透到雅虎网站的子区域中以获取信息。该组织称，希望通过此次攻击引起对子域名安全的重视。

Dropbox 账户被盗。2012 年 7 月，云存储服务商 Dropbox 确认，在当月来自第三方站点的黑客获取了部分用户的用户名和密码，侵袭了他们的 Dropbox 账户。该盗窃事件起因于小部分 Dropbox 用户在该公司网站论坛上抱怨，称自己收到了垃圾邮件，而收到垃圾邮件的电邮地址仅供与 Dropbox 联系所用。此后向 Dropbox 反映同一问题的用户不断，共有 295 名用户在论坛上发布了同样的信息。

苹果识别码被窃取。2012 年 9 月，黑客组织 Anonymous 下属的一个名为 Antisec 的黑客团体，声称获得了 1200 万苹果 iOS 设备的唯一识别码和用户的其他个人信息。为了证实这一点，Antisec 公开了 100 万苹果设备的唯一识别码。Antisec 在声明中还说，黑客们是从联邦调查局（FBI）的一名特工的笔记本电脑上非法窃取到上述数据的。

4. DNSChanger 服务器被关闭

DNSChanger 是活跃在 2007—2011 年的域名系统（DNS）劫持软件。它会通过修改计算机的 DNS 设置，指向它自己的服务器来感染电脑。通过这种方法，用户在浏览网页的时候就会被插入广告，在该软件鼎盛时期，大约感染了超过 400 万台计算机。不仅仅是消费者的电脑，DNSChanger还感染了政府机构和企业的电脑和系统。在财富500强企业中，约有12%的企业的电脑或路由器受到感染，3.6%的美国政府机构受到感染。美国联邦调查局（FBI）本来设立了多个紧急后备服务器，让那些受病毒感染的公司使用。但根据法庭颁令，这些后备服务器的使用期到2012年3月8日便届满。此后FBI宣布将于2012年7月9日关闭与DNSChanger恶意软件相关的服务器，这将导致被感染的电脑无法访问互联网。

（中国互联网协会　孙小宁）

第二篇

资源与环境篇

- 2012年中国互联网基础资源发展情况
- 2012年中国互联网基础设施建设情况
- 2012年中国互联网设备市场情况
- 2012年中国三网融合发展情况
- 2012年中国网络资本发展情况
- 2012年中国互联网政策法规建设情况
- 2012年中国计算机网络与信息安全情况
- 2012年中国互联网治理情况

第 3 章　2012 年中国互联网基础资源发展情况

3.1　IP 地址

IP 地址作为一项重要的互联网基础资源，对我国互联网健康有序发展有着重要的影响。而伴随着中国网民的快速增长，以及移动互联网、物联网和云计算等新兴业务的广泛开展，互联网产业将对 IP 地址产生海量需求。在目前 IPv4 地址逐步耗尽的情况下，向 IPv6 的过渡和迁移是解决这个问题的唯一方案。

自 2011 年 4 月 15 日起亚太互联网络信息中心（APNIC）开始执行“最后 1 个 A”的 IPv4 地址分配管理政策，从 2011 年 4 月 15 日后，亚太区各个网络及内容提供商只能申请到少量的 IPv4 地址，用于向 IPv6 网络过渡的关键设备。根据中国互联网络信息中心（CNNIC）发布的《第 31 次中国互联网络发展状况统计报告》中的相关数据，截至 2012 年 12 月底，我国 IPv4 地址数量为 3.3 亿个，基本与 2011 年持平，IPv4 地址供需矛盾进一步加强。在 IPv6 地址方面，截至 2012 年 12 月底，我国拥有 12 535 块/32 大小的 IPv6 地址段，较上一年度大幅增长了 33.4%，我国主要网络运营商均已拥有大块 IPv6 地址，IPv6 地址总量已位列全球第三位。但由于我国互联网产业对 IP 地址资源持续且巨大的需求，具有前瞻性的 IPv6 地址需求规划和资源申请非常重要。

2012 年 3 月，国家发改委、工业和信息化部、教育部、科学技术部、中国科学院、中国工程院、国家自然科学基金会联合下发了《关于下一代互联网“十二五”发展建设的意见》（以下简称《发展意见》）。《发展意见》提出“十二五”期间，互联网普及率达到 45%以上，推动实现三网融合，IPv6 宽带接入用户数超过 2500 万，实现 IPv4 和 IPv6 主流业务互通，IPv6 地址获取量充分满足用户需求。《发展意见》对“十二五”期间 IPv6 的发展路线图进行了明确：①现网商用试点阶段（2013 年底前），开展 IPv6 网络小规模商用试点，向用户和应用优先分配 IPv6 地址，形成成熟的商业模式和技术演进路线，为全面部署 IPv6 网络做好准备，加快推进新型网络体系架构及技术研发工作；②全面商用部署阶段（2014—2015 年），开展 IPv6 网络大规模部署和商用，逐步停止向新用户和应用分配 IPv4 地址，推动实现三网融合，组织新型网络体系架构及技术的规模验证，为“十三五”期间产业创新发展做好准备。

2012 年 2 月，国家发改委“2012 年下一代互联网技术研发、产业化和规模商用专项”启动。通过此专项的组织实施和带动，在现网商用试点阶段将实现以下目标：①骨干网和约

10%城域网支持 IPv6，制定大规模公众网络由 IPv4 向 IPv6 平滑演进过渡方案，实现 IPv4 和 IPv6 网页浏览业务互通，IPv6 宽带接入用户数超过 800 万；②国内具有重要影响力的 100 家商业网站支持 IPv6，推动部分政府机关及企事业单位网站、城市政府网站支持 IPv6，电信运营企业新开展的业务基本支持 IPv6，新增上网固定终端和移动终端基本支持 IPv6；③加快 IPv4 向 IPv6 平滑演进、新型网络体系架构及技术的研究、论证和试验，掌握核心关键技术，建立较为完善的标准体系。网络单位信息流量综合能耗年均下降 8%以上，网络设备制造产业万元产值增加值能耗年均下降 3%以上。专项的支持重点集中在电信运营企业公共网络 IPv6 升级改造及规模商用，网站系统 IPv6 升级改造，技术研发、产业化和新兴应用示范，下一代互联网标准体系建设四个领域。IPv4 向 IPv6 的过渡工作全面展开。

在 IP 地址管理层面，由于 IPv4 向 IPv6 过渡期间，仍然存在大量的 IPv4 地址需求，如何发挥现有 IPv4 地址资源的潜力，物尽其用，还要相关机构从政策、标准和技术等多方面入手；在 IPv6 部署初期对网络和业务的发展做出科学合理的规划至关重要，而能否综合考虑网络层次、路由协议、流量特征等诸多因素，建立并完善 IPv6 地址资源部署策略是网络整体规划的关键环节，将直接影响到基础网络的运行效率和互联网管理效果。

3.2 域名

截至 2012 年 12 月底，在.cn 域名大幅增长的带动下，我国域名总数增至 1341 万个，相比 2011 年底增速达到 73.1%。其中，.cn 域名总数为 751 万个，相比 2011 年同期大幅增长了 112.8%，占中国域名总数比例达到 56.0%；.com 域名数量为 483 万个，占比为 36.0%。另外，“.中国” 域名总数达到 28 万个，占比为 2.1%，如表 3.1 所示。

表 3.1 中国分类域名数

域名	数量（个）	占域名总数比例
.cn	7 507 759	56.0%
.com	4 834 690	36.0%
.net	629 154	4.7%
.中国	283 484	2.1%
.org	145 414	1.1%
其他	11 578	0.1%
合计	13 412 079	100.0%

3.2.1 .cn 域名

1. .cn 域名概况

2012 年，.cn 域名基本保持飞速发展。截至 2012 年年底，.cn 域名注册量达到 750 万个，相比 2011 年增长了 112.8%（见图 3.1）。

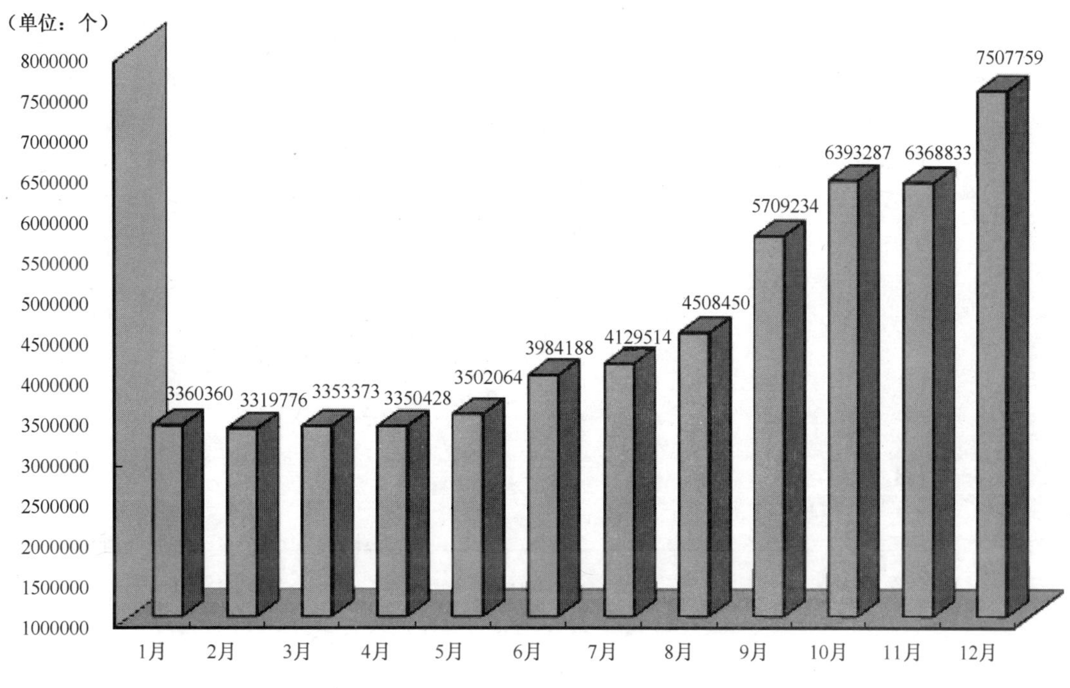

图3.1　2012年.cn域名数月度统计

2012 年.cn 域名的飞速增长源于两大主要原因。2012 年 5 月 28 日，中国互联网络信息中心发布公告，经工业和信息化部批准，新修订的《中国互联网络信息中心域名注册实施细则》将于 5 月 29 日零时实施。域名注册主体由原来的组织扩大到自然人。任何自然人或者能独立承担民事责任的组织均可在本细则规定的顶级域名下申请注册域名。这意味着自然人可申请注册.cn 域名。此外，2012 年，.cn 域名着力构建一个完善的“.cn 域名应用链”，基于.cn 域名开拓了包括微博、空间、邮箱在内的多种应用，方便自然人用户注册使用。

2. .cn 域名管理

截至 2012 年 12 月底，.cn 域名实名率稳步上升到 99.3%，.cn 域名新注册实名率达到 100%。经过持续治理，2012 年.cn 域名下不良应用举报比例依然呈下降趋势。

.cn 域名下钓鱼网站数量持续大幅下降。根据《2012 年中国反钓鱼网站联盟工作报告》，联盟认定并停止域名解析的.cn 域名下钓鱼网站在 2012 年全年总计 95 个（见图 3.2），占联盟认定并停止解析的钓鱼网站总量的 0.34%（见图 3.3）。

3. .cn 域名应用

从总体应用情况看，.cn 域名是我国网民注册和网站使用的主流域名。截至 2012 年 12 月底，中国.cn 域名总数为 751 万个，占中国域名总数比例达到 56.0%；.com 域名数量为 483 万个，占比为 36.0%。

2012 年.cn 域名日均解析规模总体保持平稳，年解析量较 2011 年上升 10.3%，如图 3.4 所示，显示出互联网应用规模稳中有升。

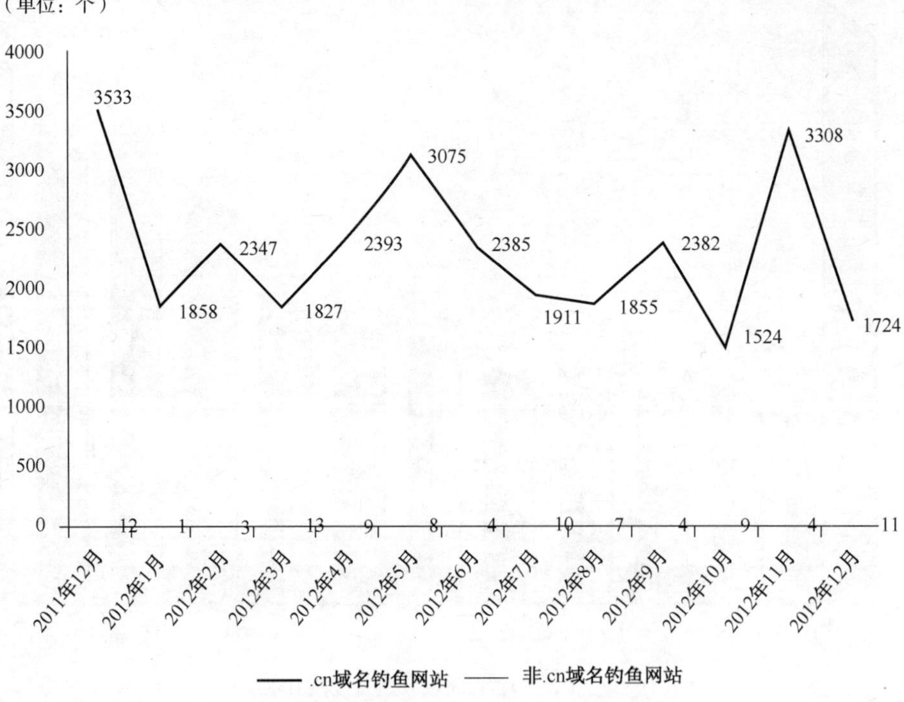

图3.2 .cn域名与非.cn域名下钓鱼网站数变化

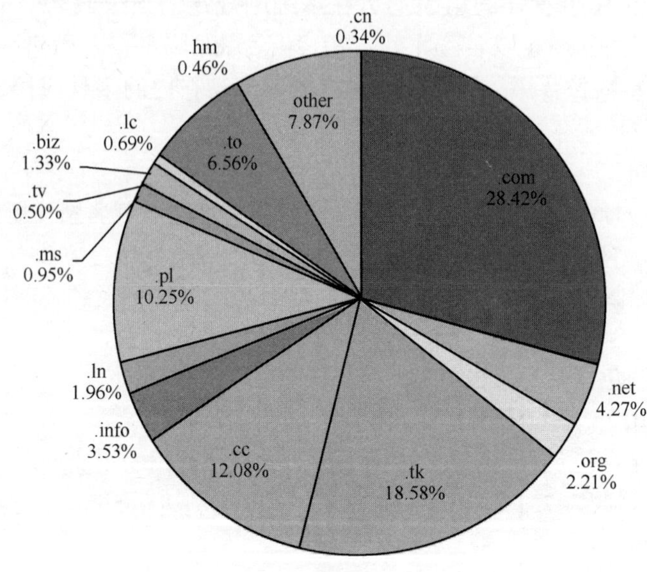

图3.3 2012年中国反钓鱼网站联盟处理并统计各类域名占比情况

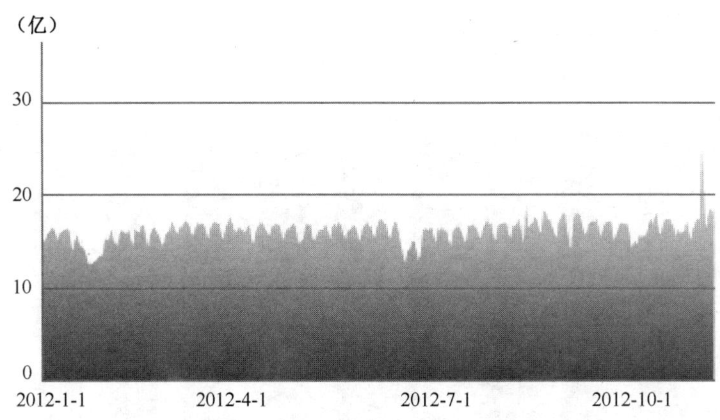

图3.4　2012年域名日均解析量分布

4．.cn 域名运维

2012 年，CNNIC 持续稳步推进.cn 域名平台节点建设工作，截至 2012 年底，域名服务节点总计达到 30 个。其中，国内已经建成节点 23 个，全面覆盖我国各大运营商；海外节点有 7 个，分别位于亚洲、北美、欧洲等，服务范围覆盖全球，如图 3.5 所示。.cn 域名连续 36 个月核心服务运行 SLA 指标保持 100%。

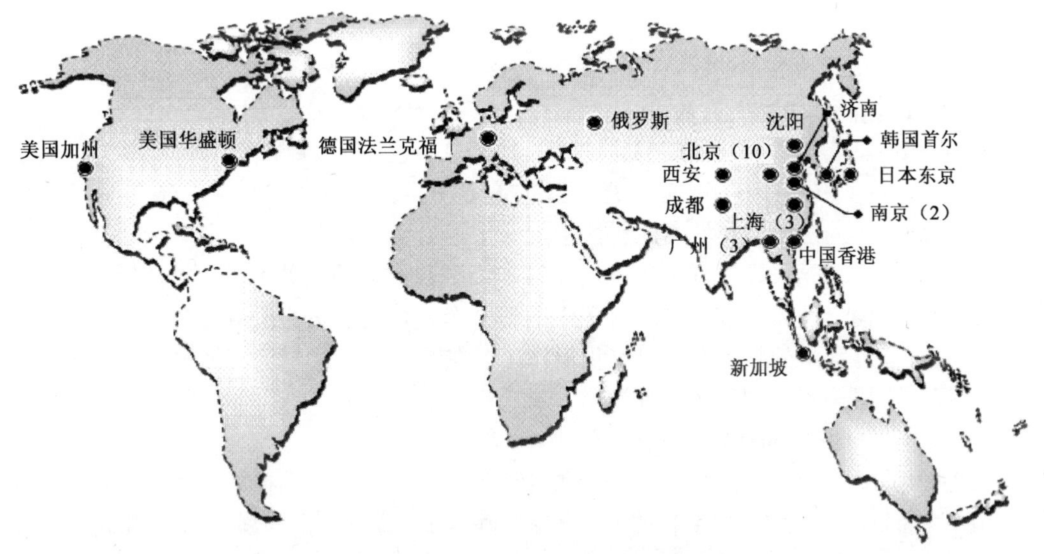

图3.5　.cn域名平台节点分布图

3.2.2　中文域名

截至 2012 年 12 月底，“.中国”域名保有量超过 28 万个，占中国分类域名总数的 2.1%，如图 3.6 所示。

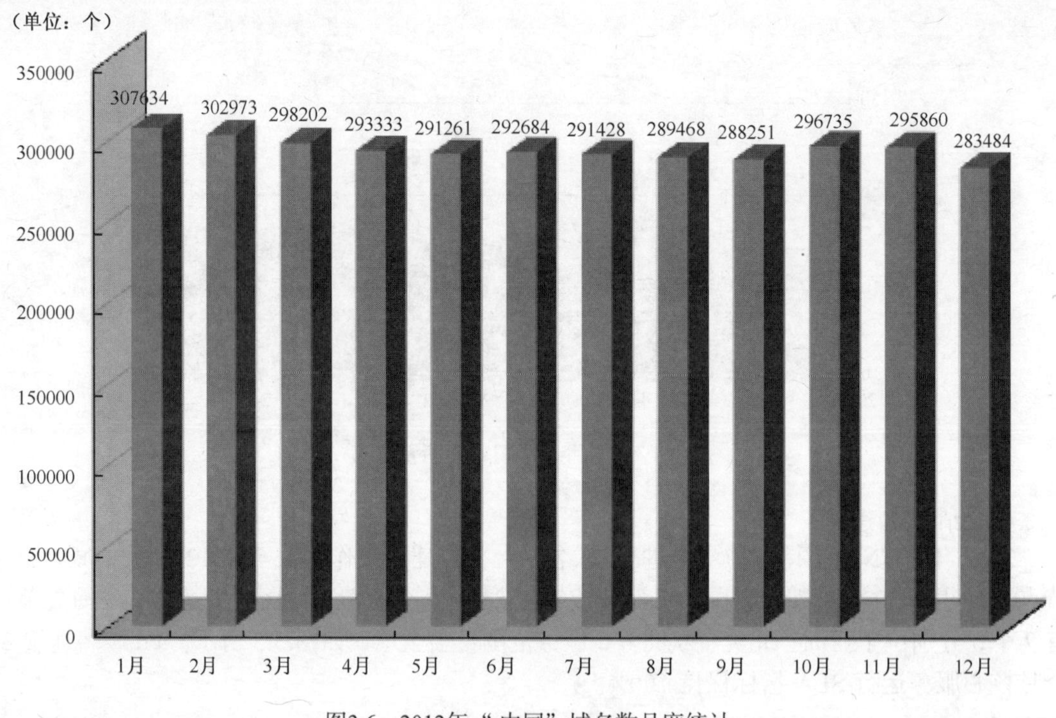

图3.6 2012年“.中国”域名数月度统计

2012 年“.中国”域名发展有如下特点。

1. 国家域名面向自然人开放

经工业和信息化部批准，《中国互联网络信息中心域名注册实施细则》（以下简称《实施细则》）修订完成，并于 2012 年 5 月 29 日零时起颁布实施。修订主要包括对“.cn”和“.中国”域名注册主体的增加以及域名注册信息的保护等内容。其中，注册主体修订为“任何自然人或者能够独立承担民事责任的组织均可在本细则规定的顶级域名下申请注册域名”。

国家域名面向自然人开放注册，对个人网站、个人特色邮箱、SNS、电子商务等互联网个人应用和中国互联网的整体发展具有积极作用，在顺应了超过 5 亿网民的互联网应用需求的同时，促进了中国互联网整体更加健康、有序地发展。

2. “.中国”域名全面独立运营

自 2012 年 10 月 29 日起，“中文.cn”和“中文.中国”域名分别独立注册和服务。这意味着“.中国”域名自 2010 年 7 月正式写入全球互联网根域名系统两年来，作为独立的纯中文顶级域名，已经具备独立注册和服务的条件与能力。

发展初期与“中文.cn”进行捆绑，对“.中国”域名的发展普及起到了重要的推动作用；而随着“.中国”域名的运营、管理以及认知度的不断完善和提高，“.中国”域名已具备了独立运营的充分条件。同时，“.cn”和“.中国”属于两个完全不同的顶级域，拥有不同的应用优势和特点，因此分别注册运行势在必行。

3. “英文/数字.中国”域名正式开放注册

自 2012 年 10 月 29 日起，企业、机构和公众可正式申请注册“英文/数字.中国”形式的域名，如“abc.中国”、“123.中国”、“abc123.中国”等形式的“.中国”域名。此举有利于全球企业采用“英文品牌.中国”的域名形式，从而帮助其在中国更有效地开展业务。

4．开通多语种邮件服务

2012 年 2 月，CNNIC 牵头制定的 IETF 国际标准 RFC6531（《简单邮件传输协议扩展支持国际化邮件》）正式颁布实施。6 月 19 日，CNNIC 在北京举行新闻发布会，会上利用多语种电子邮件地址向新加坡、马来西亚、德国、澳大利亚、加拿大、美国、中国香港、中国澳门、中国台湾等国家和地区的互联网同行发布了全球首封多语种邮箱电子邮件。依据该技术标准，Coremail 公司进行了技术实现，并将率先在中国科学院和 CNNIC 等单位进行部署应用。

5．PC 端浏览器已全部实现中文域名无障碍访问

2012 年 12 月，经 CNNIC 与各浏览器厂商的合作与努力，包括 IE7、IE8、IE9、360 安全浏览器、火狐浏览器、Safari 浏览器、谷歌浏览器、世界之窗浏览器、搜狗浏览器、百度云浏览器、阿里云浏览器、傲游浏览器、Opera 浏览器、QQ 浏览器等全部 PC 端主流浏览器均实现中文域名无障碍访问。

3.3　网站

截至 2012 年 12 月底，根据《第 31 次中国互联网络发展状况统计报告》数据显示，中国网站[1]数量共计 268 万个，较 2011 年年底的 230 万个增长了 16.8%，如图 3.7 所示。

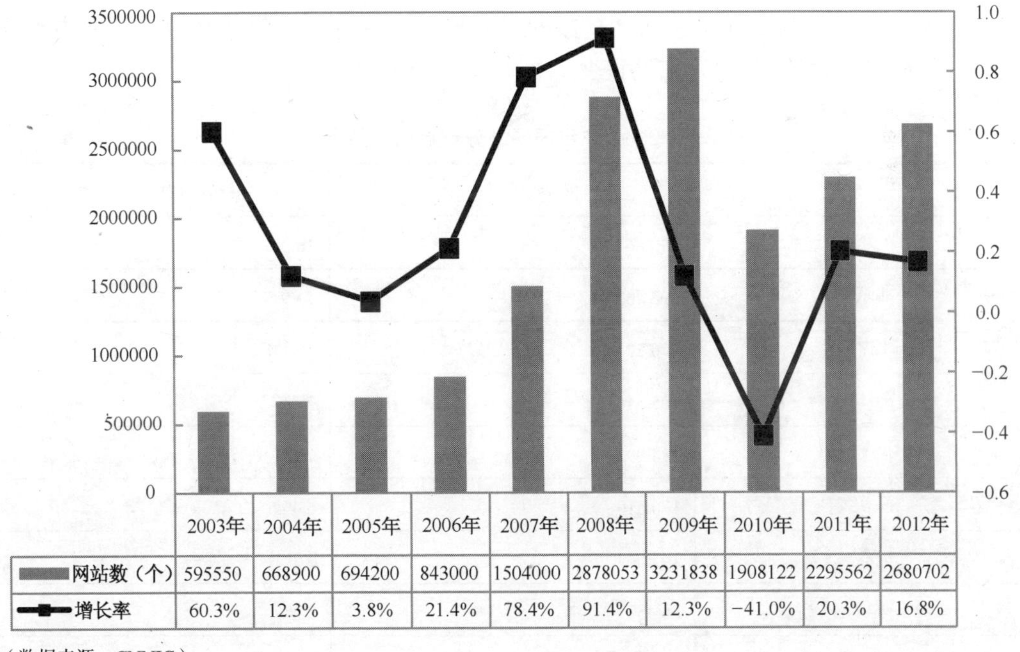

	2003年	2004年	2005年	2006年	2007年	2008年	2009年	2010年	2011年	2012年
网站数（个）	595550	668900	694200	843000	1504000	2878053	3231838	1908122	2295562	2680702
增长率	60.3%	12.3%	3.8%	21.4%	78.4%	91.4%	12.3%	−41.0%	20.3%	16.8%

（数据来源：CNNIC）

图3.7　2003—2012年中国网站数

[1] 指域名注册者在中国境内的网站。

我国网站数量延续 2011 年的发展趋势，继续增长。在网站分类上，.cn 网站数在网站总数中的占比较 2011 年有所下降，如表 3.2 所示。

表 3.2　分类网站数量及比例

	.cn 网站		gTLD 网站	
	数量（个）	占网站总数比例	数量（个）	占网站总数比例
2005 年	299 530	43.20%	394 670	56.80%
2006 年	367 418	43.60%	475 582	53.70%
2007 年	1 006 000	66.90%	498 000	33.10%
2008 年	2 216 437	77.00%	661 616	23.00%
2009 年	2 501 308	77.40%	730 530	22.60%
2010 年	1 134 379	59.45%	773 743	40.55%
2011 年	951 609	41.45%	1 343 953	58.55%
2012 年	1 036 864	38.70%	1 639 743	61.20%

（数据来源：CNNIC）

从分省网站数来看，与 2011 年年底相比，网站分省数据前十位顺序发生了变动，广东网站数跃居第一位，网站数量占网站总数的 16.3%；北京网站数量排在第二位，占整体的 14.9%；另外八个省份排名也存在些许变动，如表 3.3 所示。

表 3.3　2012 年我国网站分省数据（前十位）

	网站数量（个）	占网站总数比例
广东	435 864	16.3%
北京	398 462	14.9%
上海	270 327	10.1%
浙江	195 546	7.3%
福建	188 992	7.1%
江苏	170 810	6.4%
山东	142 863	5.3%
河北	86 452	3.2%
四川	82 942	3.1%
河南	79 301	3.0%

（数据来源：CNNIC）

3.4　网页

截至 2012 年 12 月底，中国网页数量为 1227 亿个，比 2011 年同期增长 41.7%，如图 3.8 所示。

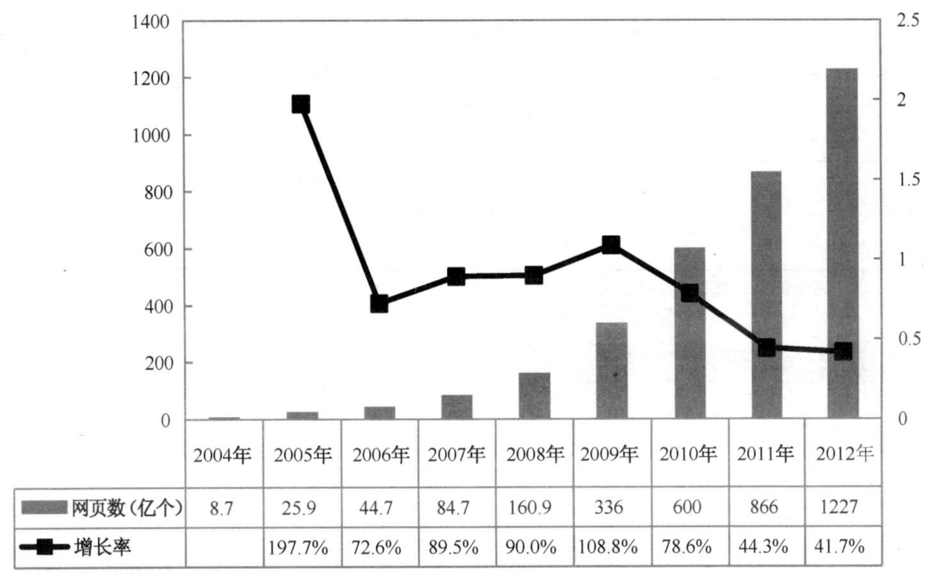

（数据来源：CNNIC）

图3.8　2004—2012年中国网页规模变化情况

2012 年中国单个网站的平均网页数和单个网页的平均字节数均维持增长，显示出中国互联网上的内容更为丰富。其中，平均网站的网页数达到约4.58万个，较2011年同期增长21.4%；平均每个网页的字节数为 42KB，增长 10.2%。网页数量表和网页更新情况表分别如表 3.4 和表 3.5 所示。

表 3.4　网页数量表

	网页数（个）	平均每个网站的网页数（个）	网页总字节数（KB）	平均每个网页的字节数（KB）
2006 年 12 月	4 472 577 939	5057	122 305 737 000	27.3
2007 年 12 月	8 471 084 566	5633	198 348 224 198	23.4
2008 年 12 月	16 086 370 233	5588	460 217 386 099	28.6
2009 年 12 月	33 601 732 128	10 397	1 059 950 881 533	31.5
2010 年 12 月	60 008 060 093	31 414	1 922 538 540 426	32
2011 年 12 月	86 582 298 393	37 717	3 313 529 625 009	38
2012 年 12 月	122 746 817 252	45 789	5 140 463 284 447	42

（数据来源：百度在线网络技术（北京）有限公司）

表 3.5 网页更新情况表

	1 周以内	1 周至 1 个月	1～3 个月	3～6 个月	半年以上
2006 年 12 月	7.4%	26.4%	32.3%	17.8%	16.1%
2007 年 12 月	12.1%	17.4%	14.5%	41.0%	15.0%
2008 年 12 月	12.5%	24.1%	29.1%	14.4%	20.0%
2009 年 12 月	7.7%	21.2%	28.1%	18.8%	24.3%
2010 年 12 月	4.8%	21.0%	6.1%	5.0%	63.0%
2011 年 12 月	3.4%	20.0%	4.3%	8.5%	63.8%
2012 年 12 月	2.0%	7.4%	18.5%	16.5%	55.6%

（数据来源：百度在线网络技术（北京）有限公司）

3.5 网络国际出口带宽

截至 2012 年 12 月底，中国国际出口带宽为 1 899 792Mbps，年增长率为 36.7%，如图 3.9 所示。主要骨干网络国际出口带宽如表 3.6 所示。

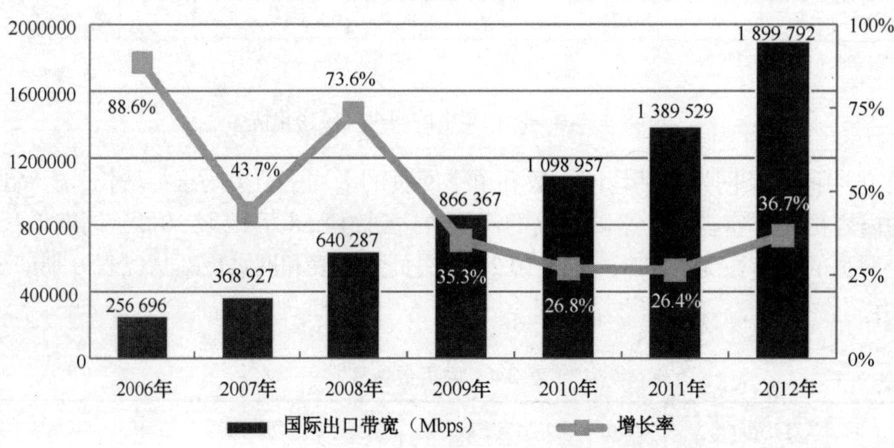

图3.9 中国国际出口带宽变化情况

表 3.6 主要骨干网络国际出口带宽

网 络	国际出口带宽（Mbps）
中国电信	1 048 848
中国联通	586 279
中国移动	206 563

（续表）

网络	国际出口带宽（Mbps）
中国教育和科研计算机网	35 500
中国科技网	22 600
中国国际经济贸易互联网	2
合计	1 899 792

（中国互联网络信息中心　孟蕊）

第 4 章　2012 年中国互联网基础设施建设情况

4.1　基础设施建设概况

2012 年是“宽带中国”战略探索发展的第一年，国家相继出台相关发展政策，为作为“宽带中国”重要组成部分的网络基础设施建设提供了政策保障。各级政府、企业也为网络基础设施建设提供了有力的资金保障，根据工业和信息化部统计，2012 年，我国共完成电信固定资产投资 3613.8 亿元，同比增长 8.5%。

在政策和资金的支持下，2012 年我国互联网基础设施快速发展，势头良好。我国互联网规模和覆盖范围持续扩大，带宽迅速增长，接入手段日益丰富便捷，基础设施能力不断完善，服务能力大幅提升。截至 2012 年底，我国拥有覆盖全国的多张骨干互联网，网间以直连为主、国家级交换中心为辅的方式互联互通，通过 3 个国际互联网业务出入口局、3 个区域性国际业务出入口局、近 50 个海外骨干网络海外延伸节点（POP 节点）等基础设施，与 20 多个国家和地区的多个网络相互链接，总体架构清晰简单、合理高效。骨干网带宽增长迅速，基本能够满足我国日益增长的业务和网络发展需求。网络基础设施水平的不断提高和技术创新能力的持续提升，直接带动了我国设备制造业和网络信息服务的发展，成为推动社会信息化和经济社会建设的新抓手。

4.2　互联网骨干网络建设情况

1.“宽带中国”战略加速我国网络基础设施建设

2012 年 3 月工业和信息化部正式启动“宽带普及提速工程”，以“建光网、提速度、促普及、扩应用、降资费、惠民生”为总体目标，推动运营商加强基础网络建设，加快我国宽带基础设施水平提升。

截至 2012 年底，全国 FTTH 覆盖家庭全年新增 5123 万户，总体规模达到 9473 万户。全国 FTTH 覆盖家庭比例（FTTH 覆盖家庭数/总家庭数）达到 22%，相对于 2011 年提高了 12 个百分点，覆盖能力明显增强。其中，东部地区建设速度最快，覆盖比例已经达到 33%，城区覆盖比例超过 60%；中西部建设相对滞后，覆盖比例不到 15%。同时，新增 WLAN 接入点超过 200 万个，达到 524 万个，热点覆盖进一步深化。

2. 国内互联互通扩容力度加大，带宽激增

长期以来，我国互联网互联互通问题已延伸到互联网产业的各个领域，成为社会各界关注的重点之一。为了提升网络效率，推动互联网产业的发展，2012 年，政府和各运营商加大了互联互通扩容力度，互联网骨干网互通带宽大幅增加。截至 2012 年底，我国互联网网间互联总带宽由 671.9Gbps 跃升到 984.9Gbps，增长 46.65%。全年共扩容 313Gbps，约为 2009—2011 年 3 年扩容的总和，以及 2001—2008 年 8 年扩容的总和（见图 4.1）。

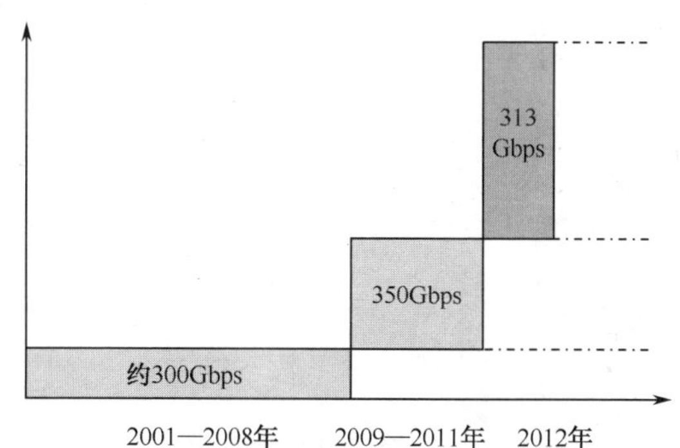

图4.1　我国骨干网网间带宽扩容情况

其中，中国电信与中国联通扩容 180Gbps，两企业网间互联带宽由原来的 307Gbps 升至 487Gbps；中国电信与铁通扩容 2.5Gbps，两企业网间互联带宽由 4.5Gbps 升至 7Gbps；中国联通与中国移动扩容 20Gbps，两企业网间互联带宽由 70Gbps 升至 90Gbps；中国移动与铁通公司扩容 60Gbps，两企业网间互联带宽由 70Gbps 升到 130Gbps；中国联通与科技网、中国移动与教育网网间也分别进行了扩容。除此之外，交换中心新增中国电信与中国移动扩容 10Gbps、中国联通与铁通扩容 30Gbps 互连带宽，交换中心各单位间接入带宽由原来的 80Gbps 扩容到现在的 120Gbps。

3. 我国国际网络布局初具规模

国际网络是我国互联网通信的重要组成环节之一，经过多年的建设，尤其是 2012 年，我国国际网络建设进程加快，出口带宽增长迅速，目前我国国际网络布局已初具规模。主要表现在以下三个方面。

一是我国国际互联网出口带宽保持快速增长。据 TeleGeography 统计，2012 年，我国国际互联网出口带宽达 4.21Tbps，年增长率达 47%。互联网出口带宽全球排名第七位，比 2011 年提升 2 位（见图 4.2）。2012 年年增长率达 47%，2003—2012 年十年间的年均复合增长率达 81%。

二是逐步形成了层次化、结构化的国际通信出入口。国际业务出入口从单层转为多层结构，在原有的北京、上海、广州三地全球国际通信出入口的基础上，新增了区域性国际通信业务出入口，主要包括在昆明建成面向湄公河次区域的出入口，在南宁建成面向东盟的出入口，在乌鲁木齐建成面向中亚的出入口等。同时，在发展高新技术产业园区的城市（如成都、无锡、南京、苏州、南宁、武汉等）逐步开设专用数据通道，满足高新技术企业的国际通信需求。

三是我国运营商加快网络海外布局。从 POP 节点覆盖范围来看，从最初的北美、亚太地区逐步扩展至欧洲、大洋洲，近两年又扩展至南美洲和非洲；从 POP 节点数量来看，在海外网络发展的最初 10 年，我国共建设 30 个左右海外 POP 节点，2010 年建设了 10 个海外 POP 节点，2011—2012 年又建设了 10 个海外 POP 节点。截至 2012 年年底，我国海外 POP 节点数量已达到 50 个，节点范围进一步拓展到南美洲、非洲。

国际网络建设的发展直接推动了我国的网络影响力的提升，从流量角度看，我国已逐渐成为亚洲流量汇聚的中心。

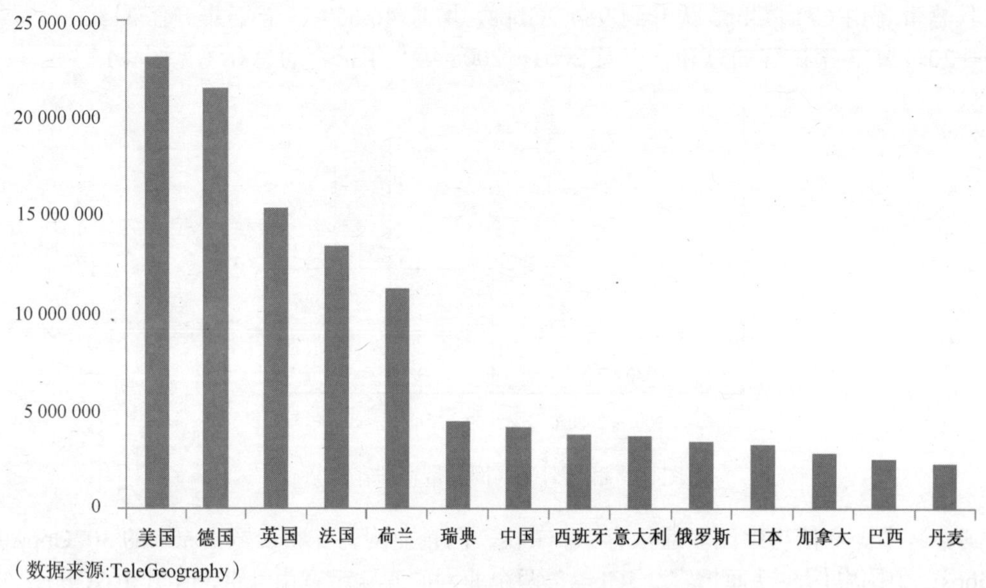

图4.2　2012年国际互联网出口带宽国家排名

4．现代城市规划推动云计算、无线网络基础设施建设发展

网络是推进城市民生领域信息化发展、创新民生服务模式的关键基础设施，影响着民生信息化应用的质量和水平。为了推动城市发展模式转型升级，实现惠民惠生、城市战略发展等目标，我国多个城市设立了“智慧城市”、“无线城市”等计划。作为信息惠民的基础条件，网络基础设施建设成为各个城市提升信息网络性能、夯实发展基础的重要手段。作为驱动智慧城市建设的重要引擎，云计算基础设施和无线 WiFi 网络成为各地政府、运营商、ICP 建设的重点。

云计算引领着新一轮数据中心建设。2012 年，20 个省市制定了云计算规划，地方政府提供电力、土地、税收优惠，3～5 年至少可提供 35 万机柜空间，新增量为现有经营性 IDC 的两倍。

无线网络建设成为移动数据分流的重要手段。经过近 3 年来的网络建设，我国 3G 网络已经基本上达到了其既定的区域覆盖目标。为了应对 3G 用户，以及移动互联网应用对移动数据带宽快速增长的需求，2012 年，政府推动运营商加快了 WiFi 无线网络建设，加大无线网络热点、重点区域的覆盖，采用更新的 802.11n 无线网络技术，优化无线网络性能，实现 WiFi 网络对移动数据的有效分流。

5．大型互联网企业引领自建基础设施潮流

随着互联网企业的不断发展，互联网应用对于网络架构和网络流量流向的影响越来越大，运营商的网络难以与 ICP 的网络部署完全契合，甚至跟不上 ICP 的网络建设需求。为了加快企业发展，我国大型互联网企业广泛采用自建数据中心、骨干网等方式，提升企业服务能力。例如，大型互联网企业租用运营商机房，自主设计、出产、上线从机房、机架到内部服务网络等大部分甚至所有的内部设备。企业自建大型数据中心的容量甚至超过运营商特大型 IDC 规模。百度在呼和浩特、天津、太原设立大型 IDC；蓝汛在大兴、天津，未来在北京、上海、广州、重庆、西安自建运营超过 12 万平方米的 IDC；腾讯有数十个自建 IDC，目前在天津的 IDC 项目总投资将近数亿元，服务器总容量将达到 20 万台，成为亚洲最大的 IDC 之一。

从网络架构上，为了寻求更大的网络自由度，并考虑到网间流量需求，蓝汛、阿里巴巴、百度等国内大型内容提供商也已与众多中小 ISP 实现对等连接。除电信、联通外，新浪等大型 ICP 甚至不用出 IDC 租费、服务器费用，免费接入 ISP 中。

4.3　中国下一代互联网建设与应用状况

随着互联网在社会经济各层面的广泛渗透，互联网发展的重要性得到了全球各国的高度重视。IPv6 作为下一代互联网协议，近年来更是网络发展的热点。物联网、云计算、移动互联网等全球新一轮信息技术发展浪潮的兴起，以及全球 IPv4 地址的耗尽，加速了 IPv6 由试验试点网络研究建设向商用网络的部署进程，同时各国也加强了 IPv6 地址的申请。截至 2012 年底，我国 IPv6 地址申请量达到了 12535 块/32，位居全球第三位。2012 年全球 IPv6 日，众多电信运营企业、互联网企业和设备提供商对 IPv6 永久商用支持的开启，标志着全球下一代互联网新一轮建设浪潮的来临。这为我国建设发展下一代互联网提供了良好的历史机遇。

近两年，中国政府对 IPv6 的关注明显提升，逐步将 IPv6 的发展上升到国家战略层面。2012 年 3 月，发改委、工信部等七部委联合发布《关于下一代互联网“十二五”发展建设的意见》，将 IPv6 建设发展分为现网商用试点阶段和全面商用部署阶段两大阶段，并确定各阶段任务。同时，为了切实推进我国下一代互联网产业发展，发改委于 2012 年先后批复 80 亿元专项资金，实施了“下一代互联网信息安全专项”和“下一代互联网技术研发、产业化和规模商用专项”，在 IPv6 的推进上迈出了坚实的一步。

由国务院批准、国家发改委等八部委联合组织的“中国下一代互联网示范工程（CNGI）”于 2003 年启动，并于 2008 年在进行 CNGI 阶段总结的基础上，组织实施了“下一代互联网业务试商用及产业化专项”。其中，由教育部主管，清华大学等 100 余所学校和研究单位承担建设的“教育科研基础设施 IPv6 技术升级和应用示范”项目是该专项中最大的项目，经过几年的建设，于 2012 年 12 月通过项目验收，标志着我国下一代互联网应用已经成功走完了第一步，为下一步全国大规模发展奠定了重要基础。

CNGI 是由中国教育网、中国电信、中国联通、原中国网通、中国移动、中国铁通 6 家互联网单位承担建设的下一代互联网试验平台。该项目由三部分组成，包括 CNGI 示范网络、网络技术试验和应用示范、关键设备/软件开发和推广应用。其中 CNGI 示范网络包括核心网和驻地网项目，以此项目的启动为标志，我国的 IPv6 进入了实质性发展阶段。2012 年，CNGI 核心网在原有 CERNET2、中国电信、中国网通/中科院、中国移动、中国联通和中国铁通六个主干网、两个国际交换中心及相应的传输链路组成的网络基础上进一步进行建设扩容，目前 CNGI 核心网实际建成包括 22 个城市 59 个节点以及北京和上海两个国际交换中心的 IPv6 网络（见图 4.3）。同时，CNGI 在全国 100 所高校、100 个科研单位、73 个企业建成了 273 个 IPv6 驻地网。清华大学等 25 所高校建成的 CNGI-CERNET2/6IX 已成为目前世界上规模最大的纯 IPv6 大型互联网。

CERNET2 作为 CNGI 网络的最主要网络，截至 2012 年 12 月验收时，已建成分布在全国 20 座城市、25 个核心节点的 CNGI-CERNET2 主干网，并不断提高主干网核心层与接入层之间的互联带宽，支持百余高校 IPv6 用户网以 1G 以上速率接入主干网，网络管理和组播服务等功能不断增强，网络运行维护能力得到有效提升，满足 100 所学校 IPv6 校园网的 200

万用户大规模接入与试商用的需求（见图 4.4）。

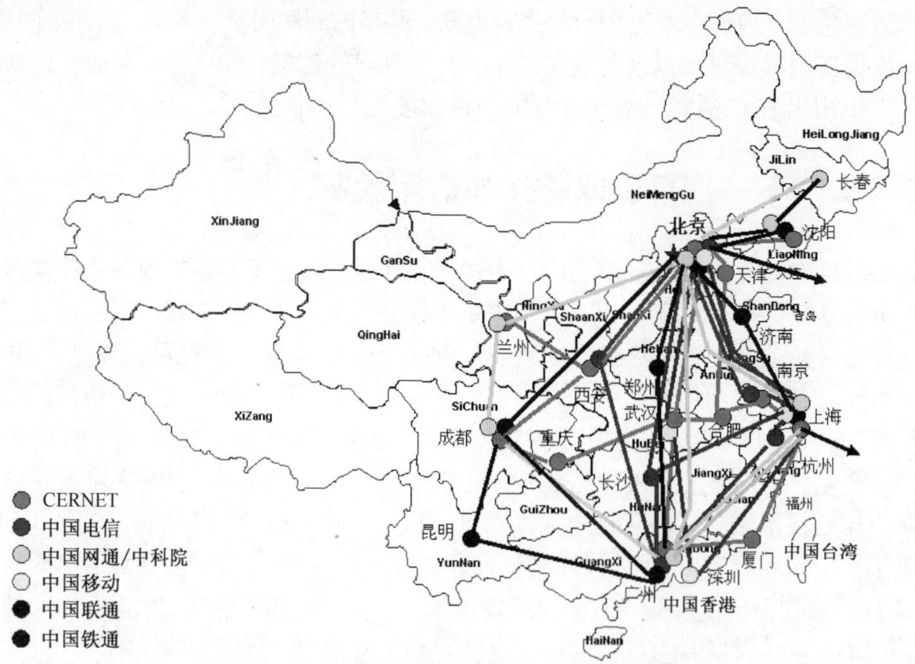

图4.3　CNGI示范工程核心网

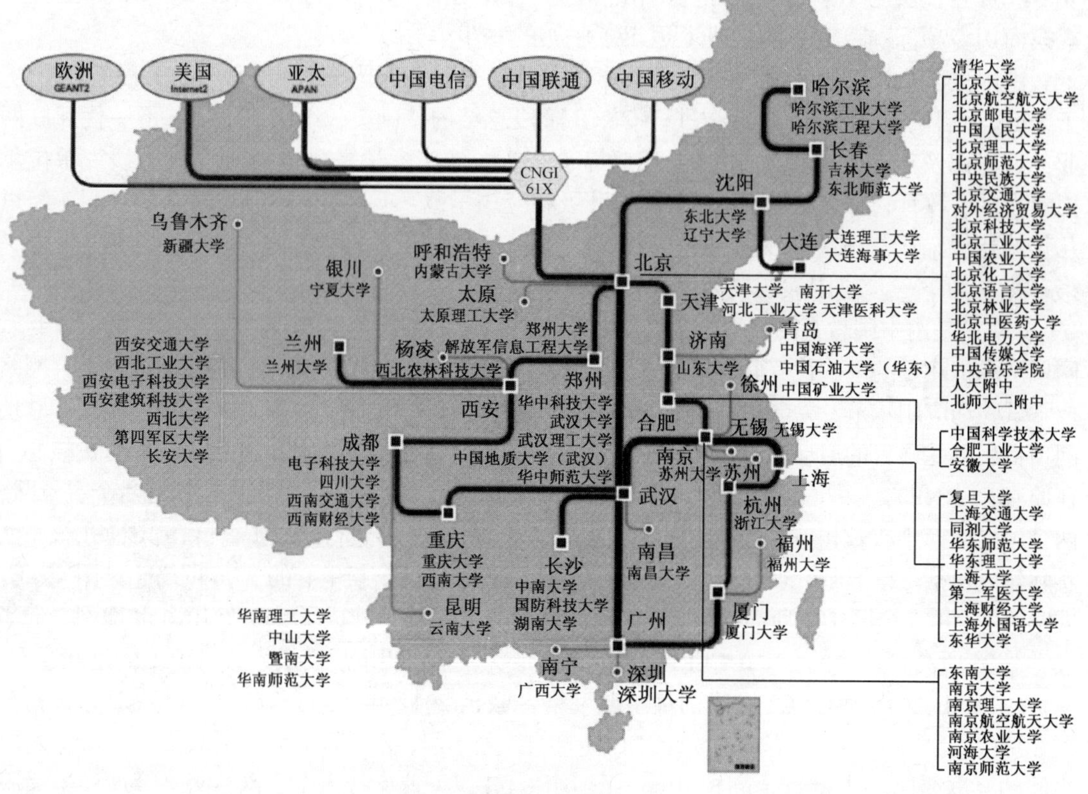

图4.4　CERNET2核心网

为了实现 CNGI 各 IPv6 网络之间的互联互通，教育网和中国电信依托 CNGI 项目，分别承担建设了北京和上海两个国家级的互联网交换中心（IX）（见图 4.5）。通过这两个交换中心，CNGI 实现了与国际多家 IPv6 试验网络的互联，如美国 Internet2、亚太 APAN、欧洲 GEANT2 等。2012 年，CNGI-CERNET2/6IX 的互联能力不断升级，目前实现了中美下一代互联网 10G 高速互连。

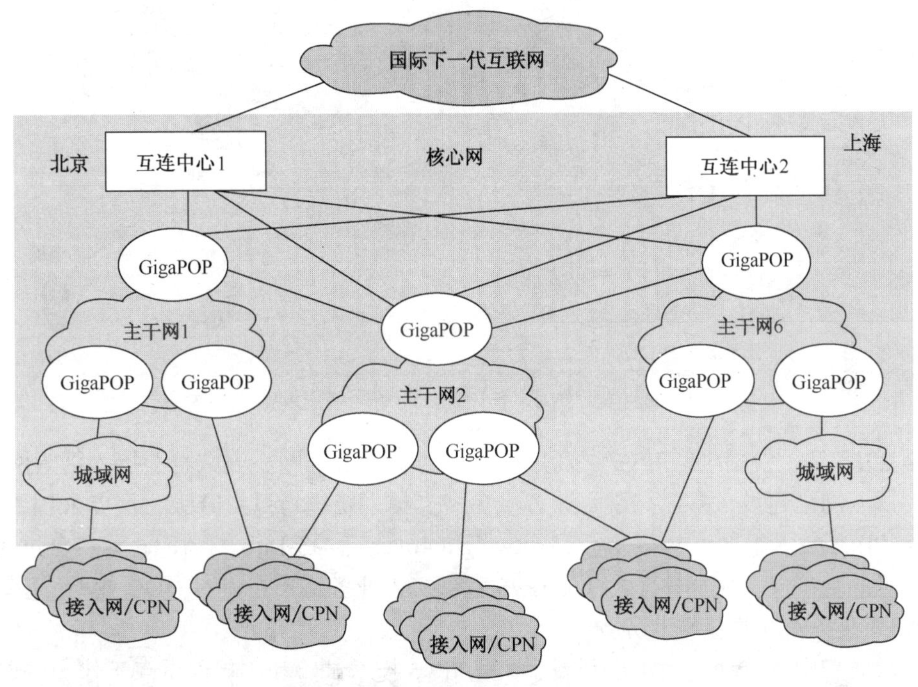

图4.5　CNGI交换中心

近几年，通过 CNGI 的专项实施，在建设全国性的 CNGI IPv6 网络平台的基础上，各参与单位结合各自的网络条件及业务发展需求，展开了一系列相关的 IPv6 关键技术、标准和产品的试验、开发和升级，并进行了很多重大应用的建设示范及推广。其中，教育网展开的应用建设示范取得了较为突出的成果。截至 2012 年，教育网实现了教育科研门户网站、重点学科信息资源、大学数字博物馆、高等学校网上招生等一批教育科研重大应用的 IPv6 技术升级，开发了一批基于 IPv6 的视频直播点播、高清视频会议、无线宽带通信等教育科研示范应用，在 100 个校园网上实现了累计 1300 多个应用系统的技术升级，为网站系统 IPv6 升级改造及 IPv6 应用服务进行了有益尝试。

在 CNGI 建设应用取得阶段性成果的同时，在国家对建设发展下一代互联网的积极推动下，各主导运营企业纷纷制定 IPv6 发展战略，并积极谋划 IPv6 发展布局，提出了 IPv6 商用部署路线图，并已逐步展开 IPv6 的试点网络部署。

从 2010 年起，中国电信开始进行 IPv6 试商用，先后在湖南、江苏、四川等地建设了 IPv6 试商用网络，并验证多种过渡网络技术及方案（见图 4.6）。通过对比多种方案，寻找最适合中国电信网络现状的、最具可操作性的端到端解决方案，指导未来网络的演进，同时积累网络、支撑系统、终端、业务平台升级改造和业务运营的实践经验。

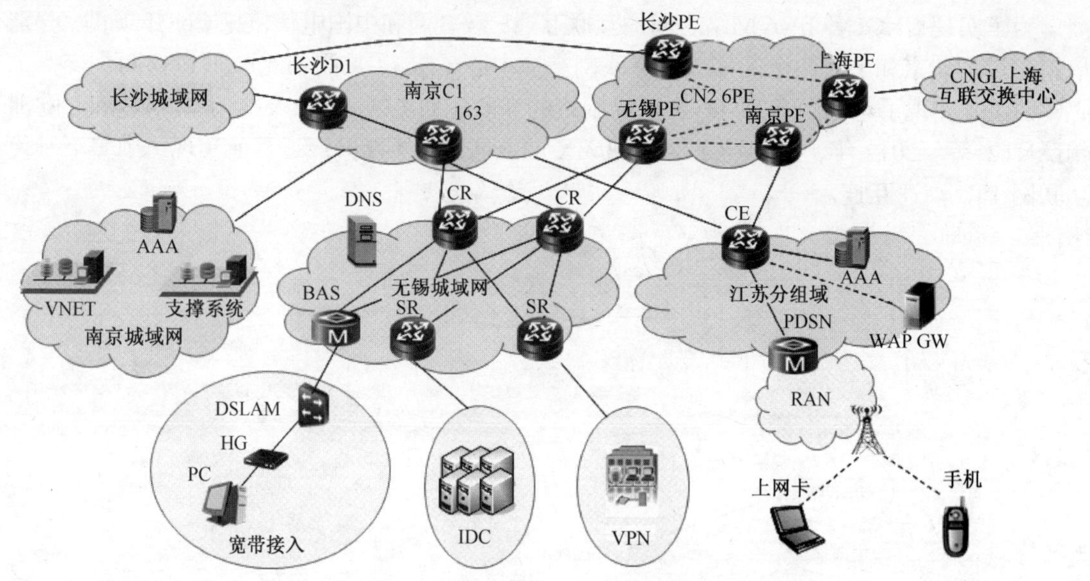

图4.6　中国电信IPv6试商用网络建设

截至 2012 年，中国电信 IPv6 试商用网络针对宽带骨干网、城域网、接入网等网络进行了一系列试点网络建设，并对终端、业务平台和支撑系统进行试点升级，重点采用了双栈、NAT44、6PE 等技术组网，并验证了 Lightweight 4over6、DS-Lite、LAFT6 等热点过渡技术。在网络部署的基础上，中国电信试点了 IPv6 宽带接入业务、IPv6 VPN、IDC 业务、移动 C+W 业务、WAP 业务及互联星空业务。

中国联通和中国移动近两年也开展了大量 IPv6 技术试验和小规模试点工作，正式的商用部署处于酝酿之中，近一两年内将逐步推进。截至 2012 年，中国移动已在北京、上海、吉林、江苏、浙江、河南、四川、重庆、广东 9 个省市启动了网络改造，同时完成了核心网、城域网、WLAN 等多种网络的 IPv6 测试和试验，并在超过 3 个城市实现了现网 2G/TD-SCDMA 无线接入网支持 IPv6。

2013 年将是逐步开展商用的启动年份。据悉，2013 年中国电信将进行骨干网络全面双栈化改造；中国联通将在北京、上海、广州、深圳、沈阳、大连、济南、青岛、郑州和武汉 10 个试点城市开始试点商用部署；中国移动也将进行 10 个省份的网络改造，改造 4 个业务基地和 10 余个自有业务平台，并推出 IPv6 TD 终端；三大运营企业均计划在 2013 年发展至少 300 万 IPv6 用户。

4.4　移动互联网建设情况

4.4.1　2G 网络建设情况

智能手机的日益普及，推动 2G 用户向 3G 用户大规模迁移。截至 2012 年底，全球 3G 用户累计达到 14.8 亿户，在总移动用户中占比 23%；2G 用户累计达到 48.9 亿户，占比 76.1%。虽然 2G 用户在累积量上仍占绝对优势，但优势地位从 2012 年起开始下降。2012 年，3G 新增用户首次超过 2G 用户。2012 年新增 3G 用户 3.2 亿户，而 2G 用户新增量则只有 7000 万户。

随着全球商用 LTE 网络规模迅速扩大，3G 网络也在向 4G 平滑演进。在这种情况下，全球部分运营商已开始提出关闭 2G 网络的计划，借此腾出 2G 频段供下一代网络使用。例如，2009 年日本 NTT DoCoMo、KDDI、SoftBank 就陆续宣布完全停止 2G 服务，不再接受 2G 新用户的签约，成为最早完成由 2G 向 3G 转化的电信运营商；2010 年，芬兰三大电信运营商也关闭了 2G 网络；韩国 KTF 于 2011 年 12 月开始 2G 用户迁移工作；2012 年新西兰电信（Telecom）、韩国电信（KT）也关闭了其 2G 网络；美国 SprintNextel 将于 2013 年年中关闭其 2G iDEN 网络。

2012 年我国已经出现 2G 存量用户数由增转减的拐点，2012 年 12 月三大运营商的合计 2G 用户数为 8.77 亿户，历史上首次出现 2G 存量用户数的月度下降，预计拐点出现以后 2G 用户数的下降将是长期趋势。当前我国 2G 网络基本实现了全覆盖，在向 3G 过渡方面，考虑到我国 2G 用户基数较大，甚至承载了部分数据业务，我国运营商依然小规模扩容建设 2G 网络，多个网络长期共存发展成为基本特征（见表 4.1）。

表 4.1　我国 2G 网络规模

运营商	网络类型	网络制式	基站规模（个）
中国移动	2G	GSM	70 万
中国联通	2G	GSM	35 万
中国电信	2G	CDMA	30 万

中国移动根据区域特点对 GSM 网络进行扩容，高话务区域采用临时频段、增加分层网建设扩容、扩大 AMR 半速率使用比例或升级设备引入容量提升新技术，同时加快提升 3G 终端渗透率以分流 GSM 流量，使 GSM 未来少扩容甚至不扩容。

中国联通则结合市场和业务发展需求，审慎进行 2G 网络建设，重点解决用户投诉热点和融合业务开展区域覆盖完善，原则上不进行容量建设，考虑采用网络优化、拆闲补忙、省内调配资源等方式，解决热点区域的容量需求。结合无线利用率情况，支撑数据业务发展，按照 GPRS 流量大小，在 3G 网络未进入的区域开放 EDGE 功能。

中国电信坚持 3G 网络为主、2G 网络为辅的建设路线，2G 网络发展坚持先优化后建设的原则，持续提升网络整体能力。

4.4.2　3G 网络发展情况

HSPA+是全球 3G 网络部署的主流。截至 2012 年底，全球 HSPA+网络已达到 254 个，其中 2012 年新增 HSPA+网络 76 个。42Mbps HSPA+网络成为主流趋势，截至 2012 年 8 月，全球支持 42Mbps HSPA+网络达到 102 个，较 2011 年同期增长超过 100%。全球 CDMA EV-DO 网络部署步入收尾期，2012 年前三季度，EV-DO Rev.A、Rev.B 新增网络数仅为 5 个和 9 个。

2012 年我国 3G 网络建设进入平稳发展期，网络已经覆盖全国所有的城市和部分发达的乡镇，2013 年三大运营商 3G 网络建设将重点放在加强深度覆盖和网络优化上（见表 4.2）。

表 4.2 我国 3G 网络规模

运营商	网络类型	网络制式	基站规模（个）
中国移动	3G	TD-SCDMA	22 万
中国联通	3G	WCDMA	31.2 万
中国电信	3G	CDMA2000/EV-DO	28.6 万

中国移动 2013 年将展开 TD 六期建设，TD 六期将主要完善深度覆盖和连续覆盖，实现 TD-SCDMA 精品网络的目标。通过 TD 网络建设和优化，提升 TD 终端业务在 TD 网络承载中的比例，进一步提升 TD 网络忙时利用率。

中国联通进一步加强 3G 网络深度和广度覆盖，实现网络能力的持续提升，WCDMA 网络优化重点放在交通干线、室内覆盖、多网协同等方面，抑制 3G 用户业务流量倒流 2G 网络现象。随着 WCDMA 网络承载数据业务量的不断快速增长，中国联通进一步升级其 WCDMA 网络，扩大 HSPA+网络覆盖城市规模和覆盖区域。

中国电信进一步完善 3G 网络覆盖，提升差异化的 3G 服务能力，主要针对 DO 现网突出的问题进行相应的网络建设和优化，将重点提升业务规模发展及全网用户感知，合理利用网络资源，提升网络运行效率。

4.4.3 4G 网络建设情况

LTE 系统同时定义了 LTE FDD 和 TD-LTE 两种模式，在标准化的过程中始终保持同步发展。2008 年 3GPP 完成 LTE 第一个版本技术规范 Release 8（目前 TD-LTE 商用设备主要采用的版本），2009 年 3GPP 发布了 Release 9 技术标准。2011 年初完成 Release 10，其 TDD 和 FDD 模式（即 TD-LTE-Advanced 和 LTE-Advanced FDD）分别被 ITU 接受为 4G 技术国际标准。目前，Release 11 标准化工作进入收尾阶段，后续启动 Release 12 实现进一步的技术性能提升。作为 LTE 的演进技术，目前已在 TD-LTE 规模试验中加紧测试的 R10 主要聚焦于 LTE 的载波聚合、上下行多天线技术增强、小区间的干扰消除等技术。而 2012—2013 年，产业界将对 R11 的增强载波聚合、CoMP、增强型小区间干扰消除等技术做研讨和验证。R12 将是 LTE-Advanced 的里程碑版本，以应对移动互联网时代严峻的容量和覆盖问题。

2012 年 LTE 进入快速发展期，截至 2012 年底，全球 LTE 用户总数达到 5979 万，年增速达 538%。其中，美国、日本和韩国的 LTE 用户数分别达 2770 万、1045 万和 1635 万，占全球用户的总数的 91%。在网络部署方面，2012 年 LTE 商用网络部署速度明显加快，投资趋近理性。根据全球移动供应商协会（GSA）统计，截至 2012 年年底，全球已有 66 个国家的移动运营商推出了商用 LTE 服务，LTE 网络数量达到 145 个，包括 132 个 FDD、9 个 TDD 和 4 个 FDD/TDD 双模网络。2012 年共新增 97 个 LTE 商用网络，增速明显高于之前几年。LTE 系统设备整体趋于成熟，从全球 LTE 产业发展现状来看，TD-LTE 系统设备与 LTE FDD 水平接近，具有基本相同的产业支持。在无线接入网产品方面，TD-LTE 和 LTE FDD 成熟度接近；在网关和核心网侧，TD-LTE 和 LTE FDD 几乎相同；在商业应用方面，TD-LTE 和 LTE FDD 系统设备的差距正在缩小。

TD-LTE 作为中国主导的 4G 国际标准，得到了国家高度重视和支持，也得到了国际广泛认可。截至 2012 年底，全球 12 个国家/地区一共开通了 13 个 TD-LTE 商用网络，用户总数超过 160 万，另外至少 28 个国家/地区的 43 个运营商正在部署或试验 TD-LTE 技术。

TD-LTE 产品成熟度、组网性能和产业链支撑能力均已取得突破性进展，我国 TD-LTE 技术试验推进了 TD-LTE 产业成熟。系统设备功能完善、性能良好，与 LTE FDD 商用设备基本达到同等水平。TD-LTE 同频组网、双流智能天线等关键技术性能得到较完整的验证。全球首次采用真实终端实测，验证了 200 个以上用户/扇区的大容量承载。目前以数据卡、MiFi、CPE 等数据类终端为主，9 家产品已完成 MTNet 多模测试，预计 2014 年可实现 TD-L/FDD/TD-S/W/GSM 五模多频智能手机的规模商用。

我国进一步启动 TD-LTE 扩大规模试验，在 6+1 城市规模试验基础上，试验城市扩展到 15 个，2012 年底计划建设 2 万个基站。规模试验内容包括：测试与 TD-SCDMA 现网的功能业务、多模终端、互操作和 KPI 等，推进多模产品成熟；与现有网管、计费等系统的融合测试，面向友好用户的业务质量测试，测试用户体验；对网络建设、规划优化、业务开发和运营维护中的关键问题开展研究验证，积累商用经验；验证新技术，包括祖冲之算法、增强型智能天线、手机语音方案、等级 4 终端、新型天线等。

TD-LTE 与 LTE FDD 系统和终端在同一平台上的可实现性推动两者融合组网，有利于提升 LTE 产业的规模效应，有利于实现频谱资源有效使用，有利于两种技术的优势互补。融合组网已基本实现了从标准、平台到产品的全面融合，产业将不再分裂，将在共享全球规模中得到空前的发展。目前，华为、中兴、大唐、爱立信、诺西、阿朗等通信设备厂商都推出了 TDD/FDD 的共平台产品，TDD/FDD 共芯片的产品也成为国内外芯片厂商的研发方向。

4.5　互联网交换中心

目前我国骨干互联网单位的互联互通保持着以网间直连为主、国家级交换中心（NAP）互连为辅的架构。从 2000 年起，我国就先后在北京、上海、广州三地建设了国家级交换中心，实现各骨干互联网单位的接入互通，进行互联网骨干网的数据交换。其中，北京互联网交换中心疏导华北、东北、西北地区的网间互通流量，接入全部 8 家骨干互联网单位；上海互联网交换中心疏导华东地区的网间互通流量，接入中国电信、中国联通、中国移动、中国铁通 4 家骨干互联网单位；广州互联网交换中心疏导华南、西南地区的网间互通流量，接入中国电信、中国联通、中国移动、中国铁通和教育网 5 家骨干互联网单位。截至 2012 年底，北京 NAP 网间互联带宽近 80Gbps，上海 NAP 网间互联带宽近 70Gbps，广州 NAP 网间互联带宽超过 50Gbps，三大 NAP 网间互联带宽合计近 200Gbps。

随着地方经济发展和信息化程度的不断提高，本地网间互联流量逐步增大，我国开始逐步探索区域性互联网交换中心的建设。2004 年起，我国先后在重庆、宁波等地建立了区域性的本地互联网交换中心，对各电信运营企业在本地的网间互联流量进行高速疏导。此外，在 CNGI 项目的推进中，我国还建设了北京和上海两个国家级下一代互联网交换中心，实现 6 个主干 IPv6 网络的互联。

我国的国家级和区域互联网交换中心目前除了辅助进行网间互联互通外，还发挥着其他的重要作用。首先，对通过交换中心的各骨干互联网单位间的互通流量进行监测与统计，及时发现互通业务流量异常问题；其次，对各骨干互联网单位的网间互通质量进行监督，配合电信主管部门解决网间互联通信质量问题；最后，根据电信主管部门制定的标准，计算网间互联结算费用，作为相对独立于运营商的机构，保证互连各方合理的经济利益，促进各骨干互联网单位间的有效竞争。

虽然我国三大 NAP 建设已有十几年，但是由于交换中心网间结算价格相对较高，加之市场竞争等因素，目前几家运营性骨干互联网单位之间的网间互联仍然以网间直连为主，交换中心总体疏导的互通流量比例较低，互联互通的作用未得到充分发挥。据统计，2012 年 9 月，我国三大 NAP 互联互通峰值流速合计约为 30Gbps，约占互联带宽总量的 15%，网络利用率很低，同时基本没起到转接国际流量的作用。

未来，如何充分发挥互联网交换中心应有的作用，并逐步加大交换中心的网络建设力度，优化我国互联网互联互通格局，有效疏通互联互通流量，提升互联互通质量和安全，对互联网的整体发展都将具有重要意义，也将是我国互联网网络建设的重要任务之一。

4.6 内容分发网络发展情况

内容分发网络（CDN）在中国已经经历了 10 多年的发展，虽然初期发展缓慢，但是在 2005 年之后，CDN 市场进入快速发展阶段。总体的 CDN 市场规模、运营成熟度、服务能力和技术研发等方面都有飞速提高。

按照进入领域之前的身份，现在中国市场的 CDN 供应商有着这样几种类型：专业 CDN 服务商、提供 CDN 服务的 IDC 服务商、电信运营商、自建的 CDN 互联网公司、国外 CDN 服务商的中国代理、免费自助的 CDN。

专业 CDN 服务商的优势是专注于核心业务的发展，易扩大经营规模，进入市场较早，具有成熟的运营机制和较高的服务能力；但由于它租用电信运营商带宽，带宽资费设置不灵活，不能按需索取，导致 CDN 的价格居高不下。

CDN 及 IDC 综合服务运营商的优势是拥有带宽资源优势，进入市场较容易，容易形成规模效应；IDC 和 CDN 客户群体相互转化以及资源的整合利用，有利于降低带宽及服务器采购成本；对成规模客户群体提供服务，也让其对客户需求把握极为精准。这类企业的典型代表是成立于 2005 年的网宿科技。它采用新的 CDN 技术和自建的机房，目前在国内拥有 280 多个 CDN 内容分发节点，加上 25 个海外加速节点，可以提供全球范围的内容分发网络服务。

电信运营商的优势是带宽成本是弹性的，可以配置最优的 CDN 服务网络；资本雄厚，有实力建设规模庞大的 CDN 网络；拥有品牌优势，与众多互联网公司关系密切，能够引导互联网公司使用 CDN 服务；已建成流媒体等专用 CDN 网络，在此基础上进行升级和改造，可快速推出多种 CDN 业务。电信运营商面临的困难包括 CDN 技术储备较薄弱；互联互通问题导致运营商只能在自己的网络上做 CDN 业务，跨网络运营的问题较难解决；CDN 不是主营业务，缺乏运营经验和服务能力。

互联网企业自建的 CDN 以及国外 CDN 服务商代理的 CDN 往往在可控性或者技术资金力量等方面具有优势，但是其面临的缺点是节点数少，不能满足企业的需求，而且受到相关法规和政策的限制，存在许多安全隐患，尤其是自建 CDN 的企业，CDN 不是其核心业务，因此在投入上不能保证其服务质量。

中国拥有超过 5 亿网民，但只有 5%的用户在使用 CDN，而在美国这一数字是 80%。2011

年全年中国的专业 CDN 行业收入规模为 12.4 亿元，只有美国的 5%。由此可见，中国 CDN 市场潜力巨大。随着中国 3G 移动互联网用户的增长、宽带中国战略的实施、方兴未艾的中国互联网电视以及云服务的日益普及，整个中国互联网的大环境为中国 CDN 行业发展提供了良好的契机。但中国的 CDN 技术相较于国外还有一定的差距，创业者对于产业链后端的基础建设精力不足、CDN 增值服务模式单一，是中国 CDN 发展需要面对的问题。

（工业和信息化部电信研究院　李原、杨波、苏嘉）

第 5 章　2012 年中国互联网设备市场情况

5.1　市场情况分析

5.1.1　市场动力

互联网流量仍在处于高速增长的态势。流量增长的驱动力来源于以下几个方面。

（1）设备数量的增长。平板电脑、手机和其他智能设备以及机器对机器（M2M）连接的广泛应用，推动了对连通性的要求。据 VNI Forecast 预测，截至 2016 年，网络连接的数量将接近 189 亿，地球上每个人大约拥有 2.5 个连接，而 2011 年网络连接的数量只有 103 亿。

（2）更多互联网用户。据联合国估计，截至 2016 年，预期将有 34 亿互联网用户，大约占届时全世界预计人口的 45%。

（3）更高的宽带速度。固定宽带平均速度预期将提高 3 倍，从 2011 年的 9 Mbps 提高到 2016 年的 34Mbps。

（4）更多视频。截至 2016 年，每秒钟将有 120 万分钟（相当于 833 天或两年）的视频在互联网上传送。

（5）WiFi 的增长。截至 2016 年，全球超过一半的互联网流量预期将来自 WiFi 连接。

中国互联网在经历了长期发展以后，已经进入了一个新的阶段。固网互联网用户增长已经进入了一个稳定期，移动互联网用户则出现了加速增长的态势，并将成为未来互联网设备市场成长的主要驱动力。根据 CNNIC 相关数据，截至 2012 年 12 月底，我国网民规模达 5.64 亿，全年共计新增网民 5090 万人。互联网普及率为 42.1%，较 2011 年底提升 3.8 个百分点，普及率的增长幅度相比 2011 年继续缩小；而另一方面则是截至 2012 年 12 月底，我国手机网民规模为 4.2 亿，较 2011 年底增加约 6440 万人，网民中使用手机上网的人群占比由 2011 年底的 69.3%提升至 74.5%。

用户发展、流量提升及技术升级驱动着互联网设备市场的发展。从 2012 年来看，在电信（固网宽带和移动宽带）和广电领域中有以下进展。

1．移动宽带全面提速

中国 3G 进入了一个加速期。2012 年，在摩尔定律的推动下，普及型智能手机性能持续提升，而价格持续下降，加速了中国移动通信市场从 2G 到 3G 的转换。与此同时，运营商在下半年也陆续推出了更优惠的 3G 流量套餐，吸引了更多的用户转向 3G。而中国移动由于市场竞争的需要，率先启动了 TDD-LTE 的 4G 试点商用网络建设，预计在 2013 年将全面铺开，并进一步刺激运营商移动宽带网络的全面升级。

2．光纤到户稳步推进

中国电信、中国联通在 2011 年基本完成了大规模的城市光网建设，尤其是中国电信，固网、移动业务融合的发展需求，直接刺激了中国电信在南方城市区域的光网城市建设。2012 年，基于光网城市下的光纤到户薄覆盖，运营商的光纤入户正在稳步推进。

3．三网融合有待时日

2012 年底，三网融合试点阶段结束，作为互联网产业发展的基础设施，三网融合步履蹒跚，其中最大的原因在于国网公司组建的进展缓慢。2012 年 10 月 25 日，国务院下发了国函 184 号文件，同意组建中国广播电视网络有限公司，由财政部出资，广电总局负责组建和代管，注册资本为 45 亿元，主要用于总公司平台的先期搭建，待挂牌后再逐步进行各地地方广电资产的整合。然而，由于广电市场化能力难以抗衡电信运营商，三网融合的实质性进展仍需时日。

5.1.2　市场规模

2012 年，中国网络通信设备市场出现了一定的收缩。自 2009 年以来，运营商经过连续的高强度投资后，尽管 3G 用户发展较快，但却并没有出现预期中的爆炸式发展，因此在移动基站上开始走向谨慎。固网宽带设备也是如此。中国移动情况相对较好，强化了在移动宽带的投资，特别是在 TDD-LTE 的 4G 领域投入了较大精力，预计在 2013 年互联网基础设施的硬件投资将有所增加。

在网络终端设备领域，市场规模仍保持了一定水平的增长，但增速在放缓。具体来说，PC 和手机两大主导产品均出现了增速放缓的现象。随着互联网网民红利的逐步消失，中国 PC 市场销量增速也在收窄，而 PC 作为成熟产品也出现了价格的下滑，市场容量增速也在下滑。随着移动通信普及率的提升，手机销量增速也开始放缓。然而移动互联网的普及，使得智能手机出现了较快速率的增长，但产品同质化现象却在加强，智能手机价格战导致了市场容量的增速也在收窄。

5.2　网络通信设备

随着中国电信普及率的不断提升，电信业增长减速。2000—2008 年中国电信业收入年均复合增速为 11.87%，2008—2011 年跌落至 6.0%左右。其中，2009 年以来，在 3G 业务和终端补贴刺激下出现了电信业收入增速的恢复，但从 2012 年逐月的数据来看，同比增速开始不断回落。电信运营商的盈利能力也在巨大的投资压力下不断下降。三大运营商的 EBITDA 率均出现较大下滑，净利润增速也不断下滑（见图 5.1 和图 5.2）。

因此可以看到，2012 年，三大运营商均不同程度地出现了投资滞后现象。2011 年，三大运营商在整体 CAPEX[1]支出上达到了一个新的高峰（全年在 3300 亿元后，由于移动数据

[1] CAPEX：Capital Expenditure，一般是指资金、固定资产的投入。对电信运营商来说，有关的网络设备、计算机、仪器等一次性支出的项目都属于 CAPEX，其中网络设备占最大的部分。

流量的快速增长，三大运营商在 2012 年初分别设立了较高的固定资产投资目标，市场预期约计 3450 亿元，约有 5%的增幅。然而在实际进展中，中国移动传输网投资与宽带投资均低于年初规划；中国联通在年初设立了 1000 亿元规模的投资计划，而由于 3G 用户发展速度不达预期，预计全年投资仅能完成规划的 80%左右；中国电信总体完成情况良好，但与 2011 年积极追加投资相比，2012 年则显得比较保守。大致估计，行业整体投资完成程度将为年初计划的 90%左右，约计 3100 亿元，行业投资的年初指引首次出现失准的现象。

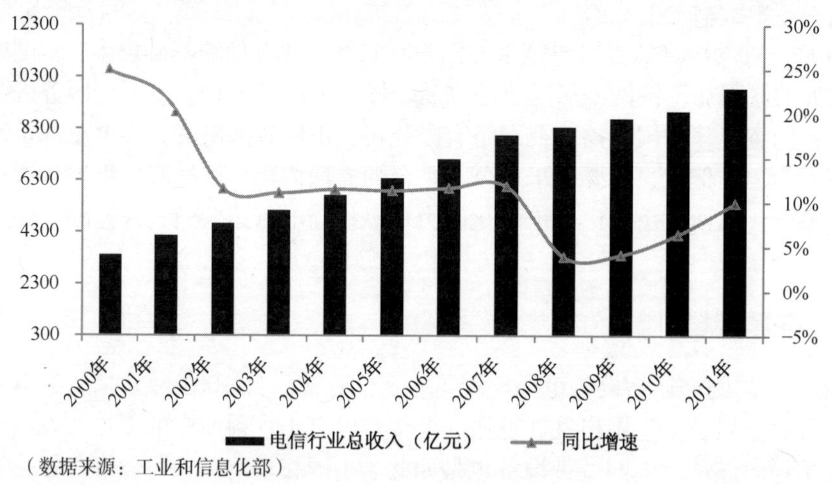

图5.1　中国电信业收入及增速

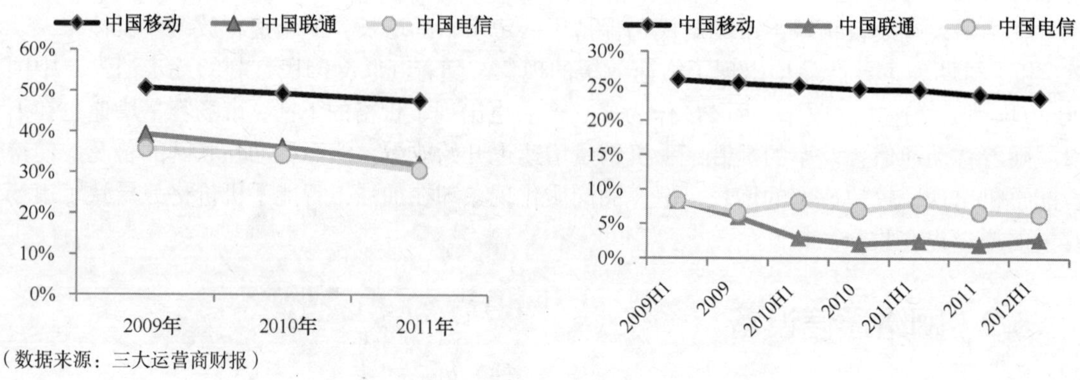

图5.2　运营商的净利润水平

5.2.1　移动网络设备

2009 年初下发 3G 牌照后，3G 网络经历 2009 年的建设高峰后，在 2010 年出现了急剧下滑。2011 年中国移动在 GSM 领域进行了巨大投资，使得移动网络设备出现了恢复性增长。2012 年运营商在年初期待的 3G 用户大发展并没有出现，使得 2012 年初规划的投资最终没有得以实施，全年移动网络设备落实投资总计在 320 亿～360 亿元的水平。

（1）2G 网络建设进入低谷。2011 年，中国移动为了应对移动数据流量的快速增长，加大了 2G 网络的投资。然而，中国移动的 GSM 网络已经相当完备，以补站的方式来应对流量并没有起到预期的效果，反而有部分区域网络信号出现恶化。因此在 2012 年运营商在经历 2011 年的高峰之后，2G 建设出现了一个低谷。对于运营商来说，2G 业务逐步成为了现金流业务，后期难有大规模投入。

（2）3G 网络发展平稳。中国电信与中国联通在年初确定了较为宏大的 3G 用户发展目标。然而普及型智能手机并没有支撑这一计划，加之中国联通和中国电信在较高频点资源下需要巨额投入才能实现较好的网络覆盖，这使得中国联通修正了 3G 网络建设目标。与市场预期略有区别的是，中国移动仍在对 TD-SCDMA 网络设备进行较大规模的采购和建设，这主要还是由于 TDD-LTE 制式终端芯片进展较慢，中国移动还需要依赖 TD-SCDMA。

（3）TDD-LTE 启动试商用建设。2012 年 10 月在阿联酋迪拜举行的 2012 世界电信展上，无线电管理局代表中国政府公布了 2.6GHz TDD 频段规划方案，即 2500～2690MHz 全部 190MHz 频率资源规划为 TDD 频谱。至此，中国发展 TDD-LTE 的 4G 制式已经解决了最为重要的问题之一——频谱分配。中国移动也在 2012 年启动了更大规模的 TDD-LTE 试点网络建设，部署基站 2 万个，并在 2013 年初开始了试商用的放号。

（4）WLAN 稳步前行。在 2011 年 WLAN 建设高峰后，2012 年 WLAN 建设稳步前行。三大运营商在财报中均肯定了 WLAN 网络对移动数据洪流的分流作用。在年中，运营商纷纷启动了 WLAN 与 2G/3G 网络的协同项目，试水 WLAN 的盈利模式。随着技术发展，我们认为 WLAN 将成为未来移动互联网基础设施组成的重要一环，并将在商业模式中取得更多创新。

对后续的移动网络设备市场发展有如下判断。

（1）2013 年将是未来一段时期移动网络设备投资的高点。这一判断源自中国移动在 TDD-LTE 上的投资：预计 2013 年，中国移动将建设 20 万个 TD-LTE 基站，对应无线设备投资额超过 200 亿元。中国联通和中国电信将随着 3G 用户的不断增长，以及竞争的压力，在移动通信网络持续进行较大规模的投资。

（2）LTE 建设将推动维持未来 2～3 年移动网络设备投资强度。4G 网络由于显著提升传输效率，以及更为优化的结构搭建，每比特成本能够控制在 3G 网络成本的 1/4～1/3，而与 2G 网络相比，仅为其单位成本的 5%（见图 5.3）。4G 网络部署带来运营商盈利空间改善，为其发展最根本推动力。

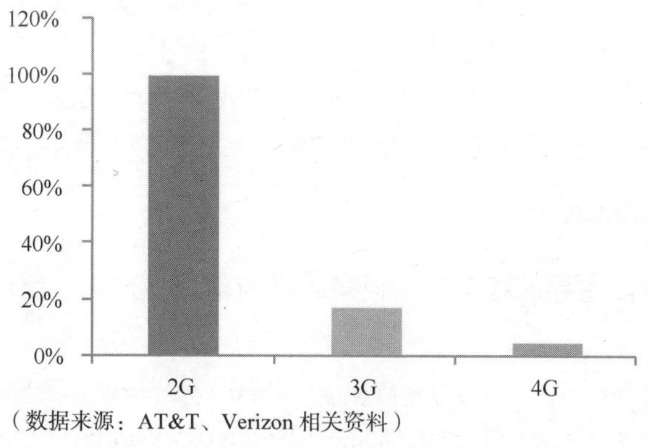

（数据来源：AT&T、Verizon 相关资料）

图5.3　各制式单位成本比较

展望未来 3 年中国 LTE 建设，从投资方向来看，基站建设、传输网与无线网络优化将为先期重点投资方向。室内覆盖与业务/支撑网建设预计将滞后 1 年左右。从投资节奏来看，预计 2013 年投资主要由中国移动引领。预计 2014 年国内将迎来全面建设阶段，投资规模将达到最高水平。2015 年将为网络的完善与优化阶段。

（3）未来 2～3 年内，可能仍然是移动网络设备投资高峰期。但另一方面，从国外发展的情况来看，移动宽带发展过程中，数据业务收入尽管增长很快，但远远低于数据业务量的增速。中国运营商将面临着全球运营商共同的问题：流量增长带来基站需求急剧增长和基站建设投资大量增长，人均用户基建投资额远超 ARPU 值，运营商在数据时代的 ROE 和 ROIC 出现了持续下滑，影响了运营商的持续投资状况。

5.2.2 光通信设备

2012 年运营商在光网络建设方面的整体投资在 700 亿元左右，与 2011 年基本持平。2012 年的光通信设备市场有如下特征。

（1）数据洪流驱动传输网投资提升。与 2011 年不同的是，光通信设备投资中传输网投资需求超过了固定宽带。随着光纤到户的推进，固网接入速率在不断提高，带动传输网投资提升。但更为重要的是，移动宽带走向普及，这才是 2012 年乃至以后传输网投资不断提升的决定性驱动因素。3G 用户的增长和 LTE 建设将驱动传输网投资持续增长。

（2）固网投资进入稳定期。2011 年中国电信与中国联通在竞争的驱使下，分别在优势区域强化了光纤到户的网络建设，大体完成了光网络的“薄覆盖[1]”，即先完成了城域网到小区光节点的光纤覆盖，最后一公里的宽带接入覆盖仍然按照原有宽带用户发展而来。2012 年投资终端转向光终端设备等，而非 2011 年的 ODN[2]。

对后续的光通信设备市场发展有如下判断。

（1）移动回传驱动传输网成为建设重点。2013 年，中国移动通信从 2G 到 3G 迁移的速度将逐步加快，用户移动数据消费将持续提升，带动移动回传的传输网升级需求。另一方面，中国移动 TDD-LTE 建设的新建工程将启动巨大规模的移动回传建设量。可以预计：随着移动互联网的普及，移动回传在相当长的一段时间内将带来传输网的需求。

（2）光通信设备升级加速。随着 3G/LTE/WiFi 等宽带无线网络建设和光纤入户的深入部署，接入层面的带宽将逐步解决，随之而来的将是巨大的数据承载需求，这将带来光承载的加速发展。在设备层面主要体现在光通信设备的加速升级上，具体来说，10G 已经普及，40G 将深入应用，100G 将开始大规模应用。从 2012 年的数据来看，100G 产品已经出现了较大规模的部署，这一趋势在 2013 年将得到深化和加强。

5.2.3 路由器和交换机

相对于完全由运营商主导的移动通信设备与光通信设备市场，路由器与交换机市场更为

[1] 薄覆盖：是相对于全覆盖而言的一个名词，一直都是 FTTH 建设的难点，在 ODN 网络的规划中常使用。“全覆盖”是指 ODN 网络建设工程的交割界面在用户室内，也就是说入户光纤在用户报装之前就已经完成了建设。而“薄覆盖”的工程交割界面在单元楼的楼道或者各楼层，入户光纤是在用户报装后，由装维人员完成建设的。

[2] ODN：是基于 PON 设备的 FTTH 光纤网络。

多元化，市场规模也不仅仅受制于运营商投资。2012 年，路由器与交换机市场保持了稳定的增长态势。运营商、企业网、个人用户层面各个细分领域均出现了不同程度的增长。据初步测算，路由器与交换机市场规模在 245 亿元左右。

路由器与交换机市场发展稳定，主要特征如下。

（1）国内厂商市场份额逐步提升。数据流量的提升驱动了运营商在数据设备上的投资。在这一过程中，国内厂商市场份额在逐步提升，思科等领先厂商的份额则逐步下滑。以中国移动 2012 年路由器和交换机集中采购招标为例，华为成为最大赢家，而思科表现一般。我们认为在高端路由器市场中，国内厂商的份额将持续提升，而边缘路由器市场则会有更多的厂商进入这一领域，竞争不断加强。国内厂商的进入，将有助于提升运营商的投资效率。

（2）企业网市场竞争加剧。2012 年华为、中兴等加强了对企业网市场的拓展。通信设备厂商进入路由器与交换机的企业级市场，一方面是由于通信设备市场已经进入一个瓶颈期，更重要的原因则是在通信技术与信息技术融合的驱动下，通信设备厂商转型发展自然而然的选择。云计算技术的深入拓展和应用，使得企业网市场将发生深层次的变革，这也是通信设备厂商所不可放弃的领域。

对后续的网络设备市场发展有如下判断。

（1）国内厂商将逐步主导运营商市场。运营商市场，随着数据业务的发展，特别是 VoIP、LTE、移动互联网等的发展，网络 IP 化不断深化，这使得数据和传输正在走向融合。另一方面，光纤到户和移动宽带的普及也给运营商带来了巨大的流量，驱动运营商以更高性价比来升级互联网基础设施。因此，可以判断，国内厂商在运营商市场的份额将逐步提升。

（2）企业网市场将发生深层次变革。云计算技术将带动企业级路由器与交换机市场发生深层次变革。企业用户在部署 IT 设施的过程中，越来越注重 IT 设施与业务流程的融合，这就使得路由器与交换机不再只是侧重功能和性能，而是注重整体 IT 解决方案、软件开发以及服务。加之华为、中兴等新兴力量的加入，未来企业网市场将会出现不断的演进。

5.3　网络终端设备

硬件量升价跌的趋势在 2012 年得到了延续，消费类电子产品表现尤其如此。在移动互联网的推动下，智能手机持续了高速增长，但产品同质化带来了更加激烈的市场竞争，也带来了市场的两极分化。平板电脑 2011 年的火爆在 2012 年得到了延续，仍实现了高速增长，但苹果一家独大的局势并没有改变。服务器市场则出现了一定的需求下滑，进入平稳增长期。

5.3.1　服务器

2012 年由于政府和互联网行业的需求有所减退，中国通用服务器市场增速开始放缓。预计全年规模达到 114.64 万台，同比增长 13.4%，仍高于全球平均水平，成为全球服务器市场增长的火车头。整体而言，2012 年中国服务器市场有如下特征。

（1）硬件升级拉动销售额增速高于销售量增速。2012 年，新处理器以及高速 I/O 部件抬高了服务器价格，另一方面 4 路 x86 服务器的需求量持续增长以及在一些行业订单中的配置明显提升，使得服务器市场出现了少见的销售额增速高于销售量增速的态势。

（2）超大型互联网用户仍然是高密度服务器的主要购买者，但逐渐有二线互联网用户、电信运营商、商业数据中心运营企业开始采购高密度服务器。此外，数据中心的需求方开始深度介入产品开发过程，中国台湾 ODM 厂商逐渐成为高密度服务器市场中的重要参与者。

（3）环保节能成为重要趋势。2012 年，在环保和低功耗微服务器市场，无论是英特尔的凌动 S1200，还是 IBM 使用温水冷却技术的 IBM iDataPlex 系统，或者是戴尔 12G 服务器上应用的新风冷却技术，这些无不揭示着节能低耗的趋势。

（4）客户日益重视整体解决方案。2012 年，服务器市场呈现的一个新现象是，可供选择的堆栈式集成系统变得更加丰富，如 IBM 专家集成系统、惠普融合基础设施、戴尔灵动系统、华为 Tecal E9000 等。集成系统的整体解决方案将服务器、存储、网络和管理集成在一起，更加灵活高效，高端客户对此表示出越来越多的认同和重视。

对后续的服务器市场发展有如下判断。

（1）国产服务器厂商表现更出色。由于曙光、浪潮、华为、联想等本土服务器厂商的出色表现，2012 年国产服务器销量增长率高于行业平均增长率。国产服务器厂商一直坚持自主创新与行业应用相结合，加上国家对自主创新型本土企业的大力支持，以及行业整体增速的下滑，未来国产服务器厂商份额将持续上升。

（2）更多的企业尝试部署 IaaS。云计算的应用逐步深化，企业用户对云计算已经有了比较全面和理性的认识，市场上云计算产品及解决方案也日益丰富。2013 年，我们认为将有越来越多的企业用户尝试部署私有云，尤其是 IaaS（基础架构即服务），并享受 IaaS 带来的各种便利。

（3）用户应用服务器加速迁往 x86。从 2012 年开始，即使是一些对系统性能、可靠性有苛刻要求的企业，如银行、证券、电信、航空等领域的企业用户，也在不断尝试将应用服务器从 UNIX 服务器平台迁往由四路甚至八路 x86 服务器所构建的虚拟平台。随着 x86 生态圈的进一步完善，2013 年会有更多的用户选择将应用服务器迁往 x86 平台。

5.3.2 手机

2012 年，在智能手机的推动下，中国手机市场保持较高速度增长，全年手机市场的整体规模约计 3 亿部，同比增长 15.4%。智能手机和移动互联网的发展使整个手机行业呈现以下特点。

（1）智能手机与 3G 手机成为市场主流。在 2012 年 3 亿部手机的销量中，3G 手机达到了 2 亿部，占比 67%；智能手机销量达到了 1.6 亿部，占比 53%，而销售份额则达到了 76%，而且呈环比加速的趋势，2012Q1 智能手机占比为 45%，而 2012 Q4 则上升至 62%。移动宽带的发展在加速，中国从 2G 向 3G 迁移的速度在加快，智能手机和 3G 手机的份额仍将不断提升。

（2）运营商对整体市场的影响力持续扩大。3G 时代中，运营商的竞争格局使得手机补贴成为发展用户的重要方式。预计全年运营商对手机终端的话费补贴总额超过 800 亿元。2012 年运营商捆绑市场保持了超过 37%的高速增长，销量达到 1.2 亿部，占总体市场的比重为 40%。随着运营商在移动宽带领域竞争加速，以及渠道策略调整，捆绑市场份额仍将持续上升。

（3）市场规模增长源自两端。大屏幕、智能、3G 等成为了消费者对手机的普遍预期，带来了产品的同质化，也引发了市场集中度的提升。市场开始出现两极分化：一方面是苹果、三星等一线厂商凭借品牌力量获得高额溢价，实现持续增长；另一方面则是低端普及型智能手机凭借价格优势获得出货量。2012 年，2500 元及以上价位手机和 400～1000 元价位的普及型手机贡献了市场的主要增量。

对后续的手机市场发展有如下判断。

（1）销售额增速拐点显现。2012 年中国手机市场的平均单价呈现出快速下滑的态势，销售额增速从 2011 年的 32%快速下滑到 9%，至此，销售额的增速拐点已经形成。我们预计手机行业集中度将有进一步提升，智能手机也将逐步步入成熟期，销售额增速将持续收窄。

（2）渠道变革进一步加剧。2012 年运营商 3G 用户发展低于预期，中国移动又重新开始重视社会渠道，这些都使得社会渠道在手机渠道中的地位将上升。另一方面，电商渠道借助价格优势，越来越受到消费者的需求，关注度已经超过了商场、超市和 IT 渠道。行业整体利润率的下滑和渠道的竞争，使得渠道变革将加剧，单纯靠销售手机的盈利需要创新。

（3）产品创新将走向分化。过去几年，产品更新换代的主要驱动力来自硬件规格升级，如更大的屏幕、更高的 CPU 主频等。但手机在短短几年时间内就走完了 PC 十几年走过的硬件升级道路，未来的产品创新将走向分化，侧重在功能创新、工艺设计、应用服务等领域。而厂商的营销重点也将从硬件领先到强调细分用户群情感体验。

5.3.3　PC

2012 年全球 PC 销量 11 年以来首次出现下滑，而平板电脑则出现了快速上升。触摸产品对 PC，尤其是笔记本电脑的替代在发达市场中开始显现。然而，中国 PC 市场仍出现了一定程度的增长，2012 年，中国各类 PC 销量约计 7800 万台，增速降至低于 10%。平板电脑在欧美和中国均出现快速增长，但在中国市场仍以 PC 为主导。总的来说，市场呈现以下特征。

（1）产品界限走向模糊，特别是超级本产品。超级本 2011 年的概念型产品已经逐步落地，2012 年进入成熟期。随着笔记本电脑产品逐步丰富，覆盖客户群将非常广泛，无论是时尚型用户、游戏玩家、商务人士、中小企业用户还是关注性价比的用户，无论是偏好 11 寸笔记本电脑还是 15 寸笔记本电脑的用户，都可以选择到合适的产品，PC 和 MID 产品界限日益模糊。

（2）零售策略逐步从价格竞争转向价值竞争。随着笔记本电脑平均单价的逐步下降和苹果模式的成功，厂商已经逐步改变单一的性价比竞争策略。过去几年中厂商都在推动产品多元化、渠道多元化、行业多元化等多方面建设。

（3）6 级城市成为主力增长点。随着人口城镇化趋势逐步明显，6 级城市整体经济发展加速，人文环境明显改善。尽管一些项目如 PC 下乡、新兴农村医疗合作等逐步接近尾声，但是庞大的用户基数依然支持 6 级市场的高歌猛进。

对后续的 PC 市场发展有如下判断。

商用市场和消费市场将呈现不同走向。在连续多年增长之后，中国的 PC 商用市场与企业盈利状况挂钩将更为紧密，而消费市场则与支付能力相关。未来中国经济将呈现弱复苏态势，商用市场增长乏力；而另一方面，消费市场则将随着渠道下沉和支付能力的提升而保持持续增长。

5.3.4 机顶盒

2012 年的中国机顶盒市场继续保持稳定增长态势，其中有线机顶盒依旧占据绝对主导地位，直播卫星机顶盒市场发展规模与政府规划仍有距离，地面机顶盒发展低于市场预期，IPTV 机顶盒市场规模继续增长，OTT 机顶盒异军突起。电视屏幕受到了越来越多厂商的关注，机顶盒行业进入了一个景气期。

（1）双向高清机顶盒市场开始启动。2011 年，多个发达省市开展了深度的双向网络改造，直接引发了双向高清机顶盒的快速增长。北京、深圳、上海、杭州、重庆、广西、山东济南、浙江金华等地有线运营商都在大规模发展高清交互业务并已经取得良好成绩。在这些城市或省份有线运营商的带领下，全国其他城市有线运营商也在逐渐启动本地高清交互业务。随着各地运营商加大对高清交互增值业务的推广力度，高清交互机顶盒出货量将大幅度增加。主流机顶盒厂商基本都完成了对应市场的产品准备，为以后的上量做好准备。

（2）有线机顶盒市场稳定增长。2012 年前三季度，中国有线数字电视机顶盒总出货量达到 2370.6 万台，相比 2011 年同期（2234.8 万台）增长 6.08%，预计 2012 年底，我国有线机顶盒市场保有量将超过 1.6 亿台。产业升级推动高清交互机顶盒出现了加速发展的态势，将成为未来市场增长的主要动力。

（3）IPTV 和 OTT 机顶盒成为各厂商布局重点。随着三网融合试点在全国范围的全面铺开，电信、广电和互联网都加大了对电视用户的争夺力度，意味着 IPTV 业务开始进入加速发展时期。到 2012 年 6 月底，我国 IPTV 用户已经超过了 1600 万户，预计 2012 年底，我国 IPTV 的用户数将会超过 2000 万户，达到新增机顶盒市场的 20%左右，市场呈现持续增长的态势。目前 IPTV 终端设备市场竞争的主要参与者是中兴、UT、华为等厂家，传统机顶盒厂商出货量相对较小。另一方面，芯片公司推出了支持 OTT 功能的芯片，机顶盒厂商也推出了 OTT 功能的机顶盒，视频网站也开始进行“内容+OTT 终端”的一云多屏战略部署，网络运营商亦顺应 OTT 时代发展潮流积极谋求 OTT 战略布局。

对后续的机顶盒市场发展有如下判断。

（1）机顶盒市场进入持续的景气时期。机顶盒行业在“十二五”期间都将处于景气周期，预计 2015 年底我国将有 85%的有线电视用户转换为数字电视用户，2012—2015 年 4 年间有线机顶盒的市场空间仍可达到约 1.2 亿台，每年平均约有 3000 万台的增量。卫星机顶盒、高端机顶盒的快速发展将弥补有线机顶盒所带来的增速放缓，并延长数字电视机顶盒景气周期的时长。

（2）卫星机顶盒具备巨大市场空间。“户户通”为直播卫星机顶盒带来巨大发展空间。“户户通”是“村村通”的延伸和发展，仍然以直播卫星应用为主，实施 20 户以下已通电自然村广播电视信号覆盖。2012 年 2 月，中共中央办公厅、国务院办公厅印发了《国家“十二五”时期文化改革发展规划纲要》，提出“十二五”期间基本实现从“村村通”到“户户通”，人口综合覆盖率达到 99%。“户户通”工作由国家广电总局组织实施，按照国家广电总局的相关规划，预计“十二五”期间覆盖用户将达到 2 亿户，每年新增“户户通”用户 5000 万户。

（3）广电主导下 IPTV 和 OTT 将有商业模式创新。2012 年小米进入 OTT 机顶盒领域，尽管 OTT 刚刚进入中国市场，但其广阔的发展空间和可观的市场规模，已经吸引产业链各方纷纷试水。随着各个合作案例的落地和相关经验的总结，一套符合中国国情和兼顾各方利益的成熟商业模式必将浮出水面。未来运营商会逐步通过升级软硬件和开发开放平台，与 OTT 模式实现相互融合，形成集直播、点播、智能软件为一体的综合化 IPTV 服务，机顶盒产品竞争力将大幅提升。

5.4　网络安全设备

5.4.1　市场概况

2012 年中国网络安全设备市场持续保持较为平稳的增长态势。从网络安全产品来看，主要包括防杀毒软件、防火墙、入侵检测系统、信息加密以及安全认证等产品。防火墙产品和防杀毒软件仍是市场主流。

网络安全设备市场呈现以下特点。

（1）安全功能成为推动网络设备增长的重要动力。信息泄密、越权访问、大量计算机变慢甚至死机、核心业务中断、网络瘫痪等安全性和可用性事故，使企业蒙受不同程度的损失。传统的桌面管理或终端安全管理方案无法强制部署客户端且难以防止被恶意破坏，导致 IT 管理员疲于应对，难以达到预期效果，企业必须寻求一种可以强制部署客户端的解决方案，因此基于安全的考虑，企业对网络安全设备的需求增加。无线、安全、云计算成为网络设备增长的重要动力。

（2）中小企业将开始试水安全云服务。尽管 SaaS 安全云服务在国外已经非常成熟，但是由于国家政策的限制，国外厂商无法提供 SaaS 的安全云服务。国外厂商正在积极与国内合作伙伴开展安全云服务，同时本土厂商也在推动云监测以及安全云，一些中小企业正尝试使用 SaaS 安全云。

（3）渠道商成为市场重要力量。随着市场竞争的加剧，厂商为了减少用户之间的层次，减少中间交易环节，降低用户购买价格，不断对其销售渠道进行扁平化改造。另一方面，不同用户群的需求特点不同，这就需要厂商对其渠道按照不同用户群进行融合或者多元化。扁平化和定制化使得渠道商成为网络安全设备从厂商到终端用户的重要环节。

5.4.2　发展趋势

（1）法规和政策依然是促进信息安全市场增长的主驱动力。随着信息安全形势的日益严峻，国家对信息安全产业的重视程度日益提高，随着信息安全等级保护工作稳步推进，工信部也于 2013 年 1 月颁布了一系列关于数据中心建设的指导意见及个人信息保护指南。政府及行业的政策和法规推动，将促使信息安全市场空间日益扩大。

（2）移动领域安全问题成为重点。移动互联网加速发展，其中的网络安全问题也日益严重，尤其是越来越多的重要信息开始在手机终端上部署，用户也日益重视移动安全问题。运营商对移动领域的安全问题已开始进行相关部署。例如，中国移动年中开启多项网络安全项目招标，中国联通 11 月开启了 2012 年中国联通总部 ECS 招标。企业在部署移动应用的时候，也开始注重制定完善的移动安全保护策略。

（3）数据中心的新建和升级带动信息安全投资。随着工信部颁发《关于数据中心建设布局管理办法》，数据中心市场投资持续扩大，未来五年的复合增长率将达到 12%。同时虚拟化应用、服务器整合和多重边界防护的需求，将带动信息安全市场的强劲增长。

（4）企业并购将促进安全厂商的业务差异化。信息安全企业想要做大规模，完善产品线，并购将是最好的选择，拥有完整软硬件解决方案及系统集成能力的厂商在未来的市场竞争中将更有可能胜出。随着越来越多信息安全企业上市或并购整合，这将为行业集中度的提升提供必要条件，预计未来各种形式的收购或市场整合还将不断涌现。

（中国电子信息产业发展研究院　余周军、王存肃）

第 6 章　2012 年中国三网融合发展情况

6.1　政策进展

1．三网融合试点范围扩大，首批试点地区的双向进入业务经营申请获得批复

2011 年底，国务院公布我国三网融合第二批试点城市（地区）名单。三网融合试点范围扩大到 54 个城市（地区），所有省会城市均成为三网融合试点城市，覆盖用户数量超过 3 亿。2012 年上半年，石家庄市、无锡市、常州市、苏州市等第二批试点城市（地区）中的部分试点地区向三网融合工作小组提交了试点实施方案，并得到了对试点方案的批复。三网融合试点的扩大完成了国务院所要求的“规定动作”，客观上有利于三网融合工作在全国范围的铺开，为三网融合的稳态增长提供了更广阔的市场空间。此举还意味着广电和电信行业主管部门三网融合上层政策的磨合工作已经基本完成，而地方政府在三网融合的推动上将具有更大的话语权。

2012 年 10 月，试点地区的广电网络有线公司收到工业和信息化部颁发的同意开展“基于有线电视网络的互联网接入业务”、“互联网数据传送增值业务”、“国内 IP 电话”三项业务的批复。试点地区的电信运营商收到广电总局颁发的同意开展“IPTV 传输业务”和“手机电视传输业务”的牌照。从双向业务经营批复的发放过程看，我国目前三网融合双向进入的进程较为缓慢，整体上落后于中央对三网融合双向进入的部署。这也反映出电广双方在双向进入问题上从存在分歧到逐步达成了统一认识。第一阶段试点地区业务批复的发放，降低了企业开展业务的政策风险，有利于双向业务的开展；同时，随着第二批试点城市（地区）扩大到全国范围，长期看有利于双向进入业务有序、快速地铺开。但这也为双向进入业务的分业监管带来了挑战，现有的电广双方监管机构的监管思路和监管方式都面临着一定的调整。

2．广电国家级网络公司成立获批，短期内无法对三网融合格局造成影响

2012 年 10 月，国家网络公司组建方案上报国务院并获得批准。但是需要指出的是，国网公司挂牌仅仅是开始，公司还面临着体制和市场上的一系列问题。首先，国家网络公司的组建费用是 45 亿元，主要用于总公司平台的前期搭建，包括基本框架组建、播控平台和网间结算等业务、总平台的搭建、建设和整合等。但从行业来看，目前，全国有线网络总体资产评估额约为 1500 亿元，净资产 700 多亿元，若加上上市公司资产的评估数值，其有线网络的总资产约为 1800 亿元。若要做到资产整合，国网只能再考虑进一步融资，且同样需要多步进行。其次，国家网络公司对各地方网络公司的整合面临着体制问题。地方网络公司为了获得发展资金，纷纷采取了整体打包上市的方式。这种方式通过资本的复杂性和背后地方政府的利益，使得国网公司的整合难度加大。

从以上分析可知，国网公司的成立短期内无法对通信行业造成实质性影响。但从长期来看，国家广电网络公司提出希望成为我国第四家基础电信运营企业，实现网络全程全网、业务对等互连、结算优惠减免。而一旦向国网公司开放电信业务市场，将造成以下影响：广电网络公司以第四家基础电信企业进入市场后，将利用网络优势优先开展宽带接入业务，冲击宽带市场格局，分流电信和联通宽带业务收入，降低盈利能力，延缓整体市场格局优化步伐；在业务方面，广电网络公司可能利用 Cable 线的入户优势以及在互联网内容上的控制权，推动宽带接入+数字电视+OTT 的业务捆绑，这类业务不仅会冲击 IPTV 业务的发展，也会对电信运营企业的宽带收入产生影响；在内容方面，广电网络公司可能会利用其内容资源的排他性优势进行市场竞争，一方面限制向电信运营企业提供优质内容资源，另一方面利用内容管理许可权限，要求优质内容站点迁移或镜像到广电网络上，快速形成竞争优势。因此从整体上看，向广电国网公司开放电信市场有利于我国三网融合的发展和深化，但对通信行业内部，应提前研究向国网公司开放业务的策略和步骤，保证科学、有序发展，实现电信业务市场的整体利益最大化。

3．IPTV 监管政策趋于明朗，有利于 IPTV 业务推广和长期发展

进入 2012 年，整个 IPTV 产业发展进入了一个新的阶段，原有的 IPTV 牌照体系被广电总局新打造的二级播控平台体系所替代，并期望借助播控平台对整个 IPTV 进行新的把控。所谓一二级播控架构，是广电总局在 2010 年 344 号文中提出的，建立以中央电视台为总播控平台、地方电视台为集成分播控平台的 IPTV 播控架构，但自提出之后，由于原有的 IPTV 市场格局的存在，导致该架构一直未能真正落地。

2012 年初，由广电总局牵头，央视国际和百视通两大 IPTV 牌照运营商建立 IPTV 合资公司，从而解决央视国际有名无实和百视通师出无名的短板。但从市场的实际情况看，IPTV 市场实际上存在着一明一暗的两大总播控平台。广电总局在 2012 年发布的 43 号文中，再次强调 IPTV 总分二级播控平台的落实，同时明确 IPTV 传输服务牌照由中国电信集团公司、中国联通网络通信集团有限公司向广电总局申请，也规定了 IPTV 传输企业可向 IPTV 集成播控平台提供节目和 EPG 条目，经 IPTV 集成播控平台审查后统一纳入集成播控平台的节目源和 EPG。

应该说新的监管政策对于 IPTV 发展而言，具有利好和积极的作用：明确区分了集成播控与内容服务，增加了传输服务，明确了 EPG 权限分割，有利于稳定预期，促进发展。其中不限于试点地区的要求，扩大了 IPTV 发展空间。

4．新媒体管控政策加强，面向电视屏幕监管仍是重点

除了对 IPTV 的内容监管趋于明晰之外，2012 年广电总局还发布了对互联网电视的《持有互联网电视牌照机构运营管理要求》（181 号文）和对网络视频业务的《关于进一步加强网络剧、微电影等网络视听节目管理的通知》等三网融合新业态的监管政策，与 IPTV 的 43 号文共同构成了我国三网融合新媒体的内容监管体系（见图 6.1）。

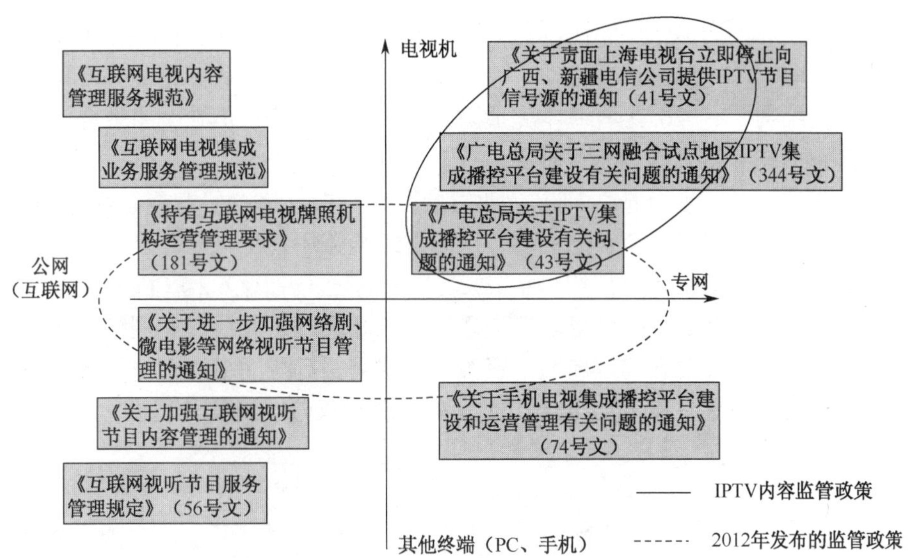

图6.1　广电总局三网融合相关监管政策

对于视频网站、互联网电视等新的监管政策的出台可以说是喜忧参半。有利的影响是规范了内容市场，加强了在新媒体上意识形态的管控；而不利的影响则主要集中在已发布的内容监管政策中过多限制了企业的业务开展方式，限制市场竞争，为新业态的发展设置了一定的障碍。广电主管部门通过一系列文件的出台强化了作为意识形态管理部门对媒体内容的绝对话语权，并实现了对新媒体形态的中央集权。

6.2　产业发展情况

1. 电信运营商占据市场优势，IPTV 发展迅速

2012 年电信行业以加快宽带网络建设、全面推进宽带网络普及提速为工作重点，继续沿着推进城镇光纤到户、扩大农村地区宽带网络覆盖范围的主线，积极推进“光网城市”、“村村通”等宽带工程，投入了大量资金、人力和物力开展宽带网络建设与业务创新，宽带网络覆盖和普及程度不断提高。IPTV、手机电视等双向进入业务均取得了突破，特别是 IPTV 业务取得了飞跃式发展，IPTV 业务各地走势良好，年底用户过 2300 万，相比 2011 年底的 1400 万增长了 900 万，一年增量超过 2004—2010 年发展总和，三网融合对 IPTV 的促进作用显而易见。同时，政策通道打开，预计 2013 年发展将更为快速。

电信运营商宽带网络的发展与 IPTV 相辅相成，互为补充。宽带网络给 IPTV 提供了基础保障，而 IPTV 为宽带网络提供了良性的业务填充。以 IPTV 的主要推进者中国电信为例，其正在积极实施“宽带中国 · 光网城市”工程，2012 年中国电信新增光纤入户覆盖家庭 2500 万户，达到 5500 万户以上。目前中国电信 IPTV 的宽带渗透率已经达到 21%，个别地区达到 40%。随着宽带提升，将给 IPTV 带来更大的机会。大带宽高清 IPTV 及其他增值业务的开展更有保障。

2. 广电有线网络公司主要围绕省网整合和双向改造开展工作

受制于体制、资金、业务批复等问题，2012 年广电有线网络公司并未大规模开展互联网

数据传送增值业务和国内 IP 电话等业务。广电各地有线网络公司主要围绕省网整合和双向改造开展工作。目前，广电已建成覆盖 30 个省（市、自治区）的省际干线光纤网和覆盖各地市的省内骨干光纤网，有 26 个省基本完成“一省一网”整合，但在宽带业务开展方面，主要以租赁电信方面的大带宽专线提供业务。

数字化、双向、高清业务成为广电行业发展重点。根据格兰研究连续性监测，从 2010 年开始，广电有线双向网络改造开始提速，双向网络覆盖用户呈现稳定增长态势，但是双向网络改造渗透用户增长较慢，保持约每年 2%的增长速度（见图 6.2）。随着有线双向网络改造覆盖率大幅度提高，有线双向网络改造渗透率增长却缓慢，有线双向网络改造覆盖率和渗透率相差越来越大。这说明有线双向网络资源闲置严重，有线网络运营商需要积极开拓新的业务模式，发掘适合本地发展的业务模式，提高对现有双向网络的利用率。

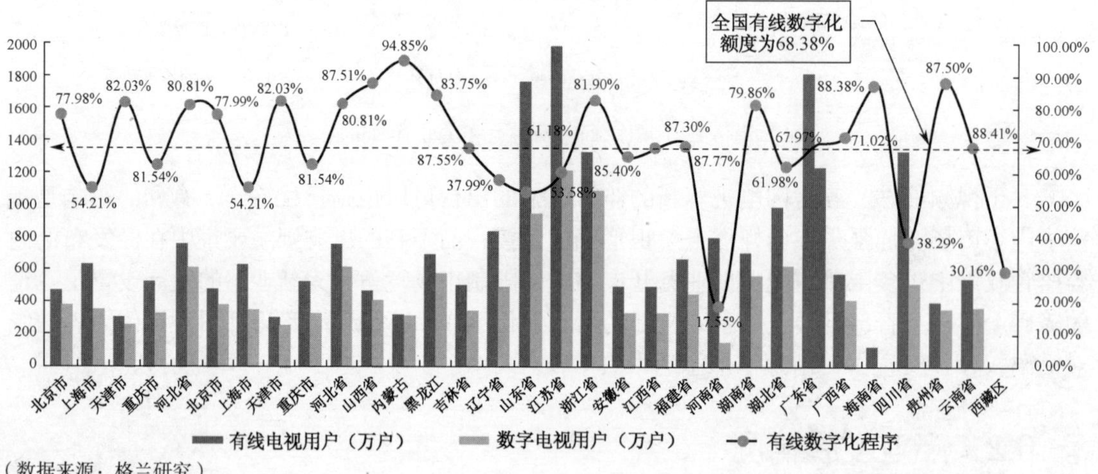

（数据来源：格兰研究）

图6.2　全国各省级行政区数字电视用户规模及有线数字化程度示意图（截至2012.12）

3．互联网电视处于起步阶段，互联网企业的加入促进新一轮发展热潮

我国的互联网电视终端发展基本与全球同步，同时产业在逐渐增加对互联网电视的投入。在 2011 年之前，由传统电视机厂家主导推动互联网电视的发展，希望利用互联网电视实现从产品制造向服务提供的转型。由于我国电视机厂家较多，产业基础较好，同时我国电视市场规模大，使得我国互联网电视机市场增速较快。到 2011 年我国的互联网电视一体机存量约为 2000 万台。据调查机构 Digital TV Research 预测，中国互联网电视市场的营收容量将从 2010 年的 5000 万美元增长到 2016 年的 13.8 亿美元。

2011 年以后，以互联网企业为代表的产业链多个环节认识到互联网电视带来的新的产业机遇，为了更好地把控用户入口，占据竞争先机，开始在互联网电视机顶盒上发力争夺，推动了机顶盒市场的逐渐兴起。据统计，2011 年我国网络机顶盒存量接近 400 万台，其中智能机顶盒占 1/4 左右。在这种大背景下，互联网企业在 2012 年集中进入互联网电视市场。小米高清互联网电视机顶盒“小米盒子”于 2012 年 11 月 14 日上市，采用深度定制的 Android 系统，支持苹果 Airplay 和 DLNA；同样在 2012 年 11 月，李开复执掌的投资机构创新工场达成合作，并将在未来致力于乐视网“超级电视”的发展。除了小米盒子、乐视盒子，还有牌照商百视通推出的“小红”、优朋普乐机顶盒等，加上国内六大主流厂家的互联网电视一体机，中国互联网电视市场呈现空前的繁荣，也意味着要进行激烈竞争和深层次的整合。

对于广电有线网络公司而言，互联网电视提供了破解数字电视发展困局的重要选择。由于我国互联网电视受政策限制没有直播内容，因此在业务属性上，数字电视与互联网电视业务的互补性较强。通过两者的结合，能够解决数字电视发展缓慢，以及增值业务受制于内容、互动等因素开展不力的问题。

对于电信运营商，通过参与互联网电视的运营，首先能够为宽带网络发展找到新的填充业务，提升其宽带网络价值。目前，中国电信已经在山西、山东、贵州和辽宁开展互联网电视的试验；中国联通在天津、广东也开展了互联网电视服务；中国移动成立 OTV 互联网电视项目组，致力于中国移动互联网电视的发展研究。其次，互联网电视业务也成为 IPTV 专网业务演进的助推剂，推动 IPTV 体系向着架构开放、终端智能化的统一方向发展，为两者嫁接奠定了基础。

4．网络视频整体仍处于平台期，视频内容的专业化和 OTT 模式成为寻求突破的主要手段

（1）OTT 视频成为发展热点

随着各类融合终端的快速发展，网络视频与终端的耦合度不断加深，OTT 视频成为发展热点。Youtube、Netflix 等国外网络视频服务提供商已经完成了“电视屏+移动智能终端+PC”的产业布局。Youtube 一方面开通专门的网络入口供 PS3 和 Wii 家用游戏机用户访问，加强在移动智能终端方面的布局；另一方面全面进军电视屏，积极将 PC 内容延伸至 TV，并试图颠覆传统电视发展模式。

从国内情况看，国内主流网络视频业务提供商已经全部提供移动视频服务（见表 6.1）。移动视频服务不仅可增强用户黏性，还可通过差异化的移动视频内容来吸引新用户。

表 6.1 我国网络视频服务提供商移动业务布局

	优酷	土豆	爱奇艺	乐视网	酷 6	新浪视频	搜狐视频	腾讯视频	PPTV
Android	√	√	√	√	√	√	√	√	√
iOS	√	√	√	√	√	√	√	√	√
Windows Phone	√	√	√	√				√	√
Symbian	√	√	√						
Meego			√						

（数据来源：通信信息所）

而在电视屏 OTT 拓展中，国内网络视频业务提供商面临较大的政策壁垒。我国 OTT TV 采取可管可控的监管策略，树立了以广电系牌照商为核心的 OTT TV 发展模式，行业壁垒导致网络视频业务提供商无法直接经营 OTT TV 业务，只能与牌照方合作拓展（见表 6.2）。由于广电系牌照商整体市场化经营能力相对欠缺，因此从整体上看，国内 OTT TV 发展较为滞后，实际开机率不高。

表 6.2 网络视频业务提供商与牌照方合作拓展 OTT TV 业务

类型	网络视频服务提供商	合作方（牌照方）	合作方式
参与/主导服务平台型	乐视网	CNTV	乐视网负责终端、内容平台运营、CDN 分发，CNTV 负责播控
	优朋普乐	南方传媒	成立合资公司，优朋普乐负责电影、电视剧的 VOD 点播业务合作的传输系统建设和内容版权提供
	奇艺	中央人民电台	央广新媒体、江苏电视台、奇艺网成立银河互联网电视
提供内容型	PPTV	未来电视（CNTV）、华数	PPTV 以“PPTV 专区”的形式提供以影视剧为主的视频内容
	风行网	百视通	被百视通收购，主打互联网电视市场

（2）视频内容制作专业化

现阶段网络视频内容源主要有两部分：一是网站内部资源，包括用户上传 UGC、网站自制剧等；二是网站外部资源，主要通过购买版权与内容提供商合作，购买专业化视频内容资源。从盈利性能看，视频网站内部资源内容混杂，质量参差不齐，与优质广告主的高端精品定位不符，较难实现整体盈利；相比之下，外部资源是现阶段网络视频内容的发展重点。

从国外情况看，视频网站内容专业化发展趋势明显，以 Youtube 的“电视化”策略转型为典型代表。Youtube 早期所提供的“草根式”UGC 视频内容广告价值难以实现突破，整体盈利艰难，在此形势下 Youtube 开始向传统媒体借鉴成熟经验。所谓 “电视化”发展策略，是指在内容制作方面借鉴传统电视商业模式，以正版和原创内容吸引特定观众群。2011 年 10 月，Google 向 Youtube 投资 1 亿美元建立约 100 个面向美国观众的频道，投资后网站上排名前 25 的频道每周访问量超过百万，节目订阅用户当年翻倍，节目合作伙伴超过 10 万，为两年前的 5 倍；2012 年 10 月，Google 又向 Youtube 追加 2 亿美元投资，用于向内容制作商预付资金购买专业化内容，同时再增加 60 个原创“频道”。

与国外互联网视频的电视化经营策略相类似，国内互联网视频市场也出现了专业化发展的趋势：一方面，专业电视台开办网络频道，形成专业化制作、专业化发布的团队，典型代表为 CNTV；另一方面，商业化视频网站在与传统电视台的合作中强化自身专业化运作模式，与电视台及专业影视制作机构的联合制作增多。在网台联动方面，奇艺网、优酷均与各地卫视开展合作，推出“卫视剧场”专区。同时互联网视频服务企业的人员结构也趋于专业化，搜狐视频集结了近百人的专业团队，以提升自制内容的专业水准；乐视网、奇艺网也分别投资 1.2 亿元和 2 亿元强化自制网络剧的原创内容制作。

（3）社交视频快速发展

社交视频成为全球网络视频发展的重要方向之一，网络视频与互联网社交相融合成为一种新的商业模式。两类平台资源融合后产生的互补及协同效应可帮助双方有效提升竞争力，一方面可增强社交网站用户黏性，另一方面可细化网络视频推广渠道、提升流量、细分用户群并提高视频广告议价能力。未来网络视频将成为社交媒体的基本表现元素。

从国外情况看，Netflix 与 Facebook 于 2011 年底达成合作协议，双方用户将共享电影和电视节目。Netflix 借助 Facebook 的内容分发和推送技术，通过病毒式传播提高内容传播的广度、深度和频次，提升 Netflix 的用户体验，扩展推广渠道；Youtube 与 Google+社交服务进一步融合，通过内部资源整合促进双方业务发展。

从国内情况看，平台型网络视频提供商（新浪视频、搜狐视频等）以及广电系的网络视频提供商（CNTV 等）的综合竞争能力及发展速度明显高于独立网络视频提供商（优酷、土豆等）。

6.3　存在的主要问题

1．三网融合整体进展慢于中央部署，体制是阻碍深化发展的根本原因

根据党中央、国务院的总体方案和试点方案的部署，2010—2012 年是我国三网融合的试点阶段，从 2013 年开始我国三网融合将进入推广阶段。从目前的发展情况看，虽然 IPTV 取得了长足进步，但整体上双向进入的进展慢于中央部署，特别是广电方面，在宽带接入、语音业务等市场上发展缓慢。从根本上说，双向进入的发展缓慢主要受制于现有的体制障碍。

双向进入将对现有行业间和行业内利益格局有较大的冲击，解决利益矛盾的根本途径是双方优势互补，通过合作实现共赢。但当前在体制上还存在诸多障碍。

（1）广电政企尚未完全分离，合格市场主体仍未形成。在 IPTV 发展方面，广电部门将信息安全管控和意识形态管理的“国家职能”交由 CNTV 和百视通等商业机构实施，市场竞争的公平性得不到保障。同时，各地网络公司既有舆论传播公益性的事业属性，又有经营属性，市场化程度严重滞后，难以与电信运营商在宽带接入市场展开竞争。政企不分影响了广电部门在政策制定和执行过程中的公平公正，也难以形成有效的市场主体参与电信的合作和竞争。

（2）广电台网分离不彻底。所谓“台网分离”，即将原来的有线电视台分离为有线网与电视台。广电系统早在十年前已提出台网分离的概念和改革方向，目的就是应对未来与电信的竞争。但事实上这一改革进展缓慢。为了对抗电信和中央广电的侵蚀，北京、辽宁等地还在加强整合，广电总局也重提“台网联动”。各地台网分离难以推进的原因各不相同，归纳起来主要是：一方面，地方广电网络公司的所有者不愿意被中央广电单位整合；另一方面，地方广电台网之间存在一定的利益冲突，地方主管部门通过网台合一消除这种内部矛盾。台网不分会导致电视台和有线网络公司紧密捆绑，一方面排斥与电信运营商在 IPTV 等融合业务上开展合作；另一方面难以独立运作，拓展新的业务空间。

同时广电内部的利益纠纷也影响到了三网融合 IPTV 业务的发展。由于地方广电网络公司的股权结构非常复杂，与地方政府和本地企业关系密切，担心在组建全国性的广电网络公司过程中被边缘化，所以对整合有所抵触。地方电视台也不愿意中央集成播控平台（CNTV 和百视通）插手本地 IPTV 等业务发展。

2．双向进入业务尚未纳入现有监管体系，监管要求有待细化

对于总体方案和试点方案中规定的向广电开放的“基于有线电视网络的互联网接入”、“互联网数据传送增值业务”、“国内 IP 电话”三类业务虽然已经在第一批试点城市（地区）发放业务批复，但对于三类业务的定义、范畴尚未纳入目前的业务监管体系，开展双向进入的资质、管理要求等有待细化。对于开展的双向进入业务而言，监管要求的细化有利于良性市场环境的形成和业务的规范发展。

因此，对于广电经营的电信业务首先应明确需要纳入行业监管范畴的要求。2003 年《电信业务分类目录》并不包含这三类业务的明确定义。目前，各地试点工作已逐步展开，但对于如何监管这三类业务尚缺乏总体框架，各地管局也存在不同意见。整体上同意广电开展有线电视接入，并允许在试点城市建设城域网，但必须要求广电租用电信运营商的骨干网和国际出口。国内 IP 电话按照现有分类目录中的 IP 电话业务进行解释，指 Phone 到 Phone 的国内长途电话，广电有线网络公司开展此项业务必须租用有相应经营权运营商的国内传输设施。

其次，针对广电开展“基于有线电视网络的互联网接入”、“互联网数据传送增值业务”、“国内 IP 电话”业务，相应的监管要求也需要调整。主要应调整的监管政策如图 6.3 所示。

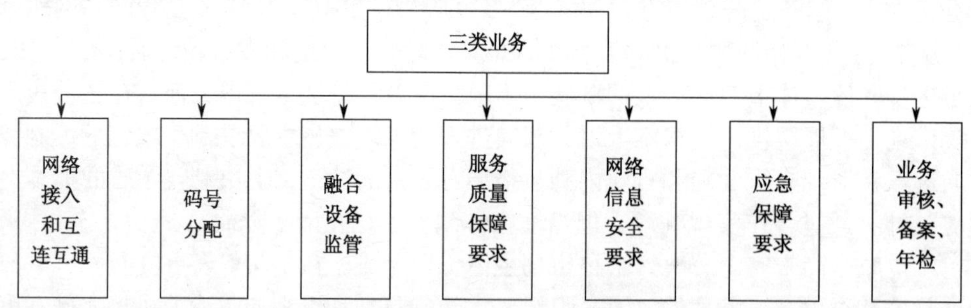

图6.3　三类业务应调整的监管政策

3. 现有内容监管体系与产业融合发展长期趋势不适应，未来面临调整

随着三网融合的逐渐深入，视频终端在向着连接互联网、开放操作系统、网络侧平台支持的方向发展。而作为起步较晚的电视终端，也在不断进行智能化的过程，视频终端发展更趋于融合。

首先，智能电视与智能手机、个人电脑等视频终端在系统架构方面趋于一致。随着技术发展，智能电视也实现了硬件平台与软件平台的分离、操作系统与应用程序的分离。目前典型的智能电视由终端硬件平台、操作系统内核、基础中间件、应用框架/UI API、应用软件几部分组成。而系统架构的一致性，使得在智能手机、PC 终端等领域已经取得优势的企业能够快速在智能电视领域形成优势，如苹果、谷歌等移动互联网企业通过布局操作系统，打造各自的应用开发平台。其次，视频终端发展模式趋于一致。如同移动互联网“封闭”的 WAP 连接和“开放”的 Internet 连接一样，电视业务根据视频业务内容提供的不同，也能够分为“封闭”的电视业务（如 IPTV、HbbTV）和“开放”的互联网电视业务。“封闭”的电视由网络运营商负责内容的集成和业务的提供，而互联网电视则由互联网视频企业、互联网电视牌照方和电视机厂家共同来提供业务。而系统架构和发展模式趋于一致，也使得目前的电视很难有明显的技术和应用特征，导致原有的面向终端类型的监管方式面临新的挑战。

广电现有面向不同类型终端进行监管的体制和政策，在终端智能化、同质化和网络 IP 化的三网融合趋势下，彻底割裂产业体系，使得面向多屏的业务、内容生态系统无法建立（表 6.3）。

表 6.3　广电系统对于终端的监管政策

终端类型	面向业务	监管方式
PC	互联网视听节目	许可证制（56 号文）
IPTV	IPTV 业务	牌照制（344 号文）
手机	手机电视业务	牌照制（74 号文）
电视	互联网电视业务	牌照制（181 号文）

4．互联网电视缺乏开展运营的必要条件

互联网电视包括两层含义，既是传统电视终端网络化之后产生的新型终端设备，也是互联网内容和服务模式在电视终端的延伸。互联网电视兴起和多种发展模式带来产业变化逐渐延伸到内容、网络、终端、监管的各个层面，不同领域产业力量的跨界重构成为推动新一轮三网融合的主要动力。新三网融合整体上呈现出“内容为王、网络中立、跨屏布局、融合发展”的特征。

虽然我国互联网电视在 2012 年得到了长足的发展，但整体上处于起步阶段，缺少开展运营的必要条件。首先，我国互联网电视缺乏用户根基和运营渠道。互联网电视的扁平化业务结构，决定了运营企业必须具有全国性的渠道，包括资费渠道、内容渠道、服务渠道，以及背后的庞大运维团队。以牌照商为核心的我国互联网电视体系难以承担全国性的业务运营重担。其次，互联网电视的监管政策封闭。广电总局在 2010 年和 2011 年分两批授予 7 家广电内部企业全国性牌照。目前市场化程度较高、实力较强的只有中国网络电视台（CNTV）、百视通、华数三家。机顶盒的智能化使得产业进入的门槛明显降低，未来将有大量的互联网机顶盒出现，形成类似智能手机的竞争格局。牌照企业并未形成产业主导。最后，我国互联网电视良性产业模式尚未建立。终端生产企业、网络运营商、牌照商、互联网业务提供商等产业角色各自为战，能够满足产业链各方需求、良性且可盈利的商业模式并未形成。

6.4　我国新一轮三网融合的发展趋势

1．双向进入加快推进，业务开放范围应考虑扩大

三网融合试点的扩大完成了国务院所要求的“规定动作”，客观上有利于三网融合工作在全国范围的铺开，为三网融合的稳态增长提供了更广阔的市场空间。此举还意味着广电和电信行业主管部门三网融合上层政策的磨合工作已经基本完成，而地方政府在三网融合的推动上将具有更大的话语权。

按照三网融合总体方案提出的工作目标，2013—2015 年为三网融合推广阶段，总结推广试点经验，全面推进三网融合。从目前发展情况和工作基础看，2013 年三网融合的推广工作主要集中在全国范围内推进双向进入。三网融合的推广是在试点阶段已经取得的经验和确定的监管方式的基础上开展的。因此在推广阶段初期，将按照试点方案中明确的双向进入业务范围，在具备较好的网络基础、技术基础、市场基础的地区（城市），向符合条件的广电、电信企业颁发相应的经营许可证。

而从广电的发展情况看，各地方广电网络公司由于缺乏宽带网络的用户基础和发展资金，工作重点仍在于推进有线电视网络数字化和双向化升级改造。通过开展全国范围内的“一省一网”整合，优化网络资源配置，同时提高网络业务承载能力和对综合业务的支撑能力。广电国家网络公司的成立，使得广电具有经营基础电信业务的可能性。从近期发展看，广电国家网络公司为各省网络公司首先提供互联互通更符合现实情况的要求。

就电信运营商而言，其发展主要围绕推动电信网宽带建设和 IPTV/手机电视的两条主线进行。电信运营商将推动在城市新建区域以光纤到户模式为主建设光纤宽带接入网络，已建区域采用多种方式相结合加快“光进铜退”改造，同时扩大农村地区宽带网络覆盖范围。而对于 IPTV/手机电视等业务，随着用户规模的扩大、内容的丰富、业务体验的提升，其宽带填充作用日渐显现，将与运营商的宽带网络建设相辅相成，互为促进。

2. 互联网电视将提供我国新一轮三网融合的产业机遇

在全球范围内，OTT TV 作为典型的三网融合新业态之一，其发展持续升温，为互联网服务提供商、终端制造商、内容提供商、网络运营商等各方产业力量切入市场、改变发展方式、拓展发展空间提供了新的题材，也带动以视频业务、OTT 模式、跨屏服务为核心的新一轮三网融合的大幕逐渐拉开。

就我国三网融合目前的发展情况看，现阶段主要集中在双向进入业务试点的推广。目前我国双向进入的试点工作已经基本按照中央的部署开展，虽然进度慢于中央预期，但整体已经进入试点的深化和推广阶段。在这种情况下，我国三网融合应考虑向更大范围和更深层次发展。特别是在国际三网融合发展的大背景下，应牢牢抓住 OTT TV 提供的发展契机，根据我国自身情况，选择合适方式继续发展。

就互联网电视的发展而言，由于目前国内独立的互联网电视缺乏开展运营的必要条件，因此通过 OTT TV 与专网视频（如数字电视、IPTV）的嫁接形成我国的发展特色。IPTV 业务作为电信行业目前培育的新兴产业，是发展需要依托的基础。通过 OTT 形成 IPTV 业务演进的助推剂。利用 OTT 业务，电信运营商能够绕过 IPTV 牌照的区域性限制，在全国范围内开展视频业务，形成宽带填充的新选择；同时可以通过电视与手机协同，形成新业态；另外还可以发展新的增值业务平台。

IPTV 封闭的花园模式符合产业垂直发展的思路，但随着 OTT TV 与 IPTV 的嫁接发展，现有的业务平台和终端能力限制了下一步发展，必须通过其他方式弥补，而前提是架构的开放和标准化。运营商对整个产业链的掌控从依靠封闭模式转变为依托标准：制定终端系统开放、CDN 互通等各项标准，形成对行业的规范。其次是推动 IPTV 终端的智能化和融合 CDN 部署。

3. 打破行业封闭，构建面向融合发展的产业生态和政策环境

从目前我国三网融合发展情况看，虽然电广双方双向进入已经取得了一定的进展，但从更大的范围看，行业仍处于封闭状态。产业力量在跨领域流动过程中，仍受到政策的限制。而从目前的情况看，我国制造企业目前尚无能力构建面向三网融合的产业生态环境。建立跨领域、跨网络生态环境是三网融合的核心问题，需要在国家层面统一协调，采取跨主管部门、跨产业的政策支持和发展策略，是目前应对三网融合挑战的重要方式。

面向三网融合的产业生态构建可从金融和财政配套、研发专业人才培育、跨领域产业联盟的建立、基于 HTML5 的统一应用平台的建立、加强知识产权的产业协同，以及统一的研发专项投入等方面扶植国内企业，鼓励国内企业在操作系统、外围技术等方面进行交叉专利许可，逐步形成专利池以共同应对挑战，促进跨行业产业发展。

同时，在内容监管层面，积极推动面向不同类型终端统一的监管要求。对于终端智能化的发展趋势，可以考虑对跨屏应用商店发放牌照。这样既可保障安全，又能够增加产业影响力，有利于发展。同时建议对电视终端（机顶盒）进行必要的检测和评估。

（工业和信息化部电信研究院通信标准研究所　敖立）

第 7 章　2012 年中国网络资本发展情况

7.1　我国创业投资及私募股权投资市场概况

7.1.1　VC/PE 市场情况

2012 年中国 VC/PE 市场基金募资持续疲软，全年基金募资规模大幅收缩。根据金融信息资讯服务机构 ChinaVenture 投中集团统计，2012 年共有 266 支基金完成募资 275.35 亿美元，相比 2011 年全年分别下降 47.1%和 44.3%。从募资完成基金类型来看，创投基金成为主流，显示出市场偏向早期投资的趋势；在币种方面，美元基金占比不足 10%，人民币基金依然是绝对主流，但 2012 年募资规模下降幅度也大于美元基金。相较于专业化投资机构的谨慎，政府及大型实业企业在基金募资方面表现活跃。此外，券商直投快速扩容，截至目前已获批成立直投基金 11 支。

ChinaVenture 投中集团旗下金融数据产品 CVSource 统计显示，2012 年共披露 173 支基金成立并开始募集，总计目标规模 397.24 亿美元（见图 7.1）。与 2011 年全年相比，2012 年披露新成立基金数量及目标规模均有所下降。

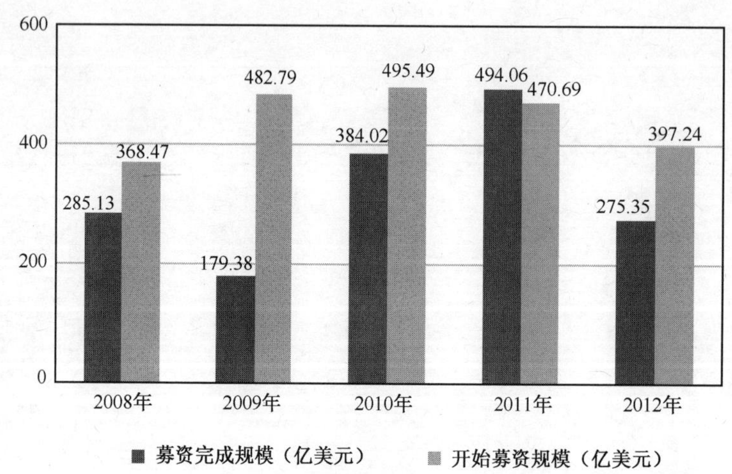

图7.1　2008—2012年中国创业投资及私募股权投资市场募资基金规模

与新基金成立情况相比，2012 年募资完成（含首轮募资完成）情况则不容乐观。根据 CVSource 统计，全年共披露募资完成基金 266 支，募资完成规模 275.35 亿美元，相比 2011 年（503 支基金募资完成 496.06 亿美元）分别下降 47.1%和 44.3%（见图 7.2）。

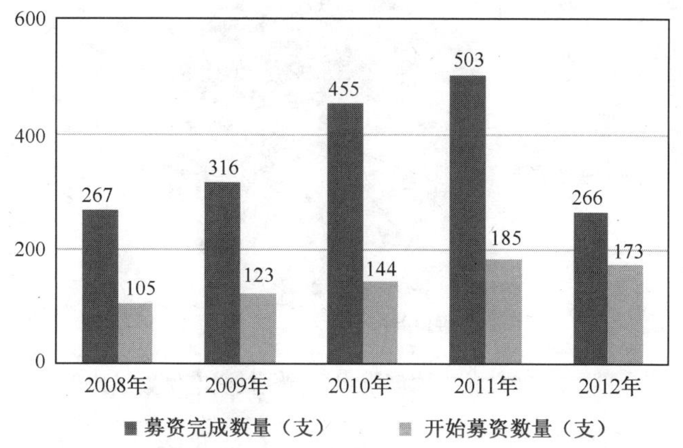

图7.2 2008—2012年中国创业投资及私募股权投资市场募资基金数量

7.1.2 VC 投资市场情况

据 CVSource 统计显示，2012 年全年中国市场 VC 投资规模大幅收缩。2012 年国内市场共披露创业投资（VC）案例 566 起，投资总额 47.67 亿美元，相比 2011 年全年（披露 976 起案例，投资总额 89.47 亿美元）分别下降 42.0%和 46.7%，如图 7.3 所示。2011 年中国 VC/PE 投资规模达到历史最高水平，而进入 2012 年以来，VC 投资市场迅速降温，投资活跃度及投资规模仍保持较低水平。

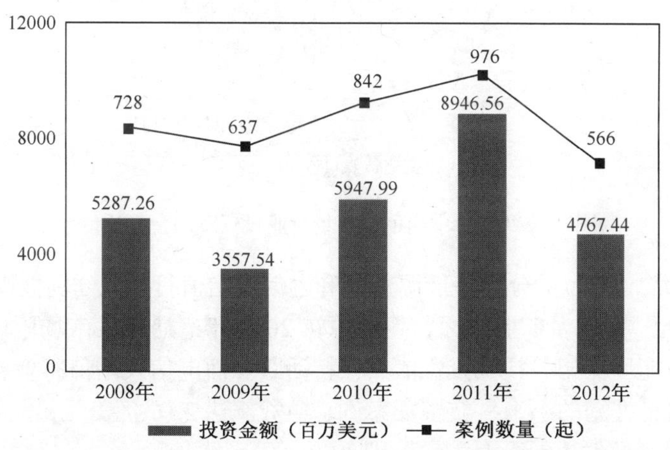

图7.3 2008—2012年中国创业投资市场投资规模

从 2012 年 VC 投资数量的行业分布来看，互联网依然是投资最活跃的行业，披露案例 118 起，占比 21%；其次分别是制造业和 IT 行业，分别披露案例 107 起和 66 起，占比 19% 和 12%；此外，医疗健康、电信及增值（移动互联网）行业也表现活跃，均披露案例 50 起以上（见图 7.4）。

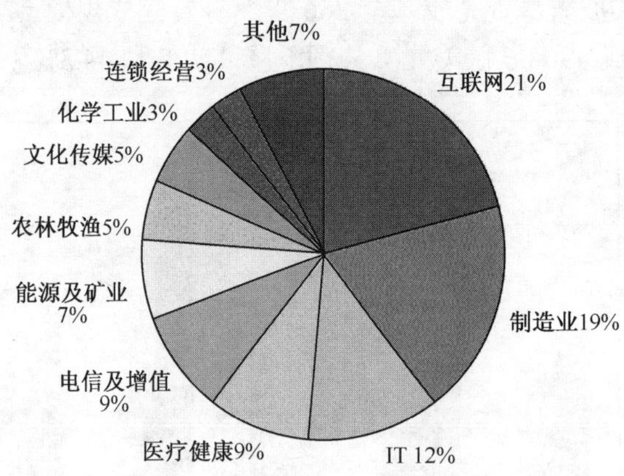

图7.4　2012年中国创投市场行业投资案例数量比例

从投资规模来看，互联网依然位列各行业之首，披露投资总额 9.84 亿美元，占比 21%（见图 7.5）。电子商务依然是投资最活跃的细分行业，投资案例涉及泛奢侈品等垂直电商、电商服务外包等诸多领域。此外，垂直网络社区、网页游戏及网络营销等细分行业，也均披露多起投资案例。

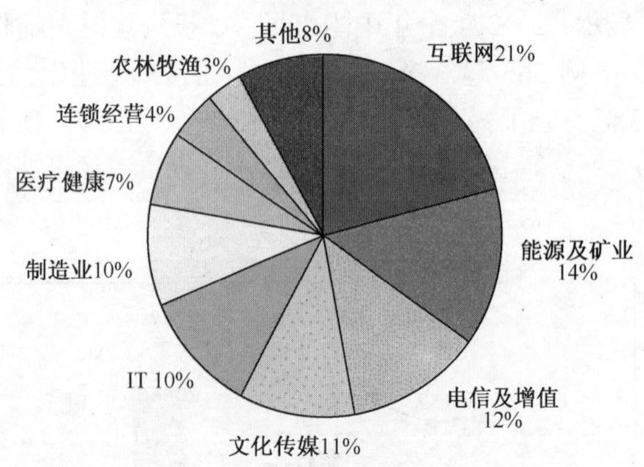

图7.5　2012年中国创投市场行业投资案例金额比例

投资额位列第二、三位的分别是能源行业和电信及增值行业，分别披露投资总额 6.72 亿美元和 5.82 亿美元。能源及矿业方面，新能源在 2012 年遭遇较大市场困境，光伏、风能投资大幅下降，但节能环保相关领域投资依然保持活跃。而电信及增值行业投资总额占比较高的主要原因是 6 月份披露的小米科技融资案例，融资额达 2.16 亿美元；此外，陌陌、力美广告、当乐网等融资规模也达到千万美元级别。

7.1.3　PE 投资市场情况

1．市场概况

2012 年国内共披露私募股权投资（PE）案例 275 起，投资总额 198.96 亿美元，相比 2011 年全年（404 起案例、投资总额 290.15 亿美元）分别下降 31.9%和 31.4%。2012 年投资规模同样低于 2010 年投资规模，并与 2009 年基本持平（见图 7.6）。

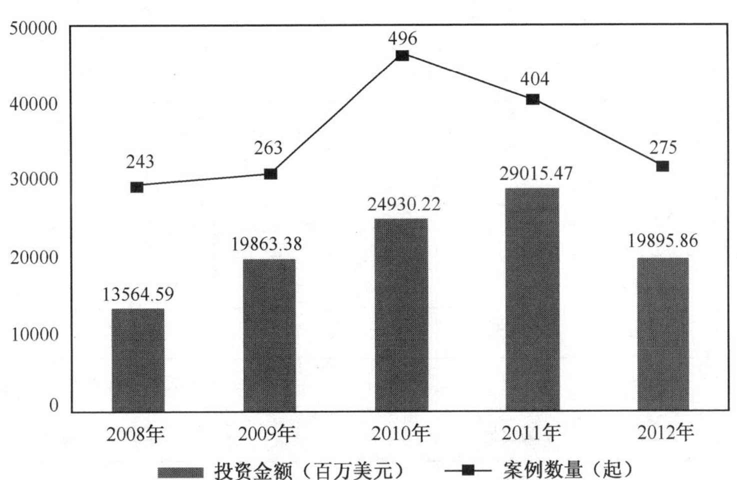

图7.6　2008—2012年中国私募股权投资市场投资规模

中国 PE 市场活跃度自 2011 年第四季度开始即呈现下滑态势，进入 2012 年以来，随着宏观经济及资本市场的持续低迷，PE 市场投资规模一直保持较低水平。近期，中国宏观经济及资本市场开始呈现回暖迹象，预计进入 2013 年后，中国 PE 投资将触底反弹，投资活跃度有所增长。

但整体来看，随着 Pre-IPO 投资机会的减少，中国 PE 投资将从规模增长转向投资价值的深度挖掘及布局多元化。相比于市场整体规模变化，行业内新竞争格局的形成，机构专业化、品牌化的转型路径，则将成为未来一年中国 PE 行业更值得关注的现象。

从平均单笔投资规模来看，2012 年平均单笔投资规模为 7235 万美元，与 2011 年基本持平。由于二级市场低迷状态导致上市公司估值及投资回报率逐渐下降，2012 年中国 PE 一级市场投资估值也有所下调，但由于阿里巴巴集团 20 亿美元私募股权融资、信达资本引入 103.7 亿元战略投资等巨额案例，2012 年平均单笔投资规模并未出现明显变化（见图 7.7）。

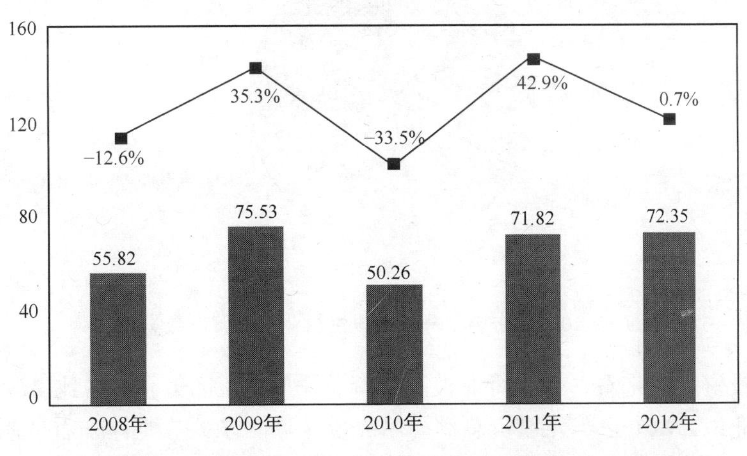

图7.7　2008—2012年中国私募股权投资市场平均单笔投资规模

2．2012 年私募股权投资市场十大披露金额投资案例

2012 年私募股权投资市场十大披露金额投资案例如表 7.1 所示。

表 7.1　2012 年私募股权权资市场十大披露金额投资案例

发生时间	企业简称	行业	投资金额（百万美元）	投资机构
2012 年 09 月 19 日	阿里巴巴集团	互联网	2000.00	中投/中信资本/国开金融/博裕投资
2012 年 03 月 16 日	信达资产	金融	1751.18	社保基金/瑞士银行/中信资本/渣打银行
2012 年 07 月 16 日	兴中控股	制造业	600.00	TPG
2012 年 08 月 30 日	中节能太阳能	能源及矿业	422.18	鄱阳湖资本
2012 年 11 月 13 日	京东商城	互联网	400.00	安大略教师养老金/老虎基金
2012 年 01 月 12 日	冀东水泥	建筑建材	323.36	新天域资本/GIC
2012 年 09 月 05 日	兆恒水电	能源及矿业	300.00	摩根士丹利
2012 年 02 月 28 日	必康制药	医疗健康	250.00	太盟投资集团
2012 年 07 月 03 日	苏宁电器	连锁经营	202.64	弘毅投资
2012 年 07 月 09 日	神州租车	连锁经营	200.00	华平

3．行业特点

（1）传统行业仍为 PE 投资主要领域，抗周期性行业受关注

从 PE 投资整体行业分布来看，2012 年中国 PE 投资涉及 19 个行业。其中，制造业依然是投资最为活跃的行业，披露案例 45 起，占比 16%；其次分别是能源及矿业和医疗健康，分别披露案例 32 起和 25 起；房地产、金融行业分别披露案例 23 起和 22 起，而其他行业披露案例均在 20 起以下（见图 7.8）。

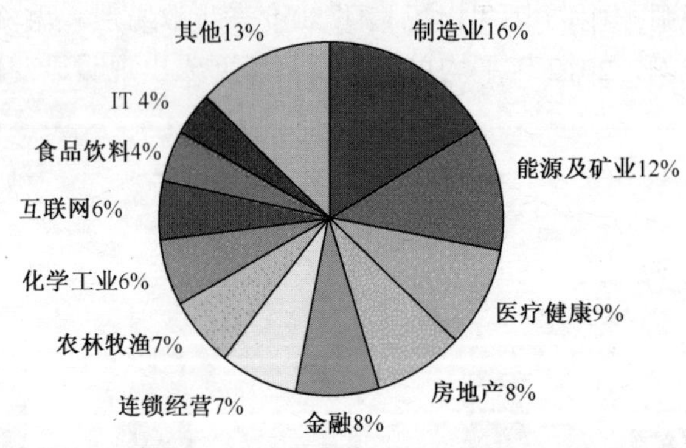

图7.8　2012年中国私募股权投资行业投资案例数量比例

从各行业投资规模来看，金融行业披露投资总额 52.78 亿美元，占比 27%，居各行业之首；互联网行业以 29.61 亿美元投资总额居第二位（见图 7.9）。整体来看，制造业、能源、化工、农林牧渔等传统行业依然是 2012 年 PE 投资重点领域，这一行业分布情况与过去几年基本相同。值得关注的是，医疗健康行业投资活跃度相比 2011 年有所增长，这也显示出在

2012 年宏观经济表现低迷的情况下，抗周期性行业投资价值凸显。

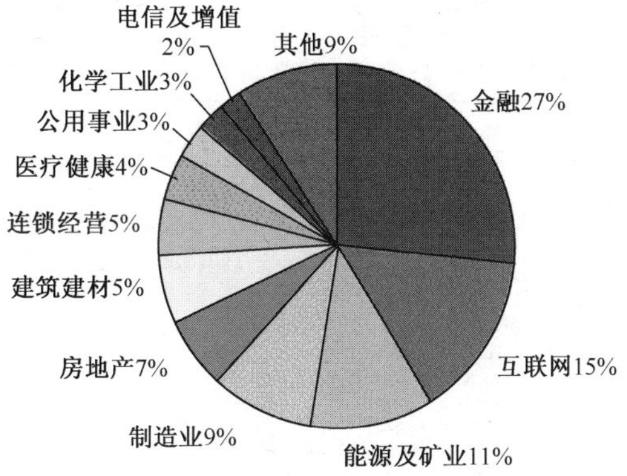

图7.9　2012年中国私募股权投资行业投资案例金额比例

（2）成长型投资仍占主流，PE 持续关注二级市场投资机会

从投资类型来看，成长型（Growth）投资依然是 2012 年 PE 投资的主要类型，披露 169 起案例，投资总额达 99.54 亿美元，分别占比 61.5%和 50.0%。PIPE 投资共披露案例 81 起，投资总额为 77.78 亿美元，分别占比 29.5%和 39.1%。在 PIPE 投资案例中，投资于境外上市公司案例为 16 起，其余案例均为 A 股市场投资。并购（Buyout）投资共披露 25 起案例，投资总额为 21.53 亿美元，占 PE 投资总量比例为 10%左右。

2012 年，境外中国概念股私有化热潮依旧持续，并为 PE 机构带来投资机会，如亚信联创私有化交易由管理层及中信资本联合发起，分众传媒私有化发起方则包括方源资本、凯雷等多家 PE 机构。三生制药、7 天酒店、美新半导体等私有化交易也均有 PE 机构参与。由于上述交易仍在进行当中，因此并未纳入本次年度统计。

7.2　中国互联网投资概况

2012 年中国互联网融投资事件共计 169 件，其中 83 件披露了金额，总披露金额为 31.93 亿美元，如表 7.2 所示。

表 7.2　2012 年中国互联网融投资事件

企业	CV 行业分类	金额	投资机构	融资时间
美呀呀鲜花礼品网	电子商务	—	—	2012 年 12 月 31 日
Stevie	网络视频	150 万美元	维港投资	2012 年 12 月 20 日
爱尚鲜花	电子商务	—	—	2012 年 12 月 01 日
欢聚时代	网络游戏	—	GIC	2012 年 11 月 29 日
Cwan.com	网络社区	—	—	2012 年 11 月 23 日
乐租 365	电子商务	—	起点创业营	2012 年 11 月 21 日

（续表）

企业	CV 行业分类	金额	投资机构	融资时间
赛五洲	电子商务	—	同创伟业	2012 年 11 月 14 日
拍拍贷	电子商务	—	红杉中国	2012 年 11 月 08 日
蘑菇街	网络社区	—	IDG 资本	2012 年 10 月 31 日
芭乐网	网络视频	3000 万元	和辉资本、TCL 创投	2012 年 10 月 15 日
蚂蜂窝	网络社区	1500 万美元	今日资本	2012 年 09 月 27 日
阿里巴巴集团	电子商务	20 亿美元	中投、中信资本、国开金融、博裕投资	2012 年 09 月 19 日
到喜啦	电子商务	1000 万美元	汉韬投资、富达亚洲	2012 年 09 月 19 日
暖暖	网络社区	300 万美元	—	2012 年 09 月 14 日
瑞金麟	电子商务	1000 万美元	赛富基金	2012 年 09 月 07 日
天品网	电子商务	—	蓝驰创投、软银中国	2012 年 08 月 21 日
App Annie	互联网其他	600 万美元	Greycroft Partners、Infinity Venture、IDG 资本、e.Ventures	2012 年 08 月 15 日
大众点评网	网络社区	6000 万美元	—	2012 年 08 月 10 日
传课网	行业网站	—	贝塔斯曼	2012 年 07 月 31 日
若邻	网络社区	—	海纳亚洲	2012 年 07 月 19 日
财新传媒	行业网站	—	腾讯	2012 年 07 月 19 日
返还网	电子商务	—	险峰华兴创投、真格基金	2012 年 07 月 11 日
Forgame	网络游戏	—	TA Associates、启明创投、Ignition	2012 年 07 月 11 日
在路上	行业网站	100 万美元	红点投资	2012 年 07 月 01 日
佳品网	电子商务	1500 万美元	英特尔投资	2012 年 06 月 14 日
品尚红酒网	电子商务	—	信中利、同创伟业	2012 年 06 月 08 日
骏梦游戏	网络游戏	—	中国文化产业投资基金、北极光创投	2012 年 06 月 01 日
禹容网络	网络社区	—	—	2012 年 05 月 31 日
视讯中国	网络视频	—	中国文化产业投资基金	2012 年 05 月 18 日
华数集团	网络视频	—	中国文化产业投资基金	2012 年 05 月 18 日
4399 小游戏	网络游戏	—	中国文化产业投资基金、深创投	2012 年 05 月 18 日
途家网	互联网其他	—	光速创投、鼎晖	2012 年 05 月 16 日
同程网	行业网站	—	腾讯	2012 年 05 月 14 日
寺库	电子商务	3000 万美元	银泰资本、IDG 资本、贝塔斯曼	2012 年 05 月 08 日
盛大文学	行业网站	1500 万美元	Orbis	2012 年 05 月 01 日

（续表）

企业	CV 行业分类	金额	投资机构	融资时间
美乐乐家具网	电子商务	4000 万美元	祥峰集团、光速创投、险峰华兴创投、KTB、莱恩资本、光速安振、	2012 年 05 月 01 日
AVOS	行业网站	—	恩颐投资、Google Ventures、Madrone Capital Partners、创新工场	2012 年 04 月 28 日
Homeway	行业网站	—	光速创投	2012 年 04 月 27 日
Tutor Group	行业网站	1500 万美元	启明创投	2012 年 04 月 25 日
丁丁网	互联网其他	4000 万美元	风和、华威	2012 年 04 月 24 日
亿莎	电子商务	—	君联资本	2012 年 04 月 24 日
Viadeo	网络社区	3200 万美元	安联私人资本、法国战略投资基金、杰佛瑞集团	2012 年 04 月 13 日
多购网	电子商务	2000 万美元	和灵资本、甲子海汇	2012 年 04 月 09 日
聚尚	电子商务	3000 万美元	银瑞达创投、IDG 资本、清科创投、SK 电讯投资	2012 年 04 月 01 日
快书包	电子商务	900 万元	德丰杰	2012 年 04 月 01 日
好耶集团	网络广告	—	维新力特资本	2012 年 03 月 22 日
淘房网	行业网站	1000 万美元	—	2012 年 03 月 21 日
时光一百	电子商务	3000 万元	—	2012 年 03 月 21 日
买好网	电子商务	500 万美元	—	2012 年 03 月 06 日
钛金骑士	网络游戏	—	阿米巴资本	2012 年 03 月 05 日
趣加游戏	网络游戏	1200 万美元	金沙江创投	2012 年 02 月 29 日
帮 5 买	电子商务	710 万美元	橡树资本	2012 年 02 月 27 日
拍鞋网	电子商务	3000 万美元	海纳亚洲、高盛	2012 年 02 月 22 日
玖易网	电子商务	1000 万美元	—	2012 年 02 月 20 日
优众网	电子商务	4000 万美元	华威、集富亚洲、光速创投、IDG 资本	2012 年 02 月 06 日
在路上	行业网站	100 万元	—	2012 年 02 月 01 日
怀众科技	行业网站	2000 万元	中发君盛	2012 年 01 月 21 日
斯凯维格	电子商务	—	信中利	2012 年 01 月 20 日
卡联科技	电子支付	1500 万元	永宣创投	2012 年 01 月 18 日
无限时空	网络游戏	—	金沙江创投	2012 年 01 月 18 日
乐淘	电子商务	3000 万美元	联创策源、德同资本、老虎基金、晨兴创投	2012 年 01 月 09 日

（续表）

企业	CV 行业分类	金额	投资机构	融资时间
爱上原品	电子商务	—	—	2012 年 01 月 06 日
爱定客	电子商务	—	—	2012 年 01 月 05 日
美餐网	电子商务	—	九合创投、真格基金	2012 年 01 月 01 日
安米网	行业网站	—	—	2012 年 01 月 01 日

7.3 中国互联网公司上市情况

7.3.1 IPO 市场规模

2012 年中国互联网企业 IPO 总案例数为 8 起，总涉及金额为 5.56 亿美元。上市事件如表 7.3 所示。

表 7.3 2012 年中国互联网公司上市事件

企业	上市时间	交易所	CV 行业分类	募资金额
TTG	2012 年 11 月 27 日	ASX（澳大利亚）	电子商务	120 万澳元
欢聚时代	2012 年 11 月 21 日	NASDAQ（美国）	网络游戏	8190 万美元
环球市场	2012 年 06 月 22 日	LSE（英国）	电子商务	1 亿元
拉手网	2012 年 06 月 19 日	NASDAQ（美国）	电子商务	7499.79 万美元
人民网	2012 年 04 月 27 日	SSE（中国大陆）	互联网	13.82 亿元
唯品会	2012 年 03 月 23 日	NYSE（美国）	电子商务	7152.99 万美元
三六五网	2012 年 03 月 15 日	ChiNext（中国大陆）	行业网站	4.54 亿元

7.3.2 VC/PE 背景中国企业 IPO 统计分析

在全球资本市场低迷态势下，2012 年 VC/PE 背景中国企业 IPO 数量与融资金额大幅下滑，融资规模同比缩水逾五成。根据 ChinaVenture 投中集团旗下金融数据产品 CVSource 统计，2012 年共有 97 家 VC/PE 背景中国企业在全球资本市场实现上市，总计融资达 801.1 亿元，数量和金额同比分别下降 41.2%和 55.4%，融资金额创下近四年新低（见图 7.10 和表 7.4）。

在机构退出方面，2012 年 VC/PE 机构的 IPO 退出平均账面回报率较 2011 年出现大幅回落。共有 149 家 VC/PE 机构通过 97 家企业的上市实现 235 笔 IPO 退出，总计获得账面退出回报 436.3 亿元，较 2011 年全年 1065.5 亿元的账面退出回报下滑 59.0%；平均账面回报率为 4.38 倍，较 2011 年 7.22 倍的退出回报率相比也出现大幅缩水（见图 7.11 和图 7.12）。

在 2012 年上市的 5 家互联网企业中，仅有 3 家有 VC/PE 背景，即欢聚时代、人民网和唯品会，共涉及 7 笔账面退出，其平均账面退出回报率为 4.67 倍。

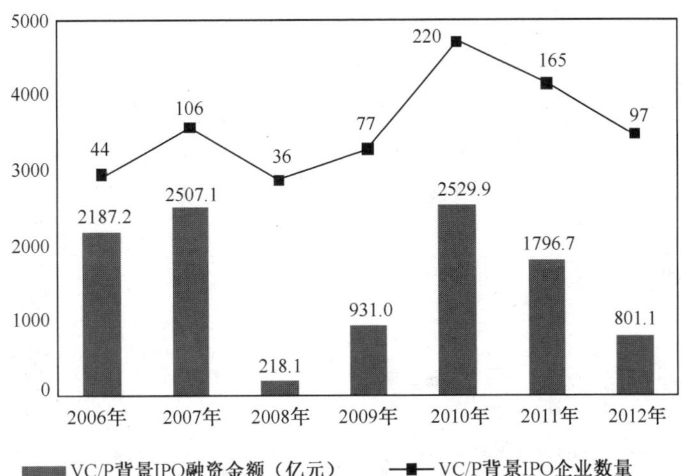

图7.10　2006—2012年VC/PE背景中国企业IPO融资规模

表 7.4　2012 年 VC/PE 背景中国企业 IPO 融资情况比较

资本市场	IPO 数量	融资金额（亿元）	平均融资金额（亿元）
普通 IPO	128	879.2	6.9
VC/PE 背景 IPO	97	801.1	8.3
总计	225	1680.2	7.5

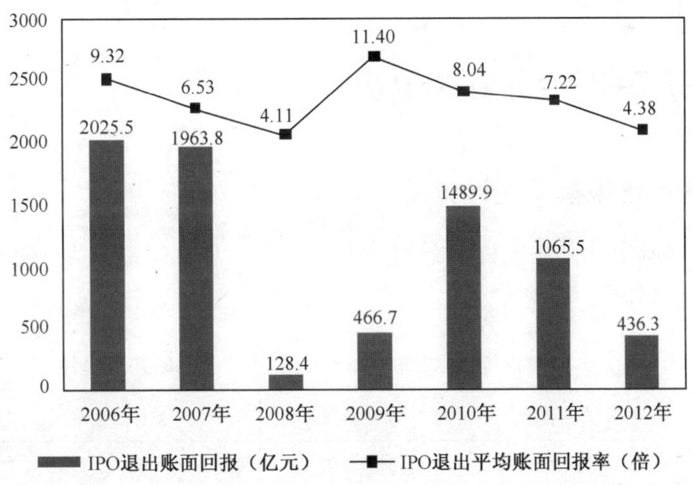

图7.11　2006—2012年VC/PE机构IPO退出账面回报情况

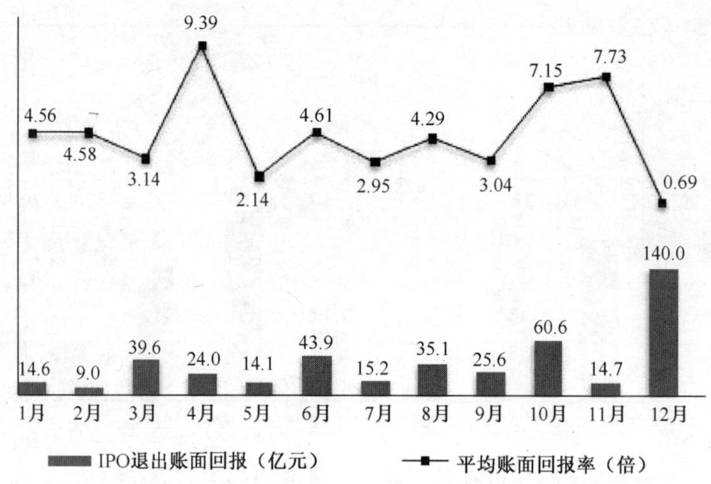

图7.12　2012年VC/PE机构IPO退出账面回报情况

7.3.3　境外上市互联网公司回归本土情况

2012 年 2 月 15 日，盛大网络宣布正式从纳斯达克退市，成为近 5 年来中国第一家在美国退市的中国互联网公司。继盛大网络之后，2 月 21 日阿里巴巴宣布私有化，退出中国香港联合交易所。据不完全统计，截至目前共有约 26 家中国公司从美国三大市场退市。业内有人士称，盛大网络、阿里巴巴等大公司带头私有化或将引起境外上市的中国互联网公司私有化浪潮。现在中国概念股回归国内上市或许是很好的时机。不过，互联网企业大规模国内上市还要观察一段时间。

7.4　中国互联网企业并购情况

7.4.1　并购市场规模及统计分析

2012 中国互联网企业并购事件总案例数为 102 起，总批露金额为 148.66 亿美元，其中大于 1 亿美元的交易如表 7.5 所示。

表 7.5　2012 年中国互联网企业大于 1 亿美元的并购事件

标的企业	买方企业	CV 行业分类	交易金额	宣布日期
动网先锋	北京掌趣科技股份有限公司	网络游戏	8.10 亿元	2013 年 02 月 05 日
去哪儿网	百度在线网络技术（北京）有限公司	行业网站	3.06 亿元	2012 年 12 月 11 日
分众传媒	中国光大控股有限公司	网络广告	37.00 亿美元	2012 年 08 月 01 日
吉比特	成都博瑞传播股份有限公司	网络游戏	9.00 亿元	2012 年 07 月 25 日
阿里巴巴集团	阿里巴巴集团	电子商务	71.00 亿美元	2012 年 05 月 20 日
边锋游戏	浙报传媒集团股份有限公司	网络游戏	31.80 亿元	2012 年 04 月 06 日
阿里巴巴	—	电子商务	179.29 亿港元	2012 年 02 月 12 日

7.4.2 重大并购事件

2012 年 9 月，阿里巴巴集团宣布完成对雅虎 76 亿美元的股份回购计划。阿里巴巴集团以 63 亿美元现金及价值 8 亿美元的优先股，回购雅虎手中持有的集团 50%股份。在未来公司上市时，阿里巴巴集团有权优先购买雅虎剩余持股的 50%。交易完成后的阿里巴巴集团董事会中，软银和雅虎投票权之和将降至 50%以下；同时，雅虎将放弃委任第二名董事会成员的权力，并放弃一系列对阿里巴巴集团战略和经营决策相关的否决权。就此，以马云为主的阿里巴巴集团管理层终于拿回集团控制权。此次交易后其股权结构更为合理，加上此前 B2B 上市公司已完成私有化，阿里巴巴集团整体上市的准备工作取得阶段性进展。为推进雅虎持股回购交易，阿里巴巴集团曾于 2011 年引入淡马锡、DST、银湖等外资 PE 机构，此次回购交易中则再次引入中投公司、国开金融、中信资本、博裕资本等机构。基于上述财务投资者未来退出变现需求，上市无疑将是阿里巴巴集团未来必经之途。而几家新 PE 股东的国资背景，则更有利于阿里巴巴集团治理结构的多元化与正常化。

（中国科学院　侯自强）

第 8 章　2012 年中国互联网政策法规建设情况

8.1　我国互联网政策法规建设情况概述

2012 年，基于互联网已成为关系国民经济和社会发展的重大信息基础设施的基本判断，我国互联网相关政策更多聚焦于支持宽带网络技术研发、建设下一代网络、培育新兴业态、推进重大应用以及提升安全保障水平等方面，并关注网络零售与快递服务融合发展等态势，加强顶层设计，以确保我国在信息技术和产业变革中与世界同步。在制度建设层面，有关互联网管理规定回应了社会对加强网络个人信息保护、规范网络团购行为等要求，应对了国际通用顶级域名管理调整所带来的挑战，完善了有关网络信息传播权保护的法律制度，并在网络文化市场执法领域开展制度探索，寻求解决网络取证难、确证难以及协作机制不完善的路径和方式。

8.2　我国互联网主要政策及内容

为落实“十二五”规划纲要，国务院及其有关部门出台了一系列专项规划和政策。鉴于互联网已成为国家重要基础设施和应用服务平台，除《互联网行业“十二五”发展规划》外，其他一些规划也有涉及互联网的事项，内容涵盖技术研发、产业发展、服务应用等诸多方面。

8.2.1　宏观发展政策方面

2012 年 5 月，工业和信息化部印发了《互联网行业“十二五”发展规划》（以下简称《规划》），分析了我国互联网发展现状和形势，认为互联网的战略性基础设施地位更加突出，互联网应用不断开创发展新愿景，互联网技术变革和网络演进加速推进，网络与信息安全挑战更趋严峻，全球互联网管理力度不断加大，我国互联网处在创新提升的重要关口。基于此，《规划》提出了“十二五”我国互联网发展的指导思想、基本原则和发展目标，明确到“十二五”期末，要实现建成宽带高速、广泛普及、安全可靠、可信可管、绿色健康的网络环境，形成公平竞争、诚信守则、创新活跃的市场环境，实现从应用创新、网络演进到技术突破、产业升级的全面提升，在转变经济发展方式、服务社会民生中的作用更加显著的目标。

《规划》提出了以下发展任务：

（1）创新应用体系，培育发展互联网新兴业态。包括全面推进互联网应用创新，推进移动互联网整体突破，推进云计算服务商业化发展，推动物联网与互联网的融合集成应用，积极推动电子商务加快发展。

（2）服务两化融合，全面支撑经济社会发展。要求推进互联网在工农业领域的广泛应用与综合集成，全面应用互联网推进服务业的现代化，完善互联网社会信息化服务平台，促进社会就业、创业。

（3）建设“宽带中国”，推进网络基础设施优化升级。重点是加快网络接入的宽带化建设，优化调整互联网国内整体架构，完善互联网国际网络布局，加快构建互联网应用基础设施。

（4）推进整体布局，向下一代互联网发展演进。主要是推进互联网向 IPv6 的平滑过渡，加快面向未来互联网技术研发前沿布局。

（5）突破关键技术，夯实核心基础产业。重点是抓住机遇突破互联网相关高端软件和基础软件，支持高端服务器和核心网络设备等产业发展。

（6）加强顶层设计，建立先进完备的互联网标准体系。

（7）完善监管体系，打造诚信守则的互联网市场环境。包含探索建立互联网业务分级分类指导的监管模式，强化市场监管体系建设，大力倡导行业自律，建立健全互联网用户权益保护机制。

（8）健全制度手段，强化互联网基础管理。要求完善互联网资源发展和管理制度，加强技术手段研究和技术平台建设，如建设完善网站备案、IP 地址、域名等互联网基础资源管理系统，进一步提高 IP 地址分配使用备案率的准确率和域名实名注册率等。

（9）加强体系建设，提升网络与信息安全保障能力。主要是加强网络与信息安全管理、加强互联网网络安全的应急管理能力、提高互联网装备安全管控水平、培育网络信息安全环境和文化四个方面。

同时，《规划》还从完善保障互联网健康发展的行业管理法律制度、加强互联网管理制度和管理能力建设、建立互联网健康发展的引导机制、加强互联网基础设施建设的政策支持、推动完善互联网发展的财税金融与知识产权政策、培育和扶持互联网中小企业成长、加强互联网专业人才体系建设以及推动完善互联网国际治理机制八个方面，明确了推动我国互联网发展的保障措施。

2012 年 7 月 9 日，国务院印发了《“十二五”国家战略性新兴产业发展规划》（以下简称《规划》），将新一代信息技术产业作为重点发展方向，提出要把握信息技术升级换代和产业融合发展机遇，加快建设宽带、融合、安全、泛在的下一代信息网络，突破超高速光纤与无线通信、物联网、云计算、数字虚拟、先进半导体和新型显示等新一代信息技术，推进信息技术创新、新兴应用拓展和网络建设的互动结合，创新产业组织模式，提高新型装备保障水平，培育新兴服务业态，增强国际竞争能力，带动我国信息产业实现由大到强的转变。同时，提出“十二五”期间新一代信息技术产业销售收入年均增长 20%以上的发展目标。其中，与互联网相关的产业主要有两类：一是下一代信息网络产业，二是高端软件和新兴信息服务产业。《规划》从发展目标、重大行动和重大政策三个方面明确了产业发展路线图。以下一代信息网络产业为例，2015 年的发展目标是：城市和农村家庭分别实现平均 20M 和 4M 以上宽带接入能力，部分发达城市网络接入能力达到 100M；基于国际互联网协议第 6 版（IPv6）的下一代互联网实现规模商用；三网融合全面推广，电视数字化转换基本完成；网络装备产业整体迈入国际前列，掌握关键核心技术；信息智能终端创新和产业化取得重大进展。为此，要求开展信息网络升级、关键技术开发和产业化、创新能力建设三项重大行动，并明确要建立信息基础设施建设组织领导协调机制，制定支持宽带光纤、移动通信和数字电视建设的相关政策，建立和完善电信普遍服务制度的重大政策。

2012 年 12 月 1 日，国务院印发了《服务业发展“十二五”规划》，提出加快发展生产性服务业，其中与互联网有关的是“高技术服务业”和“电子商务”两类。

在“高技术服务业”领域，提出要发展新一代信息技术和信息基础设施，开展云计算服务创新发展试点示范，加强云计算服务平台建设。加强物联网应用示范和推广，打造物联网应用平台。加快培育新兴网络信息技术服务，加强软件工具研发和知识库建设。推进各类面向行业应用的信息技术咨询、系统集成、系统运行维护和信息安全服务。

在“电子商务”领域，明确“十二五”时期，要基本健全电子商务制度体系，初步形成大型企业供应链网络化协同能力和重要行业龙头企业全球化商务协同能力，营造安全可信、规范有序的网络商务环境。为此，提出要积极培育电子商务服务，支持第三方电子商务与交易服务平台建设，推动网络交易与电子认证、在线支付、物流配送、报关结汇、检验检疫、信用评价等环节的集成应用。发挥行业组织等社会中介机构作用，提高电子商务纠纷处理、争议调解、法律咨询、技术研究、成果转化等服务能力。推进交易保障设施建设，强化对电子商务交易主体、客体及交易行为的在线监测，完善交易保障服务体系。健全电子商务支撑体系，促进数字证书在电子商务全过程、各环节的深化应用，规范网上银行、网上支付平台等在线支付服务，发展与电子认证、网络交易、在线支付协同运作的物流配送体系，鼓励电子商务服务企业建立交易诚信档案，为改善电子商务环境提供有力支撑。深化电子商务应用，支持大型骨干企业以供应链协同为重点发展电子商务，引导中小企业利用第三方电子商务服务平台拓展国内外市场，推动政府采购电子商务平台建设。加快发展移动电子商务等互联网产业，大力培育远程维护、数据托管等技术服务，积极推进医药卫生、文化旅游等领域的信息化建设，不断拓展和深化电子商务应用领域。规范电子商务发展，保障网络交易安全。

8.2.2 推进网络设施建设方面

2012 年 3 月 27 日，国家发展改革委办公厅、工业和信息化部办公厅、教育部办公厅、科技部办公厅、中国科学院办公厅、中国工程院办公厅、国家自然科学基金会办公室联合印发了《下一代互联网“十二五”发展建设的意见》(以下简称《意见》)，明确了发展下一代互联网的指导思想、基本原则和发展目标，提出了坚持产业发展与安全保障并重、坚持政府引导与市场驱动结合、坚持创新发展与国际合作协同、坚持新技术研发应用与现有资源利用联动、坚持服务国防建设与满足民用需求统筹的基本原则。

《意见》提出了下一代互联网发展路线图和时间表，即 2013 年年底前是现网商用试点阶段，开展 IPv6 网络小规模商用试点，向用户和应用优先分配 IPv6 地址，形成成熟的商业模式和技术演进路线，为全面部署 IPv6 网络做好准备，加快推进新型网络体系架构及技术研发工作；2014—2015 年是全面商用部署阶段，开展 IPv6 网络大规模部署和商用，逐步停止向新用户和应用分配 IPv4 地址，推动实现三网融合，组织新型网络体系架构及技术的规模验证，为“十三五”期间产业创新发展做好准备。在此基础上，《意见》提出了六个方面的重点任务：①网络信息基础设施建设，建设宽带、融合、安全、泛在的下一代国家信息基础设施，加强资源共建共享，进一步缩小数字鸿沟；②重点产品研发及产业化，研发支持 IPv6、满足节能降耗要求的下一代互联网关键芯片、设备、软件、系统，加快推动产业化及现网部署，形成较为完善的产业协同创新体系；③网络商用及业务创新，加快推动基于 IPv6 的下一代互联网商用进程，促进新型业务研发、现网试验和在线应用；④网络与信息安全保障，加强网络与信息安全保障工作，全面提升下一代互联网安全性和可信性；⑤理论研究与技术突破，结合产业发展需要和技术进步方向，推进网络由 IPv4 向 IPv6 演进过渡，加强互联网未来发展与长期演进的战略布局和技术储备，积极研究新型网络体系架构涉及的关键理论和核心技术；⑥标准体系与知识产权，建立并完善下一代互联网标准体系，重点制定网络由 IPv4 向 IPv6 演进过渡、网络与信息安全防护、业务应用、评估检测、网络基础资源等领域的技术标准，支撑下一代互联网的建设及商用。同时，《意见》还从完善体制机制、加大政府投入、提升创新能力、深化国际合作及优化市场环境五个方面提出了保障措施。

2012 年 4 月，《工业和信息化部关于实施宽带普及提速工程的意见》（以下简称《意见》）公布，提出以“建光网、提速度、促普及、扩应用、降资费、惠民生”为总体目标，推动我国宽带基础设施水平的提升，促进宽带应用的普及和推广，更好地发挥宽带在支撑国家信息化水平全面提升和经济社会发展中的关键作用。《意见》明确了宽带普及提速工程 2012 年的主要目标：增强宽带接入能力，新增光纤到户（FTTH）覆盖家庭超过 3500 万户；总体提升我国固定宽带用户的接入速率，使用 4M 及以上宽带接入产品的用户超过 50%，降低单位带宽价格；提高固定宽带家庭普及率，新增固定宽带接入互联网家庭超过 2000 万户；扩大公共热点区域无线局域网覆盖规模；宽带应用进一步推广和普及。同时，提出了八个方面的工作任务：①加速城市光纤宽带网络发展，推动光纤到楼入户；②加快农村宽带网络建设，推动农村宽带入乡进村；③改善公益机构与低收入群体的宽带接入条件，推动宽带成果的普遍惠及；④加快互联网网站的升级与优化，提高互联网信息源的服务能力；⑤加强宽带应用创新与示范，提高宽带应用水平；⑥积极支持中小企业提高宽带接入和应用水平；⑦加快国家产业化基地及相关平台的宽带网络升级与提速；⑧加强宽带设备系统的技术标准研制、产品研发与产业化，完善产业链。

为实现上述目标和任务，《意见》要求各有关单位要加强组织领导，明确目标任务，落实责任分工，密切配合协作，建立交流和通报制度。各地通信管理局要会同当地住房城乡建设部门等，共同强化和督导房地产开发企业、电信企业等落实 2007 年原信息产业部与原建设部联合下发的《关于进一步规范住宅小区及商住楼通信管线及通信设施建设的通知》，尽快发布和落实城市新建住宅小区、商用楼预先布放光纤等规范，制定完善与光纤宽带网络建设相关的工程规范和验收标准。各地工业和信息化主管部门及其他相关政府部门要会同当地通信管理局，研究制定推动当地民生公益机构、老少边穷地区、农村地区、低收入群体、中小企业的宽带接入网络建设的支持和引导政策，做好宽带普及推广工作。各地通信管理局要积极组织各地基础电信企业承担民生公益机构、农村地区、中小企业、国家产业化基地等的宽带接入网络建设任务，开展光纤宽带接入网络建设和网络光纤化提速改造。通信行业主管部门要加强网络互联互通管理，提高宽带网络运行服务质量；要加强网络与信息安全监督和管理，保障网络与信息安全。

8.2.3　促进网络科技发展方面

2012 年 2 月 10 日，《国家发展改革委办公厅关于组织实施 2012 年下一代互联网技术研发、产业化和规模商用专项的通知》（以下简称《通知》）提出：通过 2012 年专项的组织实施和带动，使我国下一代互联网发展在网络建设与用户规模、业务应用与终端、技术突破与产业带动三方面实现既定目标。以“网络建设与用户规模”为例，要实现骨干网和约 10%城域网支持 IPv6；制定大规模公众网络由 IPv4 向 IPv6 平滑演进过渡方案，实现 IPv4 和 IPv6 网页浏览业务互通；IPv6 宽带接入用户数超过 800 万。同时，《通知》明确了专项支持的重点：一是电信运营企业公众网络 IPv6 升级改造及规模商用；二是网站系统 IPv6 升级改造，包括域名系统 IPv6 升级改造；三是技术研发、产业化和新兴应用示范，如下一代互联网在石油、电力、交通、安防等重点行业的规模应用示范，以及基于 IPv6 的移动互联网业务创新和应用示范等；四是下一代互联网标准体系建设，并提出有关专项资金和项目申报要求。

2012 年 9 月 3 日，科学技术部印发了《国家宽带网络科技发展“十二五”专项规划》（以下简称《专项规划》），旨在加快推进宽带网络技术创新和产业发展。《专项规划》提出：宽带网络是国家经济社会发展的关键基础设施，网络通信产业是发展现代产业体系、培育战略性新兴产业的重要基础和载体。应当实施宽带网络创新引领战略，大幅提高宽带网络产业核心竞争力，确保我国在宽带网络技术重大变革中与世界同步，有效支撑国家宽带网络基础设施建设，实现我国信息网络及其业务应用的跨越发展。《专项规划》提出了我国宽带网络技术的发展目标，总体目标是：面向 2020 年我国千家万户 100M 宽带接入的重大需求，占领前沿技术制高点，突破产业发展急需的关键技术，提出我国信息基础设施总业务流量达 1000T 以上的综合解决方案，研制成套网络设备，着力培育战略性新兴产业，支撑移动互联网、云计算、三网融合和物联网重大应用，带动网络技术、计算技术、移动通信技术、微电子和光电子技术的综合发展，为我国宽带网络技术发展和产业应用率先走向国际前列奠定坚实基础。《专项规划》还细化了具体目标，并从经济、科技、社会三个方面设定了约束性和预期性两类共 11 项指标，如科技类约束性指标包括完成一批关键技术、设备和系统，支持用户独享 100M 带宽，形成 20 项具有自主知识产权的国际标准等；经济类预期性指标是直接形成 1000 亿元以上的规模产业。

同时，《专项规划》提出了发展的重点任务：①抢占前沿性制高点，如使我国成为与美国和欧盟并列的全球三大未来网络技术创新中心之一等；②突破核心关键技术，包括突破限制宽带网络发展的高速、高频段、高集成度、低功耗的核心技术，掌握相关核心知识产权等；③研制网络成套装备，主要是面向单用户 100M 接入能力这一核心指标，研究我国信息网络向 1000T 以上业务总流量演进的网络技术方案，研发成套的核心网络和接入网络装备，部署相应规模试验验证；④支撑行业应用发展，主要以支撑高速发展的视频（包括 3D 视频）和音频业务为核心，加快下一代广播电视网（NGB）的研发，支撑广播电视网络和电视机、信息家电产业的发展；⑤强化集成综合创新，重点研究 IPv6 过渡机制与管控系统，开展电网、传感网、移动互联网与宽带网融合技术研究；⑥支撑产业创新发展，面向解决原创技术到成熟技术演进中的“成熟度壁垒”问题，构建大规模的、种类丰富的、技术多样的开放式国家宽带网络创新试验平台，引领和支撑我国网络技术与产业的发展。同时，《专项规划》还提出了加大科技经费投入、推进产业技术创新战略联盟建设、加强技术创新服务平台建设以促进技术成果转化、推进技术创新基地建设、加强人才队伍建设、加强国际交流与合作以及推进宽带网络法制建设七方面的保障措施，如建立全方位、系统、稳定的财政投入增长机制，着力支持重大关键技术研发、重大产业创新发展工程、重大创新成果产业化、重大应用示范工程、创新能力建设等。

8.2.4　优化互联网市场方面

2012 年 6 月 27 日,《工业和信息化部关于鼓励和引导民间资本进一步进入电信业的实施意见》(以下简称《意见》),其中对鼓励民间资本开展增值电信业务作出了具体规定,即支持民间资本在互联网领域投资,进一步明确对民间资本开放因特网数据中心(IDC)和因特网接入服务(ISP)业务的相关政策,引导民间资本参与 IDC 和 ISP 业务的经营活动。为保障落实该政策,《意见》要求推动电信法制建设,抓紧研究出台鼓励和引导民间资本进一步进入电信业的具体事项和试点办法,以及电信业务的申请条件、期限和程序等配套政策和规定,通过多种形式和渠道及时发布,不断提高政策透明度。同时,还就加强对电信业的监管制度和能力建设、完善对民间资本投资电信业的服务、加强对民营电信企业"走出去"的支持和服务、加强指导和监督等方面提出具体的保障措施。

8.2.5　保护网络知识产权方面

2012 年 4 月 10 日,国家知识产权局印发了《2012 年国家知识产权战略实施推进计划》,要求按照"任务导向、突出重点、兼顾全面、务求实效"的原则,推动落实《国家知识产权战略纲要》。在加强知识产权保护的具体措施中,有三项涉及网络知识产权保护:一是由最高院出台《关于审理侵犯信息网络传播权民事纠纷案件适用法律若干问题的解释》、《关于审理垄断民事纠纷案件适用法律若干问题的规定》;二是由版权局、公安部、工业和信息化部负责开展第八次"打击网络侵权盗版专项治理行动",针对网络文学、音乐、视频、游戏、动漫、软件等侵权盗版积极开展专项治理;三是由版权局、广电总局做好对视频网站和手机媒体的主动监管工作,进一步规范网络版权秩序。

2012 年 4 月 28 日,《国务院办公厅转发知识产权局等部门关于加强战略性新兴产业知识产权工作若干意见的通知》从优化战略性新兴产业发展环境的角度,规定要积极应对新一代信息技术发展带来的挑战,完善互联网知识产权保护法律法规。

2012 年 9 月 23 日,《中共中央、国务院关于深化科技体制改革加快国家创新体系建设的意见》中明确提出:建立健全以自主知识产权为核心的互联网信息安全关键技术保障机制,促进信息网络健康发展。

8.2.6　推进电子政务方面

2012 年 7 月 6 日,《国家发展改革委、公安部、财政部、国家保密局、国家电子政务内网建设和管理协调小组办公室关于进一步加强国家电子政务网络建设和应用工作的通知》(以下简称《通知》)提出,到"十二五"期末,要形成统一完整、安全可靠、管理规范、保障有力的国家电子政务网络,基本满足政务应用需要。要求各部门、各地方采取切实有效的措施,加快推进国家电子政务内网和国家电子政务外网的建设和应用。

在加快建设国家电子政务内网方面,重点建设中央级政务内网平台,建成中央办公厅网络节点和国务院办公厅网络节点,尽快实现相关部门之间的安全互联互通,实现与省级电子政务内网平台安全连接,并加强国家电子政务内网业务应用支撑能力建设,严格按照涉密信息系统分级保护要求建设和管理国家电子政务内网,基本满足各部门开展跨地区、跨部门业务应用的需要。

在建设完善覆盖全国县级以上政务部门的国家电子政务外网平台方面，完善中央级电子政务外网平台和地方电子政务外网平台，并实现有效连通。尚未实现电子政务外网地（市）、县（市）全覆盖的省（自治区、直辖市）要抓紧建设，力争到“十二五”期末，实现国家电子政务外网在全国所有地（市）、县（市）的覆盖。尚未实现电子政务外网与国家电子政务外网连接的部门，要抓紧接入国家电子政务外网；已实现与国家电子政务外网连接的部门，要尽快迁移部署应在国家电子政务外网上运行的业务应用。要进一步加强国家电子政务外网的业务应用支撑能力建设，并按照信息安全等级保护要求建设和管理国家电子政务外网，以满足各级政务部门依托国家电子政务外网开展面向公众、服务民生的业务应用，以及国家基础信息资源实现开放共享的需要。

《通知》要求各级政务部门要抓紧制定本部门业务专网的迁移规划和实施方案，根据业务需求确定需要在国家电子政务内网和国家电子政务外网上部署的业务，有计划地分别向国家电子政务内网和国家电子政务外网迁移。原则上，涉及国家秘密的机密级及以下的业务信息系统部署在国家电子政务内网上，非涉及国家秘密的业务信息系统部署在国家电子政务外网上。各级政务部门新建和续建电子政务工程建设项目，应在进行立项需求分析时，确定需要在国家电子政务内网和国家电子政务外网平台上部署的业务应用，以及其相应的网络覆盖面和网络通信能力的需求。此外，还规定了各级政务部门新建和续建电子政务工程建设项目有关涉密业务应用保密审查、非涉密业务应用安全保护登记备案，以及项目审核、竣工验收等要求。

8.2.7 发展电子商务方面

2012 年 2 月 27 日，《国家邮政局、商务部关于促进快递服务与网络零售协同发展的指导意见》（以下简称《意见》）就进一步加强邮政管理部门和商务主管部门的合作，促进快递服务与网络零售协同发展，提出相关指导思想、基本原则、政策措施和有关要求。《意见》认为，近年来，快递服务与网络零售相互依存、互为支撑，业务合作日趋紧密，关联领域不断拓展，呈现出互利共赢的良好局面，但也存在一些衔接不顺畅、发展不协调的问题。为此，要求本着科学发展、协调推进、平等互利、互信合作、消除瓶颈、以点带面的基本原则，采取下列政策措施来促进快递服务与网络零售协同发展。

（1）优化协同发展政策环境。例如，研究制定促进协同发展的相关法律法规、政策措施和标准，实现《快递服务》标准与《电子商务模式规范》、《网络购物服务规范》、《第三方电子商务交易平台服务规范》等行业标准、规范的有效对接，推进快递服务和网络零售协同标准化、一体化进程等。

（2）推动双方信息共享、标准对接。包括推动快递统计监测系统与网络零售统计监测体系、统计监测网络对接，逐步实现行业统计信息的共享与交换等。

（3）推动信用体系建设。积极引导快递企业和电子商务企业建立健全信用管理制度，并推进相关信用评价的互通、互连、互评、互认等。

（4）鼓励快递企业构建与网络零售配套的服务体系。例如，鼓励和引导快递企业在全国物流节点城市和电子商务示范城市重合地区建设快件处理中心、航空及陆运集散中心等。

（5）积极探索创新服务模式。例如，鼓励快递企业提供和开发符合网络零售需求的代收货款、保价快件、验货签收等增值服务，促进业务合作深化；鼓励快递企业与电子商务企业开展联合经营或兼并重组，实现优势互补等。

（6）深化安全领域合作。例如，积极推动邮政业安全监管信息系统与商品流通回溯机制的对接，逐步实现对商品储存、销售、运输等重点环节的一体化安全监控等。

（7）提升快递服务网络零售科技应用水平。包括支持快递企业与电子商务企业共同开发运用物联网相关技术，加快推广无线射频识别、导航定位、商品服务追溯等创新应用；鼓励快递企业开发应用网络在线工具，推进快递解决方案与网络零售业务流程的融合等。

《意见》还明确了国家邮政局与商务部应定期召开联席会议，协商政策，解决问题；要求各省、自治区、直辖市邮政管理部门和商务主管部门尽快制定、完善配套政策和措施；希望双方行业协会组织切实发挥桥梁纽带作用，加强协调沟通；要求快递企业、电子商务企业转变观念，开展广泛合作。

2012 年 3 月，工业和信息化部印发了《电子商务“十二五”发展规划》（以下简称《规划》）。作为“十二五”时期进一步推动电子商务发展的指导性文件，《规划》分析了我国电子商务的发展现状与面临的形势，认为经济转型升级给电子商务发展提出新需求，社会结构和消费观念的变革给电子商务发展带来新空间，信息技术持续发展给电子商务发展带来新条件，全球竞争与合作深化给电子商务发展提出新挑战。基于此，《规划》提出了“十二五”期间发展电子商务的指导思想、基本原则与发展目标，总体目标是：到 2015 年，电子商务进一步普及深化，对国民经济和社会发展的贡献显著提高；电子商务在现代服务业中的比重明显上升；电子商务制度体系基本健全，初步形成安全可信、规范有序的网络商务环境。

《规划》明确了九项重点任务：一是提高大型企业电子商务水平；二是推动中小企业普及电子商务；三是促进重点行业电子商务发展，如深化商贸流通领域电子商务应用，促进传统商贸流通业转型升级等；四是推动网络零售规模化发展；五是提高政府采购电子商务水平；六是促进跨境电子商务协同发展，鼓励有条件的大型企业“走出去”，面向全球资源市场，积极开展跨境电子商务等；七是持续推进移动电子商务发展；八是促进电子商务支撑体系协调发展，包括促进在线信用服务的发展、加快建设适应电子商务发展需要的社会化物流体系，以及推动移动支付、电话支付、预付卡支付等新兴电子支付业务健康有序发展等；九是提高电子商务的安全保障和技术支撑能力。在此基础上，《规划》还明确了有关政策措施，包括建立健全电子商务诚信发展环境、提高电子商务的公共服务和市场监管水平、完善权益保护机制、加强电子商务法律法规和标准规范建设等方面。

2012 年 5 月 8 日，国家发展改革委办公厅发出《关于组织开展国家电子商务示范城市电子商务试点专项的通知》（以下简称《通知》），决定组织开展国家电子商务示范城市电子商务试点工作，主要目标是推动电子商务的有关政策在局部地区取得突破性进展，网上信用、电子认证、在线支付和物流配送等支撑体系及相关基础设施基本满足电子商务的发展需求，电子商务在拓展国际和国内两个市场、促进经济发展方式转变、方便百姓生活、改善民生、提高政府管理与服务能力等方面取得明显成效。针对中央部门、地方政府推动电子商务发展的不同工作需求，《通知》要求重点推进以下两类试点工作。

一类是中央部门政策性试点，重点支持中央有关部门依托国家电子商务示范城市，开展研究验证有关电子商务新政策的试点工作，包括网络（电子）发票应用试点、电子商务企业公共信息服务试点、电子商务支付基础平台试点、跨境贸易电子商务服务试点、电子商务诚信交易服务试点、电子商务标准和交易产品追溯服务试点六种。以网络（电子）发票应用试点为例，针对纸质发票难以适应电子商务用户维权、税收征管等方面实际需要的问题，由税务总局牵头，会同财政部组织有关示范城市开展网络（电子）发票试点工作。重点支持税务部门确定的服务机构和电子商务企业，共同建设网络（电子）发票系统，以及相关网络（电子）发票管理与服务平台。研究完善电子商务税收征管制度，制定网络（电子）发票管理暂行办法及标准规范，推动基于电子商务交易、在线支付、物流信息的网络（电子）发票应用。规范电子商务纳税管理，促进网络（电子）发票与电子商务税收管理的衔接。

另一类是示范城市应用性试点，主要在健全电子商务支撑体系、加强电子商务交易保障设施建设、积极培育电子商务服务、深化电子商务应用等方面，鼓励示范城市组织开展电子商务应用性试点工作。以健全电子商务支撑体系为例，支持开展电子商务物流配送信息服务和电子商务安全在线支付服务试点，支持物流服务企业和电子商务服务企业共同建设电子商务物流配送信息服务平台，支持支付服务机构进一步完善在线安全支付服务平台，提供网上支付、移动支付等多种形式的安全便捷支付服务。《意见》还就试点组织工作和申报要求作出了规定。

8.2.8 保障信息安全方面

2012 年 6 月 28 日，《国务院关于大力推进信息化发展和切实保障信息安全的若干意见》（以下简称《若干意见》）公布，针对我国信息化建设和信息安全保障存在的问题，提出了大力推进信息化发展、切实保障信息安全的指导思想、主要目标、重点任务及政策措施。在信息安全方面，明确要坚持积极利用、科学发展、依法管理、确保安全，加强统筹协调和顶层设计，健全信息安全保障体系，切实增强信息安全保障能力，维护国家信息安全，促进经济平稳较快发展和社会和谐稳定。同时，将国家信息安全保障体系基本形成列为主要目标之一，要求实现重要信息系统和基础信息网络安全防护能力明显增强，信息化装备的安全可控水平明显提高，信息安全等级保护等基础性工作明显加强。

《若干意见》明确提出了以下任务：一是实施“宽带中国”工程，构建下一代信息基础设施；二是推动信息化和工业化深度融合；三是加快社会领域信息化，推进先进网络文化建设；四是推进农业农村信息化，实现信息强农惠农；五是健全安全防护和管理，保障重点领域信息安全；六是加快能力建设，提升网络与信息安全保障水平。

在健全安全防护和管理、保障重点领域信息安全方面，要求：①确保重要信息系统和基础信息网络安全，如能源、交通、金融等领域涉及国计民生的重要信息系统和电信网、广播电视网、互联网等基础信息网络，要同步规划、同步建设、同步运行安全防护设施，切实提高防攻击、防篡改、防病毒、防瘫痪、防窃密能力；②加强政府和涉密信息系统安全管理，如严格政府信息技术服务外包的安全管理，建立政府网站开办审核、统一标志、监测和举报制度等；③保障工业控制系统安全，如加强核设施、航空航天、先进制造、石油石化、油气管网、电力系统、交通运输、水利枢纽、城市设施等重要领域工业控制系统，以及物联网应用、数字城市建设中的安全防护和管理，定期开展安全检查和风险评估；④强化信息资源和个人信息保护，包括在软件服务外包、信息技术服务和电子商务等领域开展个人信息保护试点，加强个人信息保护工作。

在加快能力建设、提升网络与信息安全保障水平方面，要求：①夯实网络与信息安全基础。研究制定国家信息安全战略和规划，落实信息安全等级保护制度，强化网络与信息安全应急处置工作，完善信息安全认证认可体系；②加强网络信任体系建设和密码保障。健全电子认证服务体系，制定电子商务信用评价规范，大力推动密码技术在涉密信息系统和重要信息系统保护中的应用；③提升网络与信息安全监管能力。完善国家网络与信息安全基础设施，加强网络与信息安全专业骨干队伍和应急技术支撑队伍建设，加强信息共享和交流平台建设，加大对网络违法犯罪活动的打击力度，进一步完善监管体制，充实监管力量；④加快技术攻关和产业发展。进一步加大网络与信息安全技术研发力度，加强对云计算、物联网、移动互联网、下一代互联网等方面的信息安全技术研究。继续组织实施信息安全产业化专项，完善有关信息安全政府采购政策措施和管理制度，支持信息安全产业发展。

2012 年 2 月 10 日，《国家发展改革委办公厅关于组织实施 2012 年国家下一代互联网信息安全专项有关事项的通知》明确，该专项重点支持满足下一代互联网发展需要的高性能网络信息安全产品，包含高性能防火墙、高性能统一威胁管理系统（UTM）、入侵检测系统（IDS）、高性能入侵防御系统（IPS）、高性能安全隔离与信息交换系统、高性能防病毒网关、下一代互联网网络病毒监控系统（VDS）、高性能 VPN 设备、下一代互联网网络审计系统、下一代互联网网络漏洞扫描和补丁管理产品十大类。通过实施专项，贯彻落实国务院关于加快我国下一代互联网发展的工作部署，进一步提升下一代互联网网络信息安全产品的技术水平。

8.3　我国互联网法制建设总体情况

8.3.1　法律、行政法规层面

2012 年 12 月 28 日，第十一届全国人民代表大会常务委员会第三十次会议通过了《全国人民代表大会常务委员会关于加强网络信息保护的决定》，规定了国家保护能够识别公民个人身份和涉及公民个人隐私的电子信息，明确了有关信息的收集和使用规则、保密和补救措施以及违法行为救济等制度。

2012 年 9 月 23 日，《国务院关于第六批取消和调整行政审批项目的决定》发布，决定取消“经营性互联网信息服务提供者境内上市前置审查”项目。

《国务院 2012 年立法工作计划》将互联网信息服务管理办法（修订）（国家互联网信息办公室起草）列为“力争年内完成的项目”，将电信法（工业和信息化部起草）列为“需要抓紧工作、适时提出的项目”，将互联网上网服务营业场所管理条例（修订）（文化部起草）列为“需要积极研究论证的项目”。

8.3.2　其他规范性文件层面

结合互联网领域出现的新情况和新问题，根据职能分工和管理要求，国务院及有关部门出台了下列针对或者涉及互联网活动的规范性文件：一是针对互联网名称和数字地址分配机构（ICANN）开始接受新通用顶级域申请的新情况，工业和信息化部、民政部联合发出《关于互联网通用顶级域申请有关问题的通告》，要求拟申请通用顶级域的我国境内相关组织和单位在正式提交申请之前，要将有关材料报工业和信息化部备案，以加强相关问题协调；二是针对网络团购市场出现的消费欺诈、以次充好、虚报原价等问题，《国家工商行政管理总局关于加强网络团购经营活动管理的意见》提出了加强网络团购经营活动管理的要求，以规范网络团购市场经营秩序，维护网络消费者和经营者的合法权益；三是为持续打击侵犯知识产权的违法行为，《国务院办公厅关于印发2012年全国打击侵犯知识产权和制售假冒伪劣商品工作要点的通知》进行了工作部署，要求开展包括网络商品交易网站专项整治在内的工作，加强对提供网络商品交易平台服务网站的监管，加强对网络交易主体、客体、行为的搜索检查，重点强化对涉嫌违法行为人网站（网店）的检查；四是为提高网络文化执法水平，文化部印发了《网络文化市场执法工作指引（试行）》，明确了执法管辖和执法环节，详细规定了执法保障、网络巡查、执法协作等具体要求，并对远程取证、现场取证、电子数据分析与认定等执法关键环节进行了规范；五是进一步规范网络支付行为，中国人民银行公布了《支付机构预付卡业务管理办法》，规定了预付卡内资金不得向非本发卡机构开立的网络支付账户转移、预付卡通过网络支付充值必须满足的条件等要求；六是针对部分网络地图存在错绘我国国界线、标注敏感或涉密地理信息等问题，《全国国家版图意识宣传教育和地图市场监管协调指导小组关于进一步加强网络地图服务监管工作的通知》进一步明确了加强网络地图相关服务审核、严肃查处网络地图服务违法违规行为等监管要求。

8.3.3 相关司法解释

2012年11月26日，《最高人民法院关于审理侵害信息网络传播权民事纠纷案件适用法律若干问题的规定》出台。根据《著作权法》、《侵权行为法》和《信息网络传播权保护条例》的有关规定，结合司法审判实践和国际惯例，该司法解释明确规定了侵害信息网络传播权行为的构成、有关“过错”的认定标准以及案件管辖等事项，为审理侵害信息网络传播权民事纠纷案件提供了司法准绳。

2012年12月20日，《最高人民法院关于适用〈中华人民共和国刑事诉讼法〉的解释》对社会公布，其中规定了针对或者利用计算机网络实施犯罪的犯罪地认定标准，即包括犯罪行为发生地的网站服务器所在地，网络接入地，网站建立者、管理者所在地，被侵害的计算机信息系统及其管理者所在地，被告人、被害人使用的计算机信息系统所在地，以及被害人财产遭受损失地。

8.4 我国互联网制度建设的主要内容

8.4.1 加强网络信息保护

2012年12月28日，《全国人民代表大会常务委员会关于加强网络信息保护的决定》出台，就保护公民电子信息、加强网络身份管理以及相关违法行为的法律责任作出了规定。主要内容如下。

在保护公民电子信息方面，规定国家保护能够识别公民个人身份和涉及公民个人隐私的电子信息，任何组织和个人不得窃取或者以其他非法方式获取公民个人电子信息，不得出售或者非法向他人提供公民个人电子信息。同时，规定了网络服务提供者和其他企事业单位及其工作人员的相关义务：一是保护公民知情权和选择权义务，在业务活动中收集、使用公民个人电子信息，应当遵循合法、正当、必要的原则，明示收集、使用信息的目的、方式和范围，并经被收集者同意，不得违反法律、法规的规定和双方的约定。收集、使用公民个人电子信息，应当公开其收集、使用规则。二是保密义务，即对在业务活动中收集的公民个人电子信息必须严格保密，不得泄露、篡改、毁损，不得出售或者非法向他人提供。网络服务提供者和其他企事业单位应当采取技术措施和其他必要措施，确保信息安全，防止在业务活动中收集的公民个人电子信息泄露、毁损、丢失。在发生或者可能发生信息泄露、毁损、丢失的情况时，应当立即采取补救措施。三是管理义务，网络服务提供者应当加强对其用户发布的信息的管理，发现法律、法规禁止发布或者传输的信息时，应当立即停止传输该信息，采取消除等处置措施，保存有关记录，并向有关主管部门报告。四是配合执法义务。有关主管部门依法履行职责时，网络服务提供者应当予以配合，提供技术支持。

在网络身份管理方面，规定网络服务提供者为用户办理网站接入服务，办理固定电话、移动电话等入网手续，或者为用户提供信息发布服务，应当在与用户签订协议或者确认提供服务时，要求用户提供真实身份信息。

在治理垃圾信息方面，规定任何组织和个人未经电子信息接收者同意或者请求，或者电子信息接收者明确表示拒绝的，不得向其固定电话、移动电话或者个人电子邮箱发送商业性电子信息。

在违法行为处置方面，一是规定被侵害人有权采取的措施，即公民发现泄露个人身份、散布个人隐私等侵害其合法权益的网络信息，或者受到商业性电子信息侵扰的，有权要求网络服务提供者删除有关信息或者采取其他必要措施予以制止。二是明确举报控告权利，即任何组织和个人对窃取或者以其他非法方式获取、出售或者非法向他人提供公民个人电子信息的违法犯罪行为以及其他网络信息违法犯罪行为，有权向有关主管部门举报、控告。接到举报、控告的部门应当依法及时处理。被侵权人可以依法提起诉讼。三是规定有关部门依法履责的要求，即有关部门应当在各自职权范围内依法履行职责，采取技术措施和其他必要措施，防范、制止和查处窃取或者以其他非法方式获取、出售或者非法向他人提供公民个人电子信息的违法犯罪行为以及其他网络信息违法犯罪行为。四是规定了相关法律责任，即对有违反本决定行为的，依法给予警告、罚款、没收违法所得、吊销许可证或者取消备案、关闭网站、禁止有关责任人员从事网络服务业务等处罚，记入社会信用档案并予以公布；构成违反治安管理行为的，依法给予治安管理处罚；构成犯罪的，依法追究刑事责任；侵害他人民事权益的，依法承担民事责任。

8.4.2　整合加强域名管理

2012 年 2 月 23 日，鉴于互联网名称和数字地址分配机构（ICANN）在 1～4 月正式接受新通用顶级域申请，为维护我国域名管理和服务秩序，推动互联网健康发展，工业和信息化部、民政部联合发出《关于互联网通用顶级域申请有关问题的通告》，要求拟申请通用顶级域的我国境内相关组织和单位在正式提交申请之前，将有关材料报工业和信息化部备案。备案内容包括：①申请组织或单位的基本情况；②拟申请的顶级域字符标志、目标服务范围、运营发展计划等；③顶级域注册管理系统建设方案、应急运营工作方案、域名注册数据托管方案等；④顶级域注册管理措施，包括服务监督、地理名称保护、商标品牌保护、个人信息保护、反域名滥用等。要求申请涉及地理名称的顶级域（以下简称地名顶级域）时，申请人应提交相关政府部门出具的支持或无异议文件，我国负责出具支持或无异议文件的政府部门为工业和信息化部。同时，明确了获得我国地名顶级域支持或无异议文件的具体程序。

2012 年 5 月 28 日，中国互联网络信息中心公布了修订后的《中国互联网络信息中心域名注册实施细则》、《中国互联网络信息中心域名争议解决办法》和《中国互联网络信息中心域名争议解决程序规则》，并报工业和信息化部备案后施行。

《中国互联网络信息中心域名注册实施细则》重点修改了关于域名注册主体的规定，并增加专门章节规定了域名注册信息保护制度。主要情况：一是将域名注册主体扩大至自然人，明确除本细则另有规定外，任何自然人或者能独立承担民事责任的组织均可在本细则规定的顶级域名下申请注册域名。二是增加了“用户信息保护”一章，规定域名注册管理机构和域名注册服务机构在获取用户数据信息时，应征得用户同意，并采取传输加密等措施保障相应数据信息的传输安全，防止传输过程中泄露；应当明确告知用户收集和处理用户个人信息的方式、内容和用途以及信息泄露风险，并向用户说明本机构要采取的信息保护措施，不得将域名持有者提交的资料和信息泄露给他人，利用该信息牟利；除在域名注册申请、审核及投诉处理过程中使用用户数据信息外，不得将用户数据信息用于任何其他用途。域名注册服务机构是用户信息保护的责任主体，域名注册服务机构发生用户信息泄露，应依据与用户签订的合同协议对用户进行赔偿；域名注册服务机构应配合互联网行业主管部门处置木马、僵尸网络和移动互联网恶意程序控制域名等不良域名。三是原则规定了域名争议处理应当遵循的要求，如域名争议解决期间，域名注册服务机构应当采取必要措施保证该域名不被注销、转让等。四是规定了用户投诉机制，明确中国互联网络信息中心设立域名注册服务质量监督投诉电话和电子邮箱，并在中国互联网络信息中心网站（http://www.cnnic.cn）进行公布。

《中国互联网络信息中心域名争议解决办法》重点修订了以下内容：一是明确所争议域名应当限于由中国互联网络信息中心负责管理的“.cn”、“.中国”、“.公司”、“.网络”域名；二是完善了争议域名的保护机制，即在域名争议解决期间以及裁决执行完毕前，域名持有人不得申请转让或者注销处于争议状态的域名，也不得变更域名注册服务机构，但受让人以书面形式同意接受争议解决裁决约束的除外。

《中国互联网络信息中心域名争议解决程序规则》重点修改了以下内容：一是完善了给被投诉人传送投诉书的有关规定，即域名争议解决机构按照域名注册管理机构及域名注册服务机构 WHOIS 数据库中记录的域名注册者、域名注册者联系人、管理联系人、技术联系人、承办人和缴费联系人的电子邮件地址，或者当域名对应于一个网站时，按照该网站联系方式中提供的电子邮件地址向被投诉人传送电子形式投诉书（包括可按照相关格式送达被投诉人的附件）的；或者按照被投诉人自行选择并通知域名争议解决机构的其他电子邮件地址，以及在可行范围内由投诉人根据第十二条第五项提供的所有其他电子邮件地址向被投诉人发送投诉书的，视为被投诉人实际收到投诉书。除前条规定的情形外，依本规则向投诉人或被投诉人传送的任何文件均应通过网络以电子形式传送。但经争议解决机构同意，也可按照投诉人或被投诉人要求的其他合理方式送达。二是对以电子文件形式提交的答辩书，增加“如果存在就同一域名争议所提起的司法或仲裁程序，无论该程序是否已经完结，都应当加以说明，并提交被投诉人能够获得的、与该程序有关的全部资料”的要求。

8.4.3 规范网络团购经营活动

2012 年 3 月 12 日，《国家工商行政管理总局关于加强网络团购经营活动管理的意见》（以

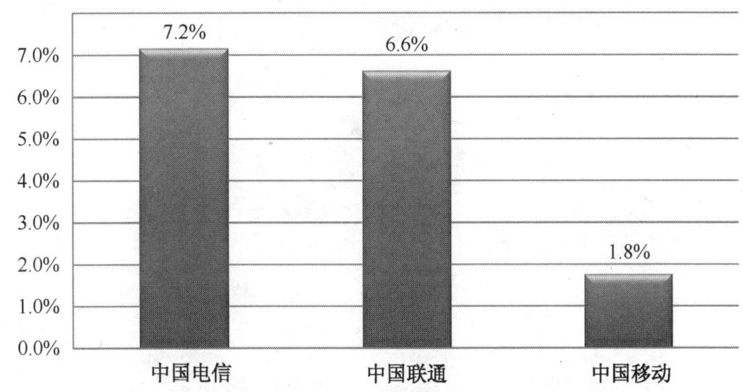

图9.14　2012年境内木马或僵尸程序受控主机IP数量占所属运营商活跃IP数量比例

境外木马或僵尸程序受控主机 IP 数量按国家和地区分布如图 9.15 所示。其中，俄罗斯、印度、泰国居木马或僵尸程序受控主机 IP 数量前 3 位。

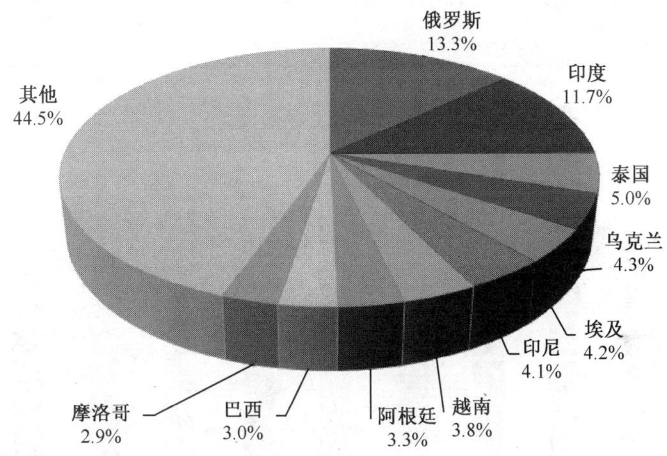

图9.15　2012年境外木马或僵尸程序受控主机IP数量按国家和地区分布

9.3.2　"飞客"蠕虫

"飞客"（Conficker，Downup，Downandup，Conflicker 或 Kido）是一种针对 Windows 操作系统的蠕虫病毒，最早在 2008 年 11 月 21 日出现。"飞客"蠕虫利用 Windows RPC 远程连接调用服务存在的高危漏洞（MS08-0678）入侵互联网上未进行有效防护的主机，并通过局域网、U 盘等方式快速传播，而且会停用感染主机的一系列 Windows 服务，包括 Windows Automatic Update, Windows Security Center, Windows Defender 及 Windows Error Reporting。

经过长达四年的传播，"飞客"蠕虫衍生了多个变种，构建了一个包含数千万被控主机的攻击平台，不仅能够被用于大范围的网络欺诈和信息窃取，而且能够被利用发动无法阻挡的大规模拒绝服务攻击，甚至可能成为有力的网络战工具。

据 CNCERT 监测，2012 年全球互联网月均有超过 2800 万个主机 IP 感染"飞客"蠕虫，排名前三的国家或地区分别是中国大陆（14.3%）、巴西（10.9%）和俄罗斯（6.5%），具体分布情况如图 9.16 所示。其中，中国境内感染的主机 IP 数量月均超过 325 万个，图 9.17 为 2012

年我国境内感染“飞客”蠕虫的主机 IP 数量月度统计。

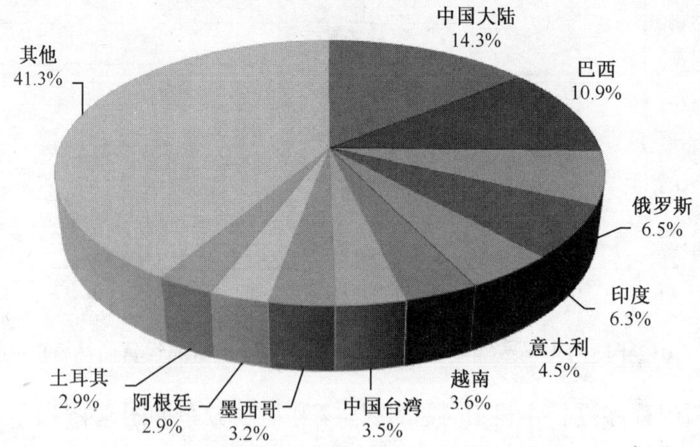

图9.16 2012年全球互联网感染“飞客”蠕虫的主机IP数量按国家和地区分布

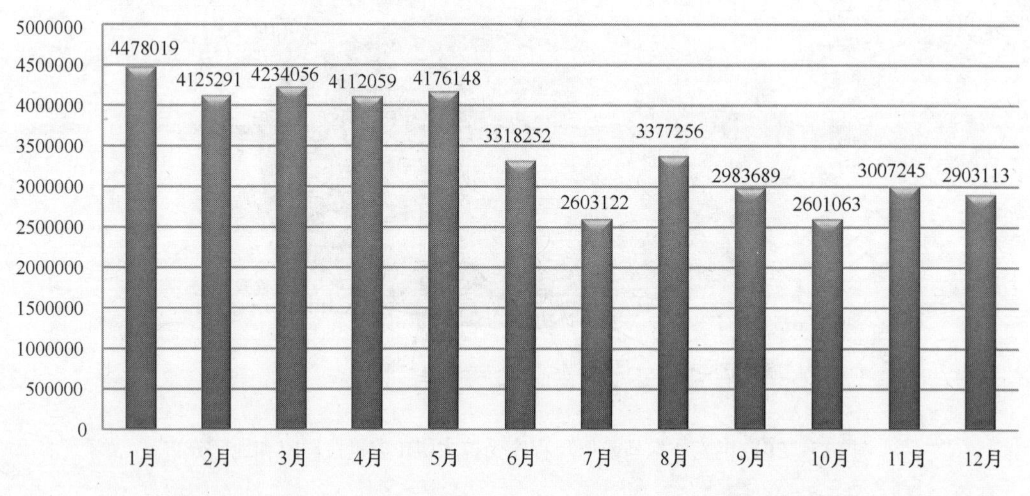

图9.17 2012年我国境内感染“飞客”蠕虫的主机IP数量月度统计

9.3.3 恶意程序传播

2012 年，CNCERT 监测发现已知恶意程序[1]的传播事件 7350508 次，其中涉及已知恶意程序的下载链接 38076 个，“放马站点”（指存放恶意程序的网络地址）使用的域名 6602 个，“放马站点”使用的 IP 地址 8290 个。

2012 年已知恶意程序传播事件数量月度统计如图 9.18 所示，1～3 月恶意程序传播活动频次相对较低，从 4 月开始，恶意程序传播事件数量逐渐增长并维持在较高水平。频繁的恶意程序传播活动将使用户上网面临的感染恶意程序的风险加大，除需要进一步加强对恶意程

[1]“已知恶意程序”是指被主流病毒扫描引擎识别和命名的恶意程序，而“未知恶意程序”是指虽有恶意行为但尚未被主流扫描引擎识别和命名的恶意程序。

序传播源的清理工作外，提高广大用户的安全意识也十分重要。

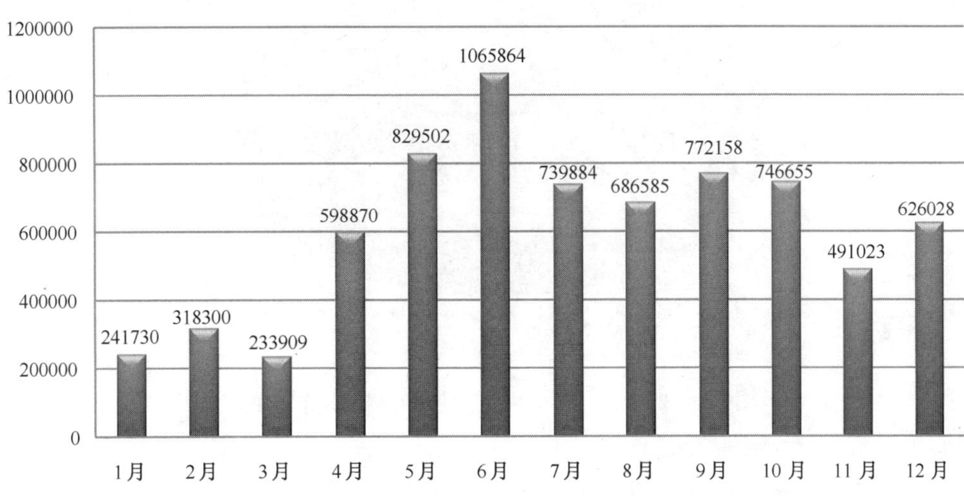

图9.18　2012年已知恶意程序传播事件数量月度统计

2012年“放马站点”使用的域名和IP数量的月度统计如图9.19所示，可以看出，恶意域名数量总体较为稳定，但7月份有一定幅度的激增，而可通过IP地址直接访问的“放马站点”呈增长态势。由于对恶意域名的清理力度逐年加大，攻击者试图通过直接使用IP地址访问这类方式，规避清理风险。

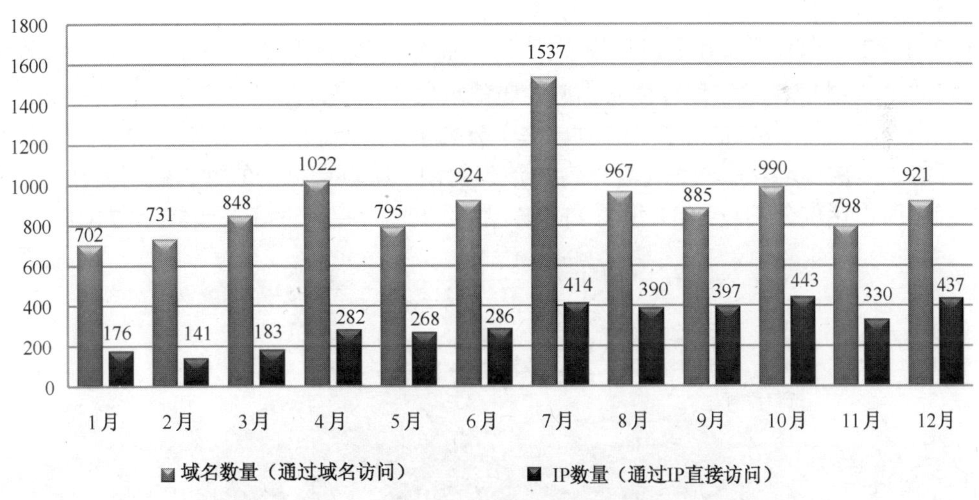

图9.19　2012年“放马站点”使用的域名和IP数量月度统计

监测还发现，恶意程序传播除了极少数是通过攻击者自定义的端口外，绝大部分都是通过HTTP端口，即80端口。用户上网一般都会在本机开放对远程主机80端口的访问权限，这样恶意程序的下载传播过程就不会受到防火墙设备的阻断，对用户来说防范的难度更高。2012年CNCERT监测到的“放马站点”使用的端口分布如图9.20所示。

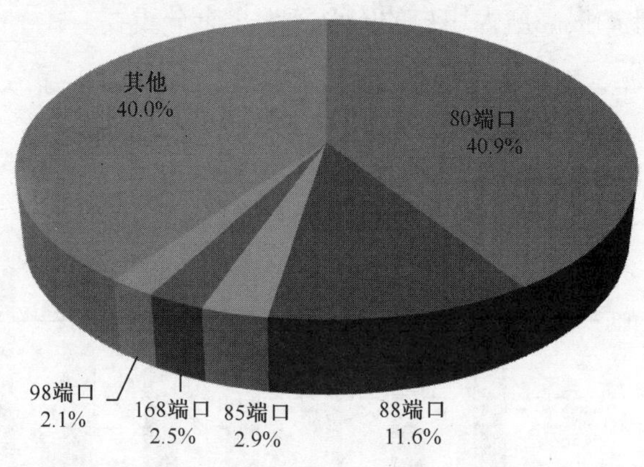

图9.20　2012年“放马站点”使用的端口分布TOP5

9.4　移动互联网安全监测情况

移动互联网恶意程序是指在用户不知情或未授权的情况下，在移动终端系统中安装、运行以达到不正当目的，或具有违反国家相关法律法规行为的可执行文件、程序模块或程序片段。移动互联网恶意程序一般存在以下一种或多种恶意行为，包括恶意扣费、信息窃取、远程控制、恶意传播、资费消耗、系统破坏、诱骗欺诈和流氓行为。2012 年 CNCERT 捕获及通过厂商交换获得的移动互联网恶意程序样本数量为 162981 个。

2012 年 CNCERT 捕获和通过厂商交换获得的移动互联网恶意程序数量按行为属性统计如图 9.21 所示。其中，恶意扣费类的恶意程序数量仍居首位，为 64807 个，占 39.8%；流氓行为类（占 27.7%）、资费消耗类（占 11.0%）分列第二、三位。2012 年，CNCERT 组织通信行业开展了多次移动互联网恶意程序专项治理行动，所重点打击的远程控制类和信息窃取类恶意程序所占比例分别较 2011 年的 17.59%和 18.88%大幅度下降至 8.5%和 7.4%。

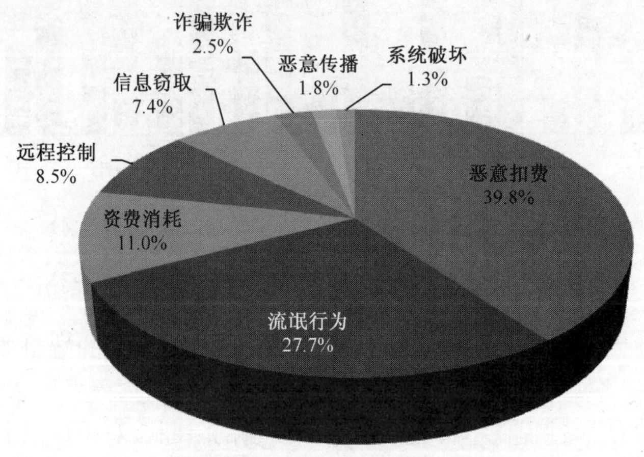

图9.21　2012年移动互联网恶意程序数量按行为属性统计

按操作系统分布统计，2012 年 CNCERT 捕获和通过厂商交换获得的移动互联网恶意程序主要针对 Android 平台，共有 134494 个，占 82.52%，位居第一。其次是 Symbian 平台，共有 28452 个，占 17.46%。此外也有少量的针对 J2ME 平台的恶意程序。2012 年，针对 Symbian 平台的恶意程序所占比例较 2011 年的 60.7%大幅下降；而针对 Android 平台的恶意程序保持快速增长的势头，从 2011 年的 39.3%大幅增长至 82.52%。这一方面是由于 Symbian 平台的市场份额逐渐萎缩，Android 平台用户和应用商店的数量快速增长；另一方面是由于 Android 平台的开放性在为程序开发人员提供便利的同时，也使黑客易于掌握并编写恶意程序。2012 年移动互联网恶意程序数量按操作系统统计如图 9.22 所示。

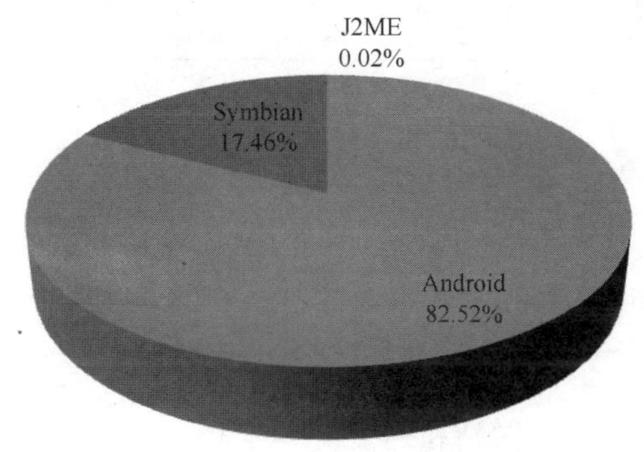

图9.22　2012年移动互联网恶意程序数量按操作系统统计

如图 9.23 所示，按危害等级统计，2012 年 CNCERT 捕获和通过厂商交换获得的高危移动互联网恶意程序有 30937 个，占 19.0%；中危移动互联网恶意程序有 16036 个，占 9.8%；低危移动互联网恶意程序有 116008 个，占 71.2%。相对于 2011 年，高危、中危移动互联网恶意程序所占比例有所下降，低危移动互联网恶意程序所占比例则有较大幅度的增长。

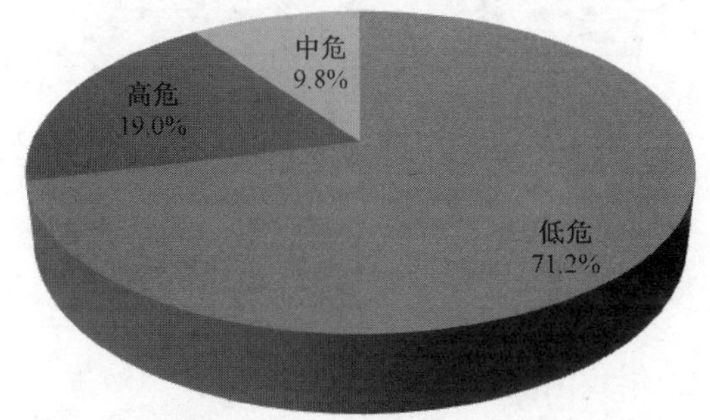

图9.23　2012年移动互联网恶意程序数量按危害等级统计

9.5　网站安全监测情况

9.5.1　网页篡改情况

1．我国境内网站被篡改总体情况

2012 年，我国境内被篡改网站数量为 16388 个，较 2011 年的 15443 个略增 6.1%，我国

境内被篡改网站月度统计情况如图 9.24 所示。2012 年年底，CNCERT 加强了对我国境内网站被暗中植入黑链情况的监测，故 11 月和 12 月监测发现的被篡改网站数量出现大幅度增加。

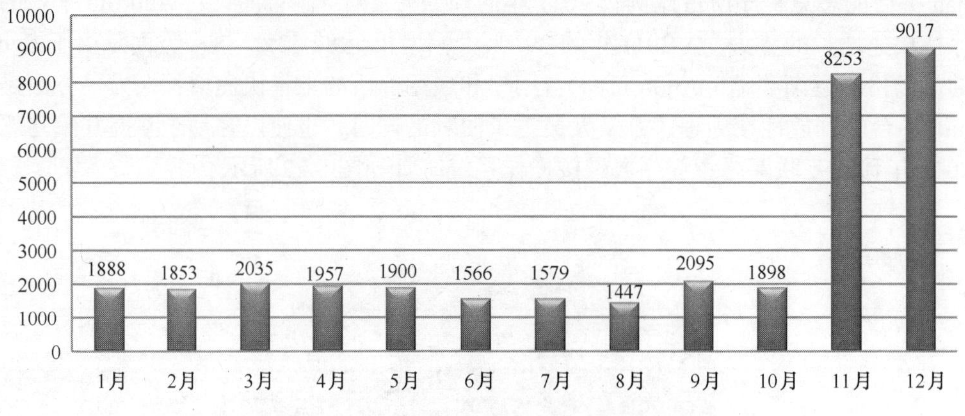

图9.24　2012年我国境内被篡改网站数量月度统计

从域名类型来看，2012 年我国境内被篡改网站中，代表商业机构的网站（com）最多，占 64.5%；其次是政府类（gov）网站和网络组织类（net）网站，分别占 11.0%和 7.1%；非营利组织类（org）网站和教育机构类（edu）网站则分别占 2.1%和 0.7%。值得注意的是，政府类网站和非营利组织类网站所占比例均有所上升，分别从 2011 年的 9.6%和 1.9%上升至 11.0%和 2.1%。2012 年我国境内被篡改网站按域名类型分布情况如图 9.25 所示。

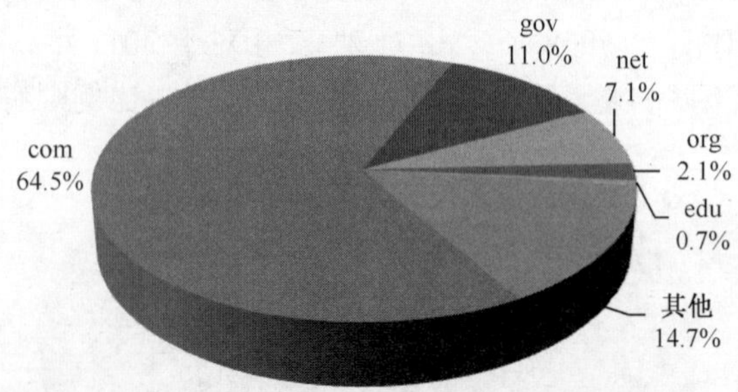

图9.25　2012年我国境内被篡改网站按域名类型分布

如图 9.26 所示，2012 年我国境内被篡改网站数量按地域进行统计，排名前十位的地区分别是北京市、广东省、浙江省、江苏省、上海市、福建省、河南省、四川省、山东省、湖北省。这与 2011 年监测的情况基本相似，仅是山东省替代了 2011 年的安徽省，上述地区均为我国互联网发展状况较好的地区。

2．我国境内政府网站被篡改情况

2012 年，我国境内政府网站被篡改数量为 1802 个，较 2011 年的 1484 个增长 21.4%，占 CNCERT 监测的政府网站列表总数的 3.6%，即平均每 1000 个政府网站中就有 36 个网站遭到了篡改。2012 年我国境内被篡改的政府网站数量和其占被篡改网站总数的比例按月度统计如图 9.27 所示。

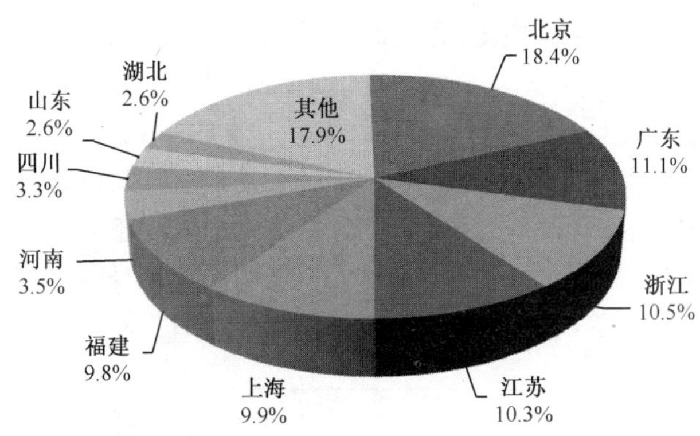

图9.26　2012年我国境内被篡改网站按地区分布

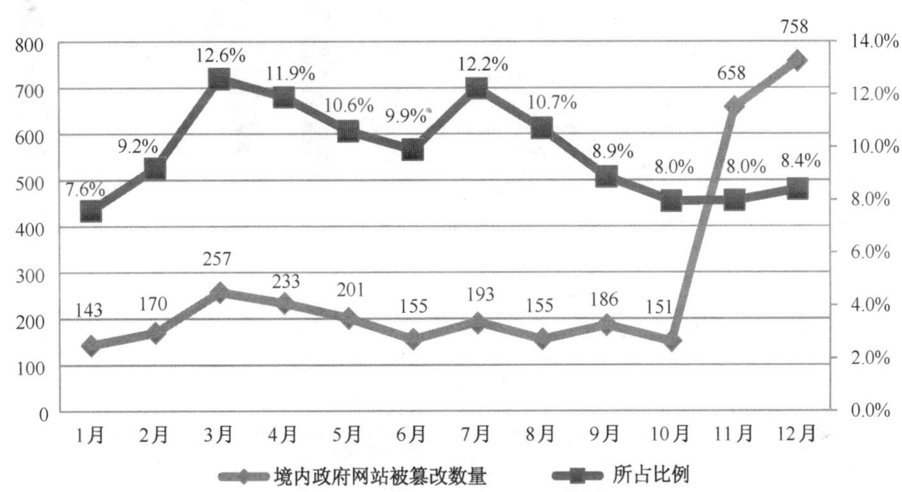

图9.27　2012年我国境内政府网站被篡改数量和所占比例月度统计

而仅从 2012 年 11 月和 12 月针对我国境内网站被植入黑链情况的监测结果来看，我国境内政府网站中被暗中植入黑链的网站数量约为被显式篡改页面的 2.6 倍。向网站植入黑链不易被网站管理员和互联网用户发觉，因而受到攻击者的追捧。攻击者向网站暗中植入的黑链大多为广告页面的链接，主要用于出售广告位或提供网站排名优化以牟取经济利益，也可用于出售其所掌握或控制的网站服务器信息或当做跳板发起网络攻击。CNCERT 还监测发现一些攻击者采用了批量渗透的技术，同时向大量具有相似漏洞的网站植入黑链，其攻击行为呈规模化趋势。

政府网站易被篡改的主要原因是网站整体安全性差，缺乏必要的经常性维护和安全配置升级，某些政府网站被篡改后长期无人过问，或者虽然对被篡改页面进行了恢复，但并没有真正检查原因和根除安全隐患，导致遭受反复多次的篡改攻击。

9.5.2　网页挂马情况

网页挂马是通过在网页中嵌入恶意程序或链接，致使用户计算机在访问该页面时被植入恶意程序，是黑客传播恶意程序的常用手段。通信行业相关单位在网页挂马和恶意程序传播监测方面开展了大量工作，并与 CNCERT 建立了良好的协作关系。

1. 挂马网站监测情况

如图 9.28～图 9.33 所示，分别为知道创宇公司、奇虎 360 公司、网御星云公司、瑞星公司、趋势科技公司、卡巴斯基公司监测发现的中国大陆地区挂马网站数量月度统计情况，可以看出 2012 年网页挂马活动总体上呈现先上升后下降的波动态势。随着政府主管部门和通信行业相关单位对传播恶意程序行为的不断治理，实施网页挂马的成本逐渐提高，其生存空间也逐渐缩小。

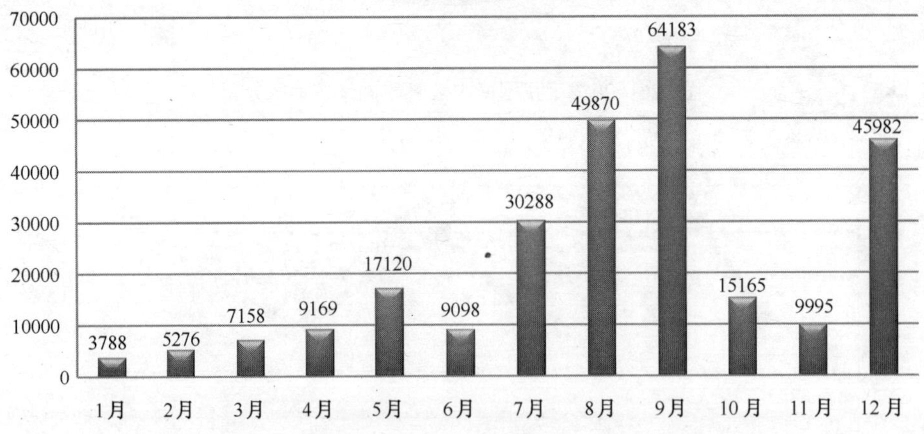

图9.28 2012年中国大陆地区挂马网站数量月度统计（知道创宇公司）

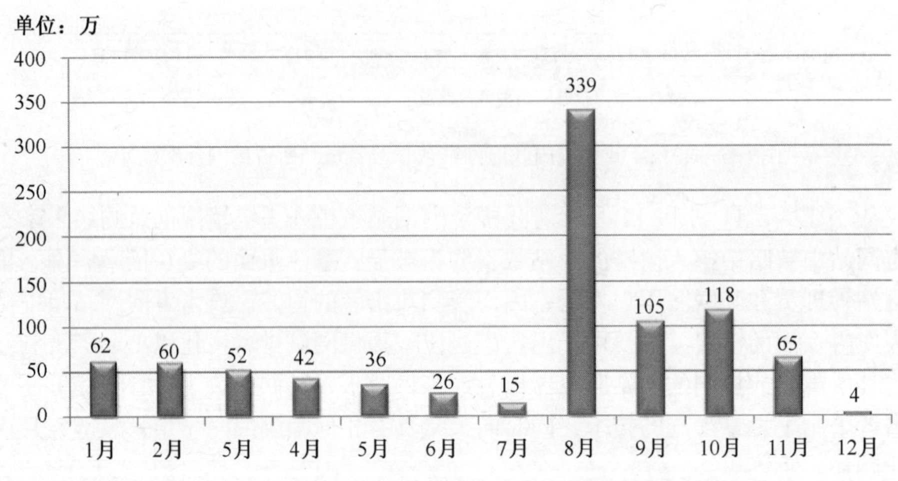

图9.29 2012年监测被挂马页面数量月度统计（奇虎360公司）

此外，根据知道创宇公司、奇虎 360 公司、网御星云公司、腾讯公司、瑞星公司、卡巴斯基公司、趋势科技公司的监测结果（各公司监测节点分布和检测方式有所不同），中国大陆地区挂马网站主要集中在广东、江苏、浙江、福建、北京、山东、辽宁、湖南、河南等地，如图 9.34～9.40 所示。

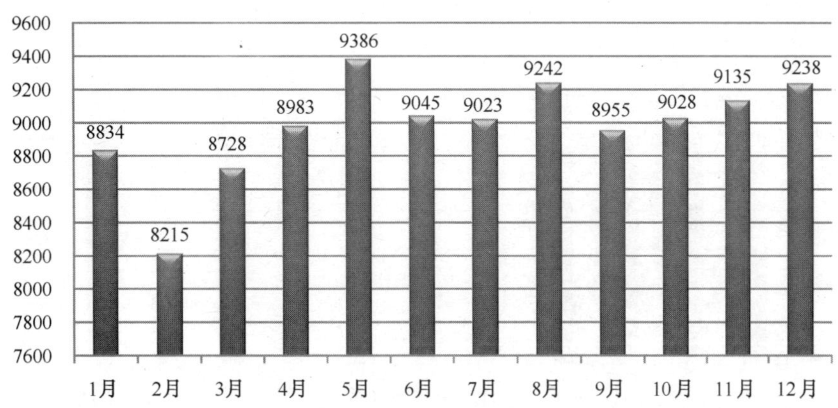

图9.30　2012年中国大陆地区挂马网站数量月度统计（网御星云公司）

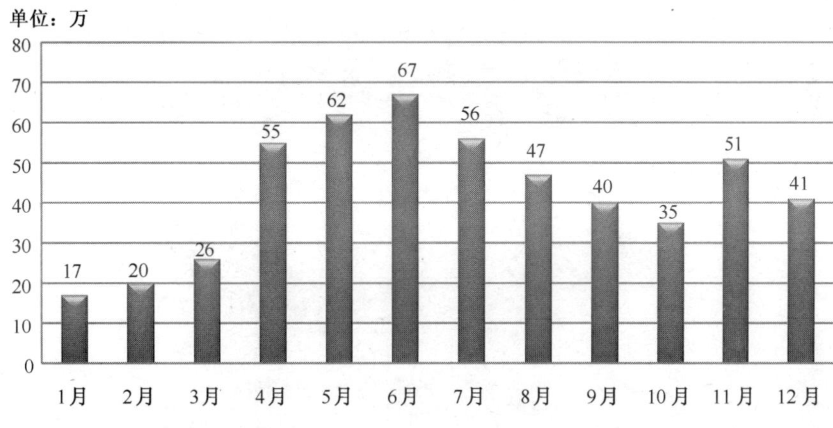

图9.31　2012年截获挂马网站数量月度统计（瑞星公司）

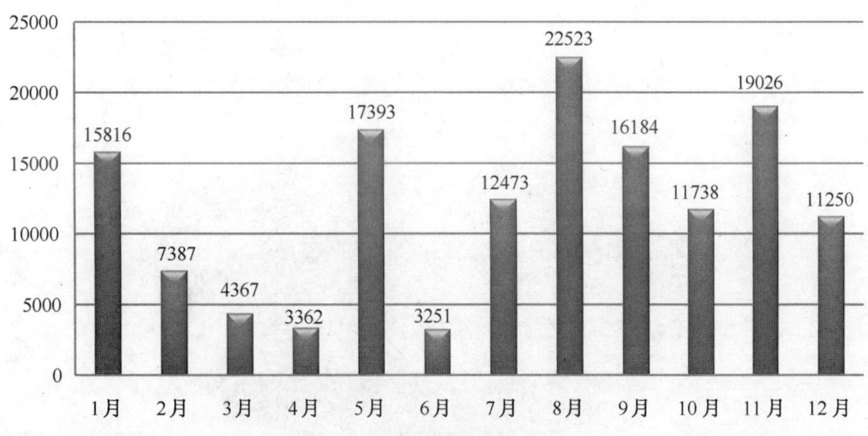

图9.32　2012年中国大陆地区挂马网站数量月度统计（趋势科技公司）

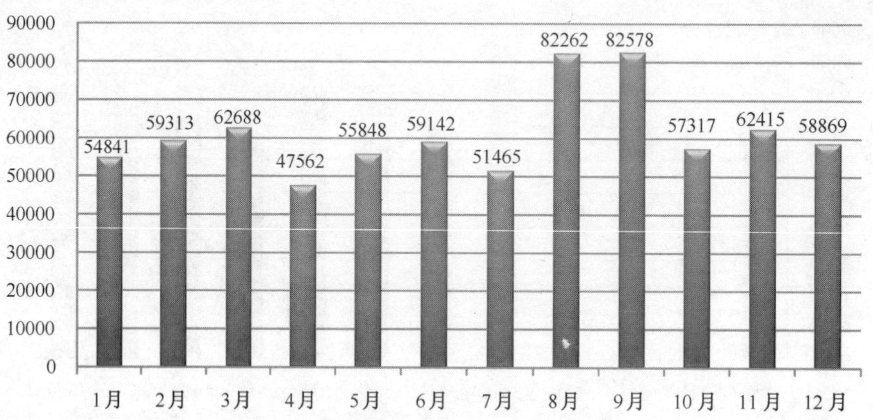

图9.33　2012年中国大陆地区挂马网站数量月度统计（卡巴斯基公司）

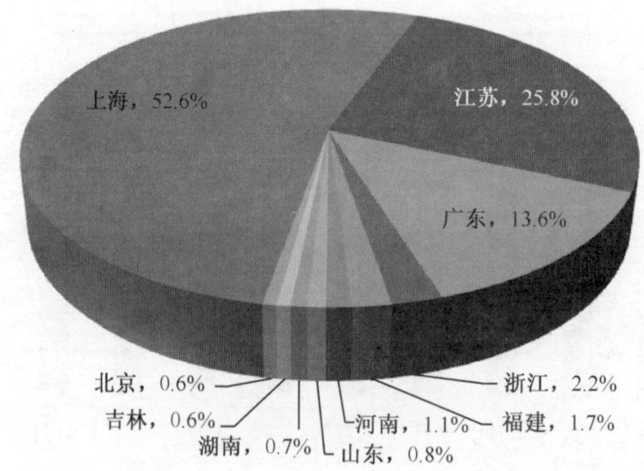

图9.34　2012年中国大陆地区挂马网站按地区分布TOP10（知道创宇公司）

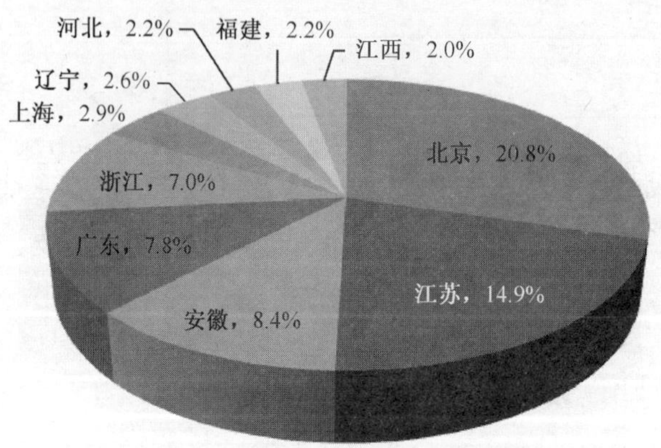

图9.35　2012年中国大陆地区挂马网站按地区分布TOP10（奇虎360公司）

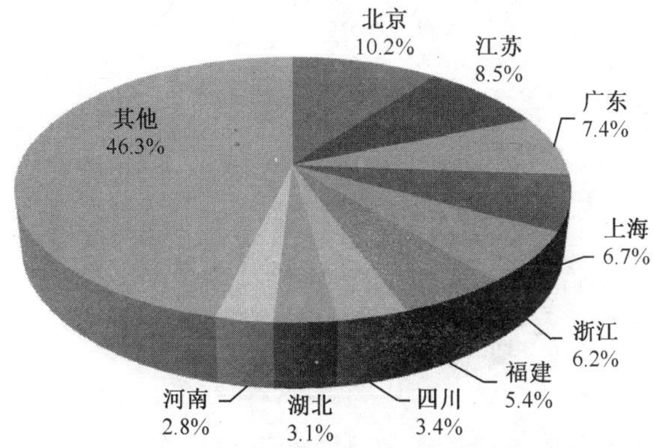

图9.36　2012年中国大陆地区挂马网站按地区分布（网御星云公司）

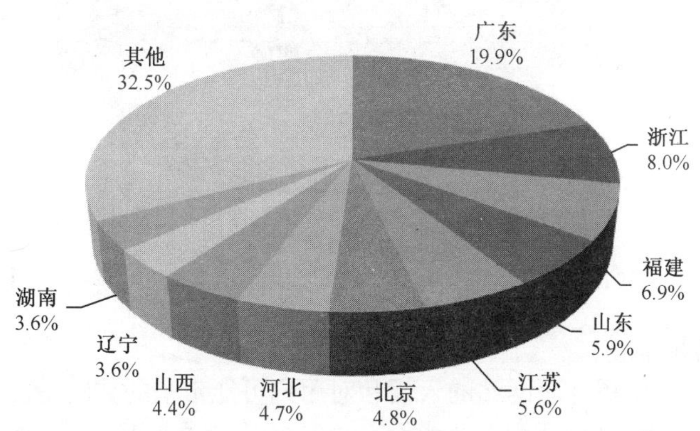

图9.37　2012年中国大陆地区挂马网站按地区分布（腾讯公司）

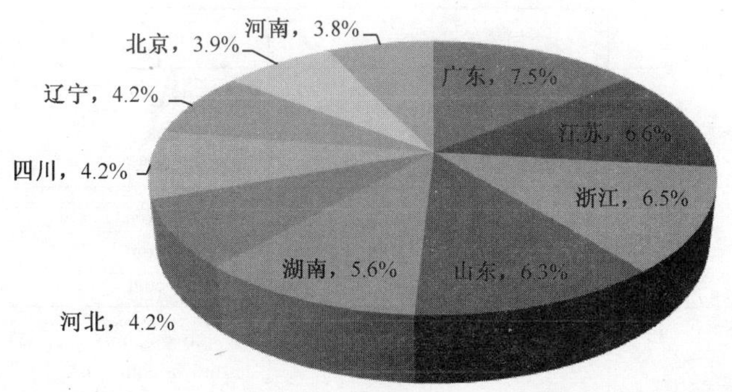

图9.38　2012年中国大陆地区挂马网站按地区分布TOP10（瑞星公司）

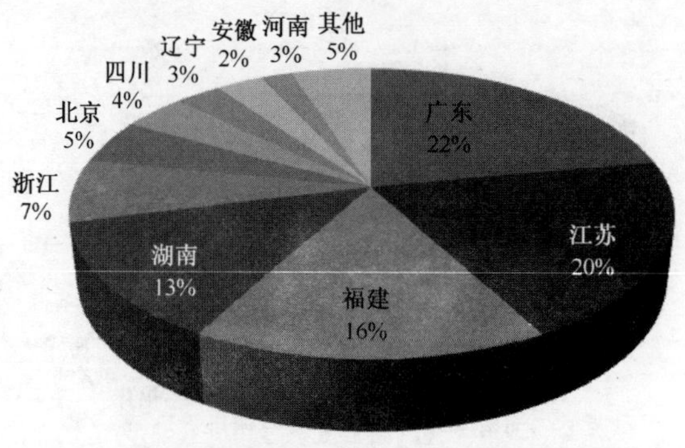

图9.39　2012年中国大陆地区挂马网站按地区分布（卡巴斯基公司）

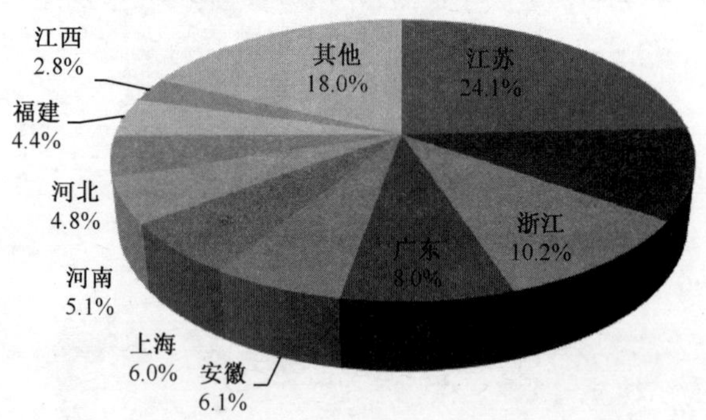

图9.40　2012年中国大陆地区挂马网站按地区分布（趋势科技公司）

2. 恶意域名监测情况

挂马网站数量反映了黑客对网站的入侵和对用户可能带来的威胁情况，而恶意域名的活跃情况反映了黑客实施网页挂马攻击的能力。如表 9.1、表 9.2 所示，奇虎 360 公司和腾讯公司的监测结果都显示，黑客使用了大量动态域名来传播恶意程序，且大部分是在境外域名注册机构注册的，以提高监测处置的难度，逃避监管。

表 9.1　用于网页挂马的恶意域名 TOP10（奇虎 360 公司）

挂马网站域名	相关挂马子域名数	部分挂马子域名举例
ns02.us	1223	gvb.ns02.us geq.ns02.us jap.ns02.us
jkub.com	551	Uwf.jkub.com Vqv.jkub.com Uzh.jkub.com
uglyas.com	295	Fat.uglyas.com fcs.uglyas.com ffu.uglyas.com
3322.org	205	Mpsd.3322.org Xigua18.3322.org V312.3322.org

（续表）

挂马网站域名	相关挂马子域名数	部分挂马子域名举例
pppdiy.com	184	h5e971wgcd.pppdiy.com 2t4pyhjj27.pppdiy.com 2t4pyhij27.pppdiy.com
findhere.org	168	fyf.findhere.org gkk.findhere.org gkg.findhere.org
athersite.com	139	fmu.athersite.com ftc.athersite.com fmf.athersite.com
bd12.in	83	kl8n.bd12.in g5j.bd12.in sdj4.bd12.in
zol7.in	58	i674.zol7.in rst6.zol7.in sq5h.zol7.in
ikwb.com	58	vcf. ikwb.com vco. ikwb.com vbt. ikwb.com

表9.2　用于网页挂马的恶意域名TOP10（腾讯公司）

挂马网站域名	相关挂马子域名数	部分挂马子域名举例
pppdiy.com	1681	m7au9ahsit.pppdiy.com m7cf2xrcui.pppdiy.com m7gcdwv5lf.pppdiy.com
560666.com	1214	1211555.560666.com 121555.560666.com 124555.560666.com
fivip.com	873	fouce.fivip.com fund.fivip.com insurance.fivip.com
jkub.com	698	vke.jkub.com vkf.jkub.com vkg.jkub.com
szjyj.com	403	ey.szjyj.com gl.szjyj.com scz.szjyj.com
xzhufu.com	332	muqin.xzhufu.com pic.xzhufu.com rao.xzhufu.com
furniturebbs.com	266	rc.furniturebbs.com rt.furniturebbs.com sf.furniturebbs.com
wehefei.com	229	wegou.wehefei.com wekan.wehefei.com weyou.wehefei.com

（续表）

挂马网站域名	相关挂马子域名数	部分挂马子域名举例
winglish.com	161	academy.winglish.com company.winglish.com police.winglish.com
230x.net	87	a.230x.net b.230x.net dd.230x.net

9.5.3 网页仿冒情况

网页仿冒俗称网络钓鱼，是社会工程学欺骗原理结合网络技术的典型应用。2012 年，CNCERT 共监测到仿冒我国境内网站的钓鱼页面 22308 个，涉及境内外 2576 个 IP 地址，平均每个 IP 地址承载 8.7 个钓鱼页面。在这 2576 个 IP 地址中，有 96.2%位于境外，其中美国（80.0%）、中国香港（10.8%）和韩国（0.9%）居前三位，分别承载了 18320 个、2804 个和 1607 个针对我国境内网站的钓鱼页面，如图 9.41 和图 9.42 所示。

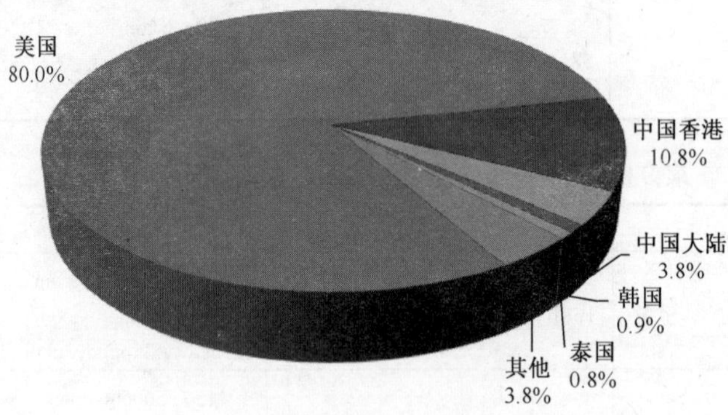

图9.41　2012年仿冒我国境内网站的IP地址按国家和地区分布

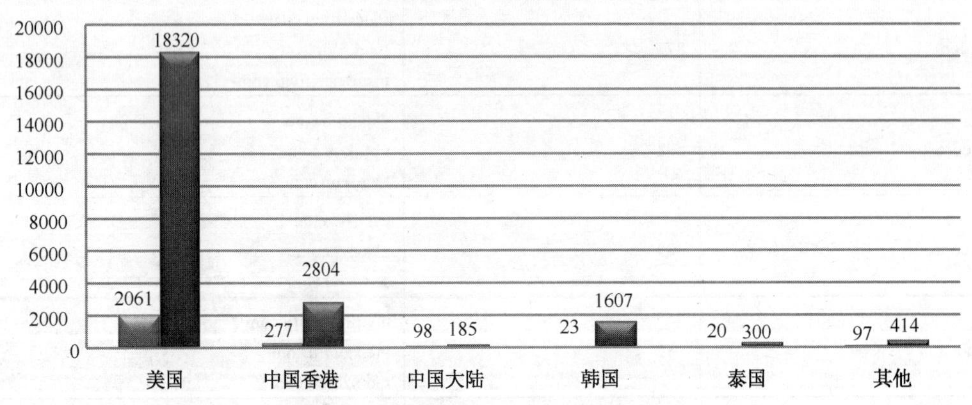

图9.42　2012年针对我国境内网站的钓鱼站点IP地址及其承载的仿冒页面数量按国家或地区分布

从钓鱼站点使用域名的顶级域分布来看，以 com 最多，占 36.5%；其次是 tk 和 cc，分别占 20.6%和 9.5%（见图 9.43）。

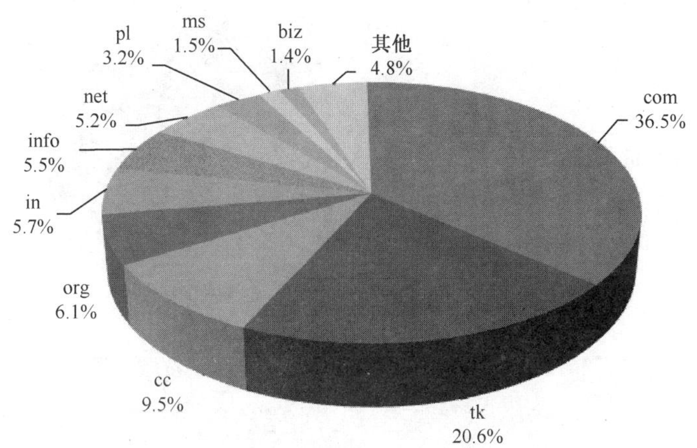

图9.43　2012年CNCERT监测发现的钓鱼站点所用域名按顶级域分布

9.5.4　网站后门情况

网站后门是黑客成功入侵网站服务器后留下的后门程序。通过网站后门，黑客可以上传、查看、修改、删除网站服务器上的文件，可以读取并修改网站数据库的数据，甚至可以直接在网站服务器上运行系统命令。

2012 年 CNCERT 共监测到境内 52324 个网站被植入网站后门，其中政府网站有 3016 个。我国境内被植入后门网站数量月度统计情况如图 9.44 所示。

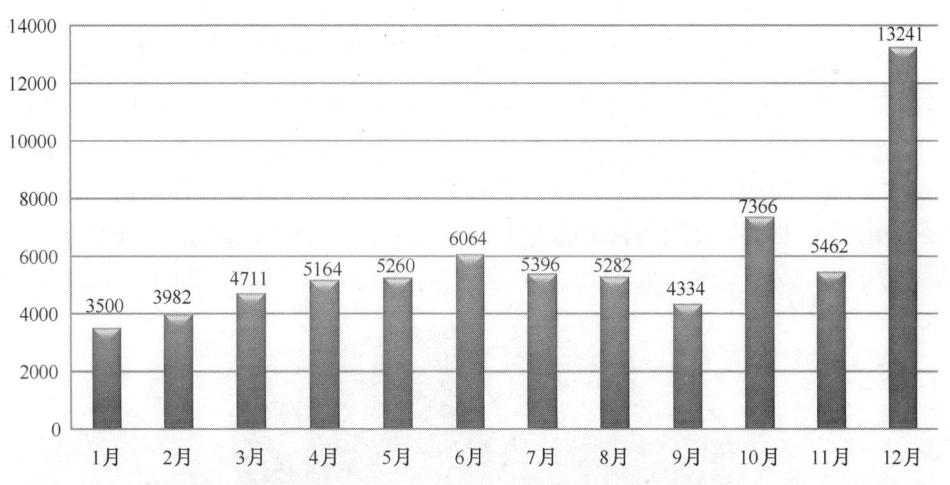

图9.44　2012年我国境内被植入后门网站数量月度统计

从域名类型来看，2012 年我国境内被植入后门的网站中，代表商业机构的网站（com）最多，占 61.46%；其次是网络组织类（net）和政府类（gov）网站，分别占 5.87%和 5.76%。2012 年我国境内被植入后门的网站数量按域名类型分布情况如图 9.45 所示。

如图 9.46 所示，2012 年我国境内被植入后门的网站数量按地域进行统计，排名前十位的地区分别是北京市、广东省、浙江省、上海市、江苏省、河南省、福建省、四川省、安徽省、山东省。

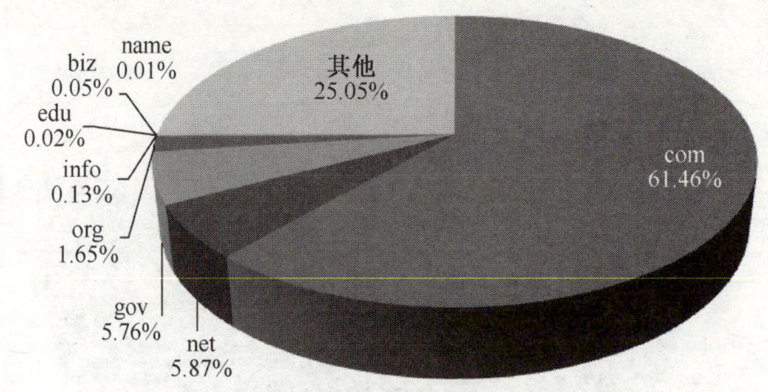

图9.45　2012年我国境内被植入后门的网站数量按域名类型分布

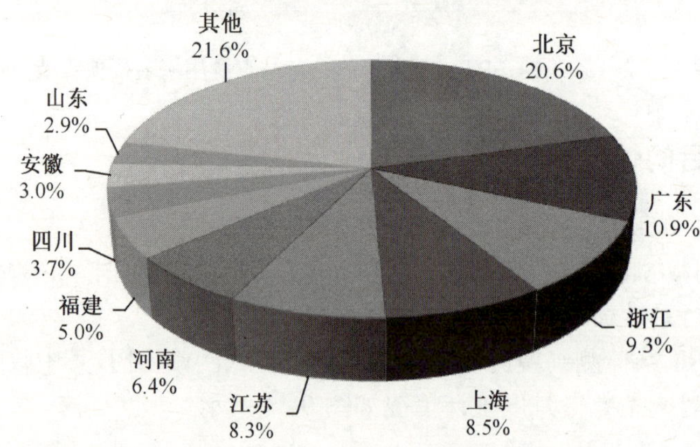

图9.46　2012年我国境内被植入后门的网站数量按地区分布

向我国境内网站实施植入后门攻击的 IP 地址中有 32215 个位于境外，主要位于美国（22.9%）、中国台湾（13.5%）和中国香港（8.0%）等国家和地区。其中，位于美国的 7370 个 IP 地址共向我国境内 10037 个网站植入了后门程序，侵入网站数量居首位；其次是位于韩国和中国香港的 IP 地址，分别向我国境内 7931 个和 4692 个网站植入了后门程序，如图 9.47 和图 9.48 所示。

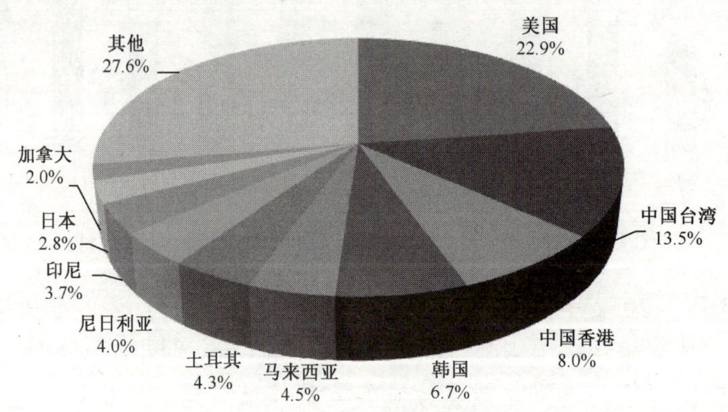

图9.47　2012年向境内网站植入后门的境外IP地址按国家和地区分布

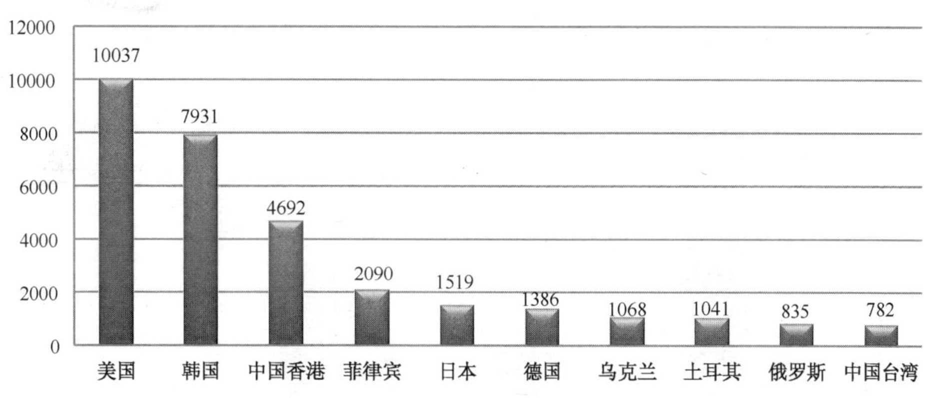

图9.48　2012年境外通过植入后门控制我国境内网站数量TOP10

9.6　信息安全漏洞公告与处置情况

9.6.1　国家信息安全漏洞共享平台漏洞收录情况

2012 年，国家信息安全漏洞共享平台（CNVD）收集新增漏洞 6824 个，包括高危漏洞 2440 个（占 35.8%）、中危漏洞 3981 个（占 58.3%）、低危漏洞 403 个（占 5.9%）。每月收录的各级别漏洞数量如图 9.49 所示。在所收录的上述漏洞中，可用于实施远程网络攻击的漏洞有 6325 个，可用于实施本地攻击的漏洞有 499 个。

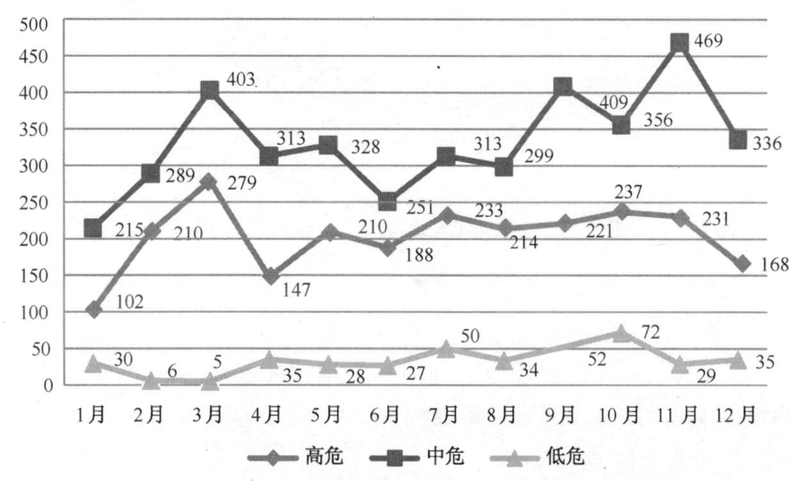

图9.49　2012年CNVD收录的各级别漏洞数量月度统计

与 2011 年相比，2012 年 CNVD 收录的漏洞总数增长了 23.0%，其中高危漏洞数量增长了 12.8%，中危漏洞数量大幅增长了 57.4%，低危漏洞数量则下降了 52.8%，如图 9.50 所示。

2012 年，CNVD 收集整理的漏洞涵盖 Microsoft，IBM，Apple，Drupal，Adobe，Cisco，Mozilla，Wordpress，Google，Oracle 等多个大型企业和主流厂商的产品，按厂商分布情况如

图 9.51 所示，可以看出，涉及 Oracle 产品的漏洞最多，占全部漏洞的 6.1%。

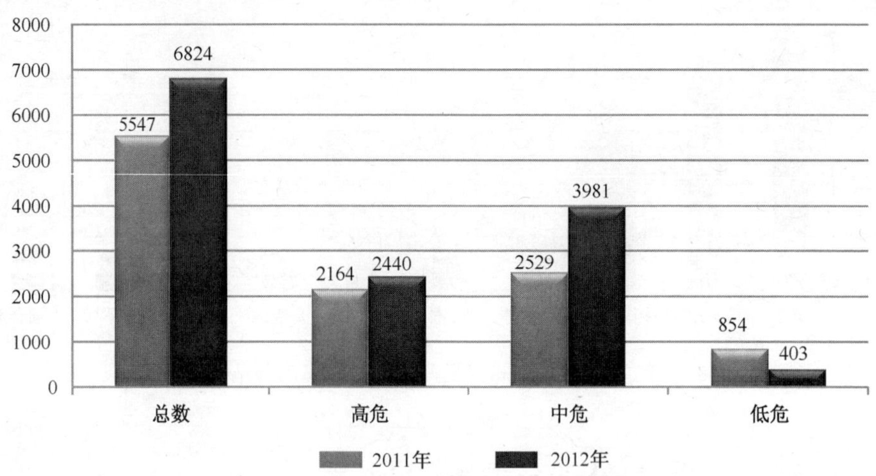

图9.50　2012年和2011年CNVD收录的漏洞情况比较

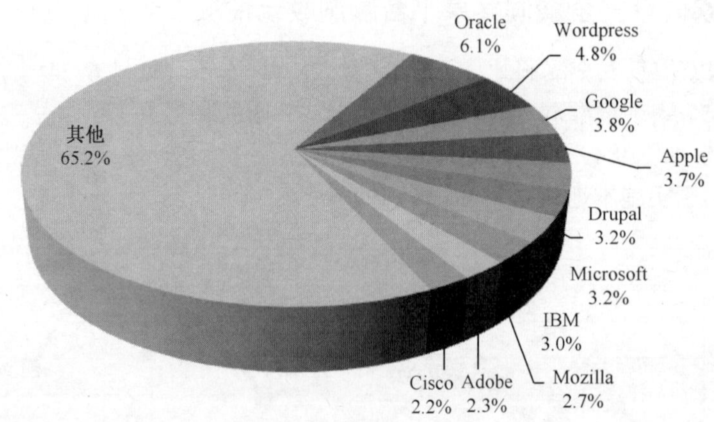

图9.51　2012年CNVD收录漏洞按厂商分布

根据影响对象的类型，漏洞可分为：操作系统漏洞、应用程序漏洞、Web 应用漏洞、数据库漏洞、网络设备漏洞（如路由器、交换机等）和安全产品漏洞 （如防火墙、入侵检测系统等）。2012 年 CNVD 收集整理的漏洞中，应用程序漏洞占 61.3%，Web 应用漏洞占 27.4%，操作系统漏洞占 4.7%，网络设备漏洞占 2.9%，安全产品漏洞占 1.9%，数据库漏洞占 1.8%。分布情况如图 9.52 所示。

2012 年，CNVD 共收录了 2439 个零日漏洞，主要涉及服务器系统、操作系统、数据库系统以及应用软件等。零日漏洞具有较高的风险，一旦针对这些漏洞的攻击代码在补丁发布之前被公开或被不法分子知晓，就可能被利用来发动大规模网络攻击。

2012 年，CNVD 共收录漏洞补丁 4462 个，并为大部分漏洞提供了可参考的解决方案，提醒相关用户注意做好系统加固和安全防范工作。2012 年 CNVD 收录的漏洞补丁数量月度统计如图 9.53 所示。

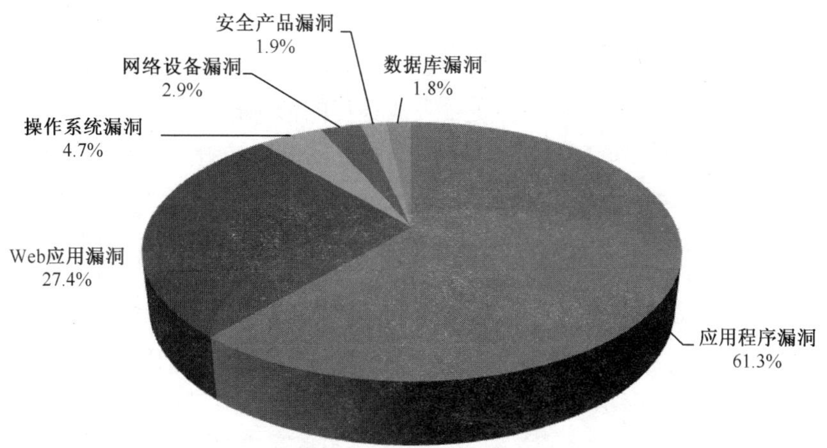

图9.52　2012年CNVD 收录漏洞按影响对象类型分类统计

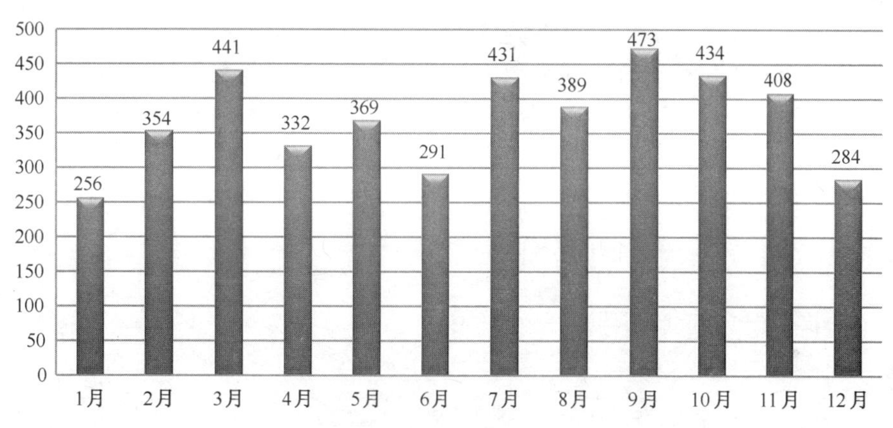

图9.53　2012年CNVD收录的漏洞补丁数量月度统计

2012 年，CNVD 各成员单位积极报送安全漏洞信息，全年共计报送漏洞 14560 个（未去重统计），为 CNVD 的发展作出了积极贡献。各成员单位报送的漏洞数量如图 9.54 所示。

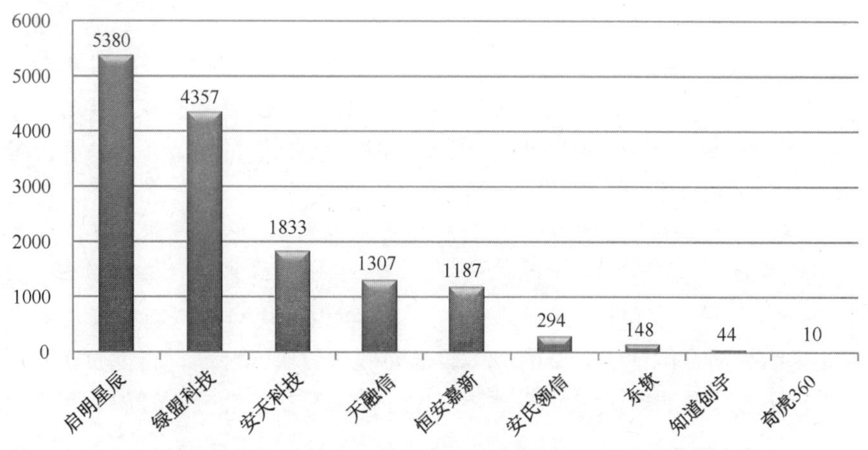

图9.54　2012年CNVD各成员单位报送漏洞数量统计

9.6.2 政府部门和重要信息系统漏洞情况

2012 年，CNCERT 承担了国家相关主管部门委托的针对政府部门和重要信息系统网站的外围网络安全监测工作，同时依托 CNVD，积极引导安全从业者关注我国政府和重要信息系统部门的网络信息系统安全风险。

2012 年 7～9 月，CNCERT 对 46 个国务院部委的共计 50 个门户网站及同网段子站、子域网站进行了外围远程安全检测，共发现涉及 46 个网站信息系统的 263 个不同程度的漏洞风险点，其中高危漏洞 119 个。信息泄露、SQL 注入、跨站脚本、文件上传、应用软件漏洞等类型的漏洞是相关网站普遍存在的安全风险，这些漏洞将会影响信息系统中所存储信息的机密性、完整性、可用性。CNCERT 针对发现的问题及时提出了整改加固措施和建议。

此外，依托 CNCERT 事件处置体系，CNVD 根据收录整理的漏洞信息，共向国内政府、电力、证券、金融等重要信息系统、电信行业、教育机构等单位和部门发布漏洞预警信息近 1000 份。

近年来，相关单位不断加大对网络信息系统安全的投入和检查力度，网络安全防护意识和水平不断得到提升。但由于政府和重要信息系统部门的网站存储的信息价值较高、公共影响力大、网页 PR 值[1]高等因素影响，导致它们容易成为国内外黑色地下产业的攻击目标。总体上看，一些部门在技术手段、人员队伍以及管理措施上还存在不足，在防渗透、防篡改、防瘫痪等方面仍然需要有针对性地加强，用户数据信息保护、业务连续性保障、网络信息安全事件应急处置是需要重点跟踪和研究改进的主要问题。

9.7 网络安全事件接收与处理

9.7.1 事件接收情况

2012 年，CNCERT 共接收境内外报告的网络安全事件 19124 起，较 2011 年增长了 24.5%。其中，境内报告的网络安全事件为 17924 起，较 2011 年增长了 35.1%；境外报告的网络安全事件为 1200 起，较 2011 年下降了 42.9%。2012 年 CNCERT 网络安全事件接收数量月度统计情况如图 9.55 所示。

2012 年，CNCERT 接收的网络安全事件报告主要来自政府部门、金融机构、电信运营商、互联网企业、域名服务机构、IDC、安全厂商、网络安全组织以及普通网民等。事件类型主要包括网页仿冒、漏洞、恶意程序、网页篡改、拒绝服务攻击、网页挂马等，具体分布如图 9.56 所示。

2012 年，CNCERT 接收的网络安全事件数量排在前三位的分别是网页仿冒、漏洞和恶意程序。与 2011 年相比，网页仿冒事件的数量超过了漏洞事件数量，跃居首位。这一方面是由于随着电子商务和在线支付的普及与发展，人们使用互联网进行在线经济活动越来越频繁；另一方面是因为网页仿冒所需要的成本较低而收益较快，因而进行网页仿冒活动的不法分子越来越多。不过，漏洞事件虽然降至第二位，但其数量依然高于 2011 年，仍然是对互

[1] PR 是网页级别（Page Rank）的简称，用来标志网页的等级/重要性，其值越高，说明该网页越受欢迎（越重要）。

联网用户构成严重威胁的安全事件之一。恶意程序事件仍然占第三位。

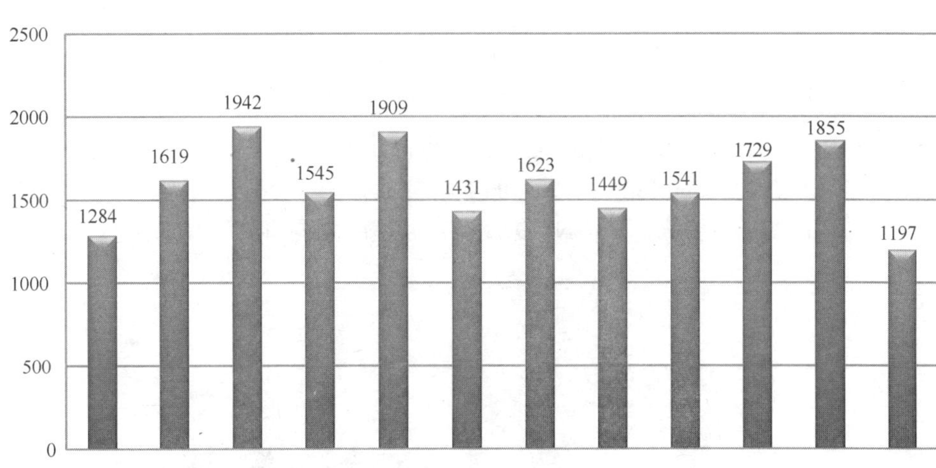

图9.55　2012年CNCERT网络安全事件接收数量月度统计

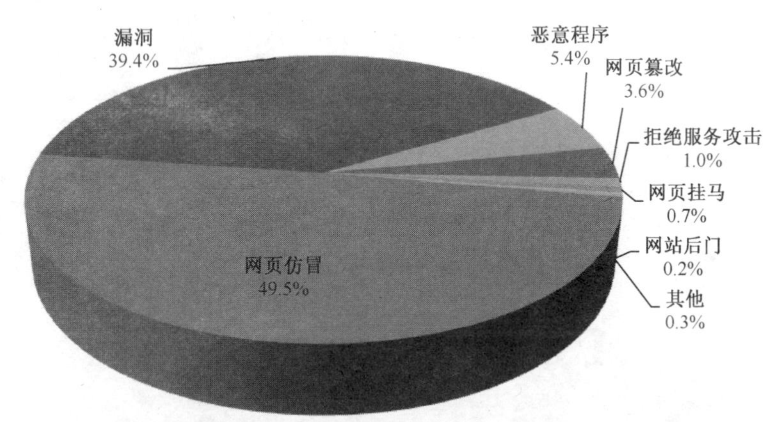

图9.56　2012年CNCERT接收的网络安全事件数量按类型分布

网页仿冒事件为9463起，较2011年的5459起增加了73.3%，占所有接收事件的比例为49.5%，呈现快速增长趋势。

漏洞事件数量为7537起，较2011年的5583起增加了35.0%。这主要是由于在CNVD成员单位以及互联网安全从业人员的大力协助下，CNVD漏洞库新增信息安全漏洞数量较2011年继续保持增长态势。

恶意程序事件的数量为1032起，较2011年的3593起下降了71.2%。CNCERT持续组织通信行业相关单位开展木马和僵尸网络专项打击行动，有效遏制了恶意代码的传播势头。

9.7.2　事件处理情况

对上述投诉事件以及CNCERT自主监测发现的事件中危害大、影响范围广的事件，CNCERT积极进行协调处理，以消除其威胁。2012年，CNCERT共成功处理各类网络安全事件 18805 件，较 2011 年的 10924 件增长了 72.1%。2012 年 CNCERT 网络安全事件处置数量的月度统计如图 9.57 所示。针对互联网尤其是移动互联网恶意程序日益猖獗的发展趋势，CNCERT 加大了事件处置工作力度，全年共开展了 14 次木马和僵尸网络、6 次移动互联网恶意程序的专项清理行动，并继续加强针对网页仿冒事件的处置工作。在事件处置工作中，基础电信企业和域名注册服务机构的积极配合有效提高了事件处置的效率。

2012 年 CNCERT 处理的网络安全事件的类型构成如图 9.58 所示，其中漏洞事件最多，共 7657 件，占 40.7%，主要来源于 CNVD 收录并处理的漏洞事件。

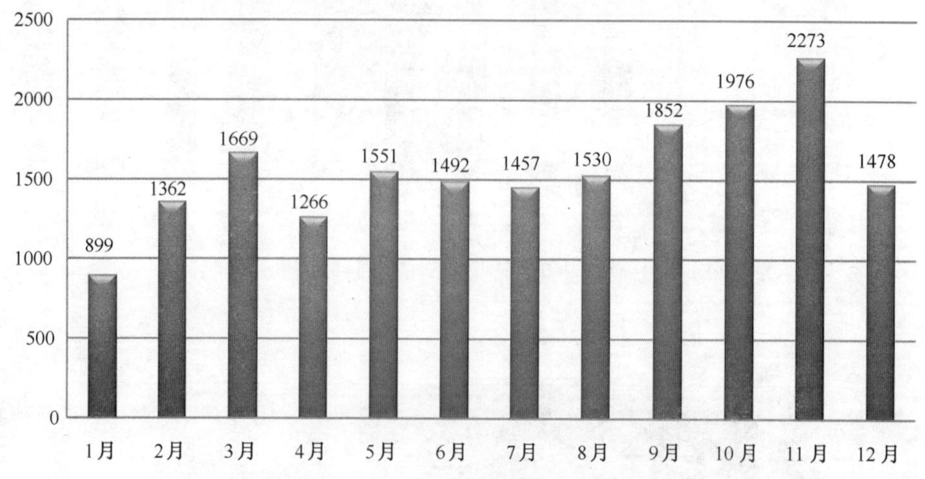

图9.57　2012年CNCERT网络安全事件处置数量月度统计

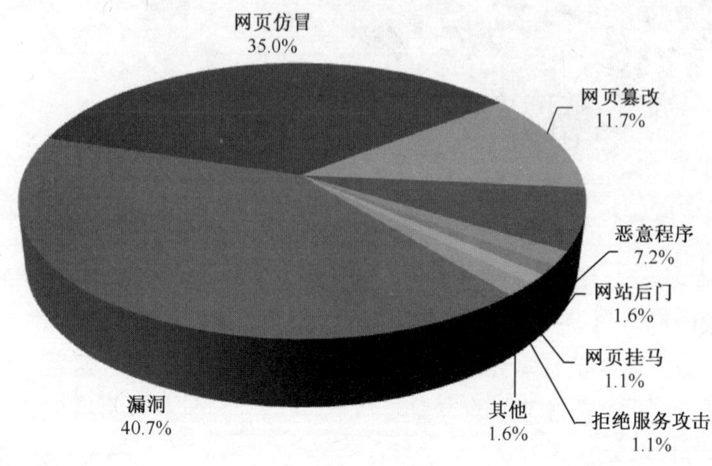

图9.58　2012年CNCERT处理的网络安全事件按类型分布

网页仿冒事件处置数量排名第二，全年共处置 6575 件，占 35.0%，较 2011 年的 1833 件大幅增长了 2.5 倍。CNCERT 处理的网页仿冒事件主要来源于自主监测发现和接收用户报告（包括中国互联网协会 12312 举报中心提供的事件信息）的网页仿冒事件。在处理的针对境内网站的仿冒事件中，有大量是仿冒中国农业银行、中国工商银行、中国银行、中国邮政储蓄银行、淘宝等境内著名金融机构和大型电子商务网站的，在这类仿冒事件中，黑客通过仿冒页面骗取用户的银行账号、密码等网上交易所需信息，进而窃取其钱财。同时，也有大量是仿冒央视网、湖南卫视、腾讯、新浪、搜狐等知名媒体和互联网企业的，这类事件通过发布虚假中奖信息、新奇特商品低价销售信息等开展网络欺诈活动。CNCERT 通过及时处理这类事件，有效避免了普通互联网用户由于防范意识薄弱而导致的经济损失。值得注意的是，除骗取用户经济利益外，一些仿冒页面还会套取用户的个人身份、地址、电话等信息，导致用户个人信息泄露。

居第三位的是网页篡改事件。2012 年，CNCERT 处理网页篡改事件 2204 件，占 11.7%，较 2011 年的 642 件增长了 2.4 倍。对政府部门、重要信息系统或大型企事业单位来说，网页篡改是严重影响其形象、威胁其网站安全的重要事件类型之一。CNCERT 持续对我国境内网站被篡改情况进行跟踪监测，并将涉及政府机构和重要信息系统部门的网页篡改事件列为日常处置工作重点，力争使被篡改网站快速恢复。

2012 年，CNCERT 继续开展对恶意程序事件的处置工作，全年共处置 1363 件，占 7.2%。此外，针对政府部门和重要信息系统的网站后门、网页挂马、拒绝服务攻击等事件也是 2012 年 CNCERT 事件处理工作的重点。

9.8　互联网安全服务产品情况

互联网安全服务目前主要分为个人电脑安全服务、企业安全服务、网站安全服务和移动智能终端安全服务这四个主要类别。

个人电脑安全服务目前主要包括核心安全服务、拓展安全服务和泛安全服务。核心安全服务主要指系统漏洞修复和防范、查杀病毒、木马、恶意插件等恶意程序；拓展安全服务则包括账号保护、隐私数据保护、恶意网址拦截、网银安全、网购安全等多种与网民上网安全密切相关的安全服务；泛安全服务涵盖的内容更广，泛指那些可以提高系统性能、增强系统稳定性和可靠性的各种应用服务。目前，国内安全厂商提供的泛安全服务主要包括：电脑体检、清理垃圾、开机加速等。

企业安全服务主要指对企业用户电脑的安全管理服务。企业安全服务并不是个人电脑安全服务的批量化，还包括集中管理、统一升级、批量打补丁、内网黑白名单等多种企业级安全服务。

网站安全服务是面向网站系统和服务器的高端安全服务。目前，国内安全公司已经能够为网站提供安全检测、漏洞报告、防范针对安全漏洞的攻击和拦截包括 DDoS、CC 攻击等流量攻击的高级安全服务。

移动智能终端安全服务目前主要包括查杀恶意程序、拦截恶意广告、拦截骚扰信息和优化清理加速等几个类别。个别厂商还能提供手机防盗、流量监控、隐私保护和电源管理等功能组件。

关于用户对于安全服务的使用情况，调研数据显示，七成的用户能够明确感知手机安全隐患；60.8%的用户已开始主动选择使用手机安全软件进行自我防范，进行垃圾短信、骚扰电话和恶意广告的过滤，主动定期查杀木马、清理系统、查看上网流量，并对联系人、短信、通讯录进行加密、备份等。手机安全软件在各类操作系统中的普及率如图 9.59 所示。

其中，优化帮助以 52%的使用率成为用户最常用到的功能，另有 47.3%的用户已养成定期对手机做安全体检、查杀恶意程序的习惯，45.1%的用户则正通过安全产品提供的防骚扰功能实现对垃圾短信、骚扰电话的过滤，7.4%的用户最常使用信息加密等隐私保护服务，5.8%的用户经常使用备份功能和防盗服务，如图 9.60 所示。

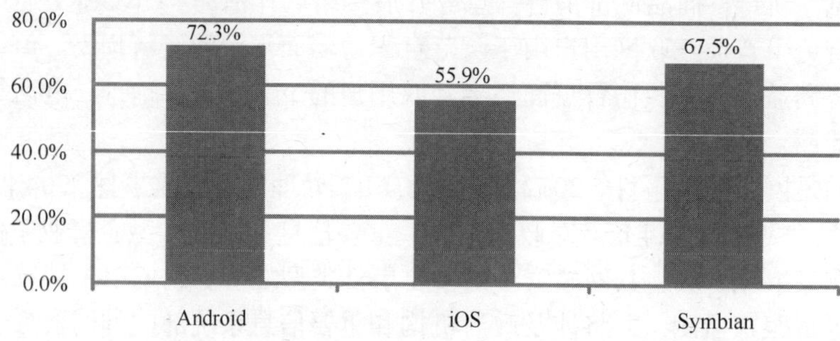

图9.59 手机安全软件在各类操作系统中的普及率

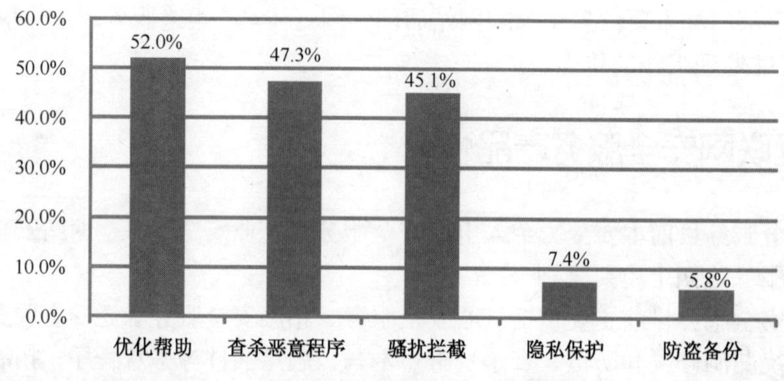

图9.60 手机各类安全功能使用率

（国家计算机网络应急技术处理协调中心 周勇林、王明华、纪玉春、徐娜、王营康、徐原、李佳、何世平、温森浩、赵慧、李志辉、姚力、张洪、朱芸茜、朱天、高胜、胡俊、王小群、张腾、何能强；奇虎360 裴智勇）

第 10 章　2012 年中国互联网治理情况

10.1　互联网治理概况

2012 年，中国政府高度重视互联网的建设和发展，坚持“积极利用、科学发展、依法管理、确保安全”的原则，推动我国互联网持续繁荣稳定发展。2012 年 5 月，国务院发布《关于大力推进信息化发展和切实保障信息安全的若干意见》，提出加快建设下一代信息基础设施，推动信息化和工业化深度融合，构建现代信息技术产业体系，全面提高经济社会信息化发展水平。2012 年 11 月召开了中国共产党第十八次全国代表大会。十八大报告要求，加强和改进网络内容建设，唱响网上主旋律；加强网络社会管理，推进网络依法规范有序运行。2012 年 12 月，全国人大审议通过《关于加强网络信息保护的决定》，从公民个人电子信息保护出发，对治理垃圾电子信息、网络身份管理、网络服务提供者和网络用户的义务与责任、政府有关部门的监管职责等作出了明确规定，为加强网络信息保护提供了法律依据，是贯彻落实党的十八大关于加强网络社会管理、推进网络依法规范有序运行要求的重要举措，必将进一步促进我国互联网健康有序发展。

10.2　互联网行业管理情况

10.2.1　立法司法

2012 年，国家相关部门陆续出台相关法律，不断健全完善互联网相关法律制度。3 月 14 日，十一届全国人民代表大会第五次会议审议通过《全国人民代表大会关于修改〈中华人民共和国刑事诉讼法〉的决定》，新《刑事诉讼法》增加电子数据作为证据的一个种类，规定行政机关在行政执法和查办案件过程中收集的物证、书证、视听资料、电子数据等证据材料，在刑事诉讼中可以作为证据使用；3 月 31 日和 7 月 6 日，新闻出版总署、国家版权局先后两次就《著作权法》修改草案向社会征求意见，该草案多项规定涉及当前互联网版权问题；11 月 26 日，最高人民法院审判委员会第 1561 次会议通过《关于审理侵害信息网络传播权民事纠纷案件适用法律若干问题的规定》，为正确审理侵害信息网络传播权民事纠纷案件、依法保护信息网络传播权提供依据。

10.2.2 行政管理

2012 年，中国政府各部门陆续出台互联网行业监管的指导性文件，具体如下。

2 月 1 日，《信息安全技术公共及商用服务信息系统个人信息保护指南》开始实施。该标准最显著的特点是规定个人敏感信息在收集和利用之前，必须首先获得个人信息主体明确授权。

3 月 1 日，财政部、民政部、国家体育总局联合发布的《彩票管理条例实施细则》开始实施，该规定首次对“非法彩票”这一概念做了解释，明确将擅自利用电话、互联网销售彩票界定为非法彩票活动，这有利于进一步加强彩票监督管理、规范彩票市场运行、保障彩票参与者合法权益、维护彩票市场正常秩序。

3 月 12 日，商务部发布《商务部“十二五”电子商务发展指导意见》，以增强我国电子商务平台的对外贸易功能，提高我国企业利用电子商务开展对外贸易的能力和水平。

3 月 15 日，《规范互联网信息服务市场秩序若干规定》开始施行，以规范互联网信息服务市场秩序，保护互联网信息服务提供者和用户的合法权益，促进互联网行业的健康发展。

3 月 27 日，工业和信息化部发布《电子商务“十二五”发展规划》，提出正确处理电子商务发展与规范的关系，在发展中求规范，以规范促发展。以网络运行环境安全可靠为基础，促进网络交易主体与客体的真实有效、交易过程的可鉴证，加大对失信行为的惩戒力度，形成电子商务可信环境。

4 月 28 日，知识产权局、工业和信息化部等十部门联合发布《关于加强战略性新兴产业知识产权工作的若干意见》，提出积极应对新一代信息技术发展带来的挑战，完善互联网知识产权保护法律法规。

5 月，国家测绘局修订印发了《互联网地图服务专业标准》，并决定依据该标准颁发互联网地图服务甲级《测绘资质证书》，建立互联网地图服务市场准入制度。中国地图出版社、搜狗、百度、新浪等先后获得国家测绘局颁发的互联网地图服务甲级《测绘资质证书》，获准独立自主地开展互联网地图服务活动。

11 月底，国家交通运输部就《快递市场管理办法（修订征求意见稿）》公开征求意见，其中规定，快递公司泄露用户信息最高罚 3 万元。此规定意在打击网上贩卖快递单号、泄露个人信息的行为。

尤其值得关注的是，2012 年 5 月，国务院发布《关于大力推进信息化发展和切实保障信息安全的若干意见》，提出发展先进网络文化，加强重点新闻网站建设，规范管理综合性商业网站，构建积极健康的网络传播新秩序和网络氛围；强化信息资源和个人信息保护，明确敏感信息保护要求，强化企业、机构在网络经济活动中保护用户数据和国家基础数据的责任，严格规范企业、机构在我国境内收集数据的行为；加强网络信任体系建设和密码保障，健全电子认证服务体系，推动电子签名在金融等重点领域和电子商务中的应用，制定电子商务信用评价规范，建立互联网网站、电子商务交易平台诚信评价机制，支持符合条件的第三方机构开展信用评价服务；提升网络与信息安全监管能力，加大对网络违法犯罪活动的打击力度，进一步完善监管体制，充实监管力量，加强对基础信息网络安全工作的指导和监督管理，倡导行业自律，发挥社会组织和广大网民的监督作用。

10.2.3　技术监管

2012 年，国家相关部门加快互联网关键理论和核心技术的研发，加强战略布局，从技术角度不断加强、完善对互联网的监督管理。3 月 27 日，工业和信息化部等七部门发布《关于下一代互联网“十二五”发展建设的意见》，提出加强网络与信息安全保障工作，全面提升下一代互联网的安全性和可信性。加强域名服务器、数字证书服务器、关键应用服务器等网络核心基础设施的部署及管理；加强网络地址及域名系统的规划和管理；推进安全等级保护、个人信息保护、风险评估、灾难备份及恢复等工作，在网络规划、建设、运营、管理、维护、废弃等环节切实落实各项安全要求；加快发展信息安全产业，培育龙头骨干企业，加大人才培养和引进力度，提高信息安全技术保障和支撑能力。12 月 20 日，由工业和信息化部信息安全协调司组织开展的网站可信认证服务试点工作在北京正式启动。本次试点工作的目标就是测试、验证网站可信认证解决方案的安全性、科学性和合理性，探索安全、高效的网站可信服务模式，形成可持续发展的网站认证服务长效机制，营造安全、可信的上网环境。在试点工作中，主要通过专门的第三方认证机构对网站提交的信息进行审核，并利用 PKI 技术等手段将经过认证的网站信息以直观、安全可靠且不可篡改的方式展示，使网民更容易确认网站的真实身份。网站可信认证有利于加强网络信任体系建设，有利于促进我国网络经济的快速发展。

10.2.4　专项行动

2012 年，为治理网络侵权盗版、利用网络传播不良信息和移动互联网恶意程序等问题，国家互联网信息办公室、工业和信息化部、公安部等多个部委联合开展了多次专项整治行动，收到了良好效果。

1．打击网络侵权盗版专项治理行动

从 2012 年 7 月初至 10 月底，中国国家版权局、公安部、工信部、国家互联网信息办公室联合开展了 2012 年打击网络侵权盗版专项治理“剑网行动”。本次专项治理行动针对提供作品、表演、录音录像制品等内容的网站，提供存储空间或搜索链接服务的网站以及提供网络交易平台的网站，围绕网络文学、音乐、影视、游戏、动漫、软件等重点领域以及图书、音像制品、电子出版物、网络出版物等重点产品，加强监管力度，以查破办结一批大案要案为目标，有力维护网络环境下健康、规范的版权秩序，有效遏制网络环境下侵权盗版违法行为的高发势头，建立网络环境下版权保护长效工作机制，进一步促进互联网产业繁荣发展。专项行动期间，各地版权部门通过查处网上违法行为，移送涉嫌犯罪案件，提请通信管理部门关闭网站 129 家。其中，因侵犯信息网络传播权关闭 71 家网站，包括北京“迷我网”、福建“龙族资讯网”、湖北“七橙音乐网”、湖南“长沙信息网”等；因未进行 ICP 备案登记关闭宁夏“www.nxtcshop.com”、“www.hi0955.com”等 16 家网站；因未经许可从事互联网视听服务关闭上海“8tt 电影网”、“567 电影网”等 42 家网站。与此同时，在 2012 年的第 8 次“剑网行动”专项行动中，各地版权行政执法部门共报送查办的网络侵权盗版案件 282 件，其中行政结案 210 件，移送司法机关追究刑事责任 72 件，并没收服务器及相关设备 93 台。在各地报送的案件中，涉及音乐作品案件 61 件、文字作品案件 34 件、影视作品案件 66 件、游戏私服案件 60 件、动漫作品案件 10 件、软件案件 14 件、网络交易平台销售盗版制品案件 37 件。此次专项行动进一步加强了网络版权保护工作，打击了各类网络侵权盗版行为，保护了权利人合法权益，净化了网络版权环境，促进了互联网产业健康发展。

2．整治互联网和手机传播淫秽色情及低俗信息专项行动

从 2012 年 7 月中旬至 11 月底，由国家互联网信息办牵头，全国“扫黄打非”办、工信部、公安部、文化部、国务院国资委、国家工商总局、广电总局、新闻出版总署九部门联合深入开展整治互联网和手机传播淫秽色情及低俗信息专项行动。这次专项行动的主要任务是，大力整治淫秽色情和低俗信息集中、人民群众反映强烈的网络传播重点领域，坚决关闭严重违法违规网站、传播淫秽色情和低俗信息的微博客、社交网站和即时通信群组账号，查处传播网络淫秽色情的大案要案，依法严惩违法犯罪分子，依法查处少数为淫秽色情和低俗网站提供代收费的企业，查处少数在淫秽色情和低俗网站投放广告和为其宣传的广告联盟，清理整顿违法违规接入服务商，进一步加强网站备案、审批、接入管理，督促基础电信运营企业、接入服务企业、域名注册管理和服务机构落实信息安全管理责任制，进一步建立健全防范和查处淫秽色情及低俗信息长效工作机制。此次专项行动包括加强网上重点领域重点环节管理、严厉打击互联网和手机淫秽色情违法犯罪、广泛发动社会公众监督举报、形成打击网络淫秽色情强大舆论声势等七项重点任务。

3．移动互联网恶意程序专项治理行动

根据工业和信息化部颁布的《移动互联网恶意程序监测与处置机制》，工业和信息化部通信保障局于 2012 年组织 CNCERT、基础电信企业、域名注册服务机构、中国互联网协会 12321 网络不良与垃圾信息举报中心、部分中国反网络病毒联盟（ANVA）安全企业成员单位，开展了 2012 年第六次移动互联网恶意程序专项治理行动。此次专项治理行动共接到基础电信企业、ANVA 安全企业成员单位提交的疑似恶意程序样本 1082 个，最终确定恶意样本 1063 个，其中具有恶意网络控制行为的样本 570 个，处理恶意控制端 URL 和恶意传播源 URL 共 434 个。通过陆续开展的专项治理行动，处置了一批影响范围大、危害程度深的移动互联网恶意程序，有效降低了恶意程序对移动互联网造成的安全威胁。

4．打击违法发布药品虚假信息销售药品专项行动

2012 年 2 月，国家食药监管局在全系统组织开展了“加强互联网药品信息服务和交易服务监督管理，严厉打击违法发布药品虚假信息销售药品”专项行动，以确保公众用药安全。在专项行动期间，共对 263 家存在问题的企业下达责令整改通知，注销互联网药品信息服务资格证书 102 个，撤销互联网药品信息服务资格证书 70 个，关闭网站 82 个，立案查处 10 件。此次专项行动将全部通过审批的网站列为重点检查对象，共检查互联网药品信息服务网站 3685 家、互联网药品交易服务网站 118 家，受检率达 100%。本次行动共监测发现违法发布药品信息和销售药品的网站 671 家，其中境内违法网站 499 家，境外违法网站 172 家；利用各种宣传平台发布互联网购药安全警示公告 86 期，移送有关部门屏蔽 167 家，立案查处 36 件，移送公安机关追究刑事责任 42 件，破获利用互联网非法销售药品重大案件 13 起，抓捕犯罪嫌疑人 74 名，有效打击了犯罪分子的气焰。

10.3　2012 年互联网行业自律开展情况

2012 年，我国互联网整体保持稳步增长的良好态势，应用服务不断创新和持续深化，在推动经济发展、社会进步和丰富公众生活方面发挥了重要作用，但在过程中也出现了一些影响行业健康发展的不和谐因素，引起了全行业的广泛关注。在中国互联网协会等行业组织的引导和组织下，互联网企业更加重视行业生态环境建设，积极加强行业自律，做出了多方努力，取得了积极的成效，进一步完善了我国各相关方共同参与的互联网治理体系。

10.3.1　积极抵制网络谣言

近两年来，网络谣言频繁出现并大肆传播，致使很多网民受骗上当，不仅给我国互联网行业的健康发展带来严重干扰，而且损害社会诚信，影响正常社会生活，成为一大社会危害，引起全社会的广泛关注。

为抵制网络谣言，营造健康文明的网络环境，推动我国互联网行业健康可持续发展，2012 年 4 月 8 日，在国家互联网信息办公室等相关部门的指导下，中国互联网协会公开发布了《抵制网络谣言倡议书》，向全国互联网企业发出加强行业自律、抵制网络谣言的倡议，呼吁互联网业界严格遵守国家法律法规和行业自律公约，不为网络谣言提供传播渠道，配合政府有关部门依法打击利用网络传播谣言的行为；积极响应“增强国家文化软实力，弘扬中华文化，努力建设社会主义文化强国”的战略部署，制作和传播合法、真实、健康的网络内容，把互联网建设成宣传科学理论、传播先进文化、塑造美好心灵、弘扬社会正气的平台。

中国互联网协会抵制网络谣言的倡议得到了互联网业界的积极响应和支持。江西、广东、上海、天津、江苏、海南、北京、深圳等省市互联网协会及其他行业组织也纷纷举办了座谈会、签字仪式等活动，倡议本地互联网业界共同谴责网络谣言的危害，探讨防止网络谣言传播的有效措施，积极抵制网络谣言。

10.3.2　互联网搜索引擎服务自律

2012 年 8 月下旬，互联网搜索引擎服务领域爆发了因机器人协议（robots 协议）引起的 360 和百度的纷争，被业界称为“3 百大战”，引起了政府管理部门、业界企业、行业协会以及广大网民的广泛关注，也促使互联网业界更加重视行业规则的构建和遵守。为规范互联网搜索引擎服务发展，保护互联网用户的合法权益，维护公平竞争、合理有序的市场环境，在工业和信息化部的指导下，中国互联网协会组织业界企业和专家共同开展了搜索引擎服务专项自律工作。

2012 年 9 月 4 日和 9 月 18 日，中国互联网协会在北京先后组织业界专家和企业召开座谈会和研讨会，听取了业界专家和代表企业对“3 百之争”的看法以及对加强行业自律的意见。在听取专家意见和开展调研的基础上，经过多次、多方征求意见和反复协商，中国互联网协会组织业界企业共同研究制定了《互联网搜索引擎服务自律公约》，并于 2012 年 11 月 1 日在北京举行签约仪式，正式发布了《互联网搜索引擎服务自律公约》，百度、即刻搜索、盘古搜索、奇虎 360、盛大文学、搜狗、腾讯、网易、新浪、宜搜、易查无限、中搜 12 家单位作为公约的发起单位共同签署。

《互联网搜索引擎服务自律公约》共 4 章、22 条，适用于中国互联网协会会员单位和自愿加入《中国互联网行业自律公约》的互联网从业单位，并且倡议其他从业单位积极遵守。《互联网搜索引擎服务自律公约》倡导遵循守法、诚信、公平、中立、客观的基本原则，遵从开放、平等、协作、分享的互联网精神；倡议企业坚决抵制淫秽、色情等违法和不良信息传播，遵循国际通行的行业惯例与商业规则，遵守机器人协议（robots 协议），遵循公平、开放和促进信息自由流动的原则，营造鼓励创新、公平公正的良性竞争环境，尊重和保护知识产权，尊重权利人的合法权益，保护用户隐私和个人信息安全，抵制不正当竞争行为等。《互联网搜索引擎服务自律公约》发布后，成为我国互联网搜索引擎服务企业规范业务竞争、提升服务水平的重要指导和参考。

10.3.3 加强行业自律正面引导

为加强行业自律的正面引导，中国互联协会坚持开展“中国互联网行业自律贡献奖”评选工作，以表彰互联网从业单位在开展行业自律、促进我国互联网行业健康发展中所作出的努力和贡献。

2012 年 5～8 月，在全国 31 个省、自治区和直辖市互联网协会支持下，中国互联网协会组织开展了“2011—2012 年度中国互联网行业自律贡献奖”评选工作，本着公开、公平、公正的原则，依据《中国互联网行业自律贡献奖评选管理办法》，经过申报推荐、材料初审、专家评审、网上公示等程序，新华网、腾讯、万网、中国青年网、新网互联、搜狗等 29 家单位通过评选，获得了“2011—2012 年度中国互联网行业自律贡献奖”。

29 家获奖单位的先进事迹对于引导其他企业和单位进一步增强社会责任意识、重视加强行业自律、规范自身业务发展、完善自我管理、净化网络环境、推动行业健康发展产生了积极的示范作用。

10.4 网络不良与垃圾信息治理情况

10.4.1 互联网举报情况

2012 年，中国互联网协会 12321 网络不良与垃圾信息举报受理中心共接到用户举报各类网络不良与垃圾信息 1 097 691 件次（见图 10.1）。

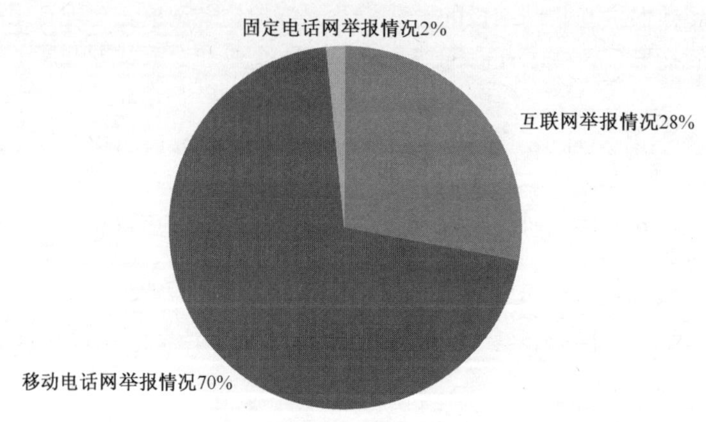

图10.1 2012年各类网络不良与垃圾信息举报情况

其中，举报互联网不良与垃圾信息 304060 件次，占举报总量的 28%。在互联网不良与垃圾信息中被举报最多的是不良网站（180094 件次）及垃圾邮件（111194 件次），分别占据互联网举报总量的 59%和 37%（见图 10.2）。

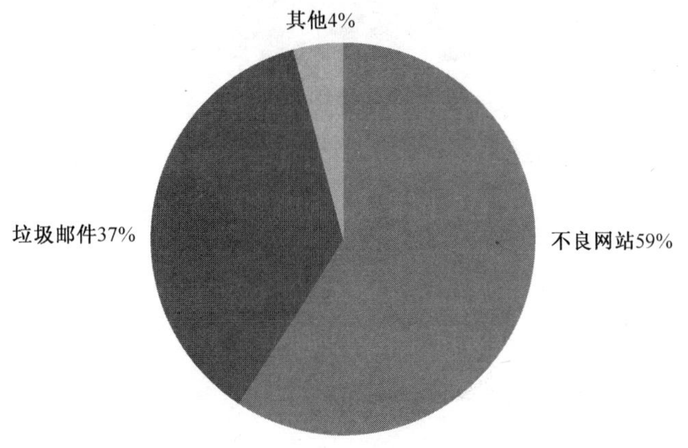

图10.2　2012年互联网不良与垃圾信息举报情况

10.4.2　移动电话网举报情况

2012 年共举报移动电话网不良与垃圾信息 769701 件次，占举报总量的 70%。其中以不良与垃圾短信为主，被举报 736526 件次，占移动电话网举报总量的 96%（见图 10.3）。

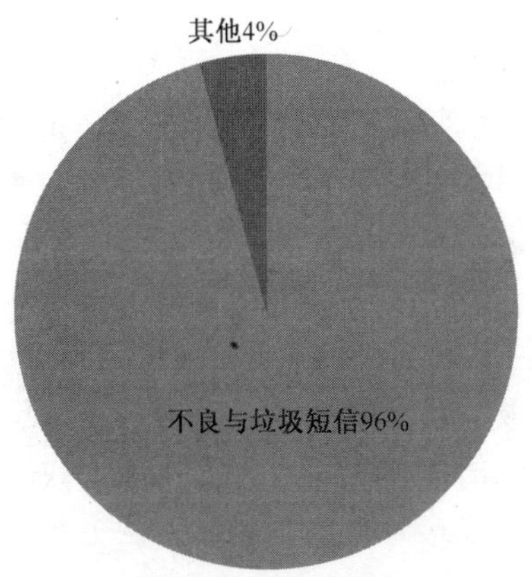

图10.3　2012年移动电话网举报情况

根据内容来统计，垃圾类短信占举报总量的 88.57%（见图 10.4）。其中，被举报较多的分类是零售业推销类（43.59%）、涉嫌欺诈类（19.78%）、房地产推销类（11.43%）。不良类短信占总量的 11.43%。其中，被举报较多的分类是违法出售票据、证件类（6.47%）。

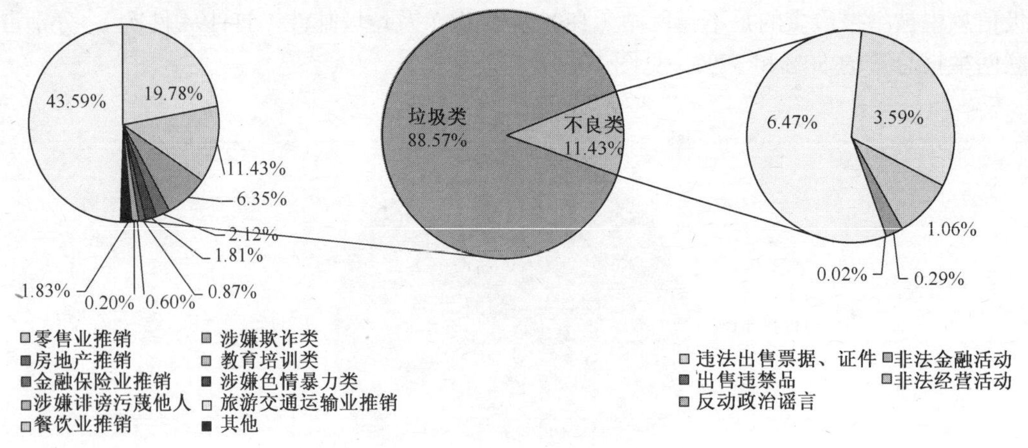

图10.4　2012年不良与垃圾信息内容统计

10.4.3　固定电话网举报情况

2012 年共举报固定电话网不良与垃圾信息 18880 件次，占举报总量的 2%。

10.4.4　各类举报处理情况

经过整理、去重、删除无效数据后，12321 举报中心共协查处理各类日常数据 421808 件次，具体情况如下。

1．不良与垃圾短信息处理情况

各省市公安部门的协查情况：将涉嫌违法的短信息 6504 起，提请公安部门处理。截至目前共反馈处理数据 313 起。目前处理较为积极的省市有山西、上海、河北、青海、四川、福建等，几乎每期数据都有反馈处理结果，并均已对核实后的号码作停机或停止通信服务处理。

各基础运营企业的协查情况：根据《中国互联网协会短信息服务规范》第二十条规定，12321 举报中心要求基础运营商处理的端口数据共 214133 起。其中，涉及中国移动 53884 起、中国联通 12613 起、中国电信 214133 起。点对点网间数据共 166723 起，数据也已通过垃圾短信息联动平台和邮件两种方式下发至各基础运营企业，包括中国移动 37514 起、中国联通 68695 起、中国电信 166723 起。

12321 举报中心下发的“提醒”数据情况：根据《中国互联网协会短信息服务规范》第二十条规定，12321 举报中心共向 611 个号码发送提醒短信息，警告其不要再进行垃圾短信发送行为。经监测，未收到对该批号码的再次举报情况。

2．垃圾邮件处理情况

中国互联网协会反垃圾邮件工作委员会共向电子邮件服务提供企业下发需处理垃圾邮件样本 1736 个，《垃圾邮件举报处理函》72 份，已处理涉嫌发送垃圾邮件的邮箱账户 1470 个。涉及的邮件服务提供企业有微软、谷歌、TOM、21CN、雅虎、网易、新浪、搜狐，均已作如下处理：关闭账户；经核实为伪造账户；涉及国外公司账户，已转国外处理。除少数境外公司无反馈结果外，其余大部分施行了关闭账户处理。

3．不良网站处理情况

钓鱼网站：将钓鱼网站数据发送至 CNNIC 共 52 批次，涉及 2887 个网站，目前该批网站均已作停止域名解析处理。

其他不良网站：将 29154 个不良、违法网站发送至违法和不良信息中心、公安部。

（中国互联网协会　朱晓航、郝智超、周洪艳）

第三篇

应用与服务篇

- 2012年中国电子商务发展情况
- 2012年中国网络广告发展情况
- 2012年中国网络视频发展情况
- 2012年中国网络游戏发展情况
- 2012年中国微博发展情况
- 2012年中国社交网站发展情况
- 2012年中国即时通信服务发展情况
- 2012年中国搜索引擎发展情况
- 2012年中国网络金融服务发展状况
- 2012年中国网络音乐发展情况
- 2012年中国移动互联网应用发展情况
- 2012年中国云计算发展情况
- 2012年中国物联网发展情况
- 2012年中国政府在线服务发展情况
- 2012年中国农村互联网发展状况

- 2012年其他行业网络信息服务发展情况

第 11 章　2012 年中国电子商务发展情况

11.1　电子商务发展概况

2012 年，中国电子商务市场迅速发展，网络技术环境不断改善，电子商务支撑行业水平快速提升，政府部门不断加大对电子商务的支持力度，共同推动国内电子商务高速发展。未来一段时期，中国宏观经济环境有利于电子商务发展，技术网络环境将不断改善，政策法规环境将日渐优化，社会信用环境也将逐步健全，有望延续当前发展的良好势头。

11.1.1　发展环境

2012 年，电子商务在我国工业、农业、商贸流通、交通运输、金融、旅游和城乡消费等各个领域的应用不断得到拓展，应用水平不断提高，正在形成与实体经济深入融合的发展态势。全社会电子商务应用意识不断增强，应用技能得到有效提高，网络基础设施和支撑水平发展迅速，相关扶持规范政策不断出台，电子商务发展的整体环境更加向好。

1. 电子商务支撑行业服务体系持续壮大

2012 年，电子商务平台服务、信用服务、电子支付、现代物流和电子认证等支撑体系加快完善。围绕电子商务信息、交易和技术等的服务企业持续壮大。阿里研究中心数据显示，2012 年中国电子商务服务业整体成交约 2000 亿元，同比增长 83%，支撑起大约 1.2 万亿元网络零售交易，8.4 万亿元电子商务交易。2012 年，天猫、淘宝卖家服务平台的第三方服务商数量已从 2011 年的 600 个左右，增加到 2800 多个。服务工具数量已从 2011 年的 1930 款，增加到 2012 年的 8000 款，同比 400%以上的爆发式增长，展现了第三方服务市场的巨大潜力。

电子商务配套的物流、支付产业也迅猛发展。2012 年中国社会物流总额达 177.3 万亿元，按可比价格计算，同比增长 9.8%，增幅较 2011 年回落 2.5 个百分点。受电子商务快速发展推动，快递等与民生相关的物流发展势头良好，全年单位与居民物品物流总额按可比价格计算，同比增长 23.5%，增幅高于社会物流总额 13.7 个百分点。截至 2013 年 1 月 8 日，人民银行累计发放了 223 张非金融机构支付许可证，其中有多达 80 家从事互联网支付和移动支付业务。移动互联网的快速发展、智能手机的全面普及以及电子商务的兴起，使得网上支付在移动端的发展风生水起，电信运营商、银行、第三方支付企业纷纷加快逐鹿移动支付市场，市场规模也在急剧扩张。截至 2012 年 12 月，我国网上支付用户规模已达 2.21 亿，相比 2011 年增长率达到 32.3%。

电子商务经济体不仅带来了巨大的网络零售交易额，在带动社会就业、发展三农经济方面也发挥了重要作用。截至 2012 年底，淘宝和天猫创造的直接就业岗位达到 392.1 万个，间接就业岗位达到 1109.6 万个。2012 年阿里平台上共完成农产品交易额约 200 亿元，经营农产品类目的网店数为 26.06 万个。

2．国家层面的政策法律监管扶持进一步加强

相关部门协同推进电子商务发展的工作机制初步建立，围绕促进发展、电子认证、网络购物、网上交易和支付服务等主题，出台了一系列政策、规章和标准规范，为构建适合国情和发展规律的电子商务制度环境进行了积极探索。

2012 年 2 月，国家发展改革委、财政部、商务部、人民银行、海关总署、税务总局、工商总局、质检总局八部委联合发布《关于促进电子商务健康快速发展有关工作的通知》，重点推动国家电子商务示范城市创建，推动商贸流通领域电子商务应用快速发展，规范电子支付，推广金融 IC 卡应用，研究跨境贸易电子商务便利化措施等工作。3 月，工信部规划司发布《电子商务“十二五”发展规划》，确定“十二五”期间电子商务发展的具体目标为交易额翻两番，突破 18 万亿元；企业间电子商务交易规模超过 15 万亿元；网络零售交易额突破 3 万亿元，占社会消费品零售总额的比例超过 9%。国家工商行政管理总局发布《关于加强网络团购经营活动管理的意见》，以规范网络团购市场经营秩序，维护网络消费者和经营者的合法权益。5 月，国家邮政局针对《快递市场管理办法（修订草案）》公开征求意见，首次建议寄件人对贵重物品购买保价或保险服务。目前，顺丰、中通、韵达等快递公司已尝试对 2 万元以上的奢侈品进行保价。对未保价的物品，损坏或遗失，最多只赔偿运费的 3～5 倍。6 月，工业和信息化部发布《互联网信息服务管理办法（修订草案征求意见稿）》，对实名制、网站准入条件、公民个人信息安全等问题作出了明确规定。国家发展和改革委员会发布《关于鼓励和引导民间投资进入物流领域的实施意见》，明确了支持民间资本进入物流业重点领域，提出要为民营物流企业创造公平规范的市场竞争环境。

中央部委 2012 年出台的网络购物领域相关政策如表 11.1 所示。

表 11.1　中央部委 2012 年出台的网络购物领域相关政策一览表

时间	部委	政策	主要内容
2012 年 2 月	国家发改委、财政部等八部委	《关于促进电子商务健康快速发展有关工作的通知》	重点推动国家电子商务示范城市创建，推动商贸流通领域电子商务应用快速发展，规范电子支付，推广金融 IC 卡应用，研究跨境贸易电子商务便利化措施等工作
2012 年 3 月	工信部规划司	《电子商务“十二五”发展规划》	确定“十二五”期间电子商务发展的具体目标为交易额翻两番，突破 18 万亿元；企业间电子商务交易规模超过 15 万亿元；网络零售交易额突破 3 万亿元，占社会消费品零售总额的比例超过 9%
2012 年 3 月	国家工商行政管理总局	《关于加强网络团购经营活动管理的意见》	规范网络团购市场经营秩序，维护网络消费者和经营者的合法权益
2012 年 5 月	国家邮政局	《快递市场管理办法（修订草案）》公开征求意见	首次建议寄件人对贵重物品购买保价或保险服务。目前，顺丰、中通、韵达等快递公司已尝试对 2 万元以上的奢侈品进行保价。对未保价的物品，损坏或遗失，最多只赔偿运费的 3～5 倍

（续表）

时间	部委	政策	主要内容
2012 年 6 月	工业和信息化部	《互联网信息服务管理办法（修订草案征求意见稿）》	对实名制、网站准入条件、公民个人信息安全等问题作出了明确规定
2012 年 6 月	国家发展和改革委员会	《关于鼓励和引导民间投资进入物流领域的实施意见》	明确了支持民间资本进入物流业重点领域，提出要为民营物流企业创造公平规范的市场竞争环境

此外，2012 年，由国家工商总局牵头发起的《网络商品交易及服务监管条例》已被列入国务院“二类立法”计划，这意味着我国首部电子商务监管立法已全面启动。商务部会同有关部委研究起草了《网络零售管理条例》和《网络零售交易规则管理规定》，力争在电子商务规制建设上取得突破。电子商务的规范化进程在加快，行业将更加有序发展。

11.1.2　产业规模

2012 年全年电子商务市场整体交易规模达到 8.1 万亿元，较 2011 年增长 27.9%（见图 11.1）。

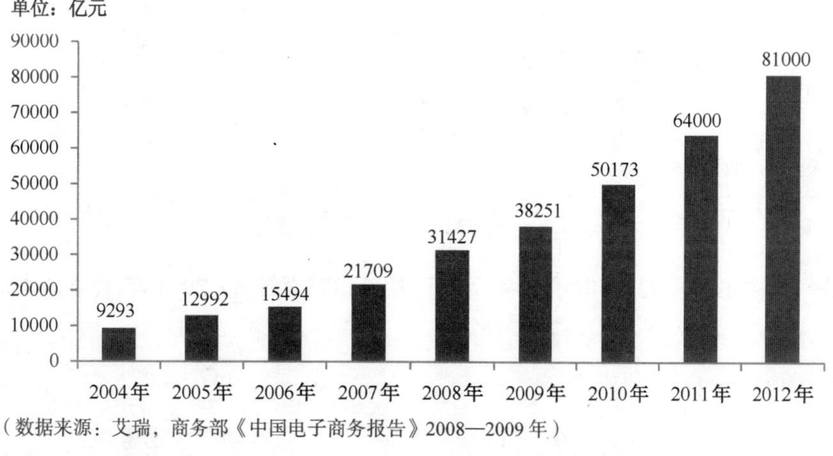

图11.1　2004—2012年中国电子商务市场交易规模

2012 年，我国网络购物市场交易金额达到 12 594 亿元，较 2011 年增长 63.6%（见图 11.2）。2012 年网络零售市场交易总额占社会消费品零售总额的比例达到 6.1%。

11.1.3　行业站点

越来越多的企业和商户认识到互联网的价值，并尝试利用互联网。企业在互联网上的相应投入不断提高，包括建站、交易平台入驻、网络营销等。截至 2012 年 12 月，我国 B2B 电子商务企业已达 11300 家，同比增长 7.6%（见图 11.3）。

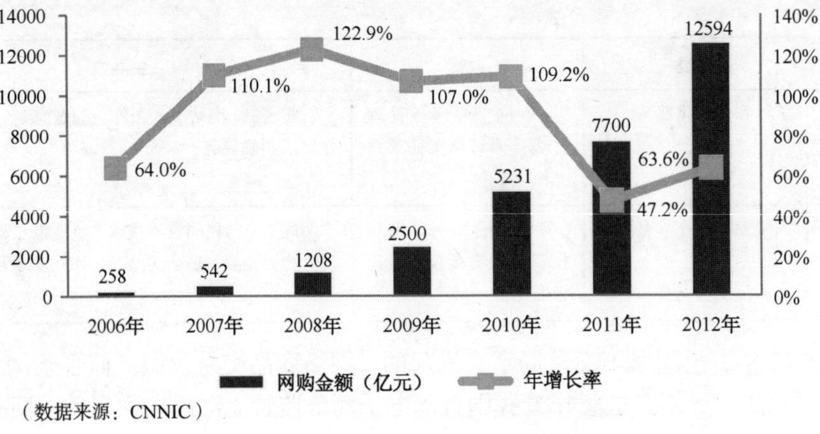

（数据来源：CNNIC）

图11.2　2006—2012年中国网购交易金额及增长率

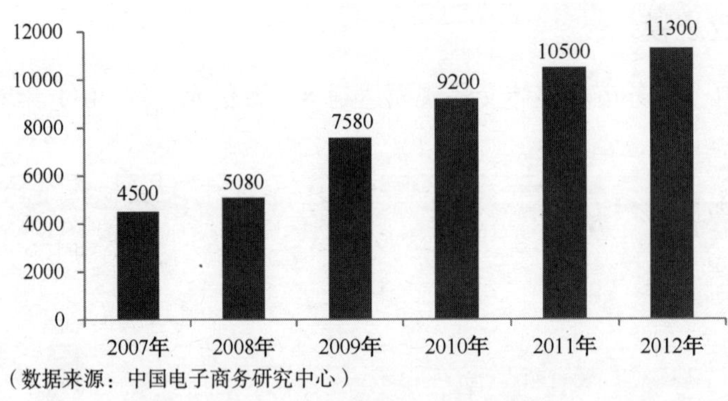

（数据来源：中国电子商务研究中心）

图11.3　中国B2B电子商务企业数量

2012 年，国内 B2C、C2C 电子商务企业已达 24875 家，较 2011 年增幅达 19.9%（见图 11.4）。

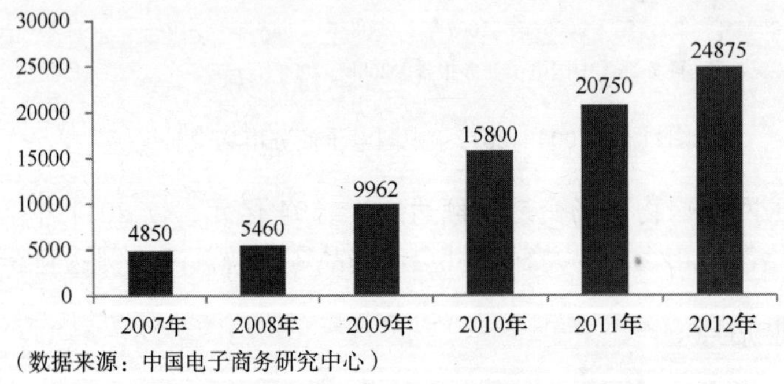

（数据来源：中国电子商务研究中心）

图11.4　中国B2C、C2C电子商务企业数量

我国传统零售企业开展电子商务尚处于起步阶段，但呈现加快发展的势头。随着信息技术的兴起，电子商务在全球范围内广泛应用，中国传统企业逐渐认识到电子商务的重要作用，并加快电子商务应用的步伐。根据中国互联网络信息中心抽样调查，2012 年上半年，32.2%

的受访中小企业在过去一年曾开展过在线销售活动，31.6%的受访企业过去一年曾有过在线采购活动。艾瑞咨询统计数据显示，2010 年中国中小企业 B2B 电子商务交易规模达 2.53 万亿元，同比增长 36.4%。2012 前三季度中国中小企业 B2B 电子商务总营业收入规模为 117.3 亿元[1]。

11.2　用户分析

2012 年，网络零售的用户使用广度和深度进一步增加，消费者数量达到 2.42 亿。随着用户购买力的提升，线上消费习惯固着和移动、社交网购形式的结合不断推动网络零售市场的壮大，电商企业频繁的低利润促销也持续激发用户的使用热情，带动了网络购物用户的加速增长。

11.2.1　用户规模

截至 2012 年 12 月底，我国网络购物用户规模达到 2.42 亿人，网民使用网络购物的比例提升至 42.9%（见图 11.5）。与 2011 年相比，网购用户增长 4807 万人，增长率为 24.8%。

在网民增长速度逐步放缓的背景下，网络购物应用依然呈现迅猛的增长势头，2012 年全年用户绝对增长量超出 2011 年 1463 万，增长率高出 2011 年同期 4 个百分点（2011 年增长量为 3344 万，增长率为 20.8%）。当前，居民消费在拉动国民经济发展中的重要性明显提升，而网络零售更是成为促进消费的重要抓手。此外，手机网络购物成为拉动网络购物用户增长的重要力量，2012 年手机网购用户年增长 136.5%，达到 5550 万人。

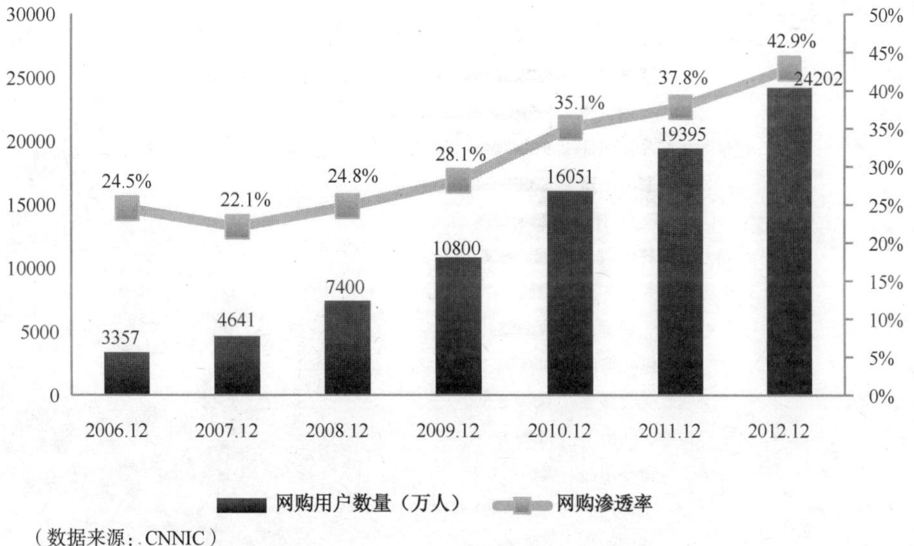

图11.5　2006—2012年网购用户数量及渗透率

[1] http://ec.iresearch.cn/b2b/20121102/186044.shtml

11.2.2 地区分布

2012 年，我国六大区域中网络购物渗透率最高的是华东地区，达到 47.1%；排在第二位的是西南地区，渗透率为 41.3%；排在第三位的是中南地区，渗透率为 41.2%；华北、东北地区的网购渗透率分别为 41.1%和 40.8%；西北地区网购渗透率最低，为 38.8%（见表 11.2）。

表 11.2 六大区域网络购物渗透率

地区	渗透率
华东	47.1%
西南	41.3%
中南	41.2%
华北	41.1%
东北	40.8%
西北	38.8%

11.2.3 商品类别

2012 年，用户网上购买最多的商品类型是服装鞋帽，81.8%的用户最近半年在网上购买过服装鞋帽。排在第二位的是日用百货，用户购买比例达到 31.6%。排在第三位的是电脑、通信数码产品及配件，用户购买比例为 29.6%。购买家用电器和书籍音像制品的比例分别为 22.9%和 18.4%（见图 11.6）。

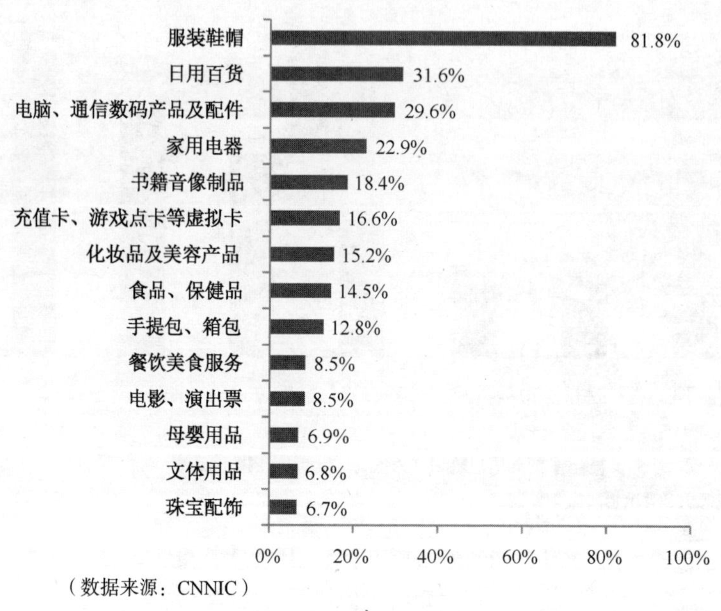

（数据来源：CNNIC）

图11.6 2012年网购用户中购买各类商品的比例

11.2.4　消费能力

2012 年，我国网购用户人均年网购消费金额达到 5203 元，与 2011 年相比增加 1302 元，增长了 25%。用户网购消费能力旺盛，56%的用户年网购消费金额都超过了 1000 元；年网购花费 2001～5000 元的用户最多，占到 22.6%；其次是 501～1000 元，占到了 22.3%（见图 11.7）。随着网络购物商品类型的丰富化，用户大额网购消费也在增加，数据显示有 6.8%的用户年网购消费在 10000 元以上。

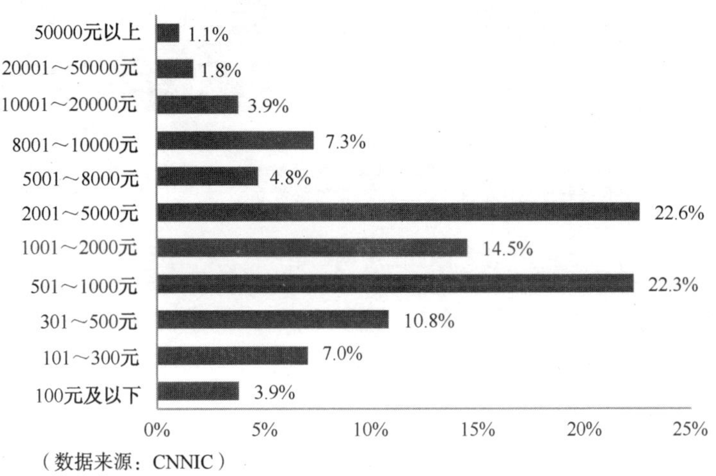

图11.7　2012年网购用户人均年网购金额分布

11.2.5　网购频次

2012 年，用户网购频次有了显著的提升，用户半年平均网购次数达到 18 次，较 2011 年增加 3.5 次。同时，半年网购 10 次以上的用户比例提升较快，增加了 23.8 个百分点，达到 54.5%（见图 11.8）。

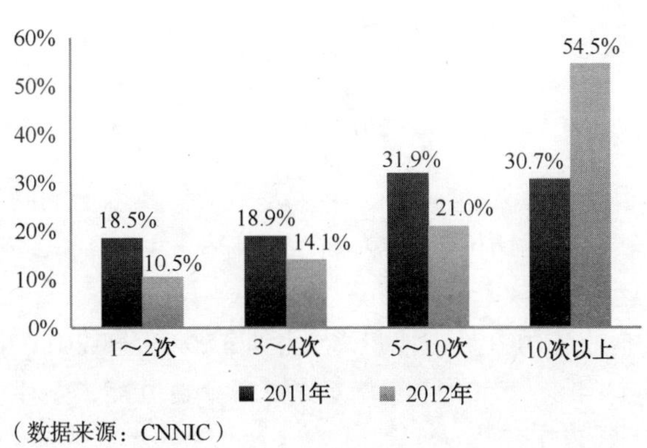

图11.8　2011年与2012年网民半年网购次数对比

11.2.6 用户特点

网络购物用户中男性比例相对偏高，2012 年男性占到 62.6%，女性占到 37.4%。与 2011 年相比，男性占比偏高的情况更加突出，提升了 1.7 个百分点（见图 11.9）。

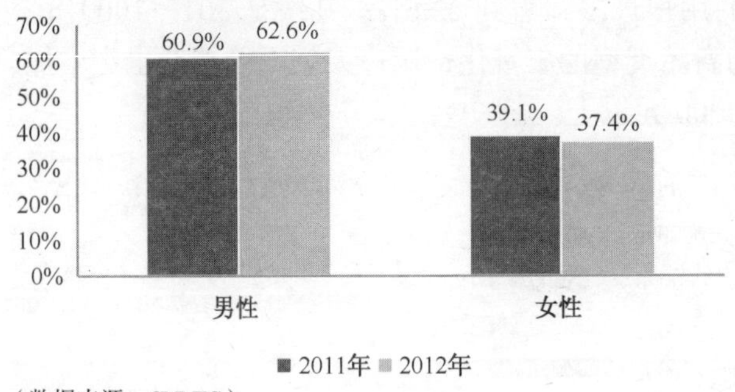

（数据来源：CNNIC）

图11.9　2011年2012年网购用户性别结构对比

网络购物用户年龄分布逐步向中高龄倾斜，31岁以上用户占比达到35.6%，较2011年提升8.9个百分点。而30岁以下人群占比有所下降，尤其是18～24岁的用户占比下降了7.2个百分点（见图11.10）。

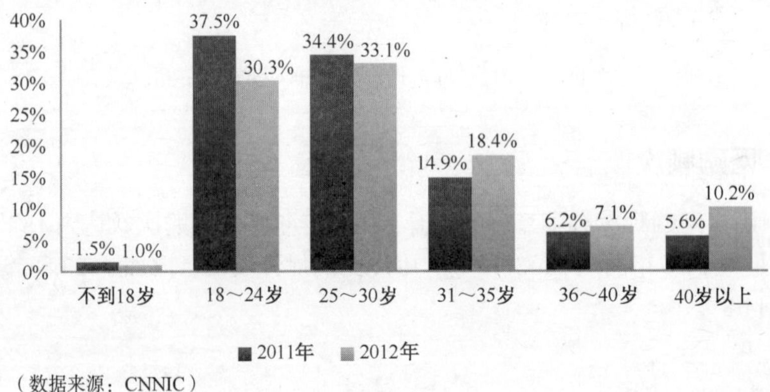

（数据来源：CNNIC）

图11.10　2011年与2012年网购用户年龄结构对比

网购用户向低学历群体继续渗透。2012 年，大学本科及以上的网购用户占比从 44.8%下降到 41%；初中及以下和高中学历网购用户占比分别提升 4.1 个和 3.7 个百分点，达到 11.9%和 23.6%（见图 11.11）。

网购用户中依然是企业公司人员占比最多，达到 37%，但较 2011 年降低了 3.9 个百分点；个体户和自由职业者占 19.4%，较 2011 年增加了 3.2 个百分点；学生群体占 14.1%；党政机关事业单位占 9.1%（见图 11.12）。

网购用户的收入结构继续向中高端发展。74.3%的网购用户月收入在2000元以上，较2011年增加 6 个百分点。其中，月收入在 3001～5000 元的比例最大，占到了 29.7%；2001～3000 元的有 19.2%；月收入在 5000 元以上的有 25.5%（见图 11.13）。

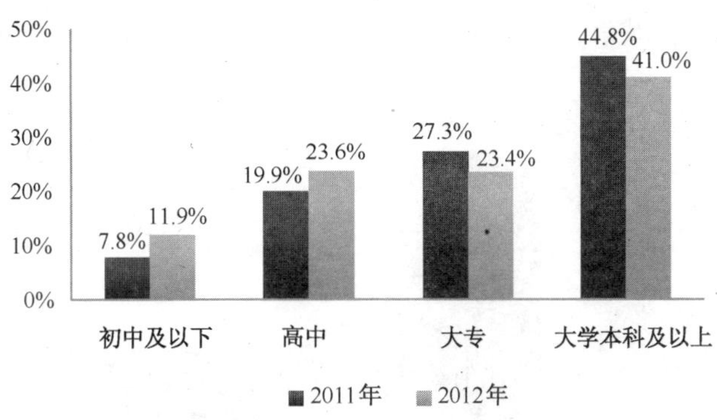

（数据来源：CNNIC）

图11.11　2011年与2012年网购用户学历结构对比

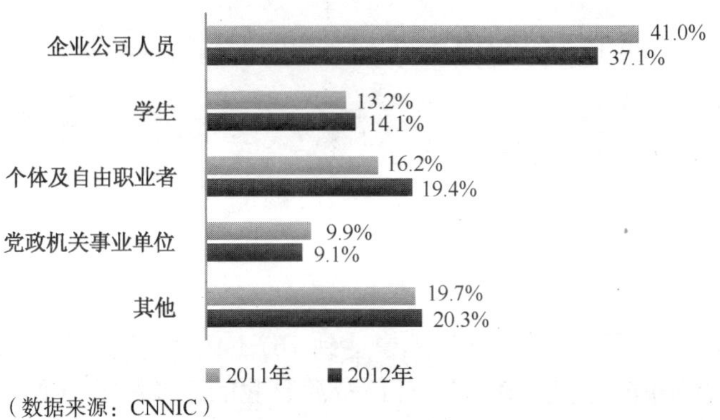

（数据来源：CNNIC）

图11.12　2011年与2012年网购用户职业结构对比

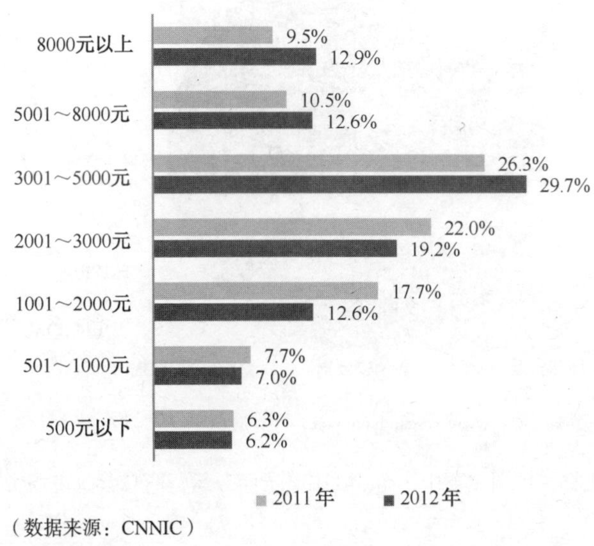

（数据来源：CNNIC）

图11.13　2011年与2012年网购用户收入结构对比

网购用户主要集中在城市，有 91.1%的人居住在城镇，只有 8.9%的网购用户居住在农村（见图 11.14）。

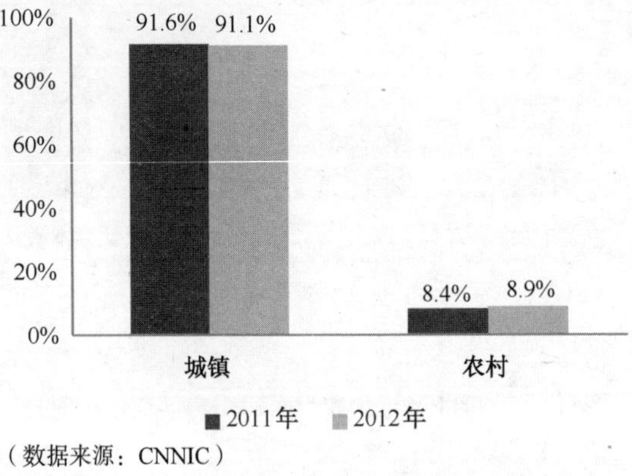

（数据来源：CNNIC）

图11.14　2011年与2012年网购用户城乡分布对比

11.3　市场细分情况

11.3.1　B2B 电子商务

2012 年中国 B2B 电子商务企业营收规模达到 167.1 亿元，同比增长 27.6%。其中，阿里巴巴仍然处于行业领先地位，占 40.7%；环球资源、我的钢铁网、慧聪网、敦煌网分别占到市场营收规模的 8.7%，5.6%，3.3%和 3%（见图 11.15）。

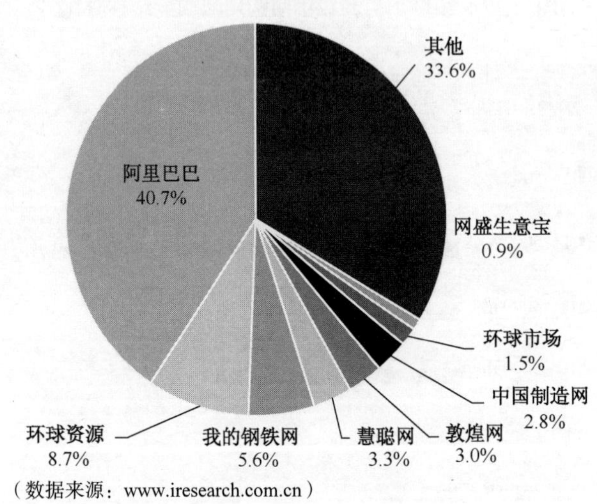

（数据来源：www.iresearch.com.cn）

图11.15　中国主要中小企业B2B电子商务运营商总营收市场份额

11.3.2　B2C 电子商务

从 B2C 市场来看，天猫凭借自身平台优势和“双十一”、“双十二”等节日取得了快速发展，全年在 B2C 市场中交易额占比过半，达 56.7%；京东商城在自主销售为主的 B2C 市场保持领先优势，2012 年交易额突破 600 亿元，占比达 19.6%；排在第三位的是苏宁易购，占比达 5.5%（见图 11.16）。

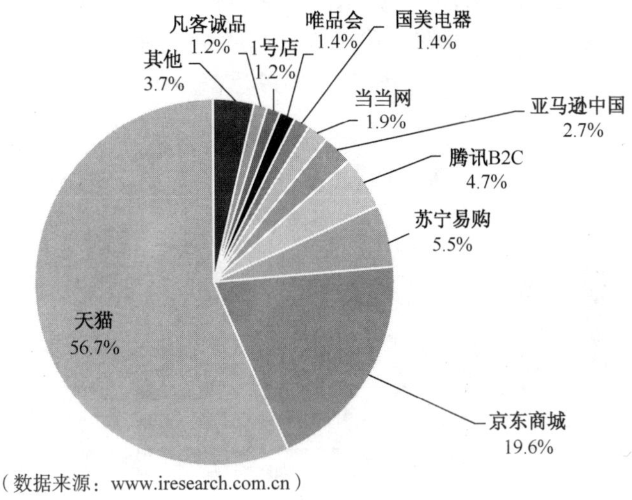

（数据来源：www.iresearch.com.cn）

图11.16　2012年中国B2C网络购物交易规模市场份额

11.3.3　移动电子商务

2012 年移动网络购物整体市场规模达 550.4 亿元，其中淘宝无线居主导地位，占比达到 76.4%；排在第二位的是手机京东，占比为 5.2%；排在第三位的是手机腾讯电商，占 3.9%（见图 11.17）。

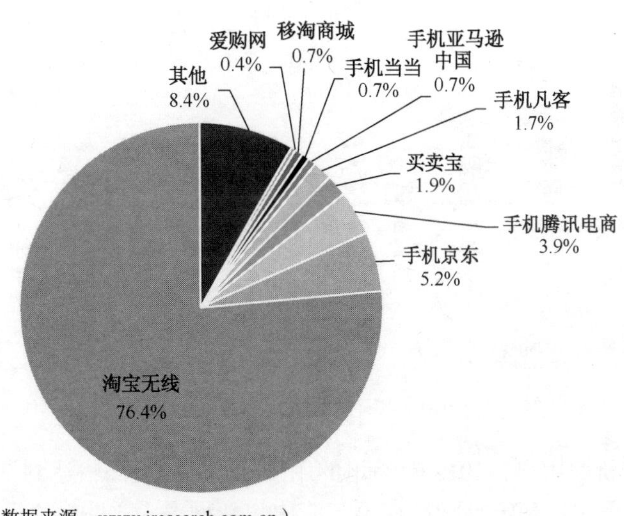

（数据来源：www.iresearch.com.cn）

图11.17　2012年中国移动购物企业交易规模市场占比

11.3.4 在线购物

1. 购物网站渗透率

在各类购物网站中，淘宝网的用户规模依然高居首位，用户渗透率达到 88.1%；第二是天猫（淘宝商城），用户渗透率为 50.7%；第三是京东商城，用户渗透率为 29.9%；第四是当当网，用户渗透率为 16.9%；第五是凡客诚品，用渗透率为 12.2%（见图 11.18）。

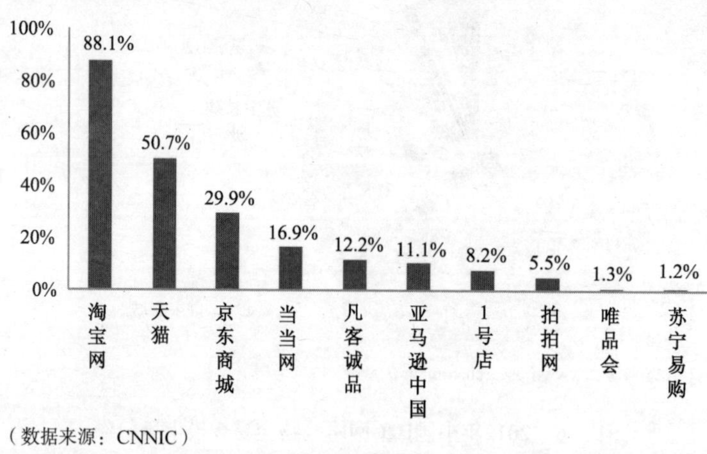

图11.18 2011年主要购物网站用户渗透率

2. 购物网站用户新增状况

2012 年购物网站新增用户中，有 44.2%的用户最近半年开始使用淘宝网，分别有 22.1%和 15.3%的用户最近半年开始使用京东商城和天猫，有 7.1%的用户开始使用当当网（见图 11.19）。

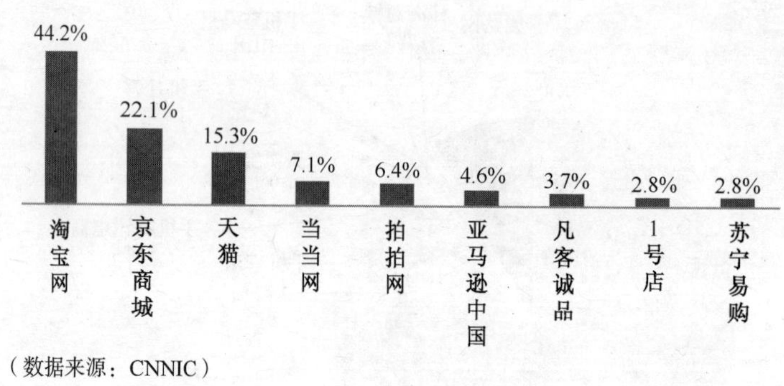

图11.19 2012年购物网站新增用户使用各网站的比例

对比主要网站的新增用户，2012 年易讯的用户新增率[1]最高，达到 27.6%；其次是唯品会，有 22.2%的新增用户；苏宁易购排在第三，用户新增率为 14.3%（见图 11.20）。

[1] 购物网站用户新增率=半年新增用户/目前用户数。

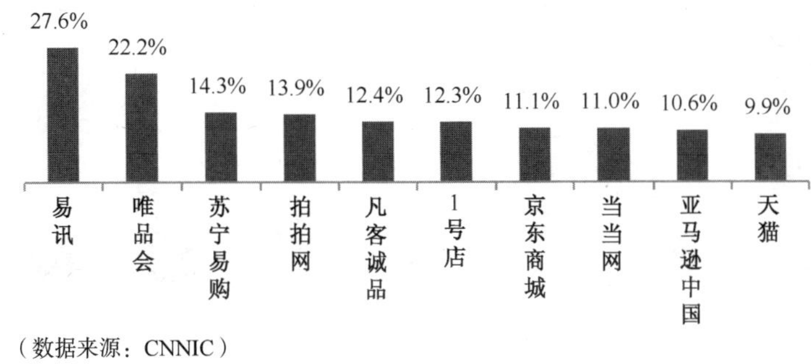

图11.20　2012年主要购物网站用户新增率

3. 购物网站用户流失状况

网络购物用户中，2012 年有 6.5%的用户放弃过半年前使用的购物网站。这些购物网站流失用户[1]中有 22.9%是淘宝网流失的用户，17.8%为京东商城流失的用户，14%是亚马逊中国流失的用户（见图 11.21）。流失用户占比与网站用户群体大小有关，也与用户对网站服务的满意程度有关。

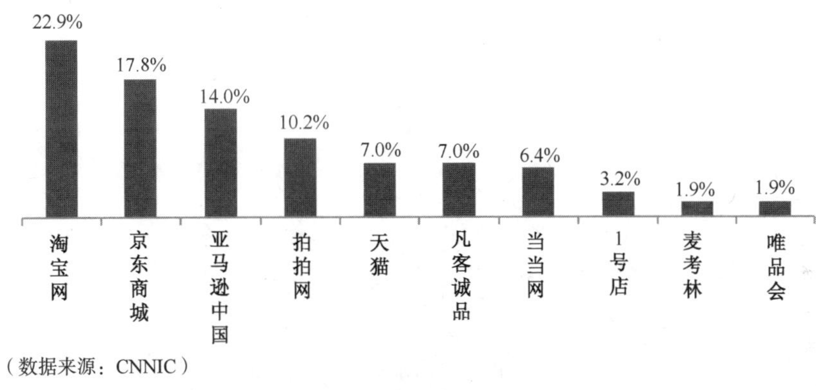

图11.21　2012年主要购物网站流失用户占总流失用户的比例

与 2011 年相比，购物网站用户流失率[2]明显降低，不同网站之间的用户流失率差异较大。用户流失率最高的是新蛋网，为 37.5%；其次是亚马逊中国和唯品会，分别是 14.8%和 12.5%（见图 11.22）。流失率与忠诚度成反比，流失率越低，则忠诚度越高。淘宝网和天猫的忠诚度最高。

4. 购物网站用户流失原因分析

网购用户放弃使用某一购物网站，最主要的原因是找不到需要的商品，占比为 47.1%。因为商品质量不好和商品价格太高而流失的用户有 24.2%和 17.8%。还有 8.3%的用户是因为网站欺骗消费者。由于售后服务不到位和快递送货服务差而流失的用户均为 4.5%（见图 11.23）。

---

[1] 购物网站流失用户是半年前使用、最近半年放弃使用该网站购物的用户。

[2] 购物网站用户流失率=半年流失用户数/半年前总用户数。

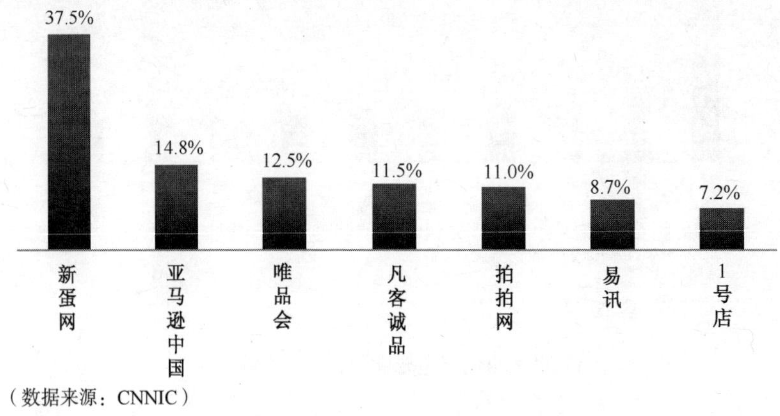

图11.22　2012年主要购物网站用户流失率

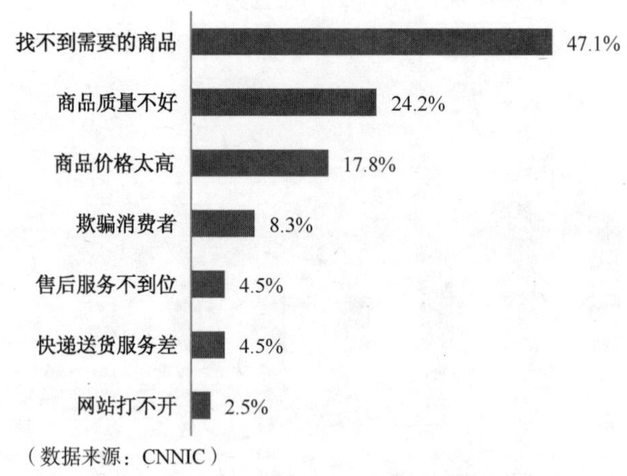

图11.23　用户放弃使用某购物网站的原因

11.4　本地生活服务发展情况

11.4.1　市场概况

本地生活服务以团购为突出代表，在网民互联网应用中扎根发展，行业集中度进一步提高。据团 800 数据显示，2012 年团购总成交额达 213.9 亿元，比 2011 年增长 93%；全年总购买人次达到 4.56 亿人次，较 2011 年增长 45%（见图 11.24）。

截至 2012 年 12 月，我国团购用户数为 8327 万，使用率提升至 14.8%，较 2011 年底上升 3.3 个百分点（见图 11.25）。团购用户全年增长 28.8%，依然保持相对较高的用户增长率。

2012 年是团购行业的转型年，市场逐步由扩张转向固守，主要服务商的发展稳中求进，市场集中度进一步提高。团 800 数据显示，排名前十的团购网站成交总额为 198.4 亿元，占全年团购成交额的 92.8%，而在 2011 年这个数字是 87.6%。倒闭的一批网站将团购模式速成的狂热熄灭，但团购服务作为一种消费模式在用户端已经扎根，并在电子商务、旅行预订市场结出了硕果。在本地消费电子商务、实物团购和旅行预订领域，都有老牌电商或新兴团购服务商开辟出了一片天地，赢得了稳定的团购用户群，也形成了用户稳定的团购消费行为模式。尤其值得注意的是，依托于老牌电商或者其他互联网服务企业的非独立团购网站在市场上的表现十分突出，这些非独立团购网站可以借助平台的优势，在孤立的团购活动之外，为商家带来持续的价值，具有更持久的营销生命力。不少团购网站在 2012 年放弃本地服务类，彻底转型至实物类团购，整个行业也在这个指向未来的路口徘徊。团 800 数据显示，在总成交额 213.9 亿元中，本地服务产品销售总额为 192.4 亿元，占比达到 89.9%。

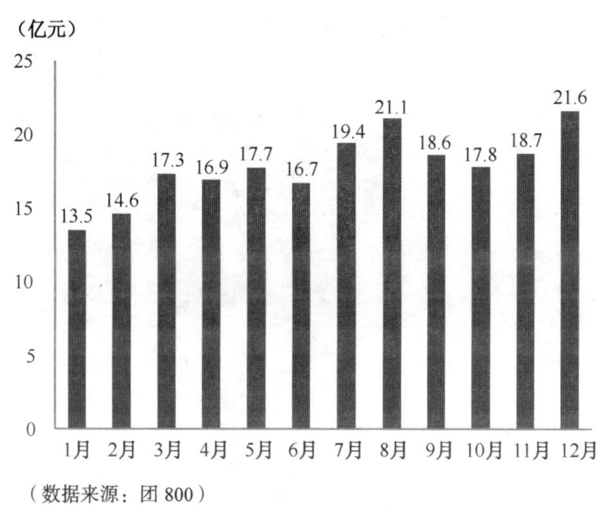

（数据来源：团 800）

图11.24　2012年中国团购网站交易情况

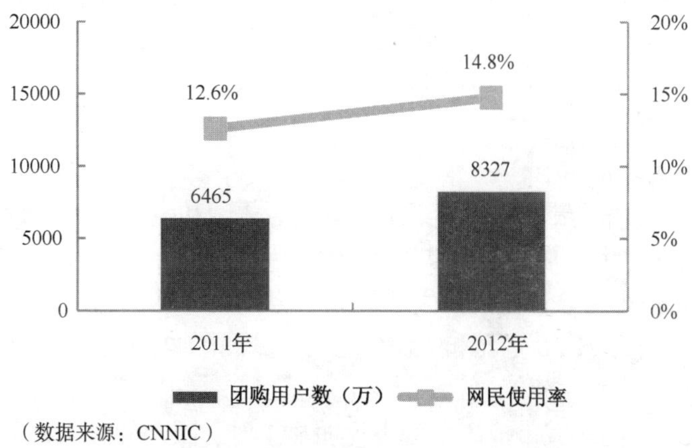

（数据来源：CNNIC）

图11.25　2011年与2012年团购用户数及使用率

未来团购市场还将在行业集中度持续提升中保持多样化的发展方向，团购服务与其他互联网服务融合趋势将进一步加深。手机团购依然是重要的增长领域，2012 年手机团购用户增长 88.8%，用户规模为 1947 万。

11.4.2 竞争格局

据中国电子商务研究中心数据，2012 年独立团购网站占据了团购市场 59%的份额。以聚划算、京东团购和 58 团购为主的团购平台占据 41%的市场份额。独立团购网站排行榜前十名依次为：美团网 13%、高朋网 7%、拉手网 6%、大众点评团 5%、糯米网 5%、窝窝团 5%、千品网 2%、满座网 2%、嘀嗒团 1%、聚齐网 1%。十强团购网站占据了整个团购市场 46%的市场份额。而以聚美优品、知我网、Like 团、喜团网、团购王、品质团等为主的中小综合团购网站和垂直细分团购网站占据了 12%的市场份额（见图 11.26）。

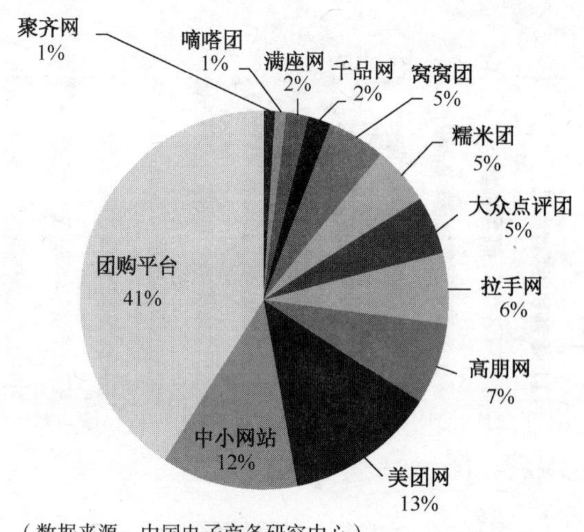

（数据来源：中国电子商务研究中心）

图11.26 2012年中国团购市场份额

11.4.3 用户行为分析

1．团购商品/服务

2012 年，我国网民团购最多的商品集中在餐饮、休闲和生活服务方面。团购用户消费的餐饮美食团购达 95.68 亿元，居所有团购产品/服务品类首位；排在第二位的是休闲娱乐，消费金额为 48.36 亿元；排在第三位的是生活服务，金额为 25.92 亿元；用户团购网购精品和酒店旅游的总金额分别为 21.56 亿元和 18.39 亿元（见图 11.27）。

2．城市参团占比

与 2011 年相比，三四线城市成团金额占比明显上升，团购的影响力不断扩大。2012 年，三四线城市总销售额达到 99.41 亿元，占总量的 46.48%，而这些城市在 2011 年的市场规模占比仅有不到 20%；北京、上海、广州三大城市的团购交易贡献从 28.3%下滑到 22.85%，上海市场在 2012 年甚至略微领先了北京市场；而深圳、成都、武汉、西安、天津、重庆、杭州、南京 8 个二线城市对全国业绩的贡献从 2011 年的 23.8%微降至 22.5%；全国性团购的占比为 8.16%（见图 11.28）。

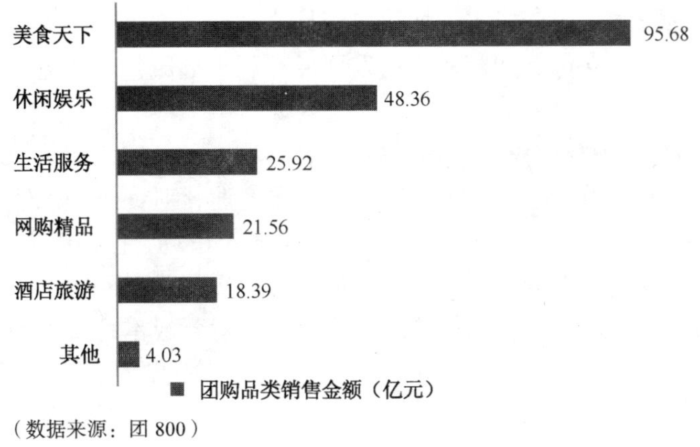

（数据来源：团 800）

图11.27　用户团购的品类金额

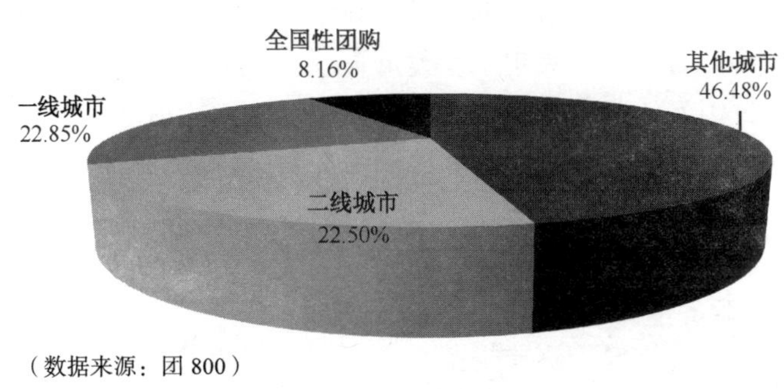

（数据来源：团 800）

图11.28　用户团购的城市成交额占比

11.5　传统企业电子商务发展情况

11.5.1　市场概况

2012 年，传统零售企业开展电子商务的步伐明显加快，大型传统商贸企业（如北京王府井、武汉中百、上海百联等）和大型渠道商（如国美、苏宁）积极发展自身电子商务系统，推动网络购物平台建设，呈现迅速发展的态势。在这些流通大企业的带动下，包括零售企业、批发企业在内的传统流通业态已经进入网络零售加快发展的新时期。

开展电子商务业务对传统企业具有重要意义，电子商务成为中国传统零售企业未来发展的必然趋势。

1．提升流通速度和效率，促进现代流通体系形成

传统零售企业是我国流通市场的服务主体，现代市场流通已经从局部性、断续的商品流转过程，变成了全国化、全球化的流通网络。传统零售企业开展电子商务能迎合这一趋势，有利于现代流通体系的建立。传统企业开展网络零售弥补了过去传统零售业交易成本高、流通时间长、生产与消费脱节的缺陷。通过电子商务拓宽了销售地域，打破了行业垄断和地区封锁；通过放开销售时限，显著增强了传统零售企业的服务能力；通过网上商城+配送的服务形式，降低了流通行业的门店成本，加快了商品流通的速度，缩短了流通时间。传统企业的电子商务能带动物流、支付等配套领域的发展，有利于形成包含商流、物流、信息流、资金流的现代流通体系。

2．拉动内需增长，增强国民经济的发展活力

零售位于市场的最前沿，是关系国计民生的重要产业，对促进国民经济持续、快速、协调、健康发展具有重要作用，而电子商务是不断启动零售市场、拉动内需的助推器。一方面，电子商务使传统企业具备了更低成本、更为便捷的交易平台和对外销售渠道。另一方面，通过网络零售的交易形式，可大幅度降低传统零售企业的运营成本，增大价格下降空间，深化流通环节服务能力，为广大消费者提供更加方便、更多低价的购物途径，进而促进需求增长，增强国民经济的发展活力。

3．加速传统企业转型，提升市场竞争力

电子商务的发展打破了零售企业产品销售的物理界限，让全国乃至全世界的生产厂商都在同一个生态圈内竞争。原有的商贸流通领域存在明显的地区特性，很多商品销售呈现出极强的区域竞争优势，部分行业存在竞争不充分的情况。但随着传统零售企业电子商务业务的快速发展，将竞争充分引入各类商品、各个渠道，加快了商贸流通业的优胜劣汰，加速了产业的升级转型。此外，由于纯互联网企业开展网络零售的发展速度较快，传统零售企业加快网络零售的步伐，有利于保持市场的优势地位，提高传统零售企业在现代流通市场中的综合竞争力。

4．丰富电子商务服务主体，促进市场规范化发展

传统零售企业具有资金雄厚、资质规范、售后完善等特点，其经营的稳定性和信誉度均较高。此外，传统零售企业开展网上零售业务还可以获得实体店的支持，为消费者提供良好的售后服务。例如，苏宁电器开通“苏宁易购”，采用“实体+网销”的模式，利用遍及全国300 多个城市的上千家连锁门店、3000 多个售后服务网点、100 多个物流中心等线下资源。由于服务实力雄厚，2011 年上半年其网上零售额已达 25.69 亿元，仅次于淘宝商城和京东商城。随着更多优质传统零售企业进入网络零售市场，将促进市场服务主体丰富化，有效提升行业的规范化和有序化。

11.5.2 发展特点

电子商务在中国表现出来的强劲生命力和良好的市场表现，也成为中小企业“突围”发展困境的重要路径。

第一，电子商务所具有的开放性和全球性特点，为中小企业的发展创造了更多的贸易机会和发展空间。电子商务为中小企业打开了一扇通往全国乃至世界市场的窗口，为中小企业进行网上对外贸易、参与国际竞争创造了机会。尤其是对于制造大国的中国而言，有助于中小企业开拓国际市场，面向世界各国销售产品。据 CNNIC 调查，2012 年上半年，13.7%的中小企业已通过电子商务服务平台进行网络营销推广。另据商务部对 143 家（其中流通企业占86%）应用电子商务进行销售的典型企业调查数据显示，2010 年利用第三方电子商务平台或自营平台的企业，其电子商务销售金额平均为 5.6 亿元，占企业销售总额的比重平均为 54.7%，47.6%的企业电子商务销售额占总销售额的比重超过 80%。

第二，电子商务塑造了众多的网络品牌，助力中小企业由中国制造向中国创造转型升级。

在电商服装领域出现了韩都衣舍、裂帛、七格格等品牌，在玩具、化妆品等领域有植物语、飘飘龙、麦包包、绿盒子、御泥坊等，这些品牌随着网络购物的发展，逐渐成为网络蹿红的“淘品牌”。据淘宝统计，2011 年“双十一”网购狂欢节期间，以裂帛、茵曼女装、七格格、绿盒子、御泥坊、韩都衣舍等原创网络品牌为代表的 109 家“淘品牌”总计成交 3.356 亿元，55 家成交金额超过百万元，其中成交金额超过千万元的“淘品牌”达到 8 家，16 家超过 500 万元，占据了天猫网购狂欢节 10%的成交额。尤其值得注意的是，在女装、化妆品、生活电器、童装、内衣等多个类目，“淘品牌”企业在狂欢节期间的销量都大大超越了同行业的传统品牌，名列各类目前茅。

第三，电子商务的发展带动了中小企业的融资、物流、设计、管理等经营配套服务能力的提升。

（1）针对电子商务平台上中小企业“融资难”而兴起的网络贷款，为网络融资带来了前所未有的机遇。一些电商平台企业探索帮助中小企业融资，与银行联合推出中小企业外贸融资类产品，为中小企业解决融资难的问题，如阿里巴巴旗下企业一达通，2012 年已经为近 5000 家中小企业发放贸易融资 16000 笔，累计金额达 8 亿元人民币。

（2）电子商务开辟了全新的业态形式，在电子商务产业链上诞生一批全新的服务型中小企业，为中小企业提供了物流、供应链管理、运营外包、市场营销、管理软件等综合服务。越来越多的专业服务商加入电子商务服务生态中，不断为中小企业交易创造价值。据 IDC 统计，截至 2011 年 9 月，接入淘宝开放平台的服务商已超过 42000 家，是 2010 年同期的 11 倍多，目前仍持续保持日均新增 200 家的增长速度。

（3）电子商务交易产生了大量实时、直观的消费者数据，给产品设计提供了有力的支撑。利用电子商务平台、数据等一系列服务的可记录追溯、跨地域、实时化、低成本的特性，对企业价值链中的生产等环节进行改造，使原有的大规模工业生产能力能对接市场上的小批量个性化需求，实现了大规模定制、个性化制造。例如，“七格格”是一家基于淘宝的创业型企业，其运用电子商务与资本的力量，实现了大规模定制。“七格格”掌控设计和销售环节，制造环节由代工厂来完成。“七格格”专门成立数据挖掘部门，每天分析网络零售数据（热销度、翻单的可能性、买家意见等），并利用这些分析结果指导设计和生产。“七格格”每个月最少推出 100～150 个新款，翻单率在 70%以上，库存率在 3%以下。

（4）电子商务为中小企业，尤其是小微企业提供了广阔的营销空间。电子商务服务对企业营销环节的影响和改造也非常显著，其打破了买家和卖家之间的信息不对称、地域和时间的限制，让消费需求大规模均衡释放。相对传统媒介传播渠道，网络渠道营销具有效率高、成本低、效果可控的优势。一批网上批发和零售的电子商务开放平台涌现，成为中小企业利用互联网开展全网分销、建立电子商务营销渠道的有效途径。调研显示，21.76%的中小企业在阿里巴巴 B2B 平台上获得了平均 248 倍的投入回报，59.35%的中小企业获得了平均 171 倍的投入回报[1]。中西部城市网购用户在淘宝上的跨省消费也明显高于东部城市，反映出企业通过电子商务服务实现了跨地域、跨国界、不限时间的销售，以远低于线下市场的成本和高于线下的效率，为企业、产业带来了巨大的营销空间。

[1] 来源：《电子商务和阿里巴巴商业生态的社会经济影响》。

11.6 第三方支付发展情况

11.6.1 市场规模和特点

在传统经济社会，实现资金交付功能的银行等金融体系是市场运行的纽带；在网络经济时代，包括传统银行、第三方支付机构在内的线上支付服务体系形成关键性通路，是新经济时代的命脉。随着越来越多的衣食住行服务通过线上渠道进行资金的交付，网上支付已经成为支撑线上商务、零售、预订、教育医疗等的综合服务平台。第三方支付企业，特别是线上第三方支付企业将先进的信息技术与支付服务充分结合，弥补了传统商业银行在线上资金处理效率、信息流整合以及个性化服务等方面的不足，成为网络经济时代金融服务体系日益重要的组成部分。中国第三方网上支付行业持续保持强劲增长，据艾瑞数据，2012 年中国第三方网上支付整体交易规模达到 3.7 万亿元。

中国网上交易的需求持续增长，而网上支付应用发展的基础条件却落后于美国。美国的网上支付是从发展成熟的线下信用卡体系延伸到互联网的，信用卡和银行支票已经成为较为普及的支付方式。而我国一方面线下信用体制不够完善，另一方面银行卡支付系统建设时间也较短。互联网的快速发展使得对支付的需求远远高于支付基础水平，这些都推动了网上支付持续快速发展。当前，民营第三方支付企业已正式纳入央行的金融机构管辖范围，第三方支付本身的身份问题也得到圆满解决，金融风险大大降低，进入“正规军”的第三方支付企业将迎来更为迅猛的发展。我国网上金融的增长还远远没有触顶，尤其是对于将成为未来网民增长重要群体的中年人群，还有较大的渗透空间。从未来发展的预期看，我国互联网渗透逐步加深的势头不可逆转，网络消费供需面持续积极向好，这些都将推动网上银行、网上支付应用人群在未来较长时间实现较为稳健的增长。

11.6.2 用户分析

截至 2012 年 12 月，我国使用网上支付的用户规模达到 2.21 亿，使用率提升至 39.1%。与 2011 年相比，用户增长 5389 万，增长率为 32.3%（见图 11.29）。

网上支付的快速增长离不开网上消费的繁荣发展，随着中国网络零售市场的迅猛发展，线上消费的生活服务类型不断拓宽，交易规模持续增大，也极大地带动了用户网上支付的使用普及。快捷支付、卡通支付等支付便利形式增强了支付的可用性，促进了网上支付在更广泛用户中的覆盖。而随着移动支付技术标准确立，支付企业在手机支付领域的布局与发力，也带动了手机网上支付用户的快速增长。截至 2012 年 12 月，手机网上支付用户达到 5531 万，用户年增长 80.9%，使用率为 13.2%。

2012 年，央行继续发放《支付业务许可证》，陆续出台细分业务领域管理办法，逐步向第三方支付企业开放传统金融领域支付结算业务，在完善监管、细化市场的同时，也形成了包括支付企业、传统银行、电商巨头、电信运营商在内的业态格局。未来支付领域的服务主体和模式更加多样化，网上支付的风险也在增大，需要从健全政府监管政策、加强企业联盟合作、提升消费者安全意识等方面，不断完善网上支付安全的生态环境。

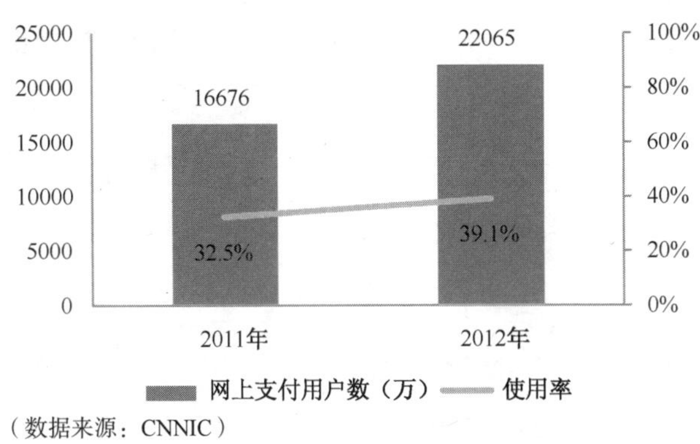

（数据来源：CNNIC）

图11.29　2011年与2012年网上支付用户数及使用率

我国网上支付用户最主要使用的网上支付类型是第三方支付账户余额支付和网上银行支付，分别覆盖了 79.2%和 75.7%的支付用户。快捷支付和卡通支付也成为新的支付使用趋势，使用率也达到了 40.4%（见图 11.30）。

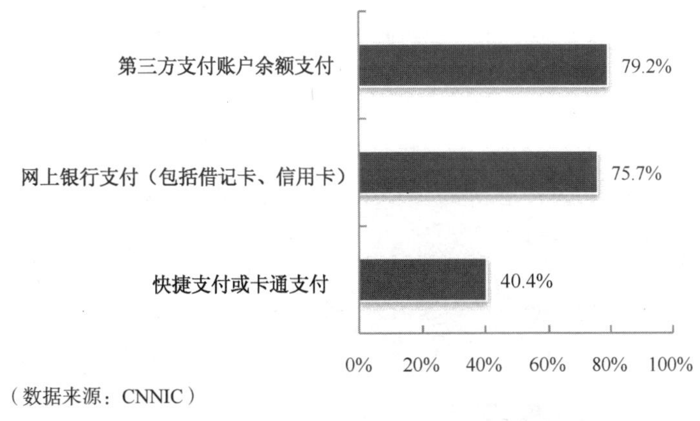

（数据来源：CNNIC）

图11.30　用户使用的网上支付类型

快捷支付功能具有里程碑的意义，其降低了网上支付的门槛，同时也提高了安全保障性。以支付宝为例，用户第一次签约认证时，需要做双向网络认证，一方面通过互联网与银行实时信息进行认证；另一方面，针对金额较大的交易，支付宝还会通过人工回呼用户的方式，确认是否由本人进行操作。如果确认非本人操作，可以及时截留资金并退回银行卡。此外，支付宝还建立了 72 小时赔付机制，如果用户否认交易并通过支付宝客服以及风险管理体系确认，在用户提供了相关证明后，支付宝会在 72 小时内全额赔付。

移动支付呈现快速发展的态势，支付宝、财付通、快钱、汇付天下等互联网支付厂商纷纷推出移动支付产品，进行了大规模的市场推广活动；移动、联通和电信三大运营商也纷纷成立支付公司，移动近场支付商用城市不断增加。手机网上支付用户规模达到 4426 万。手机支付作为未来的发展趋势，目前依然处于成长期，未来手机支付将向多平台应用发展，与二维码、LBS 技术的结合，支付的形式和场景将更加多样化。

有 43.1%的用户使用网上支付的频次依据具体情况而定，部分群体的网上消费行为相对较不密集。但是，有 11.6%的在线支付用户每周在线支付多次，10.7%的用户每周在线支付一次，这部分群体已经将网购、预订、充值、诸多生活服务等消费过程都通过在线支付手段实现（见图 11.31）。

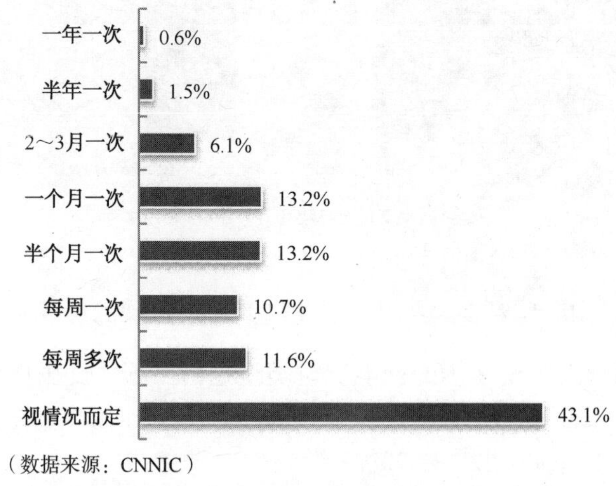

图11.31　用户使用网上支付的频次

网上支付用户对透露个人信息警惕性高，对即时通信链接防范意识不强。网上支付用户接到电话称退款，需要告知自己的姓名、账户或手机验证码信息时，有 85.3%的用户表示会拒绝透露，有 11.8%的用户会先验证对方身份，只有 2.9%的用户愿意透露信息（见图 11.32）。

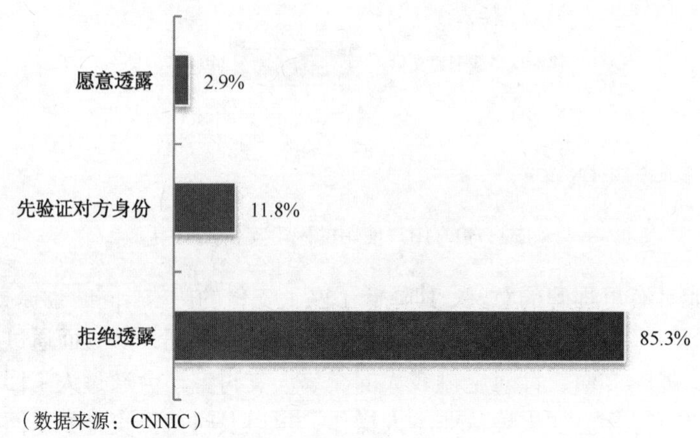

图11.32　用户接到电话称退款，需要告知姓名、账户信息或手机验证码时的反应

用户使用即时通信工具遇到对方发来的不明链接时，有 47.8%的用户表示绝对不会点击，有 37.2%的用户表示会先观察是否有安全网站标志，但有 15%的用户表示会直接点击（见图 11.33）。

网上支付用户的不良使用习惯也会引起网上支付的安全问题产生。其一是在使用网上支付的同时，下载软件、视频等，或者浏览一些新奇信息；其二是使用链接来登录支付网站，而不是通过正确的 URL 来访问支付网站；其三是对非支付网站外的风险敏感度不高，如 QQ 等即时通信工具发来的不明链接等，都可能造成安全风险。

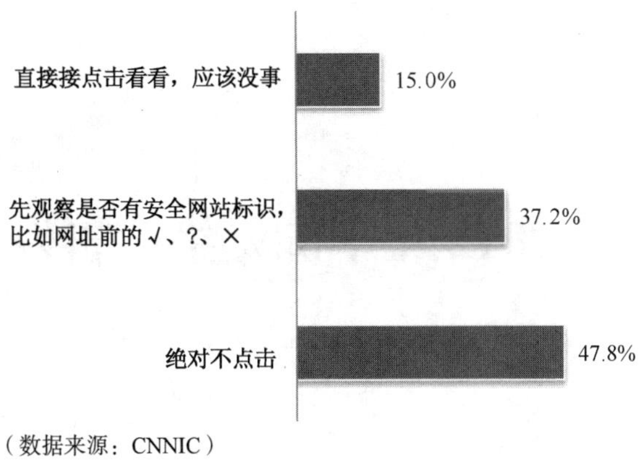

图11.33　用户使用即时通信工具接到不明链接时的反应

11.6.3　竞争状况

用户覆盖最广的第三方支付工具是支付宝，有 80%的网上支付用户使用支付宝实现网上支付，在网民中的覆盖率遥遥领先于其他第三方支付工具；排在第二位的是财付通，有 21.2%的使用率；排在第三位的是银联在线，有 16.9%的使用率（见图 11.34）。

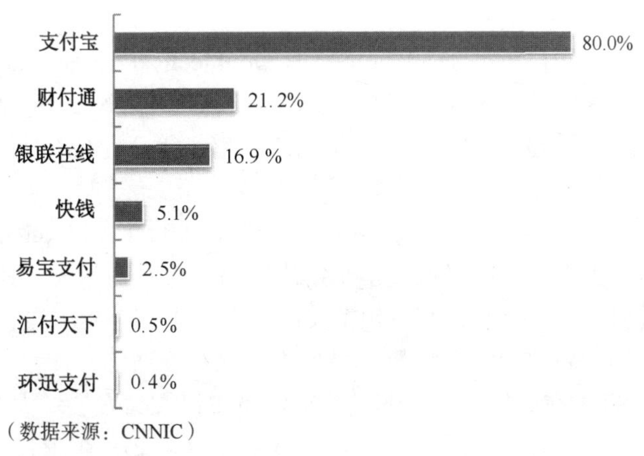

图11.34　主要第三方支付工具用户覆盖率

支付宝由于早期依托于阿里巴巴和淘宝网，用户渗透基础较好，已经成为支付行业的标杆企业。腾讯旗下的财付通受拍拍网的影响，也有相当规模的用户覆盖。银联在线自 2011 年发展在线支付业务以来成长迅速，是最近一年来成长较快的第三方支付企业。

（中国互联网络信息中心　孟凡新）

第 12 章　2012 年中国网络广告发展情况

12.1　发展概况

2012 年以来，互联网行业悄然改变。互联网人口红利逐渐消减，部分行业的泡沫开始破裂，资本市场悄然收缩，大部分企业都更加看重运营效率，以实现降低成本费用、提高企业利润。从广告行业来看，网络广告依然是引领行业发展的核心力量。2012 年网络广告行业更是经历了全新的突破，发展可谓跌宕起伏。

1．破冰：网络广告产业链逐步打通，RTB[1]产业方兴未艾

核心产品陆续上线。2012 年 4 月 Google 将其 Doubleclick Ad Exchange 在中国正式公开发布，加上 2011 年 10 月已经有淘宝发布其 TANX（Taobao Ad Network & Exchange），更多广告交易平台已经逐步发展起来。此外，腾讯 ADX、盛大等企业也在大力布局 Ad Exchange 产业链。

大量 DSP 企业兴起。需求方平台（DSP）、广告交易平台（Ad Exchange）和供应方平台（SSP）通过准确定位、提高效率、降低成本来解决网络广告系列问题。其中，DSP 企业如同雨后春笋般兴起，目前有 30 余家，其中包括艾维邑动、爱点击、传漾、晶赞科技、聚胜万合、互动通、品友互动、新数网络、亿玛、易传媒、悠易互通等。

RTB 顺势发展。RTB 在更加开放透明的产业链下得以大力发展。尤其是在国内 DSP 市场快速发展、服务商大力推动的情况下，RTB 产业链方兴未艾。在 RTB 模式下的投放，媒体不再成为中心，人群识别和实时竞价成为关键，真正开始实现面向用户的精准营销。

从产业链角度来看，Ad Exchange、RTB 等新模式受到广泛关注，目前这些新型模式及其市场在国内都刚开始起步，广告主的认知程度还比较低。今后的发展趋势是：①越来越多的品牌广告主认识到新模式将带来非常好的效果；②更多媒体加入新模式的阵营，使得广告资源日益丰富；③新模式下受众对于广告的体验更好。因此，新模式网络营销市场发展前景广阔。

2．转变：视频媒体、电商平台在网络广告市场中的份额显著上升

（1）视频媒体

2012 年视频广告增幅最大，已成为网络广告市场增长的核心驱动力之一。据艾瑞咨询数

[1] RTB：Real Time Bidding，就是实时竞价。

据显示，2010Q1 视频媒体市场份额为 4.8%，2011Q1 份额为 7.4%，2012Q1 份额为 8.5%，而 2012Q3 视频贴片广告份额已经提升至 9.4%，份额快速提升。其中，热门剧集和电视节目给网络视频行业带来极高的关注度及流量，同时也使得更多广告主开始向网络广告倾斜预算。

（2）电商平台

网络购物行业持续快速发展，以淘宝（含淘宝网和天猫）、京东商城为代表的电商企业，不仅仅为企业提供了销售平台，更提升了企业的营销空间，电商行业的发展打破了传统市场营销和商品销售的局限。其中，以淘宝 TANX 平台（含直通车、钻石展位、网销宝、DSP、DMP、SSP 等）、淘宝联盟（如淘宝客），以及即将上线的京东快车（京东搜索广告平台）为代表的媒体形式，都将进一步推动电商平台在网络广告中的份额提升。

（3）社会化营销

2012 年社会化营销持续火热。在社会化营销中，微博的社交化属性稳定，其商业化和媒体化属性明显增强，影响力也日益壮大。不论是事件营销还是内容营销，都引领了一股风潮。在社会化营销的大趋势下，企业在营销的理念、方式及效果评估方面纷纷开始转变，社会化营销已然颠覆了大众传播的方式，并成为企业营销新动向。

目前来看，国内网络广告市场已经比较成熟，其广告形式也比较完整。因此，视频媒体、电商平台及社会化媒体等媒体形式的转变，对于网络广告市场的重要意义更加凸显。近年来，企业对品牌营销和效果营销的要求日益提高，传统新闻和门户、垂直网站集体面临着营收和转型的压力，单纯的“资讯+广告”的商业模式已经难以适应当前的互联网大环境。丰富的媒体形式不仅能够满足企业营销的多元化需求，也将推动网络广告市场的新变革。

3. 迁徙：用户行为转移，多维互动需求将推动移动互联网迎来爆发增长

移动广告企业获得融资。2012 年，移动互联网公司数量与日俱增，相对冷淡的资本市场争相抢夺这块领地。公开资料显示，2012 年移动广告领域获得三笔融资，分别为：①2 月 8 日，指点传媒完成 A 轮融资，获创东方等 8000 万元投资；②6 月 14 日，安沃传媒完成 B 轮融资，金额约为 1200 万美元；③7 月 11 日，移动营销解决方案提供商力美广告宣布获得 2000 万美元的 B 轮投资，该轮投资由 KPCB China 领投，力美广告的 A 轮投资商 IDG 资本跟投，KPCB 主管合伙人周炜加入董事会。

移动应用用户活跃。互联网核心产品移动端发展状况表明，移动互联网在互联网企业中的地位逐步提升。其中，2012 年，新浪微博公开数据，新浪微博注册用户为 5.03 亿，72%的用户通过移动终端登录。2012 年，大众点评公开数据，大众点评网独立用户数在一年的时间内增长 4 倍，活跃用户数为 5500 万，移动客户端的流量占到 60%。

移动营销迎来新机遇。基于移动互联网的网络营销，APP、HTML5、二维码、LBS 已经开始成为众多常规技术和功能之一。在此基础上，O2O 的营销价值悄然转变，人与媒介产品的互动扩展为人与空间、外部信息、媒介产品的多维互动，大大拓展了营销覆盖范围和想象空间。

移动互联网广告发展迅猛，引发业内广泛关注。更多用户行为习惯开始转移，预示着移动互联网的爆发增长即将到来。目前许多广告主在移动领域的投入仍为试水，广告费用也较少，但移动广告在“多维互动、信息对接、全面覆盖”的网络营销中占领着重要地位。移动广告将促进网络营销市场中出现更多基于新功能技术的全新展现形式和创新模式，也将推动传统搜索广告、展示广告的深度变革。

4．整合：多屏切换，优势互补，跨媒体营销才刚刚开始

广电新媒体发力。在“十二五”规划下，中国文化产业将出现跨越式发展，百视通、华数传媒等新媒体企业趁势开始在 OTT TV（Over The Top TV）领域全面突进。2012 年 3 月 27 日，百视通公告称，将与中国网络电视台（CNTV）组建合资公司，经营 IPTV 中央集成播控总平台，收购东方购物频道，切入电视购物新型业态；6 月底，百视通完成了对国内领先的在线视频服务提供商“风行在线”的收购，并完成股权变更。

互联网企业争锋。2012 年 9 月 19 日，乐视网宣布进军电视机市场，并推出乐视 TV 超级电视。乐视网宣布乐视网正式进入智能电视领域，并继续加大视频营销力度。乐视 TV 已成为互联网企业正式挑战传统终端电视行业的典范。11 月 14 日，小米召开新品发布会，正式推出小米盒子——一款以互联网电视为卖点的机顶盒产品。

电视广告、户外广告、网络广告、电台广告、杂志、报纸等各种媒介形式，其市场格局也在悄然改变。用户对于传统媒体的使用率相对下滑，而以电视、个人电脑、智能手机和平板电脑为代表的数字媒体关注度日益提升。在三网融合、多屏互动的趋势下，广告主也开始将目标转移和分散，而真正的整合营销也才刚刚拉开序幕。互联网电视目前依然处于起步阶段，用户积累有限，还不足以形成吸引广告主投入的媒体价值，广告收入短期内无法形成规模。而在跨媒体营销的影响下，如何联合采购，必将引发新的思考。

5．涅槃：广告营销与互联网的融合，面临的困惑与挑战

广告公司并购频发。数字媒体快速发展，其影响力日益提升。4A 公司[1]加大对中国互联网营销市场的布局，通过投资并购互联网营销企业扩充其数字营销实力。2012 年 4A 公司收购案例包括：①WPP 旗下的 Kantar Media 收购社会化商业资讯公司 CIC；②WPP 旗下的群邑中国和 Tenthavenue 宣布收购唯思智达无线传媒广告公司（Wisereach），并成立专业移动营销代理公司 MJoule；③安吉斯集团 （Aegis Group）收购北京熙林互动广告有限公司；④阳狮集团收购北京龙拓互动公司；⑤宏盟集团旗下的宏盟媒体集团（Omnicom Media Group）收购网迈广告（NIM）；⑥安吉斯集团（Aegis Group）收购北京科思世通广告有限公司和上海科思世通文化传媒有限公司（合称“科思世通”）。

人才资源依旧匮乏。广告业融合加速，各大企业对于互联网营销的重视程度进一步提高，但行业中人才匮乏问题依旧严重。《2012 中国互联网营销职业发展白皮书》数据显示，2012 年企业对网络营销人才的需求量约为 116 万，整体缺口约为 55～65 万。由此可见，与互联网营销市场火热相对应的是，国内教育系统对于该类人才培养的缺失。媒体及广告公司互联网人才资源匮乏的问题日益严重，教育体系需要与市场发展结合，合理调整专业设置并制定更加明确的人才培养计划。

媒体及数据资源亟待完善。DSP 产业链刚刚起步，Ad Exchange 为其提供平台完成交易，互联网营销开始整合。而目前在行业发展中，除广告公司自身技术和自身数据外，媒体资源、外部数据资源都处于相对匮乏的状态。目前媒体资源以长尾网站为主，大媒体及优质广告资源接入量还不足。而数据的丰富性和稳健性将直接关系到精准营销效果，整个网络广告行业发展仍受到数据平台 DMP（Data-Management Platform，含第一方数据和第三方数据）缺失的掣肘。

---

[1] 4A 公司：美国广告代理协会（American Association of Advertising Agencies）。

互联网领域各种技术、模式更迭速度非常快，并且对传统媒体产生了非常大的影响，营销的数字化、整合化是大势所趋。在新的传播模式下，对广告主、广告公司及媒体提出了挑战。国内 RTB 产业链顺应了数字化营销的趋势，产业各方积极应对，发展任重道远。跨国公司对这样的趋势认识非常充分，而国内公司缺少经验，对产业变化敏感度较低，国内公司应该更加积极地去了解产业变化，适应数字化营销的趋势。对于行业内各方而言，一方面要积极适应产业变革，另一方面要推动产业标准的建立，促进行业健康、快速地发展。

12.2　市场发展分析

12.2.1　市场规模

2012 年中国互联网广告市场规模为 753.1 亿元，较 2011 年增长 46.8%（见图 12.1）。除 2009 年受金融危机影响外，近年来基本保持较高增速。在目前市场预期下，2013 年市场规模或将达到千亿元级别，2016 年市场规模或超两千亿元，并在未来更长的时期内保持成熟发展。

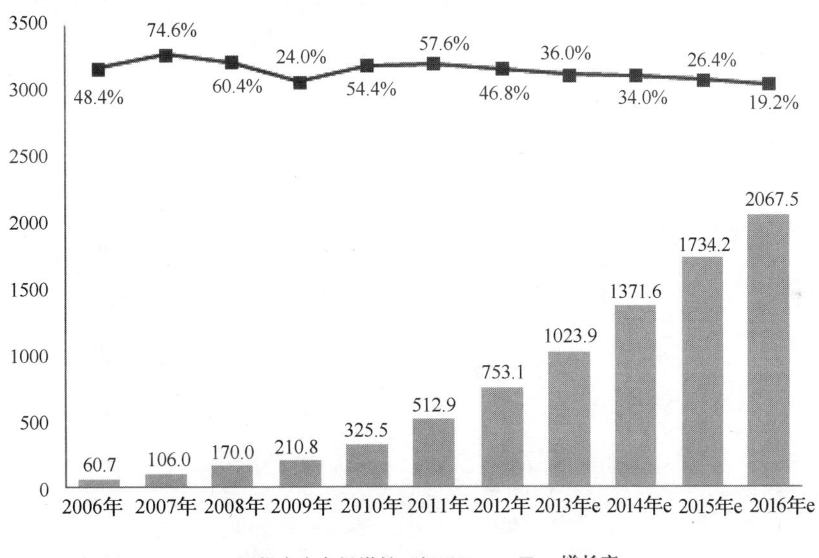

注释：①互联网广告市场规模按照媒体收入作为统计依据，不包括渠道代理商收入

②此统计数据包含搜索联盟的联盟广告收入，也包含搜索联盟向其他媒体网站的广告分成

（数据来源：根据企业公开财报、行业访谈及艾瑞统计预测模型估算）

图12.1　2006—2016年中国互联网广告市场规模及预测

从互联网广告行业发展增速来看，2009 年之前三年增长率均在 70%左右，过去的三年增长率在 50%左右，未来三年增长率将在 30%的水平。

2012 年四个季度网络广告规模连续攀升，发展态势良好。网络广告发展呈现出季节性的周期变化，第一季度受春节假日的影响，市场规模环比下跌了 13.8%，其余各季度均保持平稳快速增长。其中 2012 年第三季度，季度市场规模首次达到 200 亿元，实现了新的突破（见图 12.2）。

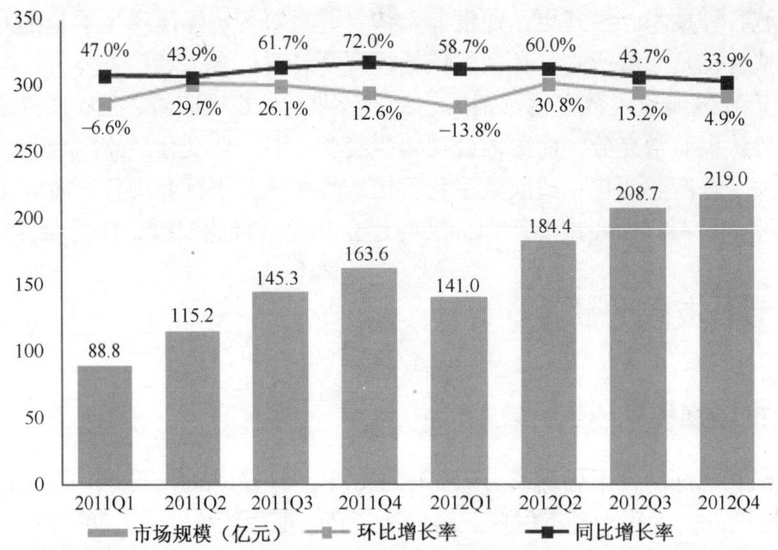

注释：①互联网广告市场规模按照媒体收入作为统计依据，不包括渠道代理商收入

②此统计数据包含搜索联盟的联盟广告收入，也包含搜索联盟向其他媒体网站的广告分成

（数据来源：根据企业公开财报、行业访谈及艾瑞统计预测模型估算）

图12.2　2011—2012年中国互联网广告市场规模

12.2.2　移动营销

2012 年移动营销市场规模为 63.5 亿元，较 2011 年增长 162.4%，远超出桌面网络广告整体增速，可谓爆发增长的一年（见图 12.3）。

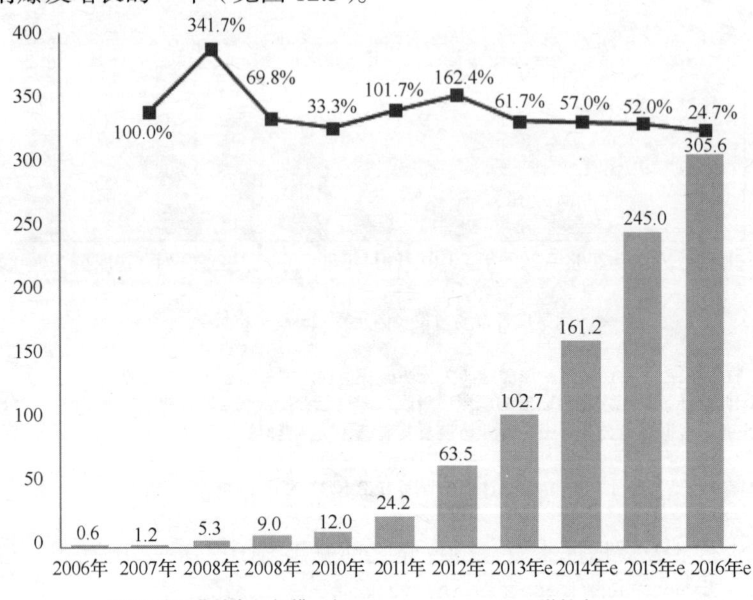

注释：从2011Q4开始，中国移动营销市场规模包括手机报刊广告、互动营销广告、移动网页、移动客户端广告和其他形式营销的市场规模，不包括移动搜索关键词广告和移动视频广告。这里只统计手机和平板电脑两类移动终端上搭载的营销活动

（数据来源：根据企业公开财报、行业访谈及艾瑞统计预测模型估算，仅供参考）

图12.3　2006—2016年中国移动营销市场规模

2012 年四个季度中国移动营销市场规模均保持 20%以上的环比增长，即使在传统桌面网络营销市场常规淡季，依然保持 25.3%的环比增长。移动营销市场同比增长率均超过 140%，显示出市场强劲的增长性。当然，与其自身基数较小不无关系。2012Q4 移动网络广告规模达到了 21.5 亿元，在网络营销市场占比近 10%，渗透率（不能直接对比，桌面网络营销和移动营销统计口径有异，只能做大致对比）也同步提高（见图 12.4）。

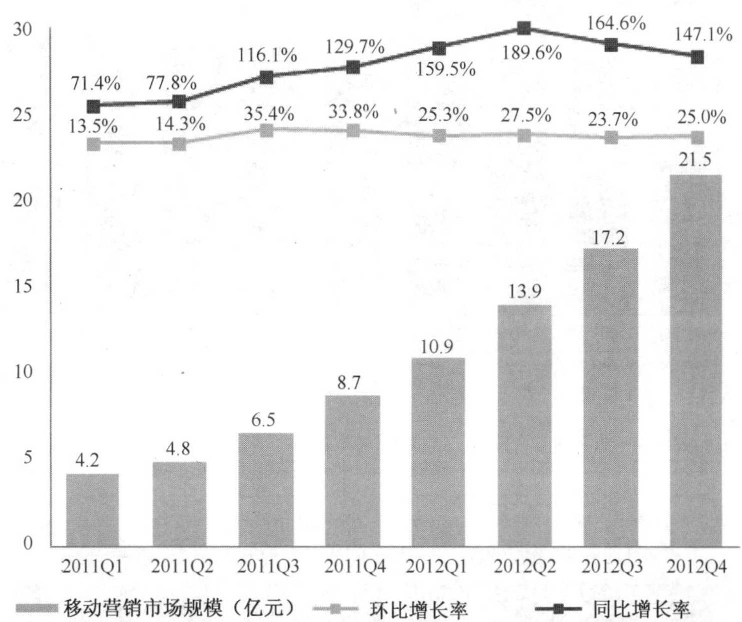

注释：从2011Q4开始，中国移动营销市场规模包括手机报刊广告、互动营销广告、移动网页、移动客户端广告和其他形式营销的市场规模，不包括移动搜索关键词广告和移动视频广告。这里只统计手机和平板电脑两类移动终端上搭载的营销活动

（数据来源：根据企业公开财报、行业访谈及艾瑞统计预测模型估算，仅供参考）

图12.4　2011—2012年中国移动营销市场规模

12.3　各类形式广告发展情况

12.3.1　总体市场份额

2012 年包括品牌图形广告、富媒体广告、视频贴片广告在内的展示类广告总体份额为 43.0%，市场份额继续下降。而关键字搜索以及垂直搜索等搜索类广告增长十分迅速，其份额为 49.8%，其中垂直搜索广告市场规模年增长超过 140%，其份额提升 8.6 个百分点。2012 年，搜索类广告市场份额已超过品牌图形广告市场份额。

从细分广告形式来看，垂直搜索、视频贴片、搜索关键字为网络广告市场增长的三大驱动力（见图 12.5 和图 12.6）。

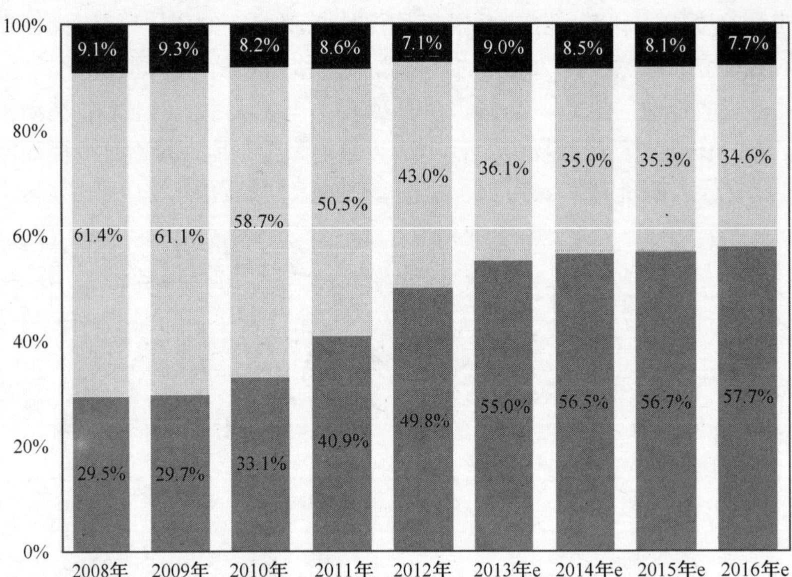

注释：①搜索类广告包括综合搜索广告和垂直搜索广告

②展示类广告包括图形广告、视频广告、富媒体广告和固定字链广告

③其他广告包括电子邮件广告、分类广告和导航广告等

（数据来源：根据企业公开财报、行业访谈及艾瑞统计预测模型估算）

图12.5　中国网络广告市场不同广告形式市场结构一

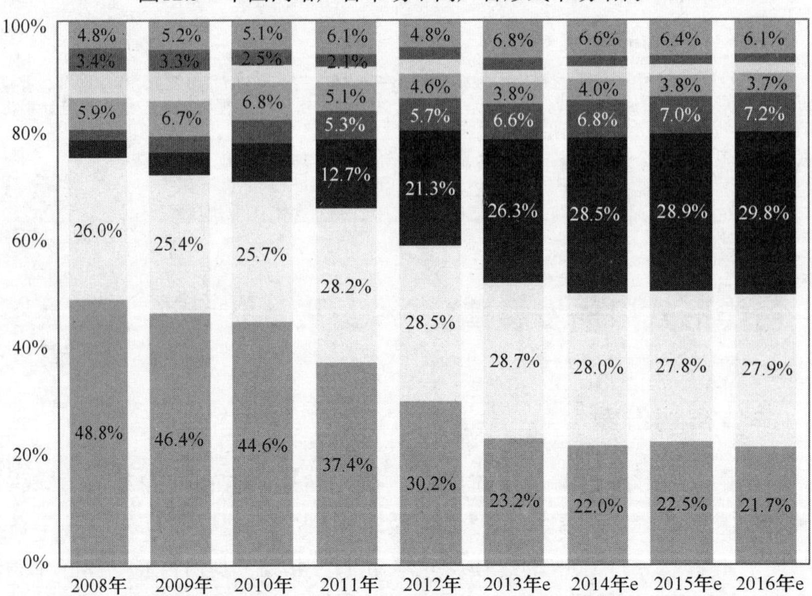

注释：①关键词广告指通用搜索引擎基于关键词匹配的广告

②垂直搜索广告指垂直搜索网站提供的搜索服务广告，例如淘宝、京东商城、去哪儿

（数据来源：根据企业公开财报、行业访谈及艾瑞统计预测模型估算）

图12.6　中国网络广告市场不同广告形式市场结构二

12.3.2　搜索类广告

2012 年关键字搜索广告规模达到 214.8 亿元，增长速度略高于网络营销市场整体，年增长率为 48.6%（见图 12.7）。宏观经济的疲软及移动流量变现的困局，使得搜索市场增长速度较 2011 年有所放缓。而搜索广告由于用户规模和广告主投放规模增长有限，未来几年增长速度将有所降低，预计 2016 年的年增长率将低于 20%。对中小企业客户的拓展和品牌客户市场的挖掘将进一步提升市场的活跃客户数量及 ARPU 值，推动搜索市场保持较为强劲的增长。

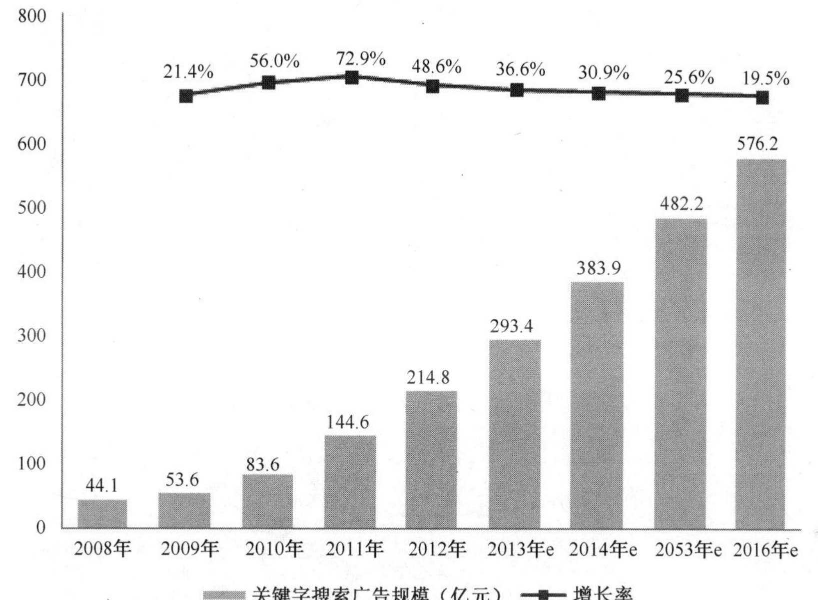

图12.7　中国网络广告市场关键字搜索广告规模

2012 年垂直搜索广告保持了非常高的增长，其 146.3%的年增长率在整体网络营销市场中表现尤为突出，其市场规模达到 160.5 亿元（见图 12.8）。垂直搜索市场的高速增长主要受到淘宝等电子商务领域的垂直搜索的带动。其中，淘宝直通车的用户规模及投放效果都促进垂直搜索市场高速发展。

12.3.3　展示类广告

展示类广告主要包括品牌图形广告、富媒体广告、视频贴片广告和固定文字链四种形式，2012 年展示类广告规模达到 342.4 亿元，市场规模比较大，但年增长率持续下降（见图 12.9）。

展示类广告主要受品牌广告主青睐，但随着市场经济环境及广告主成本控制的影响，展示类广告的市场规模增速有所放缓。而市场中更多大广告主的产生，以及展示类广告效果的提升，都将促使展示类广告市场规模持续正增长。

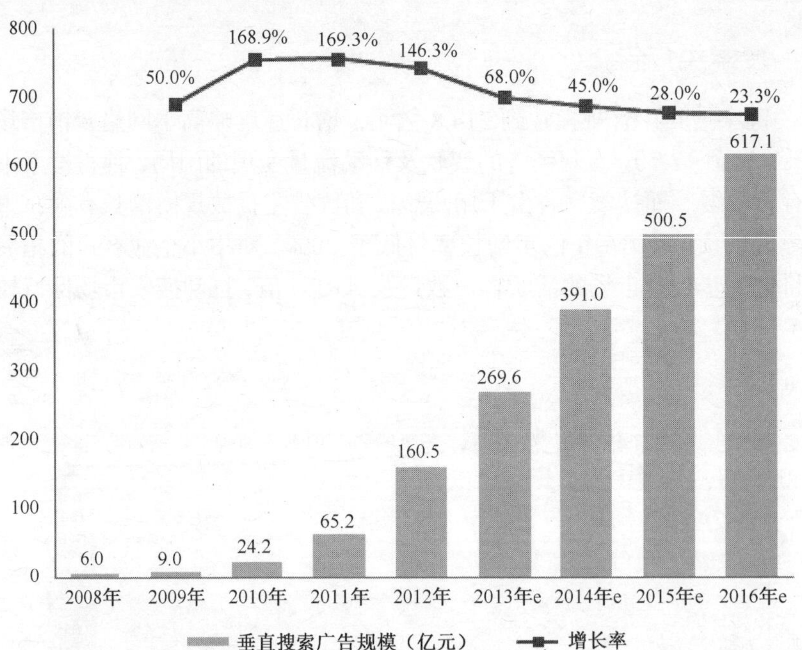

注释：垂直搜索广告包括淘宝、去哪儿、酷讯、360影视等相关垂直领域的搜索广告
（数据来源：根据企业公开财报、行业访谈及艾瑞统计预测模型估算）

图12.8　中国网络广告市场垂直搜索广告规模

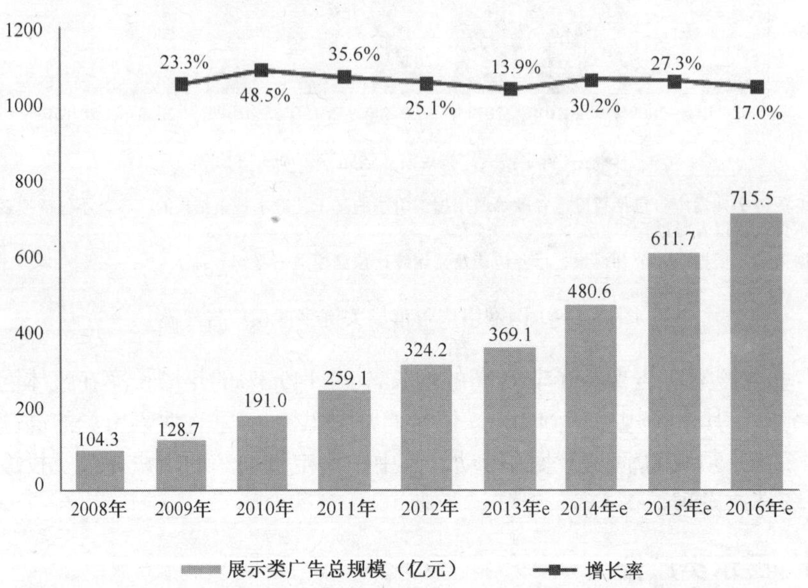

注释：①展示类广告包括品牌图形广告、富媒体广告、视频贴片广告、固定文字链等
②网络广告统计口径包括各个网络媒体的广告营收，不包括渠道和代理收入
（数据来源：根据企业公开财报、行业访谈及艾瑞统计预测模型估算）

图12.9　中国网络广告市场展示类广告规模

展示类广告中，图形广告依然是份额最大的广告形式，但其份额在逐年下降，2012 年其

份额已经降到了 70.0%，预计未来几年其份额还将继续下降。

视频贴片广告逐渐受到广告主青睐，增长非常明显，2012 年其在展示类广告中的份额已经增长到 13.3%，预计 2016 年其份额会超过 20%，而在未来更长的一段时期内则会保持较平稳的增长。

富媒体广告近几年增长较慢，份额基本维持在 10%～11%的水平，未来增长性较其他两种形式稍低（见图 12.10）。

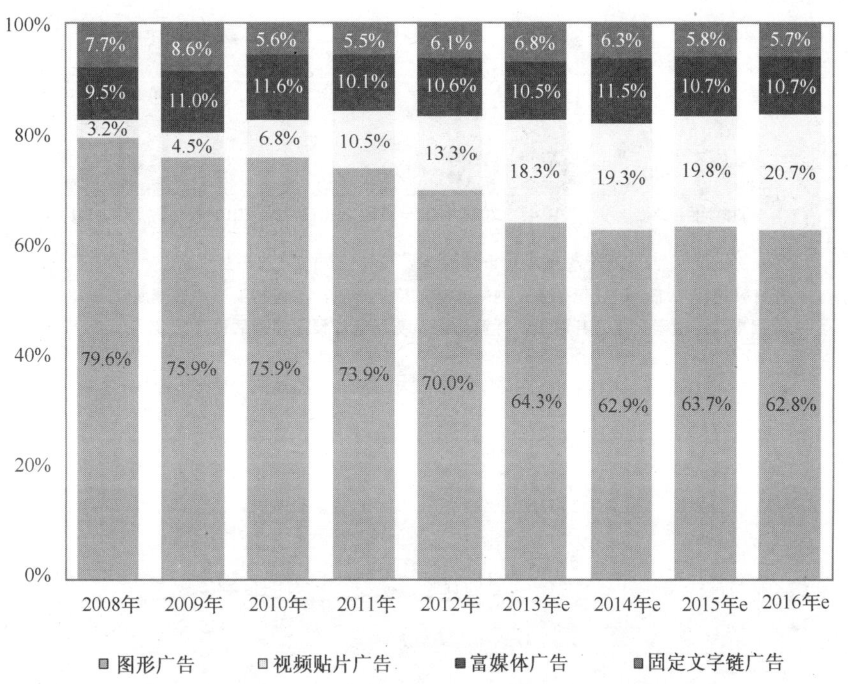

图12.10　中国网络广告市场展示类广告不同形式广告份额

品牌图形广告 2012 年的规模达到 227.1 亿元，较 2011 年增长 18.5%，增速明显低于其他核心广告形式。图形广告市场已趋成熟，但经历了几年的增长放缓后，伴随着 RTB、DSP 产业链的快速发展，图形广告能够按照实时竞价并精准投放，未来品牌图形广告会迎来新的增长点（见图 12.11）。

富媒体广告较其他广告形式更有效果，但是其自动弹出强制收看的方式却对用户造成一定困扰，广告主在采用此种方式时比较谨慎，富媒体广告仍将保持平稳的增长。2012 年富媒体广告市场规模为 34.4 亿元，较 2011 年增长 31.4%，低于网络营销整体增速（见图 12.12）。

视频贴片广告与电视贴片广告形式相近，其媒体价值持续提升，越来越得到广告主的青睐。受限广令等影响，许多广告主开始从电视向视频广告倾斜，这使得视频贴片广告增长强劲。2012 年视频贴片广告市场规模为 43.1 亿元，年增长 58.2%，增速高于网络营销整体增速（见图 12.13）。

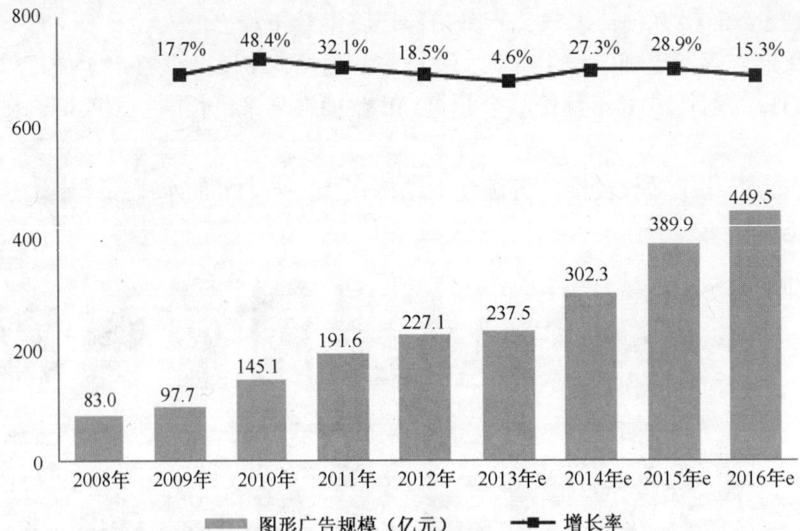

注释：网络广告统计口径包括各个网络媒体的广告营收，不包括渠道和代理商收入

（数据来源：根据企业公开财报、行业访谈及艾瑞统计预测模型估算）

图12.11　中国网络广告市场展示类广告之品牌图形广告规模

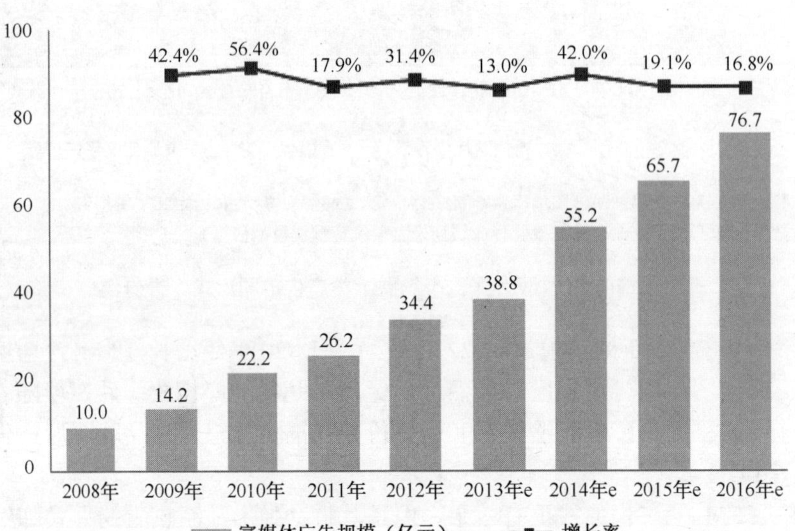

注释：网络广告统计口径包括各个网络媒体的广告营收，不包括渠道和代理商收入

（数据来源：根据企业公开财报、行业访谈及艾瑞统计预测模型估算）

图12.12　中国网络广告市场展示类广告之富媒体广告规模

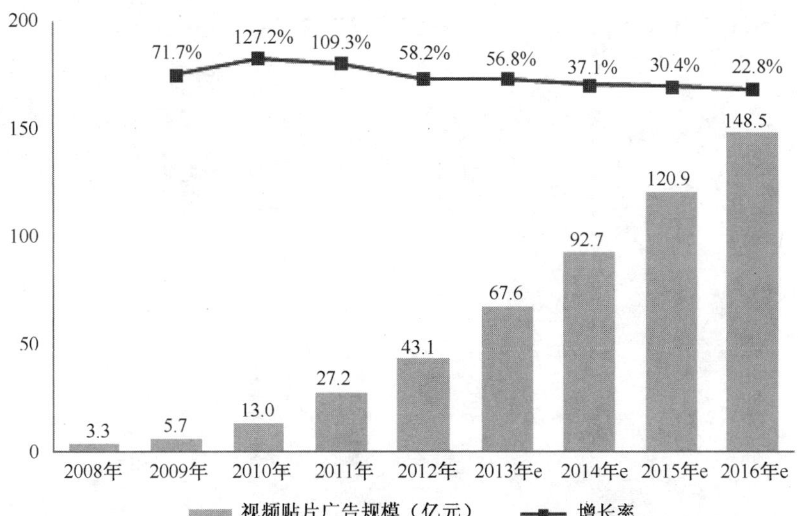

图12.13　中国网络广告市场展示类广告之视频广告规模

12.4　不同类型网站发展情况

从不同类型网站的广告收入份额来看，主要呈现以下 3 个特点。①平稳：搜索引擎网站依然是最大的类型网站，份额为 34.0%。②下滑：门户和垂直行业网站的份额则进一步下降，2012 年分别降到 13.0%和 13.6%。③增长：电商平台、独立视频网站增长依然很快，2012 年份额分别增长到 23.3%和 7.7%（见图 12.14）。

DSP 和 RTB 产业链的发展，对于门户和垂直行业网站或将产生利好，增速放缓的趋势将减弱。而视频和电商网站等发展速度较快，主要由于其品牌和效果营销价值的提升，未来仍具高速发展潜力。

12.4.1　搜索引擎广告市场

搜索引擎广告业务收入包括关键词广告和联盟展示广告收入，不包含导航网站广告收入。2012 年这项收入规模达到 255.8 亿元，同比增长 48.8%。2013 年中国搜索引擎广告收入规模预计将达 347.6 亿元，同比增长预计将为 35.9%。预计到 2016 年，市场规模将超 670 亿元（见图 12.15）。

从各家企业来看，百度的产品矩阵已趋成熟和完善，2012 年部分产品有升级。奇虎 360 作为市场的新进入者，在搜索领域快速布局，短时间内上线多种搜索产品，产品矩阵初步成形。搜狗则发力深耕，力图通过技术创新提升用户体验。谷歌中国收缩了产品线。搜搜则由于战略转型，产品布局尚不明晰。此外，中搜推出第三代搜索，主打社交搜索的云云搜索上线，也为搜索市场带来了新的变化。

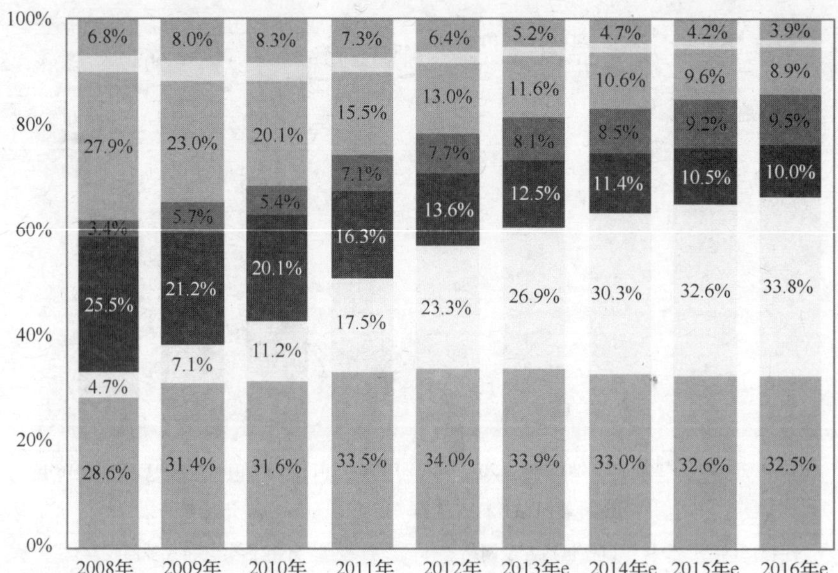

注释：①互联网广告市场规模按照媒体收入作为统计依据，不包括渠道代理商收入

②此处搜索引擎收入包括关键词与展示广告收入，不含网站导航广告以及合并进搜索引擎企业的其他广告收入

③独立视频网站不含门户网站的视频业务，独立网络社区不包含门户网站的社区业务

④其他包括导航网站、分类信息网站、部分垂直搜索、客户端、地方网站、游戏植入式广告等

（数据来源：根据企业公开财报、行业访谈及艾瑞统计预测模型估算）

图12.14　中国网络广告细分媒体市场结构趋势及预测

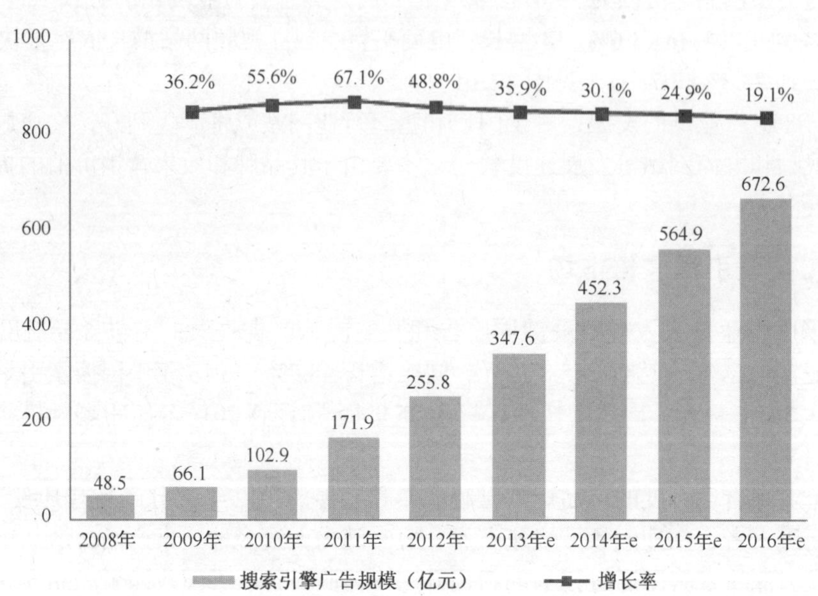

注释：搜索引擎广告业务收入为关键词广告收入及联盟展示广告收入之和，不包含导航网站广告收入

（数据来源：根据企业公开财报、行业访谈及艾瑞统计预测模型估算）

图12.15　中国网络广告市场搜索引擎广告规模

12.4.2　门户网站广告市场

2012 年门户网站广告规模为 98.2 亿元，较 2011 年增长 23.6%，增速较 2011 年微涨，2012 年门户网站广告发展比较平稳（见图 12.16）。门户网站中，腾讯广告收入年增长超 70%，凤凰新媒体增长超 30%，而网易、新浪和搜狐各家门户网站增幅均不到 20%（见图 12.17）。因此，门户网站广告市场仍需要寻求新增长点。

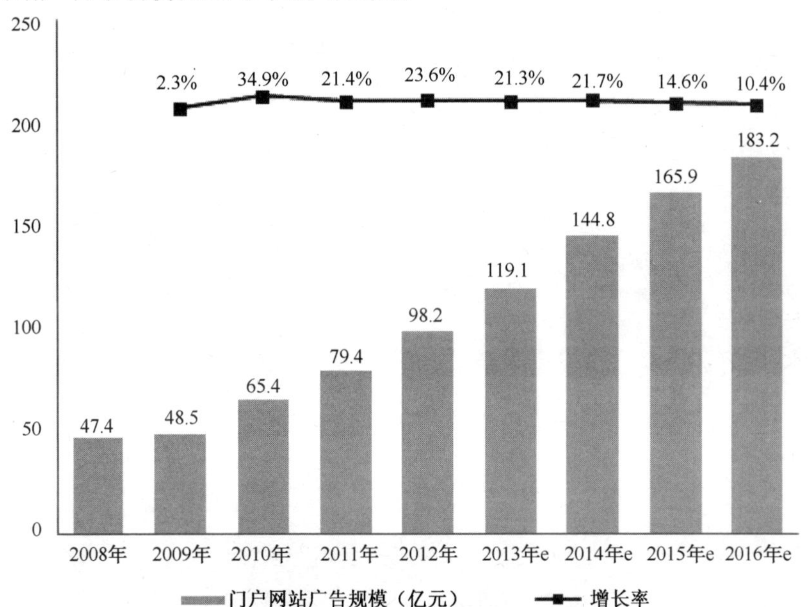

注释：门户网站包括几家综合门户网站以及隶属于该网站的其他相关网站，不包括门户网站的搜索网站
（数据来源：根据企业公开财报、行业访谈及艾瑞统计预测模型估算）

图12.16　中国网络广告市场门户网站广告规模

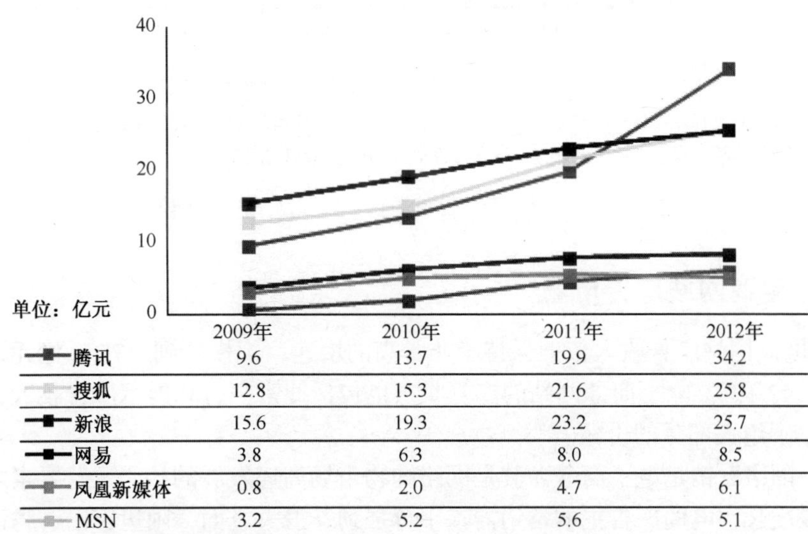

	2009年	2010年	2011年	2012年
腾讯	9.6	13.7	19.9	34.2
搜狐	12.8	15.3	21.6	25.8
新浪	15.6	19.3	23.2	25.7
网易	3.8	6.3	8.0	8.5
凤凰新媒体	0.8	2.0	4.7	6.1
MSN	3.2	5.2	5.6	5.1

注释：2012年腾讯财报暂未发布，为预估值
（数据来源：根据企业公开财报、行业访谈及艾瑞统计预测模型估算）

图12.17　中国核心门户网站广告营收规模及变化趋势

2012 年，腾讯广告表现突出主要源于：其社交广告平台“广点通”成为广告业务中的一大亮点；此外，其客户端广告变现能力持续提升和视频广告媒体价值提升，都有力推动了腾讯广告快速增长。2013 年 1 月 11 日，腾讯正式对外发布 Tencent AdExchange 广告实时交易平台，而移动端网络广告也将快速增长，这都将成为其 2013 年发展的新亮点。

12.4.3 垂直行业媒体广告市场

2012 年垂直行业媒体广告规模为 102.1 亿元，增长率为 22.0%，垂直网站收入增长稳定（见图 12.18）。垂直行业媒体数量众多、覆盖面广，并且由于其专业性强而得到用户青睐。部分垂直行业媒体网站（如搜房 2012 年广告营收超过 20 亿元）或者网站集团（如 CBSi 在 2012 年广告营收超过 10 亿元），其广告营收接近或超过主要门户网站广告营收。

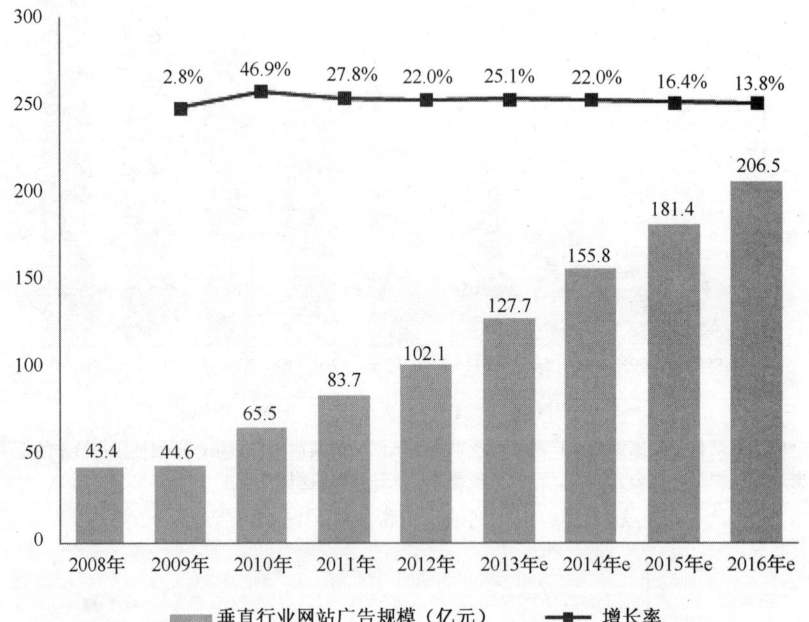

注释：垂直行业媒体包括汽车、房产、IT、财经、新闻、游戏、女性、亲子等类别

（数据来源：根据企业公开财报、行业访谈及艾瑞统计预测模型估算）

图12.18 中国网络广告市场垂直行业网站广告规模

12.4.4 电商网站广告市场

2012 年电商网站广告收入依旧保持了非常高的增速，规模达到 175.7 亿元，增长率为 95.9%（见图 12.19）。电子商务网站的广告收入也包括搜索广告和展示广告收入，其中淘宝广告收入占据了绝大部分的份额。

一方面，网络营销是电子商务尤其是网络购物市场高速发展的核心运营要素之一，能够直接带来销量增长，电商广告主的营销需求十分强劲；另一方面，阿里巴巴、腾讯电商、京东商城、1 号店、当当网、亚马逊中国等电商平台也将成为更好的媒体平台，将继续推动电商网站广告市场的高速发展。

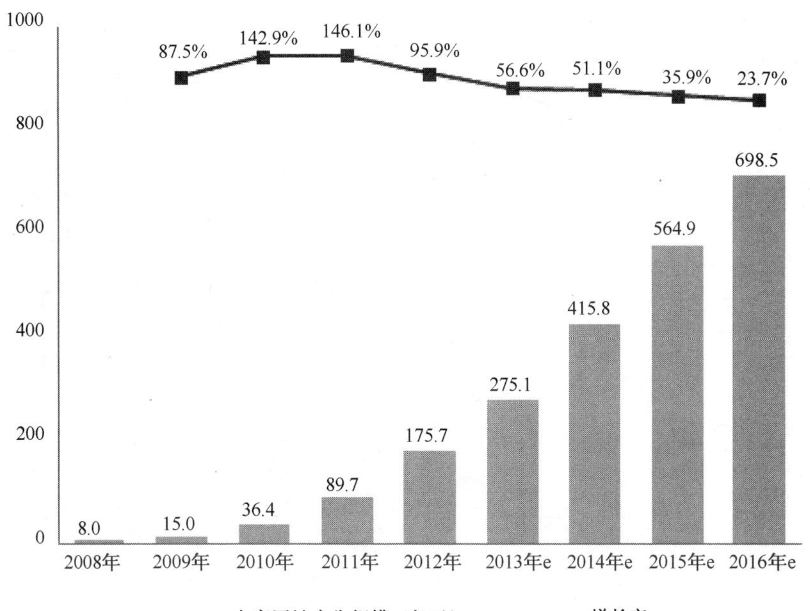

图12.19　中国网络广告市场电子商务网站广告规模

12.4.5　独立视频网站广告市场

2012 年独立视频网站广告规模为 57.7 亿元，较 2011 年增长 58.0%，增速超过网络营销市场整体增速（见图 12.20）。视频广告将继续成为视频企业收入的主要来源，2012 年视频广告收入占在线视频市场份额超 70%，未来视频广告市场规模仍将保持较高增速。

目前市场已经进入了稳定发展期，未来热剧独播、自制内容力度加大都是亮点。其中，独播剧的采购成本依然高企，但视频媒体对于优质资源的倾斜依然比较明显，此外热剧独播将会进一步促进企业广告收入大幅提升。

12.4.6　网络社区网站广告市场

2012 年网络社区网站整体市场规模为 15.6 亿元，较 2011 年增长 10.2%，增速下降（见图 12.21）。其中，移动互联网对社交网站的影响很大，流量转移在社交网站上表现尤为明显。但是，对于社交网站上的广告，广告主精准营销需求上升，因此也正在从传统的展示广告向定向细分的社交广告转变。可以预知，未来网络社区广告市场发展趋势较好。

微博是 2011 年最火的互联网领域，2012 年热度持续，由此微博对其他社区网站造成一定冲击，但其商业化还处于早期尝试阶段，2012 年微博广告收入为 3.8 亿元，市场还有较大发展空间。而 SNS、论坛的商业化较微博成熟，其广告收入仍为社区网站广告收入主要组成部分。

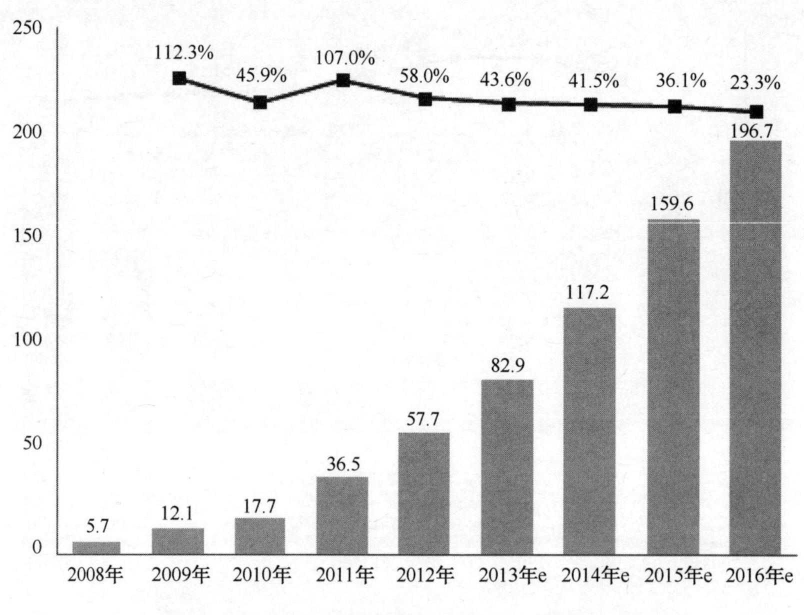

注释：独立视频网站统计口径不含门户视频业务

（数据来源：根据企业公开财报、行业访谈及艾瑞统计预测模型估算）

图12.20　中国网络广告市场独立视频网站广告规模

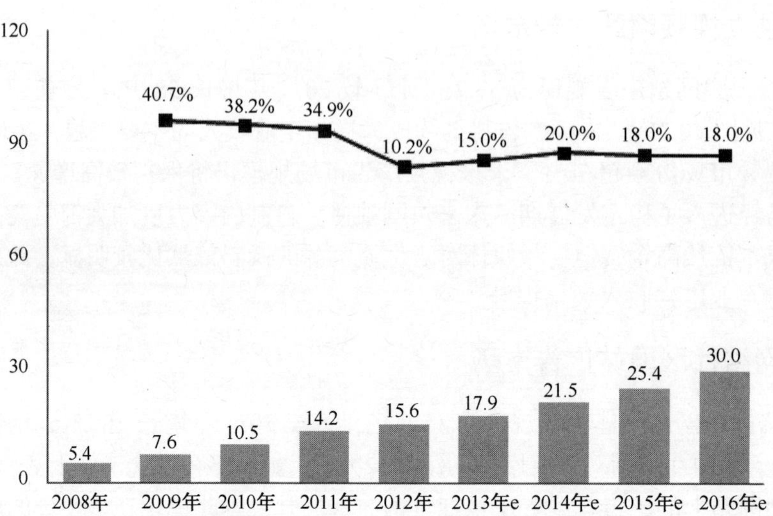

注释：中国网络社区包括社交网站、传统社区、博客、微博等类型，不包括门户网站旗下的网络社区

（数据来源：根据企业公开财报、行业访谈及艾瑞统计预测模型估算）

图12.21　中国网络广告市场网络社区网站广告规模

12.5　核心企业分析

12.5.1　媒体广告营收排名

2012 年网络广告市场的快速发展，得益于大量企业广告营收的快速增长，尤其是淘宝作为媒体平台，广告收入增长超 100%。从企业广告营收排名 TOP20 来看，分为三个梯队：①百度 2012 年广告营收达到 222.5 亿元，淘宝以 172.2 亿元紧跟百度，两者优势明显，为第一梯队；②谷歌中国广告营收预计为 44.3 亿元，排名第三，腾讯、搜狐、新浪、优酷土豆和搜房网广告营收均超过 20 亿元，为第二梯队；③其他一些综合门户、垂直网站等数量较多的企业组成了第三梯队，多家企业广告收入增速较高（见图 12.22）。

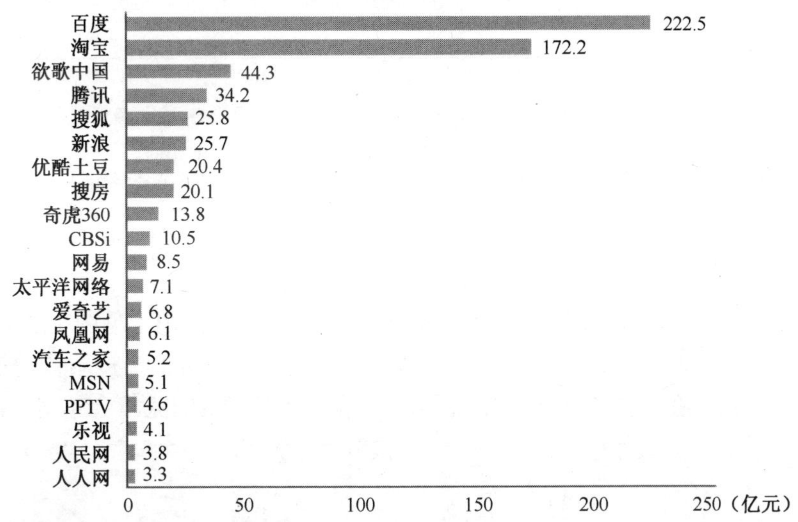

注释：①各上市企业广告营收统计标准以其财务报表中公布的广告营收数字为准，不考虑因税收和返点引起的统计口径差异

②搜狐广告营收包括门户和搜狗的广告营收，CBS广告营收包括中关村在线、网上车市、爱卡汽车、OnlyLoady等17家网站的广告营收，太平洋网站群广告营收包括太平洋电脑、汽车、女性、亲子、游戏5家网站的广告营收

（数据来源：根据企业公开财报、行业访谈、iAdTracker监测数据及艾瑞统计预测模型估算，仅供参考）

图12.22　中国网络广告市场媒体营收规模排名

12.5.2　重点媒体市场份额分析

网络广告市场中，重点监测的两家搜索引擎网站、一家电商平台网站、四家门户网站的比重进一步上升（见图 12.23）。2012 年，其整体比重上升到 70.8%，市场向大媒体进一步集中。其中百度的比重稳步上升，从 2011 年的 28.3%上升到 29.5%；淘宝的比重上升更快，从 2011 年的 17.1%陡增到 22.9%；腾讯 2012 年广告收入迎来新发展，社交广告平台“广点通”就成为广告业务中的一大亮点，此外其客户端广告变现能力持续提升和视频广告媒体价值提升，都有力推动了腾讯广告快速增长；而其他几大媒体的份额则有不同程度的下降。

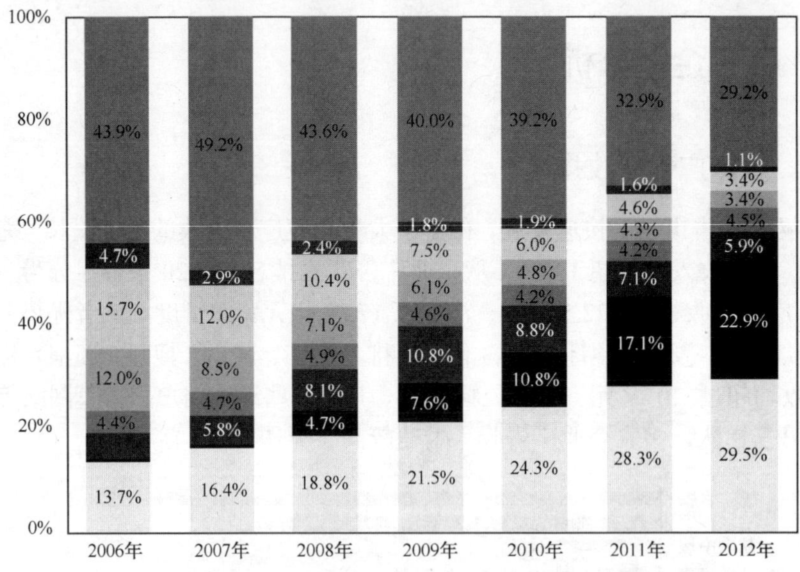

注释：①互联网广告市场规模按照媒体收入作为统计依据，不包括渠道代理商收入

②此统计数据包含搜索联盟的联盟广告收入，也包括搜索联盟向其他媒体网站的广告分成

（数据来源：根据企业公开财报、行业访谈及艾瑞统计预测模型估算）

图12.23　中国网络广告市场核心媒体广告收入结构

2012 年中国网络广告市场 TOP5 媒体的广告收入占比为 66.3%，而 TOP2 媒体的广告收入占比为 52.4%，百度和淘宝广告收入已占网络广告行业半壁江山（见图 12.24 和图 12.25）。百度、淘宝的份额快速增加，显示出搜索营销模式仍具有巨大价值，搜索营销是将流量变现的十分有效的模式，在国内市场上，围绕通用搜索和垂直搜索的竞争会越来越激烈。

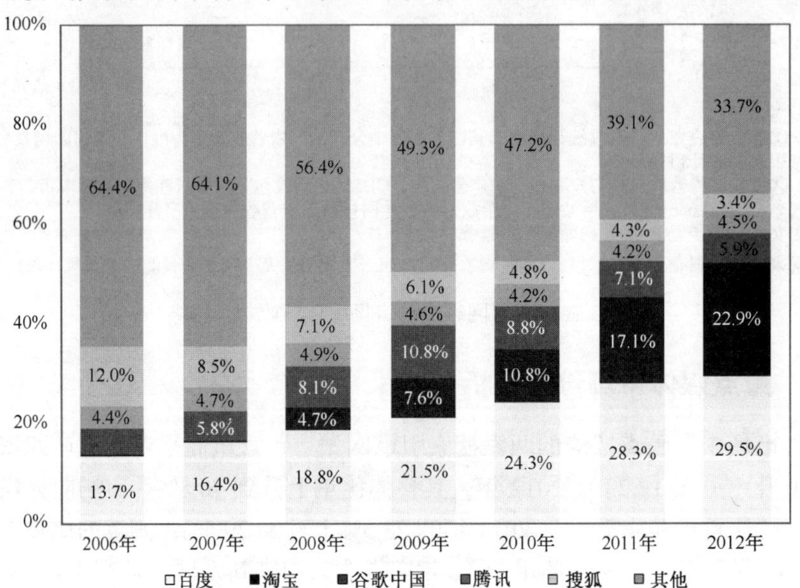

注释：①互联网广告市场规模按照媒体收入作为统计依据，不包括渠道代理商收入

②此统计数据包含搜索联盟的联盟广告收入，也包含搜索联盟向其他媒体网站的广告分成

（数据来源：根据企业公开财报、行业访谈及艾瑞统计预测模型估算）

图12.24　中国网络广告市场TOP5媒体广告收入结构

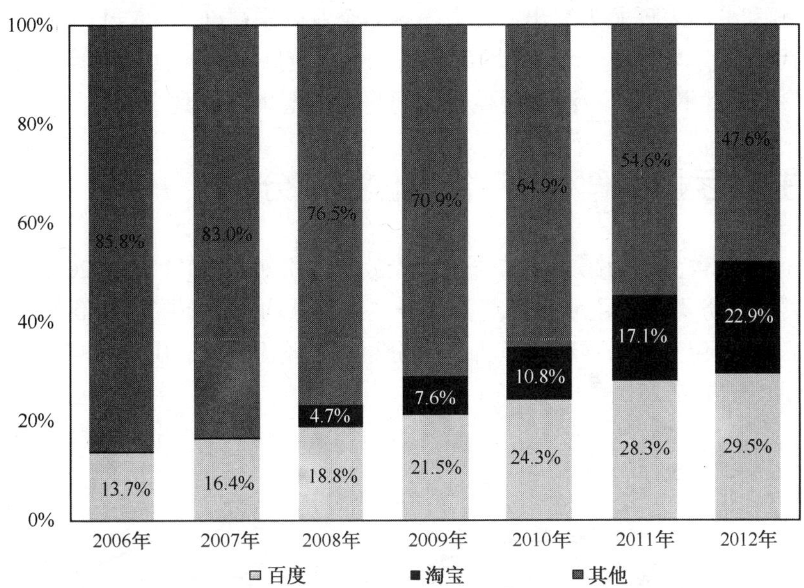

注释：①互联网广告市场规模按照媒体收入作为统计依据，不包括渠道代理商收入
②此统计数据包含搜索联盟的联盟广告收入，也包含搜索联盟向其他媒体网站的广告分成
（数据来源：根据企业公开财报、行业访谈及艾瑞统计预测模型估算）

图12.25　中国网络广告市场TOP2媒体广告收入结构

12.5.3　重点媒体增长性分析

从重点监测的 30 余家企业的网络广告规模和增长率来看，乐视网、去哪儿网、淘宝、奇虎 360、腾讯、易车网、优酷土豆、百度等增长率高出市场整体增速不少，并且百度、淘宝、腾讯等规模较大，带动了市场的发展（见图 12.26）。

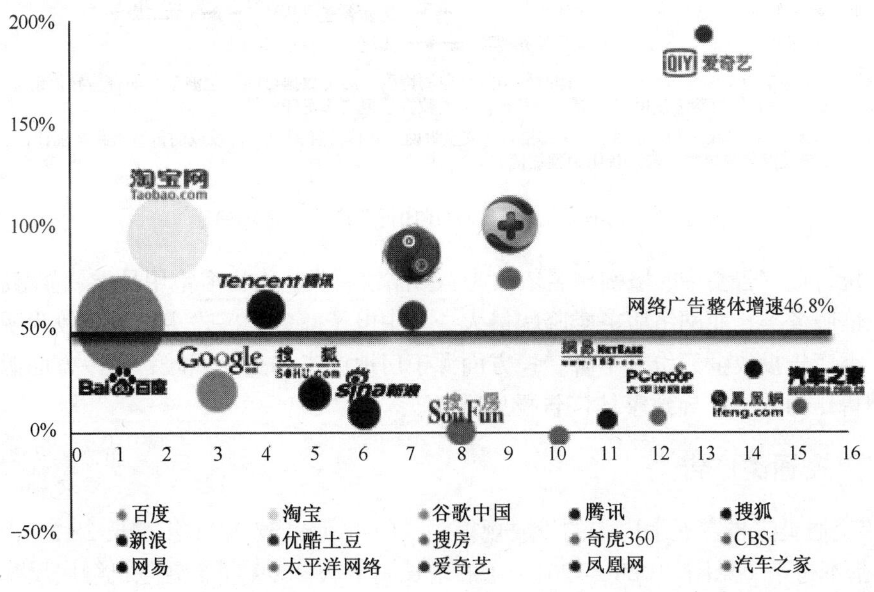

（数据来源：根据企业公开财报、行业访谈、iAdTracker监测数据及艾瑞统计预测模型估算，仅供参考）

图12.26　2012年中国网络广告市场各企业同比增长率

2012 年视频和电商表现尤为突出，其中视频类企业以乐视网、优酷土豆为代表，电商类企业以淘宝为代表，增幅较大。而门户网站中腾讯表现较好，广告收入年增长超 70%；凤凰新媒体增长超 30%；而网易、新浪和搜狐各家门户网站增幅均不到 20%。

12.6 主要行业品牌网络广告媒体投放分析

2012 年交通类广告主仍为第一大广告主，投放金额份额由 2011 年的 20.4%提升至 2012 年的 21.1%。网络服务类广告主和房地产类广告主的比重均有所下降，份额分别为 13.3%和 11.6%，排名第二、三位。食品饮料类广告主的份额上升较为明显，由 2011 年的 5.8%提升至 2012 年的 8.1%（见图 12.27）。

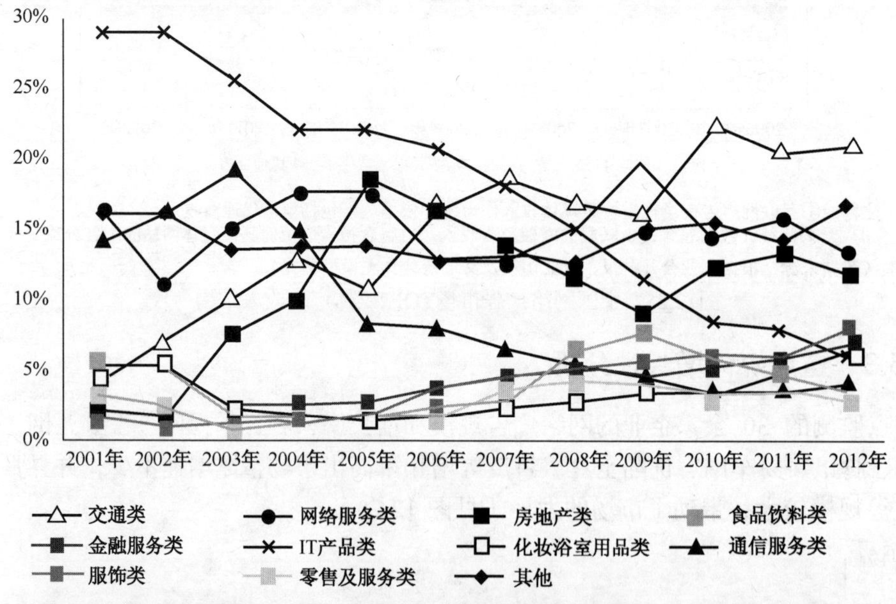

注释：以上数据为艾瑞通过iAdTracker即时网络媒体监测得到，历史数据可能产生波动，如有差异，请以iAdTracker系统作为参考使用。艾瑞不为发布以上的数据承担法律责任

（数据来源：iAdTracker.2013.3.基于对中国200多家主流网络媒体品牌图形广告投放的日监测数据统计，不含文字链及部分定向类广告，费用为预估值）

图12.27 中国展示类广告TOP10行业广告主市场份额

在前十位行业广告主中，增幅排名依次为：食品饮料类、化妆浴室用品类、金融服务类、交通类和通信服务类。而网络服务类降幅最大，其中电子商务类广告主投放有较为明显的收缩。房地产类广告投放金额份额下降，一方面源于房地产市场交易回暖，另一方面源于房地产开发商销售压力减小，导致整体广告投放减少。

12.6.1 交通类广告

2012 年交通类广告主展示广告的投放规模为 54.1 亿元，较 2011 年增长 28.2%，增长率与 2011 年基本持平（见图 12.28）。2010 年的增长属于从 2009 年金融危机触底反弹，2011 年市场发展比较平稳，交通类广告主对网络广告越来越重视，预算比例还会提升。2012 年，一方面，市场受 9～10 月钓鱼岛事件等下拉影响，日系汽车负面影响持续爆发，广告投放力度相对减小；另一方面，整体汽车产能的扩张、汽车网站的快速增长以及用户规模的不断扩大，也促使其广告投放继续提升。

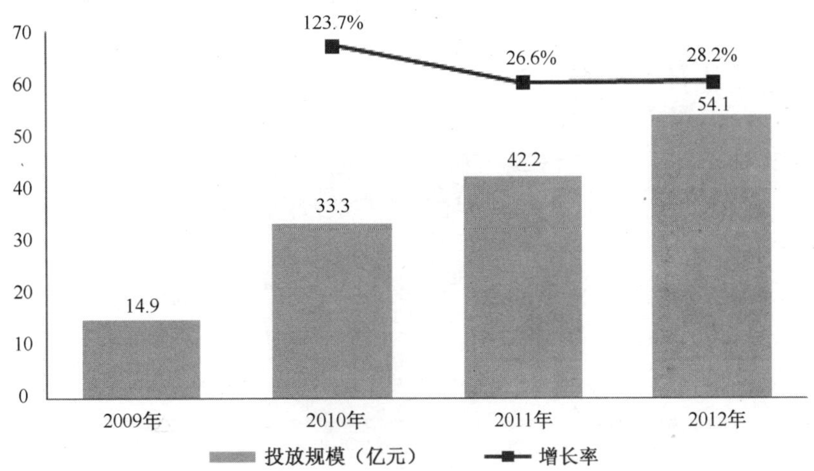

注释：以上数据为艾瑞通过iAdTracker即时网络媒体监测得到，历史数据可能产生波动，如有差异，请以iAdTracker系统作为参考使用。艾瑞不为发布以上的数据承担法律责任

（数据来源：iAdTracker.2013.3.基于对中国200多家主流网络媒体品牌图形广告投放的日监测数据统计，不含文字链及部分定向类广告，费用为预估值）

图12.28　交通类广告主投放规模

汽车厂商依然是最主要的交通类广告主，投放费用占到 78.1%，较 2011 年的 79.2%略降。而机动车相关服务占到 19.1%，较 2011 年增长较多。2012 年厂商面临的销量压力比较大，网络广告仍然是其推动销售的有力工具（见图 12.29）。

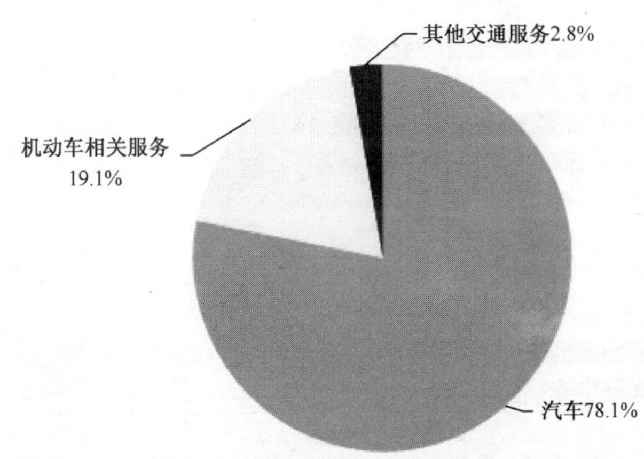

注释：以上数据为艾瑞通过iAdTracker即时网络媒体监测得到，历史数据可能产生波动，如有差异，请以iAdTracker系统作为参考使用。艾瑞不为发布以上的数据承担法律责任

（数据来源：iAdTracker.2013.3.基于对中国200多家主流网络媒体品牌图形广告投放的日监测数据统计，不含文字链及部分定向类广告，费用为预估值）

图12.29　2012年交通类广告投放细分行业

在广告投放的媒体选择上，门户网站占到 48.1%，汽车网站占到 35.1%，两大媒体占比超过 80%，是交通类广告主主要选择的媒体（见图 12.30）。交通类广告主在选择媒体上偏好大媒体，视频网站、社区网站等媒体非主要的媒体，但广告主在这方面的投入在加大。

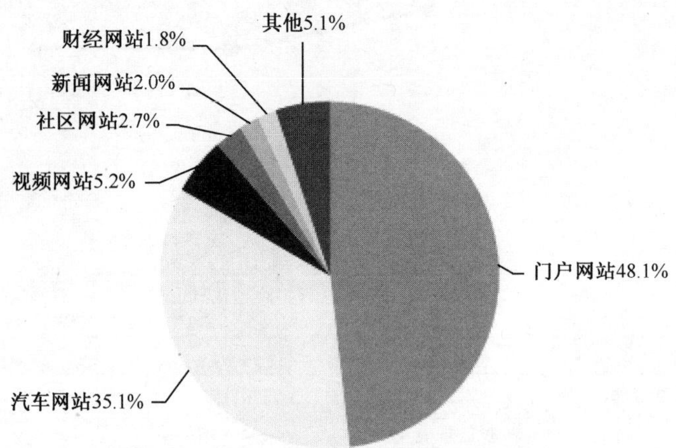

注释：以上数据为艾瑞通过iAdTracker即时网络媒体监测得到，历史数据可能产生波动，如有差异，请以iAdTracker系统作为参考使用。艾瑞不为发布以上的数据承担法律责任

（数据来源：iAdTracker.2013.3.基于对中国200多家主流网络媒体品牌图形广告投放的日监测数据统计，不含文字链及部分定向类广告，费用为预估值）

图12.30　2012年交通类广告主媒体投放选择

2012 年 TOP10 厂商在网络广告上的投放费用都超过了 1 亿元。其中，一汽大众排名第一，投放费用达到 4.06 亿元；上汽通用保持第二，投放费用达到 3.62 亿元；长安福特投放费用较 2011 年有所提升，排名上升至第三（见图 12.31）。

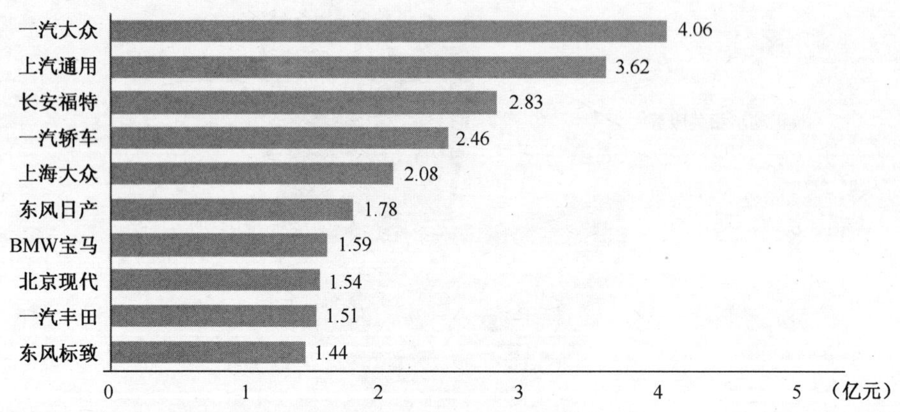

注释：以上数据为艾瑞通过iAdTracker即时网络媒体监测得到，历史数据可能产生波动，如有差异，请以iAdTracker系统作为参考使用。艾瑞不为发布以上的数据承担法律责任

（数据来源：iAdTracker.2013.3.基于对中国200多家主流网络媒体品牌图形广告投放的日监测数据统计，不含文字链及部分定向类广告，费用为预估值）

图12.31　2012年交通类广告主投放TOP10

12.6.2　房地产类广告

2012 年在国家房地产调控政策持续的背景下，房地产类广告投放规模为 29.7 亿元，较 2011 年增长 7.9%，增速下滑明显（见图 12.32）。虽然受政策加码、行业销量下滑影响，但房地产类广告主在网络推广上的投入并没有降低太多，说明广告主十分认可网络媒体的宣传效果。房地产互联网领域的竞争日趋激烈，受市场政策影响，2013 年行业整体网络广告投放或将有大幅提升。

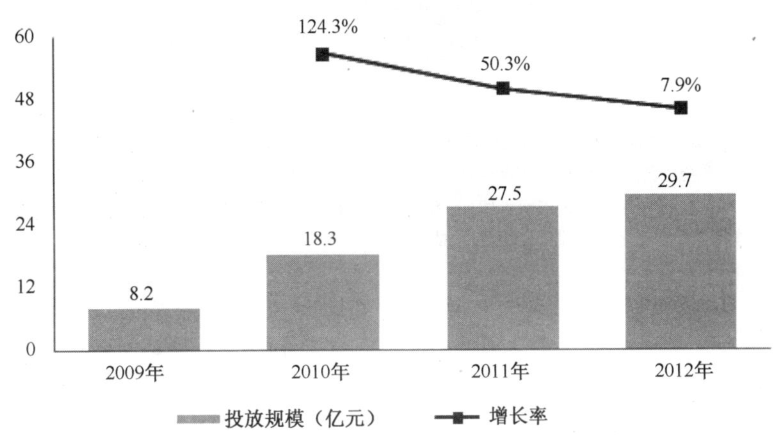

注释：以上数据为艾瑞通过iAdTracker即时网络媒体监测得到，历史数据可能产生波动，如有差异，请以iAdTracker系统作为参考使用。艾瑞不为发布以上的数据承担法律责任

（数据来源：iAdTracker.2013.3.基于对中国200多家主流网络媒体品牌图形广告投放的日监测数据统计，不含文字链及部分定向类广告，费用为预估值）

图12.32　2009—2012年房地产类广告主投放规模

在细分行业上，楼盘宣传是最主要的投放内容，其费用占比为 87.2%，较 2011 年的 89.5% 略有下降。房地产企业形象、商务出租、商业街宣传及其他相关服务的占比相对较小，主要源于房地产类广告主的营销目的明确，希望广告投放能直接促进楼盘销量增长。其中，房地产企业形象费用占比提升较为明显，从 2011 年的 4.2%提升至 2012 年的 4.6%（见图 12.33）。

在媒体选择上，房地产类广告投放集中在房产网站上，但其份额有所下滑，从 2011 年的 92.0%降至 86.3%。由于房地产类广告目标受众很窄，主要是有购房意向的用户，所以投放媒体集中在房产网站上。而门户网站的份额有明显提升，由 2011 年的 4.7%提升至 2012 年的 10.6%。该份额的提升，主要源于房地产企业形象提升意愿的上升，因此门户网站成为其扩大宣传的重要媒体选择（见图 12.34）。

房地产类广告主数量比较多，集中度不高，各个广告主的投放费用规模接近。恒大集团 2011 年进入 TOP10，2012 年广告投放排名居首；保利地产跃居第二位；而 2011 年投放费用居第一位的万科集团，2012 年降至第三位；绿地集团从 2011 年的第二位，下降至第五位，与 2010 年排名相同（见图 12.35）。

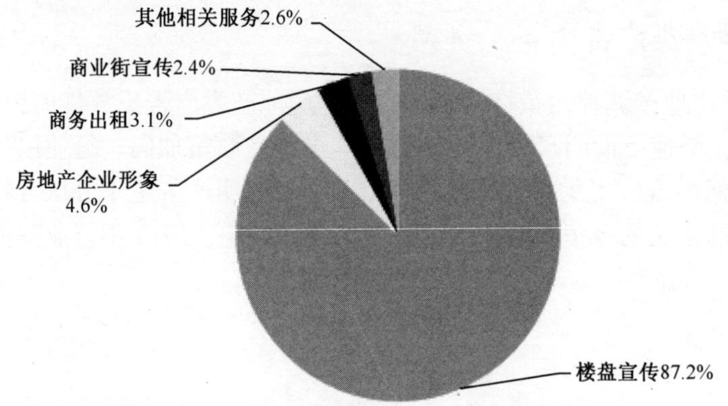

注释：以上数据为艾瑞通过iAdTracker即时网络媒体监测得到，历史数据可能产生波动，如有差异，请以iAdTracker系统作为参考使用。艾瑞不为发布以上的数据承担法律责任

（数据来源：iAdTracker.2013.3.基于对中国200多家主流网络媒体品牌图形广告投放的日监测数据统计，不含文字链及部分定向类广告，费用为预估值）

图12.33　2012年房地产类广告投放细分行业

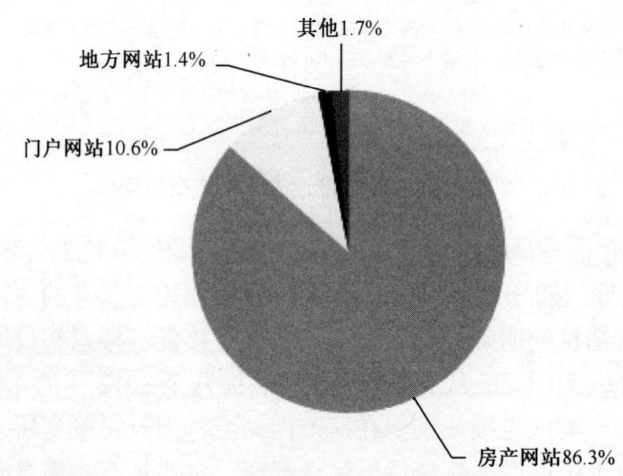

注释：①以上数据为艾瑞通过iAdTracker即时网络媒体监测得到，历史数据可能产生波动，如有差异，请以iAdTracker系统作为参考使用。艾瑞不为发布以上的数据承担法律责任

②在媒体选择中，新浪乐居和搜狐焦点被分在了房产网站中而不是门户网站

（数据来源：iAdTracker.2013.3.基于对中国200多家主流网络媒体品牌图形广告投放的日监测数据统计，不含文字链及部分定向类广告，费用为预估值）

图12.34　2012年房地产广告主媒体投放选择

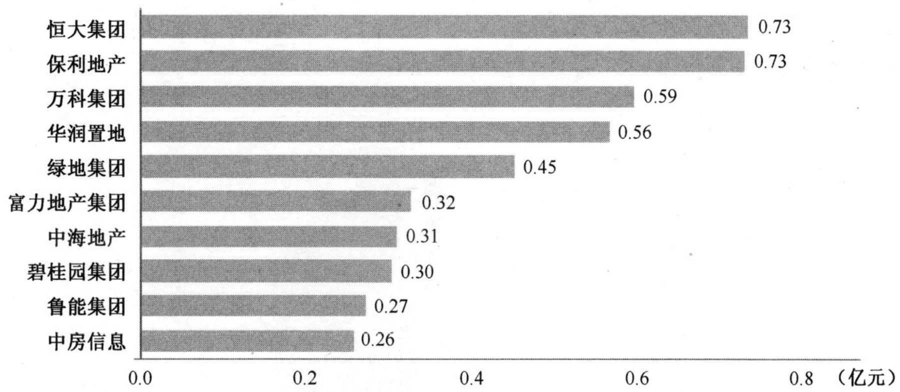

注释：①以上数据为艾瑞通过iAdTracker即时网络媒体监测得到，历史数据可能产生波动，如有差异，请以iAdTracker系统作为参考使用。艾瑞不为发布以上的数据承担法律责任

②在媒体选择中，新浪乐居和搜狐焦点被分在了房产网站中而不是门户网站

（数据来源：iAdTracker.2013.3.基于对中国200多家主流网络媒体品牌图形广告投放的日监测数据统计，不含文字链及部分定向类广告，费用为预估算）

图12.35　2012年房地产广告主投放TOP10

12.6.3　金融服务类广告

2012 年金融服务类广告主广告投放规模为 17.5 亿元，较 2011 年增长 47.1%，保持了较高增速，增速略高于互联网广告整体投放增速（见图 12.36）。金融行业 2012 年发展情况比实体经济要好，在营销需求上更加旺盛，其中保险和投资服务广告投放增长明显。

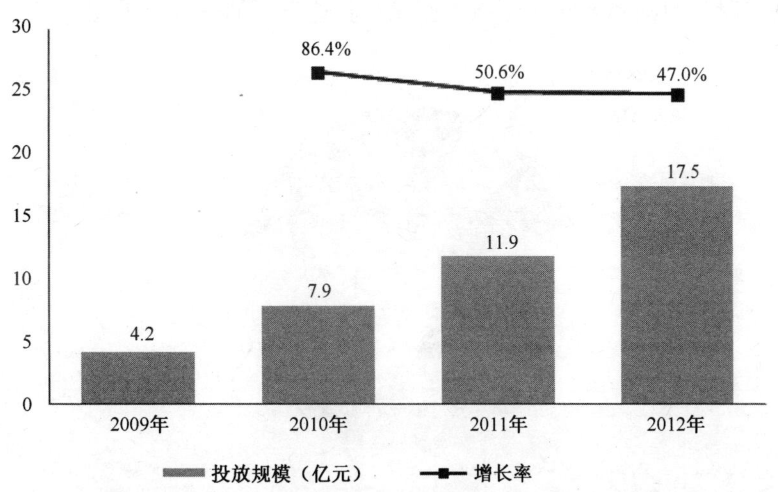

注释：以上数据为艾瑞通过iAdTracker即时网络媒体监测得到，历史数据可能产生波动，如有差异，请以iAdTracker系统作为参考使用。艾瑞不为发布以上的数据承担法律责任

（数据来源：iAdTracker.2013.3.基于对中国200多家主流网络媒体品牌图形广告投放的日监测数据统计，不含文字链及部分定向类广告，费用为预估值）

图12.36　2009—2012年金融服务类广告主投放规模

2011 年银行服务在广告投放中的占比为 65.0%，而 2012 年占比为 49.9%，该份额下降明显。而保险/投资服务占比有大幅提升，由 2011 年的 34.4%提升至 47.6%。银行和保险/投资服务是金融类的两大广告主，并且广告投放费用占比在逐步逼近（见图 12.37）。

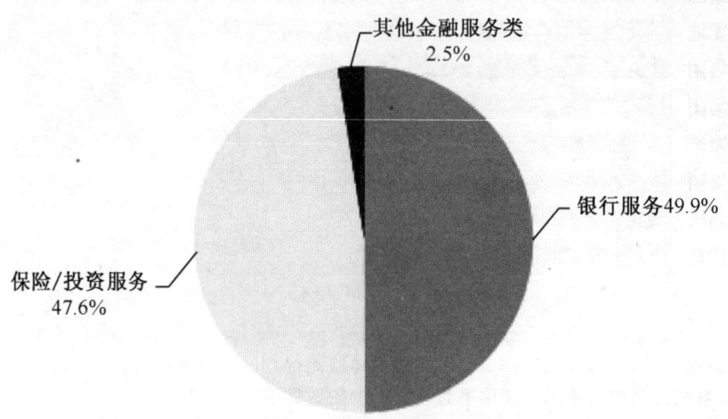

注释：以上数据为艾瑞通过iAdTracker即时网络媒体监测得到，历史数据可能产生波动，如有差异，请以iAdTracker系统作为参考使用。艾瑞不为发布以上的数据承担法律责任

（数据来源：iAdTracker.2013.3.基于对中国200多家主流网络媒体品牌图形广告投放的日监测数据统计，不含文字链及部分定向类广告，费用为预估值）

图12.37　2012年金融服务类广告投放细分行业

在媒体选择上，金融类广告主首选门户网站，门户网站投放费用占到了 63.2%，与 2011 年份额持平。财经网站占比为 16.9%，新闻网站占比为 7.2%，分别排在第二、三名。其他类型网站广告投放比重较小且比较分散。金融广告主的大部分目标受众属于收入比较高的群体，门户网站、财经网站和新闻网站基本能满足其这方面的需求（见图 12.38）。

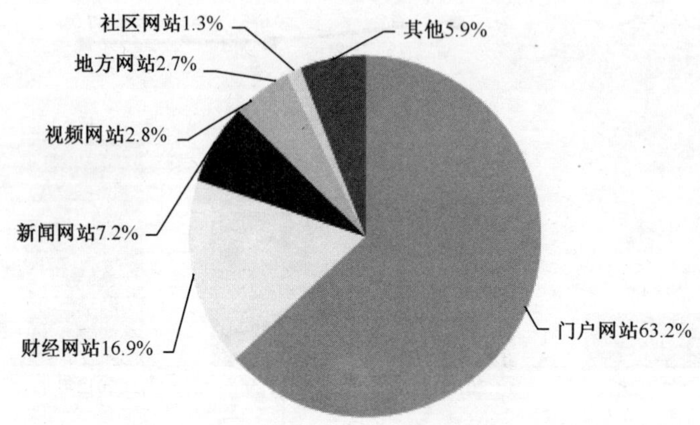

注释：以上数据为艾瑞通过iAdTracker即时网络媒体监测得到，历史数据可能产生波动，如有差异，请以iAdTracker系统作为参考使用。艾瑞不为发布以上的数据承担法律责任

（数据来源：iAdTracker.2013.3.基于对中国200多家主流网络媒体品牌图形广告投放的日监测数据统计，不含文字链及部分定向类广告，费用为预估值）

图12.38　2012年金融服务类广告主媒体投放选择

在广告主投放排名上，中国平安以 4.72 亿元稳居第一，较 2011 年的 1.69 亿元投放增长

近 180%。中国平安作为一家综合金融集团，在完成并购深发展银行之后，银行、保险、证券、信托等牌照一应俱全，综合化金融的优势不断凸显，其广告投放也相应大幅上涨。中国工商银行排名第二，其投放金额也超过 1 亿元。2012 年前十名广告主中有 8 家银行，银行依然保持较大规模的广告投放（见图 12.39）。

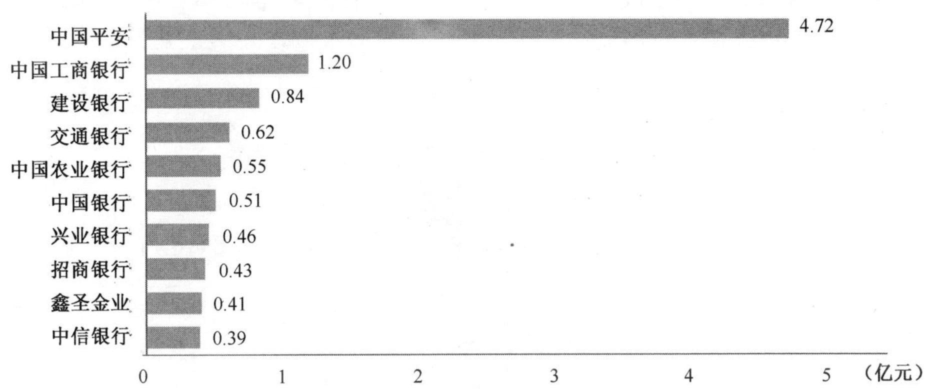

注释：以上数据为艾瑞通过iAdTracker即时网络媒体监测得到，历史数据可能产生波动，如有差异，请以iAdTracker系统作为参考使用。艾瑞不为发布以上的数据承担法律责任

（数据来源：iAdTracker.2013.3.基于对中国200多家主流网络媒体品牌图形广告投放的日监测数据统计，不含文字链及部分定向类广告，费用为预估值）

图12.39　2012年金融服务类广告主投放TOP10

12.6.4　IT 类广告

2012 年 IT 类广告主广告投放总规模为 15.7 亿元，较 2011 年下降 5.6%（见图 12.40）。IT

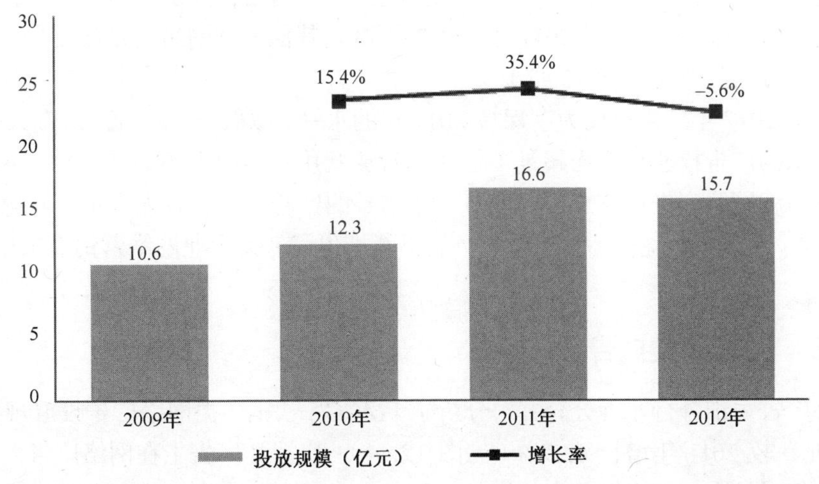

注释：以上数据为艾瑞通过iAdTracker即时网络媒体监测得到，历史数据可能产生波动，如有差异，请以iAdTracker系统作为参考使用。艾瑞不为发布以上的数据承担法律责任

（数据来源：iAdTracker.2013.3.基于对中国200多家主流网络媒体品牌图形广告投放的日监测数据统计，不含文字链及部分定向类广告，费用为预估值）

图12.40　2009—2012年IT类广告主投放规模

类广告主曾经是网络广告第一大行业广告主，但是这几年其广告投放增长较其他主要行业低。近三年 IT 类广告主广告投放规模份额为 8.3%、8.0%、6.1%，比重逐年下降。

2012 年 IT 类广告主投放宣传的产品以电脑、软件、平板电脑/掌上电脑、电脑配件为主。其中，电脑占比为 33.9%，保持领先；软件类由 2011 年的 12.1%上升至 2012 年的 17.2%；平板电脑/掌上电脑由 2011 年的 11.9%上升至 2012 年的 16.4%，其 2010 年的占比仅为 4.5%。由此可见，随着移动终端及应用的逐步普及，其广告需求越发旺盛（见图 12.41）。

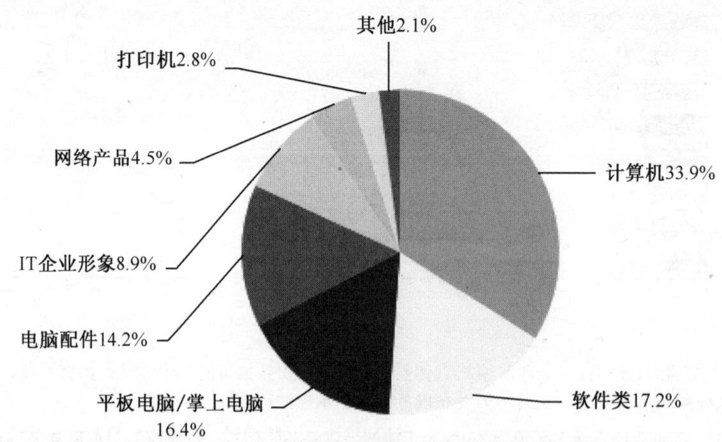

注释：以上数据为艾瑞通过iAdTracker即时网络媒体监测得到，历史数据可能产生波动，如有差异，请以iAdTracker系统作为参考使用。艾瑞不为发布以上的数据承担法律责任

（数据来源：iAdTracker.2013.3.基于对中国200多家主流网络媒体品牌图形广告投放的日监测数据统计，不含文字链及部分定向类广告，费用为预估值）

图12.41　2012年IT类广告投放细分行业

在广告投放的媒体选择上，IT 类广告主首选 IT 类网站，其次是门户网站，投放费用分别占 44.8%和 33.9%，份额均较 2011 年有小幅下降。其他类型网站的投放较少，比例分配较均匀，但比例相对提升（见图 12.42）。

壹人壹本 2012 年广告投放力度保持 2011 年的水平，微涨至 1.86 亿元。壹人壹本、联想、微软、英特尔的广告投放金额均超过 1 亿元。投放费用排名前十的 IT 广告主，与 2011 年保持一致，其品牌网络广告投放规模较 2011 年增长的广告主有：壹人壹本、联想、微软、华硕电脑、宏碁。由于市场竞争激烈、新型产品不断推出，IT 类企业网络营销需求依然很大（见图 12.43）。

12.6.5　FMCG 类广告

我们将广告主细分行业拆分合并，分析了 FMCG（快消）类网络广告投放规模，2012 年为 40.7 亿元，较 2011 年增长 62.7%（见图 12.44）。快消类广告主在网络广告上的投放明显加强，增幅相对较大。其规模的高速增长，与其自身消费频次高、重复购买率高、品牌忠诚度低，以及消费者本身购买快消品的习惯有直接关系。

在媒体选择上，门户网站是快消类广告主的首选，占比为 39.2%。其在视频网站上的投放持续加强，视频网站的份额从 2010 年的 16.8%增长到 2011 年的 23.3%，并进一步提升至

2012 年的 28.6%。另外，FMCG 行业在客户端投放的份额也持续提升（见图 12.45）。

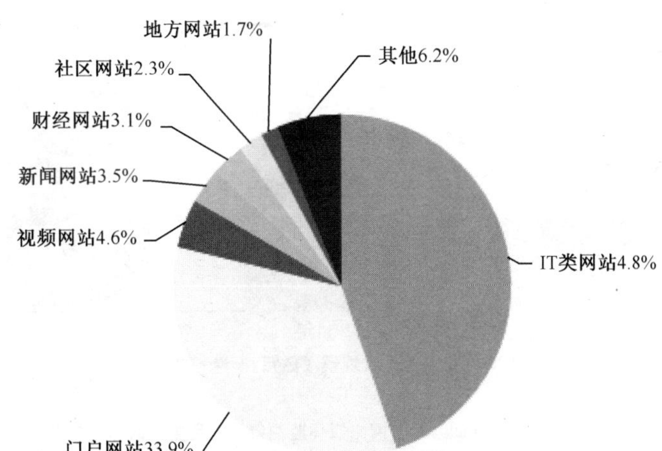

注释：以上数据为艾瑞通过iAdTracker即时网络媒体监测得到，历史数据可能产生波动，如有差异，请以iAdTracker系统作为参考使用。艾瑞不为发布以上的数据承担法律责任

（数据来源：iAdTracker.2013.3.基于对中国200多家主流网络媒体品牌图形广告投放的日监测数据统计，不含文字链及部分定向类广告，费用为预估值）

图12.42　2012年IT类广告主媒体投放选择

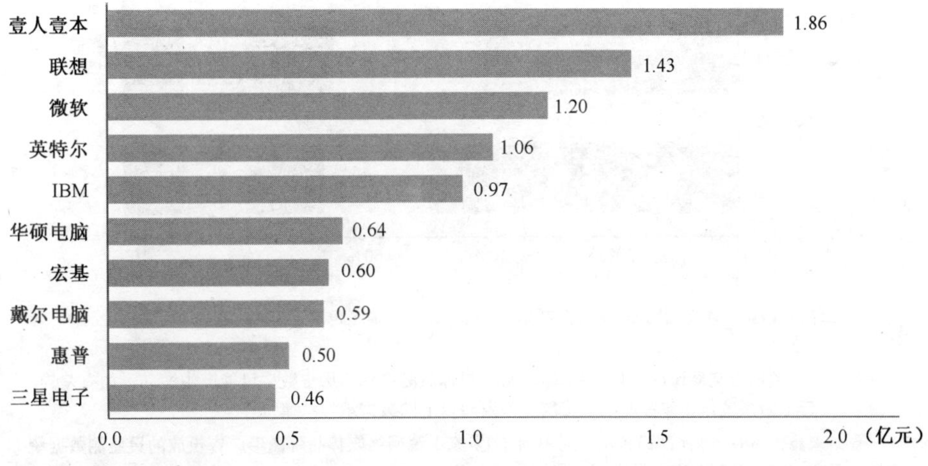

注释：以上数据为艾瑞通过iAdTracker即时网络媒体监测得到，历史数据可能产生波动，如有差异，请以iAdTracker系统作为参考使用。艾瑞不为发布以上的数据承担法律责任

（数据来源：iAdTracker.2013.3.基于对中国200多家主流网络媒体品牌图形广告投放的日监测数据统计，不含文字链及部分定向类广告，费用为预估值）

图12.43　2012年IT类广告主投放TOP10

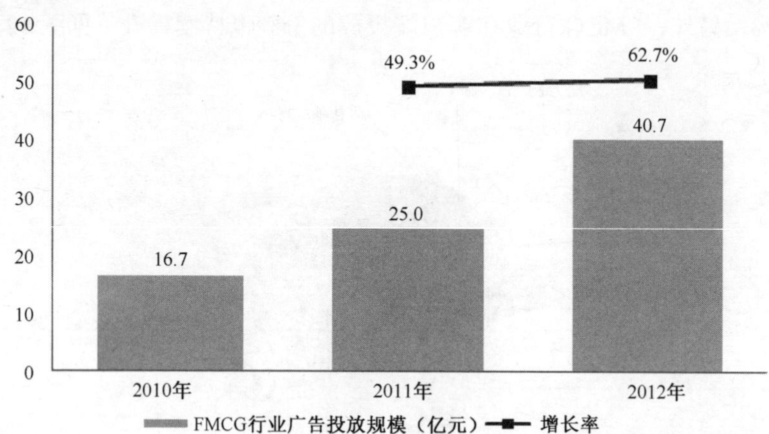

注释：以上数据为艾瑞通过iAdTracker即时网络媒体监测得到，历史数据可能产生波动，如有差异，请以iAdTracker系统作为参考使用。艾瑞不为发布以上的数据承担法律责任

（数据来源：iAdTracker.2013.3.基于对中国200多家主流网络媒体品牌图形广告投放的日监测数据统计，不含文字链及部分定向类广告，费用为预估值）

图12.44 2010—2012年FMCG行业广告投放规模

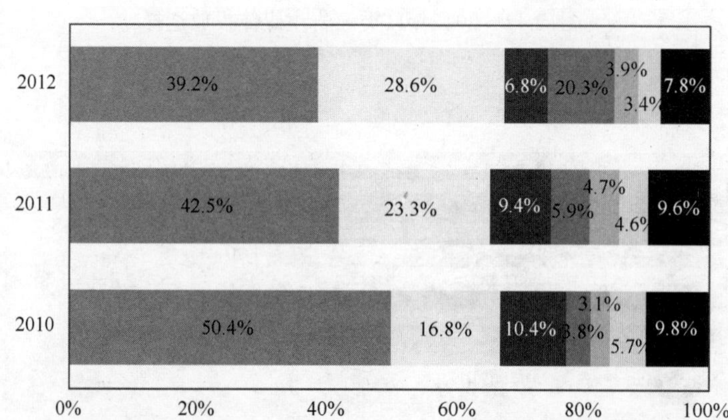

注释：以上数据为艾瑞通过iAdTracker即时网络媒体监测得到，历史数据可能产生波动，如有差异，请以iAdTracker系统作为参考使用。艾瑞不为发布以上的数据承担法律责任

（数据来源：iAdTracker.2013.3.基于对中国200多家主流网络媒体品牌图形广告投放的日监测数据统计，不含文字链及部分定向类广告，费用为预估值）

图12.45 2010—2012年FMCG行业媒体投放比例

从广告主细分行业来看，化妆品和护肤品、饮料类占比领先，均为24.1%。2012年份额上升的细分品类是食品类和卫浴用品，这两类广告主对网络媒体的认可度越来越高，企业网络广告预算比重越来越大（见图12.46）。

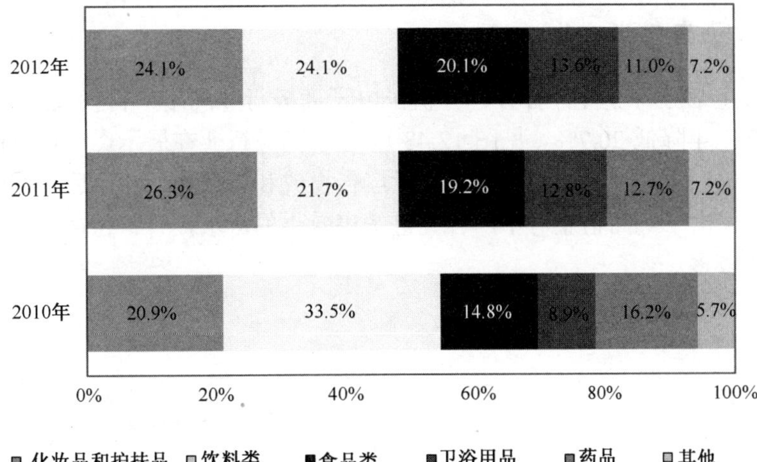

注释：以上数据为艾瑞通过iAdTracker即时网络媒体监测得到，历史数据可能产生波动，如有差异，请以iAdTracker系统作为参考使用。艾瑞不为发布以上的数据承担法律责任

（数据来源：iAdTracker.2013.3.基于对中国200多家主流网络媒体品牌图形广告投放的日监测数据统计，不含文字链及部分定向类广告，费用为预估值）

图12.46　2010—2012年FMCG行业广告投放比例

2012 年宝洁、联合利华、欧莱雅集团三大广告主的广告投放金额均超过 2 亿元，并且同为日化企业。伊利作为食品类企业，其投放排名与 2011 年一致，金额增长也比较快，投放金额为 1.88 亿元（见图 12.47）。

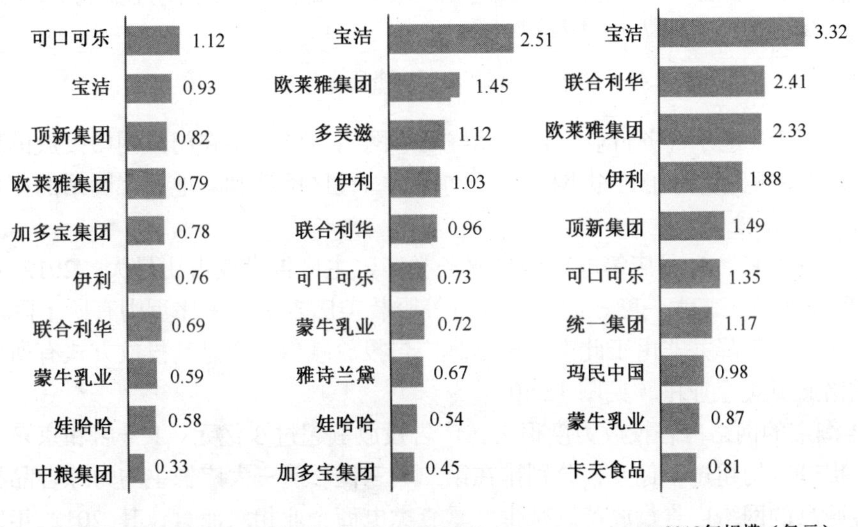

注释：以上数据为艾瑞通过iAdTracker即时网络媒体监测得到，历史数据可能产生波动，如有差异，请以iAdTracker系统作为参考使用。艾瑞不为发布以上的数据承担法律责任

（数据来源：iAdTracker.2013.3.基于对中国200多家主流网络媒体品牌图形广告投放的日监测数据统计，不含文字链及部分定向类广告，费用为预估值）

图12.47　2010—2012年FMCG行业广告投放TOP10

12.6.6　电子商务类广告

我们将广告主细分行业拆分合并，分析了电子商务行业网络广告投放规模，2012 年为 9.5 亿元，较 2011 年降低 20.7%（见图 12.48）。电子商务行业在展示类广告方面的广告投放下降，一方面由于经历过 2010—2011 年大量广告投放和市场激烈竞争后，回归理性控制广告支出；另一方面由于电商企业对于广告促进销售效果的诉求提升，在搜索、导航和联盟网站上的投放增长较多。

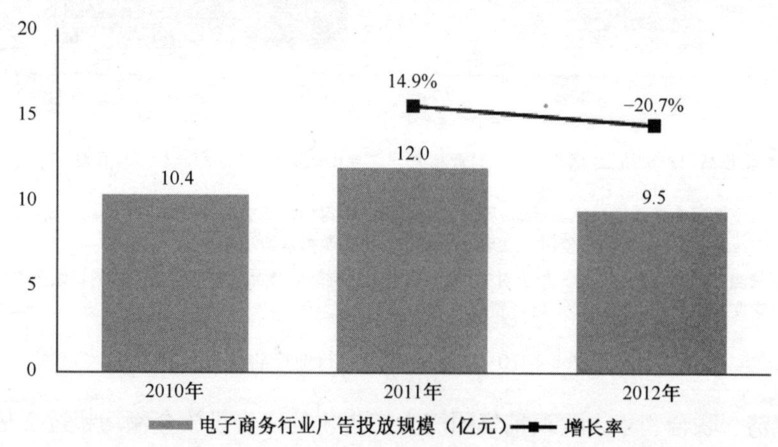

注释：以上数据为艾瑞通过iAdTracker即时网络媒体监测得到，历史数据可能产生波动，如有差异，请以iAdTracker系统作为参考使用。艾瑞不为发布以上的数据承担法律责任

来源：iAdTracker.2013.3.基于对中国200多家主流网络媒体品牌图形广告投放的日监测数据统计，不含文字链及部分定向类广告，费用为预估值

图12.48　2010—2012年电子商务行业广告投放规模

在媒体选择上，电子商务行业广告主偏好门户网站，2012 年在门户网站投放的费用占到 51.0%，依然保持领先。而在 IT 类网站、新闻网站、社区网站和其他长尾网站的广告投放比重增长很快（见图 12.49）。

淘宝、京东商城、1 号店等电商网络服务类广告主广告投放占比最大，2012 年扩大到 89.9%。而阿迪达斯、三六一度、耐克、乔丹等服装类广告主所占比重则有所下降。艾瑞分析认为，该比重的下降并非由于此类传统品牌广告投放减少，而是其投放方式有所转移，打包投放在网络服务类企业中（见图 12.50）。

2012 年淘宝的网络广告投放力度很大，广告投放额超过 3 亿元。1 号店和京东商城的投放额有大幅提升，均超过 1 亿元，分别排在第二、三位。前三大广告主均为综合品类电商企业。而凡客诚品的网络广告投放持续减少。垂直类电商企业相对而言，其 2012 年广告投放均有所收缩（见图 12.51）。

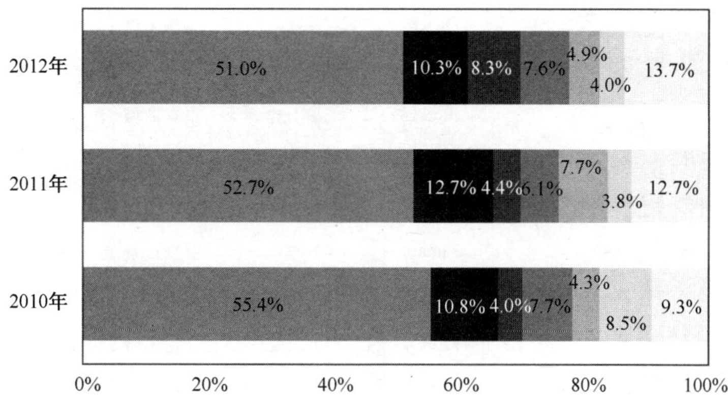

注释：以上数据为艾瑞通过iAdTracker即时网络媒体监测得到，历史数据可能产生波动，如有差异，请以iAdTracker系统作为参考使用。艾瑞不为发布以上的数据承担法律责任

（数据来源：iAdTracker.2013.3.基于对中国200多家主流网络媒体品牌图形广告投放的日监测数据统计，不含文字链及部分定向类广告，费用为预估值）

图12.49　2010—2012年电子商务行业媒体投放比例

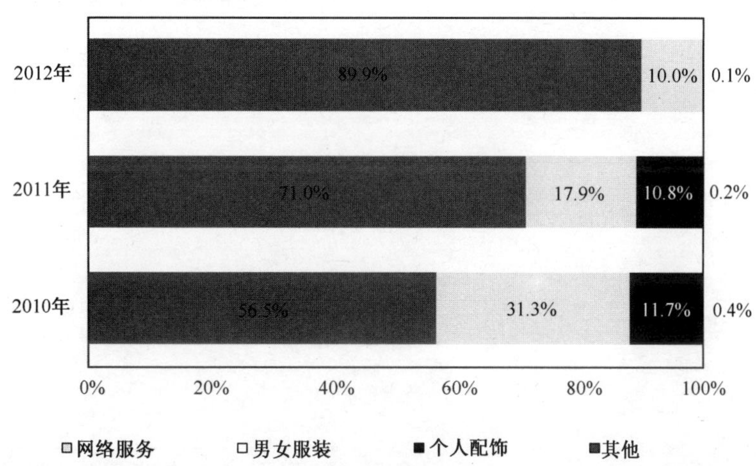

注释：以上数据为艾瑞通过iAdTracker即时网络媒体监测得到，历史数据可能产生波动，如有差异，请以iAdTracker系统作为参考使用。艾瑞不为发布以上的数据承担法律责任

（数据来源：iAdTracker.2013.3.基于对中国200多家主流网络媒体品牌图形广告投放的日监测数据统计，不含文字链及部分定向类广告，费用为预估值）

图12.50　2010—2012年电子商务行业广告投放比例

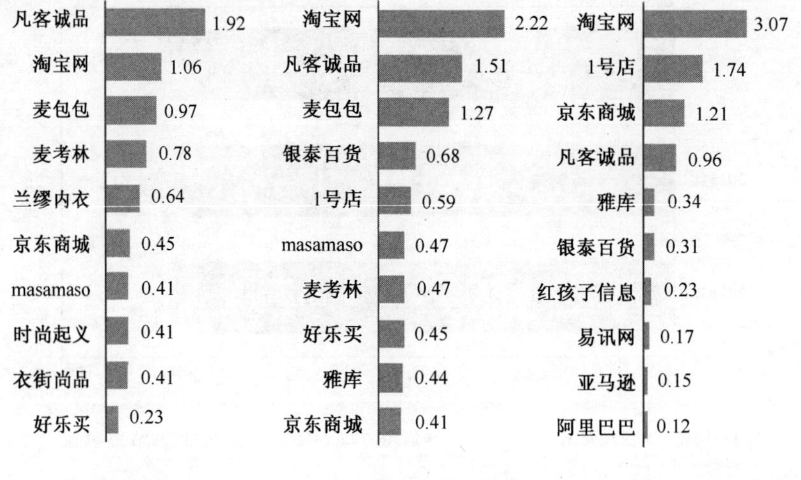

注释：以上数据为艾瑞通过iAdTracker即时网络媒体监测得到，历史数据可能产生波动，如有差异，请以iAdTracker系统作为参考使用。艾瑞不为发布以上的数据承担法律责任

（数据来源：iAdTracker.2013.3.基于对中国200多家主流网络媒体品牌图形广告投放的日监测数据统计，不含文字链及部分定向类广告，费用为预估值）

图12.51　2010—2012年电子商务行业广告投放TOP10

（艾瑞咨询　丁佳琪、由天宇）

第13章　2012年中国网络视频发展情况

13.1　发展概况

13.1.1　发展环境

1．互联网电视进入实施推广阶段

在2012年12月6日举行的2012年中国网络视听产业论坛上，国家广电总局网络视听节目管理司司长罗建辉透露，国家广电总局已制定互联网电视管理政策：集成平台必须由总局批准的机构来建设，终端厂商只能与总局批准的集成平台合作，按批复的序列号开展相关业务。

其中最重要的三点：一是互联网电视集成平台必须由总局批准的广电机构来建设；二是互联网电视内容提供方必须是广电总局批准的内容服务平台；三是终端厂商只能与合法的集成平台开展合作，按照总局批准的序列号开展终端生产，并在经批准的试点城市有序发放。

截至目前国内共发放了7张互联网电视牌照，包括央视国际、百视通、华数传媒、南方传媒、湖南电视台、中国国际广播电台、中国人民广播电台。

同时，广电总局已将上海、长沙、杭州作为试点，未来再继续扩大。这标志着互联网电视已经进入推广阶段。

2．网络剧、微电影须先审后播，审核标准由行业协会制定

2012年7月10日，广电总局发布了针对网络自制节目的《关于进一步加强网络剧、微电影等网络视听节目管理的通知》(以下简称《通知》)。《通知》要求，互联网视听节目服务单位的网络剧、微电影等网络视听节目一律施行先审后播，网络视听节目行业协会组织负责审核的标准制定。

广电总局要求，互联网视听节目服务单位按照“谁办网谁负责”的原则，对网络剧、微电影等网络视听节目进行自审。网络剧、微电影、影视类、纪录片等，要求由3名以上审核员审核通过，并由视频业务负责人最后通过，方可播出。文艺、娱乐、科技、财经、体育、教育等节目，要求由2名以上审核员审核通过，并由视频业务负责人最后通过，方可播出。

网络视听节目行业协会组织负责审核的标准制定及审核员的培训，所有网络视听节目“谁签发谁备案”，根据属地管理，审核签发后要到当地广电备案。

此外，《通知》还要求，开办网络剧、微电影的视频节目服务机构必须持有《信息网络传播视听节目许可证》和《节目制作许可证》，广电将提高准入门槛，并要求企业提高内容审核标准。

以上两项政策标志着网络视频与电视媒体从渠道到内容的全面竞争的开始。

13.1.2 市场热点

1．视频网站进一步洗牌和整合

（1）主流视频网站抱团取暖

内容、版权成本过高一直是视频网站亏损的重要原因之一。2012 年，主流网站纷纷采取抱团取暖的策略，以缓解视频版权、内容运营的成本压力。

• 优酷和土豆合并

2012 年 3 月 12 日，优酷与土豆共同对外宣布将以 100%换股的方式合并，这无疑是 2012 上半年网络视频行业最重磅的消息。2012 年 4 月，二者用户账号正式实现互联互通，成为宣布合并以来首次产品层面的实质性整合。2012 年 8 月 20 日上午，优酷土豆合并方案获在香港召开的双方股东大会批准通过，优酷土豆集团公司正式成立，优酷 CEO 古永锵将担任集团董事长兼 CEO。合并后的优酷土豆无论在用户规模方面还是在收入份额方面，都毫无疑问地成为了视频行业的领头羊。同时，两者合并后通过广告资源共享和版权互换，能够较好地缓解视频网站普遍面临的亏损压力。根据 2013 年 3 月 1 日优酷土豆发布的第四季度财报显示：优酷土豆第四季度营收实现逆势强劲增长，整体净收入为人民币 6.36 亿元（1.02 亿美元），同比增长 30%；净亏损为 1.14 亿元（1820 万美元），同比下降 43%。两家公司在合并后营业收入呈现增长趋势，而净亏损则相应收窄。预计 2013 年，随着优酷土豆逐渐度过合并调整期并走上正轨，合并效应对收入带来的影响将更为明显。

• VCC 联盟成立

面对优酷土豆合并带来的压力，2012 年 4 月 24 日，腾讯视频、搜狐视频、爱奇艺联合组建“视频内容合作组织”，简称 VCC（Video Content Cooperation）。三方将在版权和播出领域展开深度合作，倡导“联合购买、联合播出”，驱动内容市场回归健康状态。

针对结盟一事，腾讯副总裁刘春宁表示，并非对版权剧价格限价，而是共同让网络版权价格回归合理。搜狐视频 CEO 邓晔也表示，此举证明了视频网站发展回归理性，一反 2011 年烧钱、飙价、拼独家的非健康心态。

（2）边缘化视频网站洗牌、转型进一步深化

优酷、土豆身为行业领头羊，搜狐视频、腾讯视频、爱奇艺背靠互联网巨头，主流视频网站的深度整合，提高了视频行业准入和竞争的壁垒，中小型视频网站的生存空间进一步被压缩，纷纷另谋出路。视频网站的洗牌、转型进一步深化。

酷 6 网打造视频社交 USM 模式，融合了微博的及时性与互动性，以用户（User）为核心，以社交（Social）为手段，以媒体（Media）为表现形态，构建用户和用户、用户和播客、播客和播客之间的个性化交互平台。2012 年 6 月，酷 6 传媒公布的第一季度财报显示，第一季度酷 6 净亏损 179 万美元，相比 2011 年同期 1088 万美元的亏损值大幅收窄，USM 社交转型成为其扭转局面的关键点。

与酷 6 相似，爆米花网也以 UGC 内容为核心进行社交化改革，成了“人人都能赚钱的社交网站”。另外，56 网被人人网收购，走起视频社交化传播路线；风行网也着手开创风行

游戏、风行购物等视频外的新业务。

2．版权购买重回理性

2011年视频网站不惜一切代价，疯狂采购热播剧，从3000万元的98集《新还珠格格》到单集185万元的《宫锁珠帘》，版权价格屡创新高，但实际广告营收却入不敷出。例如，爱奇艺以单集约200万元、总价5000万元买下《太平公主秘史》网络独家版权，创下网络视频版权交易新纪录，但剧集上线后，广告营收只占到版权成本的1/10。高昂的版权成本所导致的严重亏损促使视频网站回归理性，在版权购买上更加谨慎。2012年上半年电视剧市场表现冷淡充分说明了这一点，虽然A类剧版权价格由2011年的70万～80万元下跌至30万～40万元，但无一家网站采购。视频网站的版权购买也更加精细化，会更多地考虑网站收益和用户需求。同时，2012年，各大视频网站发力产业链上游市场，通过版权联合购买、联合出品等形式，有效地遏制了电视剧网络版权价格的非理性上涨，促进版权价格趋于合理。

3．台网联动更加密切，合作形式更加多样，反向输出成热潮

“网台联动”是2011年视频网站主流趋势之一，通过与电视台的合作，二者资源互通、传播力互补。2012年，网台联动进一步深入，并在合作模式上有所创新。

（1）同步播出

2011年，网台针对影视剧集的合作基本遵循“先台后网”原则，即合作剧集经传统电视播放后，才允许进入网络播放平台。这实际上是电视机构的一种自我保护方式，防止同时段播出，网络媒体对电视收视群体造成的侵蚀，但这对于几乎付出同样的版权成本的网络媒体显然是不公平的。2012年网台“0时差”模式出现，电视台与网络视频针对合作剧集进行同步播出。

（2）联合出品

通过与电视台联合制作，让节目内容的传播范围和影响力实现最大化。例如，PPTV继与《快乐女声》开展联动后，2012年又与山东卫视选秀节目《天籁之声》合作；搜狐视频与湖南卫视《天天向上》联手制作《向上吧!少年》。

（3）套拍与套播

早在2011年，套拍与套播在业界就有所实践，2012年这种模式继续延续和创新。《千山暮雪》在湖南卫视热播后，搜狐视频采用原班人马套拍7集《千山暮雪》“微电视剧”，并使用网民投票互动式结局，该剧于2012年2月份上线独播，单日播放量最高超过300万次。

同时，PPTV也依据此方式，推出Theater（影院上映）+Online（网络电视）+PPTV Product（PPTV出品）的TOP自制出品模式，其与影视公司合作，推出都市女性电影《擒爱记》，电影院线和PPTV网络电视上线后，PPTV还将在其平台推出套拍剧《出轨日记之擒爱记》。观影用户走出院线后，还可以登录PPTV平台收看同部电影的不同结局。通过该模式，视频网站可以打造自身独有的差异化产品。

（4）反向输出热

2012年10月30日，56网发布公开声明，称其自制节目《微播江湖》遭到河南、山东、湖北等多家电视台不同程度侵权。这是行业内首次发生的电视台盗播视频网站自制节目事件，视频网站向电视台的反向输出成为热点。其实在这一事件之前，网络视频向电视台的反向输出早已开始升温。例如，2012年9月优酷的《晓说》登录浙江卫视；土豆网原创中心自制剧《爱啊哎呀，我愿意》成功输送至深圳卫视和安徽卫视，同时其2012年潮流新节目《哈林哈时尚》也输送至我国台湾 TVBS 电视台播出；PPTV 全新制作的《美丽随心变》经过精编剪辑，融入上海东方卫视《就是爱漂亮》节目。

13.2 市场状况

13.2.1 市场规模

根据中国互联网络信息中心（CNNIC）发布的《第 31 次中国互联网络发展状况调查报告》，截至 2012 年 12 月底，中国网络视频用户数量增至 3.72 亿，年增长率达到 14.5%，在网民中的使用率由 2011 年年底的 63.4%提升至 65.9%。尤其是手机视频用户已经达到 1.34 亿，环比增幅达到 42%。网络视频的持续高速发展正在不断地证实视频化是互联网发展的大势所趋，从文字、声音到图片、视频流媒体，广义的可视化是互联网的未来。

13.2.2 竞争状况

2012 年网络视频的市场格局小有波澜，以迅雷看看、快播、暴风影音为代表的影音播放或下载软件进入网络视频市场，并快速形成规模。从网站覆盖用户数这一指标看，迅雷看看已经进入前三，仅次于优酷和和搜狐视频。但不可回避的是这些以软件服务起家的视频新秀都面临着严峻的版权问题，随着视频市场正版化的步伐越来越快，这些品牌中的大多数可能仅仅是昙花一现。目前视频市场真正的玩家只有优酷土豆、搜狐视频、乐视、爱奇艺和腾讯视频，这些品牌内外部资源已得到良好的整合，商业模式也逐渐成熟。从这个角度来看，视频网站的市场格局已经基本确定，门槛逐渐被提高，产生新品牌的机会越来越小，内耗减少，盈利已能看到希望。

13.2.3 上市情况

2012 年 8 月，土豆网正式从美国纳斯达克退市，距其上市只有 1 年的时间。与 2011 年视频网站的上市热潮相比，2012 年的资本市场冷静了许多，视频网站必须用更多的努力让投资者看到盈利的希望，才能重新点燃 IPO 之火。目前计划 IPO 的独立视频网站仅剩搜狐视频和爱奇艺，这两家均没有明确透露上市时间表。

13.3 主要视频服务类型发展情况

当前，视频点播服务已经成为网络视频行业的主流业务模式，同时社会化媒体的兴起为视频分享提供了新的机遇。此外，移动互联网的迅猛发展让手机视频业务受到行业关注。

13.3.1 视频点播

2012 年，以 Hulu 为代表的正版长视频点播服务模式仍然是视频市场的主流，同时受到用户和广告主的青睐。因此，内容资源必然成为各大视频网站争抢的焦点。视频网站联合买剧的策略虽然在一定程度上缓解了版权压力，但却导致内容更为同质化。这种现象让人想起了 2006—2008 年的省级卫视。因此，对于视频网站，下一步需要考虑的是内容定位上的差异化，建立独特的品牌形象。

13.3.2　视频分享

以 Youtube 为代表的短视频分享模式虽然在传播价值上受到广告主的挑战，但视频分享具有强大的关系链传播能力和内容自生产能力，符合 Web 2.0 的发展趋势，这使得视频分享仍然备受行业关注。视频分享特别是新闻事件的视频分享将导致人即传媒，对舆论格局将产生深远的影响。人即传媒回归互联网媒体的本质，将人的核心价值逐步提升，人们不仅仅是信息的获取者，还是创造者。互联网通过合适的应用模式，可以调动社会性的群体协作，这种协作能爆发出超乎想象的智慧和力量。例如 2012 年 11 月的“雷政富事件”，雷政富不雅视频通过微博曝光后，60 多个小时内即将其免职，并立案调查，网友形容为“微博秒杀”。人即传媒的时代已经开启，真实的新闻事件将被有效地传播出来，媒体的社会责任真正得到履行，并对政治的民主化进程产生深远影响。

13.3.3　付费视频

美国网络视频领域，向用户进行内容收费的主要有 Netflix 和 Hulu。Hulu 在 2012 年营收 6.95 亿美元，同比增加 65%；付费订阅用户数超过 300 万，比 2011 年增长了两倍多。

和国外视频收费业务的火爆情况相比，国内视频公司尽管大部分都开通了付费业务，收入贡献率却并不乐观。2012 年 3 月，国内视频收费业务规模最大的乐视网对外宣称，其付费用户数已超 70 万。按照乐视网第一季度公布的数据，其拥有日独立访问用户约 1300 万人，这意味着其付费率仅为 5%。行业内，如果加上优酷、奇艺、搜狐视频等，平均付费率更低。在收入方面，视频付费获得的收入也较少。据了解，行业内视频网站平均的年付费收入不足百万元，最低的一年付费收入仅仅十几万元。其中，乐视网的付费收入大部分来自和三大运营商合作的不限流量的手机电视业务，真正 PC 端的只占据较少部分。

13.3.4　手机视频

截至 2012 年 12 月底，中国手机网民规模达到 4.2 亿，较 2011 年底增长 18%。手机网民中手机网络视频的使用率已从 22.5%增至 31.5%。2012 年所有视频网站都将移动端作为发展重点，随着智能手机用户的高速增长，移动视频市场的规模和广告价值也迎来了爆发性增长。

2012 年可谓迎来了流量的爆发期。以爱奇艺为例，2011 年 12 月移动终端流量占爱奇艺总流量的 4%都不到，不过 2012 年春节后移动终端流量所占比例已经超过 5%，同年夏天暑假时则飞升到了 15%。而该公司最新数据显示，目前移动终端流量已占爱奇艺总流量的 33%。此外，据优酷发布的数据显示，其移动端流量也已占到优酷总流量的 20%。业内人士表示，“移动端流量的飞升为移动视频广告提供了很好的基础和消化渠道，视频内容在移动端的变现能力正在逐渐增强。”

13.3.5　P2P 流媒体播放平台/网络电视

P2P 流媒体平台通过点对点的客户端模式实现高品质、低带宽的视频流媒体传播，包括流媒体编码发布、广播、播放和超大规模用户直播，能够为宽带用户提供稳定和流畅的视频直播节目。与传统的流媒体相比，P2P 流媒体技术大大缓解了带宽消耗的压力，具有用户越多播放越稳定、支持数万人同时在线的大规模访问等特点，成为视频网站的主流选择。目前，PC 端主要视频网站的客户端使用的都是 P2P 流媒体技术。移动端由于受流量问题的影响，目前还没有使用这一技术。

P2P 流媒体平台的技术优势非常明显，但不可回避的是版权纠纷问题。随着正版化步伐的加快，一些有技术没内容的品牌将面临严峻的生存问题。

13.4 网络视频用户情况

13.4.1 用户规模

截至 2012 年 12 月，中国网络视频用户规模增至 3.72 亿人，半年内用户增量接近 4600 万人，在网民中的使用率由 2011 年底的 63.4%提升至 65.9%（见图 13.1）。

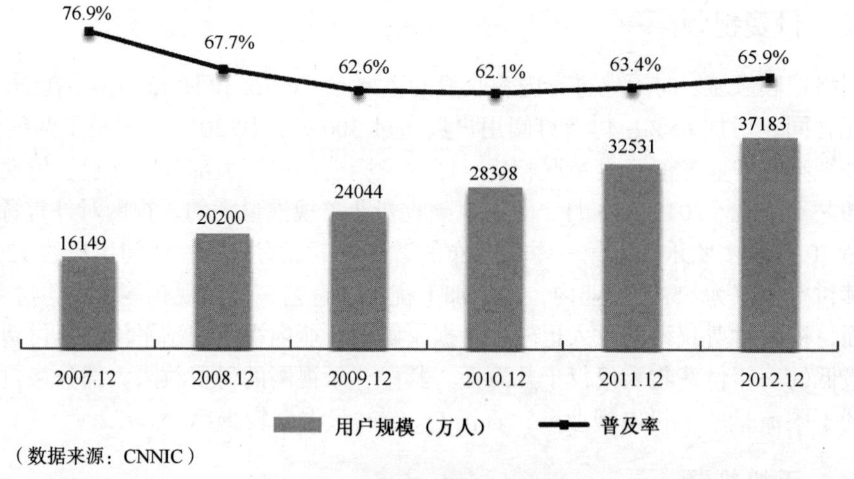

图13.1 网络视频用户规模

网络视频用户具有年轻、高学历、高收入特征，是最具消费能力的群体。

从用户构成特征指数可以看出，和电视受众相比，视频用户表现出更为高端的特征（见表 13.1）。用户构成特征指数是以总体人群为基准（即定义为 100），用视频/电视用户的构成与总体人群构成相除得到的。如果用户特征指数高于 110，说明在这一特征上表现得比较突出。

表 13.1 网络视频/电视用户特征指数

受众结构		视频	电视
性别	男	110	100
	女	86	100
年龄	18 岁以下	124	114
	18～24 岁	196	98
	25～34 岁	162	102
	35～44 岁	88	98

（续表）

受众结构		视频	电视
年龄	45～54 岁	37	94
	55 及以上	16	100
个人月收入	3000 元及以下	78	97
	3001～5000 元	173	112
	5001～8000 元	185	116
	8000 元以上	172	104
职业	在校学生	160	110
	党政机关领导干部	167	134
	党政机关一般职员	205	136
	事业单位领导干部	180	120
	事业单位一般职员	188	119
	企业/公司高层管理人员	203	138
	企业/公司中层管理人员	228	121
	企业/公司一般职员	199	111
	高级专业技术人员	188	125
	中级专业技术人员	199	122
	初级专业技术人员	177	106
	商业/服务业一般职工	143	104
	制造业/生产性企业一般职工	123	95
	农村外出务工人员	51	76
	个体户/自由职业者	137	98
	退休	30	119
	无业、下岗、失业	52	84

从用户的产品拥有率来看，网络视频用户的消费能力明显高于电视用户（见图 13.2）。

13.4.2　地理分布

网络视频用户分布不均衡，北京、上海、浙江、江苏和广东等发达地区的渗透率较高，河南、甘肃、江西、辽宁、青海等省份的渗透率较低（表 13.2）。

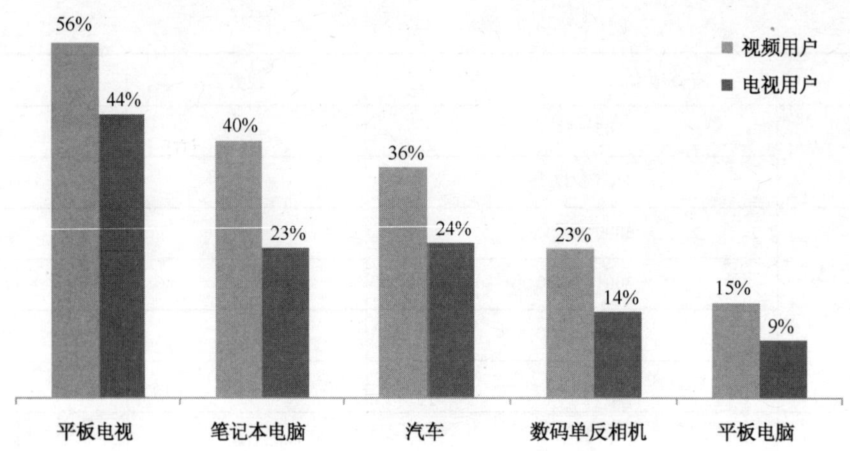

注：其中汽车拥有率为家庭拥有率
（数据来源：CNNIC）

图13.2　网络视频/电视用户产品拥有率

表 13.2　网络视频用户地理分布

地区	网络视频使用	地区	网络视频使用
上海	49%	宁夏	27%
北京	40%	河北	27%
浙江	39%	陕西	26%
江苏	38%	山东	26%
广东	37%	黑龙江	25%
天津	34%	新疆	25%
海南	33%	贵州	25%
山西	32%	湖北	24%
四川	31%	湖南	24%
西藏	29%	安徽	24%
广西	29%	青海	23%
福建	29%	辽宁	23%
内蒙古	28%	江西	22%
云南	28%	甘肃	21%
吉林	27%	河南	21%
重庆	27%		

13.4.3　收看时间

根据 CNNIC 中国互联网数据平台统计，2012 年网络视频的人均单日访问时长为 25 分钟。工作日的访问时间主要集中于晚上 20:00 至 22:30，休息日白天的访问时间也明显上升。

13.4.4　收看频率

网络视频用户中，超过 80%的 PC 端用户每周至少有 1～2 天收看，在手机端和平板电脑端这一数据接近 65%，充分说明网络视频对用户的黏性较高（见图 13.3）。

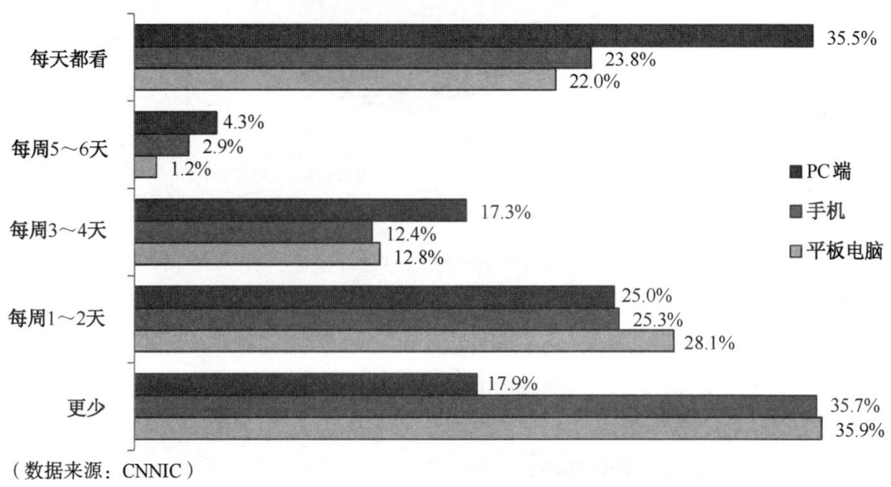

图13.3　网络视频用户收看频率

13.4.5　收看途径

有 92%的网络视频用户形成了固定的收看习惯，有 64%的用户会选择固定的视频网站或视频客户端收看视频（见图 13.4）。这表明在用户心目中，网络视频的品牌意识正在逐渐形成。其中，最常使用客户端收看视频的用户接近四分之一。客户端无疑是网络视频未来的发展趋势，2012 年，随着移动互联网的大热，几乎所有视频网站都推出了手机客户端。同时，很多以网页视频起家的视频企业如搜狐、土豆等也纷纷补齐了 PC 客户端的空白。和网页相比，客户端能够带来更好的用户体验：首先，非常方便识别和打开；其次，功能丰富，操作方便；最后，为加入品牌个性化的内容提供了更大的空间。另一方面，客户端也是视频企业比拼 UI、建立品牌的最佳载体。

那么，是什么因素在影响用户对网络视频品牌的选择呢？从调查结果可以看出，速度、内容和清晰度是最为重要的三个因素（见图 13.5）。习惯了是结果，是对视频品牌忠诚度的表现，目前只有 64%的用户是某一视频品牌的忠诚用户，视频品牌还存在比较广阔的蓝海空间。

“播放流畅，速度快”属于保健因素，是用户收看视频的前提和基础。有了它，用户不一定满意；但没有它，用户一定不满意。根据调查，视频用户能够清楚地感知到不同视频品牌在速度上的差异。同时，用户也能认识到，速度不但与网络环境有关，也与网站或客户端有关。速度上不去，即使内容再多，也不能留住用户，最好的结果是沦为一个下载网站。

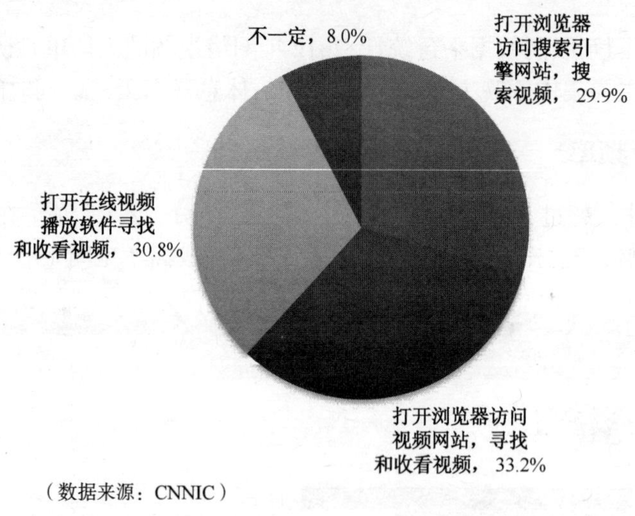

图13.4　网络视频用户收看途径

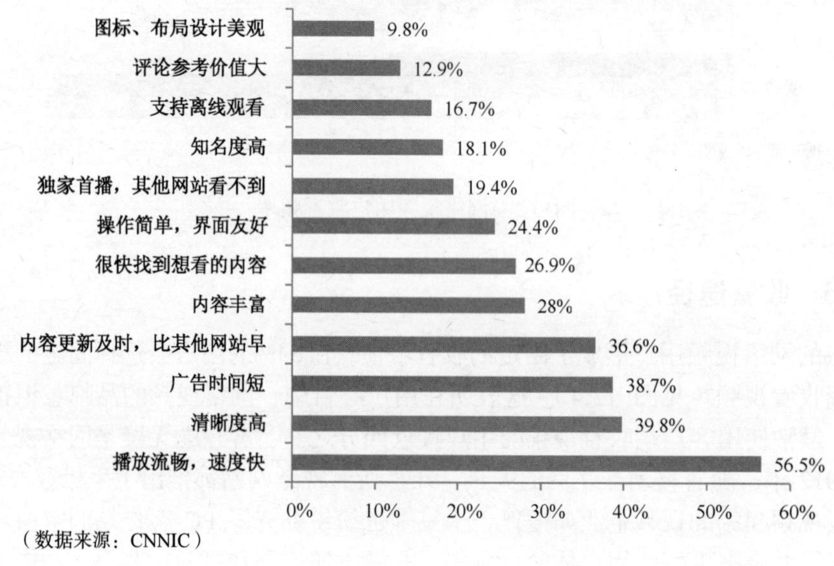

图13.5　在线视频客户端偏好影响因素

和“播放流畅，速度快”相比，内容应该更受重视，因为内容属于激励因素，是用户选择品牌的重要驱动，是视频品牌的核心竞争力。用户选择视频应用首先是看有没有。但比较尴尬的是，对内容资源的生产和掌控，并不是视频网站的优势。这就决定了购买版权将成为视频行业的一项永久性投入，虽然 2012 年版权价格出现大幅下降，幅度在 30%左右，但优质的内容资源，如电视剧《北京青年》，价格依然很高，独家的价格在 120 万元/集左右。从已经上市的视频网站财报来看，内容投入巨大是其难逃亏损泥沼的主要原因。为寻求内容和投入的平衡，各视频网站纷纷推出了不同的解决方案，寻求破局，具体如下：

● 优酷和土豆选择合并，共享内容资源和用户。

● 搜狐视频、爱奇艺、腾讯视频形成采购联盟，这种联盟在一定程度上挤压了内容版权的泡沫。

● 搜狐视频积极进入内容的生产层面，搜狐视频全力打造的《猫人女王》、《屌丝男士》、《大鹏嘚吧嘚》等，已经成为风靡网络的品牌节目，为视频网站增强自造血能力提供了标杆。

● 搜狐视频、乐视、腾讯视频等还积极和国内外电视台、影视剧专业机构合作，除购买内容外，还采取联合投资、共同拍摄等方式介入网络视频的内容产业链上游，加强自己对内容的掌控和选择。

值得一提的是，大多数视频网站已经认识到追求内容的大而全要付出相当昂贵的代价，并且不能持久。而圈定一个独特的内容领域作为自身的定位，集中资源在这个内容领域精耕细作，形成差异化的竞争优势以及内容的掌控力，进而建立品牌才是更为可行的策略。

除了以上因素，随着越来越多的用户转向使用视频客户端，客户端 UI 体验成为视频网站应该精益求精的努力方向。客户端是品牌和内容的载体，客户端的 UI 体验对于留住用户、建立品牌至关重要。因为用户不会对内容忠诚，却会对品牌忠诚。同时，对客户端的改进能够发挥互联网公司的技术优势，是除内容外另外一个主要的竞争战场。根据调查，用户对客户端最核心的需求有两个：速度和简单。最快地找到感兴趣的影片，最快地进入播放，比什么都重要。

13.4.6　用户付费习惯和意愿

CNNIC 调查显示，2012 年中国网络视频用户中有过付费行为的占比仅为 8.3%。而在有过付费行为的用户中，高达 67.7%是偶尔有过一两次的偶然付费行为，这表明当前中国网民付费收看视频的习惯还非常不成熟（见图 13.6）。

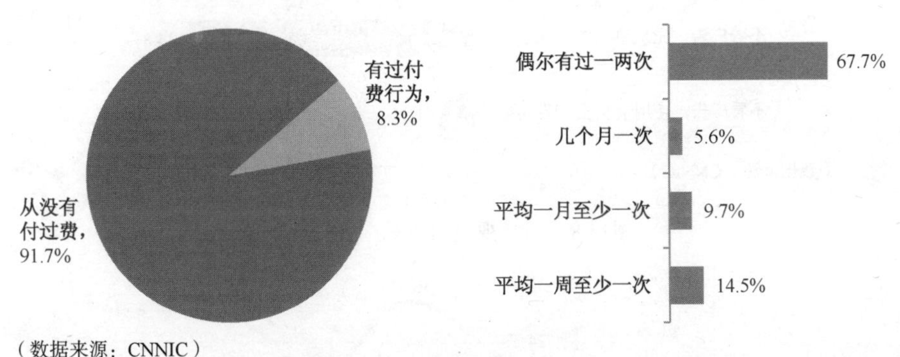

图13.6　网络视频用户付费行为

用户的付费激励因素主要集中在内容资源上，而正是版权保护的力度不够阻碍了网络视频付费业务的发展（见图 13.7）。“如果网上可以下载到，为什么还要去付费？“如果可以买到盗版碟，为何要去付费？”“只要还有一家免费的视频网站，我都不会交钱。”这是许多视频用户的真实想法。此外，目前视频网站的收费频道中的内容诱惑力较低也是影响付费的重要原因。“每次新推出的电影，值得一看的寥寥可数。而划归到付费频道中的内容也难以保证海量，真正一些老的稀缺片源却往往在付费频道中找不到。”现实中，对于特别值得看的电影，众多用户选择去体验更好的电影院。各种团购活动已将电影票价拉低到 30 元左右，而在狭小的电脑屏幕上花费 3～5 元点播不再具备吸引力。

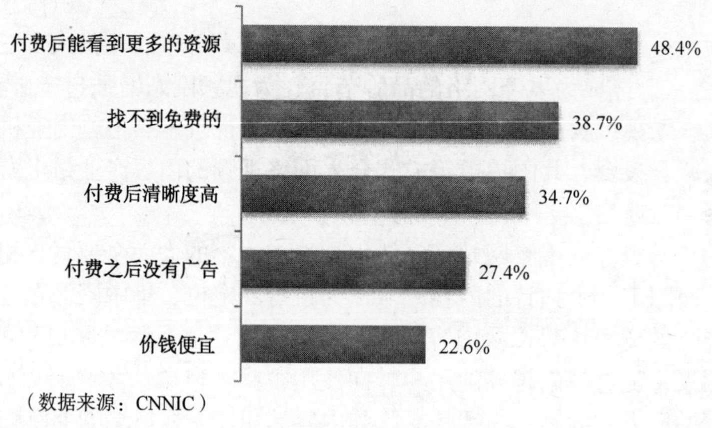

图13.7 网络视频用户付费激励因素

13.4.7 广告等待

据CNNIC调查显示，有41.3%的网络视频用户在遇到广告时会选择耐心收看（见图13.8）。只有 21.1%的网络视频用户能够接受超过 1 分钟的广告（见图 13.9）。

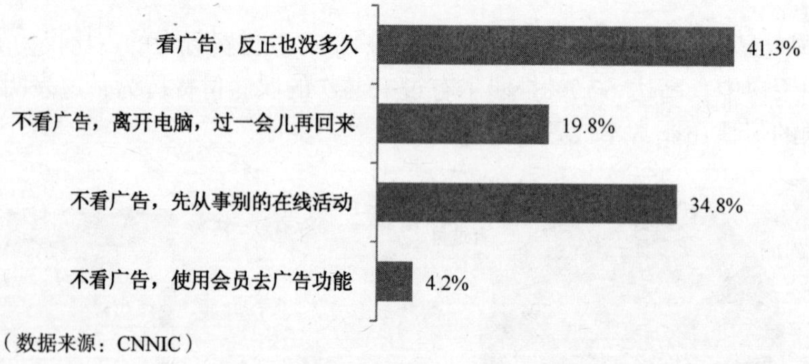

图13.8 网络视频用户对广告的反应

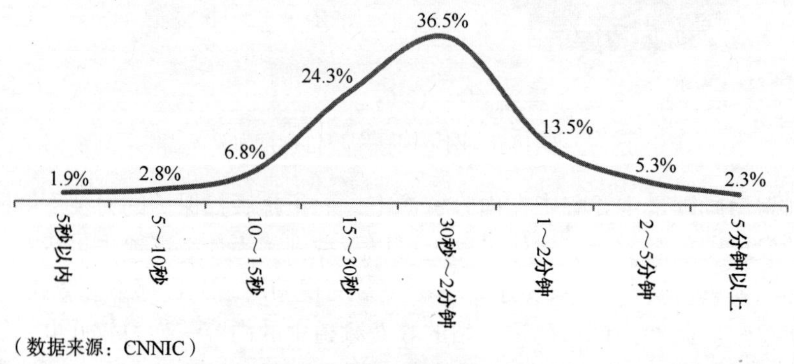

图13.9 网络视频用户能够接受的广告时长

上网是大势所趋，互联网营销将会变得越来越重要。2012 年，传统行业如日化、快消品纷纷加大了对互联网广告的投放，尤其是视频广告被寄予厚望。在这里，美国网络广告业的发展可以作为参考，2012 年第二季度，美国展示类广告仅同比增长 4%，但视频部分却实现同比增长 18%。

虽然用户对视频广告的容忍度要高于电视广告，但是随着内容成本的压力越来越大，和 2011 年平均 15 秒的贴片广告相比，2012 年各大视频网站普遍延长了广告时间。目前，最长的视频贴片广告已经达到了 1 分钟，用户的容忍度受到了新的挑战。对此，CNNIC 认为提升视频广告效果，创意、互动是关键。

可以看出，目前视频广告主要还是在沿袭电视广告的模式，就是简单地将广告片放在正片之前播放。在这样的模式下，想要吸引用户主动收看广告，那么广告片一定要好看，要有吸引用户的看点。据 CNNIC 视频广告研究，有近四成的用户会收看一些有趣、有创意的广告。因此，尽量提高广告本身的创意和可看性，是提升视频广告效果的途径之一。

除此以外，我们更要看到，将广告的单向传播转变为双向互动是互联网广告的优势，视频广告和电视广告相比，在互动方面有更大的发挥空间。首先，可以通过互动给用户更多的广告收看选择权。例如，有用户提到如果可以先看 5 秒广告，然后让他选择是否继续收看这支广告，那么他的感觉会更好。此外，有用户抱怨有些广告确实不错，但是总是看到这些广告，就觉得很厌烦。因此，如果提供一个广告观看的选择界面，列出多支广告，让用户选择收看没看过的或感兴趣的广告，效果会更好。其次，融入更多的互动体验。网络营销是唯一一个可以集问题识别、信息搜集、选择评价、购买决策和购后评价为一体的营销平台。因此，视频广告可以带有更准确的指向性，通过互动引导用户流向不同的消费环节。也就是说，视频广告可以做得更实用，直接推动用户行动起来。理想的视频广告可以将传统营销中的广告和促销融为一体，让用户在视频广告中了解产品、获取优惠、连通渠道、产生购买。所有互联网营销的最终指向都应该是渠道，当然视频也不例外。

大多数网民对视频广告还是抱着理解和接受的态度的。如果能够在广告的创意和互动方面多做文章，为用户提供更好的体验和实用性，相信视频广告的效果会有更大的提升。

13.4.8 网络视频用户对热播电视剧的收看方式

据 CNNIC 调查显示，网络视频用户中，有超过 40%的用户已经将网络作为最主要的电视剧收看渠道（见图 13.10）。

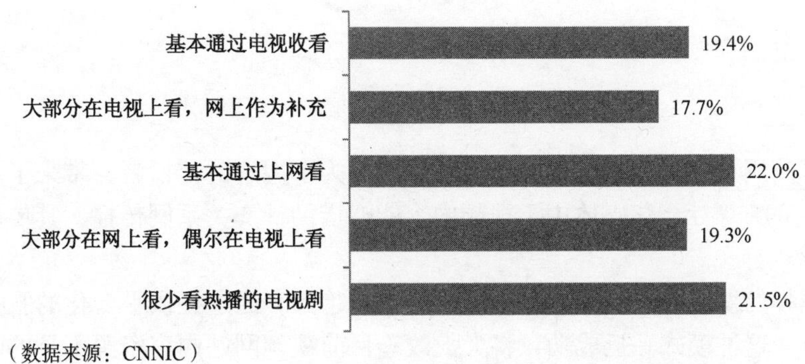

图13.10 网络视频用户热播电视剧收看方式

偏好通过网络收看热播电视剧的用户看重网络视频时间安排自由、自己控制、广告较少等因素（见图 13.11）。

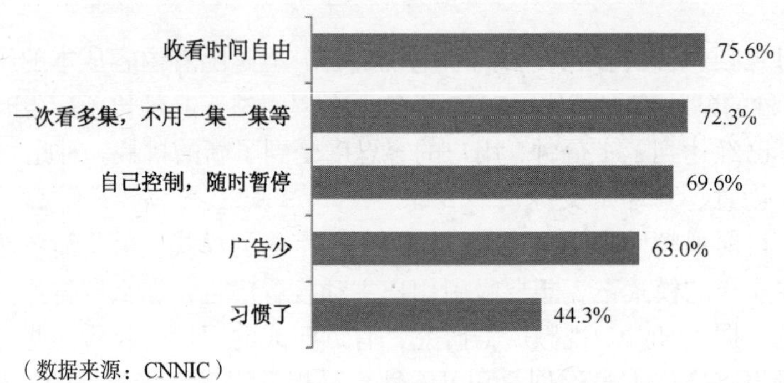

图13.11　用户偏好通过网络收看热播电视剧的原因

13.4.9 视频分享用户

据 CNNIC 调查显示，视频网站用户中有过视频分享行为的比例为 47%，接近一半，如图 13.12 所示。其中，72.2%的用户在博客/个人空间里分享视频；在微博中分享视频的用户比重为58.9%；在社交网站分享视频的占比为48.2%；在专业视频网站分享视频的比例为22%，如图 13.13 所示。其中，微博、社交网站和专业视频网站的视频分享均保持快速增长。

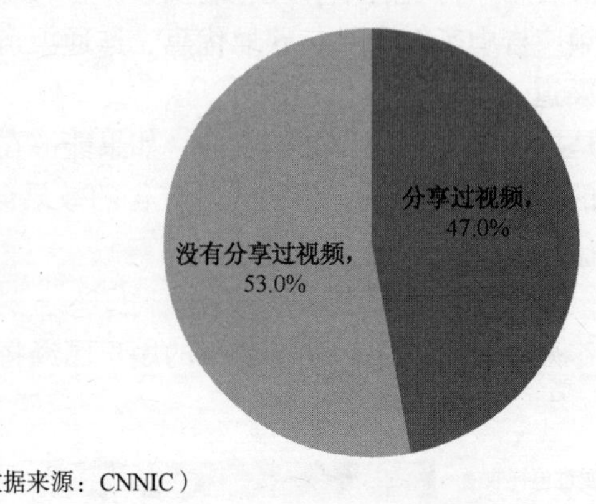

图13.12　网络视频用户视频分享使用情况

视频分享使用户不再只是内容的接收者，而成为了内容的传播者，带来了更多的关联观众。在微博、SNS 等社会化媒体中，视频内容能够借助社交关系网传播，其传播速度和广度得到大幅提升。

探索短视频的发展模式，符合 Web2.0 的发展趋势。通过提供平台化的服务，由用户来创造内容价值，这种模式一旦成功，将大大改善目前视频网站内容资源不足的困境。从视频网站的品牌建设和商业模式考虑，短视频也应该走精品、品牌的路线。可以打造一些品牌的原创栏目，如对用户制作的新闻类短视频进行采编，推出《网络新闻联播》等，这需要投入较多的编辑力量，当然品牌栏目的回报也是不可估量的。

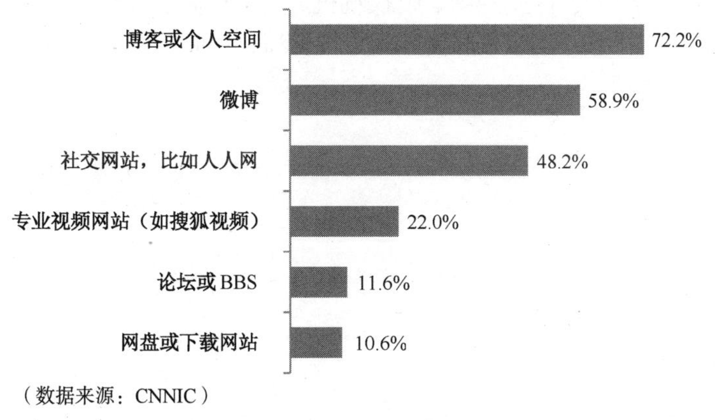

图13.13　网络视频用户视频分享途径

13.5　发展趋势

2012 年视频行业涌现的许多特点在未来还将继续深化。首先，内容自制战略将不断升级，视频网站通过这一举措进一步创新内容分销模式，同时抑制版权内容价格的不断上涨，当前主要几家视频网站的经营现状证明过度依赖热播剧集换取流量的发展道路很难持续，未来这种高成本投入的发展热潮或将退去；其次，与社交平台的融合继续深化，视频网站将与国内微博、社交网站平台开展多种形式的合作，如为社交平台提供视频上传服务等。除以上趋势外，网络视频行业发展还将呈现出以下趋势。

13.5.1　争夺电视屏幕，渠道决胜

2012 年视频网站对屏幕的争夺主要体现在移动端，而预计 2013 年电视屏幕将成为重要的战场。作为家庭中最重要的一块屏也是最后一块屏，其战略意义已不言而喻。对电视屏幕的争夺将更多地受到政策的限制，最重要的是能不能找到拥有互联网电视牌照的合作方进入对渠道的掌控，这无疑是决胜的关键。

13.5.2　行业竞争格局更为集中，垂直网站还有生存空间

2012 年视频网站的行业格局已经基本确立，优土视频、搜狐视频、腾讯视频、爱奇艺和乐视是最重要的玩家。视频网站的门坎越来越高，新品牌的机会越来越少，专业的视频垂直网站可能还有一些生存空间。即使是综合视频网站也会选择专业化的定位以求建立差异化的品牌形象。

13.5.3　盈利可以预期

多屏发展、行业格局集中都是视频网站盈利的利好消息。视频网站的盈利模式已经日渐

成熟，广告、版权分销和付费点播是视频网站盈利的三驾马车。2012 年上半年乐视网在行业中最早实现盈利。2012 年底，优酷、搜狐视频、爱奇艺也纷纷发布了盈利预期时间表。网络视频从诞生伊始至今，经历了行业洗牌、版权危机、成本过高、抱团取暖等诸多残酷的洗礼，一路走来，逐渐成熟。在寒冬的夜晚上路，是因为我们听到了春天的脚步。我们相信，网络视频盈利之期，不再遥远。

（中国互联网络信息中心　刘福军）

第 14 章　2012 年中国网络游戏发展情况

14.1　发展概况

14.1.1　发展环境

1．网络游戏整体向好

根据游戏行业年会中文化部提供的数据，2012 年全国新增具有网络游戏运营资质的企业 476 家，具备网络游戏运营资质的企业累计达到 1697 家。2012 年文化部共审批进口网络游戏 53 款，备案国产网络游戏 830 款。2012 年，经省级文化主管部门内容审核通过的游戏游艺设备达 266 种。2012 年中国网络游戏产业呈现出稳定的良好发展趋势。

2．市场环境进一步净化

2012 年文化部开展了对游艺娱乐场所的法规建设，起草了《娱乐场所管理办法》，加强对游艺等娱乐场所的经营管理，维护娱乐场所健康发展。对娱乐场所的设立地点、设立条件、设立程序等都进行了详细的规范，对游艺娱乐场所提出了具体的规定要求。

2012 年 4 月，在文化部指导下国内首家“移动游戏发展联盟”成立，发布会中人民网、新浪、腾讯等首批 30 余家联盟成员单位签署了《移动游戏联盟宣言》，承诺自觉遵守法规制度，倡导健康文明的游戏理念。移动游戏发展联盟的成立以及《移动游戏联盟宣言》的签署将促进行业间的合作，并有利于充分发挥行业协会在市场自律中的作用，保障移动游戏市场健康有序发展。

3．游戏平台增强游戏活力

游戏平台从端游时期已经发挥着巨大的作用，随着手机厂商和产品的增多，平台的作用一直提升，目前已经延续到网页游戏和手机游戏，且中小厂商对平台具有更高的依赖性。平台的优势主要体现在以下两个方面：一方面，从游戏开发商的角度，由平台帮助游戏产品进行运营，通过各个渠道对游戏进行推广，可以帮助游戏产品盈利。平台的运营目标是让用户在平台上产生更大的价值，让游戏在平台上产生更好的效果。另一方面，从用户角度，平台汇聚了大量游戏，可以带给用户更多的选择。在平台上以资源共享的方式，免去用户多个账号的注册过程和支付方式多样性等问题，大大便利了用户的使用，降低了用户进入的门槛。总体而言，游戏平台在游戏开发商和用户之间建立起了最快速、方便的联系，平台既能够将新产品以最快的速度推向市场，又能够使用户最便捷地接触到新产品，大大方便了开发商和用户之间的信息传递。

14.1.2 市场热点

1．手机游戏成为行业焦点

根据 CNNIC 报告显示，截至 2012 年 12 月底，我国手机网民规模达到 4.2 亿人，较 2011 年底增加了 6440 万人，网民中使用手机上网的人群比例由 2011 年底的 69.3%提升至 74.5%，如图 14.1 所示。手机网民在 2012 年规模增长，并于年中超越使用台式电脑接入互联网的网民。手机网民的发展为手机游戏建立了发展的基础，随着手机上网人群基数的不断增大，手机游戏用户规模也在逐渐扩大。

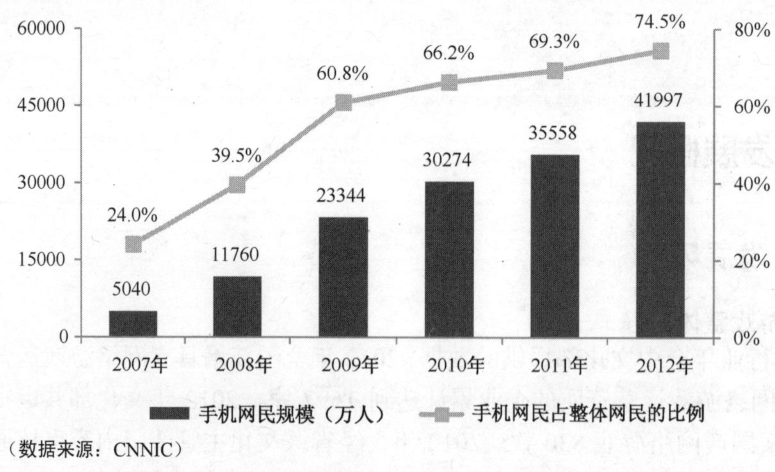

（数据来源：CNNIC）

图14.1　中国手机网民规模及其占整体网民的比例

同时，智能终端的普及也为手机游戏用户的增长提供了良好环境，促进了手机游戏的发展。CNNIC《2012 年度中国手机游戏用户调研报告》数据显示，手机游戏用户中高达 92.7%的用户使用智能手机。在智能手机操作系统中，手机游戏用户使用最多的手机操作平台是安卓系统，安卓系统用户占手机游戏用户的 55.5%；其次为苹果 iOS 系统，占比为 21.2%，如图 14.2 所示。安卓系统大量千元以下智能手机的推出，使安卓系统市场份额迅速增长，这也推动了手机游戏用户转向安卓系统。

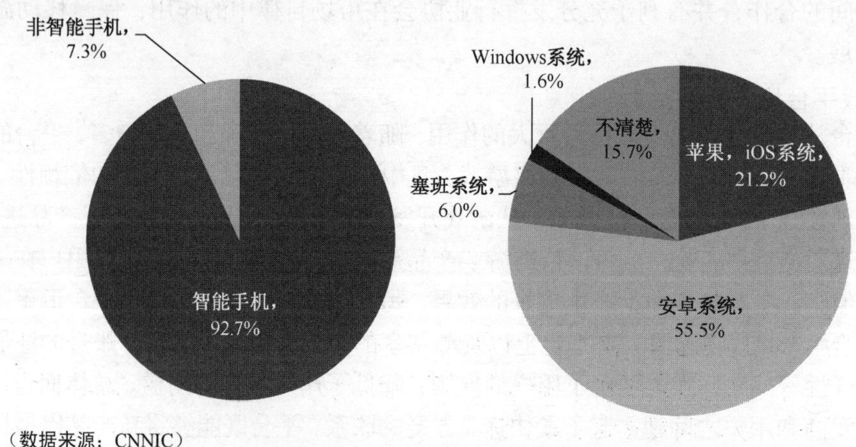

（数据来源：CNNIC）

图14.2　手机游戏用户手机类型和操作系统

2．手机网络游戏增速放缓

CNNIC 发布的《中国互联网络发展状况统计报告》逐年对手机网络游戏进行了调查，报告中指出，截至 2010 年底，受到手机上网资费和上网速度的影响，手机网络游戏的渗透率还是偏低。而自 2011 年起，移动互联网的发展为手机游戏的发展创造了一定的市场空间。然而，手机网络游戏虽然保持较快增长，但其受到终端设备以及用户体验影响，很难实现类似小型棋牌游戏、大型客户端游戏的大规模普及。手机网络游戏仍处于补充地位，还没有形成核心竞争力。

进入 2012 年，随着智能手机的普及和移动互联网的发展，手机网络游戏用户规模增长较快，为网络游戏产业注入新的活力。截至 2012 年 12 月，手机网络游戏在手机网民中的使用率为 33.2%，比 2011 年同期增长了 3.0 个百分点，用户规模较 2011 年年底增长了 20.8%，如图 14.3 所示。尽管增长放缓，但用户规模依然保持着高速增长。

整体网络游戏已经进入疲惫期，一方面，整体网民增长的放缓，造成了新游戏用户规模萎缩；另一方面，网络游戏创新不足，制约了其发展。尽管网络游戏整体用户还在增长，但是增长速度却在不断减缓。而与整体网络游戏情况相比，手机端网络游戏用户规模增长迅猛，远远超出整体市场增速。

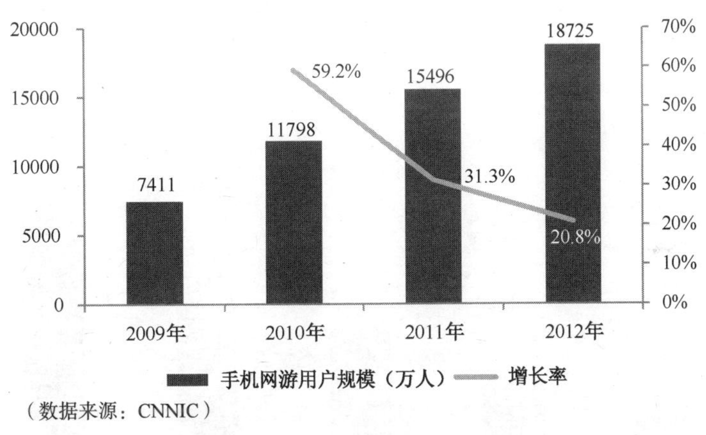

（数据来源：CNNIC）

图14.3　手机网游用户规模

3．手机游戏普遍性与局限性并存

受手机特性的影响，手机游戏不同于 PC 端游戏，手机游戏最大的特点就是随处可玩。手机移动性、便携性、可随时随地上网的便利性，使手机游戏用户可以利用碎片化的时间，在不同的场景中使用手机玩游戏，更能满足用户的娱乐需求。手机游戏作为游戏行业的细分市场，前景不可小觑。各游戏运营商也意识到了手机游戏未来的巨大潜力，都争先在手机端布局游戏，并加大力度开发更多的游戏类型，利用手机游戏移动性、便携性和随处可玩的特点，满足用户更多的诉求。

根据 CNNIC《2012 年度中国手机游戏用户调研报告》显示，用户喜欢利用排队、等车的时间进行游戏，手机游戏碎片化的特性凸显。这对手机游戏用户在电脑端的游戏行为产生了影响，电脑端与手机端相比，57.1%的手机游戏用户更常在手机上玩游戏，24%的用户更多地在电脑上玩游戏。29.8%的用户在手机上玩游戏以来，在电脑端玩游戏的时间减少了，而电脑端游戏时间增加的比例仅为 4.2%，手机游戏抢夺了电脑端的游戏时间。22.4%的用户手机游戏时间越来越长，而仅有 10%的用户时间变短，手机游戏逐渐成为了一种普遍的娱乐方式。

但是目前手机游戏在使用上还存在着局限性，如手机游戏画面和 PC 端游戏无法相比，中国目前的网络环境不能满足手机游戏市场发展的需求等，这些都影响了游戏效果，使用户体验不够完善。未来，随着手机端游戏更好的开发、网络环境的不断改善，手机游戏存在的问题将逐一得到解决，而这将会为手机游戏市场带来更多的用户。

14.2 市场情况

14.2.1 市场规模

从宏观形势分析，在经历了 2011 年的转型探索之后，中国客户端网络游戏市场开始进入新的探索创新阶段，以往以大型客户端为主的产品结构在 2012 年发生转变，多端发展的形势更为明显。

2012 年中国网络游戏用户付费市场规模达到 458.3 亿元，年增长率为 29.3%，如图 14.4 所示。经过十几年的发展，中国网络游戏已经进入平台期，虽然网页游戏、手机客户端游戏的发展带动了一部分用户增长，但这种增长多来自游戏类型间的用户转换，并没有起到“拉新”的作用。同时，随着中国互联网的快速成长，互联网娱乐服务逐渐增多，从而分散了中国网络游戏用户的部分精力。

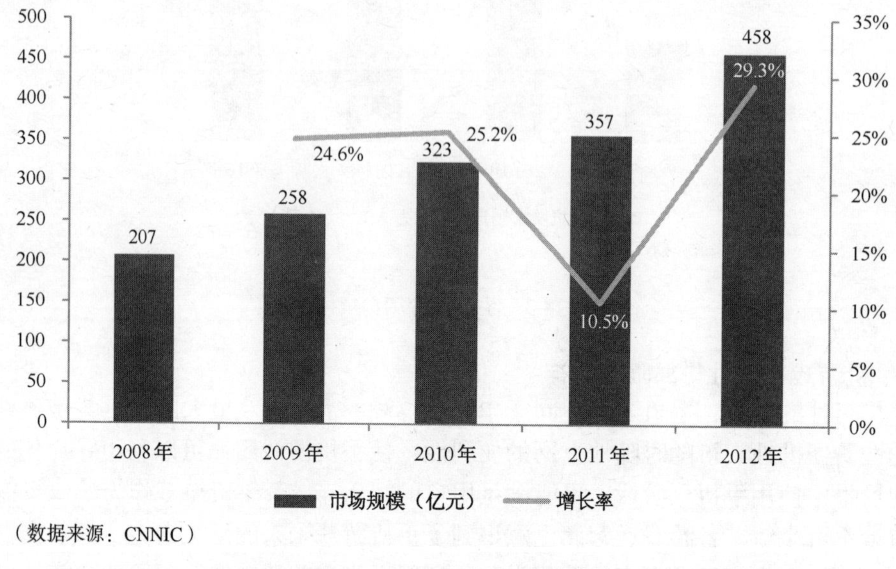

图14.4 网络游戏市场规模

14.2.2 行业研发现状

1. 网络游戏整体

据《2012 中国网络游戏研发力量调查报告》统计，2012 年国产游戏总量达到 440 款，同比增长 3%，中国研发力量仍呈增长态势。但是中国在网络游戏自主研发方面却依然较弱，这一直是中国网络游戏市场的一块短板。

高级人才和技术的稀少限制了游戏研发能力的进步，而厂商对于自主研发的重视度较低，将游戏作为快速盈利的手段，忽视游戏内容策划和品质提升，也是游戏缺乏精品的原因。一款可持续盈利的产品，应该以用户需求为导向，转变快速盈利的观念，在研发之初就应当顾及用户体验，了解用户对产品的诉求，而不仅仅是表现在产品运营过程中。应当增强自主研发能力，拓宽产品类型，走精品研发路线，从而使游戏企业更具竞争力。

2．手机网络游戏

手机网络游戏尚处于发展初期，但随着终端技术的不断开发和移动互联网的快速发展，手机网络游戏与 PC 端游戏相比，发展进程会大大缩减。但是手机网络游戏开发存在一定的难度，手机网络游戏需要针对不同的手机操作系统和手机型号进行开发，而现在市场中手机型号种类繁多、系统不一致，导致手机网游在开发中存在着很大的困难。此外，手机网络游戏研发时间周期长，人力投入大，开发成本高，真正上线进入市场需要持续很长时间。

14.2.3　市场竞争情况

中国网络游戏市场格局依然呈现出长尾状态，少数大企业占据了绝大多数市场份额，但同时我们也意识到，排名前三的游戏企业份额逐步集中，腾讯利用 QQ（本质上是社交为基础）的用户优势，结合游戏为产品导向（用户关注产品而不太关注开发商或者运营商）的特性，占据了绝对优势，市场份额接近一半。网易、盛大网络紧随其后，市场份额分别占据 13.2% 和 12.1%，如图 14.5 所示。另一方面，小厂商在网页游戏以及手机游戏上的发力，使其具备一定市场空间，未来小厂商的份额会继续扩大。综上所述，目前整体市场状况可以总结为腾讯一家独大，小厂商迎来了网页游戏和手机游戏商机。

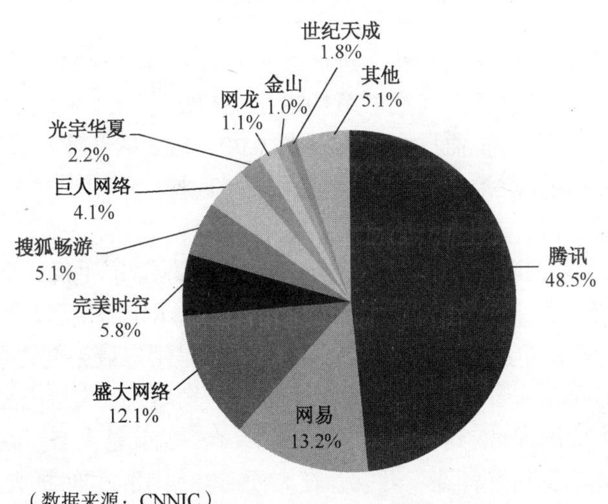

图14.5　中国网络游戏市场份额

从产品竞争形势分析，各厂商目前营收的主力依旧是运营情况较为稳定的老产品，虽然对新产品的研发或者代理一直在持续进行，但是营收方面不及老产品。此外想要大型客户端游戏挑起大梁，很难实现，反而多端创新的影响越来越明显。浏览器端、手机端的发展已经成为了短期游戏市场营收的主要动力。

但同时也应意识到，手机端、浏览器端游戏的发展虽然创造了一定价值，但二、三、四线厂商在新机遇中创造价值的难度仍然很大。网页游戏、手机游戏对分发渠道和平台的依赖更为严重，游戏开发商上位的速度甚至不如一些根本没有游戏经验但拥有海量用户的平台级公司。因此，小厂商与平台商，尤其是大平台商的利益博弈甚为关键。

14.2.4 细分市场

1. 客户端游戏接近饱和，网游市场趋于多元化

经过十几年的发展，中国网络游戏已经步入成熟期。传统 PC 客户端游戏已经接近饱和，各个运营商也逐渐开始关注其他游戏细分领域。从 2012 年的情况分析，网页游戏与社交游戏以及手机游戏增速明显，中国网络游戏行业呈现出多元化特征。而从发展态势看，网页游戏营收增速明显。2012 年，网页游戏进入行业成长期，一些专注于网页游戏的企业得到了不错的营收回报，而传统网游企业也将目光逐渐聚集在这块新兴市场，网页游戏也将是中国网络游戏增长的助推力。

2. 网页游戏平台资源集中化为优质产品服务

自 2010 年开始，腾讯、盛大以及一些平台化厂商纷纷建立自己的用户平台，在支付、宣传推广等方面实现资源的共享。而这种平台的优势一方面节约了企业资源，另一方面也将用户产品间的转换限制在平台内。而网页游戏的出现则对游戏平台的依赖程度有所提升，主要是由于网页游戏产品体量较小、推广资金不足等原因。而随着产品的增多，平台资源也逐步向精品游戏转换，以网页游戏为例，排名开服数量 TOP10 的网页游戏企业占据了约 60% 的开服数量，一定程度上可以显示出，平台资源集中化为优质产品服务，市场集中度较高，高质量网页游戏产品将可能吸纳行业高额利润，商业前景较好。

3. 手机游戏发展迅速

智能手机与移动互联网呈现出相互促进的态势。在目前高速增长的移动互联网发展以及逐步接近饱和的 PC 客户端背景下，资本市场也在逐步加大对于手机游戏的投入。移动市场的发展主要由于海外市场成为企业掘金热土，在 APP Store 的商业模式下，手机游戏海外出口的门槛被降低，从业企业逐渐将国外市场作为第一选择。

4. 手机游戏基础形成，开放平台需求提升

2012 年对于中国移动互联网是转折的一年，经历了从非智能手机到智能手机的转换。根据不完全统计，2012 年基于安卓和 iOS 系统的手机用户较 2011 年增长超过一倍，智能手机用户基础已经形成。而从各个软件市场下载类型分析，游戏依然是用户最热衷的服务。但与此同时，随着用户的增长，带来的问题也逐步显现。例如，大量的开发商以及大量产品的涌入，造成用户在选择渠道以及支付等方面的困难，这就需要各种移动平台，尤其是大型互联网企业的用户平台以及包括电信运营商在内的支付平台逐步开放，在方便游戏使用的同时扩大自己的收益。

5. 社交游戏走向没落

社交游戏发展主要依托于社交网络，因此中国社交游戏用户多集中于几个大的社交平台，而一些中小型的社交网络平台因为用户黏性较低而陆续死去。而对于这些大的社交平台而言，其本身大量的用户资源就使得社交游戏的推广能够有很好的市场。并且这些相对集中的用户资源也使得社交游戏开发商能够依赖于这些大的社交平台生存，继而针对这些平台的用户开发出符合其用户特性的社交游戏。另外，随着移动互联网的发展，移动社交游戏真正的随时随地性可能对于未来社交游戏市场形成一定有效的冲击，因此积极布局抢占移动社交游戏先机也成为一些有远见的游戏企业所关注的方面。

14.3　用户情况

14.3.1　用户规模

截至 2012 年底,中国网络游戏用户规模达到 3.36 亿 ，网民渗透率从 2011 年的 63.2%降至 59.5%，如图 14.6 所示。用户绝对规模增长 1142 万，增长率仅为 3.5%，再创新低。自 2010 年开始，受到环境以及游戏行业内部因素影响，中国网络游戏用户一直保持在低位发展。

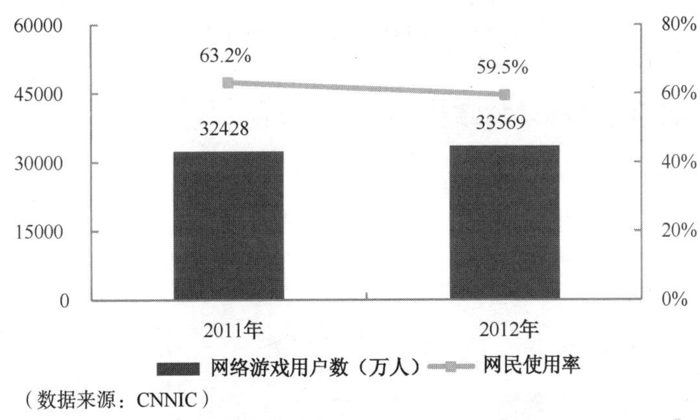

图14.6　2011—2012年中国网络游戏用户数及网民使用率

首先，移动互联网的高速发展给网络游戏带来的挑战远大于机遇。一方面，移动互联网使用时间的增加稀释了网民对于游戏的使用时长；另一方面，由于游戏是体验性服务产品，受到终端特性限制，在显示效果有限的手机平台上的游戏发展空间有限。

其次，网络游戏行业内在问题依然存在。占游戏行业主导地位的大型客户端游戏发展时间较长，老用户进入使用疲倦期并开始流失。而网络游戏类型较少、创新难度增大等因素又阻碍新用户的开发。多种行业内在因素进一步困扰行业发展。

最后，网络游戏用户结构的变化也引发行业变革。从发展趋势分析，用户平台依然是网络游戏产品竞争的关键。由于涉及推广以及支付等问题，手机游戏依托的平台的优劣直接决定产品的成败。此外，网络游戏行业已经走出规模化盈利的模式，用户使用率降低，个性化需求明显，很难再有单一游戏产品满足大量用户的情况出现，市场细分成为游戏运营能否盈利的关键。

14.3.2　网络游戏用户性别结构

网络游戏用户男女比例分别为 60%和 40%，男性用户占比高出女性用户 20 个百分点，如图 14.7 所示。尽管网络游戏对于男性用户的整体渗透率仍然高于女性，但是与 2011 年相比，网络游戏性别差异略有缩减。游戏类型的丰富、休闲游戏的增多等因素增加了游戏对女性用户的吸引，极大地易化了女性群体进入游戏。

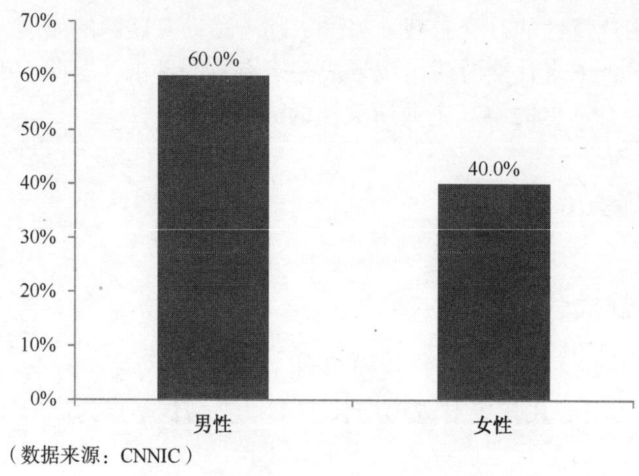

图14.7　网络游戏用户性别结构

14.3.3　网络游戏用户年龄结构

网络游戏用户主要集中在 10～29 岁人群，其中 20～29 岁人群占比最高，为 30.8%；其次为 10～19 岁用户群，比例为 28.5%。网络游戏用户中，高龄用户比例较低，50 岁以上人群仅占 4.7%；另外 10 岁以下的低龄用户比例也较低，仅占 2.6%，如图 14.8 所示。

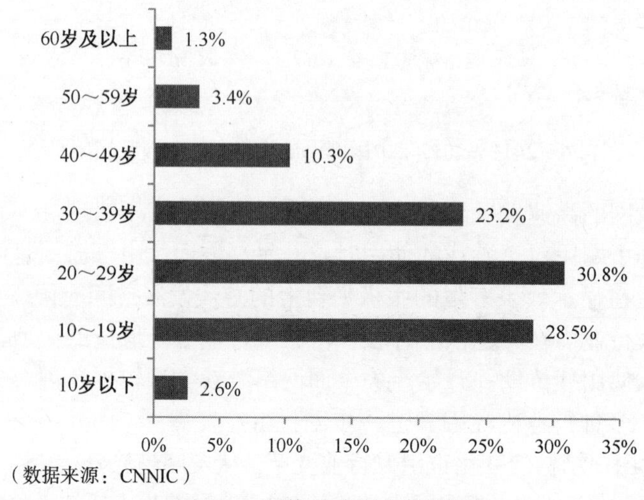

图14.8　网络游戏用户年龄结构

10～29 岁年龄段的年轻群体为各类游戏的主要用户群，这与游戏题材有关。由于各类游戏题材偏年轻群体的喜好，而对于低龄与高龄群体缺乏吸引力，因此阻碍了后者发展。未来游戏的发展将在低龄和高龄人群中得到提升。但游戏偏娱乐性的特点，使用户将依旧集中在年轻群体中。

14.3.4　网络游戏用户职业结构

学生构成了网络游戏用户的最大群体，比例接近 30%；其次为个体户/自由职业者和企业

/公司一般职员，分别占整体的 18.1%和 9.5%，如图 14.9 所示。学生群体一直是网络游戏用户的主要群体，这与网络游戏的娱乐性相关，娱乐因素较为吸引年轻用户群。

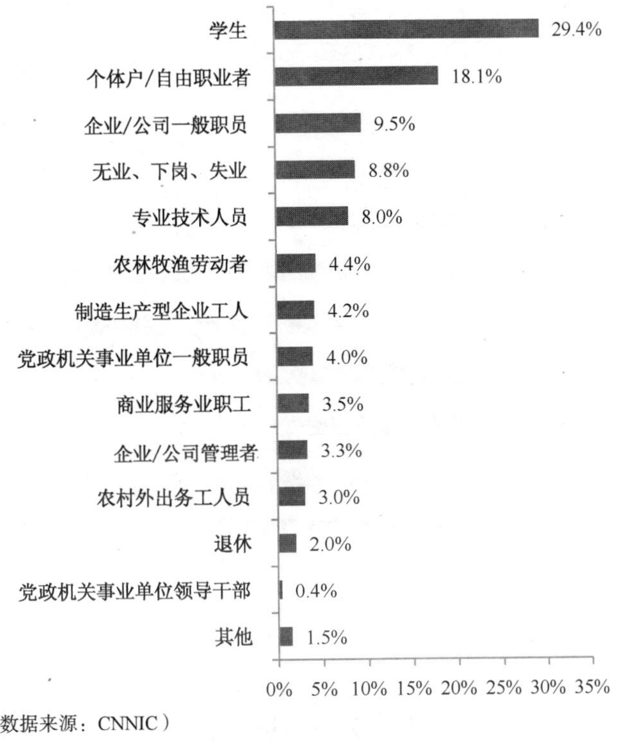

（数据来源：CNNIC）

图14.9　网络游戏用户职业结构

14.3.5　网络游戏用户学历结构

网络游戏用户中初中学历用户占比最高，为 34.7%；其次为高中/中专/技校学历用户，比例为 34.1%，如图 14.10 所示。网络游戏用户学历水平与 2011 年相比没有太大差异。

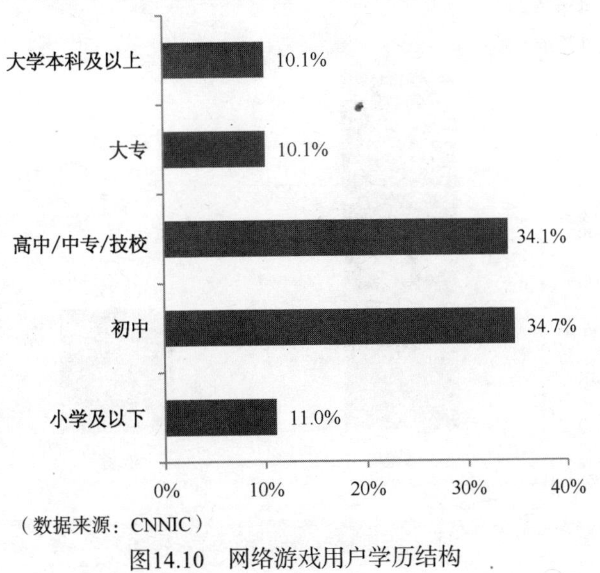

（数据来源：CNNIC）

图14.10　网络游戏用户学历结构

14.3.6 网络游戏用户收入结构

网络游戏用户收入呈两极化态势：一方面，500 元以下收入用户比例高；另一方面，中高收入人群占比较大。500 元以下收入用户和无收入者占 23.5%，3000 元以上收入用户比例达 28.9%，如图 14.11 所示。

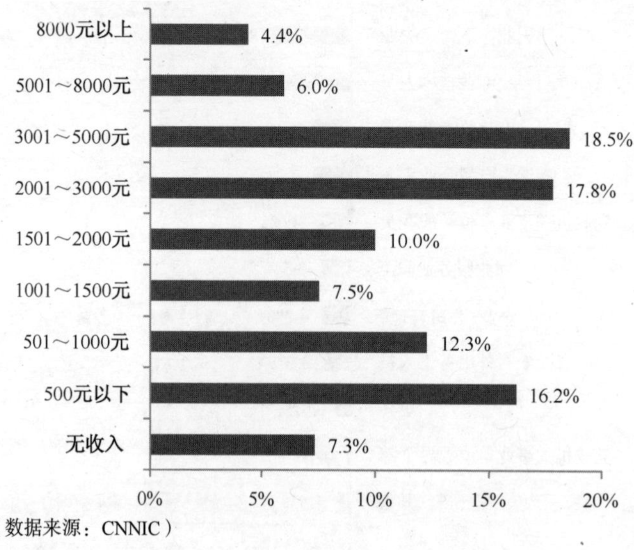

（数据来源：CNNIC）

图14.11 网络游戏用户收入结构

14.3.7 网络游戏用户城乡结构

城镇网络游戏用户占比比农村用户占比高出近五成，城乡差距明显，如图 14.12 所示。根据 CNNIC 调查，截至 2012 年年底，中国农村网民数量仅占整体的 25.8%，农村互联网普及率低导致了农村网络游戏用户数量低。

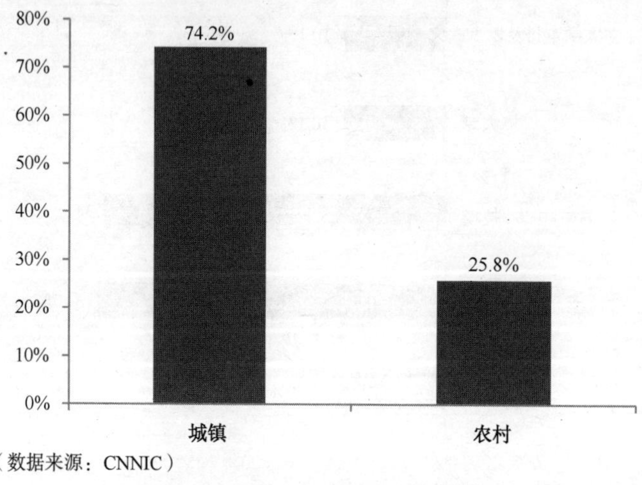

（数据来源：CNNIC）

图14.12 网络游戏用户城乡结构

14.4 发展趋势

1. 游戏客户端更为丰富，但空间有限

网络游戏市场客户端更为丰富，以往大型游戏（MMOG）为主的游戏类型结构逐步分散，取而代之的是网页游戏、手机游戏。但同时也应该意识到，不同游戏类型的出现并没有带来新的客户增长，而是与已有产品争夺用户，因此发展空间有限。以网页游戏为例，其本质与客户端游戏没有两样，只是因为不需要下载客户端，所以用户进入门槛略低。就游戏体验而言，它并没有超过大型客户端游戏甚至更差，所以很难成为持续盈利的产品。

2. 客户端游戏用户饱和，黏性继续增强

目前，大型客户端游戏市场已经饱和，呈现出一种存量市场态势，增长速度逐渐放缓。究其原因，一方面是由于大型游戏存在时间较长，对于游戏感兴趣的用户基本已经加入；另一方面，类似网页端、手机端游戏的兴起也对客户端游戏产生了一定分化作用。但是从客户端游戏玩家的用户特性来看，多为高黏性深度玩家，因此客户端游戏在今后还将继续保持中国网络游戏市场主流的位置。从客户端游戏从业者角度来看，大部分游戏资源都被上市公司垄断，这对于一些想要冲击市场的中小企业形成了极大的进入门槛，而这些上市游戏企业优秀的管理和运营能力也将使它们继续占有市场大部分利润收益。

3. 网页游戏到达顶峰

从 2011 年开始，网页游戏得到了迅速发展，当年 50 亿元的市场收入水平，让原本只是游戏市场补充的行业，开始朝着主流行业成长，更多的创业者加入这一市场，多家大型客户端网游企业开启相关业务。但随着手机游戏的发展，网页游戏劣势逐步显现。体验上与客户端游戏仍有差距，而其最有优势的使用方便性也被手机游戏所取代，网页游戏已经成为整体行业发展中的短暂过渡，进而造成以网页游戏为基础业务冲击上市的公司无一例外地遭遇了搁置或驳回。就趋势分析，我们认为网页游戏已经到达顶峰，未来发展空间不大。

4. 手机游戏成为小厂商竞争重点

随着移动互联网游戏的井喷，手机游戏的市场容量越来越大，并且在某种程度上而言，如果说前几季手机游戏对营收的增长帮助尚不明显，其产出和 PC 端、网页游戏还不在一个重量级上，那么从第四季度开始，手机游戏在收入上的现实性成长已开始显效，开始改变以往“热闹但不赚钱”的形象。随着移动互联网的发展，手机游戏的发展基础已经完善，但从不同级别厂商对于手机游戏的态度来看，中小厂商对于手机的依赖程度更高。

5. 用户消费意识转变

用户是否消费是直接影响市场营收的关键。传统网络游戏在道具收费模式下就遭遇了用户不付费的尴尬，有着大量的用户，却没有相应的收益；并且在随后促进用户的消费中产生了相当强的反作用力，使很多用户不满于游戏内部的失衡而离开。而随着市场的调整，用户逐渐趋于稳定，同时用户的整体消费意识也开始转变，虽然摆脱了早期盲目付费的状态，但付费金额较以往有所提高，这也促使了用户增长难度加大下的营收增长。

6. 手机游戏用户难养成付费习惯

一方面，免费游戏过多。手机应用市场中有大量游戏可供用户免费下载，用户不需要付费游戏。另一方面，游戏收费价格太高。手机游戏是体验性的服务产品，用户体验决定用户

行为。手机游戏受到手机终端设备特性的影响，用户体验与 PC 端游戏相比存在不足，因此用户还不情愿为手机游戏付费。游戏题材、内容缺乏新意、同质化现象严重的问题，使游戏对用户没有吸引力，不足以吸引用户为之付费。游戏需要改变同质化现象，注重游戏内容和质量的建设，才能吸引用户付费。另外，用户对手机游戏付费缺乏信任感也是造成用户不付费的原因，一方面，手机支付安全问题使用户对付费产生顾虑；另一方面，对于游戏付费后能够获得的权益以及有没有后续付费，没有清晰说明，也使用户不愿意对游戏付费。

（中国互联网络信息中心　孟蕊）

第 15 章　2012 年中国微博发展情况

15.1　发展概况

15.1.1　用户规模

根据中国互联网络信息中心（CNNIC）统计，截至 2012 年 12 月底，我国微博用户规模为 3.09 亿，较 2011 年底增长了 5873 万，增幅达到 23.5%。网民中的微博用户比例较 2011 年底提升了六个百分点，达到 54.7%（见图 15.1）。

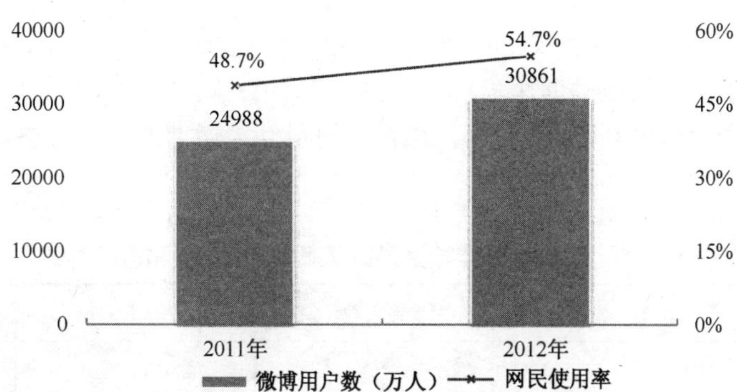

图15.1　2011—2012年中国微博用户数及网民使用率

微博用户规模的快速发展，使其作为舆论和信息传播中心的地位不断强化，而这一作用逐渐受到企业的关注和应用。中国互联网络信息中心的调查显示，2012 年，中国的中小企业中，有超过 4%的企业不同程度地使用了微博开展营销推广活动。而根据新浪的统计，截至 2012 年底，新浪微博的企业账号超过了 26 万。

15.1.2　手机微博用户规模

截至 2012 年底，我国用手机上微博的网民数为 2.02 亿，在手机网民中的使用率为 48.2%，相比 2011 年增长了 9.7 个百分点，是连续两年来使用率涨幅最大的手机应用，其发展势头强劲，已逐渐成为手机端的主流应用（见图 15.2）。

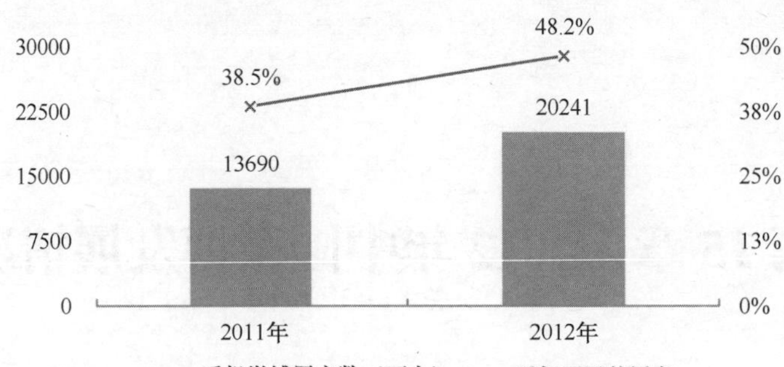

（数据来源：CNNIC 中国互联网络发展状况统计调查）

图15.2 2011—2012年中国手机微博用户数及手机网民使用率

微博在手机端的快速发展，一方面得益于手机的随身性，契合了手机微博的及时性，使用户可以随时随地了解最新事情、发表个人评论，成为用户获取信息和好友沟通的重要通道；另一方面得益于手机微博的“轻”应用性，简短的文字篇幅、快速的照片分享及便捷的操作方式，较少受手机屏幕限制，使用户可以在碎片化时间方便使用。

15.1.3 市场格局

中国互联网数据平台的数据显示：中国的微博市场基本上被新浪微博和腾讯微博垄断，两者对微博用户的覆盖比例均在75%以上，而其他微博服务商覆盖的用户比例均不足25%（表15.1）。而在新浪微博和腾讯微博之间，也表现出明显的差异：借助于即时通信工具QQ的强大导入能力，2012年，腾讯微博用户规模达到2.45亿，略高于新浪微博；但是从时间花费看，新浪微博的用户访问时长远高于腾讯微博。可见新浪微博的用户黏性和活跃度要远高于腾讯及其他微博。

表 15.1 2012 年下半年主要微博服务覆盖人数和访问时长

	总覆盖人数（万）	总覆盖人数比例	总访问时长（小时）	总访问时长比例
全部	30957.6	100%	1517589140	100%
腾讯微博	24532.0	79.24%	261742008	17.25%
新浪微博	23320.6	75.33%	1213289491	79.95%
搜狐微博	6956.0	22.47%	29651543	1.95%
网易微博	3263.2	10.54%	9305816	0.61%

有研究显示：在腾讯微博用户中，学生占有重要比重；而新浪微博用户具有明显的白领、知识分子特征。调查显示，新浪微博活跃用户中，超过半数的网民具有大学本科以上学历。这也是新浪微博保持较强活跃性、具有较强的议政能力的重要原因之一。

15.2 商业模式

微博用户规模的快速增长，使其商业价值快速攀升，越来越多的机构开设了微博账号。

据统计，截至 2012 年底，新浪企业微博用户超过 26 万，政务微博用户超过 6 万。借助新浪微博的平台和流量，一些企业确实取得了快速的发展，如“快书包”。

“快书包”成立于 2010 年 6 月，专注畅销书的网络零售，推出“一小时到货”和“限时送”、“定时送”等新配送服务。借助于微博的推广，“快书包”获得了快速增长。据报道，2010 年 6～11 月“快书包”的收入只有 40 万元，2012 年前 8 个月的收入已经达到 400 万元。根据“快书包”的统计，其官网三分之一流量来自微博。与“快书包”类似的还有“美丽说”等一些网站。

但是，新浪和在其微博平台上开展营销服务的企业之间，并没有分成模式。因而这些企业的成功，并没有给新浪带来任何收入。也就是说，新浪花重金打造的微博平台，为他人做了嫁衣裳。这也是 2011 年第四季度新浪亏损的重要原因之一。正是在这一背景之下，新浪微博在 2012 年加快了商业化探索的步伐。目前来看，新浪微博的商业模式包括如下几种。

15.2.1　广告

2012 年 4 月新浪推出微博广告产品。新浪的微博广告分为横幅广告、侧边栏广告、“粉丝通”等。其中，横幅广告和侧边栏广告与传统互联网广告形式并无区别，这里不做介绍。我们重点介绍一下“粉丝通”（见图 15.3）。

图15.3　新浪微博“粉丝通”

（1）微博“粉丝通”会出现在微博信息流的顶部或微博信息流靠近顶部的位置（包括 PC 和微博官方客户端）。

（2）微博精准广告投放引擎会根据微博的社交关系、相关性、热门程度等条件，决定微博“粉丝通”不同的展现位置。

（3）同一条推广信息只会对用户展现一次，并随信息流刷新而正常滚动。

（4）微博精准广告投放引擎会控制用户每天看到微博“粉丝通”的次数和频率。

根据新浪发布的数据，2012 年，新浪微博总收入达到 6600 万美元，其中广告收入占 77%。

15.2.2　增值服务

新浪微博的增值服务包括会员收费及虚拟商品和服务。2012 年 6 月，新浪微博会员服务正式上线，加入会员需要每月支付 10 元，可在身份、功能、手机、安全、游戏等方面享受增值服务。新浪微博会员享受的特权如图 15.4 所示。

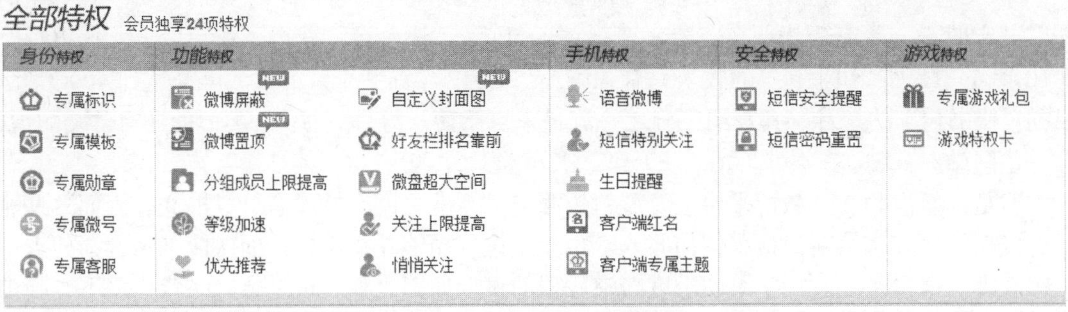

全部特权 会员独享24项特权

身份特权	功能特权		手机特权	安全特权	游戏特权
专属标识	微博屏蔽 NEW	自定义封面图 NEW	语音微博	短信安全提醒	专属游戏礼包
专属模板	微博置顶 NEW	好友栏排名靠前	短信特别关注	短信密码重置	游戏特权卡
专属勋章	分组成员上限提高	微盘超大空间	生日提醒		
专属微号	等级加速	关注上限提高	客户端红名		
专属客服	优先推荐	悄悄关注	客户端专属主题		

图15.4　新浪微博会员权益

2011 年 7 月，新浪微博推出虚拟货币“微币”。在微币推出之初，只与微游戏整合，可用来购买游戏内的虚拟物品。推出微币之后，新浪在不断扩展其使用范围，目前微币开通可以购买的其他服务包括：兑换微阅读的读书币、支付微博会员费。

根据新浪发布的数据，2012 年，新浪微博的增值服务收入达到 1500 万美元。其中在 2012 年第四季度为 720 万美元，较上一季度增长 65%，表现出了强劲的增长势头。但是增长是否可以持续，尚需时间检验。

15.2.3　开放平台收益分成

2010 年 7 月新浪微博推出开放平台，允许第三方利用新浪开放的平台接口开发应用接入其服务。通过开放平台，一方面新浪能够丰富其应用，增强用户黏性；另一方面，通过共享新浪微博的用户，第三方能够快速发展自己的客户，推进自身业务的快速成长。这是一种达成用户、平台、第三方应用开发者三方共赢的商业模式。

相关数据显示，新浪微博开放平台的第三方应用增长迅猛。从上线到 2011 年 2 月，通过审核的应用超过 800 款；而到 2012 年 3 月，这一数据达到了 3.4 万。

在收入分配上，根据新浪微博开放平台的规则，新浪和开发者采取 3:7 的方式进行利益分成，但是目前的公开数据尚无新浪在开放平台的收益情况的披露。

15.3　用户行为

15.3.1　微博使用场景

微博 140 字的限制，使其特别适合碎片化时间阅读。另一方面，随着移动互联网的发展，上网也日益从空间的限制中解放出来。调查显示：虽然在家里/宿舍、上班时等仍然是重要的使用微博的场景，但是，更多的碎片化时间被微博占用了，如临睡前、路上/交通工具上、工间/课间、如厕/排队等（见图 15.5）。

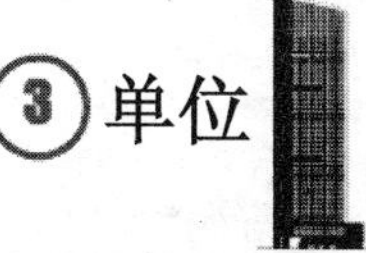

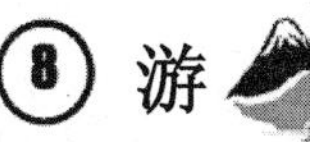

图15.5　微博用户的网络使用场景

15.3.2　信息类型偏好

经过 2011 年的高速发展，微博已经成为中国网民使用的主流应用之一，庞大的用户规模又进一步巩固了其传播中心的地位。调查显示，国内微博用户对社会时政和娱乐休闲类信息的关注度明显高于其他信息。而在国内外的用户偏好信息比对上，也具有明显的跨文化差异。在美国，用户更多地把 Twitter 和 Facebook 当做生活（比如购物、养生等）的信息获取和经验分享的平台；而国内用户更多地把微博当做参与社会事务或者找乐子的平台（见图 15.6）。

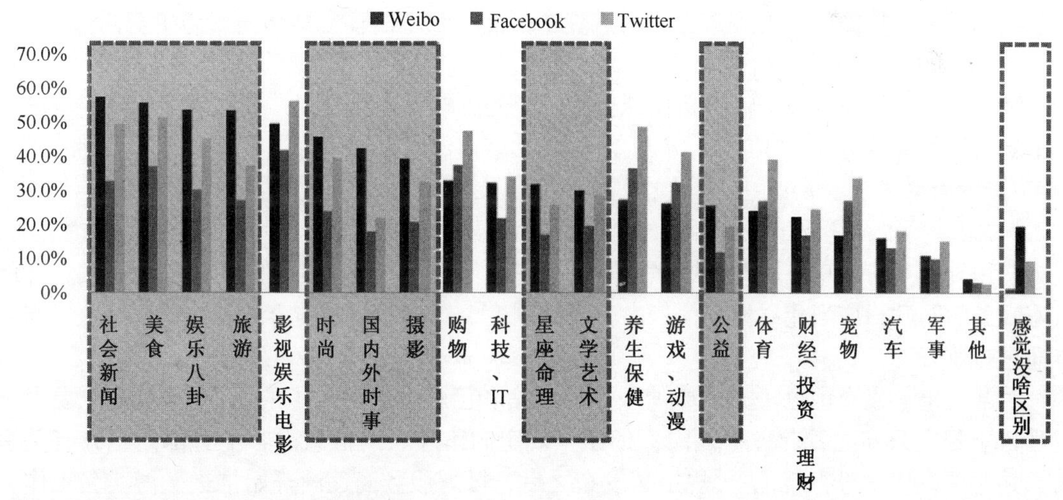

注：Facebook和Twitter数据来自在尼尔森美国市场2012年专项调查

图15.6　与传统媒体相比，更关注的信息类型的平台差异

同时，研究显示，在微博信息消费上，微博用户具有明显的性别差异。男性用户更多地通过微博获取社会时政、IT、体育、汽车、军事等具有男性化特征的信息，而女性则更多地把微博当做消费活动的助手（见图 15.7）。

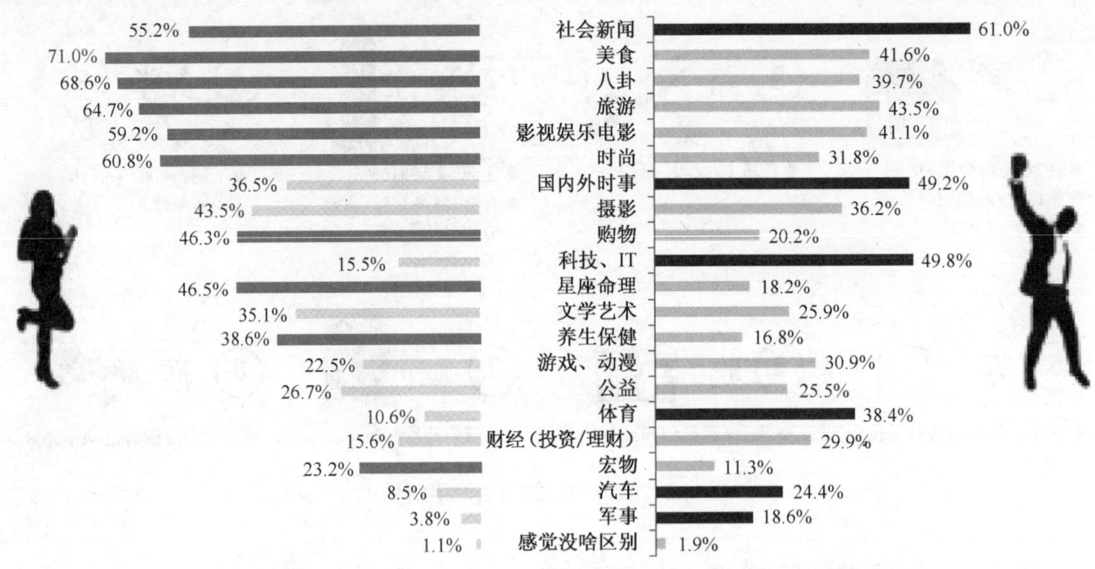

图15.7　与传统媒体相比，在微博上更关注的信息类型的性别差异

15.4　发展特征

当前微博已经成为中国网民使用的主流应用之一，其即时信息分享和高效的信息传播等属性使其成为中国最具影响力的新媒体之一，在我国社会的信息交流和舆论传播中具有重要地位。微博正在重塑社会舆论生产和传播机制，无论是普通用户，还是意见领袖和传统媒体，其获取新闻、传播新闻、发表意见、制造舆论的途径都不同程度地转向微博平台。

1. 微博监管力度不断加大

随着微博的快速发展，特别是在社会舆论上的影响力不断显现，互联网主管部门逐渐加大了对微博的监管力度。2011 年 12 月 16 日，北京市出台了《北京市微博客发展管理若干规定》(以下简称《规定》) 并从发布之日起施行。

《规定》要求：任何组织或者个人注册微博账号，制作、复制、发布、传播信息内容的，应当使用真实身份信息；网站开展微博服务，应当保证前款规定的注册用户信息真实；开展微博服务的网站，应当建立健全信息内容审核制度，对微博信息内容的制作、复制、发布、传播进行监管。

对《规定》发布前已经开展微博服务的网站和已经匿名注册了的用户，《规定》要求，应当自本规定公布之日起三个月内，依照本规定向市互联网信息内容主管部门申办有关手续，并对现有用户进行规范。《规定》发布之后，微博服务商逐渐开始推进微博实名工作，一些没有实名的微博逐渐被关停了发布功能。

2012 年 3 月以来，国家互联网信息办公室会同有关部门，针对一些网站从事招摇撞骗、敲诈勒索等违法活动，展开打击行动，关闭了一批招摇撞骗、敲诈勒索网站。同时对新浪微博和腾讯微博予以点名批评。新浪微博和腾讯微博在 2012 年 3 月 31 日到 4 月 3 日期间关闭了评论功能。

2．政务微博发展迅速

一方面，政府加强了对微博的监管；另一方面，政府也看到了微博在信息传播方面的巨大力量，各级政府部门加大了对微博的使用力度。2012 年 1 月 18 日，国家互联网信息办公室主任王晨明确表示，微博是信息交流、提供服务的重要平台，积极支持党政机关开设政务微博。2012 年 9 月，王晨再次提出，要积极发展政务微博，利用政务微博在“网民问政”和“政府施政”之间搭起桥梁。

高层的表态无疑对政务微博的发展起到了巨大的推动作用。据《2012 年新浪政务微博报告》显示，2012 年新浪政务微博数净增 41932 个，总数突破 6 万个，增长率达 231%。并且，政务微博保持了较高的活跃度，据统计，平均每个政务微博发博数约为 531 条。

根据人民网舆情监测室的数据，目前的政务微博已经覆盖了中国大陆的 31 个省级行政区。从中央部委到地方乡镇甚至村委和街道，在微博上都有活跃的身影（见图 15.8 和图 15.9）。政务微博的良好运营，不仅有利于政府为社会提供公共信息与电子政务服务，还有利于扩大信息公开，促进公民行使知情权、表达权、监督权和参与权，从而促进政府更好地深入基层、服务社会。

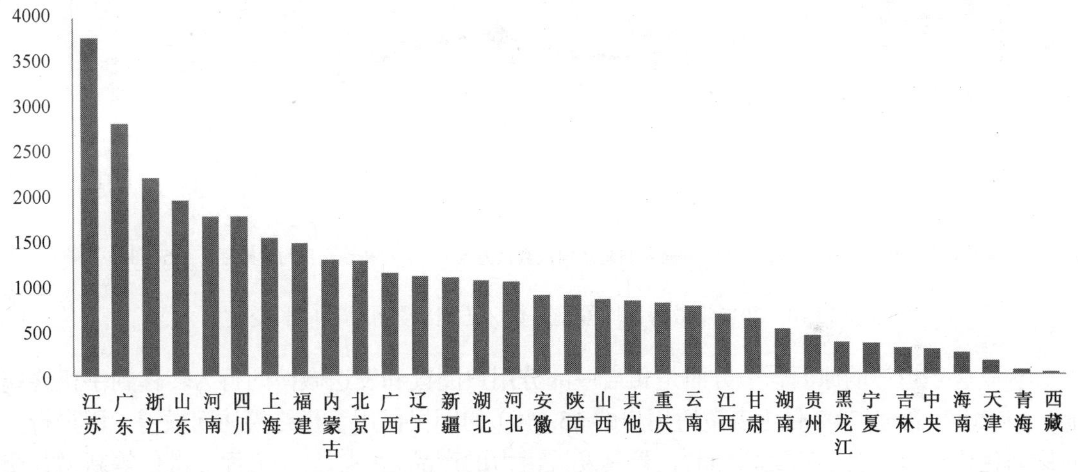

图15.8　全国党政机构微博地域分布

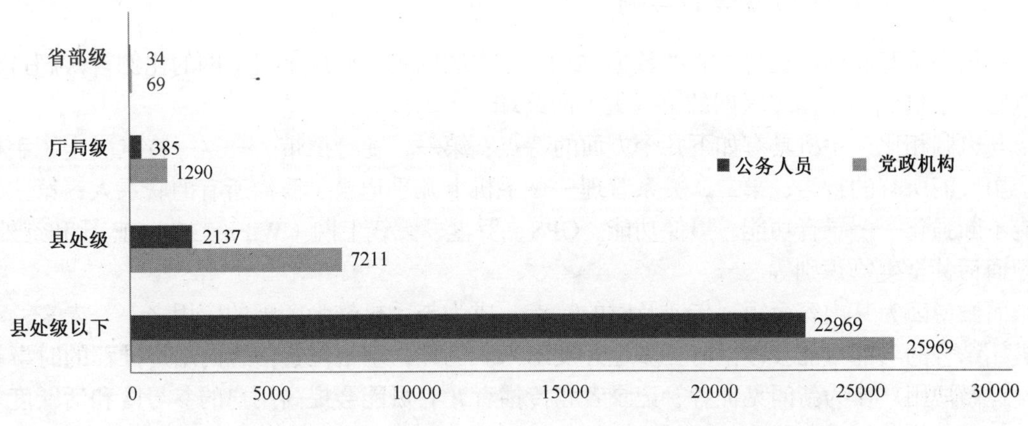

图15.9　全国公务人员与党政机构微博级别分布

15.5 发展趋势

微博用户规模虽然发展迅速，但是一些监测数据显示微博的流量并未随着用户规模的增长而快速增长，微博在桌面互联网上的活跃度甚至出现停滞乃至下滑。中国互联网数据平台相关数据显示，2012 年下半年，微博日均覆盖人数呈现出逐月下降的趋势，从 7 月 1.12 亿的峰值下降至 12 月的 0.87 亿；日均访问时长也从 7 月的峰值 1172 万小时下降至 12 月的 778 万小时（见图 15.10）。

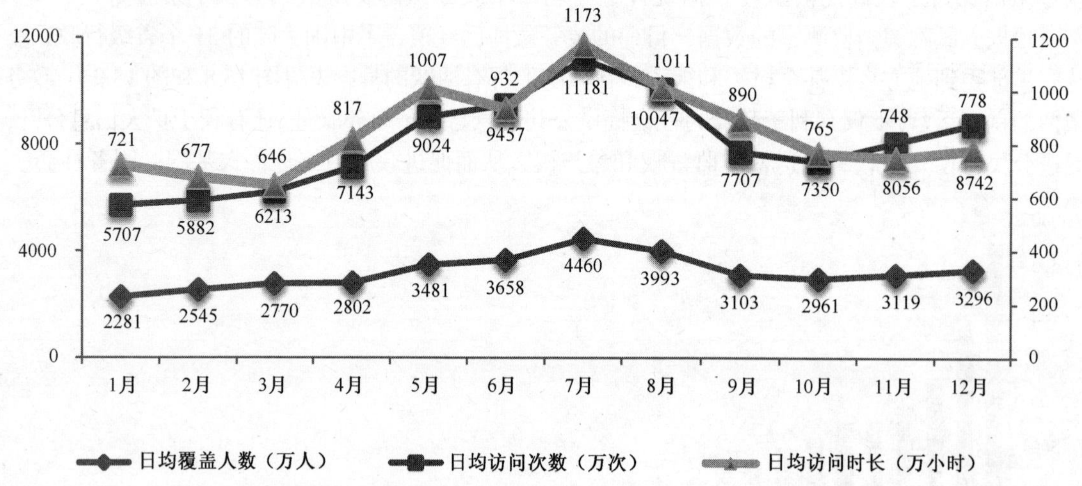

图15.10 2012年微博日均覆盖人数、访问次数和访问时长变化

造成这一趋势的原因，一方面是相当一部分用户阅读和发送微博的行为转移到手机终端上。2012 年，高达 2.02 亿（占微博用户的 65.6%）的网民使用手机终端访问微博，用户行为的移动化让微博成为移动互联网时代最具发展潜力的产品之一。另一方面，微信等新型社交工具也在分流用户对微博的使用时间和注意力。

15.5.1 移动化对微博的影响

根据中国互联网络信息中心的数据，2012 年中国网民中使用手机上网的比例首次超过台式电脑，手机成为中国互联网的第一大上网终端。

与电脑相比，手机具有如下几个方面的特点：第一，随身携带——这一特点决定了手机将亲历我们所有的行为；第二，关系管理——手机上几乎记录了我们所有的联系人；第三，功能不断强化——录音功能、摄像功能、GPS、罗盘、无线上网（WiFi、3G）、蓝牙和红外、视频通话甚至生物识别等。

而微博因为其内容简短、传递及时的特点，成为与手机最为匹配的应用之一。未来，和手机相结合的功能可能会被微博更多地开发出来。例如，基于位置信息向用户推荐的时事新闻，让微博用户作为新闻见证者、记录者和传播者，有可能会提高用户的参与度和活跃度。再如，基于位置信息、图片、音频、视频的识别功能自动生成微博信息的功能，也会降低用户的微博使用门槛，增强其活跃性。

15.5.2　大数据对微博的影响

微博主的时空信息、社交关系、关注的内容、使用的应用，甚至其社交关系的上述信息，都为微博运营商所详细记录。借助大数据技术，微博运营商能够从上述信息中挖掘出微博主的身份属性、信息偏好、消费习惯等，从而把微博主们编织成一个巨大的网络，并且为网络上的每个节点赋予详细的属性标签。

借助这些信息，利用大数据分析技术，微博服务商能够识别用户偏好的信息，针对性地推送用户偏好的内容和应用，提升服务能力，增强用户黏性。例如，对于微博主前期关注、并给予角度评论和转发的内容，微博服务商可以在发现同一事件的后续进展时定向推送给用户，甚至还可以借助大数据挖掘技术给用户提供决策建议。假如你看好了某一个服装店在微博展示的一件衣服并想下单购买，而你的好友恰恰先你一步购买了，微博就可以提醒你最好不要购买，以免和你的朋友“撞衫”。

同样，从另一个角度而言，利用大数据技术，可以挖掘用户需求，帮助商家实现商业价值。

15.5.3　微信对微博的影响

微信是腾讯公司于 2011 年 1 月 21 日推出的一款通过网络快速发送语音短信、视频、图片和文字，支持多人交互的社交工具。2012 年 3 月底，微信用户突破 1 亿；9 月 17 日，破 2 亿；到 2013 年 1 月 23 日，微信用户则达到 3 亿。

2012 年 8 月，微信公众平台上线，微信的媒体属性大大增强，从而和微博的竞争关系也进一步强化。新浪第四季度财报显示，新浪微博用户的停留时间有所下降。新浪 CEO 曹国伟也承认，造成微博用户停留时间下降的原因之一便是来自微信的竞争。

微信和微博的竞争，不仅是对社交关系的竞争，更多的是对手机屏幕的竞争。在传统的桌面互联网上，用户可以一边浏览新浪微博上的新闻，一边在 QQ 上和朋友聊天，两者的冲突并不明显。但是在移动互联网上，由于手机屏幕尺寸的限制，人们没有办法同时使用两个应用，而微信和微博又都是面向用户的碎片化时间的移动社交应用，因而竞争也就在所难免了。

15.6　小结

从 2009 年 8 月新浪微博上线到今天，微博不过走过了三年多的时间，但是用户已经超过 3 亿。其凭借低门槛、及时性以及内容的独特性（很多内容是传统媒体甚至门户网站都没有的），迅速获得了巨大的用户黏性和影响力，形成了中国社会独特的舆论场域，从一个维度彰显了社会的良知，推动了社会的进步。从这个意义上讲，微博的社会价值远远超过了其商业价值。

但是作为一个市场化推动的应用，微博必须找到其商业化的逻辑。2012 年，在微博商业化的探索中，已经显现出一些有效的盈利模式，但同时也面临巨大的竞争威胁。因而微博必须找到属于自己的独特竞争力，并把这种竞争力充分放大。而这一竞争力就是其独特的媒体价值，而非社交属性。这也是它能够获得强大的用户黏性和影响力的重要基础。

因而，未来微博应该紧紧围绕其媒体属性，同时结合移动互联网的特征，利用大数据技术，精耕细作，充分挖掘其商业价值。另一方面，微博也需要充分挖掘用户需求，完善产品功能，增加用户黏性，构建竞争壁垒，从而增强与微信等移动互联网新应用的竞争力。

（中国互联网络信息中心　陈建功）

第16章　2012年中国社交网站发展情况

16.1　发展概况

2012年社交网站继续寻求增长空间。首先是对现有产品的持续创新，以维持用户的使用黏性，网络社区类产品形态不断更新，其中一些产品在短时间内取得了良好的成绩，比如图片分享类社交应用、基于兴趣的内容分享应用等，这些产品也很快被社交网站整合到自身平台中，然而这种在现有网站上不断叠加功能的做法能够发挥的作用依然有限。另一个方向则是进入移动互联网的蓝海，发布移动社交应用抢占用户，当前主要社交网站厂商都已重点转向该领域，移动类社交产品不断涌现，未来社交网站用户的增长将主要来源于移动用户。

不过传统的实名制社交网站已经走过了高速成长期。即时通信产品功能进一步丰富，以及微博高速发展，都挤压了此类网站的发展空间。社交网站不再是中国网民线下社交关系在线上延伸不可或缺的渠道，因此很难出现新一轮的用户快速增长。

然而，“社交化”作为一种功能元素，正在全面融合到各类互联网应用中。一方面，2012年涌现出大批具备社交基因的新应用，包括图片社交、私密社交、购物分享等，尤其在移动互联网领域，2012年许多热门移动应用都具备社交功能；另一方面，搜索、网购、媒体等互联网应用正在融合社交因素，以丰富自身的功能，提升用户体验，创新服务和盈利模式。考虑到整体上传统的实名制社交网站已进入用户增长的平台或衰退期，用户很难再出现大规模增长，因而一些社交网站在发展移动应用时甚至另辟道路，推出全新的产品。

16.2　行业发展特征

1. 布局移动互联网成为核心战略

截至2012年12月，中国使用手机上网的网民规模已经达到了4.2亿，近四分之三（74.5%）的网民会通过手机接入网络，使用手机上网的网民规模超过台式电脑，手机成为中国网民的第一大上网终端，移动互联网时代已经到来。社交是手机的基础功能，因而社交网络应用与移动互联网天生契合，社交、位置和移动的融合代表了未来互联网的重要发展方向。

由于在PC端遇到瓶颈，很难再出现新的发展空间，于是进入移动互联网的蓝海、发布移动社交应用抢占用户成为社交网站寻找下一波增长动力的途径。2012年，各大社交网站向移动端发展的动作频繁，移动互联网布局力度进一步加大：人人网公布其用户中每天有超过

60%通过移动设备登录，根据这一趋势，人人网在 2012 年将无线端作为其所有产品的中心，大力发展无线业务，包括社交网站、社交游戏、团购等旗下各大业务均加大了移动化的步伐，还拓展出移动商务社交应用的新领域；开心网则从公司架构上进行改革，将原无线事业部门人员全部充实到平台、新产品和游戏部门中，从而提升各条产品线的移动互连水平。

由此可以发现，这些社交网站在移动互联网的布局，不是仅仅推出一些移动端产品，而是将移动化作为其核心战略布局。一些公司甚至尝试另起炉灶，推出与原有网站品牌相对独立的产品。

2．新型社交类应用引发社交产品创新潮

2012 年初，图片分享类社交应用 Pinterest 在国外迅速流行，为我国社交产品的创新提供了较大参考价值，国内一批模仿品迅速上线，包括人人网、360、腾讯、一淘等大的互联网公司也推出了类似产品。由于此类网站内容多为产品的图文展示，因此能够很好地融入电子商务服务，从而实现了社会化电子商务的运营模式。

不仅仅是购物分享类网站，2012 年一系列融合社交元素的创新产品在国内外崭露头角，这些产品往往在刚出现的时候在短时间内获得快速的增长，加上创新的形态和新颖的概念，引发业界关注，同时被大量模仿，出现众多跟风者。近年来出现或者在国内被快速仿制并扩散的社交类应用类型包括以 Pinterest 为原型的社会化电子商务网站、以 Flipboard 为原型的社会化内容聚合应用、以 Instagram 为原型的图片分享应用，另外还有轻博客、私密社交等概念的产品。新的社交方式可能会对传统的社交网络产生巨大的影响，未来将会有更多的跟风产品进入市场，这正是社交化和移动化创新浪潮的体现。

然而创新的同时也意味着会出现失败。可以看到，一些新兴的社交应用在一段时间的高速增长后，扩张速度开始明显下降，如广受关注的购物分享类网站就是其中一类。图片瀑布流、产品分享为电商导入流量，这些刺激购物分享类网站兴起的因素，目前看来正在逐渐限制其可持续发展：图片让网站只局限在服饰等一些有限的品类上，对于用户来说，网站需要不断维持高质量图片、内容的产出，难以保证内容生产的持续性；对于各大电商来说，通过投放广告引入流量，或者开展各种降价和促销活动，是其获取流量的重要手段，电子商务必然需要掌控流量入口，减少对这些网站的依赖。因此，购物分享类网站的转型成为其必须面对的问题。

3．“社交”成为一种元素融入各类网络应用中

虽然专门的社交网站发展遇到瓶颈，然而社交化作为一种因素将融合到各种类型的互联网服务中。除了上述具备社交基因的新应用层出不穷外，游戏、电子商务、搜索、媒体等互联网应用不断融合社交因素，以丰富自身的功能，提升用户体验。例如，一些老牌游戏公司近年来不断探索社交化，盛大游戏提出的三大新方向中就包含社区化，同时在多款热门产品中推行社区化，从而刺激玩家消费，提升游戏热度，进而延长游戏的生命周期。在电子商务方面，淘宝自 2011 年将 SNS 化作为其第一件大事之后，推出了一系列社区化导购类的产品，包括“湖畔”、“来往”两款移动社交产品，2012 年年底开始测试店铺社区“后院”。对于淘宝来说，社交网络对于其建立完整的生态系统非常重要，SNS 能够进一步稳定其生态结构，增加用户黏性，实现自身的良性循环。此外，虽然国内搜索网站还没有相关动作，但是国外主要的搜索引擎都在探索社交搜索的发展模式，如必应与 Facebook 的合作，谷歌在搜索结果中融合 Google+的用户行为数据，这些都体现出社交搜索必将是搜索引擎智能化的重要途径之一。

4．社交网站尝试通过细分化、专业化突围

在传统形态的社交网站发展进入停滞的时候，部分社交网站尝试推出专业化、细分化的垂直社交网站，以突破目前的困境。社交是未来互联网发展的重要元素，但并不是所有的网站都能成为综合性的、平台级的产品，从简单、有用的产品设计理念出发，社交应用走垂直化的道路还有发展的空间。因而独立地推出一些垂直化社交应用成为社交网站突围的重要途径，如突出社交游戏平台定位，针对职业人士推出职业社交网站，2012 年又有社交网站专门针对父母群体等专门人群推出社交应用。

16.3　市场状况

16.3.1　市场格局

实名制社交网站的市场竞争格局维持 2011 年以来的变化趋势。朋友网的用户覆盖规模持续扩大，并进一步拉开与其他同类型网站的距离。人人网和开心网的用户规模增长较慢，但是在人均浏览时长等黏性指标上高于朋友网。腾讯战略投资开心网后，除了在资本层面的合作，2012 年两者在产品层面的合作也更加频繁，开心网与腾讯实现了账号互通，腾讯平台上的若干款游戏也已经接入开心网，两者日后的合作将继续深入，包括第三方应用的接入、广告平台的互通等。

人人网在第四季度推出新功能，也就是人人时间轴，这一形态最早由 Facebook 开发，在国内人人网不是第一家复制这一功能的社交网站。可以注意到无论是人人网还是开心网，它们都不断在网站上开发和叠加各种新功能，但这些做法都没有形成特别明显的刺激，主要的几家社交网站用户变化情况近期都比较平稳，已经处于用户增长的平台期或者衰退期，用户快速增长或者快速流失的局面基本不会发生，总体上看社交网站领域将在很长一段时间内维持着现有的竞争格局。

对于 Facebook 类的实名制社交网站，未来再出现影响力较大的网站的可能性已经非常小，因而互联网业界更多地关注新兴社交产品，此类产品形态不断创新，包括 Pinterest、Path 等社交网站在国外的迅速流行催生了国内许多模仿跟风产品，其中既包括大量创业者，也有大型互联网公司。与此同时，部分产品往往在刚出现的时候在短时间内获得快速的增长，然而在一段时间后，网站的扩展速度开始明显下降，发展前景不明朗，这一过程是互联网创新浪潮的必然结果。通过不断地创新和试错，社交网站的概念正在被不断拓展，由此带来的机遇让这一市场的竞争更加多元。

16.3.2　盈利形势

由于 PC 端发展形势不佳，同时又要花费大量投入进军移动互联网，或者推出新的社交应用，因而在 2012 年，许多主要的社交网站处于亏损状态。人人网财报显示，2012 年人人公司陷入全面亏损，全年净亏损为 7500 万美元，而 2011 年则是净利润 4130 万美元。其亏损的主要原因便是在线广告业务营收下滑，同时运营成本增加。从收入结构看，2012 年前三季度，在人人网营收中，游戏营收比重分别为 54.5%、50.2%和 48.0%，在线游戏成为人人网的主要营收来源。相比之下，在 2011 年第二、三季度，广告收入占据总收入的比重超过了 50%。

值得注意的还有腾讯在 2012 年对外开放了社交广告系统，腾讯拥有中国用户最多的几款社交类产品，其掌握的用户社交关系与行为数据极为庞大，具有重要价值，长期以来腾讯的主要收入来源是包括游戏在内的增值服务，在社交广告上动作不多。2012 年腾讯社区开放平台对外开放社交广告系统——广点通，实现在腾讯社交平台上的广告自助投放，显示出腾讯开始尝试挖掘这一领域的潜力。

16.4 用户分析

16.4.1 用户规模

中国互联网络信息中心（CNNIC）《第 31 次中国互联网络发展状况统计报告》显示，截至 2012 年 12 月底，中国社交网站用户数量为 2.44 亿，全年新增用户 919 万，增量较 2011 年明显下降。在使用率方面，社交网站用户占网民比例为 47.6%，比 2011 年底回落了近 4 个百分点。

16.4.2 用户内容生成与互动行为

社交网站的良性、健康发展，需要用户在网站上积极地生成内容，并且与其他好友发生互动行为，这是网站维持黏性、产生数据的基础。然而调查显示，中国社交网站用户在内容发布和交流互动等行为上的活跃度却比较低。

分享或转发内容是用户最常见的内容生成方式，10.3%的社交网站用户每天分享、转发内容，20.3%的用户每周至少有一次这样的行为。而在内容原创方面，更新状态或签名是最为简单的内容发布方式，7.9%的用户每天都会更新状态或签名，19.0%的用户每周会更新状态或签名，接近一半用户没有这一行为；其他形式的内容原创行为的比例则更少，只有一成五的用户平均至少每周发表一次日志或日记。而有过上传照片行为的用户比例为 57.0%，其中 37.5%是平均每月不到一次的偶然行为。有过上传视频行为的用户仅占 10.2%。

在与好友的互动方面，用户活跃度也比较低，13.3%的用户每天都会给好友评论或者留言，25.1%的用户至少每周有一次（见图 16.1）。作为以社交为功能出发点的网站，有大量用户与好友的互动行为频率不高，是中国社交网站发展的重要缺陷。

16.4.3 用户品牌关注、分享与购买行为

目前已有许多企业在社交网站上开设品牌账户或主页，进行营销、推广、公关等活动，宣传品牌形象，推出广告或促销活动，通过各种奖励手段来刺激这些信息的传播，或直接公布促销信息刺激用户的直接购买行为。调查显示，44.8%的社交网站用户会关注品牌或商家的主页；42.8%的用户会看到有意思的广告图片或视频，分享到社交网站上；27.4%的用户会参加社交网站上组织的团购或优惠活动（见图 16.2）。

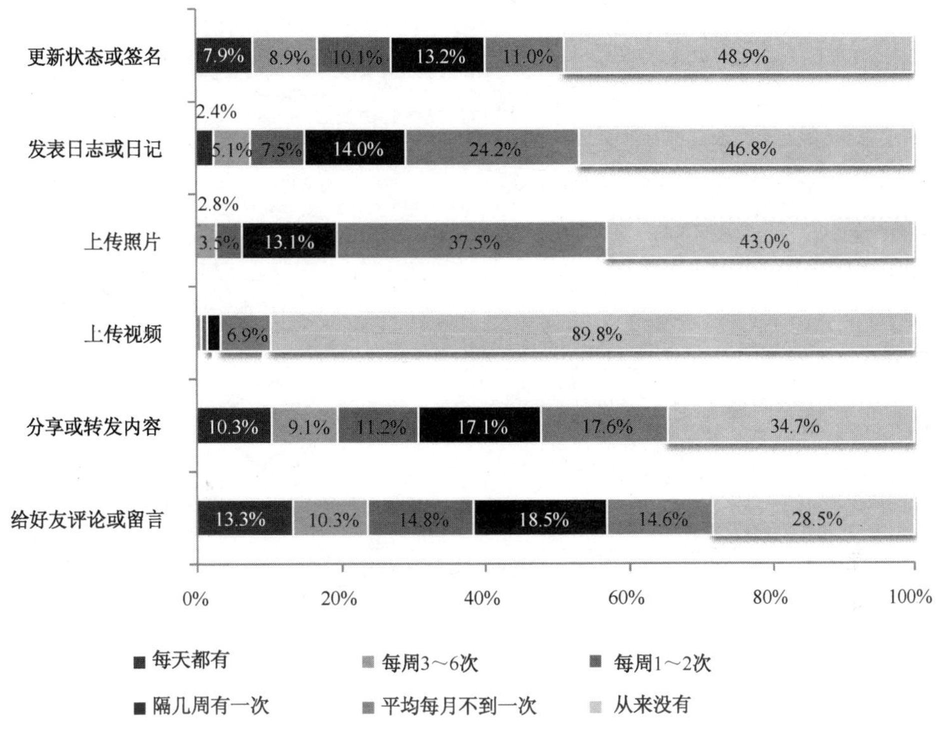

图16.1　社交网站用户内容生成与互动活跃度

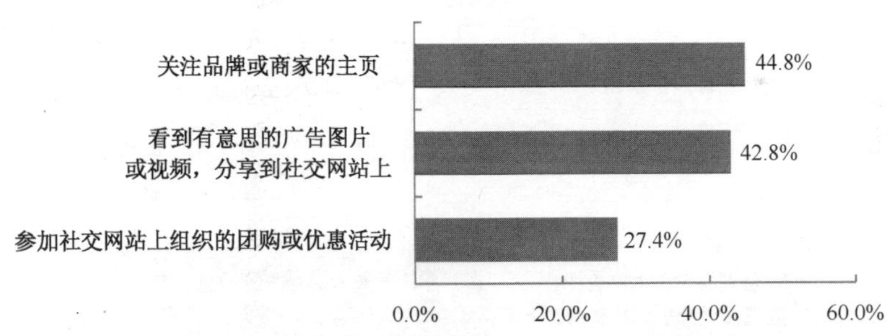

图16.2　社交网站上的品牌关注、传播与购买行为

不同性别的社交网站用户在品牌关注和购买行为上表现出不同特征。男性更愿意在 SNS 上分享有意思的广告图片或视频，占比为 47.1%，比女性高出近 10 个百分点；而女性则更愿意直接参与购买活动，32.1%的女性用户参加过社交网站上组织的团购或优惠活动，比男性高出约 9 个百分点（见图 16.3）。

当前阶段社会化媒体上的品牌传播、消费刺激对于年轻群体和高学历人群更为有效。调查结果显示，20～29 岁人群在社交网站上发生此类行为的比例最高；同时学历越高，出现此类行为的比例也越高（见图 16.4 和图 16.5）。因此，厂商开展 SNS 上的品牌传播需要留意到这一群体的特征，同时年轻族群对社会化营销的关注，也反映出未来社会化营销将成为更加主流的营销方式。

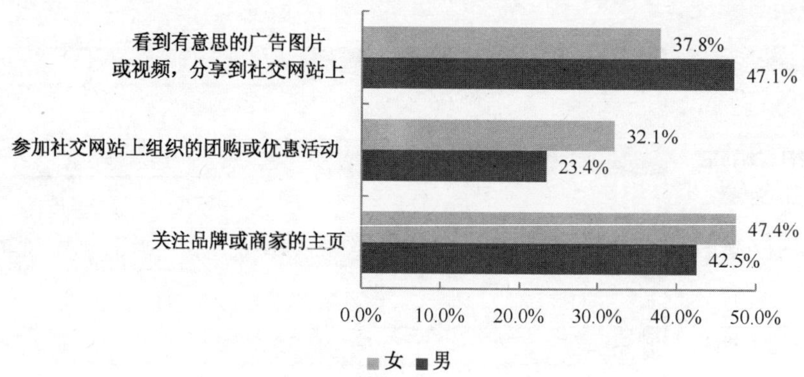

图16.3　不同性别社交网站用户的品牌关注、传播与购买行为

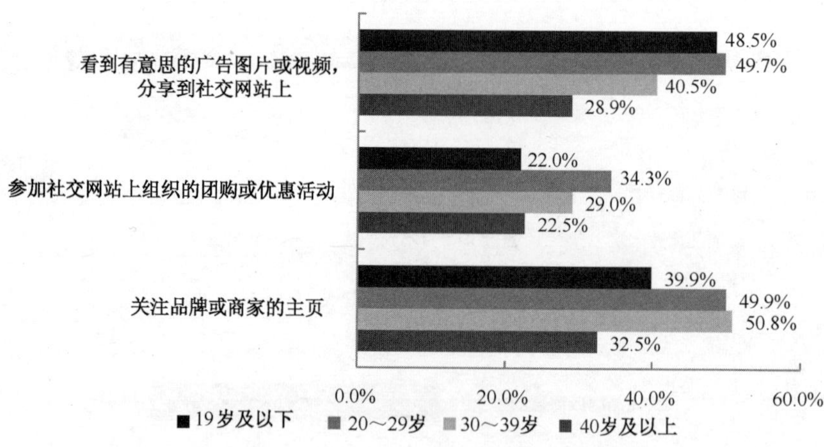

图16.4　不同年龄社交网站用户的品牌关注、传播与购买行为

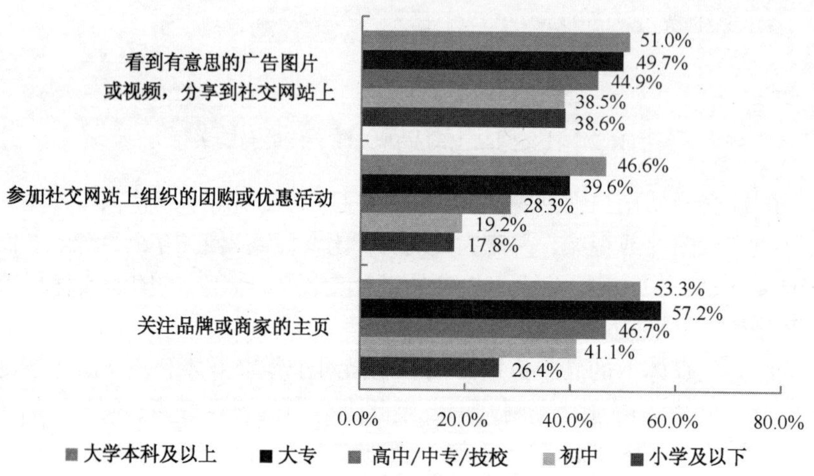

图16.5　不同学历社交网站用户的品牌关注、传播与购买行为

16.4.4　口碑传播与口碑影响

社交网站商业化的一个核心基础是用户之间的信任关系，这种信任关系会产生“被信任的信息”。好友分享、商品评论等“被信任的信息”会对其社交好友的购买心理和行为产生多重影响，体现为口碑传播强大但复杂的作用。

调查显示，43.1%的用户会在社交网站上看到好友推荐的产品，产生购买想法；38.3%的用户会参考社交网站上好友的评论，帮助自己进行消费和购物决策；37.2%的用户会在社交网站上和好友分享好的品牌、产品和商家；25.7%的用户遇见不好的消费经历，会在社交网站上评论和投诉（见图 16.6）。这些结果显示出，社交网站可以产生或拉动用户需求，影响用户的消费决策。而用户对社交网站上商业信息的高度关注，成为了图片分享、电商导购类的社交网站快速成长的内在动力之一。

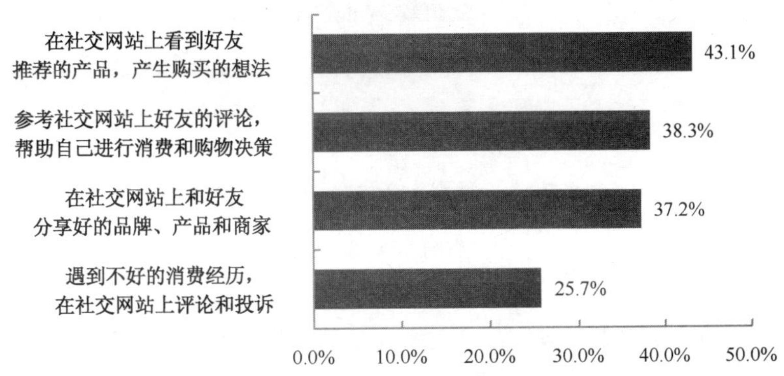

图16.6　社交网站上的口碑传播和口碑影响

男性更愿意在社交网站上发表负面评论，30.1%的男性用户曾经因为遇到不好的消费经历而在社交网站上评论和投诉，比女性用户高出近 10 个百分点。相比之下，女性则更愿意分享正面的评论，39.8%的女性用户在社交网站上和好友分享了好的品牌、产品和商家（见图 16.7）。

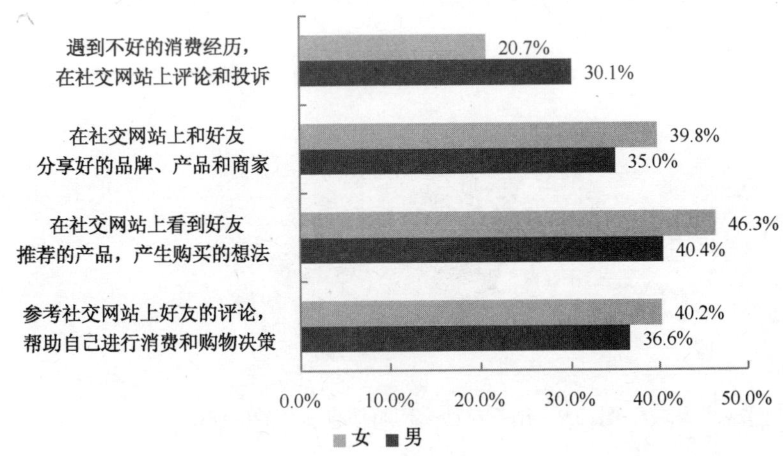

图16.7　不同性别社交网站用户的口碑传播与口碑影响情况

与此同时，女性更容易被社交网站上的口碑评论影响，无论是因为看到 SNS 上好友推荐的产品而产生购买想法，还是参考 SNS 上的评论帮助自己进行消费决策，女性的比例都高于男性。

高学历人群无论是在口碑分享还是被口碑影响等方面，都高于其他用户群体。高学历人群对各种传统广告具有较高的认知度和识别度，因此他们更喜欢通过社交网站上的口碑来进行决策，同时也更喜欢在 SNS 上发表负面言论（见图 16.8）。

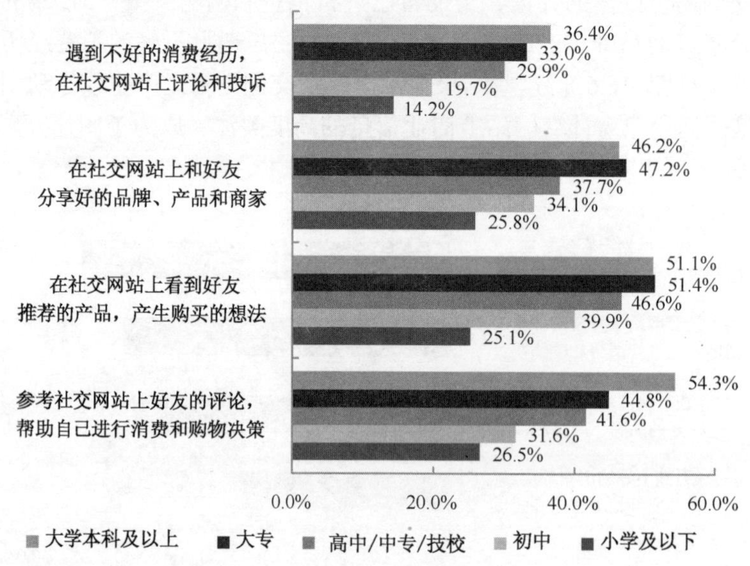

图16.8　不同学历社交网站用户的口碑传播与口碑影响情况

16.4.5　用户对社交网站信息安全的信任度

虽然在 2011 年年底发生了用户信息大规模泄露事件，但高达 62.0%的用户仍然表示信任社交网站对个人信息安全的保障。这一结果很难说反映出国内社交网站在用户隐私保护上表现得很好，从另一个角度看，这其实体现了中国网民对相关问题的关注度较低（见图 16.9）。

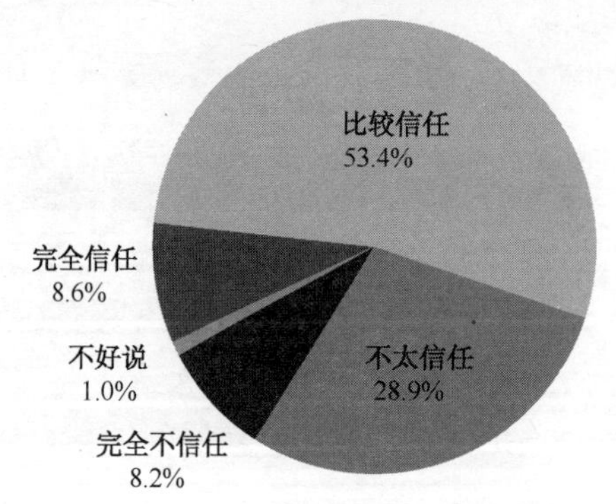

图16.9　用户对社交网站信息安全的信任度

16.4.6　个人信息与精准广告

社交网站的发展潜力之一，是通过对用户背景信息、个人行为数据的挖掘来产生丰厚的利益。然而另一个问题则被忽视，社交网站可以利用用户信息获取商业利益，那么自然需要考虑对用户的贡献给予相对平等的回报。并不是所有用户都反感网站对个人隐私的使用。调查显示，对于社交网站对个人资料的商业使用，有超过一半（51.5%）的用户表示只要没有对外泄露个人资料，就能够接受这一行为；22.6%的用户表示无所谓（见图 16.10）。实际上，目前存在的问题，更多的是信息不对称导致网站对个人信息过度的收集，并且与网站对个人提供的服务不对等。

隐私问题目前看来并没有严重影响到社交网站发展，其原因在于社交网站的商业模式中，还没有形成对用户资料有效的利用。在所谓的大数据时代，对用户数据的挖掘未来必定成为互联网新商业模式的关键组成部分，到那时这些将成为互联网行业必须考虑的重要问题。

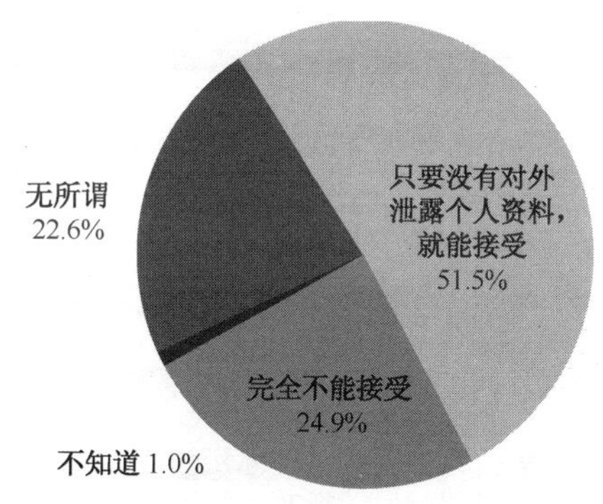

图16.10　社交网站用户对个人信息被精准广告的态度

16.4.7　移动社交网站的通讯录使用

手机通讯录可以说是用户强关系最集中的体现，其中聚集了亲人、朋友、同事等多个圈子的联系人，用户在通讯录基础上进行的交流互动相对封闭。目前许多类 Kik 类的手机社交应用都对手机通讯录进行了读取，以掌握用户最密切的社交关系，然而有国外的社交类应用因未经用户允许私自上传用户通讯录而招致非议。针对手机社交应用通过读取手机通讯录来推荐好友的做法，调查显示：约三分之一的手机社交网站用户表示自己无法接受这一行为，两成用户表示无所谓，更多的用户则表示需要在网站承诺保护个人隐私的前提下才能接受。这显示出相当一部分用户并不完全抗拒读取手机通讯录的做法（见图 16.11）。

16.4.8　社交网站用户流失情况

近年来部分社交网站的用户流失情况比较严重，已经制约了网站的发展。调查显示，这些流失用户停止使用某些 SNS 的原因，最为常见的是认为网站浪费时间、耽误了学习和工作，占比为 45.8%；另外有 39.9%的用户表示是因为网站的用处不大，从这一点看网站的功效还是维持用户使用兴趣最为重要的因素，因而一些在发展初期走娱乐路线的社交网站目前已经进入瓶颈期；另外网站的创新不足也是用户流失的关键因素，40.4%的流失用户是因为对社交网站玩腻了、失去了兴趣（见图 16.12）。

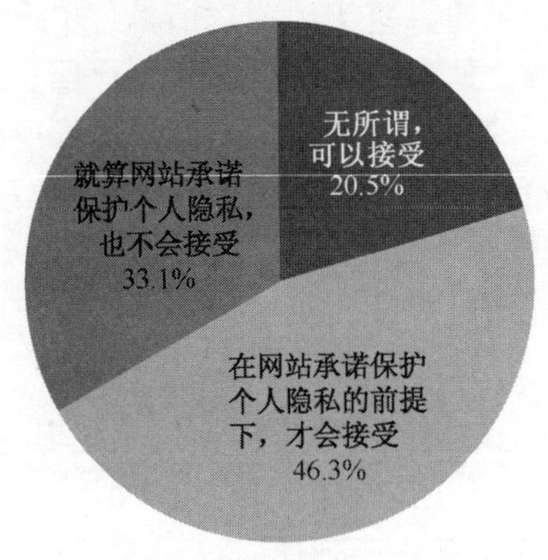

图16.11　移动社交网站用户对手机通信录被读取的态度

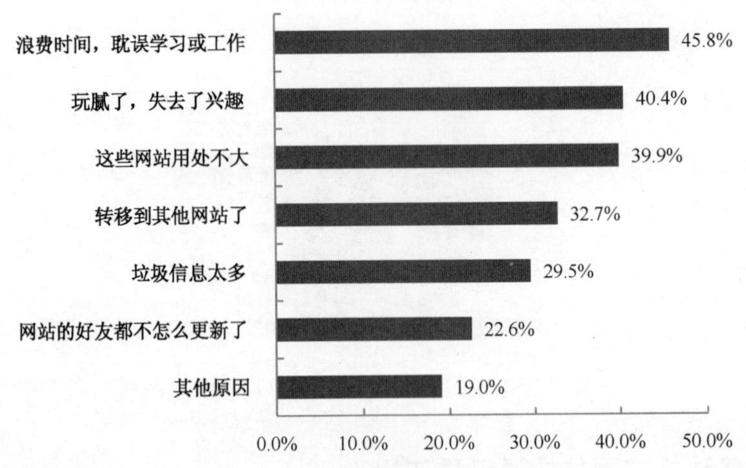

图16.12　社交网站用户流失的原因

近四成流失用户在停止使用某些社交网站后转向使用微博，再次证明了微博对社交网站造成的冲击。另外三成用户则没有再使用类似的网站（见图 16.13）。

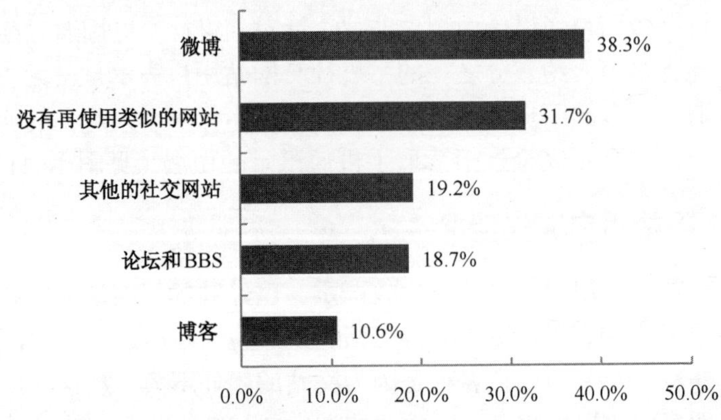

图16.13　社交网站用户流失后使用的网站

16.4.9 移动社交网站的用户使用行为

移动终端的特性，决定了用户只能实现一些相对简单的操作。约九成用户使用移动社交应用来浏览好友的新鲜事或动态；74.4%的用户发布个人状态；拍照并上传照片在移动终端上更为便捷，52.7%的移动社交网站用户使用过该功能（见图 16.14）。

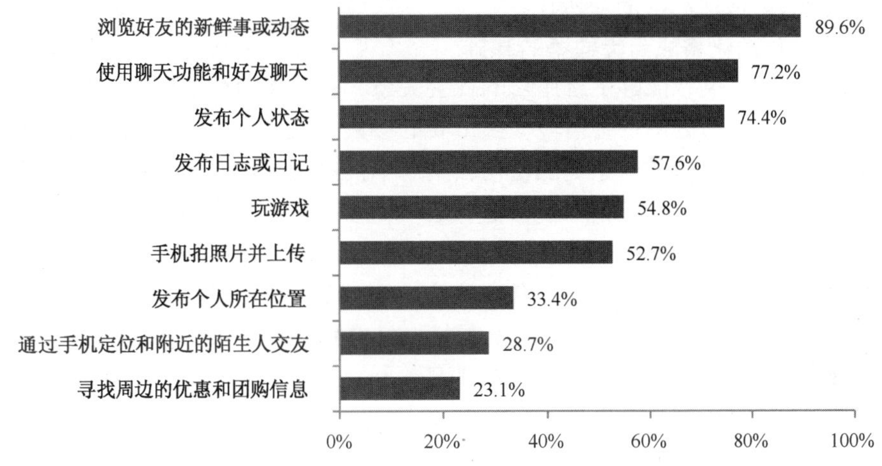

图16.14 移动社交网站用户使用的功能

结合移动互联网使用特征以及智能终端的特性，移动社交应用能够提供 PC 上社交网站无法实现的功能，其中最具代表性的是地理位置类的功能。目前尝试这一功能的用户比例较低，约三分之一的移动社交网站用户会发布个人所在位置，不到三成用户通过手机定位进行陌生人交友，23.1%的用户寻找周边的优惠和团购信息。

16.5 社交网站发展趋势

1. 移动社交将继续加快创新步伐

2011 年底 SoLoMo 概念被提出，一系列移动社交应用以此为基础，同时发展自身特色，形成了 2012 年移动社交应用的蓬勃发展势头。总体来看，移动社交的发展还在起步阶段，大量应用还处于用户积累时期，由于社交网络的病毒式传播，这类应用往往能在短时间内迅速扩散，吸引大量用户使用，然而难以维持用户黏性、保持用户的使用兴趣，成为一些移动社交应用持续发展的障碍。对于已经具有相当用户规模的移动社交应用来说，如何在全新的终端上发展出一套有效和可持续的盈利模式，也被逐渐提上议程。未来，移动社交应用将继续维持这种快速创新的态势，一方面，这类应用将继续创新和迭代，移动终端和网络的潜能依然有很大的挖掘空间，一系列创新的概念还需要从业者通过实践来摸索；另一方面，商业模式的发展也将逐渐开展起来，尤其是摆脱传统互联网中几类盈利方式的思维模式束缚，探索出一套符合移动互联网特征的营收方法。

2. 社交网络逐步走向企业

当前社交网站面向个人服务，因此其功能主要还是集中在人际的日常沟通和娱乐上，但是社交网站的力量远不止于此，社交网站所提供的互动、协作完全可以利用到工作中，帮助企业有效地完成员工的组织与管理，这一想法正在逐步走向现实。2012 年 7 月微软收购了 Yammer，将 Yammer 的投票、聊天、活动、链接、主题、问答、想法等整合到 Office 的企业协作平台中进行。社交网络向商务领域逐步渗透，并开始把 Yammer 这样的以商务为重点的社交网络嵌入公司的结构中，这一趋势将逐渐影响到企业的组织结构和管理形式，实现企业内部高效、透明、便捷的沟通与协作。

3．社交化、移动化将成为大数据的基础

通过社交化的互联网，能够了解用户的社会关系、所关注的社会事件以及所持的思想态度，从而为定位一个人所处的社会情境提供重要的参数。加上移动设备接入互联网，让用户的线上生活和线下实体生活的联系更加密切，用户不仅仅是虚拟空间中的存在，位置数据的提供实现了对用户进行时空定位的可能。这两者奠定了一系列服务的基础。

将时空环境和社交关系定位数据融合到一起的移动应用，将在未来用户的消费决策中发挥越来越实质的作用。任何一种服务或者产品的优化，无论线上还是线下，其前提都在于对用户有充分的了解，包括其时空属性和社会属性。社交化和移动化的互联网，则是未来记录用户时空运动痕迹和社会情境痕迹最重要的工具。

未来，各类互联网应用需要借助社交化和移动化的路径，实现数据更为海量的产出、更为有效的融合和挖掘，从而形成依靠大数据的商业模式创新。因此，社交化、移动化产生的许多价值中，有一个关键的核心需要把握，那就是其产出了空前庞大、丰富、实用性强、关联性强的互联网大数据。通过对其的挖掘和利用，互联网企业可以深入了解用户行为模式，加速产品和服务创新，优化自身的产品和服务；捕捉用户行为特征和发展动向，优化平台功能，吸引用户使用，提升用户黏性；精确细分用户群体，提供更具针对性的服务；提前洞察潜在机遇并预测可能的风险。对于用户来说，个人需求能被准确分析并被精准地满足，从而享受到更加自动化、智能化的服务。不仅仅是社交和移动应用，未来的媒体、搜索、电商等各种业务的关键趋势，都在于融合社交化和移动化特性，产出大数据并加以利用，最终优化自身的服务。

（中国互联网络信息中心 沈珅）

第 17 章　2012 年中国即时通信服务发展情况

17.1　发展概况

随着智能手机的普及、互联网企业的发力和无线网络的发展，2012 年我国即时通信服务发展态势良好，在各类应用领域均有较好表现。总体看来，市场具有以下特点。

1．新型移动 IM 产品激活市场

2011 年中国移动 IM 市场注册用户规模突破 6 亿，2012 年 50.17%的高速增长使得中国移动 IM 市场用户规模达到 9.43 亿，移动端用户规模总量的猛增打破了中国即时通信市场相对平稳发展的局面，中国即时通信市场开始向移动端迁移。同时，2012 年，移动互联网时代的机遇成为推动中国移动 IM 市场高速发展的助燃剂，移动 IM 市场的活跃用户规模以 58.03%的增长率突破 5 亿大关。

从产品方面看，微信、陌陌、啪啪等新型移动 IM 产品成为用户新的选择，在带来用户规模的增长外，新型移动 IM 产品丰富了中国即时通信市场的产品种类。持续不断的产品创新为中国移动 IM 市场的发展提供了更为广阔的想象的空间。

2．移动互联网的崛起加速中国即时通信市场 PC 格局稳定、移动格局生变局面的形成

2012 年，微信呈现出爆发式增长，以 30.72%的市场份额位居中国移动 IM 市场的第二名。在微信强势的发展下，强大的腾讯体系支撑、广泛的合作伙伴、规模庞大的用户市场、多元化的产品性能将为微信在未来的发展中赢得中国移动 IM 市场的头把交椅提供更大的可能，至此中国移动 IM 市场的格局也将重新洗牌。

3．平台优势助力中国即时通信领域 PC 市场集中度进一步提升

即时通信市场趋于综合化、生活化的发展，使得用户对于大平台的认可度逐步增加，进而使得即时通信领域市场集中度提升。平台优势在即时通信市场仍然是重要因素，市场的推动力使得用户、运营商重新做出选择。从市场情况来看，即时通信市场正在跨越传统的沟通概念，娱乐、购物、支付等功能出现在即时通信产品上，庞大的用户资源、强大的技术开发能力、良好的运营能力使得大平台在新一轮即时通信市场的竞争中具备话语权。用户对大平台的选择不仅仅基于产品的考虑，更多的思考在于大平台的可信任度，能够为用户提供更为安全、全面和优质的服务。

2012 年 11 月，微软宣布 2013 年第一季度以海外 Skype 替换 Windows Live Messenger，停止 MSN 的服务。就 MSN 在中国的情况而言，MSN 在中国即时通信市场的份额保持在 3.0%左右，2012 年达到 3.89%，位居中国即时通信市场的第五名。回顾 MSN 海外并入 Skype 事件，MSN 在运营上逐步落后，存在界面上广告太多，界面不太美观，功能少，缺少视频通话、离线发送、断点续传、截图、群组等功能，安全性差，账号容易被盗并发送垃圾和诈骗信息等各种问题，严重伤害了用户的体验，其并入 Skype 也是存在的必然选择。

MSN 海外并入 Skype，反映出 PC 市场集中度进一步提高，然而背后蕴藏着深刻的逻辑。产品、功能、服务是基石，平台成为即时通信市场的蓄水池，产品、功能以及服务模式决定着用户对产品的选择，决定着平台能否做大做强。

4. 新型移动 IM 产品推动即时通信产业新一轮发展

新型移动 IM 产品的出现打破了中国移动 IM 市场稳定的发展局面。从微信的发展现状来看中国移动 IM 市场的变革，微信的出现搅动了中国移动 IM 市场稳定的格局，推动移动 IM 产业迈向更高起点。2012 年，中国移动 IM 市场注册用户规模、活跃用户规模增长率均超过 50.0%，活跃用户规模突破 5 亿大关，移动 IM 产业迎来高速发展阶段，微信成为推动这一产业的加速器。仅就微信在 2012 年的市场表现来看，在数据层面，用户规模达到 3.0 亿，占中国移动 IM 市场份额的 30.72%，位居中国移动 IM 市场第二名；在产品层面，微信在推出传统的沟通、娱乐等方面的功能外，在安全方面也做出努力，推出相关的助手类功能，以提高用户信息的安全度；在服务层面，微信整合搜索、支付、购物、娱乐等全方位的生活服务，旨在为用户提供微卡式的生活服务。

5. 社交、位置服务、娱乐等多重元素的融合，使得即时通信的概念被重新定义

唱吧、陌陌、啪啪、Instagram 加入即时通信阵营，颠覆传统的即时通信概念。即时通信正在突破传统的定义，社交元素、位置元素、娱乐元素等以新的身份进入即时通信市场，使得即时通信市场产品种类的丰富程度不断提高。陌陌是基于地理位置而产生的移动社交工具，用户通过陌陌可以认识周围任意范围内的陌生人，及时地将网络关系转换为线下的真实关系，旨在帮助用户拓展交际范围。唱吧是免费的社交 K 歌手机应用，为用户提供线上 K 歌平台，用户可以通过唱吧与好友分享歌声。啪啪是图片社交应用，内置了 10 余种实时滤镜，支持为每一张照片加入声音，同时与微博好友进行分享和互动。Instagram 是支持 iOS、Android 平台的移动应用，用户可以在任何环境下进行抓拍，选择图片的滤镜样式，一键分享至 Instagram、Facebook、Twitter、Flickr 或者新浪微博平台上，融入更多的社交元素，可以与好友进行关系的建立、回复、分享和收藏等。

6. 移动生活服务平台兴起，移动 IM 肩负无线营销使命

微信模式引发市场思考，移动 IM 营销成为关注焦点。目前，移动 IM 产品不仅仅作为用户沟通交流的基础需求，更加多元化的发展方向也开始展现出来，社交、生活服务、娱乐等更多的元素成为移动 IM 产品的新特征。移动互联网的崛起，使得与本地生活服务相关的产品受到市场的热捧，用户资源大量集中于集综合服务为一体的移动 IM 平台上，市场对于无线营销的认可以及对移动 IM 发展前景的认可，使得移动 IM 成为无线营销的主角。

17.2 市场情况

17.2.1 市场规模

据易观智库发布的《2012 年中国即时通信市场监测报告》显示，截至 2012 年年底，中国即时通信市场注册用户规模达到 40.44 亿，较 2011 年增长 14.15%；活跃用户规模达到 12.49 亿，较 2011 年增长 17.23%（见图 17.1 和图 17.2）。

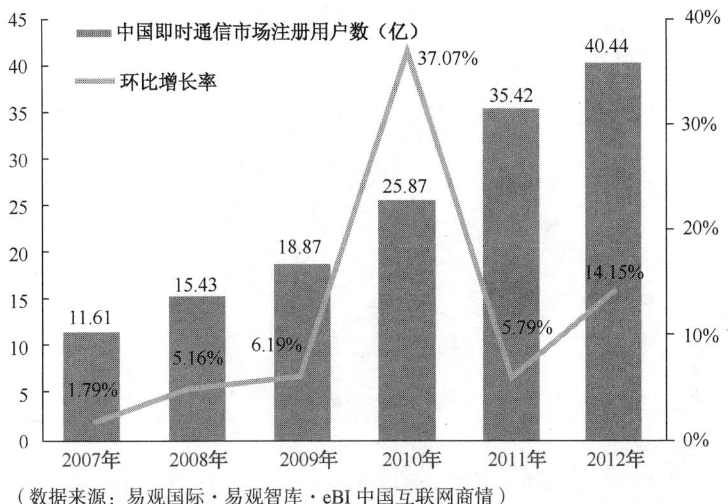

（数据来源：易观国际・易观智库・eBI 中国互联网商情）

图17.1　2007—2012年中国即时通信市场注册用户数

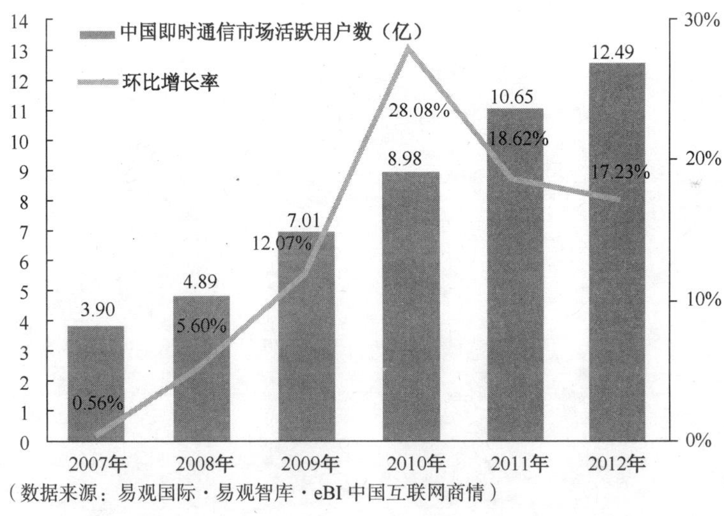

（数据来源：易观国际・易观智库・eBI 中国互联网商情）

图17.2　2007—2012年中国即时通信市场活跃用户数

17.2.2　市场份额

2012 年，中国即时通信市场继续保持了腾讯 QQ、飞信、阿里旺旺三足鼎立的局面，三家企业占据中国即时通信市场的主导地位，其市场份额分别达到 54.52%，19.77%和 10.52%（见图 17.3）。

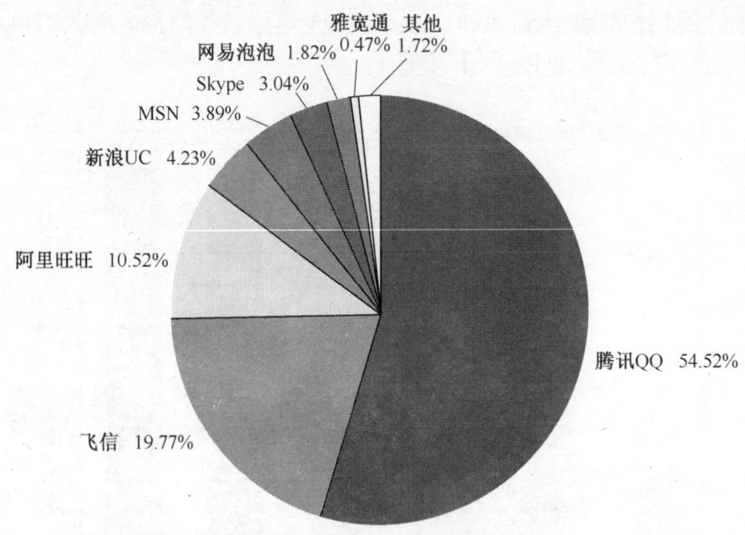

（数据来源：易观国际・易观智库・eBI 中国互联网商情）

图17.3　2012年中国即时通信市场PC端注册用户数市场份额

17.3　移动 IM

截至 2012 年年底，中国移动 IM 市场注册用户规模达到 9.43 亿，较 2011 年增长 50.17%；活跃用户规模达到 5.24 亿，较 2011 年增长 58.03%（见图 17.4 和图 17.5）。

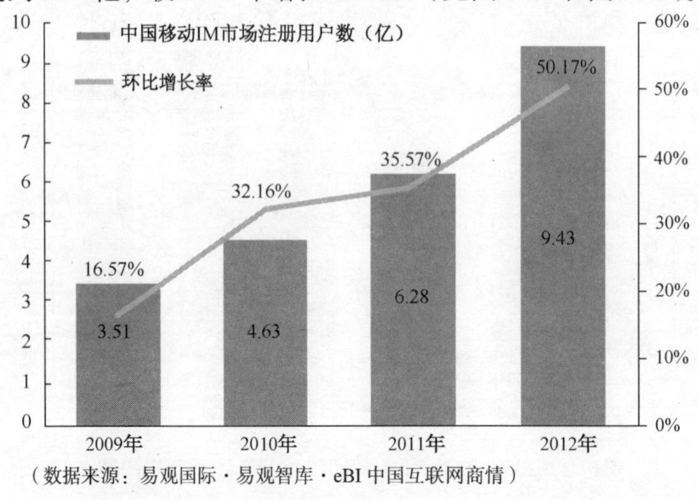

（数据来源：易观国际・易观智库・eBI 中国互联网商情）

图17.4　2009—2012年中国移动IM市场注册用户数

移动 IM 结合了移动社交的特点，使用户能随时随地和朋友进行沟通，加之手机即时通信中逐渐加入短信、图片、语音和视频等交互元素及地理位置定位、二维码扫描等功能，使沟通变得更加便捷和有趣，吸引了越来越多手机网民使用，用户黏性不断增大，“在线”成为一种常态。

在各大即时通信服务商的市场推动下，即时通信已经成为手机终端的标准预置产品，用户规模不断扩大。2012 年，在即时通信用户不断增加的同时，其功能也日益丰富，逐渐从单纯的聊天工具向综合化平台方向发展，集成社交、资讯、娱乐等多种功能和企业客户、电子商务等多种服务，使用户能方便地获取各种丰富资源，成为移动互联网的又一重要入口，呈现出巨大的商业价值。

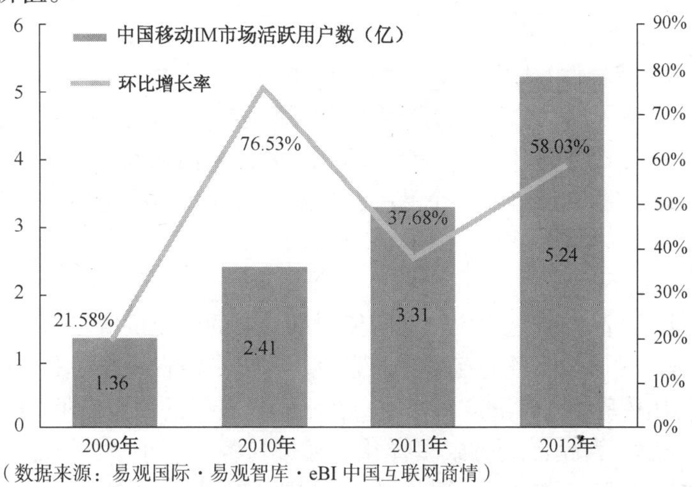

（数据来源：易观国际・易观智库・eBI 中国互联网商情）

图17.5　2009—2012年中国移动IM市场活跃账户数

2012 年，移动端经历着颠覆性的变革。微信呈现出爆发式增长，以 30.72%的市场份额位居中国移动 IM 市场的第二名。手机 QQ 仍以 37.88%的市场份额领导中国移动 IM 市场（见图 17.6）。在微信强势的发展下，强大的腾讯体系支撑、广泛的合作伙伴、规模庞大的用户市场、多元化的产品性能将为微信在未来的发展中赢得中国移动 IM 市场的头把交椅提供更大的可能，至此中国移动 IM 市场的格局也将重新洗牌。

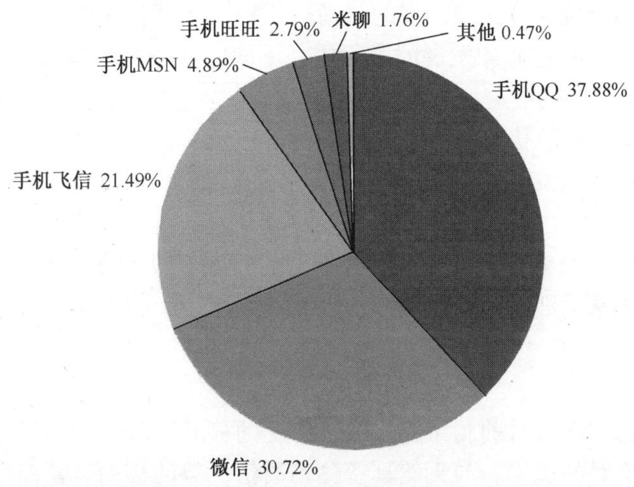

（数据来源：易观国际・易观智库・eBI 中国互联网商情）

图17.6　2012年中国移动IM市场注册用户数市场份额

17.4　服务发展情况

17.4.1　腾讯 QQ

作为国产即时通信的始祖，如今的腾讯 QQ 已经集图文消息实时发送和接收功能为一体，还可为用户提供电子邮件、博客、音乐、电视、游戏、网络硬盘和搜索等多元服务。

从 1999 年发展至今，腾讯以即时通信为基础，发展成为集即时通信、门户、在线游戏、互动娱乐等为一体的综合性互联网公司。腾讯构建了 QQ、QQ.com、QQ 游戏以及拍拍网四大网络平台，分别形成了网络社区。目前腾讯的品牌架构中，包括腾讯网、QQ、TM、QQ 游戏、3G 腾讯网、腾讯 100、QQ 直播、QQ 音乐、腾讯桌面软件等大量子品牌。就即时通信而言，腾讯包括 QQ、TM 和 RTX 三个品牌，分别针对大众娱乐型用户、办公型用户和企业用户。

1. 战略发展方向

利用个性化服务产品，研究用户在不同使用场景下的商业价值。为应对网易泡泡、移动飞信、阿里旺旺等即时通信服务的互联互通竞争，腾讯在语音、视频等方面进行重点技术研发，提升用户的使用体验。同时重点研究用户在不同场景下的使用需求，提升用户使用黏性。

强调品牌渗透率，营销活动方式多样化。通过与各地区小学建立合作关系，提高腾讯 QQ 在学生用户中的品牌渗透率。近年来，腾讯分别开展了“小学生安全上网绿色培训行动”、“全国大学生电子商务竞赛”、“小学生 QQ 文化项目课题研究” 等活动，以提升腾讯 QQ 品牌影响力。

强化与合作伙伴的产业联盟。从产业链合作上，继续扩展不同类型的合作方式，通过与运营商、手机厂商、渠道商和银行等合作伙伴建立合作联盟，拓展产业价值链，横向扩展自身价值，利用用户群优势，使腾讯的横向业务成为产业合作中的重要渠道或者依赖的平台。

2. 目标市场

腾讯的目标市场定位为 15～25 岁的时尚、年轻、个性化一族，尤以中学生、大学生和年轻职场人士为主。同时在业务发展的过程中，不同的业务扩大其目标用户市场。

3. 竞争优势

目前，腾讯最大的竞争优势就是拥有巨大的客户资源，而且这些用户资源之间是有群体效应的，即一个用户的朋友、熟人也都是腾讯 QQ 的用户，这样就使 QQ 对其有黏性作用。

一是腾讯拥有领先的内容服务和成熟的客户端开发的竞争优势。由于腾讯做即时通信起步早、专一化，所以在内容服务的研究和客户端的开发上投入资源多，积累的实力强。

二是腾讯具有丰富的即时通信运营经验，尤其是运用于国内即时通信用户的运营经验是其他公司无法比拟的。

4. 竞争劣势

在移动即时消息方面，目前腾讯 QQ 缺乏广泛的移动即时通信功能，所以在移动即时通信领域还没有形成绝对的优势。与天然具备移动通信优势的移动运营商相比，当移动运营商要开展移动即时消息业务时，腾讯 QQ 将处于竞争劣势。

腾讯 QQ 提供的业务内容太多，给用户较凌乱的感觉；同时有些用户不需要的内容会造成用户使用 QQ 不方便，引起用户不满。业务内容太多也会使腾讯的资源过于分散，有可能影响其具有核心竞争力的业务的开发。

17.4.2 阿里旺旺

阿里旺旺是淘宝旺旺和阿里巴巴贸易通合体的结晶，是在商言商的传声筒。其共有三个版本，分别是淘宝版、贸易通版和口碑网版，彼此支持，互联互通。2008 年 12 月阿里旺旺用户数量过亿，成为阿里巴巴旗下第二个过亿的平台。2012 年，据易观智库发布的《2012 年中国即时通信市场监测报告》显示，阿里旺旺以 10.52%的市场份额占据中国即时通信市场第三的位置。

1．战略发展方向

阿里旺旺的崛起导致 QQ 等即时通信大户市场份额下降，分析指出，主要原因是垂直应用的 IM 工具正在崛起，以阿里旺旺为代表的 IM 在垂直发展行业领域的应用，提高了用户对各种类型的 IM 服务的使用黏性。商务即时通信经过几年“潜伏式”发展，终见成效。依托淘宝强大的电商体系，伴随电商的繁荣发展，阿里旺旺的存在和发展有其必然性。

2．目标市场

据公开数据显示，使用阿里旺旺的多为 20～40 岁的商务和创业人士，月均消费为 1364.6 元，每位用户平均交易额达 615 元。据了解，阿里旺旺每天所衔接的交易总额已超过 5 亿元。

3．竞争优势

阿里旺旺依托中国最大的电子商务网站淘宝网，顺应中国电子商务市场繁荣的潮流，作为淘宝交易的唯一官方沟通工具，在数亿淘宝卖家和买家中具有很强的使用黏性。

4．竞争劣势

阿里旺旺的专业性，导致阿里旺旺的发展前景受限。

17.4.3　飞信

2006 年 6 月，中国移动正式推出了自己的即时通信软件“飞信（Fetion）”，它具备免费短信、语音聊天、手机在线速配等功能，为用户提供了一个沟通和展示自己的平台。

1．战略发展方向

中国移动介入即时通信是有备而来的。几年前，通过与腾讯合作的移动聊天，中国移动开始考察这一市场的前景，并在浙江、广东、北京等地对即时通信业务进行试验，试验的结果坚定了中国移动全面介入即时通信的信心。中国移动进入即时通信领域的战略旨在通过其在移动增值产业链中的主导地位和自身的优势，利用即时通信服务进一步促进自身向多元化和综合化方向发展，并在客观上促进整个产业的发展，谋求更大的利益分配权。

2．目标市场

向中国移动的移动通信业务用户、联通用户、电信用户开放注册。

3．竞争优势

自有网络，不用支付昂贵的网络租赁费，因此具有成本优势；资金雄厚，掌握了庞大的手机用户资源，并且相当一部分手机用户已经具有使用互联网即时通信的习惯；拥有完善的计费系统和收费渠道，有利于发展收费的增值服务；公司品牌的知名度和美誉度较高。

4．竞争劣势

在即时通信用户规模方面处于劣势；企业内部缺乏即时通信业务的运营管理经验和相应的人才资源；尚未形成区别于独立即时通信服务提供商的、有特色的商业模式；即时通信业务品牌知名度低，市场影响力小。

17.4.4　微信

微信是腾讯公司于 2011 年 1 月 21 日推出的一款通过网络快速发送语音短信、视频、图片和文字，支持多人群聊的手机聊天软件。用户可以通过微信与好友进行形式上更加丰富的类似于短信、彩信等方式的联系。微信软件本身完全免费，使用任何功能都不会收取费用，使用微信时产生的上网流量费由网络运营商收取。

2012 年经过市场的培育之后，微信开始了商业化进程，逐步发展成为功能更为全面的移动生活服务工具；通过与二维码市场的合作，微信打通了用户和商家之间的消费链条，使得线上浏览、评论、分享，线下消费的服务模式逐渐成长起来。截至 2012 年底，微信注册用户量已近 3 亿。

1. 战略发展方向

流量稳增提升媒体价值，微信平台剑指营销。微信的诞生改变了人们传统的生活方式，同时也是中国科技影响力逐步提升的重要表现。凭借先进的技术以及超前的创新能力，微信实现了“互联网世界”和“传统世界”的开创性接轨，成功地完成了“陌生群体之间的社会对话”、“消费群体与商家之间的商业对话”。从技术角度看，先进的技术支撑微信突破性发展。微信通过语音改变了传统社交产品以文字沟通的方式，使沟通变得更加快捷、方便。同时，通过 LBS 打破了时空概念，为用户提供随时随地的社交平台。从用户角度看，微信的创新模式引导用户提升对社交产品的品位。目前，微信通过简易、快速的交流模式赢得了用户的认可，用户的属性跨越了性别、年龄的界限，以“工具性”和“娱乐性”双重身份赢得了全民关注。从商业模式上看，微信塑造企业营销新渠道，助力传统企业再繁荣。

微卡生活提供给用户无限的想象空间。腾讯在生活服务市场已经具备相当的话语权，集团优势非常明显，腾讯在其他生活服务领域的发展成果丰硕，这些准备为腾讯发展微生活做了良好的铺垫，使得微信整合搜索、沟通、支付、购物、娱乐等全方位生活服务成为可能，微信一卡通式的生活方式让用户充满想象。

2. 目标市场

腾讯系用户、主流智能手机用户、用户电话通讯录用户。

3. 竞争优势

支持多平台，沟通无障碍。微信支持主流的智能操作系统，不同系统间互发畅通无阻；轻松聊天不透露信息是否已读，降低收信压力；图片压缩传输，节省流量；输入状态实时显示，带给用户手机聊天极速新体验；移动即时通信，楼层式消息对话使得用户聊天简洁方便。

二维码订阅。通过公众号二维码吸引用户订阅；消息推送，通过用户分组和地域控制，实现精细消息推送；品牌传播，微信用户订阅的公众号会显示在个人关注页和朋友圈动态中。

4. 竞争劣势

微信的劣势从产品和运营两个层面来看。在产品层面，一些具体的设计存在体验问题，如实时信息方面，每页显示的信息量有限，用户管理板块中程序复杂等。在运营层面，庞大的用户规模既是其优势，又给其带来相关的困扰，微信的社交、生活服务属性较强，负面信息传播的速度很快、广度很大，对于与微信合作的相关企业也会带来一定的影响，如相关的 O2O 企业。

17.5 发展趋势

1. 中国即时通信市场 PC 格局生变可能性不大

背靠腾讯、移动、淘宝，中国即时通信市场 PC 格局稳定。据易观智库发布的《2012 年中国即时通信市场用户规模监测报告》显示，截至 2012 年底，腾讯 QQ、飞信、阿里旺旺分别以 54.52%、19.77%和 10.52%的市场份额占据中国即时通信市场前三名的位置。腾讯 QQ 方面，注册用户规模超过 22 亿，活跃用户规模超过 7.53 亿，庞大的用户资源为腾讯提供了更为广阔的发展前景；腾讯 QQ 依靠腾讯集团，在产品开发、用户体验、服务模式等方面具备相当的实力，作为老牌的即时通信工具，腾讯 QQ 已经成为用户的黏性产品，并且伴随腾讯不断地创新和优质的服务，用户对于腾讯 QQ 的忠诚度是不断提升的。飞信方面，注册用户规模近 8 亿，活跃账户规模达 1.25 亿；2012 年 5 月，飞信推出“晨曦版”，支持联通和电信用户的注册，至此背靠移动、联通、电信三大账号体系，飞信的发展进入全新阶段。阿里旺旺方面，注册用户规模为 4.25 亿，活跃用户规模为 2.70 亿；阿里旺旺依托中国最大的电子商务平台网站——淘宝网，服务于数亿的淘宝客户，作为淘宝系官方的商务沟通工具，阿里旺旺在中国即时通信市场位置稳固。

2．移动 IM 市场良好的发展态势为无线营销的继续深化奠定基础

用户资源、产品服务、市场趋势共同助力中国移动 IM 市场营销价值的凸显。用户资源是市场挖掘移动 IM 市场营销价值的重要因素，从中国即时通信市场整体状况来看，2012 年底，中国即时通信市场注册用户规模达到 40.44 亿，活跃账户规模达到 12.49 亿；中国移动 IM 市场注册用户规模达到 9.43 亿，活跃用户规模达到 5.42 亿。从产品服务来看，中国移动 IM 市场的产品丰富度日渐提高，娱乐、位置服务、名人互动都在加入移动 IM 的阵营；同时，服务模式愈发简单，便捷的语音沟通模式打破了传统的即时通信产品文字沟通的模式，为用户带来完善的用户体验。总体来看，移动 IM 市场全方位的产品服务为其无线营销的价值增加了砝码。移动互联网崛起、传统企业互联网化成为移动 IM 开拓无线营销市场的主要推动力。目前，移动互联网成为市场的投资新宠，市场对于移动产品的热情持续升温，移动 IM 是重要的涉猎目标；此外，传统企业触网意识的增强为移动 IM 市场的无线营销提供了巨大的商机。

3．移动 IM 产品深入生活、服务、娱乐市场，成为移动端重要平台

移动 IM 产品多方向辐射，成为各互联网企业抢占移动端的重要入口。如今，即时通信工具不仅仅是简单的基础性沟通工具，横向来看它的产品种类更加丰富，如老牌即时通信工具手机 QQ、基于免费短信模式衍生的移动飞信、依托淘宝的阿里旺旺、以高端商务为主的 MSN；伴随智能手机的诞生和普及，新型移动 IM 产品同样活跃在中国移动 IM 市场，如以地理位置为主的社交型产品陌陌、提供线上 K 歌平台的唱吧、以照片分享为主的啪啪等，涵盖的领域渗透到用户生活、娱乐的各个方面。纵向来看，每款产品都是一个综合的生活、服务、娱乐市场，例如微信，用户可以与周围环境的陌生人进行互动，可以通过二维码进行餐饮类的消费，可以通过摇一摇与名人进行对话，分享信息、照片等。总体来看，随着移动 IM 产品的不断创新和深化，移动 IM 产业的平台化性质将不断加深，背后推动的将是不同行业、不同企业的商业竞合。

4．输入输出方式进一步演进，现有产品沟通体验更完美并催生新的产品形态

语音模式的输入方式解决了传统文字模式输入慢、效率低、普及率受限的问题。相较前几年的即时通信产品，如今的即时通信产品体验更加完善。从即时通信产业发展历程来看，开始的即时通信产品输入输出方式以文字为主，这对于部分对文字输入方式不熟悉的用户来说存在很大问题，成为他们不使用即时通信产品的原因之一，使用户在网上的沟通存在一定的障碍。时至今日，即时通信产品的输入输出方式发生了很大的转变，语音功能、视频功能相继出现，为用户的沟通带来了极大的方便，同时提高了即时通信在网民中的渗透率。2011年微信诞生，免费的语音功能掀起市场热议，简单的操作使用户能快速完成沟通需求，不再存在输入方式方面的障碍，“简单”使微信赢得了广大用户的认可。未来，即时通信市场的竞争仍然在“简”上，以最简的方式满足用户的需求是即时通信领域赢得更大发展的关键。

5. 竞合成为即时通信市场运营商博弈的主要内容

移动 IM 产业的变革，使得运营商肩负建设移动互联网生态体系的责任。在移动互联网快速发展的今天，运营商扮演的角色也正在发生变化：竞合再次成为主旋律。主要表现在新旧业务之争、与互联网企业之争、与产业合作等几对竞合关系中。移动互联网也对运营商提出了乌托邦式的要求：如何站在更高角度，从产业责任出发，建立良好的移动互联网生态体系，让无论是大企业还是个人都能发挥自身一技之长，共同做大盘子。例如，贡献更多底层建设的力量，利用渠道优势推动 O2O 的落地，进而催生新的盈利模式。运营商必须先革自己的命，才能打造统一通信的未来，为移动互联网带来更为深远的影响，带来更大的进步力量。

（易观国际　李智、董旭）

第 18 章　2012 年中国搜索引擎发展情况

18.1　发展概况

2012 年中国搜索引擎市场保持快速增长势头，呈现良好的增长性。据艾瑞咨询数据显示，2012 年各季度中国搜索引擎市场规模分别为 54.9 亿元、68.6 亿元、77.6 亿元和 79.5 亿元，同比增长分别为 68.1%、54.8%、43.6%及 37.4%。从全年来看，2012 年搜索引擎市场规模为 280.7 亿元，相比 2011 年增长 48.6%。网民规模增长导致的流量增长、商业产品不断改进而导致的流量变现能力的提升，以及搜索引擎广告良好的投资回报率，共同促进了搜索引擎市场的快速增长，推动了市场的健康发展。但同时，宏观经济的疲软及移动流量变现的困局导致搜索市场增长速度较 2011 年有所放缓。

在产品层面上，各搜索引擎企业呈现差异化发展态势。就 PC 端产品而言，百度的产品矩阵已趋成熟和完善，2012 年部分产品有升级，但发展重点主要转向云和移动互联网领域。奇虎 360 作为市场的新进入者，在搜索领域快速布局，短时间内上线多种搜索产品，产品矩阵初步成形。搜狗则发力深耕，力图通过技术创新提升用户体验。谷歌中国收缩了产品线。搜搜则由于战略转型，产品布局尚不明晰。此外，中搜推出第三代搜索，主打社交搜索的云云搜索上线，也为搜索市场带来了新的变化。

在流量份额结构层面上，2012 年中国搜索市场发生了剧烈变化。一方面，奇虎 360 进入搜索市场之后，短时间内迅速获取近 10%的流量份额。另一方面，谷歌中国及搜搜的流量份额下降。受 360 搜索影响，失去 360 浏览器及 360 导航这一重要渠道，谷歌流量大幅下滑。关闭音乐及购物搜索也意味着谷歌在中国的搜索业务进一步萎缩，谷歌中国的运营重点进一步转向移动及展示广告。2011 年腾讯曾表示 2012 年将对搜搜再投 10 亿元进行研发，但随着搜搜的拆分及内部调整，无论从流量还是营收层面，搜搜已难以再维持 2011 年的高速增长，未来的发展重心或将向移动及社交转移，待其战略转型完成后或能重回快速发展轨道。此外，百度受 360 搜索影响，流量份额有所下滑，但仍居市场领先地位。搜狗流量份额平稳上升。未来 360 搜索及搜狗流量份额仍然存在上升空间，但当前格局在未来短时间内将保持相对稳定。

在市场营收份额结构层面上，变化尚未显现。一方面，360 搜索作为新加入的竞争者，商业化进程虽已启动，但需要逐步推进。另一方面，百度及谷歌流失的未必是具有核心变现能力的流量，其流量价值暂时难以估计。

18.2 市场情况

18.2.1 市场规模

2012 年中国搜索引擎市场规模为 280.7 亿元，同比增长 48.6%。预计 2013 年中国搜索引擎企业总营收将增长 49.3%，营收规模将达到 419 亿元。预期到 2016 年，中国搜索引擎市场规模将有望超过 800 亿元（见图 18.1）。

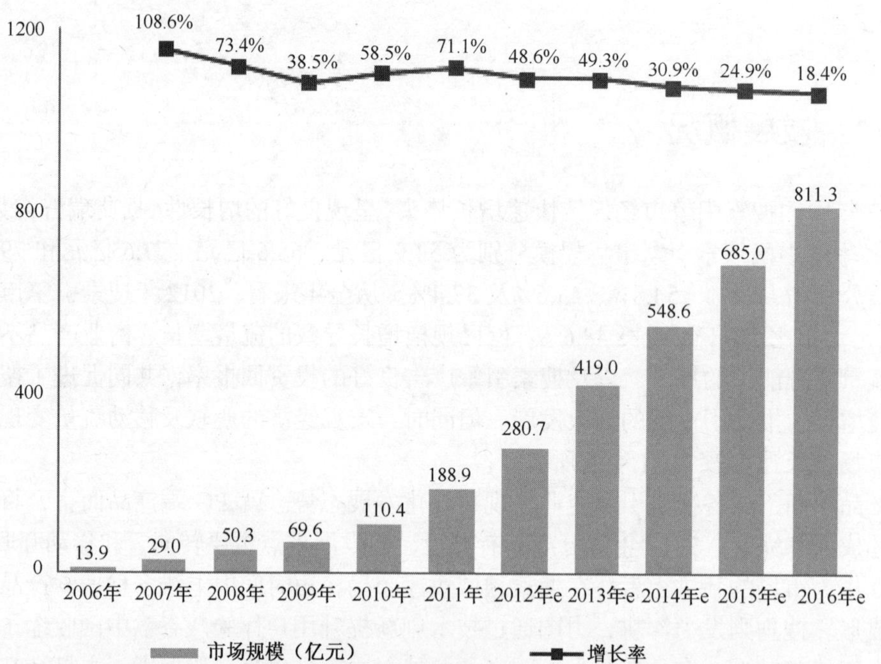

图18.1 中国搜索引擎企业收入规模及趋势

从基本面上来看，中国搜索引擎市场状况良好，具备较高的发展潜力。对中小企业客户的拓展和品牌客户市场的挖掘将进一步提升市场的活跃客户数量及 ARPU 值，推动搜索引擎市场保持较为强劲的增长。此外，由于 360 搜索的正式商业化，奇虎 360 的总营收将纳入中国搜索引擎企业总营收；以及百度将爱奇艺收入合并进财报，这些变化将推高 2013 年搜索引擎企业营收的整体增速。但中国搜索引擎企业将难以在一两年内寻找到成熟的移动流量变现模式，移动搜索流量变现问题仍将对搜索引擎市场的发展起到一定的阻碍作用。因此总体而言，搜索引擎市场将维持较为稳健的增长速度。

18.2.2 市场份额

2012 年全年百度营收占搜索引擎市场年度总营收的 79.5%，继续占据行业领先地位，优势明显。谷歌中国以 15.8%的收入份额位居第二。搜狗占比 3.0%，搜搜占比 1.5%，分别位居第三、四名（见图 18.2）。

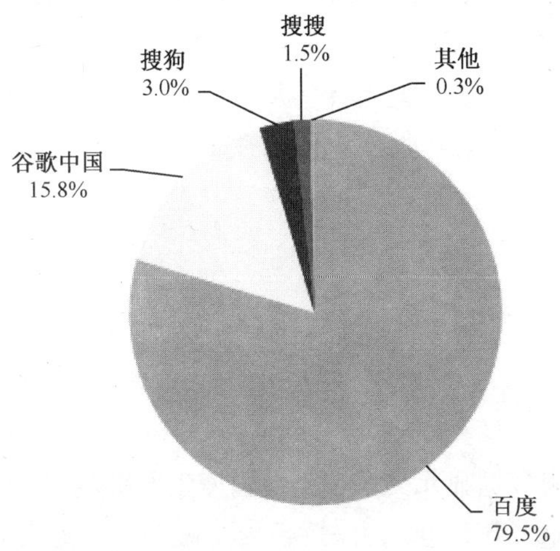

注释：搜索引擎企业收入规模为搜索引擎运营商营收总和，不包括搜索引擎渠道代理商营收
（数据来源：综合企业财报及专家访谈，根据艾瑞统计模型核算，仅供参考）

图18.2　中国搜索引擎企业总营收份额

2012 年中国搜索引擎市场流量结构发生了较为显著的变化，但在市场营收份额结构层面上，变化尚未显现。从流量层面来看，奇虎 360 进入搜索市场之后，短时间内迅速获取近 10%的流量份额。受其影响，百度、谷歌中国及搜搜的流量份额有所下滑。从营收结构来看，由于 2012 年 360 搜索商业化进程启动时间较短，当前尚未将奇虎 360 营收计入中国搜索引擎企业总营收。预计进入 2013 年后，随着商业化进程的推进，360 搜索的收入将逐步增长。

18.2.3　最新动向

2012 年中国搜索引擎市场发生了一些较为重要的事件和变化，对市场产生了深远影响。

一是奇虎 360 进入搜索市场。奇虎 360 于 2012 年 8 月推出网页搜索，随后启动正式独立域名 so.com。此后，360 搜索相继上线了问答搜索、新闻搜索、音乐搜索、地图搜索、移动搜索、图片搜索、软件搜索和手机应用搜索，在 PC 端搜索领域快速完成了较为全面的布局。同时，360 搜索商业化进程快速启动，推出了商业化广告系统“点睛”平台，并宣布与 Google Adwords 合作实现流量变现。360 的连番举动导致此前较为稳定的搜索市场格局发生巨大变化，致使市场竞争更加激烈。

二是搜搜的拆分。2012 年 5 月 18 日，腾讯宣布对集团组织架构进行调整，将现有业务重新划分成企业发展事业群、互动娱乐事业群、移动互联网事业群、网络媒体事业群、社交网络事业群、技术工程事业群，并成立腾讯电商控股公司。在此次组织架构调整中，搜搜业务被拆分，分别并入移动互联网事业群及技术工程事业群。此后，搜搜重新进行了事业群内部的组织架构调整，重新分为了搜索技术部、搜索产品部和社区搜索部。这一举动打断了搜搜此前的战略进程，并显示出搜搜短期内战略方向或将有所改变。

此外，行业内各标志性企业均加快各自战略布局，整个搜索市场未来发展方向更加清晰：一方面，搜索企业更加重视在云计算和移动端的布局，形成云+端的格局，以适应移动互联网高速发展的形势，争夺移动时代的流量入口已成为搜索市场的整体趋势；另一方面，搜狐回购阿里所持搜狗股份，谷歌中国陆续关闭音乐及购物等垂直搜索而转向发力移动广告，百度发债募 15 亿美元并在移动领域展开收购，中国搜索企业呈现此消彼长的态势，差异化竞争明显。

18.3 用户情况

18.3.1 用户规模

据艾瑞 iUserTraker 的监测数据显示，2012 年中国搜索服务的月度覆盖人数为 4.0 亿～4.5 亿，各月的同比增长维持在 9.0%～11.0%，保持较为稳健的增长速度。其中，2012 年第四季度各月的同比增长率分别为 13.4%、12.3%和 12.8%，呈现出较快的增长（见图 18.3）。

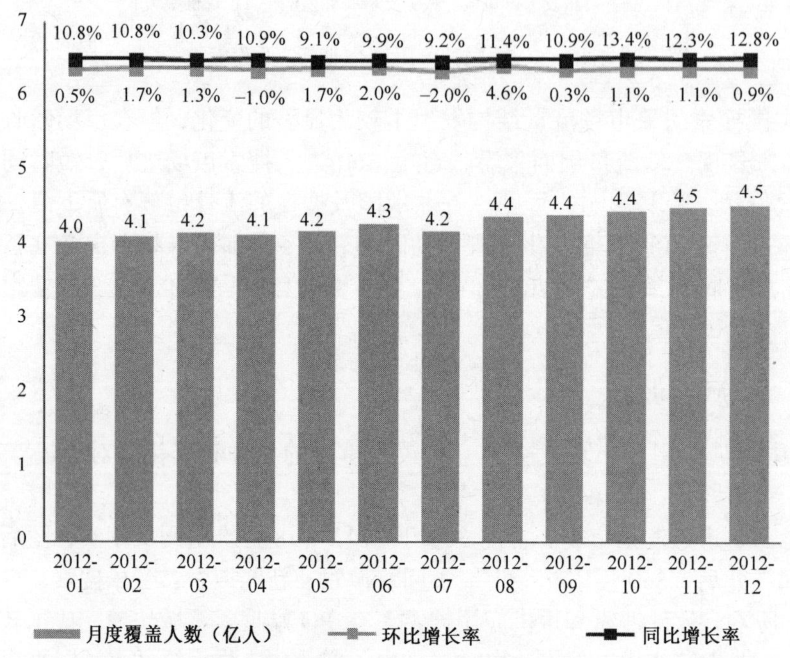

（数据来源：iUserTracker.家庭办公版2013.2，基于对40万名家庭及办公（不含公共上网地点）样本网络行为的长期监测数据获得）

图18.3　2012年中国搜索服务用户规模

据 iUserTraker 的监测数据显示，除 2012 年 5～8 月期间被在线视频超越之外，搜索服务的月度覆盖人数仍稳居各类网络服务之首（见图 18.4）。这一数据反映出，搜索服务当前仍是第一大网络服务，即中国网民使用最多的网络服务类型。

搜索引擎是互联网最重要的入口之一，网民习惯于通过搜索引擎到达其他类型的网站。

搜索引擎作为连接其他网络服务的桥梁，其流量分发作用不可小视，短期内其核心地位仍将持续。

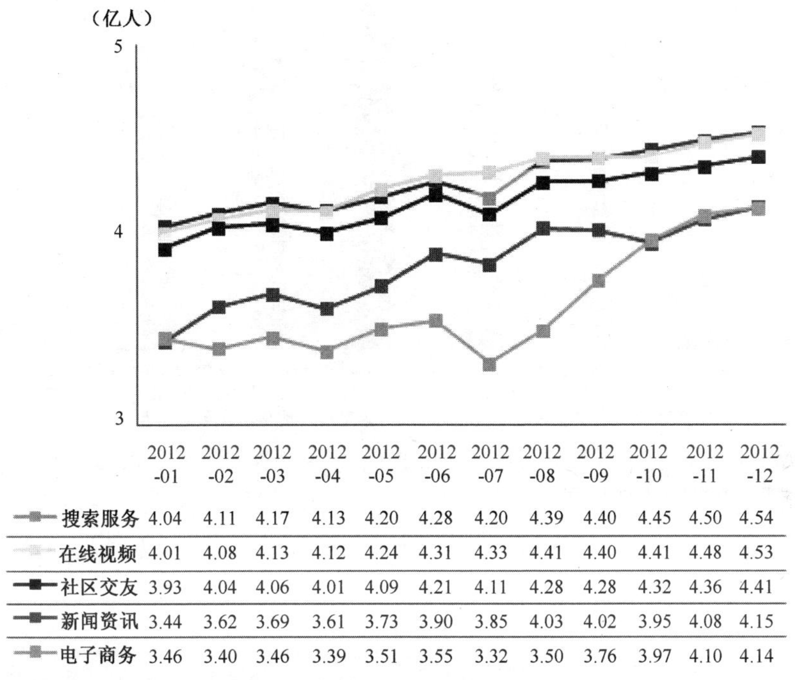

	2012-01	2012-02	2012-03	2012-04	2012-05	2012-06	2012-07	2012-08	2012-09	2012-10	2012-11	2012-12
搜索服务	4.04	4.11	4.17	4.13	4.20	4.28	4.20	4.39	4.40	4.45	4.50	4.54
在线视频	4.01	4.08	4.13	4.12	4.24	4.31	4.33	4.41	4.40	4.41	4.48	4.53
社区交友	3.93	4.04	4.06	4.01	4.09	4.21	4.11	4.28	4.28	4.32	4.36	4.41
新闻资讯	3.44	3.62	3.69	3.61	3.73	3.90	3.85	4.03	4.02	3.95	4.08	4.15
电子商务	3.46	3.40	3.46	3.39	3.51	3.55	3.32	3.50	3.76	3.97	4.10	4.14

（数据来源：iUserTracker.家庭办公版2013.2，基于对40万名家庭及办公（不含公共上网地点）样本网络行为的长期监测数据获得）

图18.4　2012年网络服务月度覆盖人数TOP5

18.3.2　时间分布

据 iUserTracker 的监测数据显示，网民在工作日和休息日不同时段对于搜索服务的接触行为存在差异。

从时间段分布上来看，12:00—22:00 时段是网民使用搜索服务的高峰期，其次是 10:00—12:00 时段。相较而言，8:00—10:00 时段以及 22:00—24:00 时段内使用搜索服务的用户数量较少，而 0:00—8:00 时段内使用搜索服务的用户数量最少。

从一周时间分布来看，工作日日间时段（8:00—18:00）内使用搜索服务的网民人数要高于休息日日间时段内使用搜索服务的网民人数，而休息日夜间时段（18:00—8:00）内使用搜索服务的网民人数要高于工作日夜间时段内使用搜索服务的人数（见图 18.5）。

18.3.3　性别特征

据 iUserTraker 的监测数据显示，2012 年在中国搜索服务用户中，女性占比为 44.1%，男性占比为 55.9%。男性比女性更倾向于使用搜索引擎（见图 18.6）。

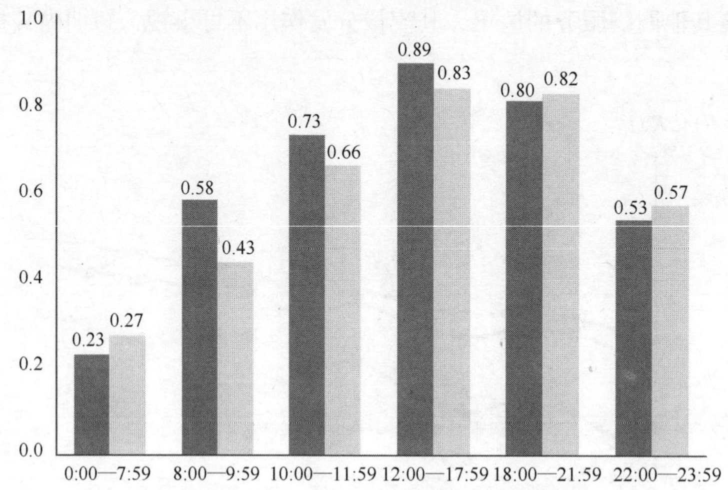

（数据来源：iUserTracker.家庭办公版2013.2，基于对40万名家庭及办公（不含公共上网地点）样本网络行为的长期监测数据获得）

图18.5　2012年12月工作日与休息日不同时段搜索服务覆盖人数情况

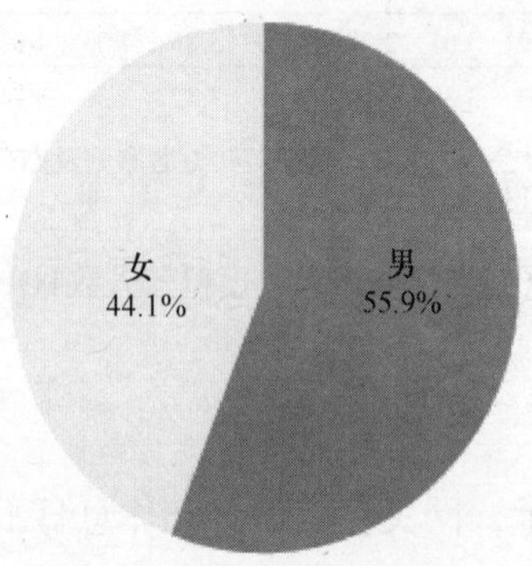

（数据来源：iUserTracker.家庭办公版2013.2，基于对40万名家庭及办公（不含公共上网地点）样本网络行为的长期监测数据获得）

图18.6　2012年中国搜索服务用户性别比例情况

18.3.4　年龄特征

据 iUserTracker 的监测数据显示，2012 年在中国搜索服务用户中，40 岁以上的用户占比为 13.2%，36～40 岁的用户占比为 11.2%，31～35 岁的用户占比为 14.2%，25～30 岁用户占比为 22.6%，19～24 岁用户占比为 28.2%，18 岁及以下用户占比为 10.7%。数据表明，19～30 岁的用户是搜索服务的主力用户，其合计占比为 50.8%，达到搜索服务整体用户的半数以上（见图 18.7）。

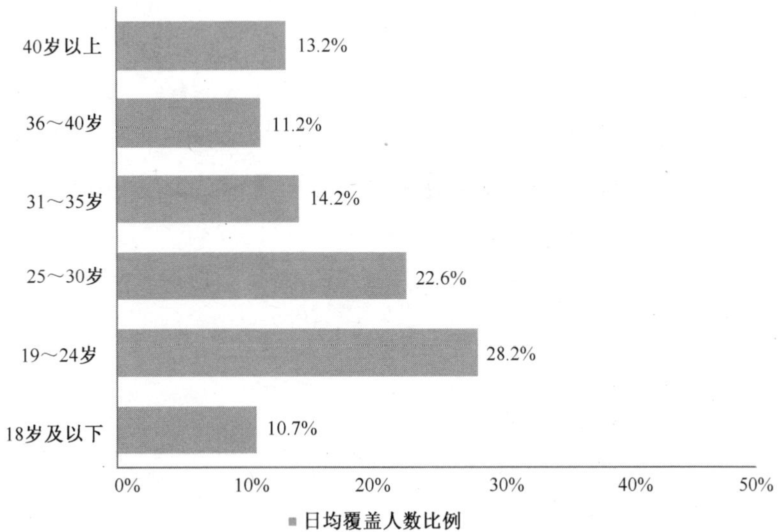

（数据来源：iUserTracker.家庭办公版2013.2，基于对40万名家庭及办公（不含公共上网地点）样本网络行为的长期监测数据获得）

图18.7　2012年中国搜索服务用户年龄分布情况

18.4　细分市场

18.4.1　市场概述

据 iUserTraker 的监测数据显示，2012 年月度覆盖人数排名前五的搜索服务细分类别中，网页搜索始终占据首位。网站导航服务位居第二，且上升趋势明显。知识搜索及百科搜索分列第三、四位，走势平稳。比较购物服务上升态势明显，截至 2012 年底，已成为覆盖用户数量排名第五的搜索细分服务（见图 18.8）。

从月度访问页面数量指标来看，呈现出与覆盖用户数量相近的趋势。据 iUserTraker 的监测数据显示，网页搜索的 PV 数量远超其他搜索细分服务类别，始终维持在高位。网站导航和知识搜索稳定在第二、三位，图片搜索呈现下降趋势，同时比较购物迅速上升（见图 18.9）。

分析认为，当前网页搜索仍然是搜索市场最核心的服务。从用户角度而言，网民对于网页搜索存在着较高的依赖性。知识搜索、图片搜索、百科搜索等内容对网页搜索的结果形成了较好的补充，提升了搜索结果的整体数量和质量，使用户得到了更好的搜索体验。从搜索企业角度而言，相较于图片搜索、知识搜索等细分类别，网页搜索和网站导航的商业化模式最为成熟，拥有强大的流量变现能力，是搜索企业营收的最主要来源。除网页搜索和导航搜索外的其他搜索类别的商业化模式仍在摸索中，变现能力还存在提升的空间。

相较于网页搜索，网站导航处于更上游的位置，是其他搜索服务的重要流量来源之一。而知识搜索、百科搜索等 UGC 内容则处于网页搜索的下游位置，一方面依赖网页搜索的流量导引，另一方面反过来对网页搜索的内容形成良好补充。

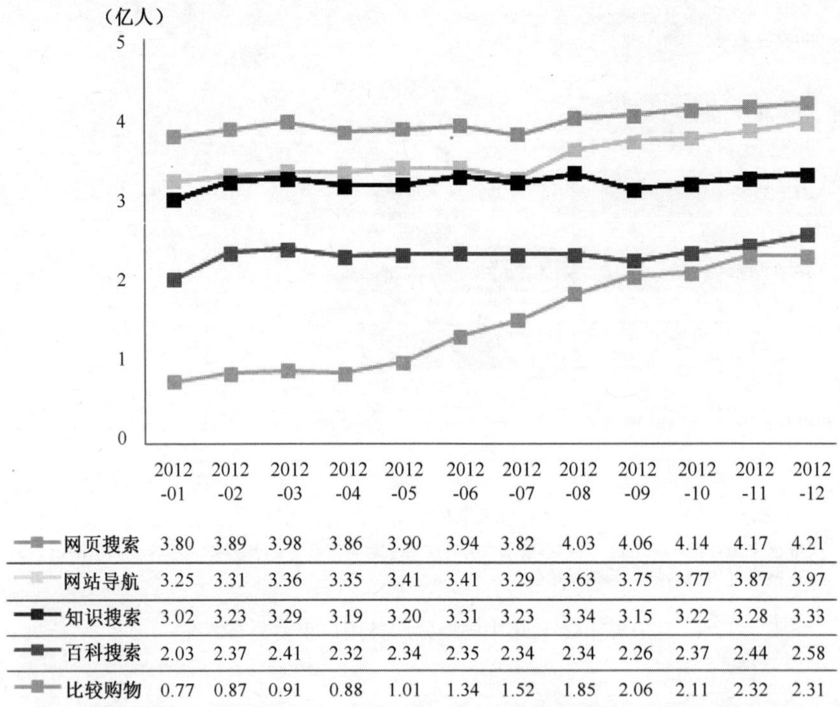

	2012-01	2012-02	2012-03	2012-04	2012-05	2012-06	2012-07	2012-08	2012-09	2012-10	2012-11	2012-12
网页搜索	3.80	3.89	3.98	3.86	3.90	3.94	3.82	4.03	4.06	4.14	4.17	4.21
网站导航	3.25	3.31	3.36	3.35	3.41	3.41	3.29	3.63	3.75	3.77	3.87	3.97
知识搜索	3.02	3.23	3.29	3.19	3.20	3.31	3.23	3.34	3.15	3.22	3.28	3.33
百科搜索	2.03	2.37	2.41	2.32	2.34	2.35	2.34	2.34	2.26	2.37	2.44	2.58
比较购物	0.77	0.87	0.91	0.88	1.01	1.34	1.52	1.85	2.06	2.11	2.32	2.31

（数据来源：iUserTracker.家庭办公版2013.2，基于对40万名家庭及办公（不含公共上网地点）样本网络行为的长期监测数据获得）

图18.8　2012年搜索服务月度覆盖人数TOP5

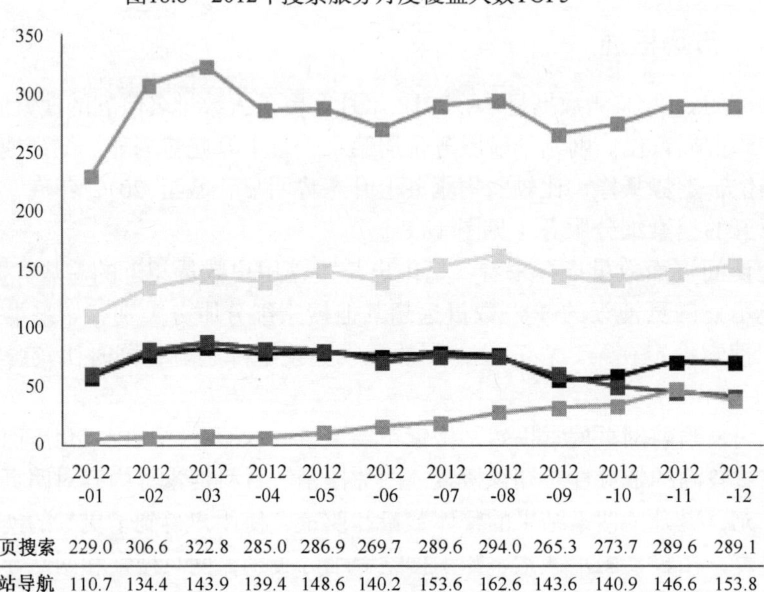

	2012-01	2012-02	2012-03	2012-04	2012-05	2012-06	2012-07	2012-08	2012-09	2012-10	2012-11	2012-12
网页搜索	229.0	306.6	322.8	285.0	286.9	269.7	289.6	294.0	265.3	273.7	289.6	289.1
网站导航	110.7	134.4	143.9	139.4	148.6	140.2	153.6	162.6	143.6	140.9	146.6	153.8
知识搜索	58.21	77.07	82.93	78.34	78.82	75.70	78.94	76.37	55.55	58.76	70.38	69.57
图片搜索	60.08	81.38	87.24	81.86	80.17	71.07	75.23	74.61	60.67	49.75	45.29	41.67
比较购物	5.40	6.19	6.97	6.66	10.61	16.26	19.65	28.31	32.57	33.50	47.07	38.37

（数据来源：iUserTracker.家庭办公版2013.2，基于对40万名家庭及办公（不含公共上网地点）样本网络行为的长期监测数据获得）

图18.9　2012年搜索服务月度访问页面数量TOP5

18.4.2　垂直搜索

得益于电子商务市场规模的迅速扩大，以电商类平台为主的垂直搜索网站提供的垂直搜索广告的规模也呈现迅猛发展态势。2012 年中国网络广告市场整体规模当中，通用搜索的关键词广告占比为 28.5%，基本与 2011 年持平；垂直搜索广告占比为 21.3%，相较于 2011 年的份额提升近 10%。预计到 2013 年，垂直搜索广告占比将为 26.3%，与通用搜索关键词广告的 28.7%更加接近，并将在 2014 年超过通用搜索关键词广告（见图 18.10）。

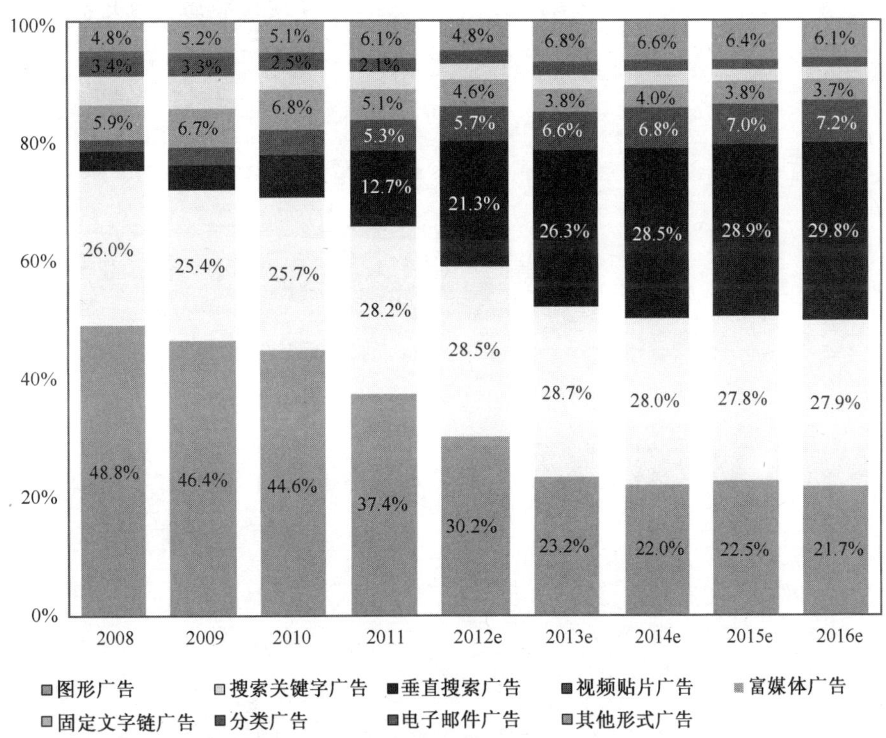

注释：①关键词广告指通用搜索引擎基于关键词匹配的广告
②垂直搜索广告指垂直搜索网站提供的搜索服务广告，例如淘宝、京东商城、去哪儿
（数据来源：根据企业公开财报、行业访谈及艾瑞统计预测模型估算）

图18.10　中国网络广告市场不同形式广告市场结构趋势及预测

分析认为，当前通用搜索的商业化模式已较为成熟，而垂直搜索商业化起步较晚，经过近年的摸索，其商业化模式也已逐渐成形，并且其流量变现能力仍有提升的空间。随着各大电商网站的开放和平台化越来越深入，垂直搜索市场未来几年预计仍将保持较为高速的增长。

18.4.3　移动搜索

搜索是当前移动互联领域最热门的应用之一。中国互联网络信息中心（CNNCI）的《中国网民搜索行为研究报告》显示，搜索已经成为手机第二大应用，截至 2012 年年底，我国手机搜索用户数达 2.91 亿，较 2011 年增长了 32.0%；使用率为 69.4%，较 2011 年年底增长了 7.3%。

百度移动搜索在移动搜索市场占据较大的优势，截至 2012 年年底，百度移动搜索的日搜索请求已上亿次，达 PC 端的 12%以上，占到整个移动搜索一半以上的市场份额，超过其他单一 PC 端搜索引擎的量，流量相比 2010 年增长 11 倍。针对移动互联网用户需求，百度一方面推出多款与搜索有关的产品，如移动搜索、掌上百度、百度搜索、百度手机浏览器等，另一方面，百度在聚合搜索、情景搜索、应用内搜索等方面都进行了布局和变革。同时，随着二维码技术、条形码扫描技术、语音技术的成熟，百度还推出了语音搜索和视觉搜索功能。

（艾瑞咨询　由天宇、张希）

第 19 章　2012 年中国网络金融服务发展状况

19.1　发展概况

中国网络金融市场在经历了电子商务大爆发之后，创新模式正在从原有的支付结算和渠道业务向金融市场核心领域拓展。

首先，支付结算业务方面，以 PC 互联网为基础的在线支付业务正在逐步发展成熟。根据艾瑞咨询的统计数据，2012 年中国支付行业互联网支付业务交易规模达 36589 亿元，同比增长 66%，较 2011 年增速放缓。从季度交易规模数据来看，季度同比增速也呈现持续下滑的趋势，其中 2012Q4 单季交易规模突破万亿元，达 10650 亿元。与此同时，伴随着移动电子商务市场的爆发，2012 年中国移动支付市场交易规模达 1511.4 亿元，同比增长 89.2%；预计 2016 年中国移动支付市场交易规模将突破万亿元，达到 13583.4 亿元。

其次，渠道方面，网上银行、金融产品线上销售层面，整体渗透率进一步提升。基金公司正在通过线上直销业务的开展来规避对于传统渠道的过度依赖，而保险业也在线上营销和电子商务领域进行全新的尝试。据艾瑞咨询数据显示，2012 年中国保险电子商务市场保费收入规模达到 39.6 亿元，相较 2011 年增长 123.8%，占中国保险市场整体保费收入 0.3%。艾瑞咨询预计，2016 年中国保险电子商务市场保费收入规模将达到 590.5 亿元，渗透率将达到 2.6%。而触网最早的中国商业银行在进一步提升电子银行渗透率的同时，加速推动手机银行业务的开展，以搭上移动互联网高速发展的顺风车。

最后，互联网正在逐步向金融核心业务进行渗透。一方面，电子商务平台正在通过长期积攒的大数据库进行全新的金融模式创新的尝试，即通过数据积累完成对客户的信用审核、线上渠道放款、线上渠道贷后风控，打造互联网时代的高效、信用金融模式；另一方面，以银行为代表的传统金融机构也纷纷涌向电子商务平台，期待通过电子商务反哺核心金融业务。

19.2　热点事件

1．七企业获基金支付结算许可

2012 年 5 月 11 日，支付宝、财付通和快钱同时宣布获得基金第三方支付牌照，正式为基金公司和投资者提供基金第三方支付结算服务。加上此前获批的汇付天下、通联支付、银联电子、易宝支付四家公司，国内主流第三方支付巨头已悉数获得基金支付结算许可。

支付是基金电子商务化发展的基础，监管部门开闸让专业化第三方支付企业进入，一方面让投资者获得更多便捷的金融投资服务，促进基金专业化服务水平进一步提升，推动中国金融投资服务发展；另一方面，随着基金网上直销的快速发展和线上独立基金销售机构的增多，通过进入标准化程度较高的基金支付领域，将为第三方支付企业拓展新的市场空间和盈利空间。

2．移动支付技术标准确立

2012 年 4 月，央行集合商业银行、银联、移动通信运营商等 40 多家产业相关方，成立了移动支付标准编写组。虽然仍未最终公布，但将中国银联主导的 13.56MHz 确定为目前的移动支付标准已达成一致。

银联主导的 13.56MHz 标准和移动主导的 2.4GHz 标准之争历时多年，严重阻碍了移动支付行业的发展进程。标准的统一和确立，将有助于产业链各方开展相关业务，推动移动支付进入爆发期。此外，随着标准落地日程的推进，金融机构、运营商和第三方支付公司纷纷布局移动支付，争夺市场先发优势。

3．多家商业银行试水近端支付模式

2012 年 5 月 30 日，农行与银联、中国电信合作推出基于金融 IC 卡 PBOC2.0 标准的手机现场支付的智芯系列产品“掌尚钱包”；2012 年 6 月 18 日，浦发银行和中国移动发布四大战略产品；2012 年 9 月 18 日，招商银行联手 HTC，推出国内商业银行在移动支付产业新标准下的首款移动支付产品招行“手机钱包”；2012 年 12 月 6 日，中信银行与中国银联在北京签署移动支付合作协议，成为中国银联与中国移动“空中发卡”项目的首批合作银行。

商业银行在资金账户介质、终端受理布局、金融风险控制、资本实力以及商户和用户群体数量方面具有先天优势，因此在近端支付领域更具优势。而各大商业银行纷纷加大移动支付市场布局力度，一方面是由于看到了移动支付市场未来广阔的市场空间，更主要的原因在于传统金融服务的互联网化与增值化使得银行零售业务市场，包括信用卡业务、个人信贷业务、支付结算业务、与财资管理有关的现金管理、投资理财等，受到互联网企业的不断侵蚀，商业银行正面临被边缘化的风险。

4．电信运营商加紧布局移动支付市场

2012 年 11 月 26 日，中国联通携手招商银行，正式推出联通首款手机支付产品——“联通招行手机钱包”；2012 年 11 月 28 日，中国移动下属支付企业中移电子商务有限公司宣布与国航展开手机支付合作。

移动运营商控制着远程通信的通道，在终端厂商方面有强大的话语权，拥有广泛的营销渠道、巨大的用户基础，并且积累了较为完善的小额计费与结算系统，资金实力强大。在移动支付市场上，运营商首先通过发挥运营商优势，以技术成熟的话费支付、远程支付抢占市场，获得先期利润；更重要的是增加现有用户黏性，留住用户。长远来看，运营商通过与银行、银联和第三方支付企业的合作，加快创新速度，强化产业链地位，提升移动互联网经济参与度，避免在各个领域全面沦为通道。

5．第三方支付巨头通过远程技术实现线下支付方案

2012 年 7 月 24 日，支付宝与分众传媒、聚划算三方联合进军 O2O，消费者可以通过装有支付宝客户端的手机拍摄二维码，在分众显示屏前购买聚划算上的商品和服务；2012 年 8 月 31 日，支付宝又与上品折扣达成战略合作，联合推出创新的商场 O2O 购物服务；2012 年 12 月 10 日，支付宝公测全新支付宝手机客户端“卡宝”。“卡宝”一方面可以绑定多张银行卡，可以进行个人账单管理，同时也可以管理各种优惠券、会员卡、球赛门票、礼券；另一方面，在“卡宝”中又加载了“声波支付”这一全新功能。2012 年 8 月财付通宣布，在行业内率先推行移动支付 HTML5 技术，用户通过手机购买 QQ 团购等多项腾讯重点业务，无须下载财付通移动安全支付插件，即可实现网页直接支付。

支付宝、财付通等互联网支付巨头，借助二维码这一连接线上线下的入口，加速移动远程支付创新，渗透线下商户。首先，满足越来越多的中小商家多元化商业模式（实体店、网店以及其他传播载体）的需求；其次，与近场支付需要通信运营商、银行、手机厂家、银联等多方机构联合推动不同，远程支付的合作模式更为简单，有利于第三方支付企业独立开拓市场；最后，此类产品大多无须改造硬件，用户使用门槛低，发展环境更加成熟。

6．独立第三方支付企业借由手机刷卡终端切入行业商户

2012 年 5 月 29 日，拉卡拉推手机刷卡器进军移动支付，可实现查询、信用卡还款、个人还贷、转账汇款、个人收账、便民缴费、网购优惠等服务；2012 年 12 月 6 日，汇付天下面向小微商户以及个人推出类 Suqare 移动支付产品“POS mini”。

手机外接刷卡器刷卡支付模式因美国移动支付创业公司 Square 取得的巨大成功而迅速蔓延至全球市场，并诞生了一个名词“类 Square”。目前中国推出或拟推出相关产品的支付企业包括支付宝、银联在线、快钱、钱方、盒子支付、网银在线、拉卡拉、汇付天下、易宝支付等。类 Square 刷卡终端使消费者或商家可以利用智能手机，在任何 3G 或 WiFi 网络状态下，进行支付和收款，并保存相应的交易信息，从而大大降低了刷卡消费支付的技术门槛、硬件需求以及终端成本。但是中国银行卡受理环境尚不完善、商户及用户的付费意愿不强烈、替代性产品成长迅速，严重限制了手机刷卡器的使用场景和支付额度，如果市场环境不能得到突破，那么这种支付模式只能面临小范围推广或者被淘汰。

7．传统互联网企业进入，市场竞争加剧

2012 年 10 月，京东商城完成了对第三方支付公司网银在线的完全收购，正式布局独立支付体系，实现产业链上下游的整合，实现电商、物流、采购、第三方商户、买家之间的现金流转，缓解资金压力。2012 年 10 月 11 日，根据域名信息显示，苏宁已经成为 yifubao.com 域名的持有者；2012 年 6 月，苏宁易付宝已获第三方支付牌照；未来，苏宁易付宝将集合苏宁会员卡、苏宁联名信用卡、支付工具“三位一体”，为顾客提供一站式的支付体验。

电商加紧布局第三方支付市场除了因为支付工具是电商平台极其重要的一环外，还出于以下几点考虑：首先，电商可以通过数据掌握消费者特点，开发适合各类消费习惯的支付方式，又可以防止交易数据泄露的风险；其次，缩短财务资金运转长度，有效补充企业资金流，防范资金不足的风险；最后，完善自身业务，提升消费者网上购物体验，从而为企业长远发展奠定基础。除了电商企业，还有一些航空集团、互联网巨头等纷纷建立和发展自主支付公司。传统企业的加入，一方面有助于行业快速发展壮大，另一方面对部分独立第三方支付企业也将产生一定的影响。

8．借跨境支付，拓国际市场

2012 年 7 月 20 日，财付通官方网站国际商户版上线，面向国际商户及合作伙伴提供财付通支付服务，分享财付通及 QQ 数以亿计的中国消费者和广阔的中国消费市场。2012 年 11 月 19 日，财付通与美国运通宣布“财付通美国运通国际账号”正式上线；未来该账号还将植入腾讯微信等其他产品，拓展海外业务。2012 年 2 月 15 日，渣打银行与支付宝联合推出

“渣打银行—支付宝快捷支付”服务，持有渣打中国借记卡的客户可在支付宝所支持的淘宝网、天猫及各大特约商户便捷地进行网上支付。

目前国内主流第三方支付企业支付宝、财付通、快钱、易宝支付等纷纷通过与海外电商企业及银行等金融机构合作涉足跨境支付业务，市场竞争愈演愈烈。其推动因素主要有：一是在网络经济高速增长的刺激下，全球网上购物市场迅猛发展，消费者跨境网购需求日益强烈；二是相较于境内支付业务，跨境支付利润更高。

19.3 网络金融服务

19.3.1 网上银行

据艾瑞咨询数据显示，2012 年中国网上银行交易规模达 919.9 万亿元，同比增长 31.2%（见图 19.1）。从交易规模的结构来看，企业网银是网上银行最主要的组成部分；而与此同时，个人网银交易规模增速超过企业网银，占比呈逐年上升趋势。

国内宏观经济的稳定、用户消费习惯的养成、银行业自身业务的创新和信息科技的日新月异都推动着我国网上银行的快速发展。此外，“十二五”期间，若国际金融环境没有显著恶化，国内经济不出现重大动荡，网上银行将依然保持一个平稳的发展速度；但随着行业逐渐步入成熟期，以及手机银行、电话银行等替代产品的发展，网银增长速度将逐年降低。

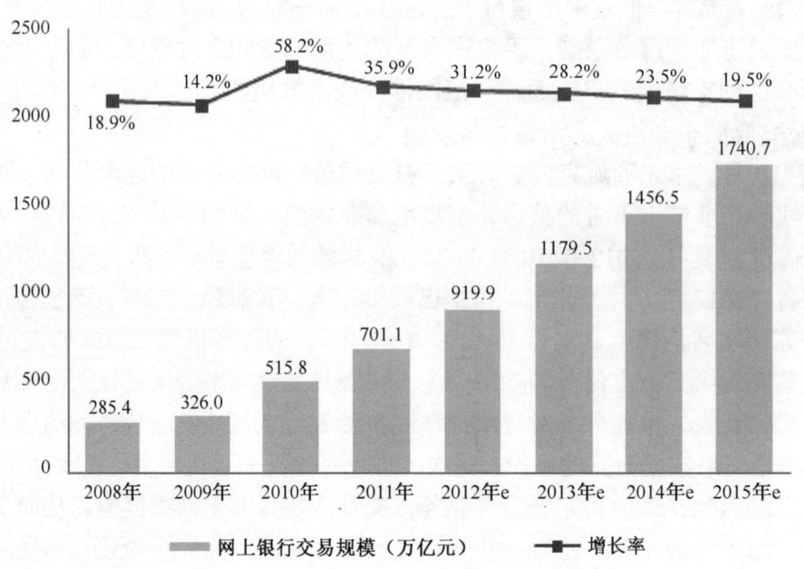

（数据来源：综合银行财报及银行访谈，根据艾瑞统计模型核算及预估数据）

图19.1 中国网上银行交易规模

从个人网上银行层面来看，工商银行、农业银行和招商银行分别以 32.0%、21.4%和 10.3%占据了 2011 年中国个人网银交易规模市场份额的前三名，三大行占整体个人网银市场份额的 63.7%；从企业网上银行层面来看，工商银行、建设银行和中国银行分别以 42.6%、14.8%和 10.7%占据了 2011 年中国企业网银交易规模市场份额的前三名，三大行占整体企业网银市场份额的 68.1%（见图 19.2）。艾瑞咨询认为，股份制银行需要积极扩展企业网银客户，而中小企业客户将是重要的突破口。

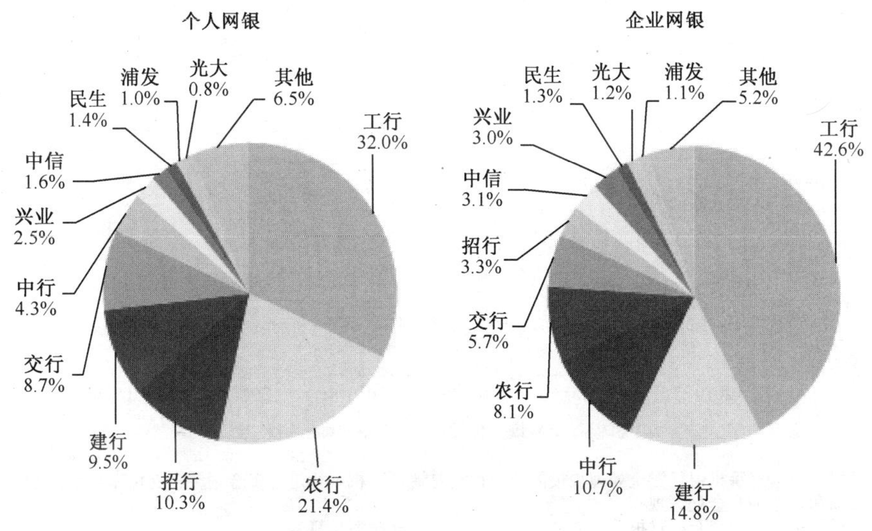

图19.2　2011年中国网上银行交易规模市场份额分布情况

2011—2012 年中国各大银行纷纷加大网银创新力度，不断拓展业务领域和深度定制，挖掘用户价值，提升用户体验。

个人网银层面，新产品主要聚焦于理财及提升用户体验。艾瑞咨询认为，面对 CPI 指数的不断攀升和股市大盘的持续下跌，网民对理财产品的投资需求不断增强。而通过网银理财可为银行和投资者都带来价值。对于银行而言，首先，网银渠道便捷，大幅降低人力、营销以及网点等成本；其次，网银服务和创新意识的提升，能有效稳定客户群、提升储户价值、增强银行竞争力；第三，基金、保险等理财产品代销收入大幅提升中间业务收入水平。对于投资者而言，首先，能享受到收益率更高的专属理财产品；其次，能享受更多的优惠活动和更低的手续费率；第三，网银支付更便捷，可大幅提升投资操作体验。但未来在网银理财服务水平，包括系统兼容性、支付渠道多样性、在线客服等方面还要进一步加强和拓展，以提升客户满意度。

企业网银层面，新产品更注重功能、费率、终端差异化。一方面针对不同规模的企业提供差异化服务，并进行业务细化和功能创新，从而更切合不同类型的企业需求；另一方面结合智能手机、平板电脑等新兴移动终端设备，及时打通网银移动渠道，满足企业实时账户管理和移动办公的需求。随着移动通信技术的发展和移动终端的智能化，企业对于实时管理的需求将日益增长，在网上银行之外，企业手机银行将是银行电子渠道的重要组成部分。

19.3.2　手机银行

艾瑞预测，截至 2012 年年底，中国手机银行资金处理规模可超过 9000 亿元，同比 2011 年增长 265.3%；并且这种高增长势头还将延续，预计到 2015 年，中国手机银行资金处理规模可以突破 9 万亿元（见图 19.3）。

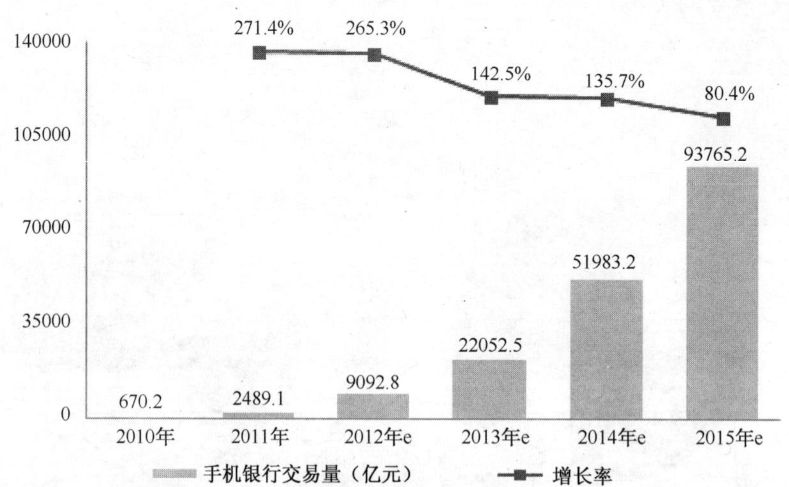

注释：艾瑞对手机银行资金处理规模的统计口径是通过手机银行进行资金划转、支付和其他账务交易所产生的资金处理规模

（数据来源：综合企业财报及专家访谈，根据艾瑞统计模型核算）

图19.3　中国手机银行资金处理规模

分析认为，推动手机银行资金处理规模高速增长的主要原因有以下三个。

首先是银行的大力推动。目前，各大银行都将手机银行业务定为未来业务拓展的主要方向，为手机银行开通提供很大便利，并且大幅降低手机银行使用成本。丰富的优惠政策以及广泛的宣传推广，必然使手机银行得到最大程度的普及，交易量自然上涨。

其次是硬件设施的普及。随着智能手机的诞生以及手机银行进入 APP 时代，移动终端在用户生活中扮演的角色越来越重要，更多的资金划转、支付功能也会搭载到移动终端上。不仅如此，由于用户的增加，商户、企业和机构也会把更多的精力投入到移动终端上，使手机银行的使用更加便捷。

最后是商业生态的形成。手机银行和移动互联网产业二者相辅相成，移动互联网被誉为互联网的二次革命，未来移动互联网产业会更加成熟，形成更加稳定的商业环境，作为最重要的支持产业，手机银行必然随之繁荣。

19.3.3　互联网支付

艾瑞咨询的统计数据显示，2012 年中国支付行业互联网支付业务交易规模达 36589.1 亿元，同比增长 66%，较 2011 年增速放缓（见图 19.4）。从季度交易规模数据来看，季度同比增速也呈现持续下滑的趋势。其中，2012Q4 单季交易规模突破万亿元，达 10650 亿元，环比增速反弹至 13.1%。

分析认为，2012 年中国互联网支付市场基本趋于成熟，支付企业规模和业态格局基本划定。首先，互联网支付、银行卡收单、预付卡等细分业务领域管理办法陆续出台，行业竞争环境趋于良性和稳定发展；其次，截至 2013 年 1 月底，获牌企业数量已达 223 家，电商企业、传统行业集团、互联网巨头、电信运营商、独立第三方支付企业等纷纷完成行业布局；

最后，第三方支付业务范围基本完全覆盖互联网支付、预付卡发行与受理、银行卡收单、数字电视支付及移动电话支付，服务细分行业从网购、航旅、网游、电信等传统支付领域不断扩张到金融产品网销、服装、机械、直销、物流为代表的传统行业领域，市场竞争白热化，企业纷纷寻求新的市场空间和盈利空间。

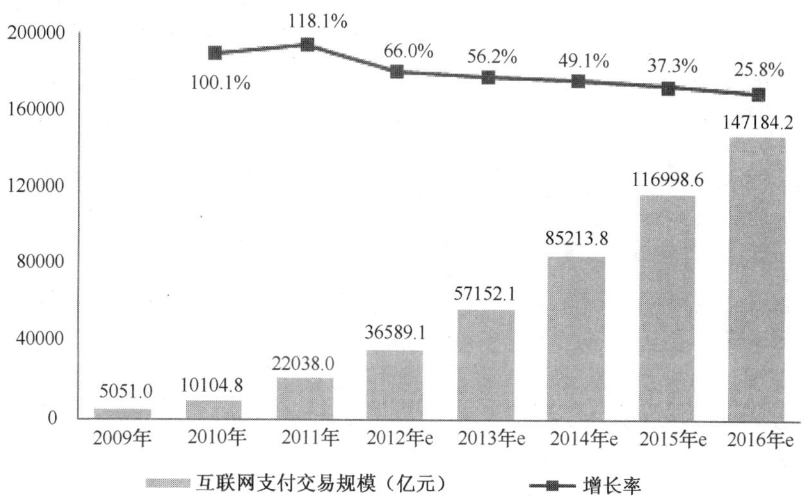

注释：①互联网支付是指客户通过台式电脑、便捷式电脑等设备，依托互联网发起支付指令，实现货币资金转移的行为

②统计企业类型中不含银行，仅指规模以上非金融机构支付企业

③艾瑞根据最新掌握的市场情况，对历史数据进行修正

（数据来源：综合企业及专家访谈，根据艾瑞统计模型核算）

图19.4　中国第三方互联网支付市场交易规模

行业细分结构稳定，企业寻求战略转型。从互联网支付细分应用行业交易规模结构来看，2012 年网络购物贡献最大，占比为 41.5%；其次为航空旅行，占比为 15.3%；电信缴费、电商 B2B、网络游戏占比分别为 6.2%、3.9%和 3%；创新行业应用贡献比例持续扩大（见图 19.5）。

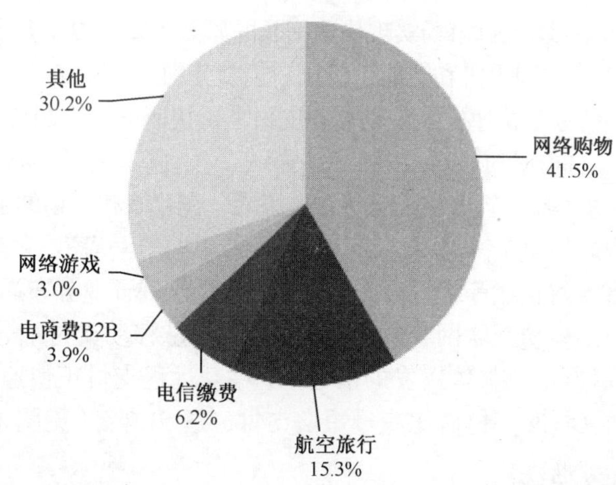

（数据来源：综合企业及专业访谈，根据艾瑞统计模型核算及预估数据）

图19.5　2012年中国第三方互联网支付细分应用行业交易规模结构

19.3.4 移动支付

由于受产业政策、支付技术商用、基础受理环境建设、用户习惯培养以及产业链利益平衡等多重因素影响，中国移动支付行业发展仍处于初期阶段。2012 年，经过近年来资本和产业链各方在移动支付领域的积极布局，以及智能终端、移动互联网技术与应用的飞速发展，中国移动支付行业年度交易规模突破千亿元，达 1511.4 亿元，同比增长 89.2%，预计 2013 年将实现交易规模翻番（见图 19.6）。

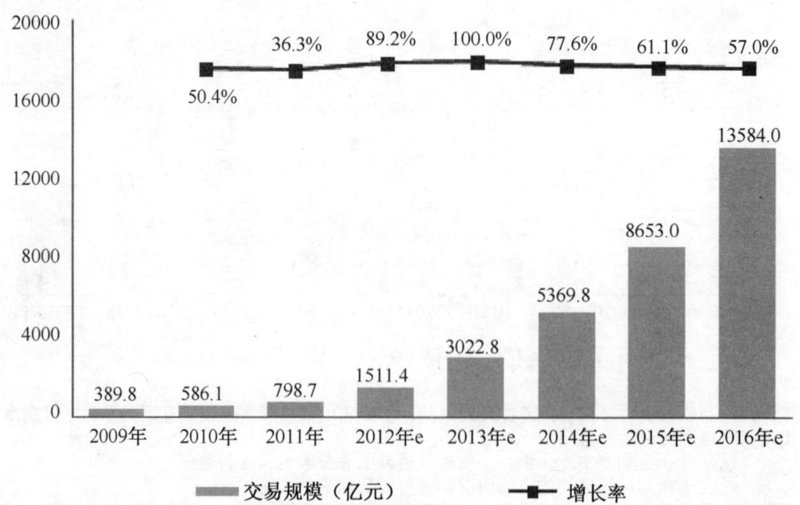

注释：①移动支付是指基于无线通信技术，通过移动终端实现的非语音方式的货币资金的转移及支付行为；移动支付市场交易规模统计包括用户购买第三方平台提供的产品和服务的行为，包括使用移动支付购买实物商品及信息化服务的支付，不包括代收、代付及资金归集等其他B2B类应用

②统计企业类型中不含银行，仅指规模以上非金融机构支付企业

③艾瑞根据最新掌握的市场情况，对历史数据进行修正

（数据来源：综合企业公开周报、专家访谈，根据艾瑞统计模型核算及预估数据）

图19.6 中国第三方移动支付市场交易规模

分析认为，中国移动支付市场实现快速增长的原因主要有以下几个方面：一是移动智能终端的快速普及，2012 年中国手机和智能手机用户规模分别达到 11.04 亿和 3.24 亿；二是移动互联网特别是移动电子商务的快速发展带动移动支付需求快速增长，2012 年中国移动电子商务交易规模达 550.4 亿元，同比增长 380.3%；三是第三方支付牌照和移动支付行业标准逐步出台，移动支付生态系统逐步建立，行业将迎来标准化发展。在政策和市场的强力驱动下，移动支付产业各方加速了在国内的移动支付应用试点和市场拓展，电信运营商、金融机构、终端设备厂商、互联网巨头、第三方支付企业等纷纷根据自身优势和诉求展开业务布局，推出多样化解决方案。

远程支付领先，移动互联网支付占比超过 50%。从移动支付细分市场交易规模结构来看，2012 年在移动互联网市场整体爆发的情况下，移动远程支付正快速进入高速成长期，占比达 97.4%。其中移动互联网支付占比超过短信支付，达 51.7%（见图 19.7）。

19.3.5 网络保险

据艾瑞咨询数据显示，2012 年中国保险电子商务市场保费收入规模达到 39.6 亿元，相较 2011 年增长 123.8%，占中国保险市场整体保费收入 0.3%。艾瑞咨询预计，2016 年中国保险电子商务市场保费收入规模将达到 590.5 亿元，渗透率将达到 2.6%（见图 19.8）。

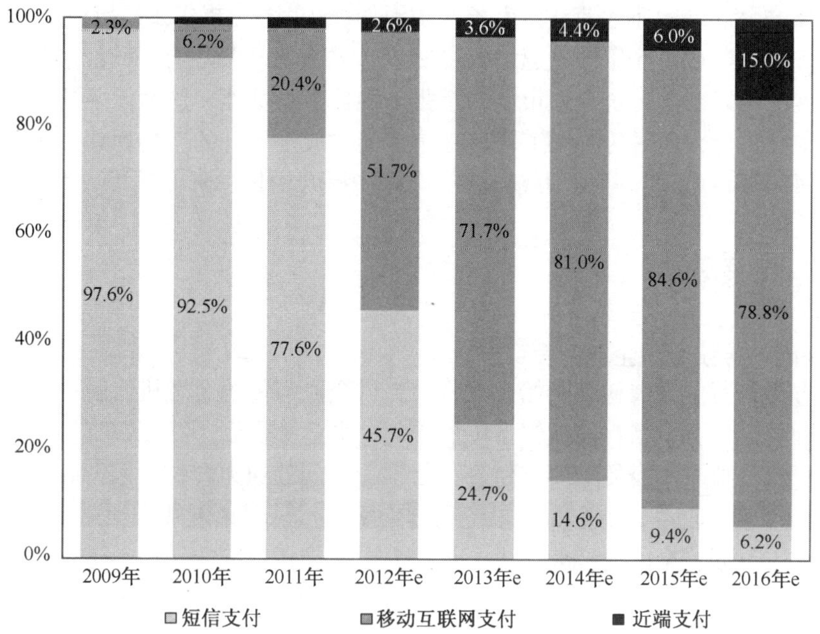

注释：2012年中国第三方移动支付市场整体交易规模为1511.4亿元
（数据来源：综合企业及专业访谈，根据艾瑞统计模型核算及预估数据）

图19.7　中国第三方移动支付细分市场交易规模结构

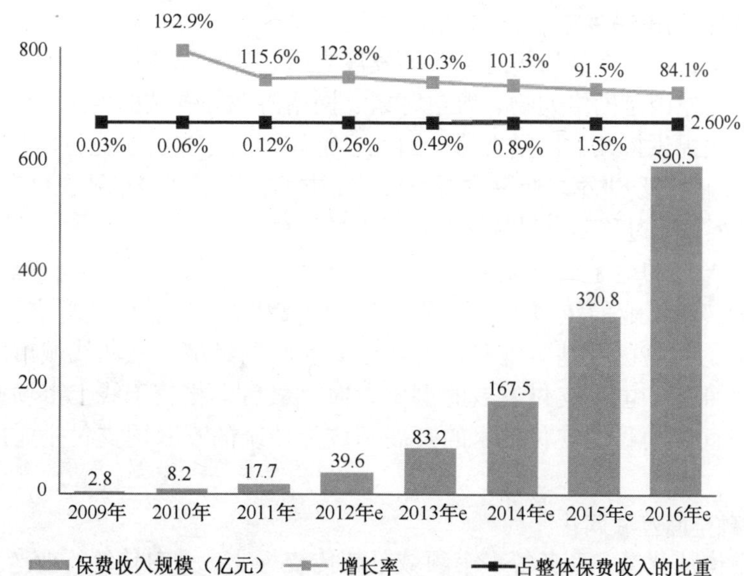

注释：保险电子商务又称保险网销，指保险公司或保险代销机构以互联网和电子商务技术为渠道来进行保险产品销售和保费收缴的经济行为
（数据来源：综合企业财报及专家访谈，根据艾瑞统计模型核算）

图19.8　中国保险电子商务市场保费收入规模

分析认为，2012 年中国保险电子商务市场高速增长的主要原因有以下几方面：首先，经过了 2011 年整体市场的下滑，在整体国民经济企稳后，整体保险市场迎来复苏；其次，标准化程度更高的财产险增速远超整体市场，为保险电子商务化提供了稳定的产品基础；再次，中国电子商务市场经过了几年的高速增长之后步入成熟期，大型电商平台、第三方支付企业纷纷通过扩展品类以及向传统金融市场的扩张来维持市场增速，这为传统金融的互联网提供了有力的支撑；最后，面对传统渠道增速趋缓、销售成本上升的市场现状，保险公司及中介企业纷纷通过拓展以电销、网销为代表的新渠道来提升增量、降低销售成本。

19.4 发展趋势

1. 互联网与传统金融企业的竞合升级

从第三方支付行业发展初期开始，互联网支付企业与传统金融机构就一直保持着既竞争又合作的制衡关系。竞争来自商业银行传统支付结算业务受到了第三方支付企业的冲击；合作则来自支付结算业务本身便需要支付公司与银行之间的通力合作，大型商业银行获得网关接入、备付金存管等收益，小型商业银行通过大型支付公司拓展线上渠道。

而在未来，互联网金融的范畴将进一步扩大，从支付结算领域向渠道、信贷业务拓展，因此参与主体的进一步丰富将促使互联网金融与传统金融机构的竞合关系进一步升级。一方面，商业银行将在近乎全部业务线受到互联网金融的创新压力，包含支付结算、代销渠道，甚至是信贷业务；另一方面，商业银行在压力下也将加快自身的创新，同时商业银行仍然掌控着资金的供给，因此在互联网涉及金融核心业务的过程中，双方的竞合关系将一直保持下去。

2. 向更广阔的的市场进军

中国第三方支付产业在经历了近十年的发展之后，从行业数据的层面看，正在逐步走向成熟。最重要的原因是网络购物、航空客票、网络游戏等领域的增速不断下滑，渗透率接近最高点，无法提供持续的增量支撑。因此，整体第三方支付企业将面临一次新的战略转型——向更广阔的市场进军。蓝海主要来自三个方面：三四线城市及农村市场、传统企业的电子商务化转型、通过移动支付从线上到线下的迁移。

首先，传统产业的电子商务化已经成为电子商务发展的重要方向和趋势，而第三方支付的接入将为传统产业的转型和升级提供重要的支撑；其次，一二线城市的 POS 业务、互联网支付业务的渗透已经基本饱和，而伴随着互联网经济向三四线城市的渗透，这些区域将成为电子商务和电子支付发展的重要方向；最后，相较于线上市场，线下将具有更广阔的市场空间，而移动支付技术的发展则成为传统的互联网支付企业向线下进军的极佳机遇。

3. 传统金融全面互联网化

网络经济整体从营销、商务等多个领域赶超传统行业，并对传统行业产生了深远的影响，或导致了部分传统行业领域的衰落，或促进了传统行业的触网转型。而传统金融机构在整体国民经济中的地位依然稳固，金融是核心，而互联网正在逐步成为其扩大经营的重要工具。首先，互联网是重要的营销手段，网络媒体已经超越传统纸媒成为仅次于电视的第二大媒体，金融机构的市场营销也将逐步转移至互联网端；其次，电子商务在整体社会消费品零售总额中的占比也在不断提升，网购人群和规模迅速扩大，在此基础上，电子商务也将成为银行、证券、基金、保险等传统机构完成交易的重要渠道；最后，大数据金矿的挖掘，将为传统金融机构将互联网引至核心业务提供重要的支撑，整体金融体系的效率将得到大大提高。

（艾瑞咨询　李超、谢春）

第 20 章　2012 年中国网络音乐发展情况

20.1　发展概况

2012 年是中国网络音乐市场稳定快速发展的一年，在国家相关行业主管部门的大力支持下，网络音乐行业的市场经营行为得到了进一步的规范，行业内企业的自律性得到进一步加强，行业间的沟通变得更加紧密。通过对于网络音乐用户需求的不断探索，网络音乐服务的形式变得丰富，满足了网络音乐用户日益多样化的服务需求。通过对于网络音乐市场发展规律的不断探索，网络音乐企业之间的资源整合变得更加频繁，网络音乐产业链更加完善，整个网络音乐市场向着规范、有序的方向不断发展。

20.2　市场情况

2012 年中国网络音乐市场规模为 13.3 亿元，比 2011 年增长 32%；预计 2013 年中国网络音乐市场规模将达到 18.3 亿元。

由于免费盗版音乐的存在，用户个人付费情况仍旧不理想，目前广告收入仍为网络音乐服务商获得收入来源的主要方式。随着网络音乐与微博、游戏、移动互联网等网络服务的融合加强，平台的广告价值将进一步提升，而网络音乐增值服务的多样性也将增加网络音乐的收入来源从而推动市场规模的增长。随着网络音乐版权市场的进一步正规以及用户付费习惯的养成，在线音乐市场规模将进一步提升，预计 2014 年将达到 25 亿元（见图 20.1）。

20.3　市场格局

从政策影响上来看，2012 年中国网络音乐版权市场由于《著作权》的修改掀起了一阵波澜。这次著作权的草案修改虽然引起了业内众多音乐作者的抵触情绪，但是也从另一个侧面反映出国家对于网络音乐市场发展的重视，因此推出一些政策法规积极帮助整个网络音乐行业朝着健康、规范的方向在发展。这种制度上的约束，将使得网络音乐产业链的利益分配规则更加合理和科学，平等的利益体系也会促进音乐制作者、版权商、运营商之间形成一种更为完善的合作模式，带动整个行业在国家政策合理监管之下朝着良性的方向继续发展。

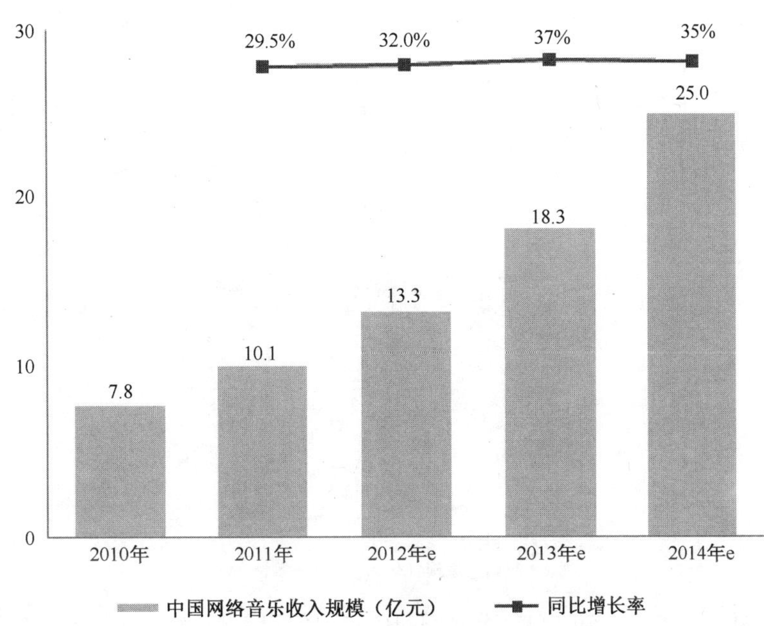

图20.1　中国网络音乐市场规模

从市场环境上来看，2012 年中国网络音乐行业有不少新的网络音乐服务模式出现在人们的视野中，个性化网络音乐电台、在线 K 歌平台、音乐 MV 服务这几项服务是其中表现最为突出和最为流行的网络音乐服务模式。随着中国网络音乐的发展，用户对于网络音乐服务的功能要求也变得越来越细致，从原来最基础的听歌需求到现在对于日益多样化的衍生功能服务的追求，用户诉求提高的同时也是给予整个网络音乐市场更多可以进行挖掘和拓展的空间。随着社交网络在人们生活中的比重不断增加，未来给予社交网络的网络音乐服务功能会受到更多用户的欢迎。

20.4　用户情况

20.4.1　用户规模

从中国网络音乐用户规模来看，从 2009 年至今一直保持着稳定的增长，到 2012 年用户规模达到 4.46 亿人，预计 2013 年用户规模将突破 5 亿人（见图 20.2）。网络音乐市场的发展对于传统音乐市场造成了强大的冲击，中国互联网免费共享的一种模式使得用户能够以低廉甚至免费的价格获得音乐作品，满足收听需求。并且利用互联网这样一个平台，网络音乐作品通过快速的传播能够迅速扩大影响力并且获得用户关注，而成本上又相比线下的传统音乐营销推广来说更为便宜。随着版权市场的不断规范以及从业企业的合作自律推动，中国网络音乐市场的发展正朝着正规、可持续的方向不断前进，而随着音乐服务形式的不断推新，未来中国网络音乐用户规模将继续保持增长。

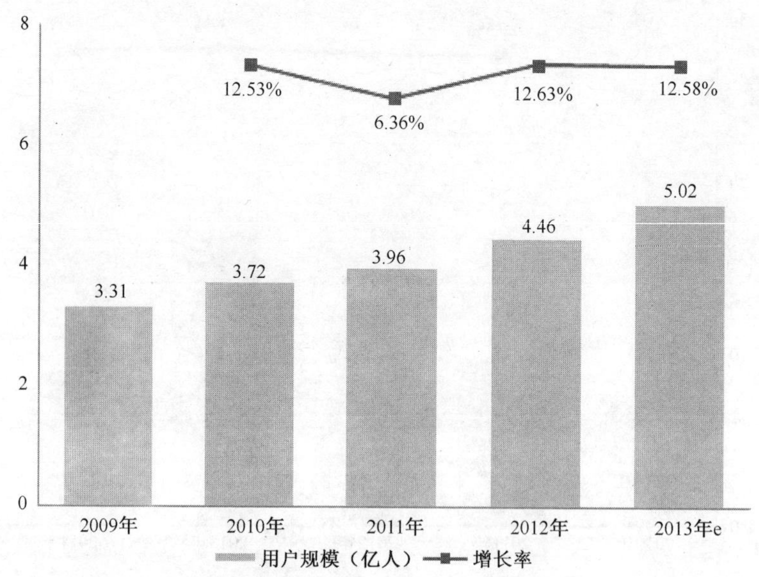

注释：艾瑞《2012—2013年中国数字音乐用户行为研究报告》中可能对以上数据进行调整
（数据来源：综合企业财报及专家访谈，根据艾瑞统计模型核算）

图20.2 中国网络音乐用户规模

20.4.2 用户性别分布

从 2012 年中国网络音乐用户性别分布情况来看，男性网络音乐用户占比较高，达到 55%，女性网络音乐用户占比为 45%（见图 20.3）。总的来看，男性用户与女性用户对于网络音乐服务的需求基本上没有太大的差别，因此网络音乐用户性别比例情况与中国整体互联网用户的性别比例十分接近。

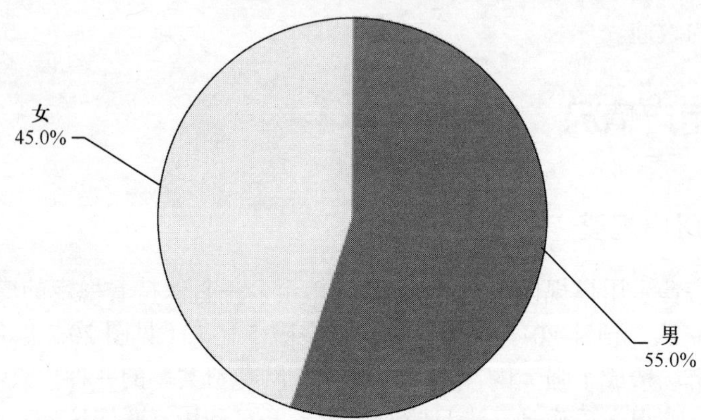

样本：*N*=9026；于2012年11月—2013年2月通过iUserSurvey在21家网站上联机调研获得
注释：艾瑞《2012—2013年中国数字音乐用户行为研究报告》中可能对以上数据进行调

图20.3 中国网络音乐用户性别分布

20.4.3　用户年龄分布

从 2012 年中国网络音乐用户年龄分布情况来看，25～30 岁的用户占比最高，达到 33.7%，其次是 18～24 岁的用户，占比达到 27%，占比最低的是 18 岁以下用户，占总用户数量的 5.6%（见图 20.4）。

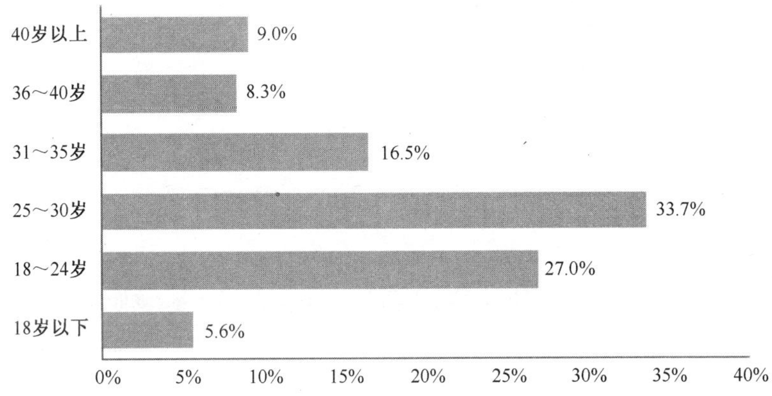

样本：N=9026；于2012年11月—2013年2月通过iUserSurvey在21家网站上联机调研获得
注释：艾瑞《2012—2013年中国数字音乐用户行为研究报告》中可能对以上数据进行调整

图20.4　中国网络音乐用户年龄分布

18～30 岁的人群构成了中国网络音乐的主要用户群体，年轻化是他们的主要特征，这一年龄段的基本上都是在校大学生和 30 岁以下已经步入工作的年轻人，他们接触互联网服务的机会比较多，对于网络音乐所表现出的兴趣较大，自身对于流行事物的热情也比较高，愿意去尝鲜各种新颖的互联网娱乐服务。

20.4.4　用户学历分布

从 2012 年中国网络音乐用户学历情况来看，大学本科用户占比最高，达到 49.4%，其次是大学专科用户，占比为 24.6%，高中（中专）以下用户的占比仅为 7%（见图 20.5）。

中国网络音乐用户的总体受教育程度比较高，大专以上学历的用户占比超过了 80%。这些用户对于互联网娱乐服务的熟知程度比较高，在工作、学习的闲暇之余会通过网络音乐服务来进行休闲放松，舒缓压力，调节心情。

20.4.5　用户收入情况

从 2012 年中国网络音乐用户收入情况来看月收入 3001～5000 元的用户占比最高，达到 33.4%，其次是月收入在 1500～3000 元的用户，占比为 27%，另外占比超过 10%的还有月收入 5001～8000 元的用户（见图 20.6）。

1500～8000 元的用户占比接近中国网络音乐用户总量的 80%，结合中国网络音乐用户年龄分布情况来看，由于 18～30 岁为中国网络音乐的主要用户群体，这个年龄段的人基本上都是大学生和事业刚起步的大学毕业生，这些人当中高收入人群的占比较低，因此收入主要集中在 1500～8000 元。

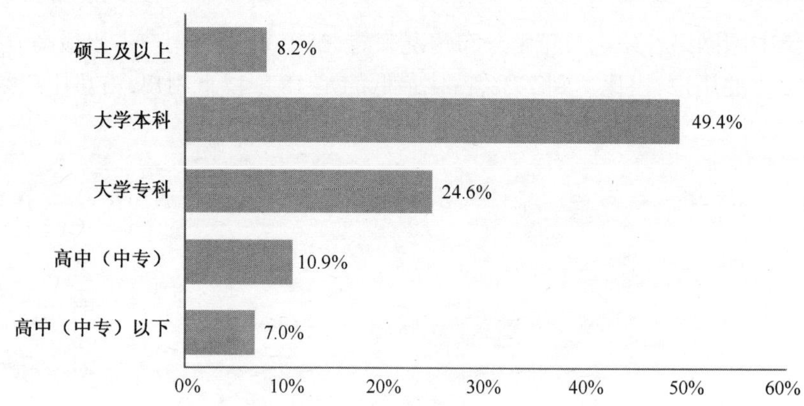

样本：*N*=9026；于2012年11月—2013年2月通过iUserSurvey在21家网站上联机调研获得
注释：艾瑞《2012—2013年中国数字音乐用户行为研究报告》中可能对以上数据进行调整

图20.5 中国网络音乐用户学历分布

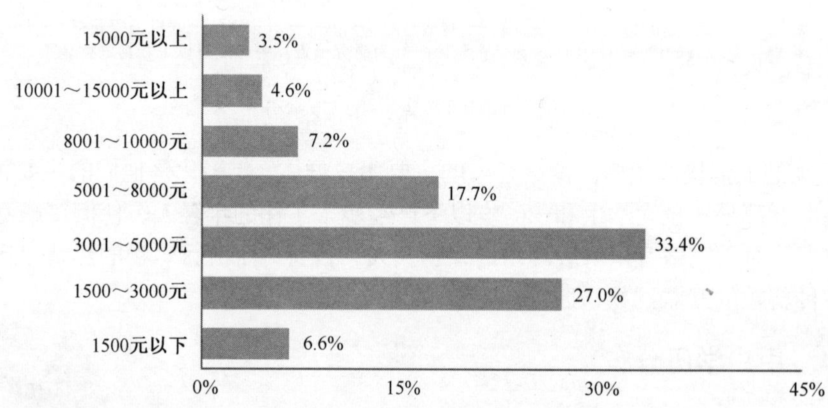

样本：*N*=7130；于2012年11月—2013年2月通过iUserSurvey在21家网站上联机调研获得
注释：艾瑞《2012—2013年中国数字音乐用户行为研究报告》中可能对以上数据进行调整

图20.6 中国网络音乐用户月收入分布

20.4.6 用户职业分布

从 2012 年中国网络音乐用户职业分布情况来看，在校学生的占比最高，达到 21%，其次是企业基层员工，占比达到 18.4%，排在第三的是专业技术人员，占比为 16.3%（见图 20.7）。

结合 2012 年中国网络音乐用户的年龄、学历、收入分布进行分析后可以更加清楚地看到，2012 年中国网络音乐用户的主要群体是在校大学生和事业处于上升期的企事业员工，这些人对于互联网娱乐的认可度较高，有一定的付费意愿，付费能力上还有较大的增长空间，因此对于他们付费习惯的培养就较为重要。随着未来这部分主要人群社会地位的逐渐提高，他们的月收入将得到增长，这将进一步带动中国网络音乐用户的付费规模增长。

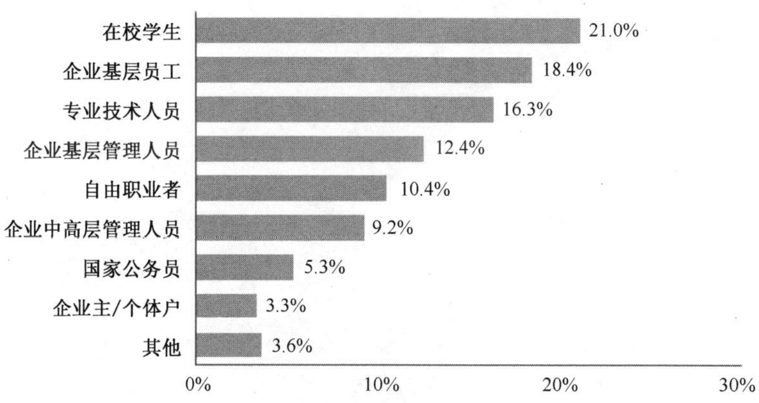

样本：N=4106；于2011年11月—2012年2月通过iUserSurvey在21家网站上联机调研获得

图20.7　中国网络音乐用户职业分布

20.4.7　用户使用网络音乐服务的频率

通过观察 2012 年中国网络音乐用户使用网络音乐服务的频率情况可以发现，超过 40%的用户每天使用一次以上的网络音乐服务，用户黏性较高，音乐已经成为他们生活中必不可少的一部分（见图 20.8）。

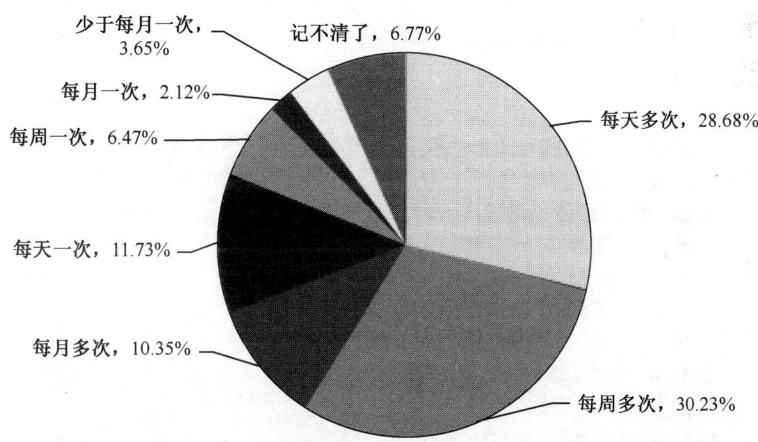

样本：N=8148；于2012年11月—2013年2月通过iUserSurvey在21家网站上联机调研获得
注释：艾瑞《2012—2013年中国数字音乐用户行为研究报告》中可能对以上数据进行调整

图20.8　中国网络音乐用户使用网络音乐服务的频率

20.4.8　用户每次使用网络音乐服务的持续时间

从 2012 年中国网络音乐用户使用网络音乐服务的持续时间来看，有 64%的用户使用时间在 1 小时以内，占比最高，1～2 小时的用户占比达到 22%，而超过 3 小时以上的用户占比仅为 6%（见图 20.9）。

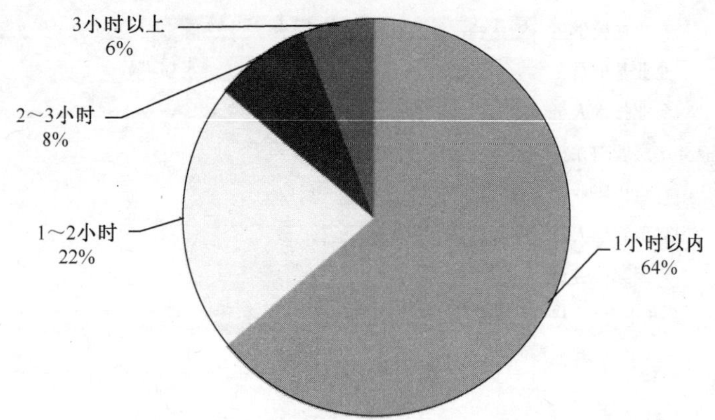

图20.9　中国网络音乐用户每次使用网络音乐服务持续时间

结合 2012 年中国网络音乐用户使用音乐服务的频率来看，中国网络音乐用户使用音乐服务呈现一种高频次，短时长的特征，这也就正好符合了人们对于碎片化娱乐的需求，也使得网络音乐服务在互联网娱乐中的用户渗透率不断提高。

20.4.9　用户了解音乐网站和服务的渠道、途径

从 2012 年中国网络音乐用户了解音乐网站和服务的渠道或途径来看，搜索引擎的占比最高，达到 47.2%，微博/社交网络的占比排在第二，达到 40.7%，朋友推荐的方式占 38.7%，排在第三（见图 20.10）。

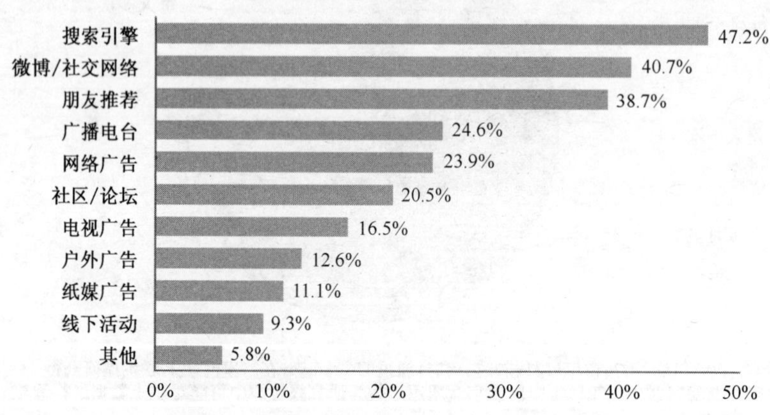

图20.10　用户了解音乐网站和服务的渠道和途径

随着社交网络的不断发展，微博等社交平台已经逐渐成为推广网络音乐产品和服务的另

一个重要的渠道，利用社交平台“滚雪球”式的传播方式能够迅速扩大影响力，提高音乐网站好音乐服务的知名度，达到营销的目的。

20.4.10　用户选择音乐服务的标准

从 2012 年中国网络音乐用户选择音乐服务的标准来看，由于中国网络音乐市场长时间受到大量盗版音乐的侵害，因此用户的付费习惯并没有很好地成形，所以用户更喜欢能够获得免费的音乐服务。但随着新闻版署、文化部等相关政府部门加大市场的监管力度，以及网络音乐企业对于音乐用户需求的不断挖掘以及对于音乐服务更多的创新，用户的潜在需求也正被不断激发。音乐交流功能丰富、有无歌曲 MV 等新功能也成为用户衡量音乐服务的新标准。未来，差异化的音乐服务功能将直接影响用户黏性和用户付费（见图 20.11）。

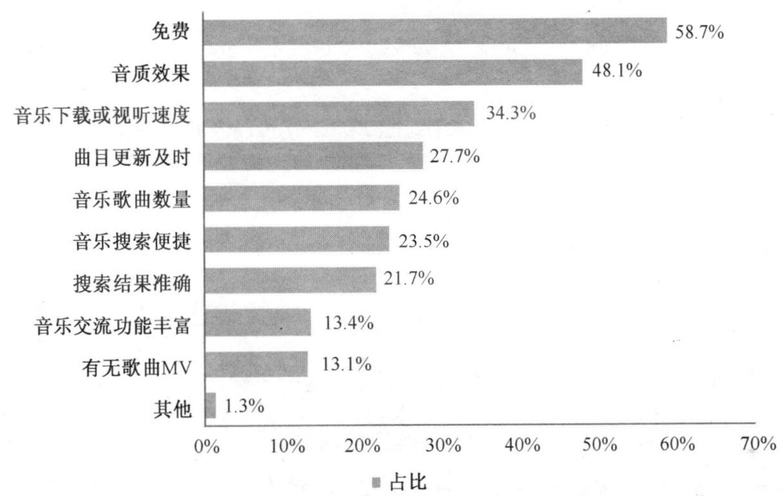

图20.11　中国网络音乐用户选择音乐服务的标准

20.4.11　用户使用过的网络音乐付费服务

从 2012 年中国网络音乐用户使用过的网络音乐付费服务情况来看，仍有高达 55.4%的网络音乐仍没有进行过任何的网络音乐服务付费，可见中国网络音乐服务的付费习惯仍旧有较大的提升空间。从使用过付费音乐服务的情况来看，手机彩铃的占比最高，达到 22.6%，这一方面是由于手机普及率的逐年上升，另一方面是得益于三大电信运营商对于手机彩铃业务的大力推广力度。而在未来中国网络音乐版权市场进一步正规化和网络音乐从业企业加强行业自律合作以后，网络音乐付费的占比将不断提高（见图 20.12）。

20.4.12　用户对音乐网站广告的态度

在 2012 年中国网络音乐用户中，有 52.7%的用户可以接受感兴趣的广告，会对音乐广告中出现的产品做进一步了解的有 15.6%，音乐或语音式广告往往能够吸引用户的注意的有

15.4%（见图 20.13）。

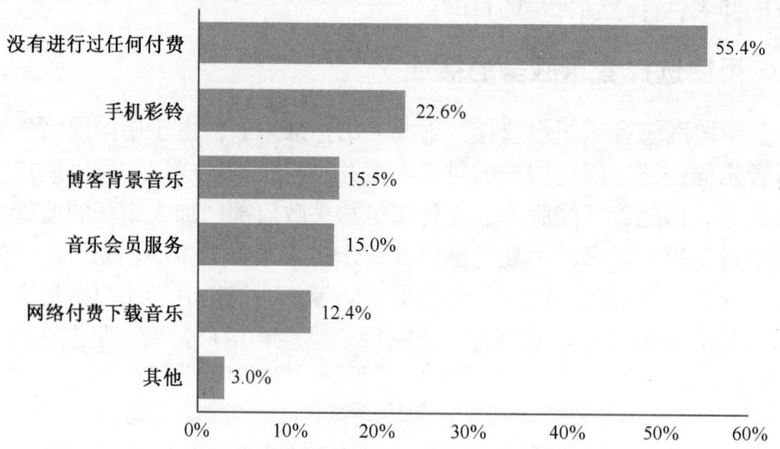

样本：N=8148；于2012年11月—2013年2月通过iUserSurvey在21家网站上联机调研获得
注释：艾瑞《2012—2013年中国数字音乐用户行为研究报告》中可能对以上数据进行调整

图20.12　中国网络音乐用户使用过的网络音乐付费服务

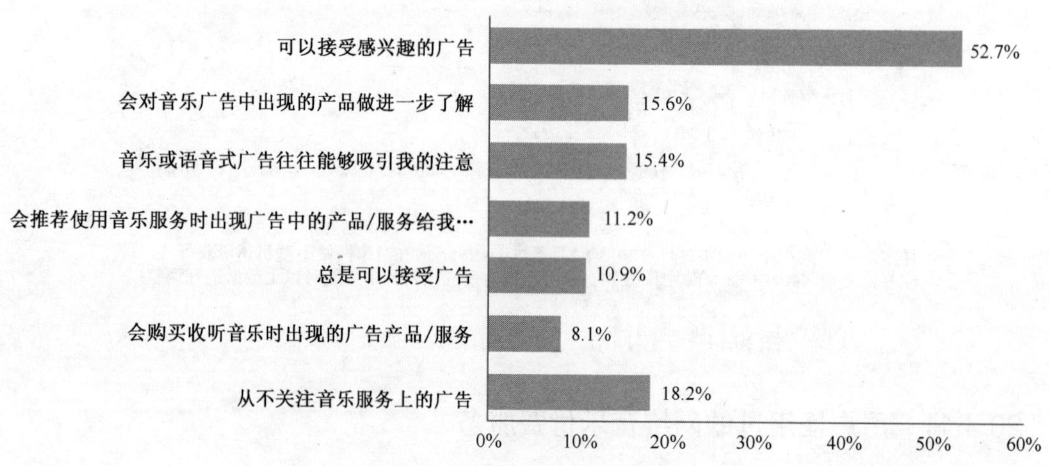

样本：N=8148；于2012年11月—2013年2月通过iUserSurvey在21家网站上联机调研获得
注释：艾瑞《2012—2013年中国数字音乐用户行为研究报告》中可能对以上数据进行调整

图20.13　用户对音乐网站广告的态度

中国的网络音乐用户对于自己感兴趣的广告并不排斥，仅有 18.2%的用户从不关注音乐服务中的出现的广告，并且有相当数量的用户对于感兴趣的广告甚至会深入了解甚至形成购买。因此，根据网络音乐用户个人习惯等有针对性的个性化广告推送更能够达到产品营销的目的。

20.4.13　用户不进行网络音乐付费的原因

从 2012 年中国网络音乐用户不进行网络音乐付费的原因来看，盗版问题所造成的免费来源是构成用户不进行付费的最主要原因，占比达到 47.5%。而其次则是网络音乐服务的内容和质量仍离消费者的预期需求有较大的差距，而用户的网络音乐服务诉求则是在不断提高的。因此，在政府相关部门加强监管力度的前提下，网络音乐服务商应当继续去创新更多高质量、有特色的音乐产品和服务来满足用户多样化的需求，从而刺激用户的付费意愿（见图 20.14）。

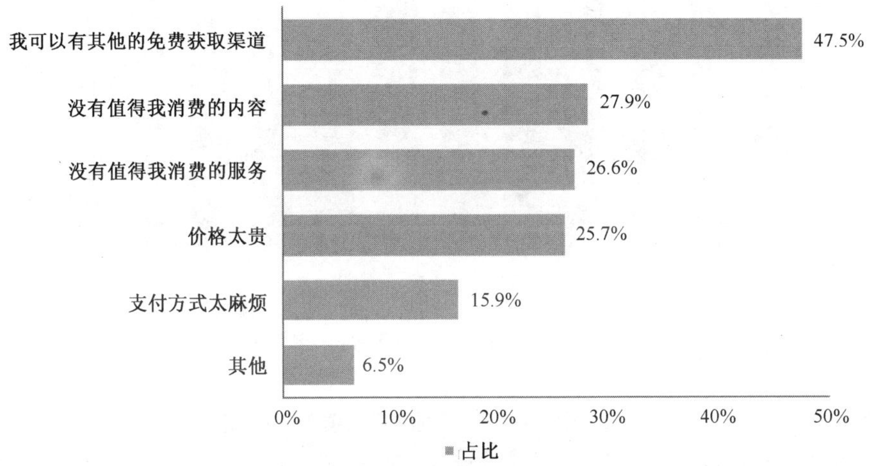

图20.14　用户不进行网络音乐付费的原因

20.5　音乐网站发展情况

从 2012 年中国网络音乐网站月度覆盖人数情况来看，基本保持着一个稳定上涨的态势，随着音乐网站服务功能日益多样化，音乐网站的用户黏性也在不断提高，豆瓣、虾米、音悦台等一些新兴的音乐网站依靠推出一些个性化的音乐推荐服务或者多层次的音乐试听体验来满足用户差异化的音乐服务需求。而一些老牌的垂直细分音乐网站如酷狗、酷我等也不断拓宽网站的服务功能，提升网站的用户体验，突出网站的服务特色，推陈出新来满足用户日益多样化的需求。另外，一些媒体或者门户网站如腾讯、凤凰网等也不断加强音乐服务的建设，来挖掘网站用户中更多潜在的音乐群体。从而，使音乐网站总体用户规模保持了稳定的增长（见图 20.15 和图 20.16）。

从 2012 年中国网络音乐网站月覆盖人数 TOP 5 来看，腾讯音乐频道一直保持着一个较大的领先优势，这主要是基于腾讯本身庞大的用户规模推动，而酷狗在推出一个网络 K 歌平台服务之后，用户数量也有较大幅度的增长，并且超过酷我蹿升到第二的位置。音悦台则以特色 MV 服务为用户提供了大量的 MV 视频来源，用户黏性一直保持良好。排名第五的虾米则是以庞大的歌曲数量以及个性化的歌曲推荐服务赢得大量用户的关注。

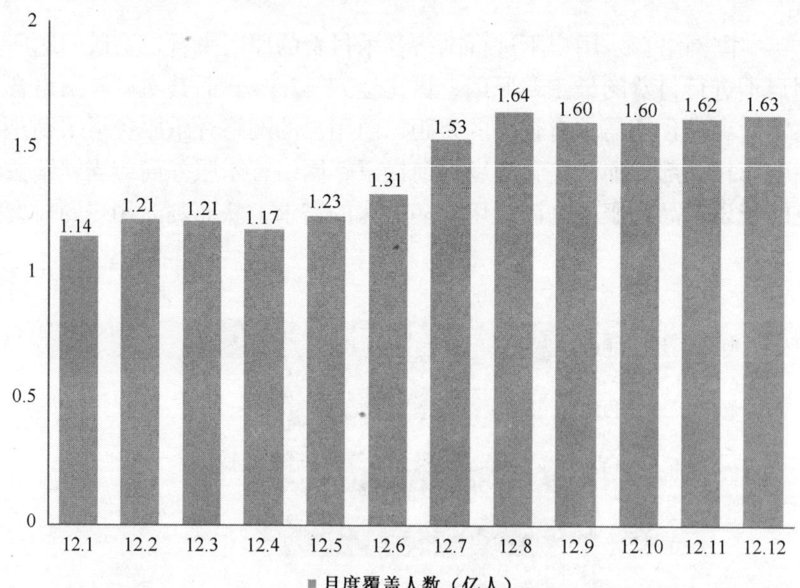

注释：艾瑞《2012-2013中国数字音乐用户行为研究报告》中可能对以上数据进行调整
（数据来源：iUserTracker. 家庭办公版2013.2，基于对40万名家庭及办公（不含公共上网地点）样本网络行为的长期监测数据）

图20.15　中国网络音乐网站月度覆盖人数情况

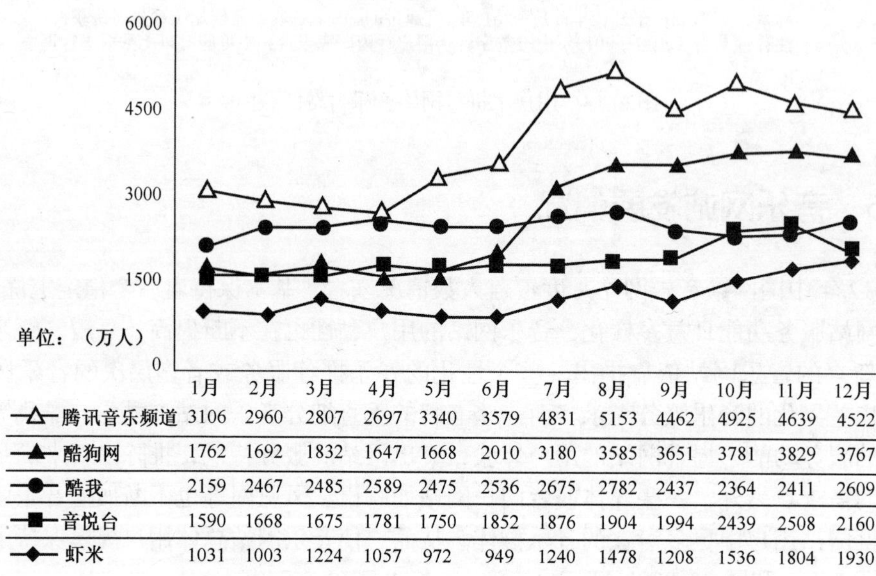

	1月	2月	3月	4月	5月	6月	7月	8月	9月	10月	11月	12月
腾讯音乐频道	3106	2960	2807	2697	3340	3579	4831	5153	4462	4925	4639	4522
酷狗网	1762	1692	1832	1647	1668	2010	3180	3585	3651	3781	3829	3767
酷我	2159	2467	2485	2589	2475	2536	2675	2782	2437	2364	2411	2609
音悦台	1590	1668	1675	1781	1750	1852	1876	1904	1994	2439	2508	2160
虾米	1031	1003	1224	1057	972	949	1240	1478	1208	1536	1804	1930

注释：艾瑞《2012-2013中国数字音乐用户行为研究报告》中可能对以上数据进行调整
（数据来源：iUserTracker.家庭办公版2013.2，基于对40万名家庭及办公（不含公共上网地点）样本网络行为的长期监测数据获得）

图20.16　中国网络音乐网站月度覆盖人数TOP 5

（艾瑞咨询　曹笛、严华雯）

第 21 章 2012 年中国移动互联网应用发展情况

21.1 发展概况

2012 年是中国移动互联网继续保持快速普及的一年，使用手机及 Pad 等移动终端接入互联网的网民规模在 2012 年增长迅速，手机网民规模于年中超越使用台式电脑接入互联网的网民。根据 CNNIC（中国互联网络信息中心）的中国互联网发展状况统计调查，截至 2012 年 12 月底，我国网民规模达 5.64 亿，手机网民规模为 4.20 亿，年增长率为 18.1%，网民中使用手机上网的用户占比由上年底的 69.3%提升至 74.5%。

受手机终端及 Pad 终端上网快速普及的拉动，2012 年移动互联网领域出现了持续不断的创新热潮，出现了许多受到用户欢迎的移动应用，吸引越来越多的网民接入移动互联网。“终端+应用”双引擎正在驱动中国移动互联网业走向进一步繁荣。

21.2 网民情况

21.2.1 网民规模

CNNIC 的中国互联网发展状况统计调查的数据显示，截至 2012 年 12 月底，我国手机网民规模为 4.2 亿，较上年底增加约 6440 万人，网民中使用手机上网的人群占比由上年底的 69.3%提升至 74.5%（见图 21.1）。

21.2.2 地理分布

2012 年，移动互联网网民占比呈现显著的地域不均衡性，东部高，西部低，沿海地区的移动互联网网民占比最高，中部地区其次，西部最低。对这一占比进行几个季度的跟踪发现，这种不均衡性在 2012 年全年并无太大的变化（见图 21.2）。

21.2.3 时间分布

2012 年，和整体网民的日访问时间分布比较，移动互联网网民日访问时间分布明显体现了移动终端的特性，白天工作时段的访问量较低，而晚间和夜间的访问量则较高，晚高峰要滞后一个多小时。上午 8:00 至下午 14:00 间，移动互联网网民访问量变化不大，在 12:00 至

13:00 有一个较小的峰值。在 15:00 至 16:00 有一个小的低谷。16:00 之后，访问量持续上升，在 22:00 至 23:00 间达到高峰，然后持续下降，至凌晨 4:00 至 5:00 达到最低值（见图 21.3）。分季度对比看，这种时间分布，在 2012 全年度没有太大的变化。

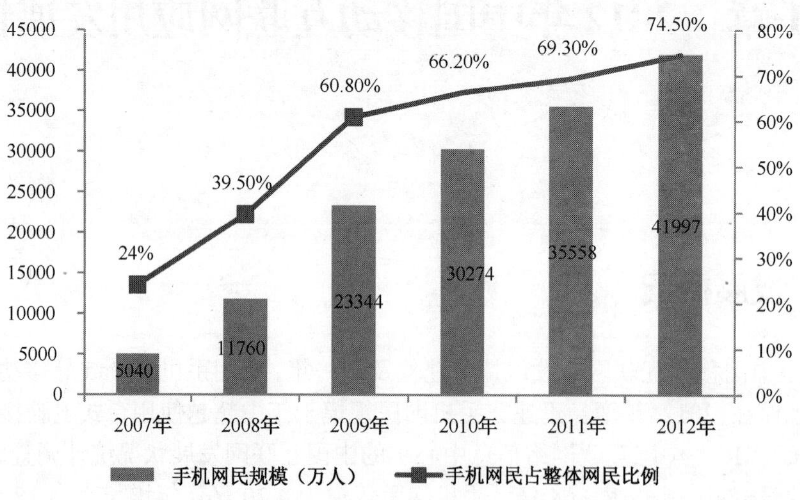

图21.1　中国手机网民规模及占网民比例

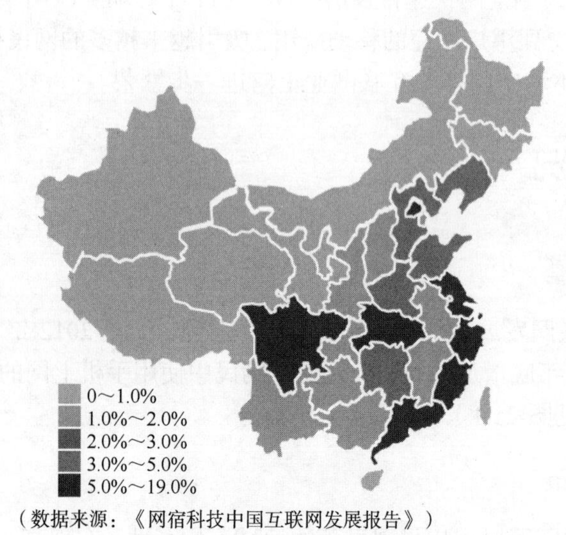

（数据来源：《网宿科技中国互联网发展报告》）

图21.2　2012年第四季度移动互联网网民的分布地图

2012 年，手机上网充满于网民日常生活中的各种情景，呈现出碎片化和常态化双重特征。调查显示，40%以上的网民在搭车、排队等时候使用手机上网，碎片化特征明显。同时，调查还显示，手机网民在睡觉前、卫生间、咖啡厅和工作学习的时候也使用手机上网，手机上网几乎占据了网民生活的所有场所，成为手机网民常态化的生活方式（见图 21.4）。

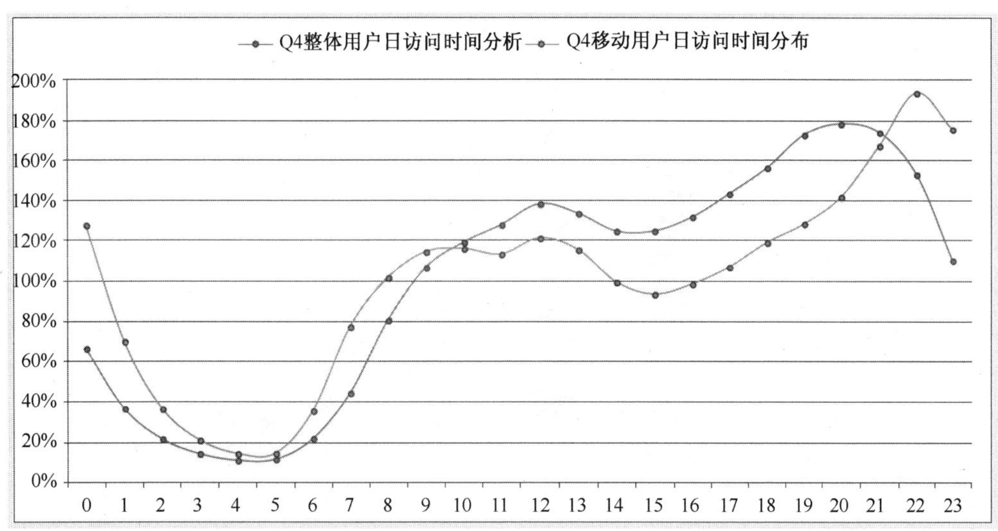

（数据来源：《网宿科技中国互联网发展报告》）

图21.3　2012年第四季度整体网民和移动互联网网民的日访问时间分布

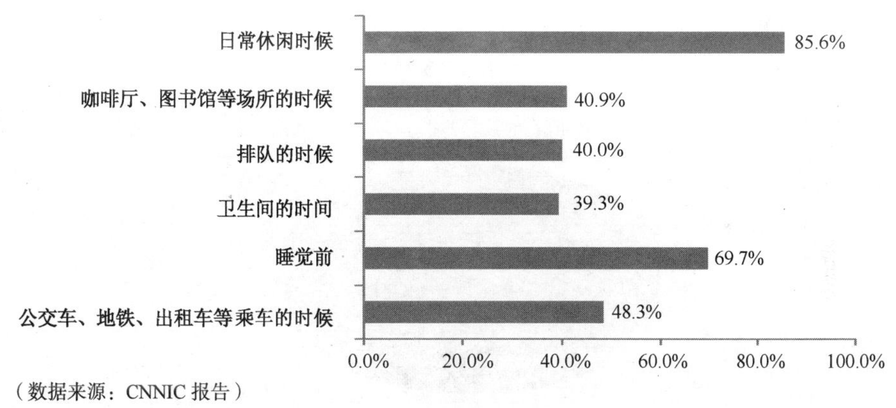

（数据来源：CNNIC 报告）

图21.4　手机网民上网场所

21.2.4　年龄结构

与整体网民相比，手机网民更偏年轻化，以 10～29 岁青少年用户为主体。其中，10～19 岁手机网民在总体手机网民中占比 28.5%，20～29 岁手机网民在总体手机网民中占比 35.7%，均高于整体网民在 10～19 岁和 20～29 岁年龄段的分布比例（见图 21.5）。

网民的年轻化对移动互联网的健康蓬勃发展十分有益，一方面在于，10～29 岁年龄段用户对新技术、新事物比较感兴趣，智能机高性能配置和应用软件丰富的功能极大地吸引了他们对移动网络的使用；另一方面在于，10～29 岁年龄段的网民对社交、娱乐感兴趣，习惯通过手机联络朋友、阅读小说、玩游戏等，而较大年龄的网民则相对成熟，主要通过网络获取资讯及完成与工作有关的事情，大都在计算机上完成。10～29 岁年龄段的用户，伴随着移动互联网成长的一代，对新生事物接受较快，将成为未来移动互联网的主力军。

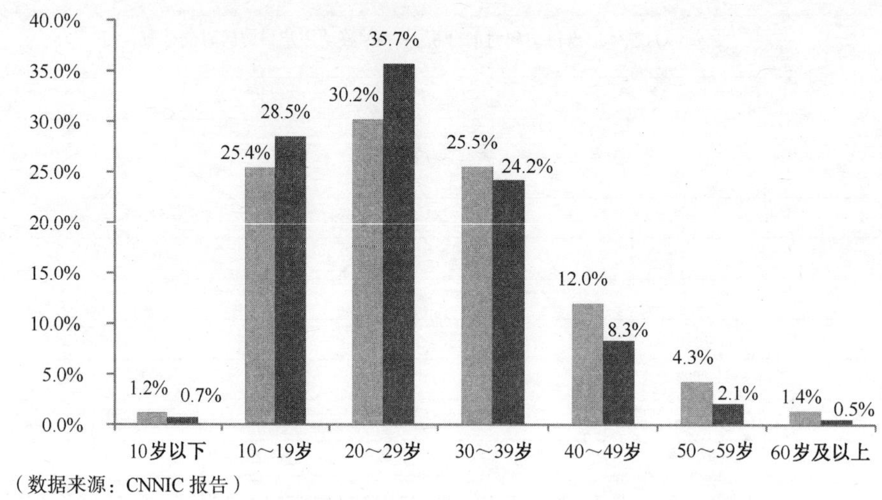

（数据来源：CNNIC 报告）

图21.5 手机网民与整体网民的年龄比较

21.2.5 使用终端比例分析

根据互联网消费调研中心 ZDC 在 2012 年下半年开展的调研，网民访问移动互联网，主要是通过手机访问，占比达到 79.7%（见图 21.6）。

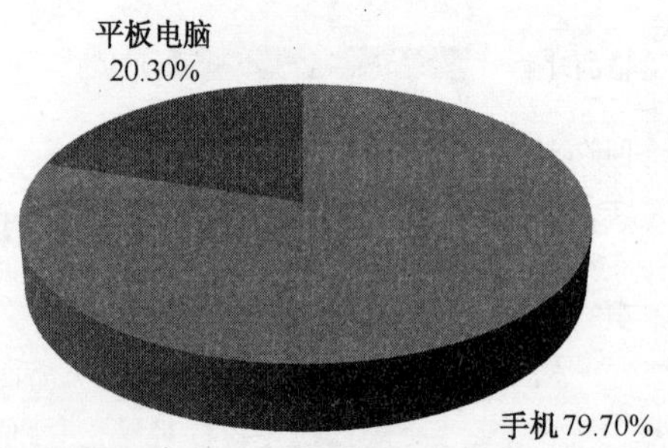

图21.6 进行移动互联网应用时，用户的移动终端选择

针对手机用户的调研还揭示了几个特征，一是从手机终端品牌选择看，国际品牌手机仍为调查者的集中选择；二是从操作系统选择看，Android 系统成为主流选择；三是从终端价格选择看，1000～2000 元价格段机型为调查者的集中选择；四是从 3G 选择看，八成以上调查者所用手机终端支持 3G。

针对平板电脑的调研显示，从品牌选择来看，苹果品牌为用户的主流选择，占比四成以上，其次为联想和三星品牌；从操作系统来看，使用 Android 系统平板电脑的用户占比超过五成；从终端价位看，用户所用的平板电脑价格主要集中在 3001～4000 元，占比为 27.2%。

21.2.6 使用操作系统比例分析

从移动终端所使用操作系统的占比变化情况看，Android 操作系统占据了绝对的优势地位，占据了将近70%的份额。苹果公司的iOS操作系统所占的份额排在第二，在下半年有所下降。Symbian 操作系统的使用份额快速下降，由第一季度的 9.11%下滑到了第四季度的3.20%，预计在 2013 年将进一步下降。Windows 操作系统的份额在 2012 年度一直较低，最高值也不足 5%（见表 21.1）。

表 21.1　2012 年各个季度移动终端所使用操作系统占比变化

移动终端操作系统	Q1 占比（%）	Q2 占比（%）	Q3 占比（%）	Q4 占比（%）
Android	68.64%	46.56%	57.50%	67.21%
iOS	20.26%	31.39%	22.69%	17.96%
Symbian	9.11%	6.54%	5.01%	3.20%
Windows	1.27%	4.53%	2.81%	1.94%

（数据来源：《网宿科技中国互联网发展报告》）

21.3　网络接入：移动接入方式占比（WiFi/3G/2G）

CNNIC 对手机网民的手机上网接入方式进行调查发现，2G、2.5G 等传统手机上网方式依然占据主导，同时，选择使用 3G 网络和 WiFi 上网的手机网民比例也逐渐开始增多，比例分别为 30.4%和 28.6%（见图 21.7）。3G 网络的高速下载和传输功能极大提高了用户上网体验，无流量限制及稳定性强的 WiFi 则能极大满足用户的网络需求。未来伴随着 3G 网络环境的不断改善和 WiFi 基础设施的发展，3G 与 WiFi 形式接入移动互联网的用户比例将进一步提升，并逐渐成为手机网民使用手机上网时的主要接入方式。

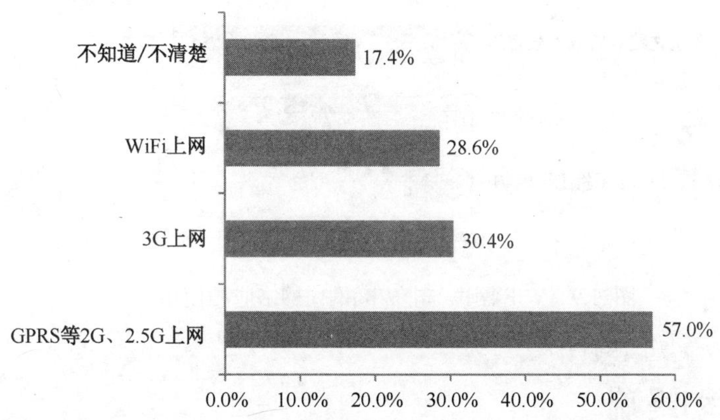

图21.7　2012年下半年手机网民使用过的手机网络形式

尤其值得注意的是 WiFi 市场的增加，从 2011 年 7.6%的使用率增长至 28.6%的使用率，这一高速增长，一方面得益于网络运营商提供 WiFi 服务，加大对公共场所的覆盖热点；另一方面得益于无线设备的发展，使简便式无线路由器大规模进入家庭，促使越来越多用户享受到 WiFi 这种高速快效的网络接入方式。

进一步对手机网民使用无线 WiFi 的上网地点进行调查发现，大多数手机网民使用 WiFi

都倾向于免费不限流量的地方，比例均在 60%以上，而对于开通 WLAN，通过运营商建立的 WiFi 热点地区付费上网的用户比例则较小，进一步降低资费促进使用是关键（见图 21.8）。

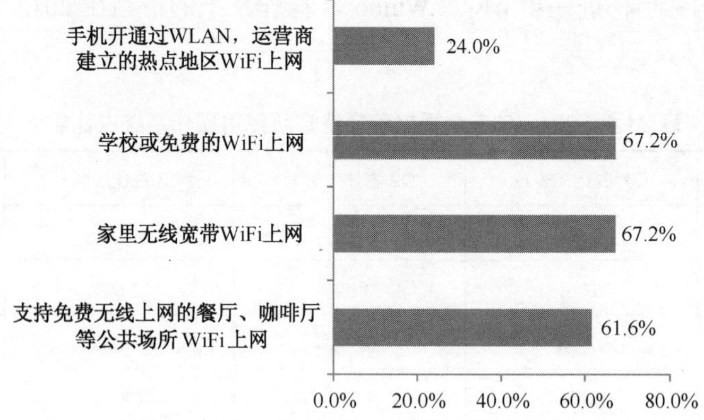

图21.8　手机网民使用WiFi的地点

对于使用 WiFi 的网络用户而言，在各类应用的使用率上均高于非 WiFi 用户，尤其是在对数据流量需求较大的应用使用上。根据调查，在手机娱乐类应用、网络购物和手机邮件上，WiFi 网络下的用户使用率更高，尤其是在视频类应用的使用上，相差 20 个百分点以上，说明 WiFi 对于手机视频发展的作用较大，WiFi 条件将成为网络视频等各类手机应用在手机端发展的重要因素（见图 21.9）。

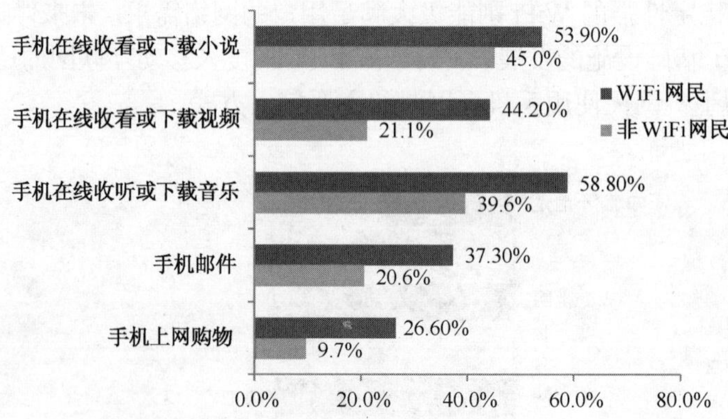

图21.9　WiFi网民与非WiFi网民网络应用使用率对比

21.4　移动终端

21.4.1　终端品牌分布

移动互联网用户使用的终端，以国外品牌终端为主，国内品牌移动终端所占的总份额较小。在国外品牌中，iPhone、Samsung 和 HTC 三家占有的份额最大，在 2012 年度四个季度中交替领先。传统手机品牌 Nokia 和 Moto 的使用份额下降得较多。国内品牌中，华为手机所占的使用份额最高，从第一季度的 8.49%到第四季度的 7.19%，相对比较平稳，基本保持在 8%左右。中兴手机所占的使用份额较低，但也比较稳定，保持在 4%左右。联想和小米手机所占的使用份额在上半年较低一些，但在下半年增长明显（见表 21.2）。

表 21.2　2012 年各个季度移动互联网访问终端品牌占比变化

品牌	Q1 占比（%）	Q2 占比（%）	Q3 占比（%）	Q4 占比（%）
HTC	24.73	11.69	11.35	12.50
SamSung	19.95	10.87	14.35	20.62
iPhone	11.66	22.13	20.32	14.37
Huawei	8.49	6.09	8.61	7.19
Moto	8.10	7.47	3.34	4.04
SONY	6.84	4.76	4.15	5.82
Nokia	4.54	13.98	10.63	7.61
ZTE	4.39	3.04	4.26	3.82
Mi	3.66	0.90	2.57	5.61
Lenovo	1.83	0.94	2.34	3.42
LG	1.41	1.35	1.37	0.97

（数据来源：《网宿科技中国互联网发展报告》）

21.4.2　Android 系统手机分布

Android 系统占据了当前智能机市场的主流，份额近 70%。根据谷歌 2013 年 1 月初公布的数据，截止到 2012 年年末，统称为“Jelly Bean”的 Android 4.1 和 Android 4.2 的份额已经突破 10%，其中 Android 4.1 的市场份额为 9%，而 Android 4.2 的市场份额则为 1.2%。但同样也可以看出，仍有超过 47%的 Android 设备运行的是早在 2011 年年初就已经发布的 2.3 操作系统（见表 21.3）。

表 21.3　Android 系统版本分布（截至 2013 年 1 月 3 日的两周数据分析）

版本	代号	API	分布
1.6	Donut	4	0.2%
2.1	Eclair	7	2.4%
2.2	Froyo	8	9.0%
2.3～2.3.2	Gingerbread	9	0.2%
2.3.3～2.3.7		10	47.4%
3.1	Honeycomb	12	0.4%
3.2		13	1.1%
4.0.3-4.0.4	Ice Cream Sandwich	15	29.1%
4.1	Jelly Bean	16	9.0%
4.2		17	1.2%

21.5 移动浏览器

国内移动互联网以及智能终端的快速普及，给移动浏览器带来了发展机遇。根据艾瑞发布的《2012 年中国手机浏览器市场研究报告》显示,截至 2012 年年底，中国手机浏览器用户达到 3.2 亿人。移动浏览器已经凭借着其快捷易用的优势，成为最受用户欢迎的应用之一。

1．自行下载手机浏览器的用户占比远高于使用手机内置浏览器的用户

手机浏览器是移动互联网用户使用手机上网时的主要入口，用户对其使用频率较高。ZDC 组织的调查显示，使用手机上网的用户中，98.5%的用户通过手机浏览器上网。在手机浏览器类型的选择方面，在使用手机上网时，75.7%的用户选择使用自行下载的手机浏览器，24.3%的用户使用手机内置浏览器（见图 21.10）。

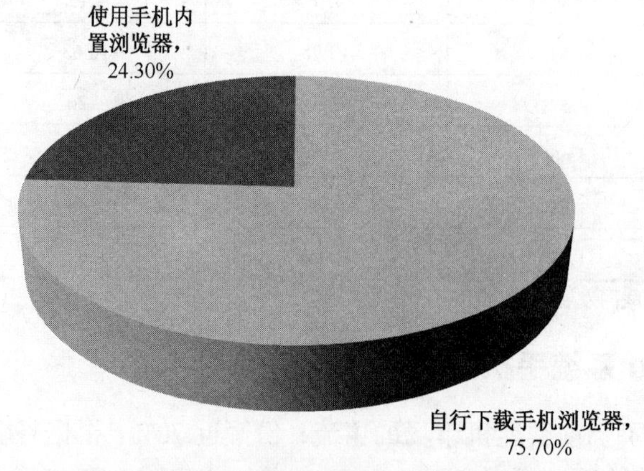

图21.10　用户在使用手机内置浏览器和自行下载浏览器之间的选择

2．用户目前正在使用的浏览器中，UC 浏览器的用户占比超六成

ZDC 调查数据显示，使用 UC 浏览器的用户占比最高，达到 66.8%。其次为 QQ 浏览器，用户占比为 12.0%。IE 浏览器用户占比排在第三位，为 8.8%。其他浏览器的用户使用比例均在 3%以下（见图 21.11）。

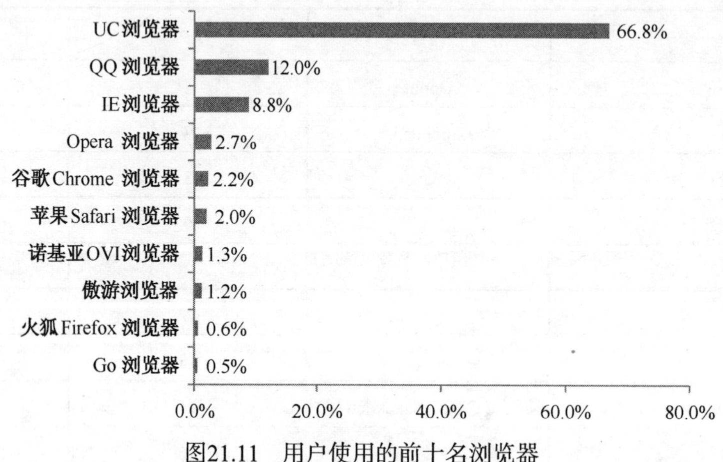

图21.11　用户使用的前十名浏览器

3. 自行下载手机浏览器的用户更倾向于下载 UC 浏览器

从 ZDC 公布的数据看，内置手机浏览器与自行下载手机浏览器使用排行中，UC 浏览器均排首位。但在自行下载手机浏览器的用户中，UC 浏览器的下载比例最高，高达 76.4%，远远高于排在第二位的 QQ 浏览器。内置浏览器方面，UC 与 IE 浏览器分居第一、二位，但 UC 浏览器占比的领先优势并不大，仅占比 31.0%，领先 IE 浏览器 2.8 个百分点（见图 21.12）。

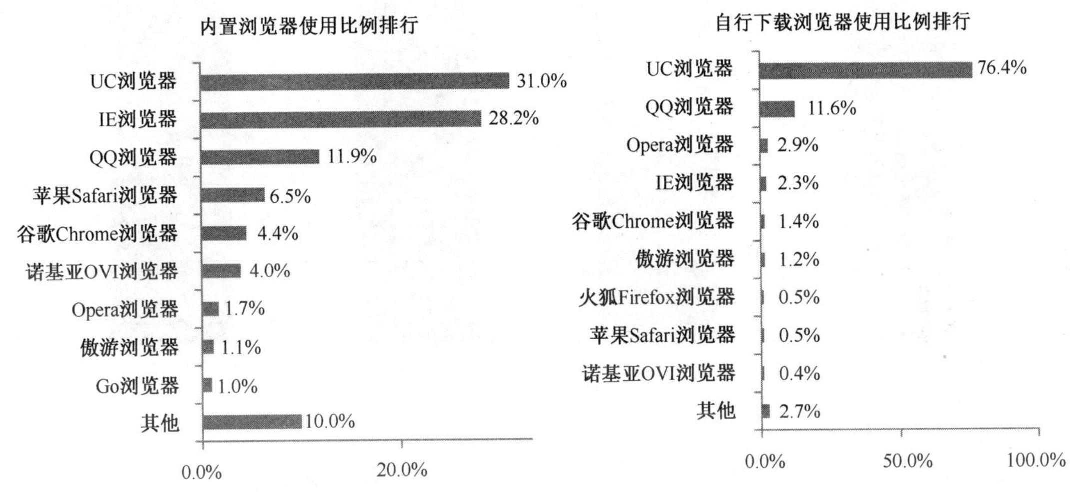

图21.12　用户使用的内置浏览器与自行下载浏览器排行

- 典型案例——百度移动浏览器

百度手机浏览器于 2011 年 6 月 15 正式上线进行公测，先后开发出个性首页、极速内核、站内搜索、语音浏览、滑动缩放以及超大网盘、整句英汉互译、海量 Web APP 等功能和资源。最新版的百度手机浏览器拥有强劲的 T5 内核，较好地适应 Html5 以及 Web App 的发展。如今，百度移动浏览器用户数已经超过 3500 万，市场份额为接近 10%。

21.6　操作系统

从 2012 年的发展看，移动智能终端操作系统格局以前所未有的速度演化，Android 初步占据主导地位。根据工信部电信研究院的数据，2009 年，Symbian 系统仍占据中国移动操作系统市场全年出货量的 74.7%，而随着 Android 系统以开源、免费吸引中国企业大规模进入智能终端领域，逐渐成长为市场主导力量。截至 2012 年年底，Android 已占到增量市场的 85% 以上，其他系统中，Symbian 仅余 2%，苹果的 iOS 占 8.6%，Windows 占 1.2%，而国内自主操作系统普遍未超过 1%（见图 21.13）。

从 CNNIC 的未来购机计划调研看，在未来计划购买智能手机网民中，以 Android 手机系统的购买比例最大，占比为 41.9%，其次为 iOS 系统，比例为 28.2%。随着智能手机的普及与再购买，未来 Android 系统市场占有率将进一步加大（见图 21.14）。

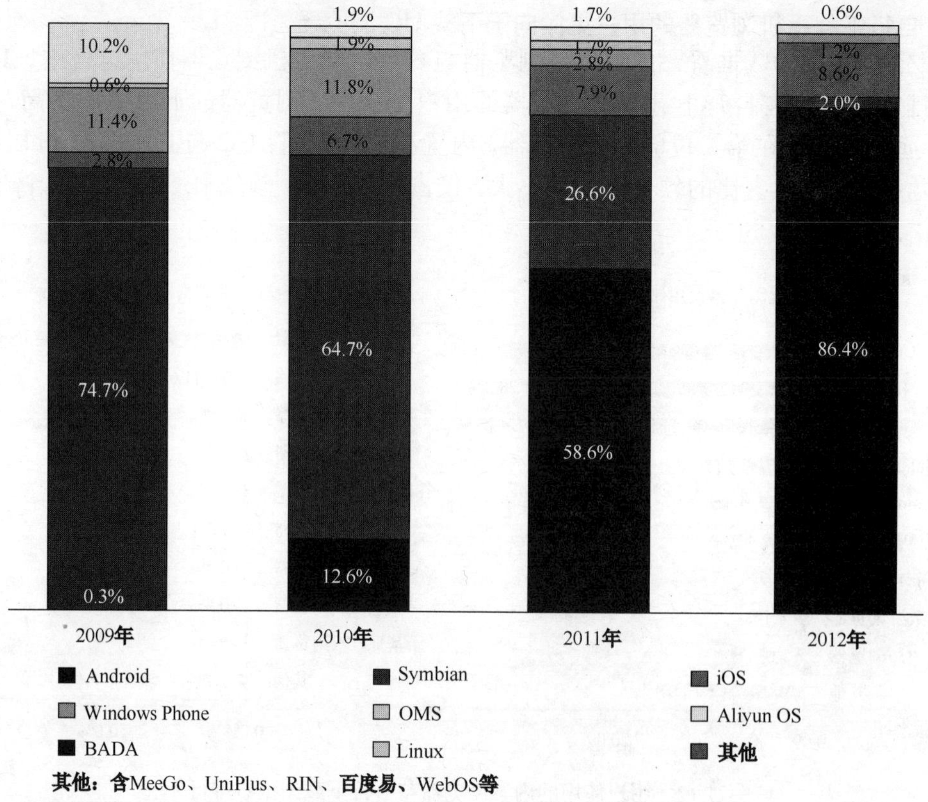

图21.13　2009—2012年中国移动操作系统增量市场占比

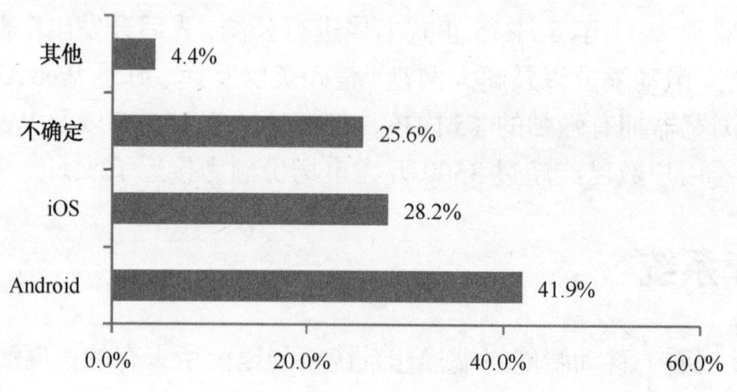

图21.14　未来计划购买智能手机的系统

21.7　应用商店

根据艾瑞的研究数据，中国是 iOS 的全球第二大下载市场，2012 年 10 月，中国区的下载量占到了整个 iOS 平台下载量的 15%。但营收占比远低于下载量，只有 3%左右，这主要是因为中国市场的付费用户比例远远低于美国市场。

作为全球第二大移动应用市场，由于 Google Play 不能在中国提供正常服务，中国市场上目前已经拥有规模众多的本土 Android 应用商店。根据国内 Android 应用商店的类型和特点，又分成终端生产厂商（如智件园、智汇云等）、电信运营商（如 MM、天翼空间、沃商店等）以及第三方应用商店三类。相对而言，第三方移动应用商店更加具有开放性，通过第三方移动应用商店下载的应用占据了整体的 Android 应用市场的大部分份额，更具有代表性。

1. 应用数量

目前应用商店的数量超过百家，但其中大部分应用商店规模较小且不够规范，规模较大的主流应用商店仅占据一小部分，其中位于第一阵营的应用商店不超过 10 家，这些应用商店却占据了绝大多数的市场份额。根据艾瑞的分析，91 手机助手和安卓市场的应用数量超过 40 万个，在竞争中占据一定优势（见图 21.15）。

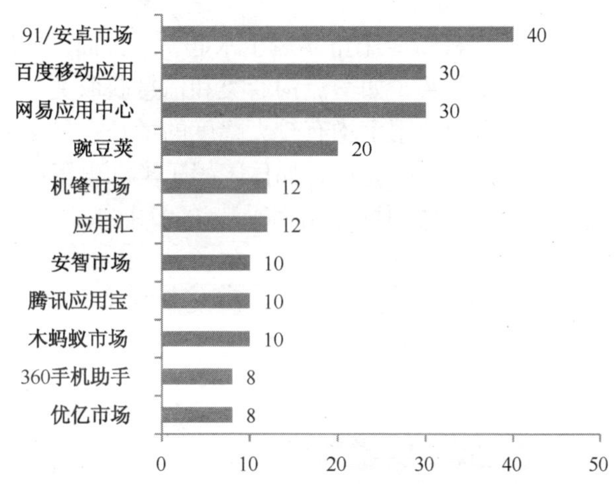

图21.15　2012年中国第三方移动应用商店应用数量（万个）

2. 应用类型

由于用户使用移动应用更加偏重娱乐性，而游戏是娱乐性应用中最受欢迎的应用类别，导致用户下载的移动应用比例最高的为游戏类应用，这一类别成为移动应用中最具有盈利前景的应用类型（见图 21.16）。

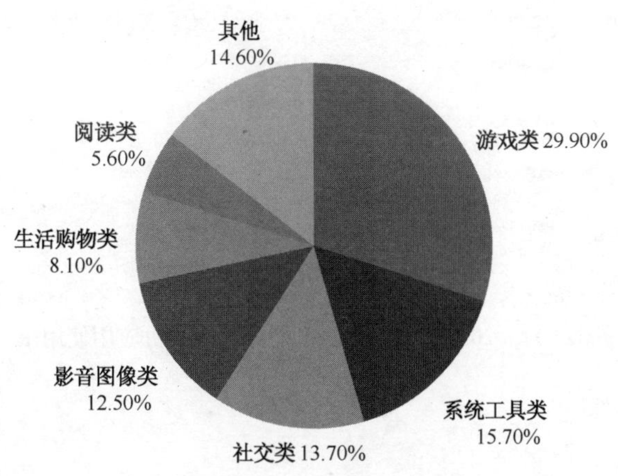

图21.16　中国Android移动应用下载类型分布

3．应用下载

根据艾瑞的分析，2012 年四季度的中国安卓应用总下载量达到 90 亿次，同比增长 184%，2012 年全年下载量达到约 250 亿次。

之所以应用下载量保持如此高的增速，主要受移动终端的快速普及拉动，尤其是千元智能机的加速推广，此外就是随着较长时间的使用，用户已经逐步养成了通过应用商店下载应用、安装应用的习惯。

21.8 移动应用

受智能终端的普及，2012 年移动应用市场风生水起，一方面，在传统上网终端上的一些主流应用，在手机终端上进一步普及，如交流沟通类和信息获取类手机应用，依然是手机的主流应用，发展领先，用户规模和使用率均有较大幅度的增长；另一方面，部分渗透率较低的应用保持高速增长，成为行业的新的亮点，如休闲娱乐类和电子商务类手机应用渗透率虽然相对较低，但发展速度较快，整体领域使用率看涨（见图 21.17）。

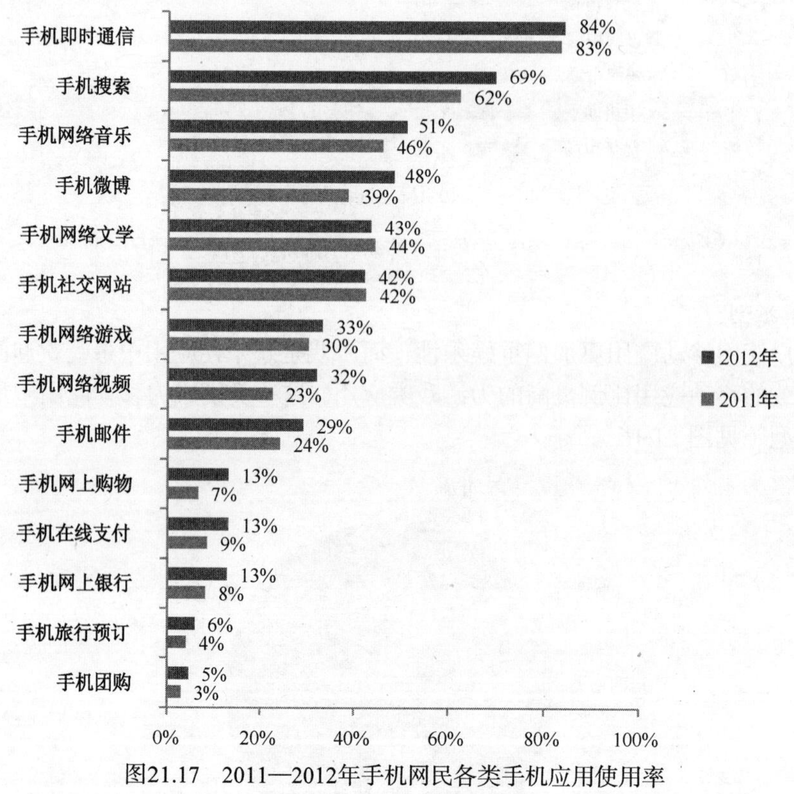

图21.17 2011—2012年手机网民各类手机应用使用率

21.8.1 即时通信

1．总体发展情况

手机即时通信切合了移动社交的特点，使用户能随时随地和朋友进行沟通，加之手机即时通信中逐渐加入短信、图片、语音和视频等交互元素及地理位置定位、二维码扫描等功能，使沟通变得更加便捷和有趣，吸引了越来越多手机网民使用。根据 CNNIC 的数据，截至 2012 年年底，我国手机即时通信用户数为 3.52 亿，使用率为 83.9%，自 2011 年大幅增长后使用率趋于稳定，在手机各应用中排名保持第一，成为最热手机应用（见图 21.18）。

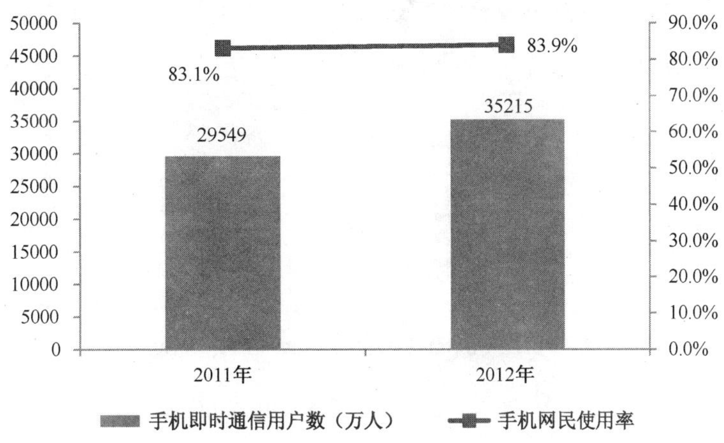

图21.18　2011—2012年手机即时通信用户数及使用率

2. 市场格局分析

总体上看，目前移动即时通信市场已经逐渐形成以互联网企业、终端厂商、电信运营商为主导的三分天下的格局。

（1）互联网企业。互联网企业的移动 IM 强化了社交功能，依托社交网络用户基础发展用户。例如，微信推出"摇一摇"、"漂流瓶"、"附近的人"等功能，米聊推出"米世界"等；新浪微博依托庞大的微博用户推出"微友"，而微信借助 QQ 的用户规模优势，在短短两年内将用户做到 3 亿（2011 年 1 月 21 日发布，2012 年 3 月 29 日达 1 亿用户，2012 年 9 月 17 日达 2 亿用户，2013 年 1 月 15 日达 3 亿用户）。

（2）终端厂商。终端厂商将 IM 内置入其终端，与操作系统直接整合。例如，苹果将 iMessage 内置于 iOS 中，三星将 ChatON 预装到 Bada 和 Android 智能手机上并逐渐推广到平板电脑，微软则深度整合了 Windows Phone 与 Skype。

（3）运营商。运营商 IM 天生具有与管道结合的优势，如中国电信推出 IM 产品"翼聊"，支持 30 路语音通话，中国移动的"飞聊"以及中国联通的"沃友"同样与通信功能紧密结合。

3. 发展趋势分析

即时通信并不满足于"在线"成为一种常态，不断完善其功能，逐渐从单纯的聊天工具向综合化平台方向发展，集成社交、资讯、娱乐等多种功能和企业客户、电子商务等多种服务，使用户能方便获取各种丰富资源，成为移动互联网的又一重要入口，呈现出巨大的潜在商业价值。

21.8.2　移动搜索

1. 总体发展情况

根据 CNNIC 的数据，截至 2012 年年底，我国手机搜索用户数达 2.91 亿，较 2011 年增长了 32.0%；使用率为 69.4%，较 2011 年年底增长了 7.3%（见图 21.19）。手机搜索使用率排名保持第二，已成为移动互联网的核心应用，其用户规模的大幅增长则进一步体现了手机网民对移动搜索服务的刚性需求，凸显了手机搜索在移动互联网中的入口优势。

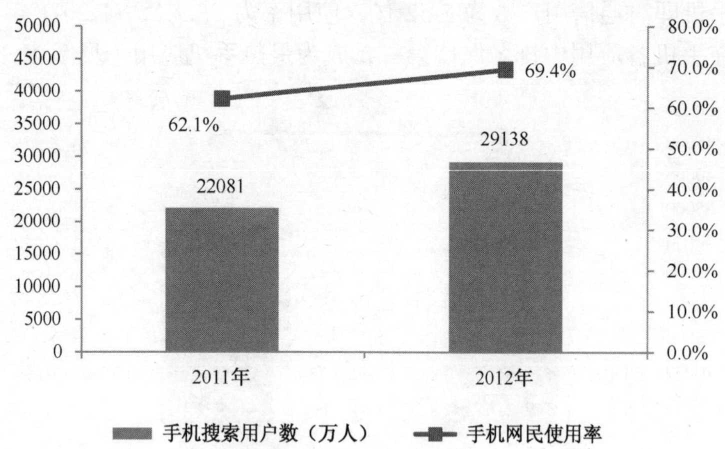

图21.19 2011—2012年手机搜索用户数及使用率

2．移动搜索特征分析

根据百度移动搜索用户一天 24 小时的需求分布数据，可以看到，移动搜索与生活紧密相关，尤其是移动阅读，遍布各高峰时段（见图 21.20）。

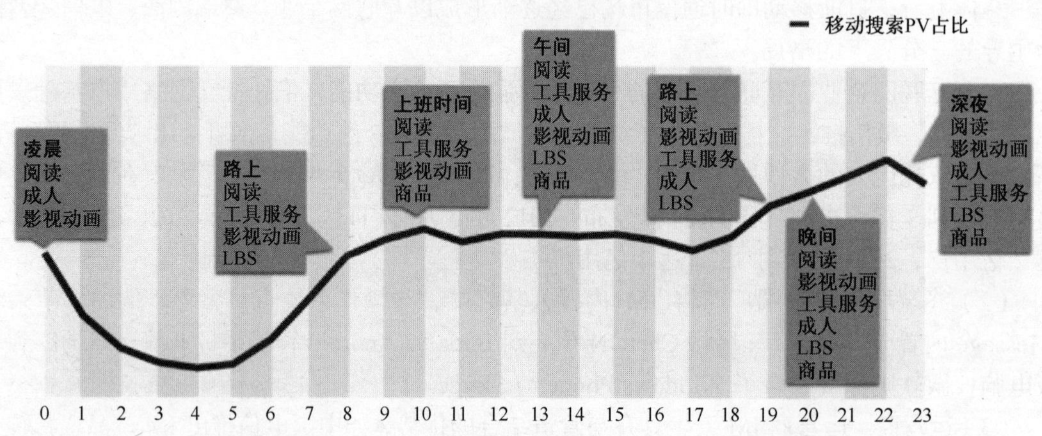

图21.20 2013年Q4 百度移动搜索用户一天24小时的需求分布

3．发展趋势分析

未来移动搜索将主要向两个方向发展：一是加强本地化信息服务，结合用户的位置和行为偏好，呈现更为精准的搜索内容；二是加强多元交互形式，图片、语音等多元化输入方式弥补手机屏幕限制带来的用户体验影响，使用户能在碎片化时间便捷输入和查找。

21.8.3 移动购物

1．总体发展情况

根据 CNNIC 的数据，2012 年我国电子商务类应用在手机端发展迅速，领域整体看涨。相比 2011 年，手机在线支付使用率增长了 4.6 个百分点，手机网上银行使用率增长了 4.7 个百分点，手机购物使用率增长了 6.6 个百分点，手机团购使用率增长了 1.7 个百分点，用户规模增速均超过80%。其中，以手机购物使用率增长最快，用户规模增长最多，其用户量为2011年年底的2.36倍（见图21.21）。

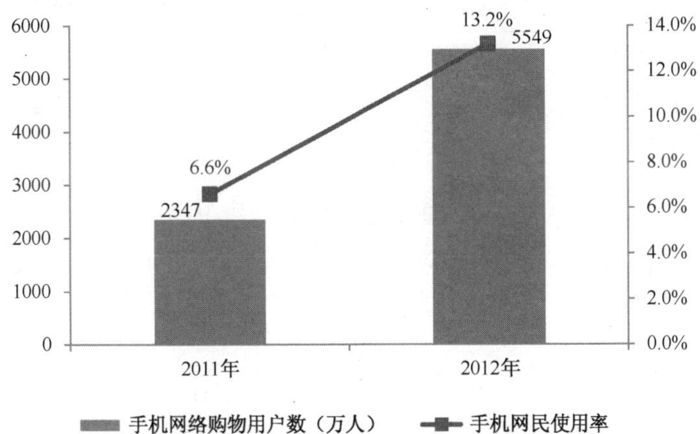

图21.21　2011—2012年手机网络购物用户数及使用率

根据艾瑞的数据，2012年中国移动购物市场交易规模达到550.4亿元，其中Q4为210.9亿元。2012年550.4亿元的移动购物市场交易规模，占13040.0亿元的网购整体交易规模为4.2%，和2011年的1.5%相比有了大幅的提升。

2．市场格局分析

根据艾瑞的数据，从2012年移动购物的市场份额来看，无线淘宝（包括淘宝和天猫无线端）占据了76.4%的份额，延续了其PC端的优势，领先地位十分明显；京东商城和腾讯电商分别以5.2%和3.9%位列第二和第三。独立移动购物网站买卖宝2012年交易规模达到10亿，以1.9%的市场份额排在第四。手机凡客、手机亚马逊中国、手机当当网位列第五到第七名（见图21.22）。

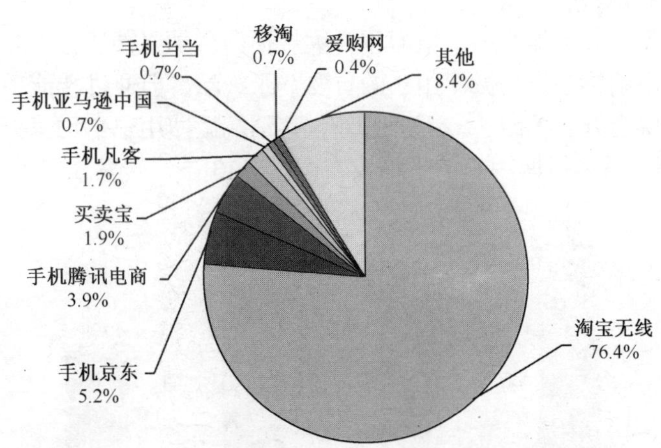

图21.22　2012年中国移动购物企业交易规模市场占比

3．发展趋势分析

随着手机购物类APP的发展和手机支付的完善，移动互联网进入人们生活的各个方面，网购市场向移动端渗透的趋势不可阻挡。一方面，电商网站的庞大用户群体都是移动网购的潜在用户，移动网购用户基础非常坚实，移动购物渗透率增长空间较大；另一方面，除各大电商企业发力移动端之外，传统企业也开始加速了移动端购物的布局，越来越多消费者能在手机上完成购物所有的流程，而不必手机查询后转移至电脑端支付，极大提高了购物效率，移动购物市场还会继续扩大。

21.8.4 微博

1. 总体发展情况

根据 CNNIC 的数据，截至 2012 年年底，我国用手机上微博的网民数为 2.02 亿，在手机网民中的使用率为 48.2%，相比 2011 年增长了 9.7 个百分点，是连续两年来使用率涨幅最大的手机应用，发展势头强劲，已逐渐成为手机端的主流应用（见图 21.23）。

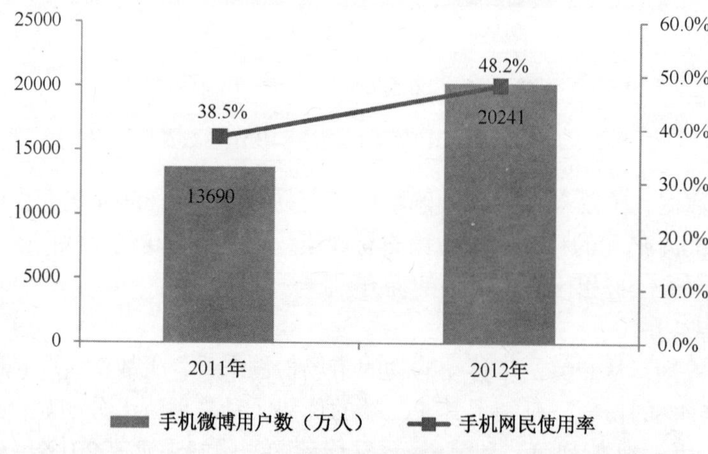

图21.23 2011—2012年手机微博用户数及使用率

2. 微博发展特征分析

一是手机微博用户数增加明显，微博用户大规模向移动终端迁移。互联网数据中心的调查数据表明，虽然电脑终端仍是微博用户的首要登录终端，但通过智能手机和平板电脑移动终端的登录比例大幅上升（见图 21.24）。另外，移动端微博用户平均每天发表微博 2.84 条，转发 4.38 条，均高于整体微博用户的平均发布微博 2.13 条，转发 3.32 条。

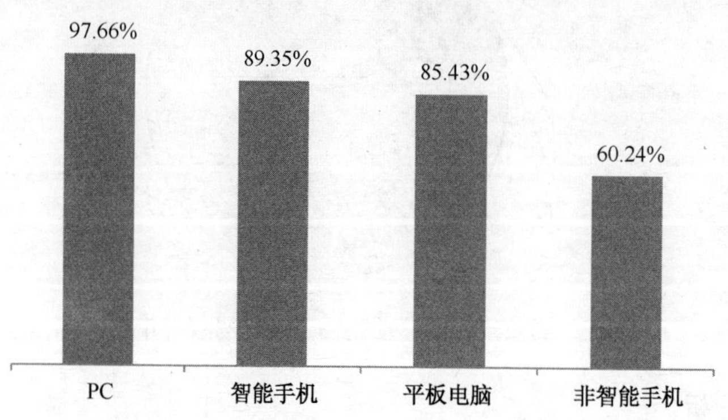

图21.24 通过不同终端访问微博的比例

二是微博市场竞争炽热化，“两强鼎力”格局已然形成。2012 年，中国微博市场依然是新浪微博与腾讯微博“双强并立”，市场竞争日益激烈，其他网站微博奋起直追的竞争格局（见图 21.25）。

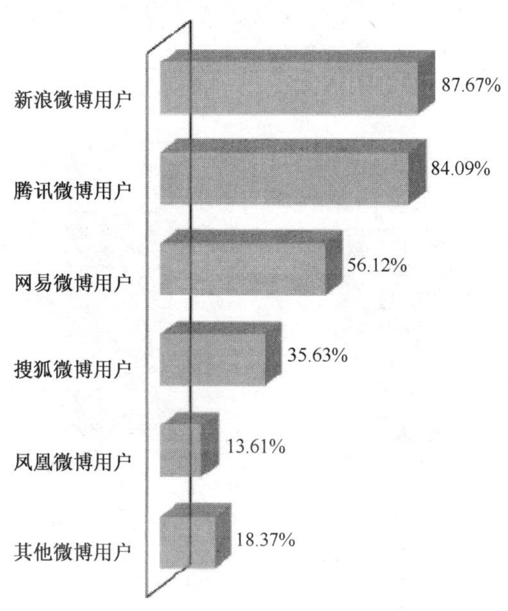

图21.25　DCCI 2012年上半年互联网网络用户行为调查的不同平台微博用户分布

三是微博商业化进程缓慢，尚未探索出有效的盈利模式。新浪微博、腾讯微博等微博运营商已全面启动商业化进程，迄今微博已推出的商业化手段包括广告、会员付费、微币、与移动运营商分成、游戏分成、用户数据库挖掘等，但这些盈利方式的有效性仍须在市场中检验。

3．发展趋势分析

随着微博渗透率的逐步走高，未来微博的发展不再仅仅是规模扩张，更重要的是要做精、做细，形成有效的商业模式。

一是进一步强调内容经济。内容对于各大公司而言依旧是 2013 年最有价值的资产，微博运营商要让用户产生更多分享内容的行为，而内容营销对于品牌而言，依旧重要。

二是进一步摸索社交电商化的商业模式。在社交网络中给别人送礼物等，这不是一个新概念，但是或许 2013 年它才到了真正开始发展的时候。此外，如何更好地实现社交网络与电子商务的融合，将用户访问量转变为交易量，将是近期思考和尝试的重要方向。

三是进一步加强数据分析应用。毕竟在微博的高速发展过程中，产生了众多数据，但是却缺少真正能分析利用这些数据的人。

21.8.5　移动游戏

1．总体发展情况

近几年来，网络游戏网民规模增长缓慢，网民使用率不断下降。尤其是电脑端，发展放缓，根据中国互联网数据调查平台（http://www.cnidp.cn/）的数据，相比 2012 年 1 月，2012

年 12 月游戏对战平台的日均活跃人数从 1.39 亿下降至 1.35 亿，人均单日使用时间从 12 分 20 秒下降至 8 分 38 秒。

但与此同时，手机网游的使用率仍保持增长，成为网络游戏新的突破口。根据 CNNIC 的数据，2012 年，我国手机网络游戏的用户规模数为 1.39 亿，在手机网民中的使用率为 33.2%，比 2011 年增长了 3.0 个百分点（见图 21.26）。

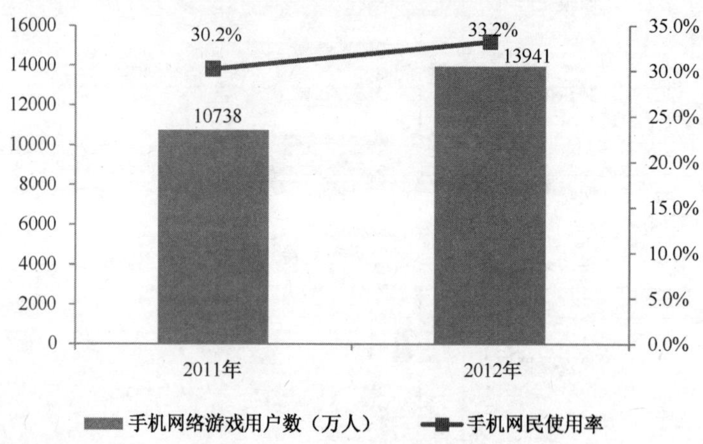

图21.26　2011—2012年手机网络游戏用户数及使用率

2．移动游戏发展特征分析

一是移动游戏碎片化特性凸显，成为娱乐方式，对电脑端游戏使用产生影响。

与 PC 设备相比，移动终端便携性、移动性的特征更能满足用户随时随地使用移动游戏的需求，用户利用排队、等车的时间进行游戏，这对移动游戏用户在电脑端的游戏行为产生了影响，CNNIC 分析表明，电脑端与手机端相比，57.1%移动游戏用户更常在手机上玩游戏，24%会更多在电脑上玩游戏。29.8%的用户在移动终端玩游戏以来，电脑端玩游戏的时间减少了，而电脑端游戏时间增加的比例仅为 4.2%，移动游戏的使用抢夺了电脑端的游戏时间。

二是移动游戏用户未养成付费习惯。根据 CNNIC 的调查，移动游戏用户中仅有 27.6%有过游戏付费行为，高达 72.4%的移动游戏用户未曾付过费。主要原因，一是免费游戏过多，二是收费游戏的价格太高、性价比低，三是用户对移动游戏付费缺乏信任感，担心付费安全性以及后续权益等问题。

三是移动网络游戏体验还有待进一步提升。由于移动游戏需要针对不同的移动终端操作系统和移动终端型号进行开发，开发难度大、成本高，导致目前存在很多未能做到非常好的体验就上线的现象，此外，由于当前 WiFi、3G 网络目前不够普及，2G 网速不能满足手机网游的使用，流量资费也较贵，制约了移动游戏效果的发挥。

3．发展趋势分析

一是随着制约发展瓶颈逐步被解决，包括网速的不断提高，网络资费的下调，手机性能的增强，手机屏幕清晰度的提升等，将大大改善移动游戏的用户体验，推动移动游戏成为中国游戏市场发展的热门。

二是移动用户的发展中，平台将扮演越来越重要的角色。从游戏开发商的角度，平台有助于帮助游戏产品进行运营并盈利；从用户角度，平台汇聚了大量游戏，可以带给用户更多的选择。因此，未来由于平台的巨大作用使游戏间的竞争实际转变为了平台间的竞争。

21.8.6　LBS

1．总体发展情况

《2012 年第 4 季度中国手机地图客户端市场季度监测报告》数据显示，截至 2012 年第 4 季度，中国手机地图客户端市场累计账户数已达3.74亿户，环比增长22.0%，同比增长177.8%，虽然增长率明显下滑，但整体市场还是呈现上升状态（见图 21.27）。

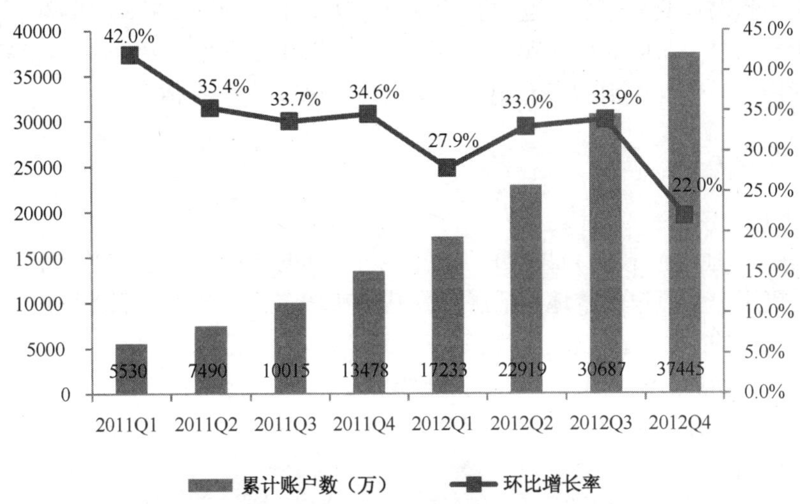

图21.27　2011Q1—2012Q4中国手机地图累计账户规模

2．LBS 市场格局分析

与移动互联网发展初期简单基于“签到”和社交的 LBS 战争不同，到了 2012 年，众多原本属于完全不同领域、核心竞争力也大不相同的公司走到了一起。从 LBS 到基于用户的生活服务，正在成为一场链条更加复杂、影响也将更为深远的关键战役。

百度　2012 年 10 月初，百度正式将地图部门拆分，成为独立的 LBS 事业部，与百度移动·云事业部一起成为百度移动互联网战略中并行的两个部门。据百度董事长兼 CEO 李彦宏在 2012 年第 3 季度财报会议上披露，百度地图用户已经达到 7700 万，在新成立的事业部中，还有百度身边、百度路况等一系列基于 LBS（Location Based Service，位置服务）的应用。

淘宝　2012 年 10 月末，淘宝低调推出了本地生活的地图搜索，在此模式下，用户可以用地图的形式查看周边优惠和生活服务相关信息。

腾讯　2012 年 9 月，马化腾表示，腾讯基于手机 QQ 和微信做了大量 LBS 相关服务，接口每天对 LBS 的调用高达 7 亿次。

大众点评网　通过 LBS 和移动，在过去近 10 年时间里积累了广泛本地商户资源的大众点评网，初步完成了在移动终端上与用户的打通，2012 年 8 月大众点评移动客户端独立用户突破 4000 万，与上年同期相比增长 400%，移动流量超过 PC。

高德　高德地图拥有 7000 万用户，尤其在苹果 iOS 平台进行深度地图内置之后，高德的用户流量直接翻了 10 倍，高德正在不断寻求携程等拥有线下商户内容的合作者，以期用地图为关键衔接点，将用户与商户对接。

3．发展趋势分析

LBS 是互联网进入传统商业世界的入口，也是传统世界互联网化的突破点。在这个过程中包含着 3 个层次：地图本身的基础框架和信息，本地商户内容、用户创造内容乃至娱乐内容在内的叠加在地图之上的信息，以及掌握了这些信息之后面向用户各种移动场景的本地化服务。最终，只有能完整打通内容、地图和用户的商家，才能成为未来 LBS 市场的胜者。

从目前的发展态势看，地图作为工具型产品，用户群体虽大，但与微信、微博等应用不同，用户的使用频次较低。这个问题主要的解决办法即手机地图的移动位置生活服务平台化转型，引入更具用户活跃度的社交账户体系，聚合下游中小开发者和线下商家资源，加速构建以场景化的用户时效性生活服务和电商交易诉求为核心的生态体系。

21.8.7 O2O

1．总体发展情况

2012 年中国本地生活服务 O2O 市场在各参与主体的推动下快速发展起来。处于产业链核心环节、连接用户和商户的本地生活服务网站迅速增多；本地生活服务商户对利用互联网渠道进行营销推广的态度也较以往更为积极；而随着本地生活服务网站增多及体验的提高，越来越多的用户开始通过网络渠道来查询、预定和购买本地生活服务。此外，金融支付、IT 系统、验证技术等基础设施领域也取得了较大进展，共同推动了中国本地生活服务 O2O 行业的整体发展（见图 21.28）。

图21.28　中国本地生活服务O2O行业产业链图谱

根据艾瑞的研究数据，2012 年中国本地生活服务 O2O 在线商务用户规模超过 1 亿，达到 1.35 亿（见图 21.29）。有统计显示，2012 年，国内 O2O 市场规模达到 887.9 亿元，较 2011 年增长 57.91%。

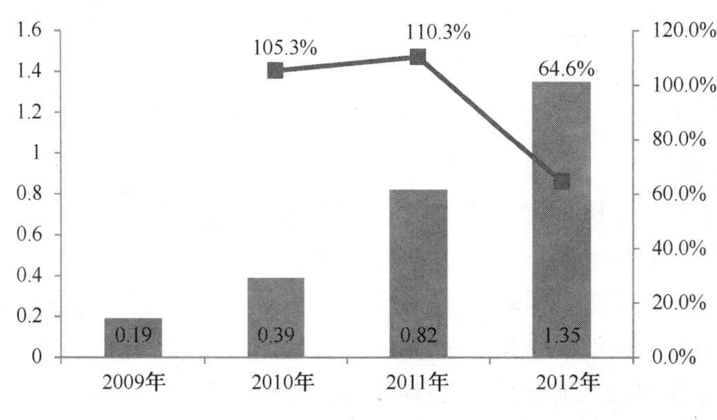

图21.29　2009—2012年中国本地生活服务O2O在线商务用户规模

2. O2O 市场格局分析

百度、腾讯、阿里巴巴三家是 O2O 市场上的重磅玩家，这三大互联网公司在 O2O 领域布局各有侧重（见表 21.4）。

表 21.4　三大移动互联网巨头的 O2O 布局

	百度	腾讯	阿里巴巴
本地生活服务平台	百度身边、爱乐活	腾讯微生活、QQ 票务	淘宝本地生活、口碑网
团购	—	高朋网、QQ 团购	聚划算、美团网
地图入口	百度地图	搜搜地图	淘宝地图
线下与移动终端对接工具	—	微信+微信二维码	支付宝 APP
支付工具	百付宝	财付通	支付宝
在线交易预定	爱乐活	QQ 票务、QQ 团购、微信	聚划算、淘宝本地生活
投资布局	爱乐活、京探网	高朋网、爱帮网	美团网、丁丁网
后台系统	—	通卡、微信	—

百度　成立 LBS 事业部后，百度地图将成为百度发展 O2O 业务的核心产品。

腾讯　拓展 O2O 的重要手段则是依托微信提升线下能力，并通过与财付通打通实现闭环。

阿里巴巴　布局 O2O 领域最重要的筹码是前端的淘宝本地生活与聚划算、后端的支付宝。

3. 发展趋势分析

中国本地生活服务 O2O 市场目前还处在发展初期，尽管面临一系列发展良机，但它的发展依然面临很多问题。本地生活服务商户的服务水平低、信息化程度不高将是一个长期制约因素；而 O2O 的线上互联网企业的努力方向和线下商户的切实需求之间存在脱节；并且由于信用体系的缺失，导致线上、线下和用户间的合作成本巨大。

未来 O2O 行业的发展，关键在于线下商户资源的拓展与整合，以及移动端用户入口的搭建。此外，本地生活服务 O2O 市场将呈现垂直化发展趋势，社会化营销将成为本地生活服务

O2O 的最重要手段。

21.8.8 二维码

1. 总体发展情况

移动互联网环境下，手机上网成为一种普遍的用户需求。与计算机不同，手机的屏幕和键盘都比较小，在操作上具有局限性，这就让手机上网“入口”变得异常重要。而二维码具有天然优势，手机只要安装了识别软件，用摄像头对准二维码一拍，就能立即获得产品信息，附加上一条链接，用户一点就能上网，省去了输入网址的过程，更加便捷。正是因为这一原因，在 2012 年，无论是各大互联网巨头，还是传统新闻出版界，对二维码均争相布局。2012 年是二维码的营销元年，从市场的普及度来讲，这种论断并不为过（见图 21.30）。

图21.30 二维码主要应用场景

2. 二维码市场格局分析

2006 年，国内开始出现二维码应用，但由于当时智能手机普及率低、上网资费贵、用户习惯未养成，一露头便销声匿迹。再热起来是 2010 年，3G 时代已至，“快拍二维码”等多家公司赶上了这波浪潮，其中“快拍二维码”占总体市场份额超过 80%。

二维码成为移动互联网的“标配”，成为 O2O 的入口，它的市场份额也被迅速分食——腾讯微信、阿里的支付宝、淘宝以及大众点评、掌上百度等纷纷走上“餐桌”。“快拍”的先发优势在腾讯面前变得苍白无力，微信二维码起步 8 个月之后，市场份额就已冲过了 50%。出于制衡微信的考虑，大众点评也推出了自己的二维码优惠服务，并跟随微信脚步在移动端加入电子会员卡功能。阿里旗下支付宝结合了二维码，也释放出巨大想象空间。它的最新动作是，推出针对小商户、小摊贩、出租车扫码付款，甚至年庆收取红包。

3．发展趋势分析

二维码的产品衍生价值包括几类，一是线上资源流通渠道，无论是APP下载还是URL，都可以被扫描后快速访问；二是品牌信息推广，这是目前二维码的主要表象形式，成为一种新的营销和展示方式；三是通过O2O进行电商消费，包括支付、获得优惠、比价、商品质量保证溯源查询等。总体看，二维码融入了物联网、移动互联网、电子商务和云计算四重概念，在用户积累到一定阶段后，商业模式必将凸显。

21.8.9　HTML5

1．总体发展情况

酷炫、快速、跨平台，在HTML5出现前，这些词从未这样紧紧与网页关联在一起。HTML5改变了人们脑海中对传统网页的印象，取而代之的是堪比桌面程序和移动原生应用程序的用户体验。

根据针对国内浏览器使用情况的调查，在2010年时，只有2%左右的浏览器支持HTML5，而截至2012年9月艾瑞数据的统计来看，360极速浏览器、谷歌、搜狗、傲游等基于WebKit内核浏览器使用比率为31%，Firefox浏览器的使用率为2%，IE9及以上版本使用率为3%，总计有36%的浏览器能够支持HTML5，HTML5正在逐步普及。

2．发展特征分析

回顾2009—2011年，人们对HTML5寄予厚望，因为跨平台优势和智能机的迅速崛起。但实际上，2012年HTML5在实际产品市场的发展并没有像之前预测的那样迅猛，尤其是对比2011年年底Ben Savage做出的14项预测。这曾让很多开发者觉得大失所望。

制约原因一：HTML5技术本身远未成熟。

HTML5仍处在标准完善发展阶段，运行效率、设备能力调用、安全性等方面远难匹敌原生应用；同时其标准组织（W3C与WHATWG）又发生分裂，统一Web运行环境构建遥遥无期，严重削弱其核心竞争力。

制约因素二：移动平台用户的使用网络服务的习惯和PC用户不一样。

在目前阶段，大多数移动平台用户还是习惯通过APP方式来使用应用，而不是通过浏览器访问的方式。在移动设备桌面上，创建一个指向Web应用的快捷方式非常容易，但想改变用户使用原生应用形成的习惯却比较困难。从智能手机开始进入市场，用户已经形成了去应用商店搜索应用并下载安装的习惯，而目前无论是苹果的APP Store还是Android平台的Google Play商店，都从未上架过任何一款Web应用。

制约因素三：移动设备系统自带浏览器的引擎对HTML5的支持不足。

目前除了iOS平台和Android 4.0+原生浏览器之外，其他移动平台原生浏览器引擎在支持HTML5方面都尚有很大的不足。

3．发展趋势分析

在英特尔IDF 2013大会上，有这样一句话，“Make it HTML5 Without Boundaries”，“让HTML5无国界”。随着支持HTML5的浏览器占有量的提升，未来HTML5的大面积使用只是时间问题。此外，随着HTML5从业者数量不断增加和技术能力不断提升，以及HTML5工具不断完善，HTML5应用集中爆发的时刻即将到来。特别是在移动端，杀手级的HTML5应用将极有可能出现。

21.9 发展趋势

展望 2013 年，预计整个业界将引来新一轮发展态势的洗礼（见图 21.31），具体表现如下。

（1）移动设备大战：移动电话将在全球范围内取代 PC 成为最普遍的 Web 通信设备，预计截至 2015 年，在成熟市场销售的手持设备中，智能手机将超过 80%，在 2013 年第二季度，智能手机+平板电脑的保有量将超过 PC。

（2）战略大数据：大数据的焦点将从关注个人项目转移到影响企业战略信息架构的领域。

（3）移动应用程序和 HTML5：随着 HTML5 的应用越来越广泛，长期来看将会从原生 APP 过渡到 Web APP。

（4）个人云：云计算的细分市场将日渐明朗，个人云将会逐渐取代 PC 本地存储。

（5）企业应用市场：未来几年，将有越来越多的企业和机构会通过私有应用市场向员工分发移动应用程序，这表明 2013 年的企业级市场将存在大的机会。

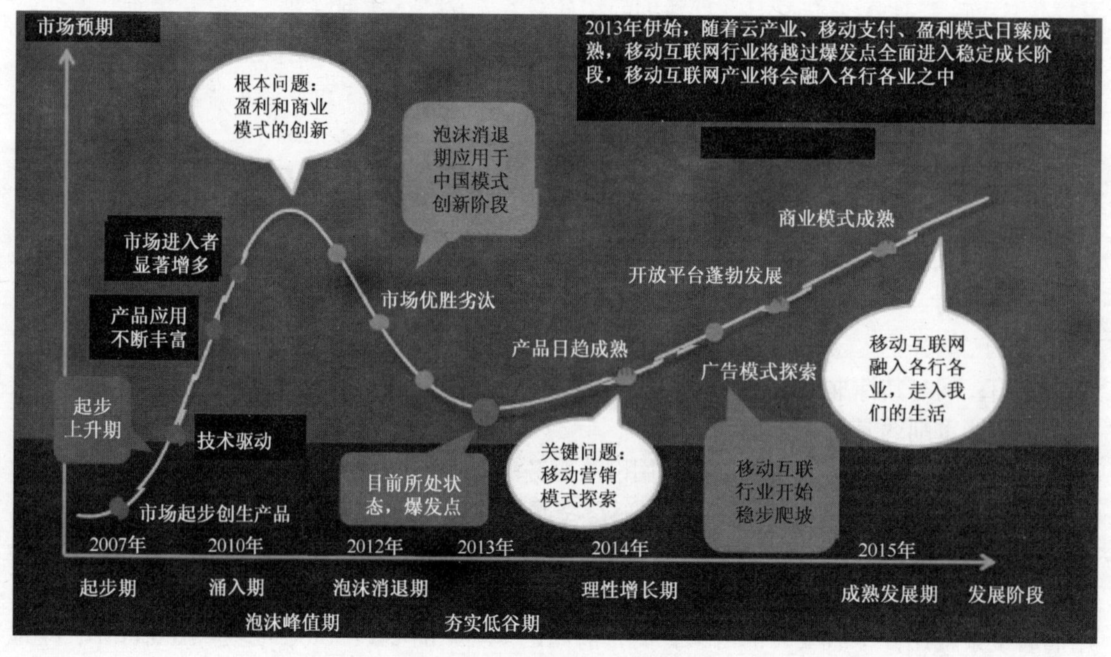

图21.31 移动互联网发展路径

具体到中国市场，尽管当前手机终端上网普及率已达一定水平，仍有很多终端是功能机，随着智能终端的继续走低，大量低端智能手机被推向市场，同时流量资费日益平民化，这些人群将逐步转化为智能手机用户，中国移动互联网市场还有巨大的发展潜力。

1. 移动互联网终端发展趋势

随着应用需求的变化，智能终端的外延将不断扩大。它可能不仅是手机，还可能是智能导航仪、智能医疗终端、各种应用的物联网终端，甚至固定电话也可能变身为智能固定终端。2013 年多模接入、云计算和物联网应用将促使智能终端由手机型典型应用，向更加宽泛的领域延展。

从内涵方面来看，移动智能终端也将不断扩充。通信方式不再只是语音和短信，飞信、微信、QQ、E-mail等成为新兴通信方式也将扩张用户的应用半径。伴随技术发展，照相、摄影、音乐播放、显示等用户体验也推向极致。传感器技术在移动智能终端上的发展，更会加强应用的多样化，使得终端功能更加强大。操作系统的发展和终端资源的不断扩充，让通信、办公、娱乐、阅读、支付、信息查询、存储备份、电子商务等内容均包含其中。可以说，移动智能终端的内涵将快速扩展，朝着“人脑助理”或“智慧秘书”的方向发展。

2．移动互联网应用发展趋势

一是更具有互动性，APP就是营销应用。随着品牌客户和APP应用代理商对移动应用的认识逐渐深入，越来越多的互动营销性应用会不断出现。最大的问题就是人们在使用过程中是否会去注意到这些营销型应用，还是予以忽视。二是移动推广离不开移动支付，移动支付会更加普及。三是HTML5将逐步成为新的热点，Web平台（浏览器和Web OS等）和互联网渠道将取代移动智能终端操作系统和应用程序商店，成为产业新的核心，产业轴心和模式的转换带来新的发展机遇。

3．移动互联网市场格局发展趋势

从趋势上看，与互联网巨头公司们相比，中小型公司面对着更加复杂的市场竞争环境、融资压力和较高的经营成本，经济与技术实力也完全无法与巨头们抗衡，但在垂直领域产品的开发上，中小型公司显得颇有实力。在移动互联网那些中小型公司正在依托自己的核心优势抢占某一细分领域的入口时，来自互联网的巨头们则在为各自的移动服务生态圈做着深度的布局。这些紧锣密鼓的战略布局既体现互联网巨头们渴望在移动领域分得一杯羹，同时也暗示互联网公司在竞争压力下谋求一个新的市场机会是十分必要的。目前来看，“钱海战术”已不完全奏效，但未来一段时间里，互联网巨头仍可利用自身的经济实力，收购有核心竞争力的中小型公司，达到扩充实力、占有市场的目的。因此，2013年的移动互联网将以弱弱联合、强弱兼并、强强分立为主导。在这一过程中，也许会培养出新的移动互联网巨头，并成为经典的案例。

总体来看，移动互联网经历这几年的发展，依然留给我们非常多的机会：智能系统平台的多样化给了开发者们iOS、Android、Windows Phone 8等多种选择；广大用户基于这几年移动互联网环境的教育，已经具有比较高的素质，人们更乐于接受移动生活中的各种新鲜事物，这为移动市场构建了扎实的消费群体基础。当然，高速发展的移动互联网生活也带来了诸多隐患，比如黑客的攻击破坏、个人隐私的恣意泄露等引发的一系列问题逐渐成为国人关注的焦点。但是出现了问题并不是坏事，迎难而上解决问题，才是移动互联网环境不断走向成熟的重要标志。

可以说，2013年将是一个不折不扣的移动互联网年。2013 年，期待中国移动互联网的腾飞。

（中国电信　陈景国、徐亮）

第 22 章　2012 年中国云计算发展情况

22.1　发展概况

进入 2012 年，国内云计算产业也由培育期逐步进入准成熟阶段，国内用户的需求出现爆发式增长，用户需求的多样性也开始呈现。这正好是市场开始进入完全成熟阶段的预兆。2012 年国内云计算应用的成熟案例在各省市不断涌现，百度、阿里云、腾讯等互联网公司推出了以平台为主的“云服务”模式，电信运营商则以云化 IDC 的搭建项目为核心。

目前，中国云计算产业生态链的构建正在趋于完善，在政府的监管下，云计算服务提供商与软硬件、网络基础设施服务商以及云计算咨询规划、交付、运维、集成服务商，终端设备厂商等一同构成了云计算的产业生态链，为用户提供服务。

预计未来 3 年，云计算应用将以政府、电信、教育、医疗、金融、石油石化和电力等行业为重点，行业应用呈现多重机遇，在中国市场逐步被越来越多的企业和机构采用，市场规模也将呈现爆发式增长。

数据显示，2012 年国内云计算市场收入规模将达到 606.8 亿元，年复合增长率将高达 87.4%，其中 IaaS 市场增长潜力巨大，2012 年中国 IaaS 市场规模为 5 亿元左右，2013 年有望达到 9 亿～10 亿元的规模。IaaS 市场是目前我国云计算市场中增速最快的细分领域，未来 5 年的年度复合增长率将超过 50%。

全球云计算市场同样处于迅猛增长上行通道中，根据 Frorester 最新数据，全球云计算市场规模 2014 年将达到 800 亿美元，其中 IaaS 市场占比为 7.5%，2014 年以后 IaaS 市场规模趋于稳定，表明 IaaS 市场将较快地进入成熟期。

22.1.1　产业环境

国内云计算产业在 2006 年至 2010 年之间，处于培育阶段。主要是技术储备和概念推广，用户对云计算认知度仍然较低，成功案例较少。初期以政府公共云建设为主；在 2010 年至 2014 年之间，处于发展阶段，产业高速发展，生态环境建设和商业模式逐渐成熟；进入 2014 年后，国内云计算市场将进入快速成熟阶段，从政策面到产业面，产业链、行业生态环境相对稳定，各厂商解决方案将更加成熟稳定，丰富的 SaaS、PaaS、IaaS 等产品将大量涌现。用户云计算应用取得良好的绩效，并成为 IT 系统不可或缺的组成部分，云计算将成为一项基础设施（见图 22.1）。

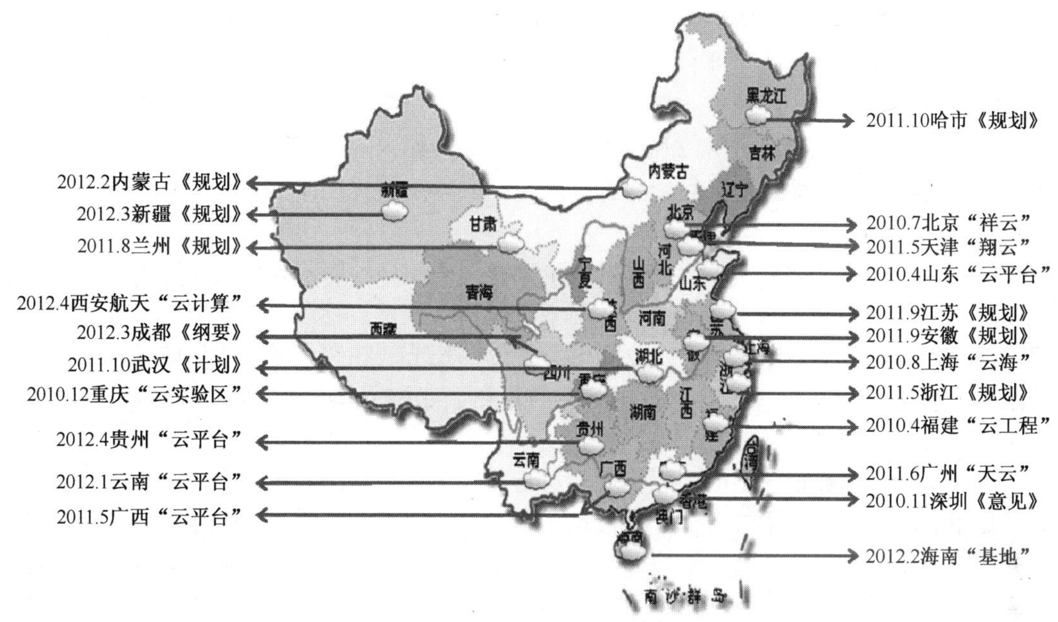

图22.1　各地云规划

2012 年，作为承上启下、进入成熟阶段的预备期，国内云计算市场的新形态、新方向主要集中在政策调整、行业规范、服务模式三个方面。

首先，云计算技术发展已引起我国政府更高层面的关注，上升到国家战略层面。相关主管部门，包括国家发改委、工信部已经着手制定云计算产业在中国的推进政策。2010 年 11 月工信部和国家发改委联合发出《关于做好云计算服务创新发展试点示范工作的通知》; 2012 年 7 月我国国务院发布《“十二五”国家战略性新兴产业发展规划》，在七个“重点发展方向”中明确指明云计算发展的规划与目标，并将云计算工程列为规划中的“重大工程”等，国家有关部委在 2012 年度陆续发布的规划和指导意见有：

（1）2012 年国务院《“十二五”国家战略性新兴产业发展规划》。

（2）2012 年工业和信息化部《软件和信息技术服务业“十二五”发展规划》。

（3）2012 年工业和信息化部《电子信息产业“十二五”发展规划》。

（4）2012 年工业和信息化部《技术标准体系提升工程实施方案》。

（5）2012 年科技部《中国云科技“十二五”发展规划》。

（6）2013 年国务院《国家重大科技基础设施建设中长期规划》。

其次，中国云计算的产业化快速发展，在规范化方面政府部门正在扮演越来越重要的角色。云计算产业中存在用户认知不足，标准缺失，数据主权争议，可用性、稳定性担忧，用户锁定，服务质量难以规范等诸多障碍。其中，标准和安全两大焦点问题以及相关法律法规的完善是最核心，也是最迫切需要解决的核心问题。

云计算标准是目前仍存在较大争议的话题，标准缺失，云计算产业的发展就难以得到规范健康发展，难以形成规模化和产业化集群发展。但是标准又不能反过来限制一个新兴产业演变、禁锢其形成良性发展，标准的内容不仅包括技术标准，还要包括服务标准，解决公共云、混合云和私有云的从规划设计，到系统建设，再到服务运营、质量保障等环节中的各种问题。另外，安全问题的解决是关系到云服务能否得到用户认可的关键要素。除了可能发生的大规模计算资源的系统故障外，云计算安全隐患还包括缺乏统一的安全标准、适用法规，以及对于用户的隐私保护、数据主权、迁移、传输安全、灾备等问题。中国的云计算产业发展必须在数据加密、迁移、备份以及位置控制方面进行深入的研究，保证云服务的易用性、可用性、稳定性、安全性。安全问题的解决还包括云计算相关法律法规的不断完善，增强用户使用云计算的信心。

最后，国内用户发展奠定了云计算发展基础，国内用户的需求导致云计算服务模式向多元化发展。2011 年以来，云计算相关支撑行业如移动互联网、物联网、宽带通信等保持较为平稳的增长，用户数量不断攀升，工业和信息化部部长苗圩在“全国工业和信息化工作会议上的报告”就指出：“截至 2012 年 11 月固定互联网宽带接入用户达到 1.74 亿户，移动电话突破 11 亿户，3G 用户达 2.2 亿户”。

中国拥有世界上数量最多的中小企业，对于这些处在成长期的中小企业而言，自己投资建立数据中心的投资回报率较低，并且很难与业务的快速成长匹配，而云计算的租用模式正好为这些中小企业提供了合适的解决方案；另外，众多的服务器、存储硬件厂商以及平台软件厂商都希望通过云计算平台将自己的产品推广到政府和企业用户中，以便未来能获得更多的市场机会；同时，云计算运营商也将在这次大潮中实现快速发展，正在全国各地兴建高性能计算中心、超级计算中心的政府部门及其下属企事业单位等更需要一种面向公共计算领域的云计算运营服务，而电信运营商、IDC 托管服务商、大型互联网公司、软件平台解决方案提供商等也具有提供云计算运营服务的潜力。随着国内云计算应用市场的进一步发展与成熟，产业链上中下游企业提供量身定制服务的能力将进一步加强。

22.1.2 市场规模

据 Gartner 估算，2012 年全球云计算市场规模达到 1072 亿美元，其中 IaaS/PaaS/SaaS 市场规模为 222.7 亿美元；2011 年全球 IT 市场规模为 3.67 万亿美元。全球云服务市场仍很不均衡，市场主要集中在欧美日等发达国家和地区，其中美国占 60%。我国市场规模绝对值较小，2012 年国内公共云服务市场规模（仅包括公共 IaaS/PaaS/SaaS 服务）约 35 亿元人民币[1]，我国公共云服务市场仅为日本的五分之一，美国的三十分之一，尚不及亚马逊一家企业云计算营业额的三分之一。预计 2013 年，我国公共云服务市场规模可达 63 亿元人民币，初步显现了市场潜力；但当前市场总量绝对值仍较小，根据 Gartner 的统计，2012 年全球公共云服务市场规模为 222 亿美元，我国所占比例仅为 2.5%。

此外，北京市作为全国政治和文化中心在国内云计算市场仍占有重要位置，根据测算：北京市云计算市场总体规模为 173.48 亿元。其中云服务市场规模为 12.66 亿元，PaaS 市场为 2.4 亿元，IaaS 市场为 4.17 亿元，SaaS 市场为 6.07 亿元。

22.1.3 市场动向

目前在国内外云计算最受关注的热点领域主要集中在开源云系统、自主安全数据库产品、云计算数据中心建设、人工智能（AI）应用 4 个方面。

---

[1] 数据来源：工业和信息化部电信研究院 2013 年 4 月发布的《2012 年中国公共云服务发展调查报告》。

1. 开源云系统遭热捧

2012 年以来，Rackspace/NASA、HP、VMware、Citrix 等国外企业都极力响应开源云计算倡议，使得开源云计算框架得到显著发展。OpenStack 是美国国家航空航天局 NASA 和 IDC 厂商 Rackspace 发起的云计算基础架构服务平台，AMD、Intel、戴尔等大型硬件厂商纷纷支持 OpenStack 项目，2012 年 10 月，Viacloud 互联云平台加入 OpenStack 项目，研制 OpenStack 公有云平台和私有云平台，OpenStack 成为全球云计算最重要的平台之一。可以说，这些主要厂商都在持续构建各自的公有云基础设施，与目前的云服务商巨头 AWS 展开生死角逐。但基本问题是，这些开源系统技术对于企业来说是否已经准备就绪。毕竟，开源云系统部署只是近一两年来兴起的事物，还没有很多用户案例。摆在行业用户面前的情况是，部署开源云系统将面临五大优势和劣势：

- 优势为灵活性、厂商锁定 、成本节省、管控和开放 API、可移植；
- 劣势为缺乏支持、厂商锁定、隐性成本、系统成熟、新投资是否值得。

2. 自主安全数据库产品

“云计算”技术在中国逐渐落地的时候，“云安全”也越来越多地被人们提起。中国工程院院士倪光南在其研究报告中指出，保障云安全问题最关键的就是实现自主可控，这就势必要用到国产基础软件。云安全最终还是要落实到数据安全，目前国产数据库在安全级别上已经赶超国外。

目前，包括 Oracle、SQL Server、DB2 等在内的所有国外数据库产品，最高只达到 EAL4 级的安全级别，国产数据库已达到了安全四级，相当于 EAL5 级别。国产数据库的安全级别完全可以保障数据、尤其是国家敏感数据的安全。但是国内用户普遍对国产安全数据库产品信心不足，相信越来越多的用户会逐渐使用国产数据库产品。

3. 人工智能（Artificial Intelligence）应用

人工智能在其短暂的发展历史中经历了不少大起大落。对于 IT 界来说，目前人工智能表现出来的成果差强人意，不过进入 2012 年，在技术上的种种客观条件的变化，尤其是云计算的盛行，将会使人工智能迎来一个真正的上升期。

云存储和云计算带来的大量数据也许会对类似的应用带来无限的机会，比如 HP 和 IBM 都在致力建造硅版本的大脑，用它建造类神经电脑像人类一样处理信息。IBM 去年还展示了可以做认知处理的第一块芯片。Google 同样在大力发展人工智能和机器进化。同样还有高科技企业（如 Apple）都在以不同的方式去尝试人工智能，以及利用人工智能的研究成果服务于整个计算机界。云计算以及大数据技术已经越来越趋于完善，技术的进步有可能使得计算机会更好地认识世界，可以自主地为人们服务。Business Communication Company（BCC）的研究结果表明，到 2014 年，全球人工智能产业规模将达到 2000 亿美元，是 2007 年市场规模（210 亿美元）的 10 倍。

- 典型案例——百度个人云存储

百度个人云是百度为满足个人用户存储、同步和分享数据需求而推出的服务平台，用户可在电脑、手机、Pad 等全平台使用。目前，百度个人云包含的功能包括网盘、通讯录、相册、记事本等。在存储容量上，百度提供初始 5G 永久免费存储空间，用户完成简单的任务即可扩容至 15G。同时，百度云还与美图秀秀、酷我唱吧、轻笔记、音悦 Tai 等应用开发团队进行合作，用户在这些应用上产生的文档、图片和音视频，都可以便捷地同步到个人云中，将散落在各个不同应用上的碎片化信息进行统一管理。2013 年 1 月，百度云用户规模达到 3000 万，在国内处于领先地位。

4．公共云服务需求增长明显

分析表明，国内用户对云计算的认知水平较高，根据最新的用户调查显示，国内主要城市对云计算有一定了解的企业占到 79%，完全不了解的只有 4%。公共云服务逐步形成了一定规模的用户群体。开始使用云计算的企业占 37.5%，其中使用公共云服务的占 31.1%，选择建设私有云的占 6.4%。用户对公共云服务质量的满意程度也较高，对当前云服务的稳定性、安全性、性价比、售后服务、易用性等方面的满意度都在 70%以上。目前，国内用户对国际运营商期待程度较高，对国内云服务商的忠诚度尚未建立，90%的用户表示会或视情况选择国际云服务商。稳定性、安全性和服务质量是用户选择云服务商时最看重的三个因素，对于服务商品牌及成功案例方面则关注度较低。云主机、云存储等资源租用云服务是当前的主要应用形式。未来，企业管理软件、应用开发服务、网络加速服务等方面的需求将有较大增长。

我国公共云服务企业群体已初步形成。SaaS 领域服务商主要是企业级软件服务，平台规模普遍不大，但营收较好；IaaS 领域形成“两大+众小”格局。PaaS 领域以大型互联网企业为主，盈利模式尚未形成。此外，国际云计算服务企业开始进入中国。2012 年年底，微软与世纪互联合作在上海建立数据中心，并开始在国内提供 Office 365 和 Azure 服务。

纵观全球信息通信产业，云计算的国际发展已经进入了一个相对理性的实施阶段。在 Saas 层、Paas 层、Iaas 层三种商业模式方面取得了实实在在的成果，这不仅节省了大量的 IT 资源，提高了 IT 资源的利用率，而且为信息通信企业，特别是中小企业的信息化，节省了大量的成本。同时由于云计算国际规范的不断发展和细化，推动了以全球构建，以云计算服务为核心的生态系统的形成。而我国云计算还处在起步阶段，实施中也暴露出某些盲目性，因此迎接和探索云计算的实施策略，既要有国际和国内的视野，又需要理性的思考和务实的策略，包括通过云计算推动信息通信产业的转型；强化云计算的高投资回报；跟踪国内国际的规范，强化云计算整体规划；积极而谨慎地制定云计算的架构和路线；落实云计算的实施准备。

22.2 大数据发展情况

22.2.1 国内大数据市场开始迅猛发展

中国大数据应用市场已然显露出冰山一角，2012 年市场规模达到 4.5 亿元，2013 年还将持续发展，未来三年内有望突破 40 亿元，2016 年有望达到百亿元规模（见图 22.2）。

进入 2012 年，大数据技术及服务市场呈快速增长之势，给全球带来数十亿美元的市场机遇。IDC 2013 年年初发布的报告显示，全球大数据技术及服务市场复合年增长率（CAGR）将达 31.7%，2016 年收入将达 238 亿美元，其增速约为信息通信技术（ICT）市场整体增速的 7 倍之多。在广大现有和新兴细分市场中，大数据市场融合技术与服务，正形成迅猛的发展势头。尽管情况发展会存在多种可能，供需也存在重重变数，但 IDC 认为，2012—2016 年期间该市场仍将呈现强劲的增长。

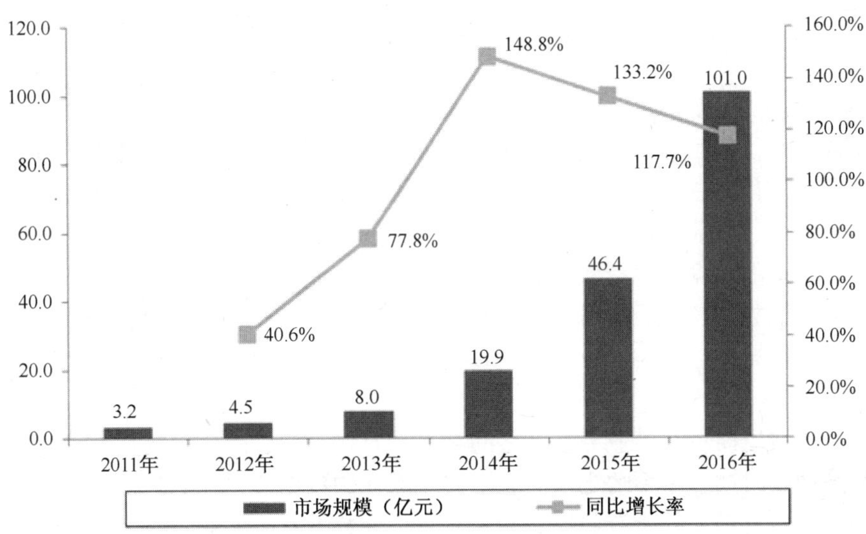

（数据来源：赛迪顾问，2012 年 12 月）

图22.2　2011—2016年中国大数据应用市场规模与增长

目前，大数据应用在国内已经有了很多良好应用，下面为近两年大数据领域的成功案例。

1．EMC（中信银行信用卡中心 Green-plum）

（1）实时的商业智能

可以结合实时、历史数据进行全局分析,风险管理部门现在可以每天评估客户的行为，并决定对客户的信用额度在同一天进行调整；原有内部系统、模型整体性能显著提高。

（2）秒级营销

Green-plum 数据仓库解决方案提供了统一的客户视图，更有针对性地进行营销。2011 年，中信银行信用卡中心通过其数据库营销平台进行了 1286 个宣传活动，每个营销活动配置平均时间从 2 周缩短到 2～3 天。

2．SAP（农夫山泉）

实现了快速的数据展现，与原有商业智能报表展现方案相比，新方案数据展现速度快 25～30 倍；形成了强大逻辑计算能力，测试了 120 多张已经上线的报表，基本上速度提升 100～150 倍；SAP HANA 和 Business Objects 4.0 组合只用了 46 秒就完成了原来需要 24 小时才能完成的逻辑计算。

实现了数据的实时、同步，HANA 使得数据从业务系统中转换到 HANA 中时基本上没有任何延迟。

3．IBM（数字黄河）

解决跨平台异构应用系统的数据共享与集成问题。

黄河水利委员会各部门随时获取其权限范围内的最新数据，而无须将其存储在本部门系统中；消除信息孤岛，实现数据统一管理，有效消除了各业务系统和各组织结构之间的信息孤岛，简单获取黄河数据资源的单一视图，并确保了数据的完整性、及时性、准确性和一致性，同时首次实现了元数据的可视化统一管理。

22.2.2 国内大数据发展面临的问题和挑战

1. 数据处理是目前整个大数据应用的薄弱环节

大数据蕴藏的价值虽然巨大，价值密度却很低，往往需要对海量的数据进行挖掘分析才能得到真正有用的信息，从而形成用户价值。但在数据挖掘分析之前，必须进行数据处理，其目的是从大量的、可能是杂乱无章的、难以理解的数据中抽取出对于某些特定的人们来说是有价值、有意义的数据，包括数据清洗，即过滤掉不完整的数据、错误的数据、重复的数据等不符合要求的数据，然后进行数据装载、查询、展现等。在这一过程中，如果数据源质量不佳或者代码不严谨，都会导致数据失真，用户看到的错误信息将可能导致分析出错误的决策结论。

用户拥有的数据质量与其业务绩效之间存在着直接联系，高质量的数据可以使其保持竞争力并在经济动荡时期立于不败之地。有了普遍深入的数据质量控制技术，企业在任何时候都可以信任满足所有需求的所有数据。为了充分实现数据资产的业务价值，企业往往通过一个数据整合/集成平台来进行数据质量控制，找出并修正隐藏的数据瑕疵，随时随地交付及时、可信的各种类型数据。

2. 数据分析是大数据全生命周期中最有"含金量"的环节

大数据时代，理解数据所代表的内容成为一项挑战。由于事务型数据和决策支持型数据的处理性能不同，需要将决策支持型数据处理从事务型数据处理中分离出来，再从事务型数据库中导入数据仓库，继而采用 OLAP（联机分析处理）工具、数据挖掘工具等进行分析、智能决策，提高决策的科学性和水平，完善各种管理流程，增强综合竞争力的智慧和能力。

大数据时代，包括政府在内的各行业用户对数据分析功能的需求更加旺盛，同时对数据分析的广度和速度都有更高要求，促进 IT 厂商加快了对于数据分析技术的研发创新。一方面，大数据分析不再局限于结构化的历史数据，而更倾向于分析来自社交网络、RFID 传感器等的非结构化数据，促进了对非结构化数据的分析技术创新。另一方面，激烈的市场竞争促使行业用户对于数据分析的速度更加重视，促进了大数据解决方案厂商加大对数据的快速、实时分析、智能决策技术的研发投入。

3. 开源以成本优势和高自由度成为大数据时代的技术创新主力

在云计算和大数据的时代，信息管理的大投入、数据运营的高成本让中小型企业用户望而却步，开源技术将以成本率的降低和企业级的 IT 自由度破解大数据之忧，这两大特性也使得开源技术与非开源技术能够分庭抗礼。大数据的处理业务主要集中在三个方面：信息管理、商业智能和智能分析，目前在这些方面的开源技术和工具可谓琳琅满目、生机勃勃。未来，在应用方面，随着用户越来越关注企业业务问题的本质，加上"数据成为核心资产"的新理念，开源软件的高灵活性、高可靠性、高扩展性和贴近用户应用的特点，将促进其在整个大数据产业链中扮演越来越重要的角色；在性能方面，随着开源技术对数据掌控的能力不断加强，来自于市场应用的成熟和重大应用的支撑，开源技术将在鲁棒性、安全性上得到不断完善和有效提升；在创新方面，围绕开源技术的模式创新和服务创新将得以形成，更快地适应大数据时代的业务变革和转型升级。

4. 大数据由网络数据处理走向企业级应用

在一个数据爆炸性增长的"大数据"时代，越来越多的企业意识到，数据和信息已经成为企业的智力资产和资源，数据的分析和处理能力正在成为企业日益倚重的技术手段，合理有效地利用数据，能够为企业创造更大的竞争力、价值和财富，以实现企业数据价值的最大化，更好地实施差异化竞争。目前，大数据的技术主要应用于 Google、Facebook、百度、腾讯、中国移动等互联网或者通信运营巨头，但随着企业信息化应用的逐渐深入，信息处理系统也随之产生大量的数据，对于这些数据的分析和应用将促使企业的基础 IT 架构、数据处理、应用软件的开发和管理模式等领域产生新的变革。因此，国内一些硬件厂商也纷纷布局大数据，例如联想通过与全球知名的存储公司 EMC 合作，正式进入大数据的企业级应用领域，随后国内的其他厂商也纷纷推出基于大数据的产品，例如华为在统一存储领域中推出了面向企业级应用的四款 T 系列的 OceanStor 产品，促进了其在存储领域的地位。

5．移动终端数据应用将成为下一轮数据创新的中心

随着“三网融合”、“云计算”、“物联网”等新技术的出现与完善，移动互联网产业迎来发展的高峰期，发展速度要远远超过互联网当年的发展。据赛迪顾问研究统计，2011 年，中国移动互联网市场规模为 2500 亿元，涵盖了人们对衣食住行、安全以及社交与自我实现等不同层次的需求，其中移动终端占据移动互联网市场的 78.6%，移动应用和移动软件分别占据 14.9%和 6.5%的市场份额，用户可以随时随地在移动中获取和处理信息。通过移动搜索、浏览器、移动商店、移动广告等产生的数据量也随之呈现几何增长，企业可借助移动终端的数据搜集及分析获取用户的切实需求，进而进一步获取有价值的信息，因此移动终端的数据应用也将成为下一轮数据创新的中心。截至目前，移动互联网用户发送和上传的数据量达到 1.3 艾字节，相当于 10 的 18 次方 bit，其数据流量增速远远高于网络数据流量。

6．大数据的应用促使商业模式向以“数据租售”为直接盈利的模式转变

对大数据的挖掘和应用可以有效地提高生产效率，大幅度地提高产品的生产率，进而创造出大量的市场价值，因此数据的“租售”成为了一种现实存在的直接盈利手段，无论是搜索引擎行业、电子商务领域还是人力资源行业，都通过出售原始的互联网数据或者经过处理分析的商业结果来获取直接的利益，以商品化的数据应用创造了新的商业模式。例如百度游戏通过搜集整理网络游戏用户的搜索需求和搜索热点，建立完备的用户行为数据库，并提供给上游的游戏运营商来创造数据服务的收入来源，成为在搜索引擎领域中将以数据支持服务变为主要盈利模式的成功案例；与此同时，“魔方”是淘宝成立的专门用于提供数据服务的机构，为商家提供行业分析数据，从中获取利益。除此之外，围绕数据产生的商业模式不仅仅是数据的租售模式，还包括信息的租售模式、数字媒体模式、数据空间运营模式等。

22.3　各种云服务形式的发展情况

22.3.1　SaaS

从国内云计算服务市场的发展现状来看，IaaS 和 PaaS 市场仍在初期探索阶段，盈利能力较弱，SaaS 商业模式则基本形成。有关抽样调查显示，我国公共云服务市场 35 亿元的总量中，SaaS 用户在公共云服务用户群体中所占比例最小，约为 16%，但国内 SaaS 市场规模所占比例却是最大的，占 80.1%，约合 28.05 亿元。

SaaS 从 2006 年开始出现萌芽，到 2012 年逐步发展成熟经历了不小波折。据统计我国约有 1300 万家中小企业，这是一个数量非常庞大的消费群体。我国的中小企业由于受到 IT 预算少、缺乏专业的技术支持人员、决策时间长等问题的困扰，企业的信息化普及率一直不高。而另一方面，中小企业灵活多变、发展迅速等特点，又急需专业的 IT 系统和服务来帮助其提高工作效率、提升管理质量、降低运营成本，以增强其核心竞争能力。SaaS 正是解决这些矛盾的最佳途径，用户可以根据自己的应用需要从服务提供商那里定购相应的应用软件服务，并且可以根据企业发展的变化来调整所使用的服务内容，具有很强的伸缩性和扩展性，同时这些应用服务所需要的专业维护与技术支持也都由服务商的专业人员来承担。

据统计，国内提供 SaaS 服务或推出 SaaS 策略的企业曾经多达几十家，包括 ChinaASP.com、用友、世纪互联、通力公司、新网、安易、中软、中网、万网、瑞星、东方网景、上海互易、国信贝斯、上海富鑫、天津顺驰、联成互动、数码方舟、广州赛百威、深圳润讯、深圳金蝶、长城商网通、易建科技、中国教育热线（EOL）、国嘉实业、联想亿傲等，但是随着竞争的愈发残酷很多厂商悄然离场，随着 2010 年之后阿里软件、用友伟库等 SaaS 厂商的退出，国内云计算市场迎来了新一轮洗牌。目前，国内云计算市场的 SaaS 主流厂商一部分是国外重量级企业，如 Salesforce、微软、SAP、Oracle 等；另一部分是国内企业，包括八百客、Xtools、百会、品高软件、东软、风云在线等。

甲骨文在 2011—2012 年相继收购许多应用软件厂商，目前这些收购而来的技术已经完成整并，并正式推出客户体验管理方案，专攻消费行为生命周期管理市场，其中的应用模块，包括在线客户服务体验管理 RightNow 以及电子商务的在线销售客户体验管理 atg，都以 SaaS 云端服务模式推出。甲骨文应用软件事业部副总经理表示，SaaS 服务将会是甲骨文 2013 年积极开拓的重要市场。

另外，德国软件巨头 SAP 在 2012 年通过收购 SuccessFactors 和 Ariba 大举向 SaaS 市场进军。在 SAP 收购的两个厂商中，前者为 HCM（人力资源管理）厂商，后者主要提供了一个基于云的供应商网络。此外，SAP 还拥有自主研发的 Business ByDesign ERP 套件和大量的专业 SaaS 应用，这些专业 SaaS 应用能够与面向企业的本地 Business Suite 套件协同工作。SAP 官员可能会决定在 2013 年制定一个关于 Business Suite 套件的 SaaS 长期路线图。

全球 SaaS 巨头 Salesforce 虽然在国内市场举步维艰，但是在全球 SaaS 市场的影响力仍然巨大。2013 年，Salesforce.com 将在社交协作、CRM（客户关系管理）、客户服务和应用开发软件方面传出更多的消息，与此同时，该公司可能还会推出一个全新品牌的应用，以进军一个目前为止他们并没有直接涉足的市场领域。Salesforce.com 推出的员工绩效管理应用 Work.com 就是一个典型的案例。

作为国家首家打起 SaaS 发展大旗的厂商，八百客一直是业界关注的焦点。发展八年多的时间里，八百客在云计算、SaaS、在线 CRM、企业社交与移动应用方面都进行了产品创新，并得到了广大企业客户的信赖和认可。2012 年，八百客部署了北京、上海“双总部”战略、发布 CRM 秋季版等一系列市场动作，也让八百客再度成为“焦点”。在 2013 年，八百客的发展策略应该集中在完善在线 CRM 产品功能，发力移动办公应用，加强 PaaS 平台建设，打造软件应用商店等方面。

Gartner 预测，到 2012 年企业对托管软件的采用每年将增加 22.1%，增速将达盒装软件的两倍多。目前 SaaS 的发展主要为三方面。第一，随着 SaaS 产业的发展，将浮现出若干规模庞大的 SaaS 托管运营商，形成 SaaS 应用门户、SaaS 应用的搜索引擎。第二，一些大型的

SaaS 服务专营机构，作为 SaaS 软件厂商，他们还会提供自己的 SaaS 服务，他们可以通过 IDC 机房或者带宽来提供 SaaS。第三，一些中小型 SaaS 专营的厂商还会存在，这些厂商通过市场细分、特色服务以及依赖 SaaS 应用搜索引擎提供服务。

1. Ajax 技术解决 SaaS 易用性

XToolsCRM 一直将 Ajax 技术用于在线租用 CRM 系统，其最大的好处在于提高了 CRM 系统的易用性，每一个使用者可通过 Web 页面像使用软件一样使用在线 CRM 系统。

举一个例子，客户在单击 Web 界面的时候，Web 界面会局部刷新，区别于传统的整页刷新，使客户等待的时间节约到最小，更重要的是，客户的单击造成对服务器的访问量也节约到最小，明显提高了服务器的负载能力，可承受更多客户对页面的同时访问。

SaaS 产品在设计上要求“易用”可能已经成为产品设计者、开发者所追求的，因为市场证明，太复杂的 SaaS 实在很难规模化推广。

2. 与电子商务结合

电子商务与 SaaS 的结合理所当然，技术也容易实现，用户的需求到底是什么?

中小企业客户的需要是多样的，厂商认为提供全程的信息化管理当然会受到欢迎，谁都希望前端产品展示及商机收集和后端的信息管理能够互通，但还有一些企业，他们是带着自己亟待解决的问题来寻找应用软件系统的。有的仅仅想要一个托管的自助建站系统，有的却奔着客户管理系统而来，因为这些单一的系统可能比全包全揽的电子商务系统局部功能更加专业。

虽然 SaaS 充分与电子商务结合是一个走向，但提供某种专业应用的 SaaS 服务商应该能够赢得更大的市场机会。

3. 互联网通信技术融合到 SaaS

发送短信息、呼出电话、发送传真等这些原本需要手机、电话实现的沟通，现在完全可以通过互联网实现了，这归功于最近几年的通信技术与互联网结合的发展，而 SaaS 得益于这些技术，比如，只需要点击 CRM 系统记录的客户的电话号码，就可以完成和客户的各种沟通了，这比传统的方式成本更低，而且更加快捷，更加有效率，目前 XToolsCRM 的客户管理系统已经具备了这些功能。

22.3.2 PaaS

我国云计算服务市场中的 PaaS 服务仍以免费应用为主，用户约占 28%，且多为公众用户。PaaS 市场规模目前是最小的，约 1.84 亿元，占总量的比例为 5.3%。

Gartner 近期发布的一份报告显示，中国 PaaS 市场目前还处在发展的婴儿期，但是随着众多 PaaS 供应商对这一领域的重视，越来越多的用户认可并接受 PaaS 应用，其价值体现越发明显，由此可见，中国 PaaS 服务的发展将会如火如荼进行，并在未来五年内实现爆发式增长。PaaS 介于 SaaS 和 IaaS 之间，主要为开发者和公司提供更加容易运营和部署应用软件的环境。PaaS 最吸引人的地方在于它不仅能提高开发应用程序的速度，还能节省开发费用。另外，开发者也可以把更多的精力放在应用创新和业务上。

目前在发展规模上，PaaS 还是远远落后于 SaaS 和 IaaS。在 2012 年，全球 PaaS 的收入仅为 12 亿美元，分别是 SaaS 的十二分之一（144 亿美元）和 IaaS 的五分之一（62 亿美元）。不过，在未来的两年，PaaS 领域有望昂首走出一条陡峭的成长曲线。据 Gartner 预测，到 2013

年，PaaS 的市场规模将达到 43.8 亿美元，是 2011 年的三倍（见图 22.3）。

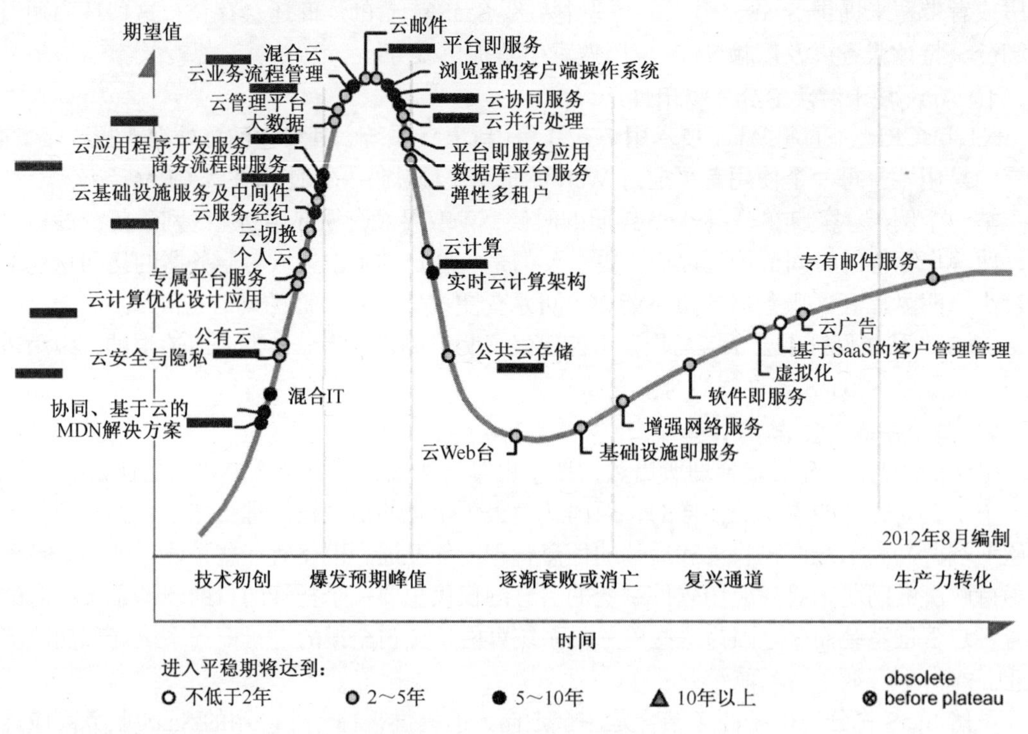

图22.3　云计算细分技术方向

目前国内 PaaS 服务主要的提供商有 Google（AppEngine）、八百客（800APP）、Salesforce（Heroku）、微软（Azure）以及百度、腾讯、阿里云等互联网企业。此外，近几个月来，管理软件巨头 Oracle 与 SAP 也陆续公布 PaaS 计划，准备蚕食相应的市场份额。

Gartner 的报告指出，中国 PaaS 市场的潜力会在 2013 年后逐步增长，目前中国 PaaS 市场仍处于起步期，因为中国企业的关注点还主要集中在 SaaS 和 IaaS 领域上，而且很多 ISP 即互联网服务提供商更加注重中小企业，提供 IaaS 和 SaaS 相结合的服务，强调快速搭建移动设备获取云中支持。

报告表示，中国国内供应商例如 800APP 与 Salesforce 相似，以 SaaS+PaaS 的模式参与市场竞争，在国内的 CRM 市场确立了品牌地位和客户群体。总体来说，中国国内供应商的优势在于他们更懂得中国的发展主导者们的思想意识，不足之处在于科技创新以及合作伙伴生态系统的构建。

这一市场最大的几家 PaaS 服务提供商服务和技术的特点如下。

（1）Salesforce 旗下的 Heroku 是 PaaS 市场的一个重要服务提供商，超过 230 万款应用软件都部署于其中。Heroku 的客户包括沃尔玛、梅西百货、动视暴雪和 GroupMe。

（2）八百客 800APP PaaS 平台是八百客于 2006 年率先发布的一款国内领先的云计算平台，具有大规模的数据计算与存储能力，能够承载 CRM、ERP、OA、财务等大型的企业级应用。基于 800APP PaaS 平台，八百客推出了“应用商店”，并与呼叫中心、邮件群发厂商、云存储厂商等达成了平台合作意向，以满足用户需求。

八百客 CEO 李智曾表示，当服务用户总数达到 10 万以后，八百客将具有一定的平台效应。他指出，八百客的“应用商店”将主要面向企业，由合作伙伴进行开发。现在应用商店中的产品已经有经纬名片通、呼叫中心、企业网盘等，而且，目前八百客还正与国内知名厂商进行合作谈判，以推出更多更好的应用。

（3）新浪云。Sina APP Engine（SAE），是新浪公司于 2008 年开始开发和运营的产品。SAE 为 APP 开发者提供稳定、快捷、透明、可控的服务化的平台，并且减少开发者的开发和维护成本。现阶段，SAE 仅支持 Web 开发语言 PHP 和关系数据库 MySQL，主要适用于网站、博客、论坛、微博游戏等小型应用。

（4）百度应用引擎。Baidu APP Enginee（BAE），是百度推出的网络应用开发平台。基于 BAE 基础架构，用户不需要维护任何服务器，只需要简单地上传应用程序，就可以为用户提供服务。用户可以基于 BAE 平台进行 PHP、Java 应用的开发、编译、调试、发布。同时，BAE 平台也提供了若干云服务，包括 fetch URL、task queue、SQL、memcache。目前，BAE 尚处于公测阶段，许多性能和服务还亟待完善。

（5）阿里云（Aliyun Cloud Enginee）。Aliyun Cloud Enginee（ACE），是阿里推出的一个基于云计算基础架构的网络应用程序托管环境，帮助应用开发者简化网络应用程序的构建和维护，并可根据应用访问量和数据存储的增长进行扩展。ACE 支持 PHP、Node.js 语言编写的应用程序，支持在线创建 MySQL 远程数据库应用。目前，ACE 整体还处于测试阶段。

（6）腾讯开放平台。腾讯开放平台，是腾讯基于其拥有的各大社交平台推出的应用开放平台。用户可将开发好的游戏、网站等应用一次性同时接入 QQ 空间、朋友网、腾讯微博、Q+平台，让开发和运营流程更简单、更安全。

（7）Pispower 云平台。广州亦云信息技术有限公司于 2012 年 6 月正式发布了云计算 PaaS 平台——Pispower 云平台。Pispower 云平台既能为 Web 应用提供高效、稳定、安全的运行环境，还提供了功能全面的 JDK、SDK 开发工具包，方便用户迅速开发出自己的分布式 Web 应用。现阶段，亦云信息研发的 Pispower 云平台已支持 Java、PHP、C#等国内主流的开发语言（python、Ruby、Node.js、Perl、VB.NET 即将推出）和 MySQL、Oracle、SQL Server、MongoDB 等多种数据库。

22.3.3　IaaS

从相关调研结果来分析，国内云计算市场整体用户群体中，IaaS 服务的用户基数最大，约占用户总量的 56%，但市场规模只有 5.11 亿元，占比为 14.6%。

作为云计算的基础设施，电信运营商始终在密切关注、大力推动云计算的发展，已经成为我国云计算产业的重要推动力量。2012 年 5 月，中国电信成立了云计算公司，向社会提供云主机、云存储等服务；2012 年年底，中国联通也开始筹备成立云计算公司。

其中，中国移动旨在通过运营商 IT 支撑系统打破信息孤岛，实现资源共享动态调整，从而提高资源的利用率，降低建设成本；中国移动希望通过云服务提高用户运维效率，降低运维成本；建立新的资源规划使用模式，提高部署的敏捷性，提高可扩展能力，从而增强业务的快速响应能力，支撑系统的云化。

中国电信目前在云计算研发领域的关注点，一是整个平台，也就是云计算的整体框架结构；二是大数据的应用服务；三是网络服务 SDN，其是未来发展热点，具体体现在 IDC 云数据中心的建设发展。

中国联通的重点是强调运营商在服务当中，在大量的数据资源中具备感知的能力，在运营商服务的过程中，尤其是用户的身份识别、终端识别、业务识别、位置识别、关系识别、消费能力和信用识别等特征要充分利用价值，在这个基础上运营商可以向数据资产运营转型，通过挖掘整合形成数据资产，并构建面向大数据服务的开放平台，向第三方开放共享，交叉使用形成有价值的商业资产和变现能力。

在此基础上，运营商要向流量产品进行转型，通过相关网源的数据感知，按照用户的签约属性、业务内容、带宽需求、通道资源，实施定制灵活的、多层次的，提供差异化的宽带接入和定价能力，这才是流量经营。而要向数据资产和流量产品转型，就要构建一个智能朴实的模型，这个模型就是大数据。通过大数据来实现对网络的智能监控、经营的智能监控以及应用的敏捷开发，最后形成智慧型的管理、智慧型的营销和智慧型的服务。

22.3.4 IDC

云计算中心为大众用户提供计算资源服务，主要通过分布式的集群计算来完成。云计算中心的服务面向大众用户的多样化应用，包括大规模搜索、网络存储和网络商务等。云计算中心和超算中心面临着不同的服务对象和计算任务。

现有的超级计算机运算速度多达万亿次以上，从国际上来看，目前超算中心的计算能力一般在数十万亿次左右。在我国，北京、天津、上海、成都和深圳等城市建设有超算中心。由于为了满足更高计算能力的需求，超级计算机的研制和超算中心的建设所追求的通常是更高的 FLOPS（FLoating-point Operations Per Second，每秒所执行的浮点运算次数）以及 Linpack 测试成绩，与处理大量用户对服务并发请求的需求有一定区别。2010 年 11 月我国成功研制每秒 563.1 万亿次的 Linpack 实测性能的超级计算机，进入全球超级计算机 TOP 500 排行榜首位。

如果分析目前流行的规模化的云计算中心，如 Google、Amazon 与 Salesforce 等，可以看到，主流云计算中心至少都没有使用全球 TOP 10 的超级计算机来构成服务器集群。据公开资料分析，Google 计算中心的服务器集群可能是由至少分布在 25 个地方、超过 45 万台的普通计算机通过大容量光纤网络链接而成的，而 Amazon 和 Salesforce 的计算中心则可能分别运行着由约 10 万台和千余台普通计算机组成的集群系统。高性能计算机的服务对象主要是各个科学计算领域，如 2010 年全球超级计算机 TOP 500 排行榜前 10 的计算机系统主要都部署在科研院所、大学和国家机构，应用领域集中于能源、制造、天气预报、核爆、流体力学和天文计算等。

目前已知的国内云计算基地中心加起来总共达到 6 842 192 平方米，约合 1 万亩。北京在云计算中心的建设上一直处于领先地位。2010 年，北京的“祥云工程”计划应景出台，计划到 2015 年，云计算的三类典型服务（IaaS、PaaS、SaaS）形成 500 亿元产业规模，带 动产业链形成 2000 亿元产值，打造世界级的云计算产业基地。2010 年 8 月，祥云工程有了第一个云计算示范基地，位于北京亦庄的北京云计算基地，占地 7000m^2。祥云工程计划不仅仅是一两个云计算基地，2011 年 9 月，“中国云产业园”正式启动，位于亦庄的“中国云产业园”，初期规划占地 3 平方千米，预留建筑面积 2 平方千米。相比于北京亦庄云基地的 7000 平方米，占地面积又有了几倍的增长。

首批云产业园的项目包括百度云计算中心项目、云计算系统设备制造基地项目、云计算研发运营中心项目、KDDI 数据中心项目、北京电信数据中心项目，总投资规模达 261 亿元。除去云产业园与亦庄云计算基地，有关云计算的项目计划还有许多，例如中科院参与的北京超级云计算和国家重要信息化基础平台建设项目。

除此以外，上海、杭州、深圳、无锡、南京等地市的云计算数据中心建设规模也基本上与北京相同，投资规模也比较相近。值得注意的是，在我国目前的云计算实践中，国家尚未建立统一的数据中心能效指标体系。站在企业日常业务经营层面，如果忽略绿色能源的开发和利用，国内的云计算行业将在未来的国际竞争中陷于困境。

22.4　云计算发展趋势

1. 云计算技术发展趋向

三大需求挑战大用户、大数据及大系统。大用户：增长爆发性，使用突发性，需求易变性，关联网络效应。大数据：数据量（Volume），数据多样性（Variety），数据吞吐量（Velocity），数据内容（Value），数据多变性（Variability）。大系统：系统高可用性，管理压力与维护成本，性能线性延展，应用与需求多样性。

2008 年 9 月《Nature》和 2011 年 2 月《Science》杂志分别专刊报道人类已迈进 PB 规模的大数据（Big Data）时代。据近期《福布斯》分析，全球 90%的数据都是在过去两年中生成的，2012 年“世界经济论坛”强调数据已经成为一种新的经济资产类别，就像货币或黄金一样。2012 年 3 月美国政府拨款 2 亿美元启动“大数据研究和发展倡议”计划。大数据以其 5V 特征（Volume、Velocity、Variety、Variability、Value）正影响着企业商业模式的转变，对大数据进行处理、分析及整合正成为提升企业核心竞争力的有效方式（见图 22.4）。

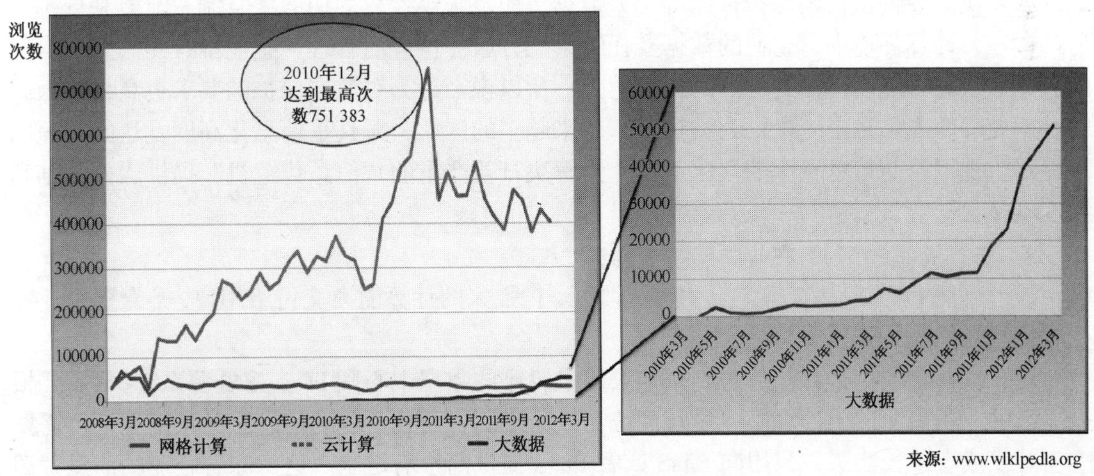

图22.4　云计算与大数据的热度

在业界，全球著名的 Google、EMC、惠普、IBM、微软等公司都已经意识到大数据挖掘的重要意义，研发了一批包含分布式数据缓存、分布式文件系统（GFS、HDFS）、非关系型 NoSQL 数据库（Amazon 的 Dynamo、Apache Cassandra、HBase）和新关系型 NewSQL 数据库等新技术。同时，上述 IT 巨头们纷纷通过收购大数据分析公司，进行技术整合，希望从大数据中挖掘更多的商业价值。

云计算环境下的大数据挖掘对数据管理技术提出了新的挑战，主要反映在传统的关系数据库不能满足大数据处理的需求，如海量用户的高并发读写、海量数据的高效存储与访问、系统的高可用性与高扩展性等。随着数据规模的增大，原来高效的算法会变得低效。目前的NoSQL 运动正在通过放弃关系型数据库强大的 SQL 查询语言、事务的一致性以及范式的约束，或者采用键—值数据格式存储，以获得高效、灵活的大数据处理能力。

2．云计算法律法规的需求明显

目前云计算已经开始步入商业化的阶段，其所附加的安全威胁和风险也成为云计算发展中不可忽视的关键点。尤其是经历了一系列的云安全事件后，建立一个可信的云生态环境已成为各方的愿景。未来，云计算的强大能力必然会渗透于社会生活的各个角落，成为国家的关键基础设施的组成部分，对云安全的保护和侵犯安全行为的约束，除了企业的努力，更需要国家能够给予强有力的支持，从法律的角度对云安全进行保护，明确安全事故中各方的责任，确保云计算中各方的公平，利益得到保障。

云安全方面的相关法律包括隐私保护、数据跨境管制、责任权、取证等多个方面。由于数据完全放置在远程的云平台上，云计算安全中的个人信息隐私保护显得尤为重要。目前该方面的立法相对来说较为完善，而其他方面的法律法规还甚少。故本节主要介绍隐私保护法律法规等方面的现状。

随着互联网的普及、各类网络应用的增加以及近两年来云计算等技术的飞速发展，越来越多的用户担心自己无法控制对于上网活动以及真实身份等海量信息的搜集和交易。在网络世界中，隐私问题的重要性日益凸显。人们普遍认为，云计算会对隐私构成威胁。云服务中数据处理量的不断增长使之成为外部和内部企图进行政治与商业欺诈的黑客的攻击目标。例如，云供应商要提供密码保护存储的个人数据，防范未经授权的访问、复制、泄露和处理。另外，在云计算环境中，企业的数据委托给第三方服务供应商管理，企业本身无法掌握自己的数据，数据可能会传输到世界的任何地方。所以说云计算对数据保护的要求更高，在云中安全地处理个人信息是一个巨大的挑战。越来越多的国家，尤其是信息化高度发达的欧美国家更加重视网络与信息安全的立法工作，为解决日益严重的“信息化危机”提供法律基础和制度支持。

3．云计算推动了 IT 产业向服务业转型

云计算使 IT 资源部署模式发生重大改变，把强大的计算能力交付给用户，给众多企业和组织信息化发展带来巨大机遇。

这表现在企业不必自己从头到尾地去建设自己的数据中心和 IT 支撑资源系统，只需要根据自己的应用需要向云计算服务运营商按需按时定制，而且企业的信息服务系统也不再需要重新开发或者单独购买，只用向 SaaS 或者 PaaS 提供商按需定制。这意味着企业的信息资源部署投资从资金支出变为运营支出，由此带给企业的利益不言而喻。另一方面，即买即用，按需定制更能准确地表明云计算使得信息资源部署模式发生了重大改变。这种按需服务的模式无疑更符合科学发展观，而云计算运营商可以更好地利用其规模效益和边际成本控制。这一切都依赖于云计算本身支持细粒度方式按时段地添加资源和移除资源。这无疑给企业信息化降低了门槛，使得企业实现信息化的过程快而简单，而费用更加低廉。

传统产业及传统服务业在充分利用电子信息技术手段后，生产效率、管理水平、用户服务能力、服务模式得以跨越式创新提高，从而形成新型的现代服务业。云计算将极大地降低传统产业和传统服务业应用信息技术的门槛，从而快速推动现代服务业的形成和发展。

随着各行各业信息化进程的不断深化，政府、大型企事业单位等重点客户面临着许多困境与挑战：IT 机房的建设和系统运维难，人工成本和能源消耗巨大等。云计算将可以提供可靠的基础软件、丰富的网络资源、低成本和集约化的构建和管理能力，加速企业信息基础设施的建设。同时，云计算服务可以帮助中小企业孵化创新，缩短产品投入市场的时间，推动企业信息化进程，进而促进工业化和信息化的融合。

云计算海量用户支持及良好用户体验的特点将极大促进互联网后向收费模式的发展，给众多信息服务应用开发者和信息服务企业的蓬勃发展带来新机遇。

基于云计算的特点，即超大规模、虚拟化、高可靠性、通用性、高可扩展性、按需服务及极其廉价的优势，各个信息服务企业，纷纷开始着手云计算的研发和部署，试图尽快将其传统的基于数据中心的互联网应用和服务向云计算平台移植。可以预见的是，基于云计算技术的互联网后向收费商业模式将被普及，竞争也会日趋激烈。信息服务企业将通过云计算，加强其信息聚合和呈现能力，提供给用户免费和高体验度的服务，从而提高自身的用户凝聚能力，带动后向客户群体如企业广告主，电子商务卖方企业和个人，旅游、票务、招聘、教育等企业和机构的后向缴费。

基于后向收费模式的关键——大规模聚集人气资源，信息服务商需要开放的云计算平台技术来发展长尾效应，这就给众多的个人开发者和企业开发者带来了新的商业机会。另一方面，借助云计算技术发展，降低了信息服务产业的进入门槛，给众多中小型信息服务企业的发展带来了机遇。

4. 移动互联网上的云计算来得更快

随着从 GSM 到 3G，到今后的 LTE 的无线接入技术发展，信息服务也从语音业务、简单信息业务发展到目前丰富多彩的移动互联网应用，而人们使用的终端也从以前以语音为主的终端发展到目前以用户体验为中心的各种形态的智能终端，这一切构建了飞速发展的移动互联网，并将信息产业带进了一个全新的领域。而云计算将为移动互联网应用提供共享、按需扩展、统一服务的计算资源与服务能力。这样一个强劲的云计算“大脑”，将让移动互联网更加强大。

具备动态可扩展的计算资源、存储资源和网络资源的云计算基础设施将成为众多移动互联网应用的发布和管理平台，并提供统一计算服务、统一存储服务、统一数据库服务和统一队列服务，使得内容、用户信息等可共享，各业务之间可漫游。另一方面，信息服务商将依托云计算中心，建设业务云平台，提供业务开发、运行和部署服务，使得云计算中心成为移动互联网的基础设施和全生态环境。

云计算还可基于其弹性基础设施，使运行其上的移动互联网应用根据用户需求实现运算资源的弹性伸缩，让信息运营商有更好的经营效率和更低的运营成本。同时，云计算将通过其大规模数据处理和分析能力，理解用户行为，从而极大地提升用户的移动互联网体验，让人们的信息生活无处不在，无时不在。

云计算平台的开放性和使能部件的丰富性将是云计算技术发展的趋势之一，这将良好地促进基于云计算的互联网应用和智能终端应用的开发。而更加值得关注的是，苹果在 2011 年下半年推出了 iCloud 服务，这再次确定了一种技术趋势，即将移动互联网和云计算相结合的技术将会是今后云计算技术发展的最重要趋势之一。在移动互联网多终端、多服务、多网络的特点下，云计算不仅仅是一种直接的技术服务，更能起到方便用户、巩固用户忠诚度的作用，进一步增强企业竞争力。

可见，移动互联网的迅猛发展和天然需求，将使得云计算在该领域发展得更快。

（中国电子学会云计算研究中心　覃远军）

第 23 章　2012 年中国物联网发展情况

2012 年，我国物联网发展已步入第 4 个年头，对我国转变经济增长方式、全面迈入信息社会做出了积极贡献。从智能安防到智能电网，从二维码普及到智慧城市落地，作为被寄予厚望的新兴产业，物联网正四处开花，悄然影响着人们的生活。目前，我国在物联网技术研发、标准研制、产业培育和行业应用等方面已初步具备一定基础，产业的创新应用更是此起彼伏，纵观我国物联网创新应用主要表现在两个领域，一个是面向社会管理领域，在安防、交通、医疗和环保等领域开展典型应用，推动在民生服务中的应用创新；另一个则是面向国民经济领域，在工业、农业、电力等领域开展典型应用，推动工农业生产中的应用创新。随着我国物联网产业的迅猛发展和产业规模集群的形成，我国物联网时代下的产业革命也初露端倪。

23.1　发展环境

2012 年，我国互联网在多个行业和领域不断发展。虽然相关标准、技术、商业模式以及配套政策等仍然有待逐步发展成熟，但是从整体来看，中国物联网产业发展已具备较为成熟的环境基础，并获得良好的政策、经济和技术环境支持。

23.1.1　政策环境

2012 年，政府主管部门密集出台相关政策，为物联网产业发展营造了一个良好的环境。温总理在十一届全国人大五次会议上的政府工作报告中明确表示，国家将积极发展新一代信息技术产业，建设高性能宽带信息网，加快实现“三网融合”，促进物联网示范应用。国务院印发的《工业转型升级规划（2011—2015 年）》明确将物联网作为工业转型升级的重点之一，提出要发展传感网络关键传输设备及系统，统筹部署下一代互联网、三网融合、物联网等关键技术的研发和产业化，培育自主可控的物联网感知产业和应用服务业。2 月，工信部发布《物联网“十二五”发展规划》，要求“十二五”期间要培育和发展 10 个产业聚集区、100 家以上骨干企业，预期到 2015 年，初步完成物联网产业体系构建，形成较为完善的物联网产业链。主管部门将在智能工业、智能农业、智能物流、智能交通、智能电网、智能环保、智能安防、智能医疗、智能家居 9 大重点领域开展应用示范工程，力争实现规模化应用。商务部发布《“十二五”时期促进零售业发展的指导意见》，提出加强科技和信息技术应用，加大物联网、云计算等技术在零售业的应用，开展“智能商店”试点。卫生部起草发布《食品经营过程卫生规范》和《食品生产经营过程中微生物控制指导原则》，规定食品经营企业未来应建立产品追溯和召回制度，确保各环节都可进行有效追溯，当存在不可接受的风险时，企业应确保能追溯和召回食品。5 月，国家发改委发布《关于组织实施 2012 年物联网技术研发及产业化专项的通知》，明确指出我国物联网技术研发及产业化的目标是结合国民经济和社会发展的重大需求，以重点领域的物联网应用示范为依托，着力发展自主知识产权，突破制约我国物联网发展的关键核心技术，为物联网规模化发展提供有效的产业支撑；制定基础共性技术标准，完善物联网标准体系，着力解决我国物联网应用的互联互通问题；依托已有基础，建设公共服务平台，着力解决检测认证和标志管理问题；加强产业自主创新能力建设，着力培育发展一批以自主知识产权为优势的物联网技术研发和产品设备制造优势企业。12 月，住建部下发通知开展国家智慧城市试点工作，发布了《国家智慧城市试点暂行管理办法》和《国家智慧城市（区、镇）试点指标体系（试行）》两项文件，并于 2013 年 1 月公布了首批 90 个国家智慧城市试点名单。物联网巨大的市场应用前景，使得整个产业发展被寄予厚望，并已经上升到我国国家战略层面。

地方政府也相继出台地方政策鼓励物联网相关企业的发展。据不完全统计，目前全国已有 28 个省份将物联网作为重点发展的新兴产业，并纷纷制定了各地的产业发展规划。福建省实施物联网新三年行动方案，争取国家支持在厦门软件园三期建设海峡两岸云计算示范区，在福州软件园设立“两岸物联网应用示范服务中心”；2012 年，安徽省被列为全国农业物联网试点省，在全国率先启动了首批 13 个试验示范县和 50 个示范点建设；四川省编制了《四川省物联网发展“十二五”规划》，明确提出了全省物联网发展目标任务以及财政的扶持政策，设专项补助物联网企业并积极支持物联网产业园建设；山西省出台《山西省物联网“十二五”发展指导意见》，对山西省物联网未来发展的 3 大重点行业、5 大核心技术、8 大公共服务平台和 10 大重点应用领域，都提出了具体要求，其中 3 大重点行业为制造业、通信业、服务业，10 大重点应用领域包括智能煤炭、智能环保、智能物流、智能城市管理等。

23.1.2 资金支持

2012 年 1 月，工信部联合财政部设立物联网专项资金 5 亿元，入围的项目包括 8 项技术研发与 5 大智能领域，共计 149 项。其中，1.5 亿元被用于支持无锡物联网产业发展，余下的 3.5 亿元的专项资金则由此次入围的 149 家企业共享。支持的项目除了传统医疗、工业、物流、交通等大领域外，还有无线传感器网络自组网技术研发、微型和智能传感器技术研发、超高频和微波 RFID 芯片设计、产品的技术研发等具体项目。行业专家认为，物联网发展专项资金拟支持项目的发布在一定程度上明确了我国物联网发展的方向，有利于我国物联网产业更加汇聚，引发更为庞大的产业群体效益。5 月，国家发改委也启动了 2012 年物联网技术研发及产业化专项，投入 6 亿元支持物联网核心技术产品的研发、应用示范工程和公共服务平台的建设。8 月，财政部、工信部联合发布《2012 物联网发展专项资金管理暂行办法》，在总结 2011 年政策助推物联网发展的基础上，修订了相关政策，进一步明确了专项资金的支持方向和重点，完善了支持方式，并建立了物联网发展专项资金绩效评价制度。

23.1.3 技术环境

2012 年，我国在物联网相关技术标准研制方面取得了突破。2 月，联合国国际电信联盟正式审议通过了“物联网概述”标准草案。该标准是全球第一个物联网总体性标准，由工信部电信研究院在 2011 年 5 月发起立项，并作为该标准的编辑人单位，组织国内相关单位提交了标准文稿。该标准涵盖物联网的概念、术语、技术视图、特征、需求、参考模型、商业模式等基本内容，同时反映了我国利益诉求，转化国内已经形成的研究成果，对于指导和促进全球物联网技术、产业、应用、标准的发展具有重要意义。5 月，工信部批准了 5 项通信行业标准，并于 6 月 1 日开始实施，其中包含 YD/T 2398—2012《M2M 业务总体技术要求》和 YD/T 2399—2012《M2M 应用通信协议技术要求》两项物联网标准。

2012 年，多个物联网相关研究项目获得了国家高技术研究发展计划（863 计划）的支持，如大唐电信联合南京大学、南京市环境监测中心站共同申请的“基于物联网的南京青奥会环境应急保障技术系统研究与示范”、甘肃省电力公司牵头的“电网友好型新能源发电关键技术及示范应用”、太原市国土局牵头的“城市信息多层次智能决策关键技术与系统”、武汉大学牵头的“城市运行的空间信息智能处理与分析系统”等研究课题均获得“863 计划”立项批准。

2012 年，政府与产学研等各界积极采取措施，大力推进云计算的顺势应用。目前我国已有 30 多个地方政府公布了云计算产业发展规划，宣布为云计算研发企业提供政策优惠。截至 2012 年 9 月，全国共拥有云计算中心 117 家。随着针对各类型目标行业的云计算重点应用环节的功能强化，激发起了城市管理、电子政务、金融、医疗、教育、物流、地理信息等行业对云计算解决方案的应用热情。作为物联网主要技术的射频识别（RFID）技术已在我国形成产业链，并已经成功应用到生产制造、物流管理、公共安全等各个领域。特别是在深圳，射频识别已经形成了完整的产业链。在过去的一年，二维码行业逐渐成熟，二维码的应用越来越多，广泛应用于食品安全、移动支付、旅游服务中。甘肃省在 2012 年 12 月推出了能够对农作物种子质量进行全程跟踪与追溯的二维码监控系统；无锡工商局正在尝试结合物联网研发推出“无线工商证照电子巡更系统”，并首创通过“二维码”读取的在线投诉方式；南京国环有机产品认证中心宣布了“二维有机防伪追溯标签及管理系统”的研发成功，标志着中国有机产品认证搭上了物联网快车，迈入二维码时代。物联网是一个万亿级的市场已经成为业界共识，二维码规模化生产与应用有望推动物联网应用进入裂变增长期。云计算、RFID、二维码的不断成熟为物联网的发展提供了优质的技术环境。

23.2　发展概况

得益于一系列政策的密集出台以及多个细分领域战略方向的确定，2012 年我国物联网在务实、冷静中获得稳步发展。

23.2.1　市场规模

近几年物联网产业处于高速发展状态。来自赛迪顾问的数据显示，2010 年，我国物联网市场规模为 1933 亿元，预计到 2013 年，中国物联网市场规模将达到 4896 亿元。而国联证券的研究数据也显示，2012 年我国物联网产业规模已经达到 3650 亿元，比上年增长 38.6%。相关机构预测，2015 年我国物联网市场规模将逾 5000 亿元，2020 年将达到万亿元级，预计未来 5 年年均复合增长率超过 30%。思科也表示，未来 10 年内物联网技术将在全球创造出

14.4 万亿美元的商机。到 2022 年，物联网技术将推动全球企业的利润总和增长 21%。

23.2.2 市场格局

我国物联网市场呈现出“中间强两头弱”的格局。在感知层、网络层、应用层组成的物联网三层逻辑架构中，网络层包括通信与互联网的融合网络、网络管理中心、信息中心和智能处理中心等，是相对成熟的领域，现有技术储备基本能够满足需求；而感知层与应用层，包括传感器、中间件、大数据处理与挖掘、行业应用等方面则相对薄弱，还有较大的发展空间。

23.2.3 盈利模式

我国物联网的盈利模式尚不清晰，与国外物联网发展偏重于“市场驱动型”不同，我国更贴近“政策驱动型”，大量的投入、应用都只能由政府买单，行政指令或管理措施成为市场的风向标。现阶段政府买单的应用占到了总量的 70%～80%，主导方式通常有政府倡议、统一规划、政策强制实施等，商业模式有政府直接投资、政府 BOT（建设—经营—转让）、政府间接补偿、多方联合投资等多种形式。这种“市场靠政策”、“买单靠政府”的物联网应用发展模式，市场驱动因素只占很小的一部分。因此，如何把物联网发展引导到市场驱动这条轨道上来是一个重要的问题。立足长远发展，我国必须建立物联网的市场化运作机制，探索价值链共赢的商业模式，形成应用、技术、产业互相促进、协调发展的良性循环态势，真正实现物联网产业的软着陆。

目前，由于应用不多尚未形成大批量生产导致传感器成本较高，物联网解决方案商由于实际应用案例不多，系统搭建成本较高，因此存在很大的改良空间。随着技术的改进和应用的逐步推广，物联网的成本将会降低，行业盈利能力将提高。

23.2.4 技术发展

物联网技术是在互联网基础之上的扩展和延伸，材料、器件、软件、系统、网络各方面的创新都会影响物联网的发展。

1. 射频识别技术（RFID）取得突破

作为物联网的主要技术之一，RFID 在微型近程 RFID 标签及其封装、无源超高频（UHF）RFID 芯片等方面取得了突破。2012 年 6 月，加拿大的微电子开发者 Terepac 报告称，将在接下来的几个月里，开始制造全世界最小的近程通信（NFC）RFID 标签。这个无源 13.56 兆赫兹标签将比现有市场上其他近程通信标签更小，更便宜。因此，它几乎可以嵌入任何纸质的标签、产品或物品，还可以被手机里的近程通信读写器访问。2012 年 10 月，香港科技大学发布了全球首枚具有环境温度感知功能的无源超高频智能 RFID 芯片。该芯片集成了温度传感器，除了具备超高频 RFID 的通信与数据录入功能外，还能自主感知环境温度，可以在−40℃至−60℃的冷链环境中工作。含有该芯片的标签可以贴在牛奶、肉制品等产品上，从而使每个单品的温度曲线一目了然。从国内市场看，2012 年中国 RFID 及应用产业的市场规模为 270 亿元。其增长得益于应用试点和示范项目的推动，以及应用领域的扩大和增长，产业配套的带动。2012 年，标签及封装服务市场的占比最高，达到 32.39%。其次是系统集成服务，占 31.60%。随着 RFID 技术的快速发展、市场应用越来越多、规模越来越大，标签和读写机器的成本也会随之下降，RFID 行业中的设备供应商和系统集成商都会有非常大的机会，整个 RFID 行业将会加速发展。从 RFID 的市场结构上看，软件和系统集成的规模会进一步提高。

2．云计算逐渐落地

物联网发展依赖于海量信息存储、处理和整合，离不开云计算技术的发展。2012 年，国内云计算产业逐渐落地，开始从概念走向实际应用。相比 2011 年国际 IT 巨头主导云计算的发展，2012 年国内产学研各界纷纷加入云计算产业生态的打造，互联网企业纷纷推出基于云计算的业务。9 月，百度推出了集合云存储、相册及通讯录等应用的“百度云”服务，正式进入云计算领域。阿里云陆续推出云服务器、数据存储与计算以及云引擎、云监控、云盾、云搜索、云地图、云邮箱、风云令等一系列云服务和产品。2011 年 7 月正式对外开放的盛大云平台，在经过一年多的运营和发展后，已经拥有了包括云主机、云硬盘、云分发、云存储、云监控、数据库云、视频云等在内的“IaaS+PaaS”云产品线。腾讯云在经过两年的筹备后，已经形成云主机、云存储、云数据、云分析等核心产品，针对大中型移动社交应用、大型游戏和娱乐应用、中小型长尾游戏应用等三类重要业界场景，为开发商提出了相关解决方案和移植路线，将全面对外开放。

3．国内技术水平仍显薄弱

物联网产业链涉及感、传、知、用、管等多个环节，而在这些环节当中，“感”目前是我国最为薄弱的环节。目前国产的传感器芯片已经大规模使用，例如在公交卡、酒店房卡以及手机近场支付等领域被广泛应用。但是，高频和超高频等高端芯片，如酒品和服装的标签，和国外相比依然有所欠缺，有待进一步的技术突破。而在短距离无线通信方面，蓝牙、WiFi 等无线传输芯片业已实现国产化，但受制于技术成熟度的问题，仍难走向大规模应用。此外，随着物联网的快速发展，产生的数据会越来越多，数据的存储、查找和分析都将面临巨大的挑战。

23.3　智慧城市发展情况

智慧城市是指将信息技术与先进的城市经营服务理念进行有效融合，通过对城市进行数字网络化管理，提供更加便捷高效的公共管理服务。随着城市化进程的加快，我国城市进入了快速发展阶段，但同时“城市病”越发显现，城市管理者们热切希望在保持城市高速发展的同时有效缓解“城市病”，并做了种种有益的尝试，构建智慧城市便是其中的主流思想。

23.3.1　政策支持

作为城市信息化发展的新方向，智慧城市建设受到国家的高度重视。2009 年 11 月，温家宝总理在《让科技引领中国可持续发展》的讲话中将物联网列入六大战略性新兴产业，国内随即掀起一股“智慧城市”、“物联网”热潮。仅 2011 年，工信部制定的与智慧城市相关的规划就超过了 10 个。2012 年，工信部先后在扬州、常州进行智慧城市试点，与浙江省签署了智慧城市部省合作协议，并组织落实了中欧绿色智慧城市项目。科技部牵头成立了中国智慧城市技术创新战略联盟。2013 年 1 月 29 日，住建部在北京召开国家智慧城市试点创建工作会议，公布了首批 90 个国家智慧城市试点名单。其中包括地级市 37 个、区（县）50 个、镇 3 个。国家开发银行表示，将在“十二五”的后三年内，提供不低于 800 亿元的投融资额度，以支持中国智慧城市建设。根据协议，国开行与住建部将以推进城镇化为引领，以智慧城市（镇）基础设施建设和运营服务为契机，加强在智慧城市试点示范城市（区县、镇）基础设施建设、智慧城市综合运营平台、城镇水务建设和运营项目、建筑节能与绿色建筑项目等领域的合作。可以看到，在十八大提出的“工业化、信息化、城镇化、农业现代化”同步发展背景下，一个建设智慧城市、发展智慧城镇的高潮已经到来。

23.3.2 地方实践

在智慧城市建设大潮中，各个城市纷纷提出具体的智慧城市建设目标和行动方案，涵盖的领域范围遍及城市生活管理的方方面面。2011 年 4 月，宁波市出台《加快创建智慧城市行动纲要（2011—2015 年）》，指出未来 5 年，宁波智慧城市建设共包括 31 项工程、87 个项目，总投资超过 400 亿元；2011 年 7 月，福建省与中国电信签署《共同建设数字福建智慧城市群暨“十二五”信息化战略合作框架协议》，提出力争用 5 年时间，投入 600 亿元，建成由 10 个智慧城市组成的数字福建智慧城市群；2011 年 9 月，上海正式发布《上海市推进智慧城市建设 2011—2013 年行动计划》，提出到 2013 年上海智慧城市建设将基本形成基础设施能级跃升，信息产业总规模达到 1.28 万亿元，信息服务业增加值占全市生产总值比重达到 6.2%；2012 年 3 月，北京市发布《智慧北京行动纲要》，提出建立全市联网的人口信息系统、覆盖城市各个角落的安全视频监控网络、推进智能电表和水表应用、重点食品药品实现全程监管和追溯等要求，明确到 2015 年实现从“数字北京”向“智慧北京”的全面跃升；2012 年 6 月，由中国电信四川公司、IBM、长虹等 60 余家行业企业发起并参与的首个“智慧城市”产业联盟在成都成立，将通过建立专家库、设立产业基金等形式，整合行业资源和技术团队，推动智慧城市信息化项目在四川的应用与发展；2012 年 10 月，郑州市政府与河南联通签订共建“智慧郑州”战略合作协议，将重点推进 50 项应用工程建设，在智慧政务、智慧交通、智慧医疗、智慧市政、智慧农业等方面不断丰富和延伸“智慧郑州”的内涵；2013 年元旦，“智慧沙家浜”高清互动进万家项目正式启动建设，将通过对农村现有数字电视用户实施高清互动升级，让全镇万户村民提前享受现代化互动信息服务，预计到 2013 年 4 月将建成国内首个“智慧乡镇”。

23.3.3 多方参与

智慧城市建设还得到了电信运营商、IT 服务商、高校及科研院所等各相关行业单位的积极参与。数据显示，截至 2012 年 6 月，三大运营商已在全国 320 多个城市和当地政府合作建设智慧城市，预计 2012 年年底该数字有望突破 400 个，总投入超过 3000 亿元。2012 年 9 月，神州数码、北京航空航天大学、武汉大学、公安部第三研究所、工信部电信研究院等 18 家机构在京成立中国智慧城市产业技术创新战略联盟。据介绍，该产业联盟将以自主创新和引领发展为宗旨，通过对智慧城市共性核心基础技术的研究与自主创新，形成具有自主知识产权的产业标准、专利技术和专有技术，带动重大应用示范，促进新兴智慧产业和谐发展，实现从“跟随”到“引领”的转变。

23.3.4　存在问题

当前智慧城市建设可谓如火如荼，但我们不难看出其中存在的一些问题：一是建设目的不够明确，一些城市盲目模仿其他城市，跟风建设，把智慧城市建设作为政绩工程和形象工程，出现了超能力布局和贪大求全、盲目炒作概念、圈钱圈地等现象；二是建设思路不清楚，很多城市都把智慧城市仅仅定位在工程建设，既没有明确主要任务和实施路线图，也没有跨部门的共享和业务协同的信息机制、政策机制，并且缺乏有效的指标体系指引；三是建设模式不可持续，很多城市的智慧城市建设都以政府投资为主，市场配置资源的基础性作用难以发挥，无法激发社会力量参与智慧城市建设的积极性和创造性，最终或将导致智慧城市建设难以持续推进。

智慧城市理念为未来城市发展绘制了一幅美好蓝图，然而作为一种以科技为核心推动力的城市发展战略，我国智慧城市建设仍然面临着技术创新、产业升级、应用模式、信息安全、体制机制等诸多困难和障碍，该领域仍然存在缺乏统一规划、缺乏相应技术标准和法律规范、受制于技术和资金瓶颈、缺乏坚实的产业基础和充分的人才支持等诸多问题，智慧城市建设仍然任重道远。

23.4　应用分析

物联网作为我国信息化深入发展的一面旗帜，其应用涉及各行各业、方方面面。在安防领域，有视频监控、周界防入侵等应用；在电力行业，有远程抄表、输变电监测应用；在交通领域，有 ETC、路网监测、车辆管理和调度等应用；在物流领域，有物品仓储、运输、监测等应用；在医疗领域，有个人健康监护、远程医疗等应用；此外，环境监测、市政设施监控、楼宇节能、食品药品溯源等各方面都在大力推进物联网应用。

23.4.1　食品溯源

近几年，苏丹红、三聚氰胺、塑化剂、瘦肉精、地沟油等食品安全问题频频见诸报端，成为萦绕人们心头的一大难题。随着物联网技术的兴起，这一问题有望找到新的解决方法。利用射频识别（RFID）、红外感应器、全球定位系统、激光扫描器等信息传感设备和技术，就可以实现对农产品从田间到餐桌的全生命周期和全过程的监控和追溯，做到食品生产有记录、流向可追踪、信息可查询、质量可追溯，从而保障食品安全。

2012 年，发改委和工信部联合发布《食品工业“十二五”发展规划》，提出在“十二五”时期，我国将推进食品安全可追溯体系建设，推进物联网技术的示范应用，完善食品生产企业的信息化服务体系。目前，上海、成都等城市的食品安全追溯体系已初步建立，相关工作初见成效。2012 年，天津市启动了“放心菜基地”建设，该市 60 余个放心菜基地生产的蔬菜将佩戴“电子身份证”，即“天津市放心菜基地产品”标签，老百姓凭着这个电子标签，可以通过上网、手机短信和超市触摸屏等途径查询所买蔬菜的生产和质量安全信息；青岛市在全部市级生猪定点屠宰企业、市区市场等 350 家单位建成运行肉菜流通追溯管理系统，实现了市区肉类、蔬菜流通的全程追溯管理。此外，2012 年 11 月，依托于物联网技术的中国第一家可溯源安全食品电子商务平台——龙宝溯源商城正式在京上线，实现了“先溯源、再购买、保安全”的消费模式。物联网技术的应用为百姓的菜篮子添加了一道食品安全屏障。

23.4.2 安全防范

随着社会经济的快速发展，社会公共安全受到人们越来越多的关注，人们对安全生活保障的需求不断增多，数字化智能安防迎来了新的发展契机。据行业专家预测，在物联网发展大战略的利好影响下，我国物联网安防智能设备市场将以每年 20%以上的速度增长，预计 2015 年市场规模将达到 100 亿美元。

当前，安防监控应用已经由区域性建设逐渐向广泛性普及，成为平安城市生活的保障要素。公安部在全国范围内倡导建设平安城市，要求城市视频监控系统连网。2012 年 4 月，京沪高铁上海虹桥站、天津西站、济南西站启动具有人脸识别功能的视频监控系统建设，以协助公安部门抓捕逃犯。截至 2012 年 10 月，北京在 123 家重点单位安装了消防远程监控系统，实时监控消防设施的状态，确保及时发现设备故障。据悉，该技术将逐步推广至北京全市 2 万余家单位。2012 年，北京、天津、南京、石家庄、杭州、合肥等多个城市，先后试点推行电梯故障远程自动报警系统，实时监测电梯运行状态，确保及时发现和排除电梯运行中的故障，避免由此引发的安全事故。

随着智能安防产业的迅猛发展，缺乏统一行业标准、产品质量良莠不齐等问题逐渐暴露出来，整个产业呈现出“小、散、弱”的局面。为此，天津市公安局和天津华明集团联手打造我国首个安防产业集聚区——中国联明（天津）安防城，于 2012 年 10 月开工建设。据了解，该安防城总投资 20 亿元，占地 200 余亩，建筑面积近 40 万平方米，可吸引容纳安防企业 500 余家，预计 2014 年建成开业。该安防城投入运营后，将为安防企业提供包括安防产品检测认证、安防人才培训就业、安防产业金融、实体营销网络、产品展示交易、安防产品研发、招采信息服务等的一站式服务。

23.4.3 智能电网

智能电网是物联网技术的主要应用场景之一。事实上，早在 2009 年国家电网公司就成立了智能电网部，物联网是其一项重要工作。2010 年至今，国家电网公司积极开展了在线监测、智能感知、智能用电等信息化与公司运维检修、用电营销等生产应用融合研究，通过构建输变电状态监测系统等信息化系统，为安全生产和节能减排工作提供了有效的支撑。

随着 2012 年发改委、财政部批复同意智能电网国家物联网重大应用示范工程，物联网在电力领域正式进入应用阶段。该示范工程由国家电网公司智能电网部牵头，南瑞集团物联网技术中心作为技术支撑单位，负责示范工程的整体方案设计、技术支持、组织申报及协调等工作。山东、上海、江苏、浙江、福建、江西、辽宁、甘肃、宁夏等 9 个省级电力公司作为实施单位共同参与示范工程建设。由山东电力集团负责实施“分布式发电及微电网接入控制”项目，在山东省长岛县建设基于物联网的分布式发电及微电网接入控制示范工程，目前正在稳步推进中。上海市电力公司将分别以智能用电小区和智能用电商业楼宇为基础开展相关研究。上海电力公司目前已经完成工程建设，数据采集分析工作正按计划进行。宁夏电力公司选定在银川东 660 千伏换流站开展“基于物联网的变电站智能化管理”示范应用，包括变电站设备状态监测、备品备件和工器具智能管理、多参量环境监测、智能锁具、部分区域电子围栏与门禁和信息综合集成展示等功能，目前已完成工程项目可研审查批复，制订了翔实的建设方案，进行了多次实地勘查，即将进入全面实施阶段。该示范工程建设将有效提升智能电网发、输、变、配、用五大环节的信息采集、智能处理、双向交互能力，有利于推动我国电力系统向高效、可靠、绿色方向升级，大幅提升国家电网公司信息化管理水平以及国家电网公司的社会形象，将为智能电网的建设带来积极影响，对国家及地区经济建设具有十分重要的意义。

23.4.4　环保监控

近年来，我国在重要污染源自动监控、环境质量在线监测等系统的建设中，广泛采用传感器、射频识别等相关技术，物联网在环保领域的应用建设取得了初步成效。早在 2007 年，国家就投入 7.45 亿元、地方配套 90 多亿元启动了国控重点污染源自动监控系统建设。2011 年年底，该项目基本完成建设目标，初步构建起国家、省、市、重点企业的四级监控体系。

2012 年，北京、上海、广州、南京等 74 个主要城市完成了空气质量自动监测设备安装和试运行，开展了 PM2.5 新增指标研究性监测，并开始对外发布空气质量监测数据。截至 2012 年年底，重庆、济南、沈阳、广州等 20 余个城市启用了中科宇图环境应急平台。在重庆嘉陵江油污污染事件中，重庆环保局利用该平台，从监测系统发现事故到甄别锁定涉嫌企业，只用了两个小时就高效处理事件（同类事件在此之前需 9 天 9 夜）。2012 年 5 月，湖南省株洲市启用“数字环保”系统，实现对重点企业及涉重金属企业废水废气排放的 24 小时全面监控。2012 年 6 月，无锡市启动了感知能效系统建设，将逐步实现对主要耗能设备、工序用能的实时监控和评估分析，为企事业单位节能诊断提供数据支撑；同时实现可视化监控、全过程能源审计，为政府能源管理提供决策依据。截至 2012 年 9 月，上海利用物联网、计算机仿真等技术实现了对全市高耗能、高污染企业排污情况的实时监控，实现了对全市 700 家 5000 吨标煤以上重点用能单位的监控和管理。

当前，物联网应用的建设已成为培育和发展战略性新兴环保产业、推动环境管理升级的重要手段，可以预见，物联网技术将在未来的环保事业中发挥更重要的作用。

23.4.5　智能家居

2012 年年初，国家确定将智能家居列入“十二五”规划的九大产业，为其发展提供了良好的政策环境。同时，随着房地产市场逐渐升温，智能家居搭上建筑业高速发展的顺风车，在中国的大江南北全面开花。经过多年的市场培育、国内智能家居市场形成了产业群的趋势，可谓“钱”途一片光明。市场上，多个品牌竞相角逐，霍尼韦尔等国外品牌猛攻豪宅、别墅市场，南京物联等国内品牌则重点进攻公寓领域，在华东、华南、华北等市场占有相当的份额。

各种产品的先进功能让用户兴奋不已，智能家居的知名度获得大大提高。以南京物联推出的 ZIGBEE 无线智能家居为例，主人在任何地方都能通过手机查看家中情况，关注老人和孩子的生活是否安好；如果有歹徒非法闯入家中，主人手机会在第一时间接收到报警信息和拍摄图片，便于主人及时通知小区保安赶赴家中，制止犯罪。

智能家居作为物联网技术在家庭应用的示范产品，多种便利功能令用户青睐，但其不菲的价格则成为制约市场推广的主要因素。目前国内厂商所掌握的技术大多位于网络层和应用层，缺少具有自主产权的核心产品和技术，部分底层核心技术和关键元器件仍然依靠进口，从而导致相关产品整体价位偏高。在房价居高不下，大部分人还买不起普通住房的情况下，智能家居成为少数人的选择，主要应用于别墅和高档社区，其市场还不成熟，用户的接受程度较低，市场培育任重道远。

此外，我国智能家居厂商名目繁多，各自为政，缺乏统一的行业标准，导致各家产品接口和协议各异，互不兼容，不仅影响了智能家居的普及，也大大制约了行业发展。相关情况已经引起政府部门关注。2012 年年底，重庆颁布了《智能家居监控系统技术要求》和《智能家居监控系统测试规范》两项技术标准。地方性智能家居标准的出台，有望促使国家层面的行业标准尽早颁布，为智能家居快速发展提供技术支撑和保障。

23.5 发展趋势

2012 年是我国物联网产业迅速发展的一年。从智慧城市的建设到智能生活的渗入，从二维码普及到云计算兴起，作为世界信息产业第三次浪潮的代表，物联网正在我国悄然落地。当前，我国物联网产业呈现出如下发展趋势。

1．技术与标准国产化

尽管近年来我国物联网产业发展迅猛，但核心技术和标准都未能实现自主，芯片和高端传感器几乎全部依赖进口。在政策的大力推动下，国产化将成为我国物联网产业未来几年最重要的发展趋势。首先，经过一段时间的培育，我国的物联网企业已经获得初步发展。以“智慧城市”建设为例，众多国内厂商推出了各具特色的“智慧城市”解决方案和产品，其中不乏中国移动、中国联通、中国电信、中兴、神州数码等本土企业的身影。众多本土实力企业的加入和主导，不仅有利于相关产业的整合，更将极大地促进物联网技术的国产化。其次，我国《物联网“十二五”发展规划》明确提出，要尽快突破核心关键技术，形成完善的物联网技术体系。到 2015 年，要在核心技术研发与产业化方面取得显著成效，在感知技术、数据传输技术以及数据处理技术等方面取得突破。相关政策将对物联网技术国产化发挥不可替代的推动作用。最后，2012 年 3 月，由工信部电信研究院发起立项的“物联网概述”标准草案被联合国国际电信联盟正式审议通过，相关标准建设将有所突破。

2．运营与管理体系化

物联网技术进一步发展，将扩大传统互联网与移动互联网的外延，并对数据处理能力产生更高要求。物联网行业特性对传统运营和管理方式都提出了挑战，加强运营与管理的系统性将成为我国物联网发展的重要趋势。首先是运营体系系统性将进一步增强。物联网从来就不是孤立的技术，从信息采集、传输、处理到反馈的过程构成一个闭合的回路，其中涉及 RFID、传感器等构成的物联网络，WiFi、3G、互联网等构成的信息传输体系，云计算、大数据等信息处理技术，以及执行反馈信息的终端等多个环节。以“智慧城市”为例，由“数字城市”、“互联城市”发展到今天的“感知智慧城市”，“智慧城市”建设已经进入 “3.0 时代”。传统物联网技术已经成为整个“回路”中的一个环节，而整个“回路”则构成了更大范畴的物联网。这意味着发展物联网必须贯通、整合整条产业链，将物联网的运营“体系化”，提出系统性更强的解决方案。其次，物联网发展将倒逼管理方式系统性提升。以食品溯源为例，粮食从农田到消费者手中，经过种植、存储、加工、运输、销售等多个环节，这些环节归不同部门监管。即使最终食物上面有二维码或者 RFID 芯片，但每个环节数据录入的真实性如何保证，这对现有的监管体系提出了挑战。诸如食品安全、药品安全、车联网等涉及国计民生的大型物联网建设，必须先将各行政部门的职能理顺，明确分工，建立统一的行业标准，提升管理方式的系统性。

3．惠及民生成为我国物联网发展的重要方向

从公共管理和服务市场开始，到企业行业应用，再到个人家庭，可能成为我国物联网产业发展演进的趋势。在政府和产业界的大力推动下，物联网惠及民生已经初现端倪。2012 年各部门继续积极推进物联网技术在各领域的试点示范应用：交通运输部发布《交通运输行业智能交通发展战略（2012—2020 年）》，将智能交通建设提上日程，未来将通过物联网、云计算等技术，方便人们的出行；财政部联合商务部出台专项资金支持在全国范围内开展肉菜流通追溯体系建设试点；农业部在四省市开展的动物电子标志试点；商务部加大物联网技术在零售业的应用；国家测绘地理信息局明确提出，2013 年将在全国范围内组织开展智慧城市时空信息云平台建设试点工作，每年选择 10 个左右试点城市，相关城市居民有望获得智能家居、路网监控、智能医院、食品药品管理等方面的便捷服务。

4．多方共赢的商业模式逐渐形成

物联网将机器、人、社会的行动都互连在一起。新的商业模式将是把物联网相关技术与人的行为模式充分结合的结果。物联网的应用也从小环境开始面向大环境，原有的商业模式需要更新升级来适应规模化、快速化、跨领域化的应用。而更关键的是要真正建立一个多方共赢的商业模式，这才是推动物联网能够长远有效发展的核心动力。要实现多方共赢，就必须让物联网真正成为一种商业的驱动力，而不是一种行政的强制力。让产业链所有参与物联网建设的各个环节都能从中获益，获取相应的商业回报，才能够使物联网得以持续快速地发展。

（中国互联网协会　张丽、张百玲）

第 24 章　2012 年中国政府在线服务发展情况

24.1　发展概况

政府网站稳步发展。政府网站数量保持稳定，CNNIC 第 31 次《中国互联网络发展状况统计报告》显示，截至 2012 年 12 月，在 gov.cn 下的域名数为 52889 个，比上年增长 0.7%。从 2010 年开始政府网站数量已基本稳定，说明政府网站基本建设已完成，如图 24.1 所示。2012 年度各级政府网站质量稳步上升，日益重视民生和企业服务，可用性明显提高。根据 2012 年政府网站绩效评估结果，我国部委、省级、副省级政府网站链接可用性由 2011 年的 84.5%上升至 98.7%，基本消除错链、断链问题；地市级政府网站服务功能可用性、互动功能可用性分别达到 93.9%和 90.4%，较 2011 年分别增长 32.1%和 30.6%。

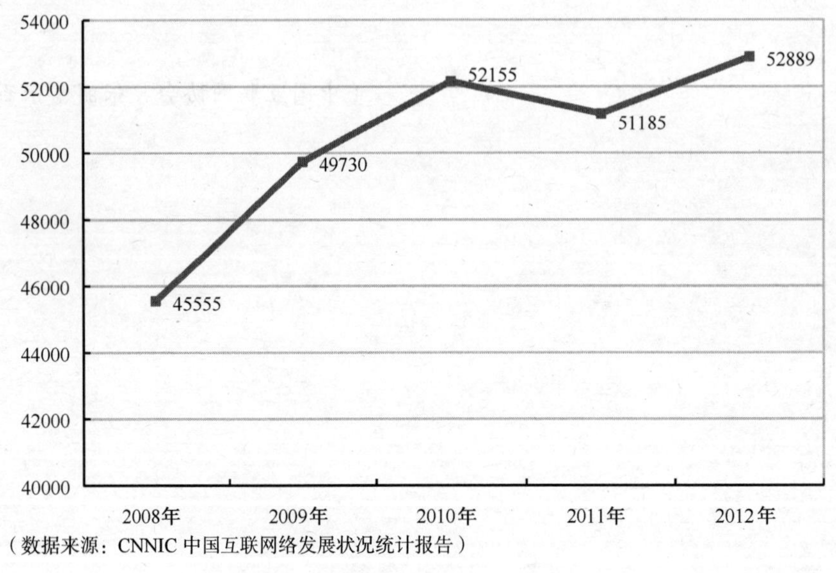

（数据来源：CNNIC 中国互联网络发展状况统计报告）

图24.1　2008—2012年gov.cn域名数量

政务微博经过 2011 年的爆发式发展后，2012 年度继续保持快速增长势头，且影响力日益加大。根据相关资料统计，2012 年新浪网、腾讯网、人民网上认证的政务微博共计超过 14.2 万个。《2012 年新浪政务微博报告》显示，仅新浪认证的政务微博就比 2011 年增加了

41 932 个，增长率达 231%（见图 24.2），政务机构开博数量每月平均增长 2181 个，公务人员开博数量每月平均增长 1422 个。政务微博已成为政府了解社情民意、回应社会关切的重要平台，在应对突发公共事件、服务社会等方面发挥了重要作用，全国铁路春运微平台、外交小灵通、成都发布、共青团中央微博群、嘉兴党建微平台等各级政府部门通过政务微博平台，利用个性化、平民化的语言，以创新形式拓宽了政府在线服务的渠道和形式。

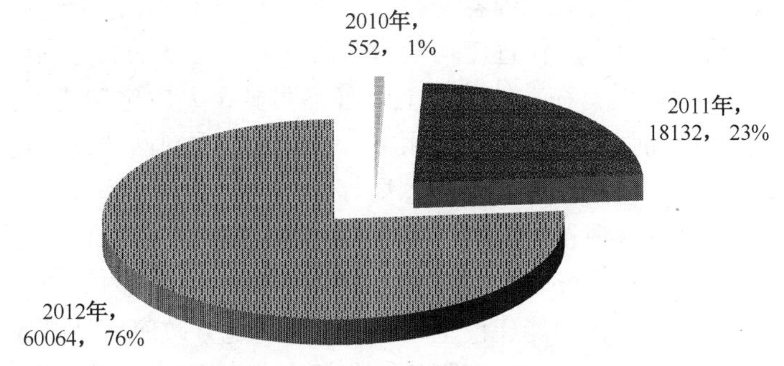

（数据来源：人民网舆情监测室《新浪政务微博报告》）

图24.2　2010—2012年新浪网政务微博数量

除运用微博外，充分利用 IT 新技术、新应用，微信、手机客户端等新形式也是 2012 年政府在线服务建设的重要内容之一。智能手机客户端日益改变人们的生活方式，手机上网人数迅速增加，CNNIC 统计报告显示，截至 2012 年年底，我国手机网民规模为 4.2 亿，较上年底增加约 6440 万人，网民中使用手机上网的人群占比由上年底的 69.3%提升至 74.5%。相关政府部门积极创新形式，以用户需求为中心，不断提高服务的可用性和便捷性，如北京市政府发布了移动客户端，可查询个人公积金、交通违章等信息，南京市民则可以把移动客户端与市长信箱绑定，通过手机提交信件等，湖北、佛山、仪征等政府网站也建设了移动客户端，多渠道的整合利用，进一步拓宽了政府在线服务的范围，提高了服务的质量和水平。

在国际化方面，2012 年中国信息化研究与促进网首次联合中国日报网开展的政府网站外文版评测结果显示，我国各级政府部门对外文版政府网站建设普遍存在认识不足、重视不够的现象，在已建设外文版的政府网站中，大部分也仅处于中文版简单翻译的阶段，网站服务功能较少，整体建设水平较低。

“在电子政务范畴中，电子是手段，促进政府提高管理和服务水平是目的”。人民网副总裁罗华表示，随着网络的普及、技术的进步、经验的积累，网友已不满足于个体情绪的表达，而更期待对社会公共事务活动的参与和互动。

2012 年 6 月 11 日，武汉市出现大面积雾霾天气，武汉中心气象台发布大雾黄色预警信号，但未告知民众具体原因，网友纷纷猜测武钢锅炉发生爆炸、青山区域的化工厂发生氯气泄漏事故等。随后，武汉多部门借助微博、政府网站辟谣，反应迅速，有效避免了负面舆情的进一步发酵和恶化。维护政府形象、加强舆论引导、回应网民关切，各地政府网站这方面的职能都在加强。

24.2 政府门户网站建设情况

24.2.1 整体情况

部委网站整体水平相对较高。在内容建设上总体情况较好，信息公开内容丰富及时，相关新闻发布及时，新政策和重点工作宣传均较为全面，面对公众的服务内容也更加丰富，但在热点舆情响应方面相对迟缓；在功能建设上改善不明显，人性化功能仍相对缺乏，“一体化”服务和在线办事有待加强；在新技术应用上，92%的部委网站建设并提供了站内搜索服务，商务部、交通运输部、海关总署、工商总局等部委网站建设了移动 APP 应用。

地方政府网站总体水平呈现省级、地市和区县由高到低的态势，区县水平仍然滞后（见图 24.3）。此外，东部地区政府网站整体优于中部和西部地区。在内容建设上，信息公开水平持续增长，力度不断加大；在功能建设上，70%以上的地方政府网站开通了场景式服务，能够围绕需求，为公众提供人性化的办事服务。在新技术应用上，北京、厦门、深圳、青岛等领先政府网站提供了移动客户端，但整体水平仍亟待提升。

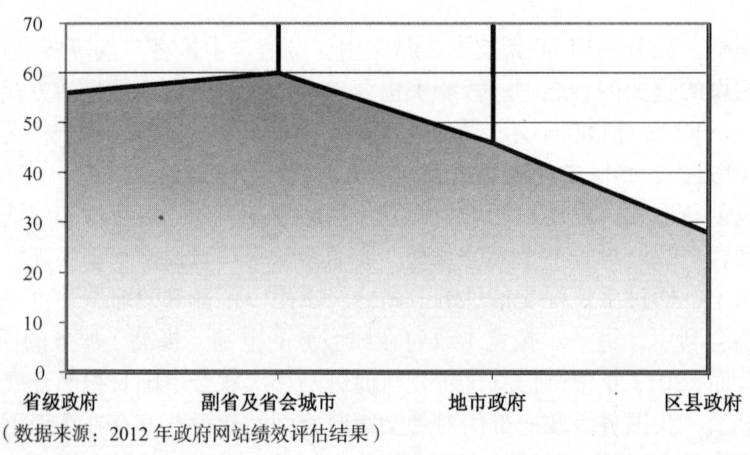

（数据来源：2012 年政府网站绩效评估结果）

图24.3　2012年各级政府网站评估平均得分

24.2.2 主要特点

1. 网站更加实用，可用性及便捷性均有提升

2012 年各地各部门根据国办函［2011］40 号文件的要求，特别是从八九月份以来，对网站进行了全面的自查自纠工作，使得政府网站的可用性显著提高，2012 年评估结果显示，部委、省、副省级网站的链接可用性达到98.7%，基本上消除了断链、错链问题。以需求为导向，民生和企业服务更为细致、贴心，使用更加便捷。全国地市级以上政府网站中，超过 70%能结合民生领域和企业基本服务需求整合政府资源，不断拓展服务的范围和服务的深度，通过专题专栏等手段突出网站办事查询功能。如陕西、上海、深圳、厦门、成都等政府网站建设了社保专题，福建、湖南、江苏、广州、福州等政府网站建设了住房服务专题等。

2．更加注重社会舆情和舆情引导

网上公众舆论日益引起各级政府的重视，2012 年网站评估显示，作为与公众交流互动的重要窗口，73.8%的部省市政府网站能够在 5 个工作日内回复公众来信，同比增长近 20 个百分点。同时部委和副省级以上地区的政府网站也更加注重回应公众关注的热点问题，开展在线访谈的网站比例超过了 75%。在舆情引导方面，90%以上的部委网站能够及时发布领导活动、工作动态、行业动态等新闻信息，成为各部委新闻宣传的主渠道，能够及时发布重要政策以及相关政策解读等，引导公众更加全面地理解政策内容、目标等。但是，政府网站在舆情影响力方面整体不足，有待进一步提高。

3．加强顶层设计，逐步建设统一平台

部分领先网站积极探索建设统一政府网站管理平台，有利于消除基层政府技术力量薄弱、各级政府网站标准不统一、服务无法整合等发展短板。如广西壮族自治区实现了四级政府信息公开目录的标准化管理，各个单位只要申请就可以在自治区政府信息公开统一平台上开设目录发布信息共享资源；广东省统一办事服务平台，建设了网上办事大厅，整合了 45 个部门、21 个地市的近两万项项目，其中 6700 多项能够实现网上申报；北京、福建、济南等探索建设统一互动交流平台，整合各类互动渠道，多渠道、全天候地受理民众诉求。

4．积极运用新技术，拓展服务渠道，创新服务形式

约 5%的部委网站和 28%的地方政府网站探索建立的智能搜索功能，大大提高了网站内容搜索的准确性，显著提升了用户体验。领先政府网站还积极运用 SEO 搜索引擎优化，方便公众查找，如北京、深圳等政府网站利用百度提供的资源推送平台推介政府的权威服务。2012 年部分政府及部门积极探索微博、微信、APP 应用等新兴技术的应用，不断拓宽服务渠道和形式，在政府宣传和引导舆论方面都显示了非常突出的作用。

24.2.3 存在问题

1．政府网站间差距较大

不但省级、地市级及区县级政府网站存在差距，同级别政府网站间也存在不小的差距，如在整体水平较高的部委级网站中，2012 年政府网站评估中得分最高的达 81.8 分，但最低的也仅有 21.5 分，其他各级的政府网站中也普遍存在着类似问题（见图 24.4）。领先网站整体在各方面都比较优秀，而落后网站整体水平都较低。如何推进落后网站的发展，缩小差距是一个应该引起重视的问题。因为政府网站是各级政府部门面向公众的重要窗口，一些负面信息容易在网络上被放大并被迅速传播，从而给整个政府形象带来不利影响，如一些地方网站上的“神回复”、“雷人回复”就是很好的例证。

2．信息质量及实用性有待进一步提升

政府网站对征地拆迁、食品安全、环境保护等涉及面广、公众关注度高的重点领域信息公开仍存在不足。2012 年政府网站评估中，79%的地市以上政府网站公开的信息未能涉及征地拆迁、补偿方案、补助发放情况等内容，32%的省级、副省级网站尚未公开有关食品安全、环境保护等执法监督的信息。行政权力运行信息质量也有待进一步提高，大部分网站仅侧重公开行政许可和非许可审批事项依据，并未涉及整合公众关注度比较高的行政处罚事项、行政征收事项，如污水排污费、逾期未纳税征收滞纳金等内容。在服务性信息方面，49%的网站存在着完整性、准确性、实用性不够的情况。一是部分的网站存在办事指南不规范的情况，二是办事服务机构与实际情况

不相符合，三是部分网站服务事项收费不准确。错误信息的存在，容易对公众产生误导，甚至可能在某些敏感问题上造成公众的误解，产生不良影响。政府网站还要着力提高信息质量及实用性，提高民众真正想看的、需要的信息的比例。

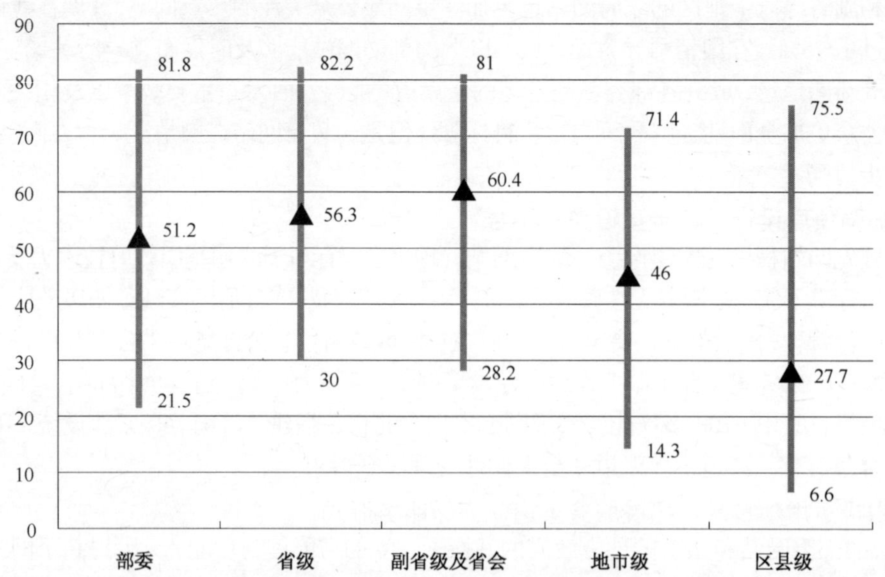

说明：竖线上的三个值分别代表此类政府网站在评估中综合得分的最高值、平均值和最低值，竖线越长说明网站间差距越大

（数据来源：2012 年政府网站绩效评估结果）

图24.4　2012年各级政府网站综合得分差距

3．在线办事种类和易用性仍需提升

近年，政府网站在线办事的种类虽有所提高，但仍然不够丰富和便捷，尤其多数缺失“在线办理”功能，仅是相关资源的简单堆砌。政府网站在线办事服务缺乏规范性与针对性，在线办事项目较少，尤其是网站栏目建设与部门业务开展不能同步，致使在线办事功能实际利用率较低，这也极大地影响了用户对网站的满意度。有数据显示，2012 年政府网站服务的用户满意度较低，省会及计划单列市用户满意度为 64.38%，省级政府网站 55.55%，而地级市政府网站用户满意度仅有 46.94%。政府网站应面向不同类型的用户群打造“一站式、一体化”服务，最大限度整合资源，打造“一体化”处理平台，能够使用户方便地完成一个事项办理过程中的不同功能，提高用户的办事效率。

4．舆情影响力有待进一步加强

在 2012 年，部分部委和地方政府借助政务微博等多种渠道，与政府网站相结合，在舆情影响力上有较大提升，如公安部的“打四黑除四害”、气象局的“气象微博”、商务部的“商务微新闻”等都已成为广大公众普遍关注的政务渠道。但政府网站在舆情热点方面，仍存在回应不够及时，舆论影响力不高的问题。网站发布政策解读、统计解读、规划解读信息偏少，且缺少具体案例，解读内容粗略，普通用户难以读懂，可读性不高，很难引起舆论的广泛关注。

24.3　政务微博建设情况

24.3.1　整体情况

1．2012 年微博用户持续增长，政务微博的数量也保持快速增长

CNNIC 第 31 次《中国互联网络发展状况统计报告》显示，截至 2012 年 12 月底，我国微博用户规模为 3.09 亿，较 2011 年年底增长了 5873 万，网民中的微博用户比例较上年底提升了六个百分点，达到 54.7%，且 65.6%的微博用户使用手机终端访问微博。根据网上发布的相关报告统计，2012 年新浪网、腾讯网、人民网上认证的政务微博共计超过 14.2 万个，新浪政务微博比上年增长 231%，腾讯增长 233.7%。

2．政务微博数量增长的同时，整体活跃度和影响力也不断增强

《2012 年新浪政务微博报告》数据显示，新浪政务微博发博总数已超过 30000 万条，平均每个政务微博发博数约为 531 条。《2012 年腾讯政务微博报告》显示，腾讯政务微博发布微博数量已达到 2200 多万条，平均每个账号发布约 360 条。政务微博“听众”数超过 1.9 亿人，覆盖率较高，影响力增强。

3．政务微博民生应用、务实应用迅猛发展

2012 年政务微博更加注重亲民、务实与应用，政府开始真正利用微博为群众解决实际问题，而不仅仅停留在信息发布上。不少政府机构的微博开始将前方的发布、倾听搜集民意和后方的行政社会资源联系起来，为老百姓办实事。

24.3.2　主要特点

1．地域分布上，江浙地区数量和活跃度较高，中西部地区发展也十分迅猛

《2012 年新浪政务微博报告》数据显示，2012 年各地党政机构微博数量都有较大涨幅，江苏、广东、浙江、山东四个省份党政机构微博数量居四位；在最有影响力的前 300 个党政机构微博中，四川、河南等中西部地区也进入前列，政务微博即将进入东部与中西部广大地区共同繁荣时期，政务微博得到了更为广泛的认可，越来越多的地区开始注重通过网络发言，利用微博服务大众（见图 24.5 和图 24.6）。

2．政务微博部门分布更加多元化

2012 年，政务微博一改公安司法类微博“一家独大”的局面，团委、工商税务、街道等微博也纷纷上线，团委微博更是超过公安系统微博成为腾讯微博上第一大类政务微博。交通、医疗、税务等服务性微博数量上升明显，基层微博也纷纷建立起来，政务微博开始走上了多样化、服务化道路，服务类微博、政府类微博的影响力也与日俱增（见图 24.7）。

3．集群化趋势明显

越来越多的党政机构微博通过建立“发布厅”等方式，将多个职能部门资源进行整合，进入“集团作战”新阶段。如“上海发布”、“深圳微博发布厅”、“中国广州发布”、“微成都”等均聚合了城市各个职能部门的微博，涵盖市民衣、食、住、行等各方面，为网民提供了一个全新的政务服务平台。西部地区政务微博在发展中也呈现出较强的集群化特征。如都江堰市以都江堰宣传部官方微博“给力都江堰”为主账号，建立了涵盖全市 63 家市级部门、20 个乡镇（街道）

及下辖254个社区共计336个政务微博的都江堰市政务微博发布厅，实现了基层政务微博全覆盖。

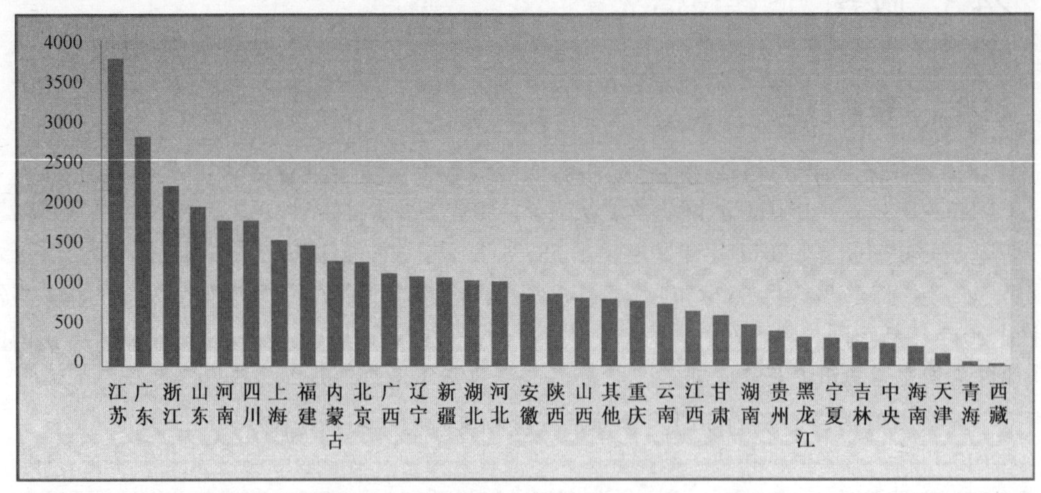

（图片来源：2012 年新浪政务微博报告）

图24.5　2012年新浪党政机构微博地域分布

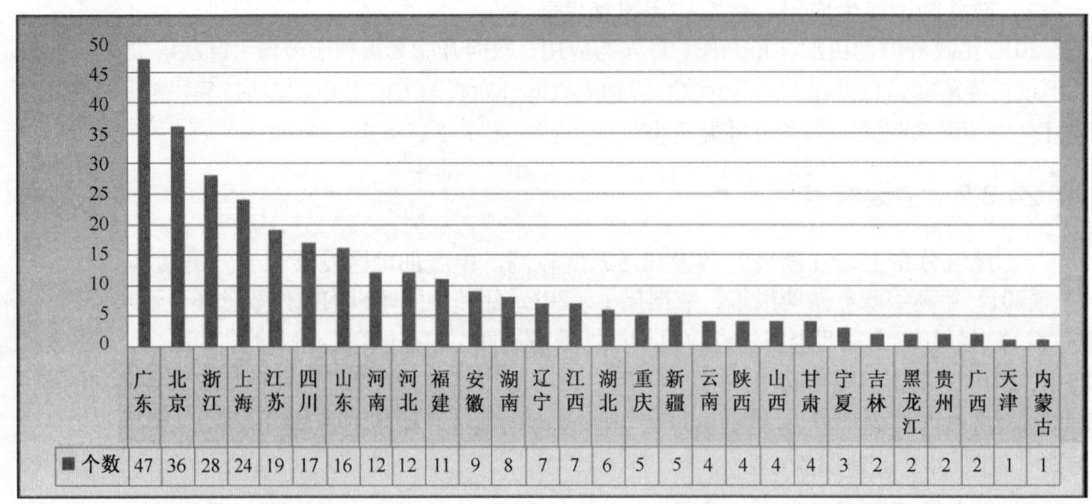

（图片来源：2012 年新浪政务微博报告）

图24.6　2012年新浪党政机构微博影响力TOP 300地域分布

4．微博更加务实，运营更加成熟

随着政务微博的不断发展，我国多数政务微博日常运营趋于制度化，进入平稳发展、务实应用阶段。越来越多的政务微博由单纯追求粉丝数量，转向重视粉丝质量及微博影响力和引导力，开始真正发挥政民互动的作用。政务机构、官员微博、媒体和网民在网上相互呼应、联动的效果十分显著。不少政务微博已经成为相关部门应对突发事件的优选渠道。一旦网上出现突发舆情事件，党政机构可以通过政务微博第一时间发布权威信息，主动介入突发性公共事件，并针对负面信息和未经验证的传言进行正面引导。

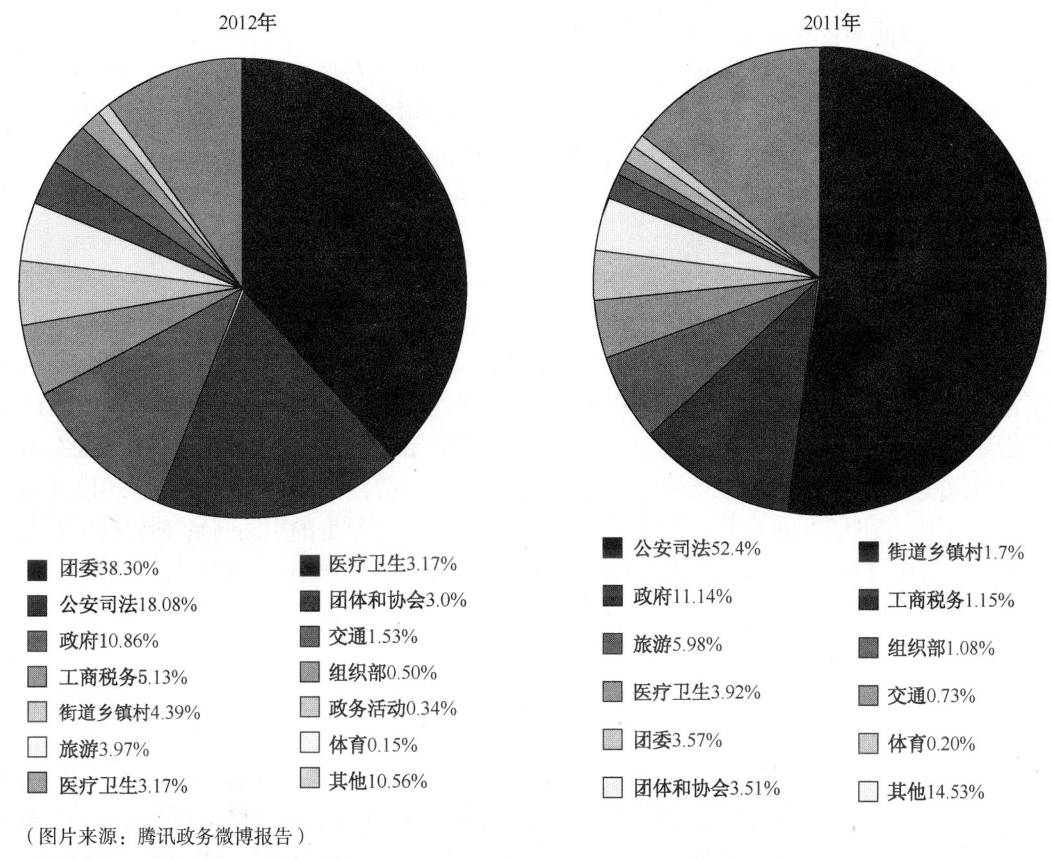

（图片来源：腾讯政务微博报告）

图24.7 2011年和2012年腾讯党政机构微博部门分布对比

24.3.3 存在问题

1. 存在内容空洞、互动不足等问题

有些政府机构并没有认识、把握微博本质，只是把政府网站上的信息在微博上重复发布，把微博当做政府网站的缩减版，内容空洞。更有些微博信息发布不及时、无规律，缺少原创内容，甚至长时间不更新。在互动方面，一些党政机构也存在重视不足的问题，微博仅是自说自话，而对网民留言不闻不问，不但影响网民参与的积极性，也不利于自身微博的发展和影响力的扩大。

2. 言辞把握不当，应急能力较差

语言文风问题是政府机构建立政务微博最常见的问题。一旦在微博出现“雷语”、“悍语”或者“官话套话”容易引起公众的消极反馈，给政府带来负面影响。例如，2011 年广州交警在回应记者关于车祸处理失当的提问时，一句“真相都没搞清楚，就乱吠？”引起了广大网友的不满，将自己置于舆论的风口浪尖，给本部门造成了极其不好的影响。一些政府机构对微博的日常使用制定了相应的保障措施，例如对信息内容、发布时间、审批流程等进行规范。但在利用微博应对突发事件时，由于经验不足、机制不健全等原因，经常存在反应迟缓、应对技巧匮乏等问题，对舆论关注的焦点问题缺乏翔实可信的材料，回应缺乏系统性、完整性，使得公众对事件了解不足，更无法有效回应舆论质疑。

3．政务微博平台缺乏统一性，增大运营难度

目前政务微博都是在各个商业平台上建立的，较大的包括新浪、腾讯、新华、人民等网站，各个平台之间无法互通，为了覆盖更广泛的人群，政府机构往往要在不同的平台上维护自己的微博，工作量增大。同时，在不同的商业平台上建立微博也增大了出现安全隐患的几率，任何一个平台一旦出现账号被盗、平台被攻击等问题，都可能给政府机构带来不良影响。

24.4 政府信息公开情况

国务院办公厅发布了《2012 年政府信息公开重点工作安排》针对 2012 年政府信息公开的重点工作，提出重点领域公开要求，明确了各部门的任务，这对各地落实《政府信息公开条例》起到了指导和推动作用。社科院公布的 2012 年度《中国政府透明度年度报告》称，在信息公开目录、公开指南和年报指标等考核指标上，2010 年、2011 年都有政府部门得分为零，2012 年这种现象明显减少，说明政府信息公开工作越来越受到重视。2012 年度的中国网站绩效评估也显示，各级政府网站在公开内容、公开范围、公开时间等方面都有提高，信息公开整体水平提升，但在信息公开深度方面仍存在不足。

24.4.1 部委网站情况

1．部委网站信息公开水平持续提高

连续多年的政府网站绩效评估数据显示，部委网站的信息公开得分在各项指标中一直排名靠前，且连年呈增长态势（见图 24.8）。2012 年的评估数据显示，各部委网站在政策法规、领导讲话等行政决策公开，财政预决算、“三公”经费预算等财政资金公开，机构职能、通知公告、工作动态、人事人民、统计信息、政府采购等信息公开，以及依申请公开等方面普遍较好，基本满足了社会公众“知情权”要求，但在企事业单位信息公开指导、网站公开保障和行政权力信息公开方面存在不足。

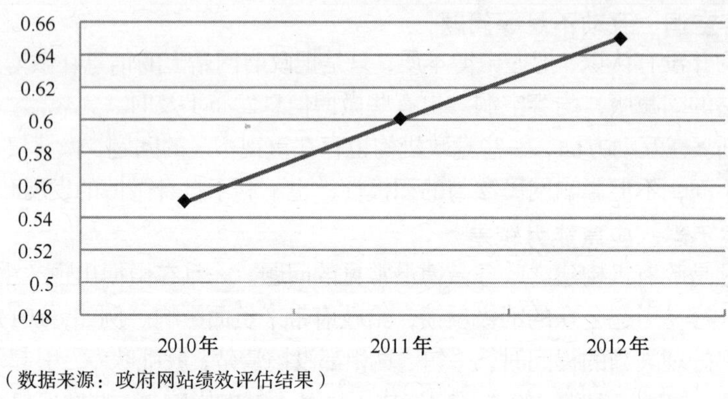

（数据来源：政府网站绩效评估结果）

图24.8　2010—2012年部委网站信息公开指数

2．“三公”经费等财政资金信息公开较全面细致

根据国务院办公厅《2012 年政府信息公开重点工作安排的通知》要求，各部委通过政府网站重点推进财政预决算和“三公”经费等财政资金的信息公开。评估数据显示，截至 2012 年 11

月底，80%部委网站公开财政预算和决算信息，70%部委网站公开了 2011 年“三公”经费决算。公安部、林业局、安监局、工商总局、人口计生委、卫生部等 23 家部委网站财政预决算信息公开较为细致，并提供了资金使用情况说明；新闻出版总署、体育总局、海关总署、发展改革委、住房和城乡建设部等 18 家部委网站 2011 年“三公”经费决算信息公开较为细致，并提供了经费使用情况说明。

3. 企事业单位相关信息公开、公开目录建设等处于起步阶段

2012 年部委网站在公共企事业单位信息公开方面刚刚起步，超过 50%的部委网站尚未提供其直属企事业单位机构职责、服务事项、工作规范、办事纪律、监督渠道等内容。此外，超过 80%的部委网站已经编制并提供了信息公开目录，明确了本部门政务公开的范围和内容，并通过公开目录系统为公众提供政务信息，但公开目录的建设还存在目录框架不合理，主题、机构、体裁等目录分类不全面，更新维护不及时等问题。

4. 行政权力公开存在不足

2012 年政府网站评估结果显示，部委网站行政权力信息公开情况不够理想，尤其是行政许可、非行政许可、行政处罚、行政强制、行政收费等方面仅有 3 家部委网站提供；提供行政许可、非行政许可的行政主体、依据、运行程序和监督措施等信息公开的部委网站有 35%左右，具体如图 24.9 所示。

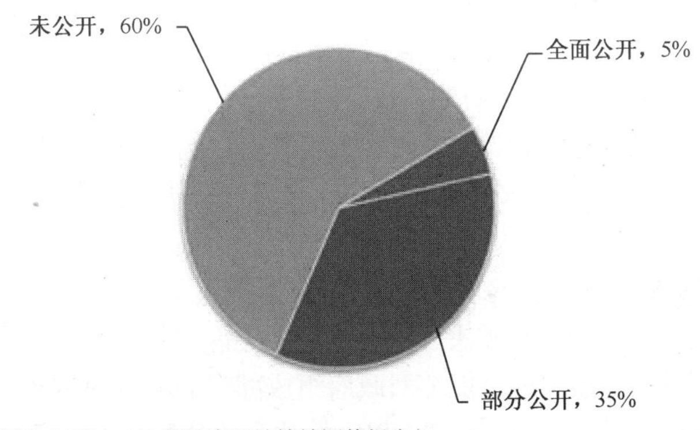

（图片来源：2012 年政府网站绩效评估报告）

图24.9　2012年部委网站行政权力公开情况

24.4.2　地方政府网站情况

1. 各级政府网站信息公开水平仍存差异

地方政府对信息公开重视程度不断提高，80%网站在概况信息、工作动态、通知公告等基础类政府信息公开相对及时，内容比较丰富，大多数政府网站能够按照政府信息公开条例的要求，主动公开政府信息、建立政府信息公开目录体系、提供在线依申请公开政府信息渠道。但是各级网站信息公开水平参差不齐，从总体上看，省级政府网站信息公开情况较好，其中四川、北京、广东、上海、湖南政府信息公开较好；地市级政府网站信息公开绩效水平次之，其中成都、青岛、广州、深圳、武汉、济南等政府信息公开相对较好；区县级政府网站信息公开水平则相对较差，其中深圳市罗湖区、余姚市、深圳市福田区、北京市西城区等政府信息公开较好（图 24.10）。

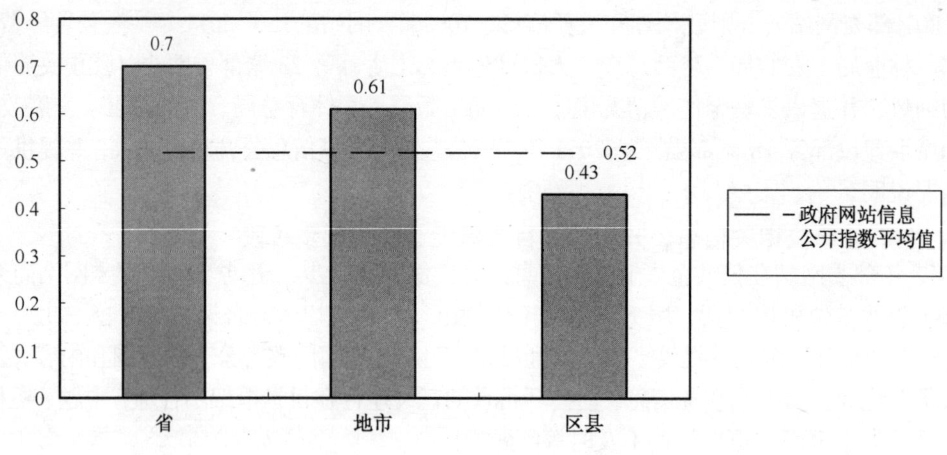

（数据来源：2012 年政府网站绩效评估报告）

图24.10　2012年地方网站信息公开指数

2. 各级政府网站信息公开目录、基层政务公开建设力度加大，但全面性须加强

65%的地方政府网站建立了政府信息公开目录体系，如北京市、上海市、四川省、长沙市、西安市、佛山市等网站对政府组成机构和下辖各级政府的公开目录、指南、年报和监督投诉等内容进行了整合。但多数政府网站对本级政府目录、政府组成部门目录没有进行全面的公开，且目录下的内容更新及时性较差。约 40%的地方政府网站开展了基层政务公开工作，广西、成都、厦门等政府网站建立了基层政务公开体系，内容覆盖了下辖地市、区县或街道的信息。但部分政府网站存在重形式轻内容现象，有的公开内容不全面、程序不规范，公开内容比较粗放，深度不够。

3. “三公”经费等重点信息公开有待提升

多数地方政府网站能够公开财政预决算、招投标、食品安全、生产安全等信息，且北京、上海、广东、湖南、深圳等地方政府网站能够对政府组成部门的财政预决算信息进行整合。但是，目前仅有少数政府网站公开了“三公”经费、保障性住房的分配政策、分配程序、分配房源、分配对象等信息，深度亟待加强。仅有不足 20%的地方政府网站编制了行政权力目录。江苏、南京、徐州、台州等地方政府网站按照职权法定、程序合法的要求，梳理了审核行政职权，明确了行使权力的主体、依据、运行程序和监督措施。但多数政府网站尚未对行政许可、非行政许可审批、行政处罚、行政征收、行政征用、行政强制、行政给付、行政确认和其他行政职权编制行政职权目录。

24.5　政府网站在线办事情况

政府网站在线办事服务范围不断扩展，内容明显更加丰富，部分领先网站着力打造一体化办事服务平台，整合各类资源，通过规范标准、页面风格、指南要素、办事流程等，初步实现了各层级办事服务互联互通。但整体上看，政府网站的在线办理能力和人性化程度仍须进一步提升。

24.5.1　部委网站情况

1．内容更丰富、详细、规范

部委网站在多年的建设中，逐渐积累了丰富的资源，在资源整合方面也更加注重，能够将所属单位、部门的内容集中展示在门户网站中。75%以上部委网站办事指南格式统一、内容全面。90%部委网站表格下载可用性较好，商务部、质检总局、交通运输部、国家税务总局、国土资源部、环境保护部、水利部、科技部等 30 多家部委网站表格下载数量达到 65 项以上，数量较为丰富。

2．人性化服务水平仍须提高

40%左右的部委网站能够按照用户对象或职能类别划分服务内容，20%左右的部委网站按照用户办事流程和办理场景，提供场景式服务，主要集中于领先网站，总体上看，领先网站常常通过多种形式、多个角度为公众提供便捷服务。但多数网站仍然按照栏目罗列，用户不易查找，服务便捷度较低。虽然多数网站均提供了表格下载，但仅有 12.6%的网站提供了示范表格，让用户填写更容易。

3．在线办理是短板

仅 15%的部委网站实现了在线申请功能，已经成为政府网站发展的短板，如图 24.11 所示。同时，有 38 家部委网站尚未实现行政办事的办理状态、结果查询；41 家部委网站没有围绕业务职能，提供职责范围内的便民查询服务。仅有 18.6%部委网站能够结合业务需要，实现部分业务的网上申报功能，但这部分业务所占部门总体业务的比例相对较低。

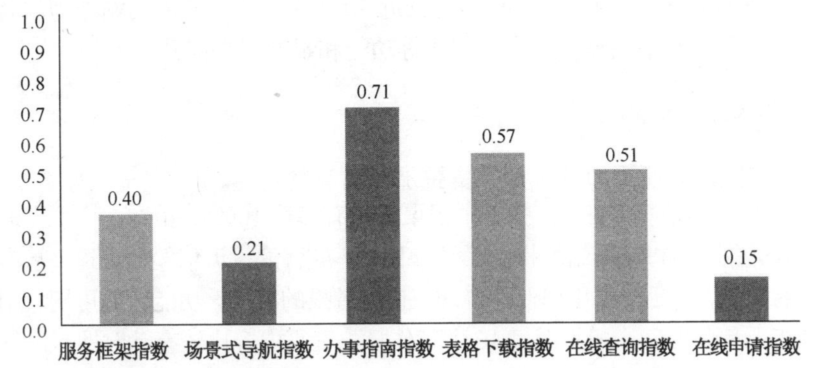

（图片来源：2012 年政府网站绩效评估报告）

图24.11　2012年部委网站在线办事指标

24.5.2　地方政府网站情况

1．服务内容不断丰富，但不同领域服务水平存在差距

多数政府网站围绕民生和企业需求建立了服务专栏，提供了一体化的办事渠道，并积极策划场景式服务。但多数地方政府网站在教育、医疗、交通及资质认证等领域提供较为丰富的服务信息，并按照用户需求组织服务内容，形成较为合理的服务框架。但在就业、住房、经营纳税等领域提供服务较少，便民查询、服务机构、文本下载等资源提供不足。在水平上，同样是省级政府网站服务水平相对较好，已经初步整合了区域内服务资源，地市级政府网站和区县政府网站水平逐级下降。

2．服务人性化程度得到进一步提升

80%的地方政府网站能够围绕不同事项的办事流程和用户身份提供人性化的服务导航，或建立不同类型的服务主题。其中，场景式服务导航覆盖范围进一步提升，达到 70%以上。这些网站能够围绕用户需求，依据业务职能，按照办事流程细化导航场景，整合相关资源，为公众提供人性化的办事服务。40%以上的地方政府网站能够按照企业的不同性质和经营范围整合服务资源建立服务主题。例如，北京市、长沙市、柳州市能够提供个体餐馆、个体理发店、食品零售店等不同类型个体工商户的开办服务。

3．多数网站服务内容的实用性、规范化、准确性有待提升

不足 20%的地方政府网站能够为用户提供较为实用的服务资源，如北京市政府网站的立交桥走法、广东省政府网站的高速公路信息查询服务等。同时，仅有不足 10%的地方政府网站能够提供规范化的公共服务资源，多数网站规范程度不高，部分学校、医院、供水、供电等服务机构信息仅是链接至单位网站，尚未进行梳理整合。还有部分地方政府网站的收费信息、机构名称和职能等服务内容不够准确，服务内容的准确性有待进一步提升。

24.6 政府网站公众参与情况

2012 年，部委和副省级以上地区政府网站更加注重回应公众关注的热点问题，能够邀请厅局以上领导围绕政务工作重点开展在线访谈的比例超过 75%。部省市政府网站能够在 5 个工作日内答复公众来信来电的比率达到 73.8%，增长近 20 个百分点。政府网站作为与公众互动交流的重要平台和窗口作用日益凸显，但在线访谈等功能和影响还须提升。

24.6.1 部委网站情况

1．公众参与渠道功能更加完善，答复更加及时有效

2012 年，各部委网站政务咨询、投诉举报渠道拥有率达 100%，虽在咨询、投诉渠道功能的实现程度上存在差别，但每家网站均提供了领导信箱，或咨询投诉信箱等渠道，基本实现用户在线咨询、投诉的功能，满足各类用户业务咨询、投诉举报的需求。功能普遍可用，用户留言反馈答复率超过 90%，答复时间一般不超过 10 个工作日，答复内容比较有针对性，语气和缓，内容较为细致，有理有据，基本能够满足用户问询的需求，答复质量较高。答复内容较为细致，有理有据。

2．在线访谈功能及影响力须提升

70%的部委网站设置了在线访谈，年度在线访谈活动超过 10 次的部委网站有 12 家，但多数部委网站的在线访谈尚未实现实时交流、用户留言等功能，多数访谈活动仍采用线下访谈、网上录播的方式，普遍缺少访谈计划、访谈预告等内容，无网民参与，实际访谈效果不够明显，影响力不大。

3．意见征集调查活动偏少

据调查结果统计，年度开展意见征集、网上调查数量超过 10 期的部委网站不超过 5 家，数量超过 3 期的不足 20 家，未定期开展民意征集、网上调查活动的部委网站占 60%以上。意见征集、网上调查渠道功能和实际应用效果不够理想，部委网站在围绕部门重点工作、最新出台政策等内容广泛开展网上意见征集、网上调查等活动偏少。

24.6.2　地方政府网站情况

1．省级网站互动交流较好，区县网站水平提升空间大

省级网站普遍建立了较完善的互动交流渠道，能够积极开展网上征集和在线访谈活动；地市网站初步建立了较完善的互动交流渠道，但互动答复质量、民意征集和实时交流访谈次数明显不足；区县网站互动交流情况相对较差，大多数网站未提供民意征集和在线访谈渠道，且互动答复质量低。

2．咨询投诉渠道普遍建立，但答复质量有待提升

互动交流渠道建设中，咨询投诉渠道情况最好，97%的网站提供了咨询投诉渠道，民意征集次之，实时交流最差。但 77%的网站存在不能在线提交问题，或问题回复及时性不高、答复内容不够翔实、回复推诿等现象。

3．部分网站能够积极开展征集调查、实时交流活动，但整体水平待提高

80%的网站提供网上调查和民意征集渠道。其中，海南省、四川省、广州市、长沙市、宁波市等 230 多家网站紧密围绕政务工作重点，多次策划征集活动，并能够分析和公开意见征集结果。但有 70%的网站的年度征集调查次数低于 5 次，同时没有很好地围绕政府工作重点和公众关注的教育、医疗、就业等民生问题开展征集活动。同时，70%的网站开设了在线实时交流渠道，能够邀请嘉宾和网友进行互动。其中，湖南省、成都市、青岛市、深圳市等 201 家网站制订了翔实的访谈计划，及时在网上发布访谈预告。但有 28%的网站没有建立实时交流栏目；30%的网站实时参与和预告功能较弱，访谈主题与热会热点和政务结合不紧密，很多政府网站的实时交流链接地方电视台的新闻视频等节目，流于形式，公众参与热情不高。

24.7　经典案例

24.7.1　北京市政府门户网站“首都之窗”

北京市政府网站在 2012 年中国政府网站绩效评估中，得到最高分 82.2 分，具有以下突出特点。

1．整合资源、围绕民众需求，实现千余项服务事项网上办理

北京市网站积极创新服务模式，以西城区为试点，结合市级服务事项，整合市、区县、街道、社区服务事项，实现了四级服务的全覆盖。在形式上，加强了网上服务的规范化建设，统一规范了网上申请、网上查询和网上咨询等服务，建设了统一的服务大厅，实现了千余项服务事项的网上预约、网上预审、网上受理等网上申报服务；在内容上，围绕公众需求，从社区家庭、医疗健康、餐饮消费、公共安全、文体娱乐、教育培训、劳动就业、社会保障和交通出行等各方面，提供全方位的城市生活服务。北京市网站注重服务人性化，极大方便了公众和企业查询信息、办理事务（见图 24.12）。

图24.12 “首都之窗”办事服务页面

2．联合各级单位整合公众参与渠道

网站联合全市各级党政机关共建公众参与渠道，设置了“政风行风热线”、“征集调查”、“在线访谈”等栏目，在“市民主页”上也建立了调查和留言栏目，同时还整合了热线电话、来信、手机短信、网站留言、电子邮件等多个渠道的信息，多层面、多角度地建立了公众与政府的沟通桥梁，广泛征集百姓意见，切实解答公众在生产、生活中的问题，实现了较好的互动交流效果（见图 24.13 和图 24.14）。

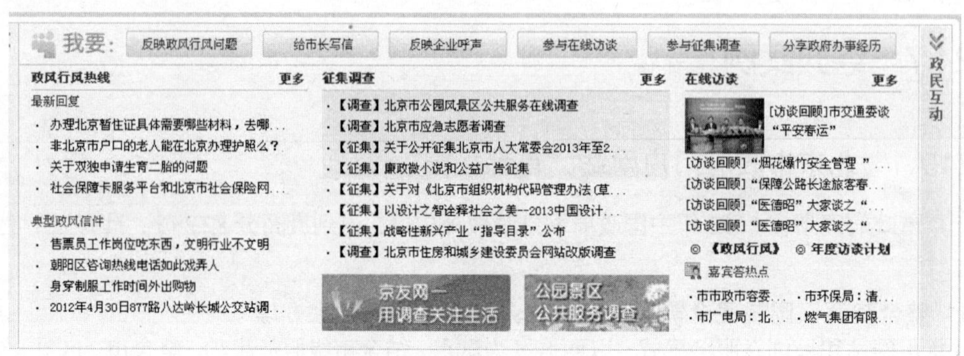

图24.13 “首都之窗”公众参与页面

3．推进新技术应用，拓展服务渠道，提升用户体验

网站开通市民主页，基于手机面向市民提供个性化移动公共服务。市民通过手机能够定制诸如私家车交通违章等个性化服务信息，享受多项便民服务，向市政府各部门提出意见和建议。网站还发布了基于智能手机的移动客户端，与北京市政府政务微博“北京发布厅”建立互通渠道，方便公众及时快捷获取政府信息和服务。网站还积极应用百度搜索平台，推介政府权威服务，智能化地推送关联服务。各类新技术的应用，极大地提升了用户获取服务的便捷度和体验（见图 24.15）。

图24.14　“首都之窗”的“市民主页”公众参与页面

图24.15　“首都之窗”的“市民主页”公众参与页面

24.7.2　惠州市网上办事大厅

惠州网上办事大厅建设包括政务公开、投资审批、网上办事、政民互动、效能监察 5 个功能模块，截至目前，网上办事大厅累计录入服务事项 6837 项，可在线办理事项 4059 项。其中，市直录入服务事项 1024 项，可在线办理事项 966 项，占比 94.34%；县区录入服务事项 5813 项，可在线办理 3093 项，占比 53.2%。

惠州市网上办事大厅具有如下几个方面的特点。

1．以满足用户需求为导向，实现便民快捷

惠州网上办事大厅立足平民化、个性化，提供了多样化的服务导航、人性化的办事指南，为服务对象提供“便捷式”操作。网上办事大厅对各个服务事项都进行了深度细分，使其粒度精细，方便办事人准确定位，获取所需服务功能，最大限度减少操作障碍。同时，率先在网上办事大厅开通了在线客服，为市民提供网上办事的实时在线咨询服务。

2．以业务流程优化为路径实现规范高效

结合行政审批制度和企业登记审批制度改革，惠州市网上办事大厅打破部门壁垒，梳理优化

流程，减少审批事项，压缩审批时限。目前，保留市级行政许可事项仅 70 项，减幅达到 67%。实施并联审批事项达到 36 项。企业登记前置审批时限由原来的平均 26 个工作日压缩到 3.9 个工作日，大部分企业登记实现“立等即办”，2012 年前 9 个月惠州市企业登记数量同比增长 65% 以上。与此同时，网上办事大厅的运行，明确了各项行政审批、公共服务事项的内容、依据、程序、时限等，形成了审批服务的标准模式，倒逼行政审批服务规范化、高效化（见图 24.16）。

图24.16　惠州网上办事大厅

3. 以信息网上公开为手段实现阳光透明

网上办事大厅采用人机对话的模式，为企业和群众提供“一站式”、跨地域、全透明的行政审批和公共服务，减少了申请人与审批人的当面接触，由“面对面”变为“背对背”。把在办事项的办理进度和结果在网上公示，方便申办人随时查询，做到办事全程透明化。同时，利用网络收集反馈意见，实现政民直接互动，更快速了解社情民意。网上办事大厅建成后，与电子监察系统互联互通，对业务办理实行全过程实时监控，出现办理超时或违规操作，自动发出警告并启动督查程序。新组建的公共资源交易中心，通过建立统一的公共资源交易电子招投标服务平台，实现了网上招标、网上投标、网上开标、网上评标、电子监察，推进了公共资源交易公开、透明运行。

4. 以云技术运用为支撑实现资源共享

云计算是惠州市网上办事大厅建设的技术支撑。网上办事大厅采用统一的设计标准，市、县区同步建设，预留镇（办）接口，在云架构支撑下，实现市直以及 7 个县区两级“纵向到底、横向到边”的全域覆盖。同时，实施信息化建设硬件投入“一揽子”解决方案，整合现有的电子政务资源，建立统一的云计算中心，市直各单位不再购置新的系统服务器，网上办事大厅、政府 OA 系统、公共资源交易信息平台、企业信息资源共享平台、社会信用信息平台和市场监管平台将全部实现互联互通。

24.7.3　深圳罗湖区政府门户网站

在区县级政府门户网站中，深圳罗湖区网站功能比较完善，信息丰富，并积极应用新技术。罗湖区电子政务网站建立了信息公开目录体系，目录框架合理。及时公开政务动态、人事任免、执法监督等政务信息，政府工作透明度不断提升。围绕民生需求，整合提供丰富的服务资源。不仅提供了办理依据、办理条件、办理程序、办理时限、办理地点等要素，且按照各要素提供相关信息，服务规范性强。

1．建立实用性强的专题服务

网站围绕公众需求，策划建设流动人口、居家养老、社会组织、安全生产、交通出行、教育培训等 20 余个主题服务，整合政府行政服务和各类公共服务，实用性较好。如 2012 年网站策划提供了 2012 小学学位申请指南政务专题，公开学位申请流程等指南内容、温馨提示及学区地段划分情况等，实用性比较好。

2．创新信息展示方式

网站在展示信息上，除了常规展示信息内容外，还整合相关文章、相关服务机构、相关办事等内容，自动向用户推送相关信息和服务，人性化程度较高。而且还同时展示图片新闻、政务动态、通知公告、人事信息、热门信息、热门标签等这些热点和重要内容，便于公众便捷的访问（见图 24.17）。

图24.17　“罗湖电子政务网”信息显示页面

3．创建罗湖百科，汇总展示各类服务机构

网站策划建设了罗湖百科，方便用户查找各类服务机构的详细信息，细分教育培训、社保福

利、劳动就业、医疗健康、住房租房等分类，成为展示罗湖服务机构的重要窗口（见图 24.18）。

图24.18 “罗湖电子政务网”罗湖百科栏目页面

24.7.4 微博：上海发布

上海市人民政府新闻办公室实名认证的政务微博“上海发布”于 2011 年 11 月 28 日在新浪网、腾讯网、东方网、新民网同时上线，立刻引起网友热烈关注，20 分钟内粉丝总数破万。目前，新浪网、腾讯网粉丝数量合计超过 500 万（含重复网民），发布微博数量超过 1 万条，已成为最有影响的政务微博之一。

1．发挥群体力量，建立政务微博群

“上海发布”链接“中国上海”门户网站和上海市人民政府新闻办公室官方网站，同时，微博平台链接了上海政务微博群，包括与市民生活工作密切相关的委办局、区县政府、社会团体、公共服务机构的官方微博，涉及公安、交通、旅游、环保、民政、工商、教育、共青团、高校青年组织、志愿者团体、剧院等各类官方认证微博。不但方便用户查看相关信息，也提高了微博内容和互动质量（见图 24.19）。

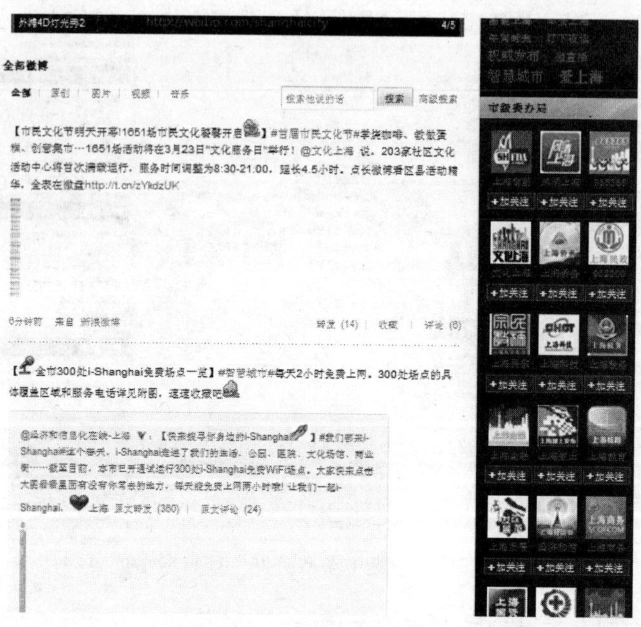

图24.19 “上海发布”页面

2．所发微博原创率高、关注度高

“上海发布”微博原创率高达 98%，说明在主动发布信息方面十分积极，且平均每条微博可获得 68.2 条评论，在网民中具有一定的影响力。在微博这一平台上，“上海发布”摆脱了以前政府部门刻板、严肃的印象，网络用语的恰当使用拉近了与普通网友的距离。“上海发布”自称“小布”、“布布”，积极建立亲民形象。同时，“上海发布”注重发布与民生相关的内容。如“菜里乾坤”栏目定期播报各大菜场的菜价涨跌幅数据，更易受到网友关注。

（工业和信息化部信息中心 胡欣）

第 25 章　2012 年中国农村互联网发展状况

25.1　发展概况

根据中国互联网络信息中心统计，截至 2012 年 12 月底，我国网民中农村人口占比为 27.6%，相比 2011 年略有提升，规模达到 1.56 亿，比上年底增加约 1960 万人（见图 25.1）。

近几年来，中国网民城乡结构变化幅度不大，这与中国急速推进的城镇化进程有关，2011 年中国城镇常住人口规模首次超越乡村常住人口，城镇化率突破 50%的关口，农村人口已经由 2008 年的 7.28 亿持续降至目前的 6.57 亿，因而造成网民中农村人口比例提升不明显。

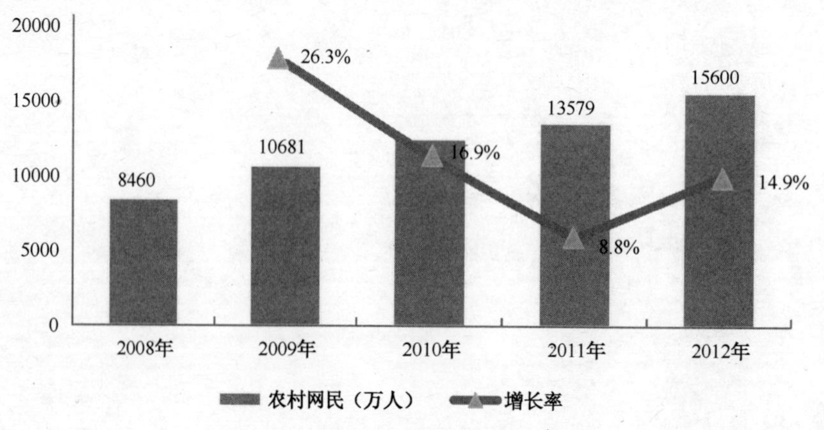

图25.1　中国农村网民规模和增长率

目前城乡互联网普及率仍存在较大差距：到 2012 年年底，城镇居民中的互联网普及率已经达到约六成，而农村地区目前只有 23.7%。但是，CNNIC 数据显示，在 2012 年的新增网民中，来自农村的比例开始超越城镇，结束了城乡互联网普及差距持续扩大的趋势，反映出农村互联网普及工作的成效（见图 25.2）。

与此同时，来自农村的网民在互联网应用行为上正在发生重要变化，而作为信息渠道和电子商务平台的互联网在农村、农业的应用也正在不断深化。各方资料表明，农村正在迎来互联网增长新浪潮，而借助互联网，农村和农业也正在迎来一个新的发展机遇。

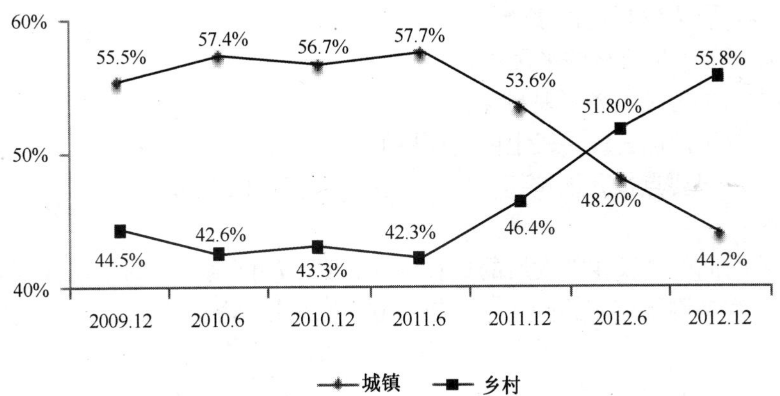

图25.2　新增网民城乡结构变化

25.2　农民互联网应用行为

1．时间花费

中国互联网络信息中心（CNNIC）数据显示：农村网民互联网使用的时间从 2007 年以来，一直处在持续上升的状态。2012 年，每周上网时间花费达到 17.4 小时（见图 25.3）。

尽管总的时间花费一直表现为快速增长，但是时间花费在不同的设备上的应用结构也在不断变化。在互联网早期，台式电脑是上网的主流设备，人们的上网时间主要花在台式电脑上。随着移动互联网的发展，2012 年手机首次超过台式电脑，成为人们上网的第一终端，中国移动互联网时代正式到来。

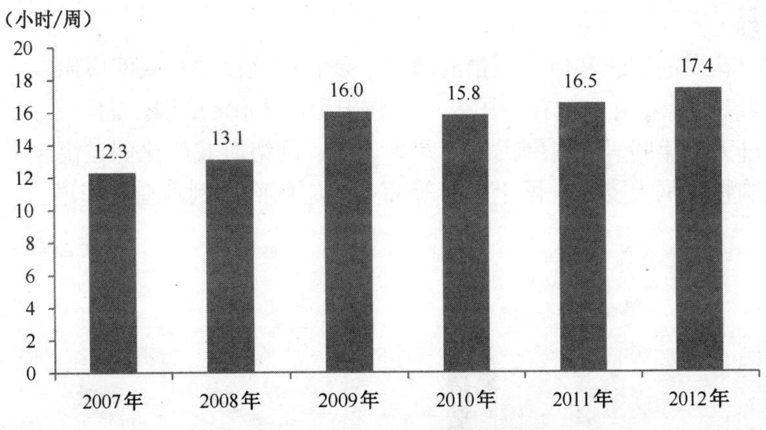

图25.3　农村网民互联网使用时间变化

根据中国互联网络信息中心统计，与传统的 PC 上网不同，手机上网在农村的网民中的渗透率更高。这可能和如下因素相关。

首先，尽管经过几年的发展，电脑的价格在快速下降，但是相对于农民的收入而言，仍然是一个价位偏高的消费品，特别是在电脑主要用于娱乐等消费类行为、而无法为农产品的增产增收服务时，农民购买电脑的意愿偏低。而手机，本身具有通信的功能，并且价格相比电脑要低很多，容易为农村居民接受。

其次，随着智能手机价格的平民化，运营商间竞争的加剧，以及由此带来的资费的下降，移动互联网在农村的普及具备了基础条件。

第三，较电脑上网而言，手机上网门槛更低。不需要复杂的技巧，无须懂得英语，甚至无须学习输入法，只要点按几下按钮，用手写输入，就可以上网了。

2．应用深度

与网民上网时间的增长相伴发展的是农村网民实用的网络应用的丰富。CNNIC 的数据显示，农村网民使用的网络应用达到 7 个，较 2007 年，几乎增长了 2 个（见图 25.4）。

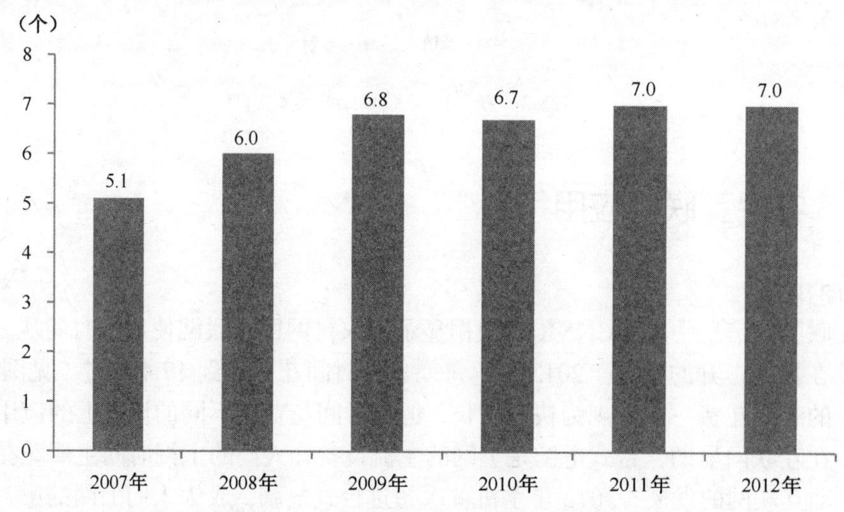

图25.4　农村网民使用的应用数量变化

3．应用结构

伴随着时间花费的增长和应用数量的增长，是农村网民的互联网应用结构的变化。根据 CNNIC 数据，最近几年，互联网在中国农村正在走出娱乐化的阴影，而不断强化商务化特征。数据显示：在过去四年间，农村网民使用网络音乐、网络游戏的比例在快速下降。而与此同时，使用网络购物、网上支付、网上银行等商务类应用的比例则在快速增长（见图 25.5）。

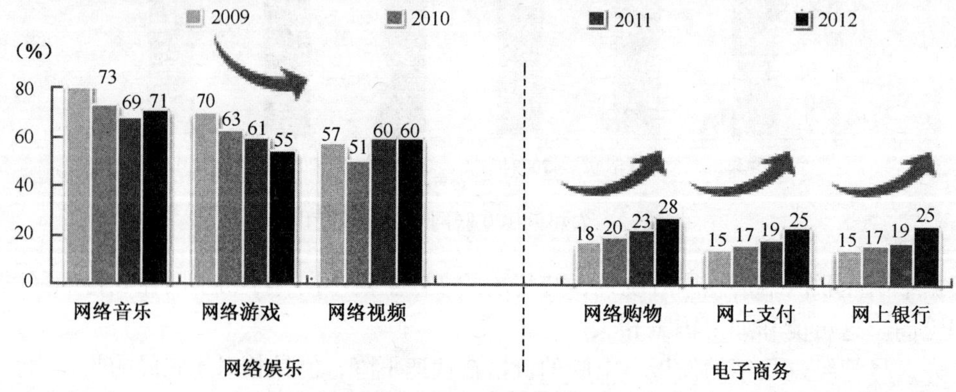

图25.5　农村网民的应用结构变化

25.3　涉农电子商务发展状况

互联网在农村的发展，不仅表现在农村网民上网时间的增加、应用数量的丰富、商务应用的增长，还表现在互联网对农村经济的渗透。

依托电子商务平台，从 2009 年开始农产品电子商务呈现了快速增长态势，从最开始的零散农户在网上卖土特产，发展到形成以村、镇、县为单位的产供销产业群，如福建安溪、江苏沭阳、浙江遂昌等，同时在平台上也涌现出了王小帮、赵海伶、杜千里、中闽弘泰等一批优秀的农民网商。

2012 年以来，农产品电子商务继续受到各类平台的重视和投入，包括阿里巴巴 B2B、淘宝网、天猫、京东、当当等平台，均将农产品作为重要业务拓展。同时更多农产品垂直领域的 B2C 开始涌现，如中粮我买网、沱沱工社、本来生活、莆田网、顺丰优选、菜管家、菜易家等，侧重几个细分领域（粮油、干货、蔬果、肉奶等）精耕细作，满足不同用户的需求。另外，一些传统行业的大鳄也看到农产品电子商务的机会，开始涉足其中，如联想集团、正大集团等。

同样越来越多的服务商也加入了农产品电子商务的潮流之中，在 2012 年展现出了各自在专业技能和资源统筹方面的优势，一定程度上带动了整个农产品电子商务的规范和繁荣发展。这些服务商中除了传统的物流、仓储、运营、金融等服务商，也包括了传统渠道中的批发商、渠道商、经纪人，以及如遂昌网店协会这样的组织团体。

作为农产品电子商务领域的一支重要力量，下面就阿里平台在 2012 年的发展及交易情况进行阐述。

1．平台发展情况

正是看到了农产品电子商务的巨大潜力，阿里各平台在 2012 年都组建或强化了涉农业务，用以发展农产品或其他涉农电子商务，从而在农产品电子商务的大市场体系中形成布局。

阿里巴巴 B2B 公司 2012 年初拆分为 CBU 和 ICBU 两个公司后，也都保持专门的农业类目，来管理农产品的批发和国际询盘。

淘宝网作为国内最大的网络零售平台，其食品类目承担了大部分农产品的零售工作。为了强化农产品销售，重新组建了特色中国项目，希望用土特产撬动用户对于农产品的旺盛需求。从 2012 年 4 月开始，特色中国项目完成了 4 个馆的建设，最初的三个馆——湖北馆、新疆馆和贵州馆，均以主推地方土特产为主，开馆后，湖北的大闸蟹、新疆鲜果干果、贵州茶叶薏米均在淘宝上热销。12 月推出的四川馆，则把土特产与四川特色旅游资源捆绑起来，再结合本地生活服务（餐馆、住宿、娱乐等），为用户提供了好吃、好玩、好游的全方位服务。同时 2012 年特色中国项目也完成了遂昌馆的筹备，它将成为淘宝网第一个县级馆，除了优质土特产和旅游资源外，还将由政府出面做好食品安全的备书，组建的当地客服团队也将做到遂昌的问题在遂昌解决。除了在按地域横向组织农产品销售模式上完成了探索，特色中国对各省土特产的销售也取得了很好的拉动，以贵州馆为例，开馆后来自贵州省的土特产销售额，从之前的 40 万元/日，提高并一直保持在 80 万～100 万元/日的水平。

2012 年 3 月淘宝网成立新农业发展部，并于 6 月推出淘宝生态农业频道，以绿色农产品为主导，旨在探索一条发展农产品电子商务的绿色生态模式。生态农业频道引入了敢于承诺

“拒绝农药、化肥、转基因”的绿色农场，在产品页面上公开产地、生产者、生产过程和生产环境的信息，以及种子来源，如何锄草等，结合淘宝评价体系及 SNS 传播方式，尝试建立起了一套绿色农产品的参与式保障体系。截至 2012 年年底，淘宝生态农业频道已经引入了 324 个绿色有机农场、174 个认证商家，覆盖了 1360 万亩有机土地面积。

阿里平台下的另一个团购平台“聚划算”在 2012 年通过几次聚果、聚菜行动，确立了生鲜农产品作为对接本地生活，由消费者驱动的主要商品。这些行动中社会效益最大的当属对陕西滞销苹果的支持。2012 年 11 月，陕西省武功县爆发苹果滞销，聚划算平台与传统水果经销商，以及当地的水果经纪人一起，联合发起了“聚果行动”。至 2012 年 12 月 10 日，陕西武功县滞销红富士苹果面向江浙沪、中部五省+京津地区、广东福建地区开团，总计 11500 件，约 80.5 吨红富士苹果团购一空，解了当地果农的燃眉之急。

除了上述以推进农产品销售的业务发展之外，天猫网还组织了优质的运营服务商资源，为其食品类目下近 4000 个卖家提供更专业的支持和服务；天猫网物流事业部发起了“邮 E 站”项目，希望在农村部署更多网点，发展代购业务，解决农民困难；支付宝则于 2012 年 7 月成立了新农村事业部，重点发展农村便民支付普及和农村金融服务合作，尝试搭建涉农企业及专业合作社的融资平台（见表 25.1）。

表 25.1 阿里巴巴集团涉农业务布局

公司	部门	业务目标
CBU	网站运营部—行业运营部—农业频道	国内农产品批发
ICBU	信息平台部—深度服务—农业类目	国际农产品批发
淘宝网	新农业发展部	探索绿色生态农产品的电子商务模式
	食品类目—特色中国项目	打造中国地方土特产专业市场
天猫	食品类目	食品及农产品的销售
	商家业务部—商家服务	发展涉农运营服务商
	物流事业部—规划部—邮 E 站项目	部署农村网点，发展代购业务
聚划算	生鲜类目	生鲜农产品销售
支付宝	新农村事业部	农村便民支付和农村金融服务

至 2012 年年底，阿里平台上经营农产品类目的网店数为 26.06 万个，涉及农产品商品数量 1004.12 万个，而在阿里巴巴 B2B 平台，经营农业类目的诚信通账号则为 1.7 万个。

2．平台交易情况

数据表明，2012 年阿里平台上共完成农产品交易额近 200 亿元，其中淘宝网和天猫平台成就了大部分的交易额，B2B 平台上通过支付宝完成的交易额接近 1 亿元（阿里巴巴 B2B 平台上的大部分交易都通过其他支付方式完成，未通过支付宝平台）。

从年度分析，近三年来，农产品的交易额在各个平台均有持续上升。以淘宝网为例，2010 年涉及农产品的类目以干果山货、粮油米面、鲜花园艺为主，完成销售额 37.35 亿元；2011 年增加了花卉蔬果、植物树木等类目，同年销售额也攀升到 113.66 亿元；2012 年增加了茶叶和生鲜水产两个大类目，销售额则达到了 198.61 亿元（见图 25.6）。

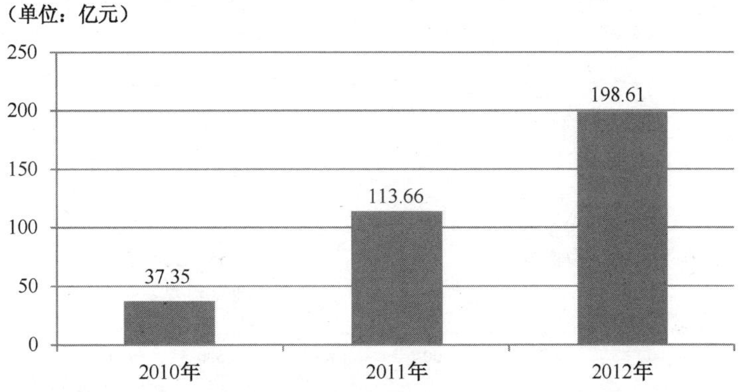

图25.6　淘宝网（含天猫）农产品交易额趋势变化图

从具体类目来看，传统滋补营养品（包括蜂蜜/蜂产品、燕窝、灵芝、冬虫夏草等）、粮油米面/干货/调味品、茶叶成为淘宝网 2012 年交易额最大的农产品类目，分别为 61.41 亿元、34.53 亿元和 34.16 亿元。而从增长趋势来看，生鲜类目（海鲜/水产品、新鲜水果等）无疑是增长最快的类目，2012 年同比增幅达到 42.06%（见图 25.7）。

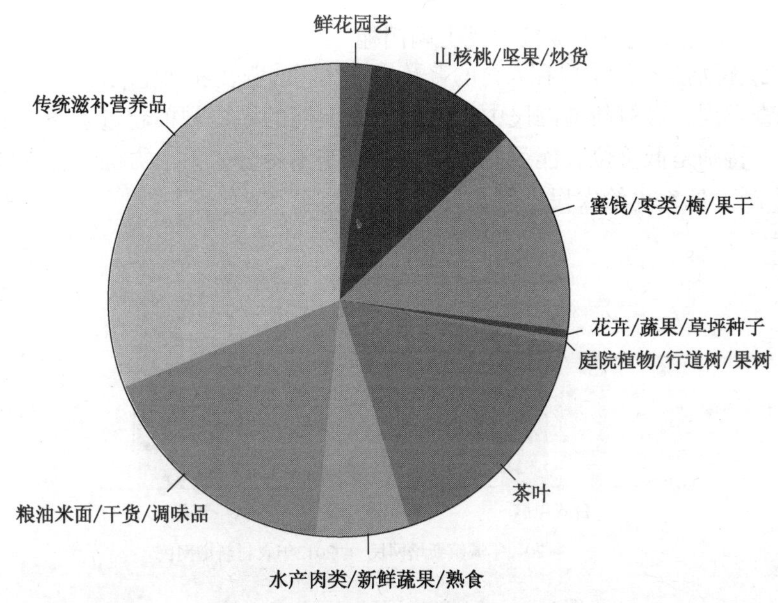

图25.7　淘宝网（含天猫）农产品主要类目按交易额分布图

从具体的农产品看，2012 年茶叶是淘宝网销量最大的农产品，日销售额达到 722 万元，其次是枣类、牛肉干和坚果类产品，它们也是淘宝网上的传统热销食品；蜂蜜/蜂制品、南北干货（腊肉、香肠等）、药食同源食品（如牛蒡、金银花、罗汉果等）依旧保持快速增长，交易额也攀升一个台阶；新鲜水果和海鲜水产则在 2012 年异军突起，成为增长率最快的农产品；蛋、乳、杂粮尚处在起步阶段，未发生质的提升；燕窝、鹿茸等动物制品，受人们动物保护观念的加强，则呈现负增长的趋势（见图 25.8）。

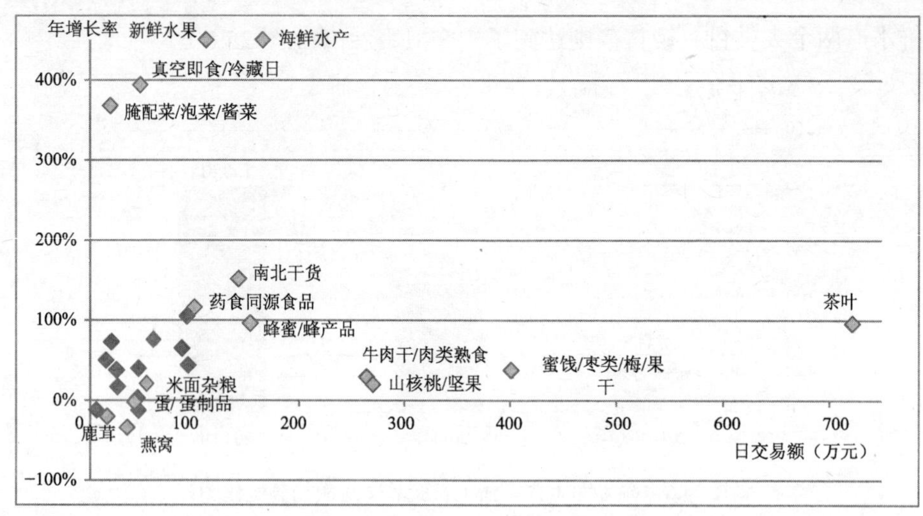

图25.8　淘宝网部分农产品2012年日交易额与增长率分布图

25.4　农村互联网发展趋势

1. 新技术、新应用进一步降低农民上网门槛

首先，手机，特别是智能手机在农村的普及为互联网的普及和深化准备了条件（见图 25.9）。

我们的调查发现：农村新增网民中，使用手机上网的用户规模超过了使用电脑上网的用户。这和手机，特别是低价位智能手机的快速扩张密不可分。另一方面，上网资费、特别是 3G 上网资费不断走低，也给农民上网打开了方便之门。

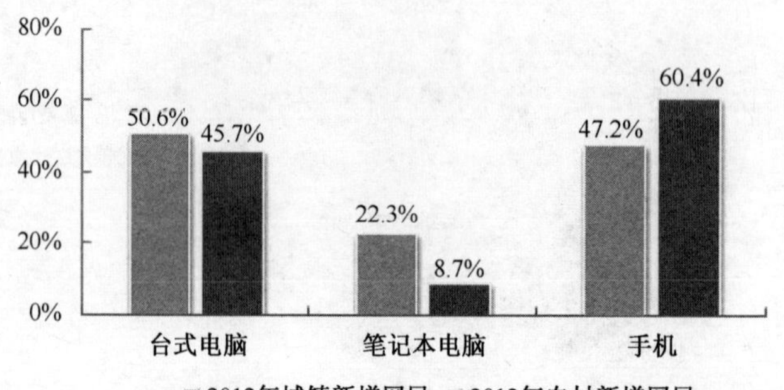

图25.9　城乡新增网民上网设备对比

手机上网之所以能够在农村得到快速发展，还和另外一个因素关系密切——手机上网的门槛更低。不需要学习电脑技能、不需要学习输入法、不需要输入英语，只要用手指在手写屏上画几下、点几下，就能够看自己想看的内容，玩自己想玩的东西了。

其次，中文域名、中文邮件、照相等新技术、新功能的引入，降低了互联网在农村的普及和应用门槛。

2010 年 6 月，“. 中国”域名正式写入全球互联网根域名系统（DNS）；2012 年 6 月 19

日，在国际化多语种邮箱电子邮件发布会上，中国科学院钱华林使用“钱华林@中科院.中国”向北京、新加坡、马来西亚、德国、澳大利亚、加拿大、美国等地的互联网专家发出首封跨越全球的国际化多语种邮箱电子邮件，从此，中国人可以使用母语发送电子邮件，这一技术的意义在文化水平偏低的农村地区尤其突出，它将降低农民使用互联网的门槛；与此同时，随着智能手机的不断更新，相机功能已经成为手机的一个标准配件，同时，手机上的各种应用，对相机的功能的挖掘也在不断深化。未来极有可能有这样的应用出现：不必写一个字，只要用手机拍个照，点几下，就可以发布一条农产品销售信息，进一步降低农民的上网门槛。

2．涉农商务类应用带动农村互联网增长

中国社科院的数据显示：平均每家农民网店带动 1.63 位农民成为网商。这种辐射效应会在短时间内爆发出巨大的威力，让更多的农民迅速触网。这种辐射效应体现在两个方面：第一是在用户上的辐射效应，原来不使用互联网的农民会因为电子商务的增收功能而使用互联网；第二体现在互联网应用深度和广度上，网民会从电子商务扩展到对其他应用的尝试。

在中国，互联网在农村的大发展，一定是因为互联网大幅度帮助农民实现了增产增收，而现在这个条件正在形成。沙集模式是一个很典型的案例——几个年轻人在淘宝开网店卖家具，因为成功了，带动了一个村甚至一个镇的农民都开起了网店、做起了家具。在一个完全没有任何内生基因的地方，做成了一个家具产业集群。

与此同时，会因涉农电子商务的需要，而产生出涉农物流。涉农物流在把农产品输入城镇的同时，也会把农民所需要的农业生产资料、生活资料从城镇输入农村。这将使涉农电子商务形成一个良性循环，带动农村网络购物的增长。

那么下一步就是：农民对互联网扩张的藩篱被彻底打破——当农民认识到赚钱、花钱都可以在网上进行时，还有其他什么不可以在互联网上做呢？

3．以物联网、云计算等新技术带动涉农产业转型升级

作为互联网的下一个增长点，物联网在涉农应用上也具有极大的想象空间。一些地区已经开展了农业物联网实验项目。比如北京的“物联网农业示范基地”、贵州农经网开展的“农业物联网应用试点”、四川省农业厅建成的“农产品质量安全追溯系统”等。以贵州的“农业物联网应用试点”为例，该项目应用物联网传感设备及现代通信技术为大棚户主开通手机短信功能接收物联网应用信息，为物联网应用示范户提供从生产到市场的信息服务；构建起大棚环境监测数据库，集成开发农业专家系统；搭建物联网信息服务平台，实现网上和手机短信发送指导生产信息；建设起农产品的产品信息档案，建立起质量追溯系统，实现用户对农产品的产地、种植时间、种植标准等要素进行网上查询。

另一方面，云计算技术也将助推农业发展：随着物联网的发展，以及农产品销售、农资采购网络化的发展，人们将有更多的信息可以分析农业生产的规律，从而避免农业生产的盲目性、农资和农产品流动的盲目性。

25.5　典型案例：贵州农经网

贵州农经网（www.gznw.gov.cn）连续五年被国家农业部信息中心、中国互联网协会、中国电子商务协会评为“中国农业网站 100 强”，获“贵州省 2009 年度优秀文明诚信守法网站”。2012 年，贵州农经网被省通信行业协会、互联网协会授予“贵州省知名网站”称号（见图 25.10）。

图25.10　贵州农经网

总结贵州农经网的运营经验，可以归纳为如下几点。

1．“合纵连横”

尽管名字叫“农经网”，其实贵州农经网并不是一个单纯的网站，它更是一个“合纵连横”的资源协作体系。这个协作体系纵向连接省、地、县、乡、村 5 级，横向覆盖政府、市场、企业、农户 4 个领域，在这个“5+4”纵横向信息采集与服务体系之下，贵州农经网创新服务理念，拓宽为农服务新渠道：

（1）建成了贵州省农业资源数据库系统，日平均更新发布信息 1 万余条，信息发布总量已达 5000 万余条；

（2）建立起省、地、县三级信息员培训体系，累计培训各级领导干部、农村信息员和农民等 30000 余人次，建立起一支农村基层信息员队伍，提高了农民素质；

（3）建立“贵州农村劳动力转移信息网”、“贵州新农村网”、贵州基层党建网等网站集群，推进实施“万村千乡”网页工程——2012 年，共建成网页 21118 个，其中乡镇（街道）网页 1565 个，村（社区）网页 19553 个，实现了全省乡镇和行政村信息发布全覆盖。

2．平台上移、服务下延

在建立全省一体化的升级农业信息资源系统的同时，贵州农经网全面整合农村信息化工程资源，建设农民多功能信息服务站，零距离提供全方位信息服务。截至目前已累计示范建设 77 个村级农民多功能信息服务站，覆盖全省 9 个市（州）和特色产业基地。

村级农民多功能信息服务站集农村信息化工程资源于一体，既是农民上互联网查询或发布信息的上网室、又是对农村群众进行各类知识教育的远程培训点，既是通过宽带连接的数字影院，又是农民阅读各类书籍的图书室，还是一个为农民提供科、教、文、卫、法律等全方位信息咨询服务、乡村气象服务及外出务工农民工与留守子女亲情视频对话的视频呼叫救助服务点，真正实现“一站多用”。

3．多位一体、立体化传播，提升服务效果

集成互联网、声讯语音、手机短信、电子显示屏、数字电视、信息大篷车等多项信息传播技术，有效解决了信息服务“最后一公里”问题，零距离为农民集中提供全方位信息服务。

4．推动特色产业发展，促进农民增收致富

在有一定特色产业基础、为促进省内特色农产品走向市场，贵州农经网在网上搭建农产品交易平台，全方位展示和推介我省涉农企业和名特优新农产品。

2010 年，贵州农经网举办了“贵州省第二届名特优新农产品网上博览会”，增进贵州省涉农企业的对外交流与合作；2012 年，贵州农经网全面开展农业特色产业区域定点个性化信息服务工作，积极推进特色农业气象服务体系建设，促进为农气象服务开放融入式发展；2012 年 7 月 21 日，“中国·黔东南首届蓝莓节”在麻江开幕。贵州农经网组织精干力量对开幕式及相关活动进行多媒体宣传，助推蓝莓产业发展。

据不完全统计，建网以来，通过贵州农经网的信息服务，促成全省企业、协会、产业基地和农户外销农产品和地方政府招商引资总额达到 100 亿元，极大地提高了农产品的商品转化率。

25.6　农业生产经营信息化发展情况

随着信息技术的快速发展，各级农业部门积极探索利用 3G、3S、物联网、移动互联等信息技术促进现代农业产业升级的途径和模式，信息技术在农业生产经营管理服务等领域的应用日渐深入，对农业产业发展的支撑作用逐步显现。随着国家推动工业化、信息化、城镇化、农业现代化“四化”同步发展战略的实施，信息化必将与农业现代化深度融合，并推动农业现代化的健康快速发展。

1．农业各行业各环节信息技术应用逐步扩大

信息技术在种植、养殖等各行业及其生产、加工、流通各环节应用逐步扩大，取得了良好的效益。

大田种植方面加强了测土配方施肥、农情监测、专家系统等项目实施。如广西壮族自治区通过应用智能化土壤资源与安全施肥信息系统，试验区内水稻单产平均增幅 7.4%、玉米平均增幅 9.4%、甘蔗平均增幅 8.33%，平均亩节约化肥投入 1.8 公斤，亩节本增效 36.4 元。

设施园艺方面应用了温室环境自动监控、智能节水灌溉系统。

畜牧养殖方面应用了精细养殖系统、动物疫病防控及标志溯源系统、动物疫病远程诊断系统等。如安徽多家生猪合作社和养殖企业通过使用畜牧养殖协同管理平台，提高母猪繁殖效率，减少猪只非生产天数，实现饲料精确配方，减少投入损耗。通过多个 400～700 头母猪场实践，提高综合经济效益 33.8 万～62.8 万元/年，其中降低饲料损耗 15 万～30 万元/年，新增效益 18.8 万～32.8 万元/年。

渔业方面应用了水产养殖水质监测与实时报警、自动投饵系统等。如上海市循环水工厂化水产养殖系统采用信息技术改造使用新型清洁生产模式，养殖节水率达 95%以上。

农产品流通及交易方面，公共交易服务平台进一步促进各类农产品产销对接，如 2012 年“中国国际农产品交易会”网站发布展会信息累计超过 11 万条，促进贸易成交额约 1500 多亿元。一部分大型骨干农产品批发市场已经涉足电子商务。如浙江新昌中国茶市于 2010 年 9 月开通行业首家电子商务平台，采用 B2C 电子商务交易模式，有效解决了茶叶市场传统销售交易周期长、交易成本高、资金回笼慢等问题。2012 年中国茶市总交易量 11560.363 吨，比去年同期 11113 吨增加 4.03%，总交易额 23.33 亿元，比去年 20.5 亿元上涨了 13.8%。

农产品质量安全管理方面，一些地区已经尝试了从生产到餐桌的完整产业链质量信息全程追溯。

2．农业生产经营信息化区域发展各有特色

我国东部地区信息化需求迫切，政府推动力、科研推广力、企业参与性、农民接受力比较强，投入增加较多，亮点不断涌现，农业生产经营信息化发展较快。如浙江省政府部门主导建设的农民信箱，目前用户数量已接近 250 万，在推动浙江省农业生产经营信息化方面发挥了重要作用。

中部地区比较重视市场信息服务，重视信息服务平台建设。在农业劳动力向经济发达地区大量转移的情况下，农业社会化服务力量成长迅速，有效地弥补了劳动力转移真空，信息化在市场信息服务、农业生产资料配送、农作物播种及收获、农产品销售等方面发挥了重要作用。如河南省以“电脑网络+电话语音+电视媒体+信息服务大厅”、“特色网站+合作社+农户”、“信息服务超市”等多种模式推进农村信息服务。

西部地区尽可能地利用一切有利因素推进农业生产经营信息化，因地制宜创造了多种有效模式。如甘肃金塔模式，以县信息中心为龙头，以农村中小学为依托，把农村信息化与农村教育信息化结合起来；如青海气象信息服务，利用手机短信提供农业气象等相关信息服务；宁夏新农村信息化，平台上移、服务下延，整合资源、个性服务。

3．农业生产经营信息化推进模式日益多元化

近年来中央连续发布了多个 1 号文件重点解决农业发展问题，全社会及各个部门都高度重视农业发展，注重用信息技术改造传统农业，对农业生产经营信息化的投入不断增加，带来了空前的变化。从各地推进农业生产经营信息化的实践看，基本的做法是政府主导，社会各有关方面广泛参与，多种力量互相组合，共同推进。政府部门有计划地组织应用了一批信息技术，开展了一批试点。同时，总结典型经验并予以推广，引导和推动多元化力量发挥作用。农业产业化龙头企业利用资本、技术、人才等生产要素密集的优势，在不断提升自身信息化水平的同时，带动农户发展专业化、标准化、规模化、集约化生产，对于提升重点区域、行业、领域的农业生产经营信息化水平成效明显。多元化主体创造出了多种农业生产经营信息化的推进模式。如政府公益性服务，政府搭台企业唱戏，企业市场化运作，教学科研系统＋企业、政府部门＋合作社、龙头企业+合作社+农户、公司＋农户、IT 企业＋农业企业等。

总体上，我国农业生产经营信息化发展已由自发摸索阶段进入了自为推进的新阶段，即对今后推进与发展已经有了一些比较清晰的方向和目标，行动上有了一些理论指导，战略意识增强，有了发展的规划，有了发展重点和措施。

（阿里巴巴 张瑞东；CNNIC 陈建功；农业部信息中心　孙锐、张嬿）

第 26 章　2012 年其他行业网络信息服务发展情况

26.1　教育信息服务发展情况

26.1.1　市场动向

随着政府对于教育产业的投入增加，以及广大家长对于子女教育问题的迫切关注，中国教育行业发展迅速，《2012 年政府工作报告》中温家宝总理提出“坚持优先发展教育”，并且宣布 2012 年全国财政性教育经费支出要达到国内生产总值 4%的目标，一方面来自国家政策的扶持，另一方面源自个人对教育的重视。另外，根据德勤研究发现，2012 年中国民办教育市场规模达到 426 亿元，2015 年这一数字将达到 640 亿元，公办教育与民办教育出现了百花齐放的局面。

通过互联网提供教育信息服务已经成为时下热点，从内容含义来看，教育信息服务涵盖教育信息获取与网上教育。线上获取教育信息及服务的渠道大致可以分为四类：教育资讯类频道、学校网站、培训机构及出国留学咨询网站。其中教育资讯类内容的门槛相对较低，目前的网站数量最多，受众群体最广；学校网站与国家教育信息直接相关，用户群体相对单一，但是精准性最高；培训机构一方面宣传线下培训内容、考试信息，另外与线上教育相结合，从空间和时间上加强培训覆盖范围。

26.1.2　网站情况

教育信息服务类网站（见图 26.1）的季节性趋势明显，6 月是此类网站用户访问的高峰时间，另外，如研究生考试、公务员考试等细分考试相关网站的访问高峰也与考试时间呈现紧密的联系，如中教育的巅峰访问时间段在 3、4 月，而 3、6、10 月是网民频繁访问中国高等教育学生信息网的时间节点。

在教育信息服务类网站中，门户网站腾讯、新浪、搜狐旗下教育频道的覆盖人数相对较多，2012 年腾讯教育频道月均覆盖人数 2225.7 万人，排名第一。

垂直教育资讯类网站如无忧考网、考试大、中国教育在线、中国高等教育学生信息网和中公教育的用户也占据了较大比例。

培训机构中，中华会计网校、沪江英语的用户数量最高，也体现了当下社会考试的热门方向，财会类和语言类培训成为网络教育的首选。

网站	月均覆盖人数（万人）2012.01-2012.12	月度覆盖人数相对走势 2012.01-2012.12
腾讯教育	2225.7	
新浪教育	2071.0	
无忧考网	1793.7	
考试大	1704.7	
搜狐教育	1569.5	
中国教育在线	1532.3	
中华会计网站	1461.0	
中国高等教育学生信息网	1186.9	
中公教育	1077.2	
沪江英语	1046.7	

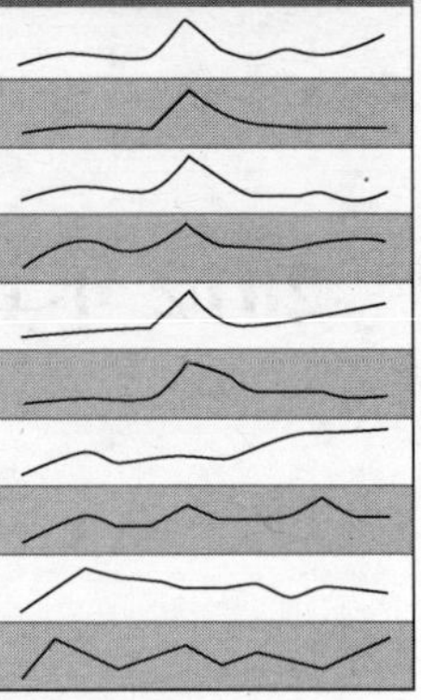

（数据来源：iUserTracker.家庭办公版2013.2，基于对40万名家庭及办公（不含公共上网地点）样本网络行为的长期监测数据获得）

图26.1　2012年中国教育信息服务类网站TOP 10

26.1.3　用户情况

艾瑞咨询数据发现，在所有教育信息服务用户中，男性占比较高，达到 55.2%，女性用户为 44.8%（见图 26.2）。

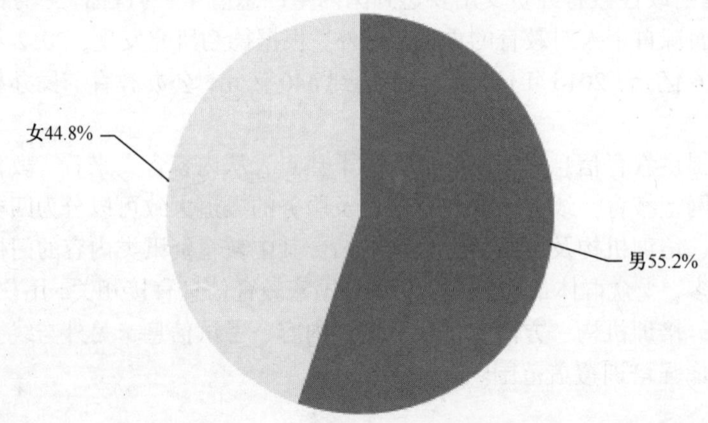

（数据来源：iUserTracker.家庭办公版2013.2，基于对40万名家庭及办公（不含公共上网地点）样本网络行为的长期监测数据获得）

图26.2　2012年中国教育信息服务用户性别分布

分析认为，男性用户对于教育信息资源的关注度相对高，是由于两方面的因素：

（1）互联网教育信息内容多以考试、出国留学等资讯为主，男性在数字化运用上更普及，信息化获取的渠道比女性更丰富，女性更偏向于纸质版内容的记录；

（2）中国文化背景下，进入工作的男性面临的竞争环境更激烈，因此对于教育信息服务的需求会随着年龄而增加。

19～30 岁的用户对于教育信息服务的需求最强烈，达到 50.3%，40 岁以上人群也有较高关注，占比 13.4%（见图 26.3）。

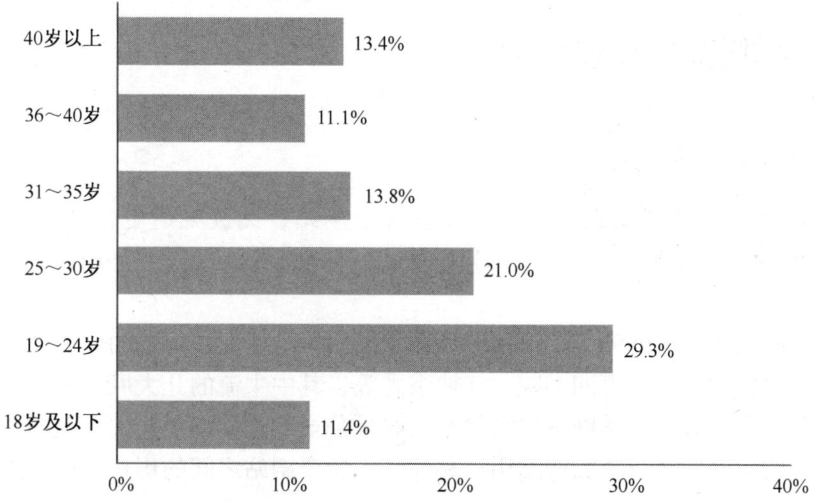

（数据来源：iUserTracker.家庭办公版2013.2，基于对40万名家庭及办公（不含公共上网地点）样本网络行为的长期监测数据获得）

图26.3　2012年中国教育信息服务用户年龄分布

分析认为，40 岁以上中年人群对于孩子的教育问题比较重视，因此，通过互联网获取教育信息服务也正在成为这一人群的主要途径，相关服务运营商可以更多考虑到这类人群的教育信息诉求，推出更加贴近的服务。

数据显示，55.6%的网络教育用户学历为大学本科及以上，占比超过一半。分析认为，高学历人群对于教育的重视更胜低学历人群一筹，无论在自己的教育上还是在子女的学习问题上，都投入了更大的积极性（见图 26.4）。

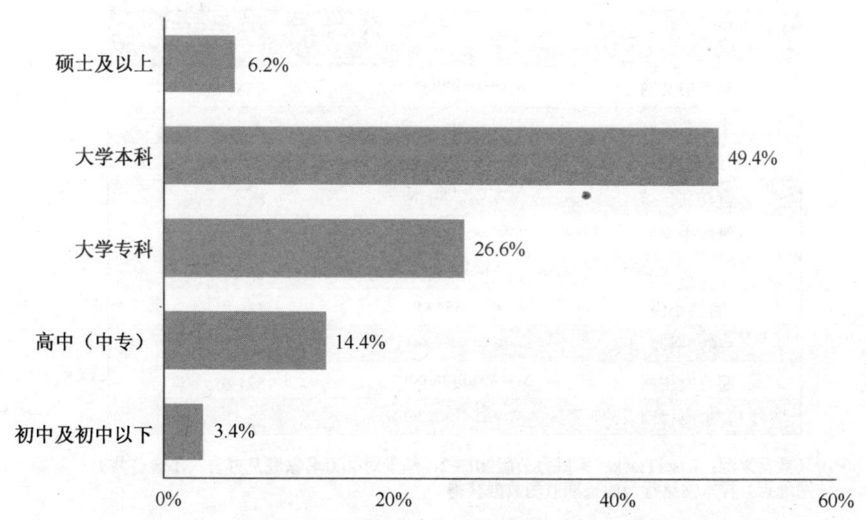

（数据来源：iUserTracker.家庭办公版2013.2，基于对40万名家庭及办公（不含公共上网地点）样本网络行为的长期监测数据获得）

图26.4　2012年中国教育信息服务用户学历分布

26.2 网络文学发展情况

26.2.1 市场动向

目前，网络文学的发布渠道主要为原创文学网站，阅读渠道更多，包括电信运营商阅读基地、电商电子书刊平台、门户读书频道、移动阅读应用等都分布着大量网络文学内容。

原创文学网站始于 1999 年，榕树下等文学网站纷纷建立，目前的原创文学网站主要有起点中文网、纵横中文网、潇湘书院、红袖添香等，其中主流的几大原创文学网站都归于盛大旗下，其余的几家大型文学网站也都是互动娱乐公司和数字出版相关企业的子公司。收入主要依靠用户的付费阅读，该类网站用户黏性强，各个网站之间的用户群体和内容题材有所差异。

网络文学的自生产能力在各从业企业的积极推动下，目前已经进入了收获期，用户、作者和内容的积累已经帮助网络文学产业形成了良性生态圈。

26.2.2 网站情况

根据对 2012 年各独立文学网站用户数据分析发现，在所有正版独立文学网站中，起点中文网的月度覆盖人数遥遥领先，达到 2551.5 万人，以几乎近三倍的用户覆盖数超越所有同类竞争对手，位列榜首。除起点中文网外，盛大文学旗下文学网站牢牢占据了榜单前十，目前中国网络文学市场用户规模庞大，盛大文学通过对内容生产、阅读终端的把控，加强产业链控制，在中国原创网络文学市场表现突出（见图 26.5）。

网站	域名	月均覆盖人数（万人）2012.01-2012.12
起点中文网	www.qidian.com	2551.5
小说阅读网	www.readnovel.com	999.7
红袖添香	www.hongxiu.com	945.5
晋江文学城	www.jjwxc.net	850.6
纵横中文网	www.zongheng.com	761.8
17k	www.17k.com	663.4
言情小说	www.xs8.cn	586.7
潇湘书院	www.xxsy.net	566.9
起点女生网	www.qdmm.com	521.8
逐浪小说网	www.zhulang.com	321.2

（数据来源：iUserTracker.家庭办公版2013.2，基于对40万名家庭及办公（不含公共上网地点）样本网络行为的长期监测数据获得）

图26.5　2012年中国十大独立原创文学网站

分析认为，网络文学市场已经形成了从内容生产、内容发布到内容合作的丰富产业链结构，收入来源主要包括用户付费、内容合作分成、版权出售和网络广告四个方面。

其中，大量正版原创文学网站通过用户付费及内容分成获得收益，另外也不乏主要通过收书和其他强势渠道合作获得分成收入的企业。

网络文学的发展离不开内容的大量生成，千字三分等低价收费模式的推出起到了重要作用，但是以文字数量为主要衡量指标的连载方式对于内容质量的控制力减少，大量劣质内容从而产生，并且盗版问题也是影响网络文学发展的重要因素。

26.2.3　用户情况

数据显示，2012 年 56.5%的网络文学用户为男性，女性为 43.5%（见图 26.6）。分析认为，网络文学获得了大量网民的青睐，男性比例更高，原创文学网站中起点中文网、纵横中文网等排名靠前的网站都以玄幻、历史军事等男性喜欢的题材为主，网罗了大量男性读者，而且男性对于网络文学的付费意愿也比女性强烈，因此这类网站的收入也较高。

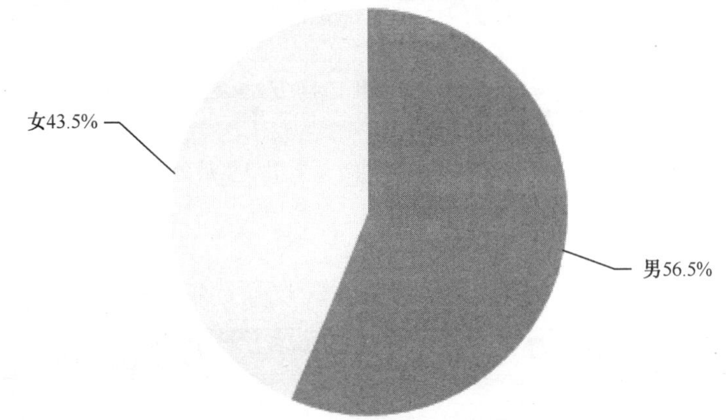

（数据来源：iUserTracker.家庭办公版2013.2，基于对40万名家庭及办公（不含公共上网地点）样本网络行为的长期监测数据获得）

图26.6　2012年中国网络文学用户性别分布

数据显示，26.2%的网络文学用户年龄在 19～24 岁（见图 26.7），随着年龄的增长，阅读网络文学的比例依次降低。分析认为，网络文学内容以玄幻、言情等年轻题材为主，对于年轻人的吸引力最强，这类人群对于网络游戏及视频内容的关注度也较高，因此可以有效地结合这三类内容，进行版权的扩展，比如小说改编影视剧和游戏作品等，目前网络文学已经成为了很多企业进行开发的内容源。

数据显示，网络文学在低学历人群中也有比较广的覆盖，45.0%的读者学历在大学本科以下（见图 26.8）。分析认为，网络文学的创作平台及阅读渠道都为个人作者和读者提供了比较低的阅读门槛，内容受欢迎与否主要决定于读者，而非传统的专业出版人，因此网络文学作品更接近大部分网民的阅读口味。

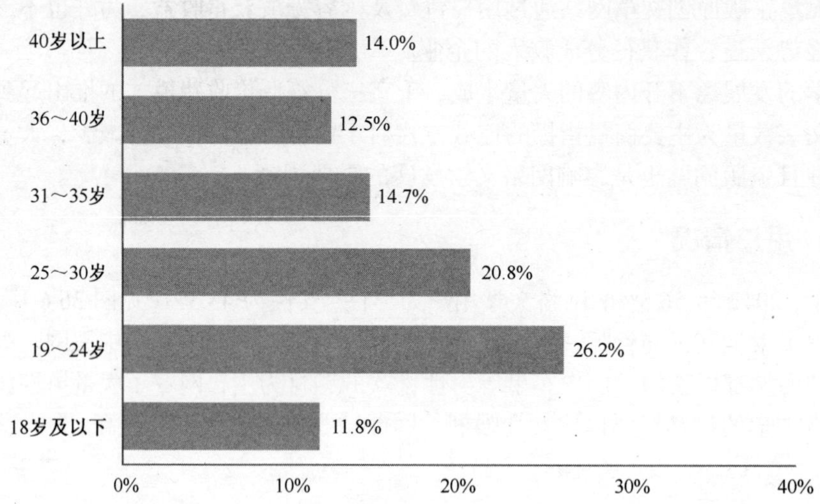

（数据来源：iUserTracker.家庭办公版2013.2，基于对40万名家庭及办公（不含公共上网地点）样本网络行为的长期监测数据获得）

图26.7 2012年中国网络文学用户年龄分布

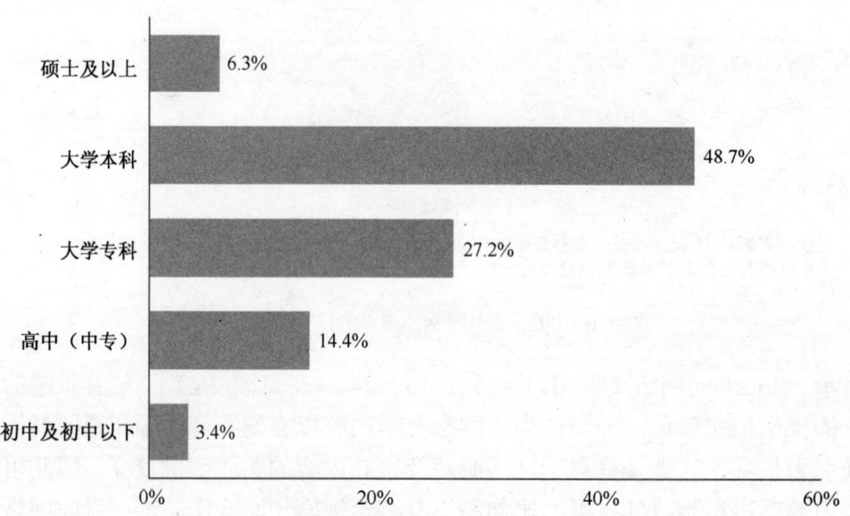

（数据来源：iUserTracker.家庭办公版2013.2，基于对40万名家庭及办公（不含公共上网地点）样本网络行为的长期监测数据获得）

图26.8 2012年中国网络文学用户学历分布

26.3 房地产信息服务发展情况

26.3.1 市场动向

房地产网络信息服务企业主要是以提供房产类新闻，购房、租房及房产销售信息服务为主的网站。2012 年中国移动互联网市场快速发展，布局手机端、推出手机房产信息服务客户端逐渐成为主流房产网站的共识。主流房产网站针对多元化的房产服务，推出新房、二手房、租房、短租房以及基于社区本地生活的服务类产品等垂直细化产品，也有如乐居的口袋房产与搜房网的搜房为代表的包括以上各种房产交易信息的综合性客户端，满足不同用户群体的需求。

2012 年是房产电商诞生的第二个年头，也是房产电商快速发展的一年。房产电商主要通过网络为开发商搭建一条新的销售渠道，降低交易成本，缩短交易周期，快速增加销售量。房产电商在发展不到两年的时间里对促进房地产业在低谷时期的交易起到了推动作用，得到了产业链上下游的认可，部分大型品牌开发商，如万科、华润、恒大等，均已经开始将整个楼盘甚至全国的物业都放入房产电商平台上进行深度合作，房产电商也从最初作为房地产传统营销渠道的补充，逐渐发展成为房产交易另一条常规营销渠道。

26.3.2　网站情况

2012 年，就用户规模而言，搜房网处于领先地位，2012 年 12 月其月度覆盖人数达 4677 万人。从 2012 年 11 月开始，腾讯房产的月度覆盖人数超越搜狐焦点网，排名第二位，其 2012 年 12 月的月度覆盖人数为 3490 万人，较 2012 年 1 月的 570 万人迅速增长了 512.4%。

2012 年 12 月，搜狐焦点网、凤凰网房产和新浪乐居的月度覆盖人数分列三至五位，分别为 2764 万人、2434 万人和 2346 万人，较为接近。

2012 年 12 月，安居客、网易房产和 365 地产家居的月度覆盖人数分列六至八位，分别为 1423 万人、1388 万人和 1333 万人，较为接近。

从网站类型来看，2012 年 12 月用户规模排名前 8 位的房产网站中，腾讯、搜狐、新浪、网易、凤凰网五大综合门户的房产频道均在其列（见图 26.9）。

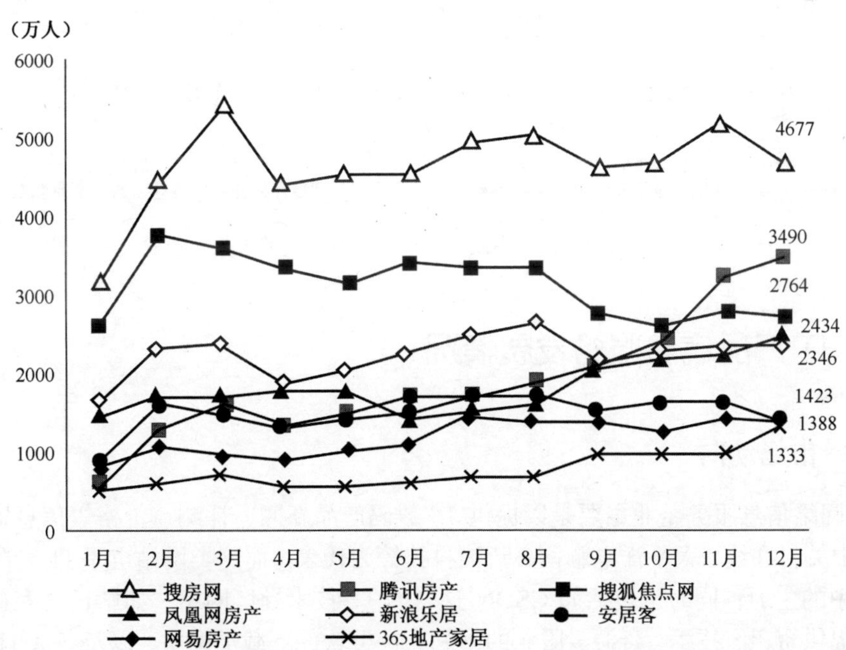

（数据来源：iUserTracker2013.2，基于对40万名家庭及办公（不含公共上网地点）样本网络行为的长期监测数据获得）

图26.9　2012年中国主要房地产网站月度覆盖人数

26.3.3 用户情况

2012 年在国家房产调控政策持续的背景下，年初开发商开始主动"以价换量"，消费者自住性住房需求逐步释放，加上 Q4 季度的 10 月是传统的房产交易及房产广告投放旺季，在开发商大量广告促销以及用户需求旺盛双向拉动下，2012 年下半年开始房产网站用户流量保持持续增长趋势。

数据显示，2012 年，中国房产网站月度覆盖人数总体呈现曲折上升的态势：分别在 4 月和 9 月出现下降，最高点出现在 12 月份，用户覆盖人数达到 16401 万人，相比 2012 年 1 月份的 10043 万人增长了 63.3%，其中新浪乐居、腾讯房产、凤凰房产、搜狐焦点网等用户流量的同比大幅增长是行业整体大幅增长的主要原因。门户网站对房产频道的持续发力，是推动 2012 年房产网络服务发展的重要因素（见图 26.10）。

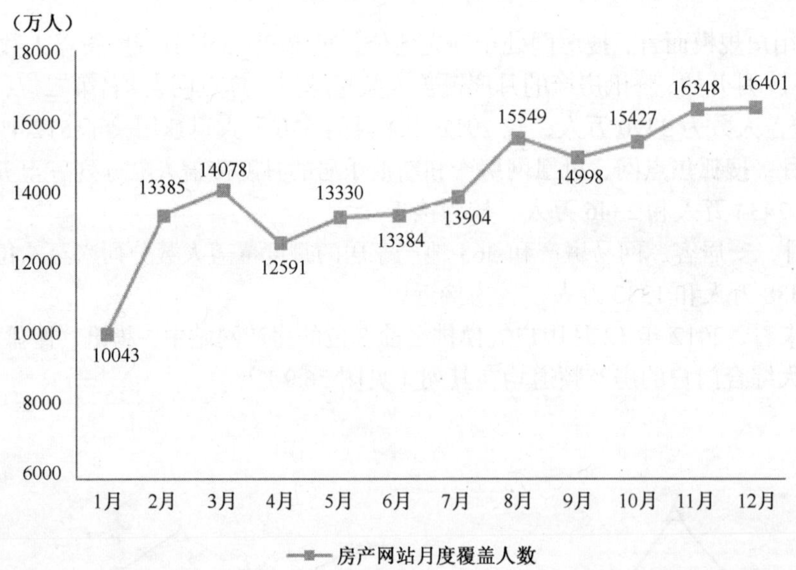

（数据来源：iUserTracker2013.2，基于对40万名家庭及办公（不含公共上网地点）样本网络行为的长期监测数据获得）

图26.10　2012年中国房地产网站月度覆盖人数

26.4 IT 产品信息服务发展情况

26.4.1 市场动向

IT 产品网络信息服务企业主要是以提供 IT 数码产品新闻、评测、价格等信息资讯为主的网站，以中关村在线、太平洋电脑网、新浪科技等为代表，而这类网站也是 IT 产品网络信息服务企业中的主力；同时也包括如 CSDN 这样的 IT 技术社区网站，如站长之家这样的针对网站站长提供资讯、技术、资源、服务的网站，各类软件下载类网站，以及各大 IT 相关厂商的官方网站。

IT 产品网络信息服务企业的营收主要来源于网络广告收入，而其广告主以 IT、数码产品类企业为主，其中垂直类 IT 数码资讯网站的 IT 数码类广告主比例相对更高。随着互联网电子商务的发展，传统电脑城 DIY 装机模式受到较大冲击，相关厂商对于垂直类 IT 数码资讯网站的广告投入也有一定程度的减少。目前，IT 产品网络信息服务企业依然是 IT 数码类广告主进行网络营销的重要阵地，但其广告主行业类别较为单一（尤其是垂直类 IT 数码资讯网站），是影响这类网站营收更快增长的重要原因。

26.4.2　网站情况

由于 IT 产品网络信息服务企业所包含的类别比较多，这里主要介绍其中最为典型以及月度覆盖人数相对较高的 IT 数码资讯网站（包括综合门户网站的 IT、数码频道和垂直类 IT、数码资讯网站）。

2012 年，就用户规模而言，中关村在线和太平洋电脑网处于明显领先地位，2012 年 12 月这两家网站的月度覆盖人数分别达 10426 万人和 8255 万人，分别较 2012 年 1 月的 9766 万人和 7541 万人上涨了 6.7%和 9.5%，用户规模整体保持较为稳定并呈季节性变化（见图 26.11）。

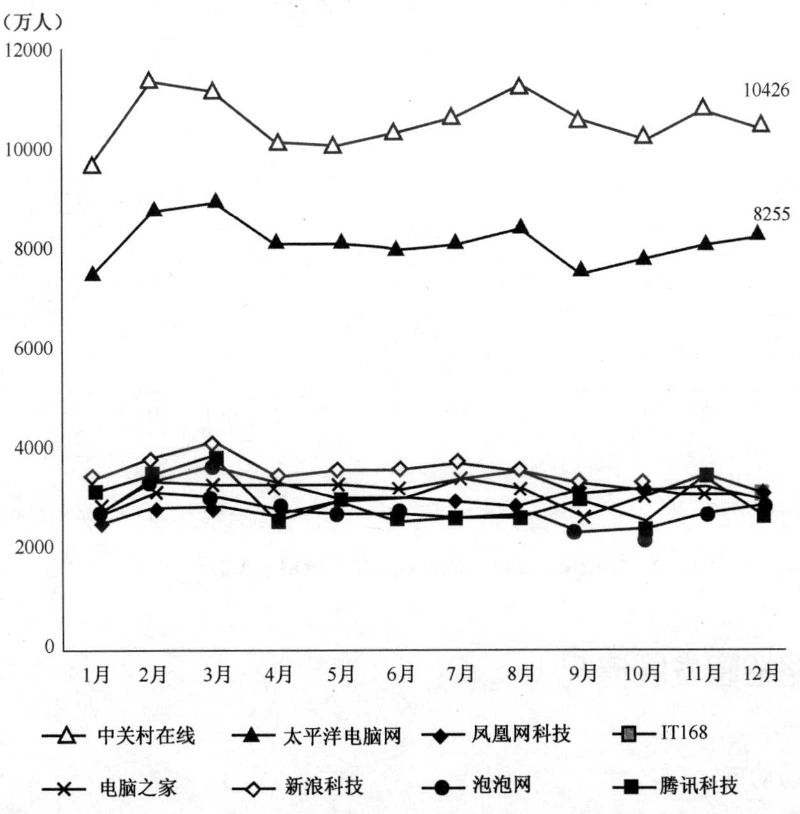

（数据来源：iUserTracker2013.2，基于对40万名家庭及办公（不含公共上网地点）样本网络行为的长期监测数据获得）

图26.11　2012年中国主要IT数码资讯网站月度覆盖人数

2012 年，凤凰网科技、IT168、电脑之家、新浪科技、泡泡网和腾讯科技的月度覆盖人数较为接近，整体处于 2000 万人至 3000 万人的量级区间，并呈交替领先的发展态势。2012 年 12 月，凤凰网科技、IT168、电脑之家、新浪科技、泡泡网和腾讯科技的月度覆盖人数分别为 3195 万人、3061 万人、2986 万人、2979 万人、2855 万人、2760 万人。

26.4.3 用户情况

数据显示，2012 年，中国 IT 数码网站月度覆盖人数总体呈现曲折上升的态势，并且其上下波动相对较为频繁：其月度覆盖人数共出现过 4 次下降（分别是 4 月、7 月、9 月和 11 月），最高点出现在 12 月份，用户覆盖人数接近 4 亿人，达到 39563 万人，相比 2012 年 1 月份的 33653 万人增长了 17.6%（见图 26.12）。其中，月度覆盖人数排名靠前的网站为 IT、数码资讯类网站（包括综合门户网站的 IT、数码频道和垂直类 IT、数码资讯网站）。

总体看来，2012 年中国 IT 数码网站的月度覆盖人数的波动幅度相对较小，整体的用户规模较为稳定。

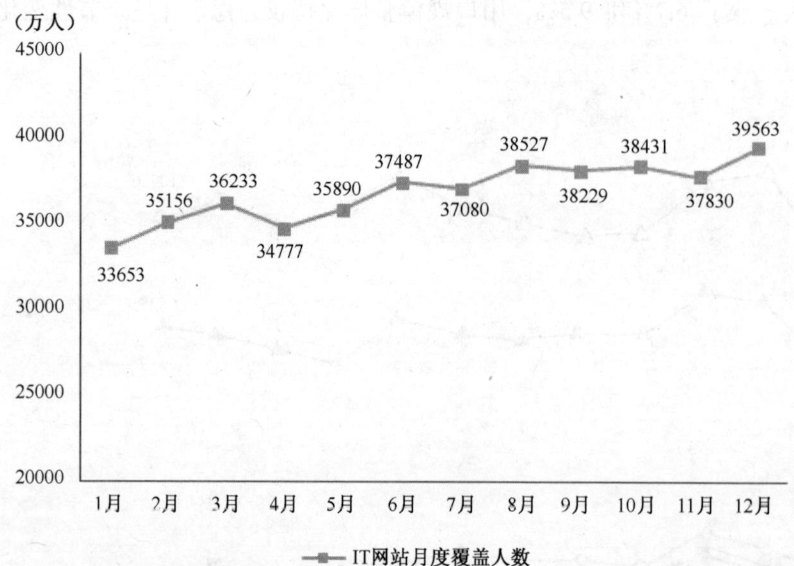

（数据来源：iUserTracker2013.2，基于对40万名家庭及办公（不含公共上网地点）样本网络行为的长期监测数据获得）

图26.12 2012年中国IT数码资讯网站月度覆盖人数

26.5 网络招聘发展情况

26.5.1 市场动向

数据显示，2012 年中国网络招聘市场营收规模为 26.8 亿元，同比增长 22.8%，增速有所放缓（见图 26.13）。网络招聘市场受宏观经济环境影响，中小企业从运营成本考虑缩减企业在招聘和培训等方面的费用支出，劳动力市场招聘意欲减弱，招聘网站营收增长放缓。从网络招聘市场内部格局来看，2012 年三大巨头格局被打破，逐渐呈现双寡头市场：前程无忧行业领先地位较为明显，市场份额亦相对稳定，智联招聘近两年增速较快，追赶势头迅猛，稳居第二，中华英才网被母公司 Monster 出售转让，其与前程无忧及智联招聘的差距越发明显，并从第一梯队滑落至第二梯队。

分析认为，三大巨头的瓦解，会对传统招聘网站有所启发：目前招聘网站同质化现象较为严峻，原有平台的招聘效果面临企业雇主与求职者的双重质疑，此外，也受到新兴社会化招聘方式的挑战。招聘网站运营商应从自身出发，切实解决好企业雇主与求职者的本质需求。

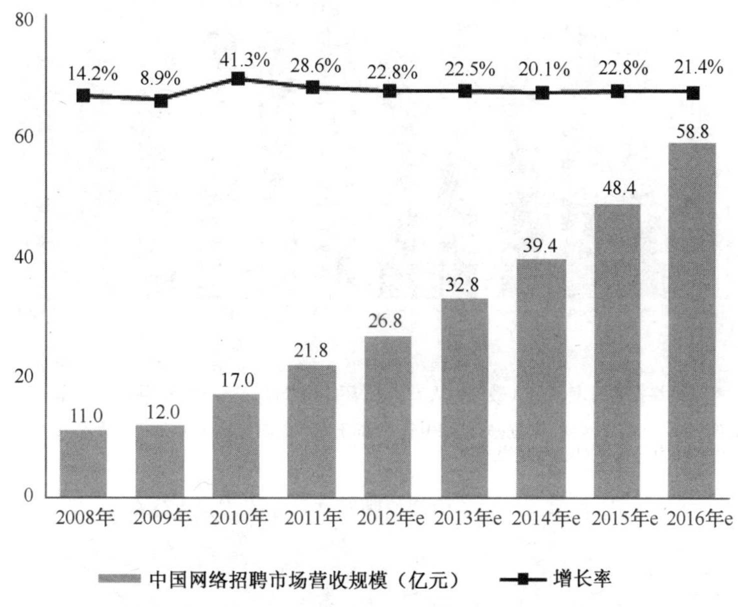

图26.13　2012年中国网络招聘市场营收规模

26.5.2　网站情况

数据显示，2012 年中国招聘网站月度覆盖人数较 2011 年有所增长，但波动趋缓，整体增速在 20.5%；从 2012 年各月份表现来看，2 月招聘网站月度覆盖人数环比上升了 69.6%，访问量增速迅猛，其原因在于随着春节假期后新一轮招聘旺季的到来，就业市场的求职需求有所上升。6 月以后招聘网站月度覆盖人数超过亿人，但环比增速缓慢。2012 年招聘网站月度覆盖人数环比增长幅度较小，并且增长幅度受求职季节影响较为明显（见图 26.14）。

分析认为，在招聘淡季时招聘网站月度覆盖人数增长较为平稳，同时受整体就业市场情况的影响使得 Q3、Q4 同比上年网站访问量均有一定增长，而 9、10 月份网站访问量同比大幅增长则说明了有更多毕业生和想跳槽人士提前做了准备。

数据显示，2012 年中国招聘网站用户月度浏览时间整体同比上年有小幅下降，但个别月份表现突出，如 2 月份月度浏览时间达到峰值点 3622 万小时，环比增幅最大，达到 217.9%；12 月份则较去年同期增幅较大，月度浏览时间为 2350 万小时，同比增长近 40%（见图 26.15）。

分析认为，此类网站的月度浏览时间同比呈下降趋势，且降幅较大，与微博、SNS 等新媒体招聘应用的出现不无关系，社交媒体在沟通、宣传上更能满足求职者的需求，针对性更强，定位也更准确，对传统的招聘网站构成了一定威胁。

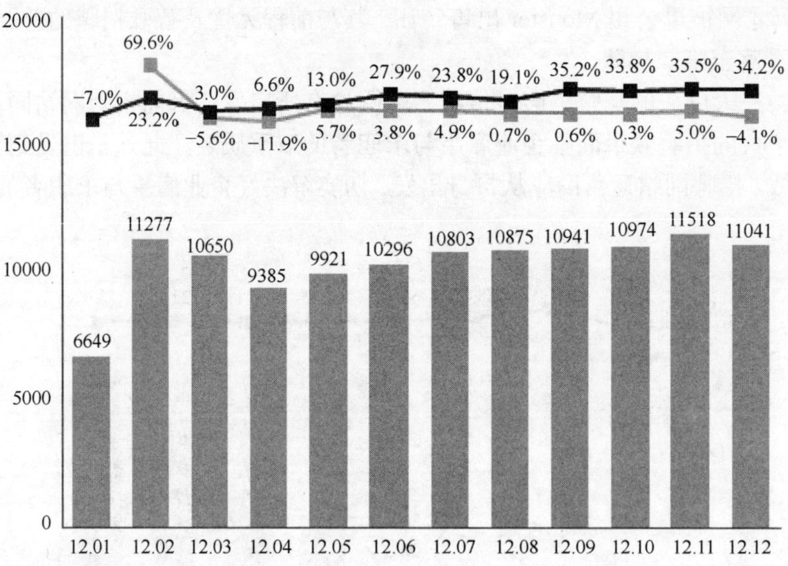

（数据来源：iUserTracker.家庭办公版2013.2，基于对40万名家庭及办公（不含公共上网地点）样本网络行为的长期监测数据获得）

图26.14　2012年中国招聘网站月度覆盖人数分布

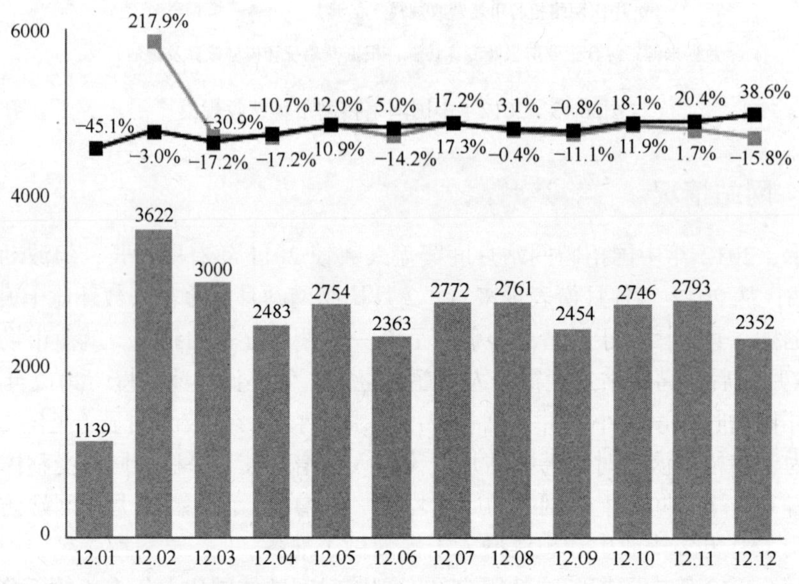

（数据来源：iUserTracker.家庭办公版2013.2，基于对40万名家庭及办公（不含公共上网地点）样本网络行为的长期监测数据获得

图26.15　2012年中国招聘网站月度覆盖人数分布

26.6　旅游/旅行信息服务发展情况

26.6.1　市场规模

艾瑞数据显示，2012 年中国在线旅游市场交易规模为 1729.7 亿元（见图 26.16），较 2011 年的 1313.9 亿元相比增长 31.6%。分析认为，2012 年中国在线旅游市场交易规模快速增长，主要源于机票、酒店、旅游度假等细分市场不同程度的增长，具体而言，机票依靠较高的发展成熟度，继续以较快的速度向传统机票预订渗透；酒店在线预订率低，但随着核心 OTA 及连锁酒店在线业务的拓展，酒店团购等预付产品的市场认可，酒店在线预订得到快速增长；旅游度假方面，周边游、出境游的火热，以及目的地营销的兴起，使得旅游度假成为增速最快的细分市场。

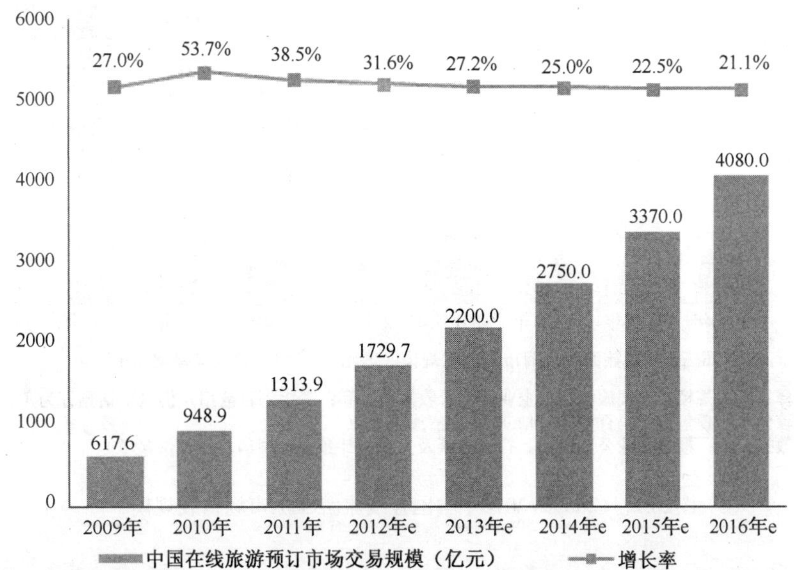

注释：在线旅游市场交易规模指在线旅游服务提供商通过在线或者Call Center预订并交易成功的机票、酒店、度假等旅行产品的价值总额。包括供应商的网络直销和第三方在线代理商的网络分销
（数据来源：根据企业公开财报、行业访谈及艾瑞统计预测模型估算，仅供参考）

图26.16　2009—2016年中国在线旅游市场交易规模

艾瑞数据显示，2012 年中国在线旅游 OTA 市场营收规模为 94 亿元，较 2011 年的 78.6 亿增长 19.7%（见图 26.17）。分析认为，2012 年在线旅游 OTA 市场营收规模的增长和在线旅游市场交易规模增速相比略有放缓，主要原因是 OTA 佣金率下降，具体而言，在线机票预订由于竞争的激烈以及航空公司直销的影响，导致 OTA 机票预订佣金率略有下滑；在线酒店预订由于 Q3、Q4 的价格战，核心企业纷纷开展返券返现活动，在很大程度上拉低了 OTA 酒店佣金收入。综上，以机票和酒店为核心业务的 OTA 营收受到较大影响，但是随着企业竞争和市场份额的稳定、价格战的逐步趋缓以及旅游度假业务份额的扩大，OTA 的营收增速将逐渐回升。

截至 2012 年年底，中国在线旅游 OTA 市场营收份额显示，携程以 46.9%的占比位于绝对领先地位，艺龙、同程网、号码百事通分别以 8.1%、5.8%和 3.4%的市场份额处于第二阵营，腾邦国际、芒果网等位于其后。艾瑞咨询认为，在线旅游市场核心 OTA 企业地位较为稳定，携程依托机票、酒店、旅游、商旅等业务一站式预订平台优势明显，艺龙专注于酒店预订，酒店预订间夜量提升较快，同程则依靠机票、酒店、周边游三条业务线互联网预订的快速发展，超越以电话预订为主的号百商旅，成为在线旅游市场的核心玩家之一。

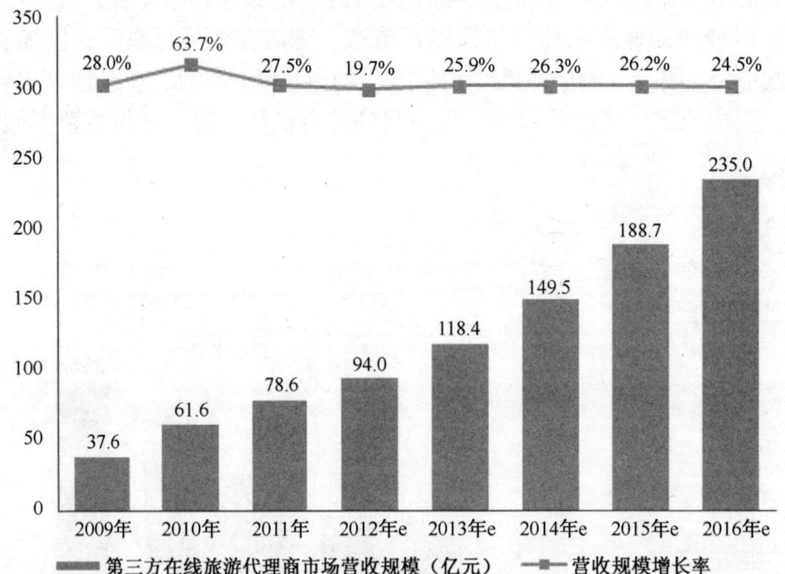

图26.17　2009—2016年中国在线旅游OTA市场营收规模

26.6.2　用户情况

数据显示，2012 年中国在线旅游服务月度覆盖人数得到快速增长，月均月度覆盖人数达 9965 万人，接近一亿，全年来看，仅有 2 月和 5 月的月度覆盖人数低于 9000 万人，其余月份均在 9000 万人以上，后半年甚至保持在 1 亿人以上，同比增速亦较前半年高出 10～20 个百分点（见图 26.18）。艾瑞咨询认为，近年来国民休闲旅游需求的不断发掘以及互联网对生活方式的改变是该数据快速增长的核心原因，同时 2012 年在线旅游核心企业大力进行市场推广，价格战和促销吸引了越来越多的人通过在线方式进行旅游服务的预订，而这一增长速度预计还将持续 4、5 年。

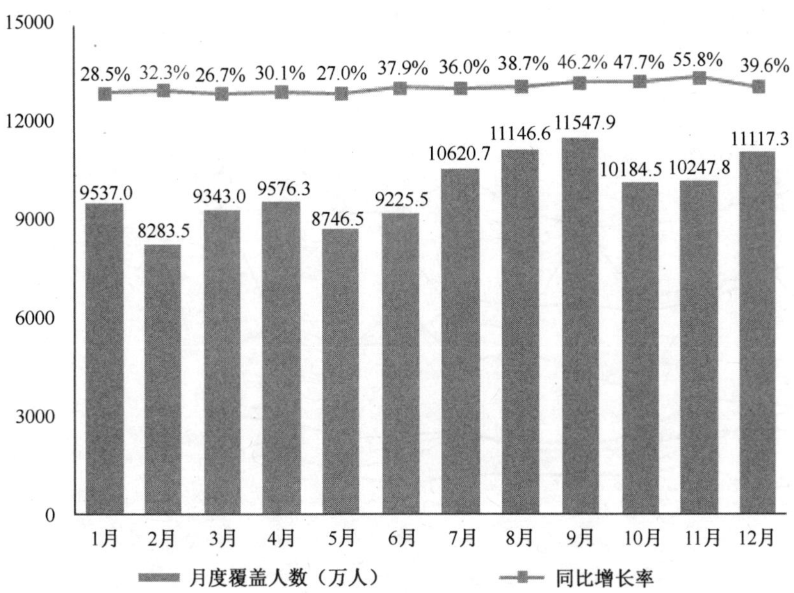

（数据来源：iUserTracker2013.2，基于对40万名家庭及办公（不含公共上网地点）样本网络行为的长期监测数据获得）

图26.18　2012年中国在线旅游服务月度覆盖人数

26.7　汽车信息服务发展情况

26.7.1　市场动向

2000 年以来，中国汽车行业进入高速发展期，产销量均出现井喷。以汽车垂直网站为代表的汽车网站在提供传统汽车资讯的基础上，为消费者提供购车用车指导，这些汽车网站的用户规模持续增长的同时也实现了其媒体价值的提升。面对快速增长的汽车网站以及不断增加的用户规模，品牌汽车厂商和经销商的网络广告的投放规模也在不断加大，互联网在汽车营销中地位愈发重要。汽车网络信息服务主要分为提供汽车价格、性能、评测、经销商信息等内容的汽车网站，以及专注二手车领域的二手车网站。

2012 年是重大体育赛事较为密集的一年，其中以夏季举办的欧洲杯和伦敦奥运会为代表，而重大体育赛事期间向来是各大汽车厂商集中投放广告的时期。

2012 年，是汽车电商发展的元年，以车易拍、优信拍、即时拍、开心帮卖为代表的二手汽车电商网站切入二手车市场，推出无须现场看车、互不见面的竞价营销模式。虽然这些二手汽车电商目前在整个二手车网站中占有的交易份额还较小，但却为二手车网站的发展提供了新的发展思路。

26.7.2　网站情况

目前，没有一家汽车网站的用户规模能处于明显领先的地位。2012 年，腾讯汽车的月度覆盖人数在 6 月和 10 月两次超越汽车之家。2012 年 12 月，腾讯汽车的月度覆盖人数为 7598

万人，位居首位，汽车之家和搜狐汽车分别以 6919 万人和 6776 万人的用户规模位居二、三位（见图 26.19）。

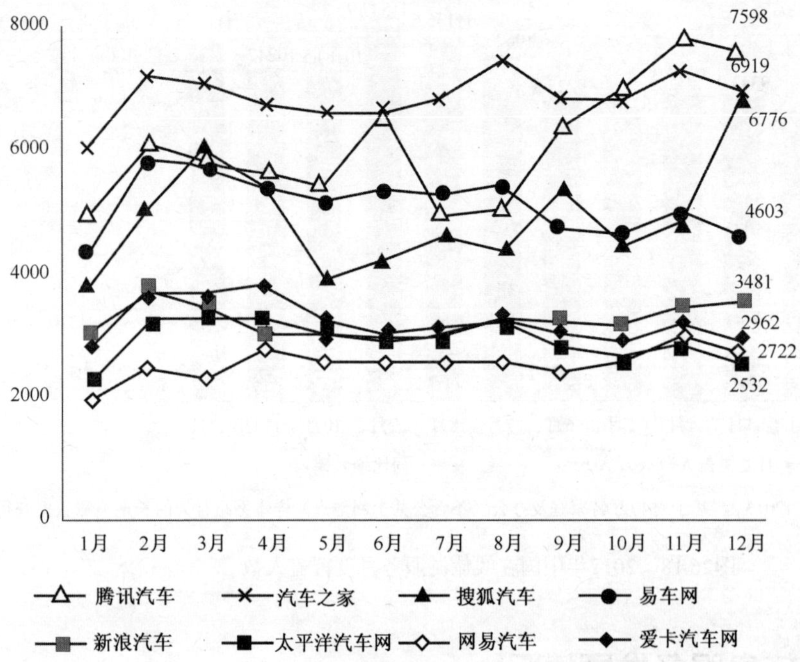

（数据来源：iUserTracker2013.2，基于对40万名家庭及办公（不含公共上网地点）样本网络行为的长期监测数据获得）

图26.19　2012年中国主要汽车资讯网站月度覆盖人数（万人）

2012 年 12 月，三家综合门户网站腾讯、搜狐和网易的汽车频道月度覆盖人数分别为 7598 万人、6776 万人和 2722 万人，分别较 2012 年 1 月增长 55.4%、79.5%和 38.2%，领先于其他五家汽车资讯网站。

二手车网站的用户规模整体要远低于汽车资讯网站，其中重要的原因是二手车交易量仍处于较低水平。

2012 年，二手车之家和淘车网的用户规模处于领先地位。2012 年 12 月，二手车之家的月度覆盖人数为 768 万人，淘车网的月度覆盖人数为 679 万人。其中 2012 年淘车网月度覆盖人数自 2 月开始连续三个月下滑，主要原因是 2012 年 4 月 1 日起原优卡二手车网更名为淘车网所带来的品牌关注度暂时下降（见图 26.20）。

2012 年 12 月，51 汽车和 273 二手车的月度覆盖人数分别为 497 万人和 236 万人，分别较 2012 年 1 月大幅增长 235.9%和 324.8%，明显领先于其他二手车网站。

26.7.3　用户情况

艾瑞数据显示，2012 年，中国汽车网站的月度覆盖人数总体呈现曲折上升、较快增长的态势：其月度覆盖人数从 2012 年 1 月的 17940 万人上升至 2012 年 12 月的 25783 万人，上涨幅度为 43.7%。2012 年，中国汽车网站的月度覆盖人数分别在 3 月、5 月、7 月和 10 月出现下降，但是下降幅度比较小（见图 26.21）。

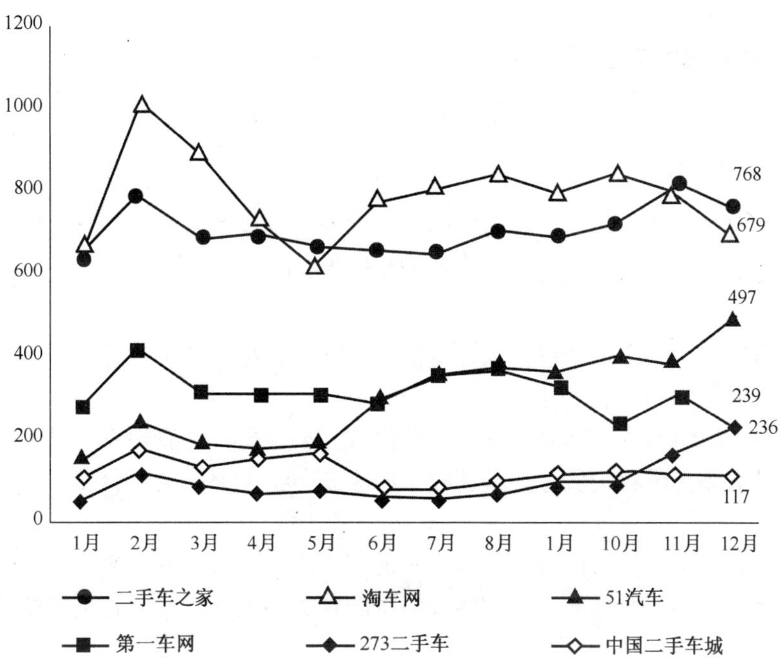

（数据来源：iUserTracker2013.2，基于对40万名家庭及办公（不含公共上网地点）样本网络行为的长期监测数据获得）

图26.20　2012年中国主要二手汽车网站月度覆盖人数（万人）

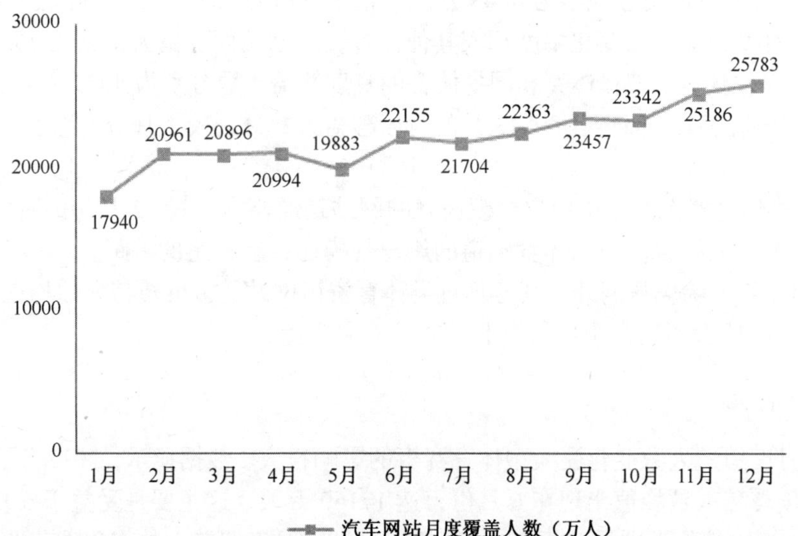

（数据来源：iUserTracker2013.2，基于对40万名家庭及办公（不含公共上网地点）样本网络行为的长期监测数据获得）

图26.21　2012年中国汽车网站月度覆盖人数

其中，月度覆盖人数排名靠前的网站以提供汽车类相关资讯信息为主的汽车网站居多，二手车网站的用户规模相对较低，这反映出来目前二手车的线上营销仍有较大的发展空间。

26.8 体育信息服务发展情况

26.8.1 市场动向

体育网络信息服务企业主要是提供体育信息、赛事直播等服务的体育资讯网站（包括综合门户的体育频道和垂直类体育网站），以提供体育数据内容为主的体育网站，以及体育类社区网站。

目前体育网络信息服务企业中以提供体育信息、赛事直播等服务的体育资讯网站为主，这类网站的营收来源以网络广告为主。

以提供体育数据内容为主的体育网站的运营模式主要以国际体育数据为基础，为体育爱好者和彩票用户等群体提供相关服务。其营收来源主要包括网络广告、付费推介、彩票销售分成等。

相较前两类体育网站而言，体育类社区网站的用户规模较低，其盈利模式也不够清晰。

随着体育信息渠道的不断增多，以及体育信息的种类不断增加，体育类网站的用户已经不仅仅是体育爱好者，其关注的内容也趋于多元化。

26.8.2 网站情况

2012 年，腾讯体育的月度覆盖人数位居首位，其月度覆盖人数的峰值出现在 6 月份，高达 9840 万人；其 12 月的月度覆盖人数为 6648 万人，较 1 月份的 6351 万人小幅上涨 4.7%。腾讯体育 2012 年的月度覆盖人数变化幅度相较其他体育资讯网站而言更大（见图 26.22）。

2012 年 12 月，新浪体育、搜狐体育和网易体育的月度覆盖人数分别为 4625 万人、3756 万人和 2323 万人，分别位列二至四位。其 12 月的月度覆盖人数分别较 1 月份上涨了 10.3%、38.6%和 15.6%。

2012 年，垂直类体育资讯网站中用户规模最高的网站是虎扑网，其 12 月份的月度覆盖人数为 1230 万人，与主要综合门户的体育频道的用户规模还存在一定的差距。

总体看来，2012 年，除虎扑网外，其他垂直类体育资讯网站的月度覆盖人数均在 1000 万人以下，综合门户的体育频道在用户规模上占据了较大优势。

26.8.3 用户情况

体育类网站的月度覆盖人数变化受大型体育赛事的影响很大。数据显示，2012 年，中国体育资讯网站的月度覆盖人数峰值出现在 6 月份，达 17160 万人，这主要是受益于 6 月份开赛的欧洲杯的推动。相比其他类别网站而言，体育资讯网站的月度覆盖人数变化季节性更强，其峰值出现的月份也与其他类别网站不同（其他网站均为 12 月份）。2012 年 12 月，中国体育资讯网站的月度覆盖人数为 15650 万人，相比 1 月份的 12204 万人上涨了 28.2%（见图 26.23）。

其中，在各大体育资讯网站中，综合门户的体育资讯频道在用户规模上占有较大优势，而其重要的原因是综合门户的体育资讯频道拥有丰富的体育信息、专业的评论文章以及大量的体育视频内容。

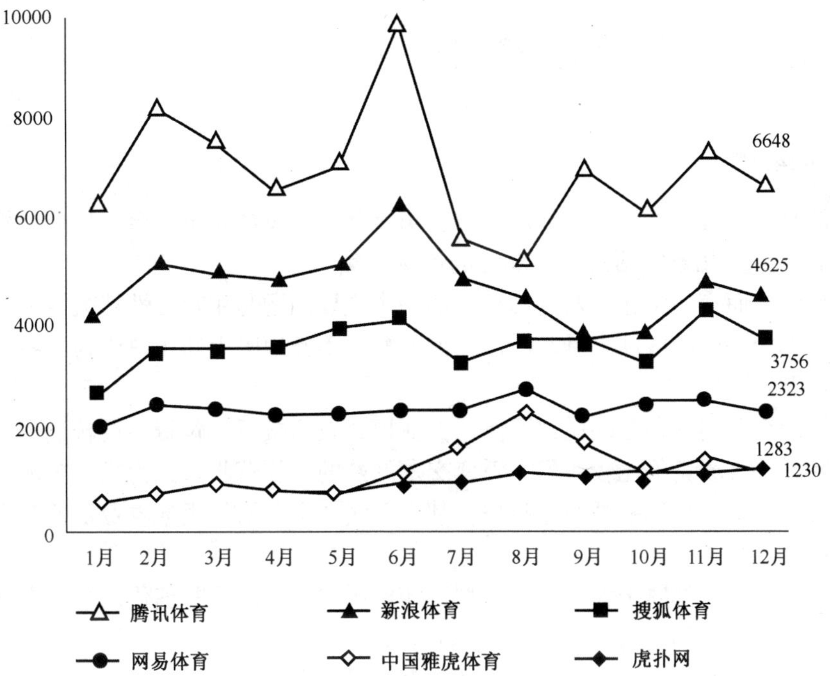

注释：从2012年4月起iUserTracker对虎扑网进行监测
（数据来源：iUserTracker2013.2，基于对40万名家庭及办公（不含公共上网地点）样本网络行为的长期监测数据获得）

图26.22　2012年中国主要体育资讯网站月度覆盖人数（万人）

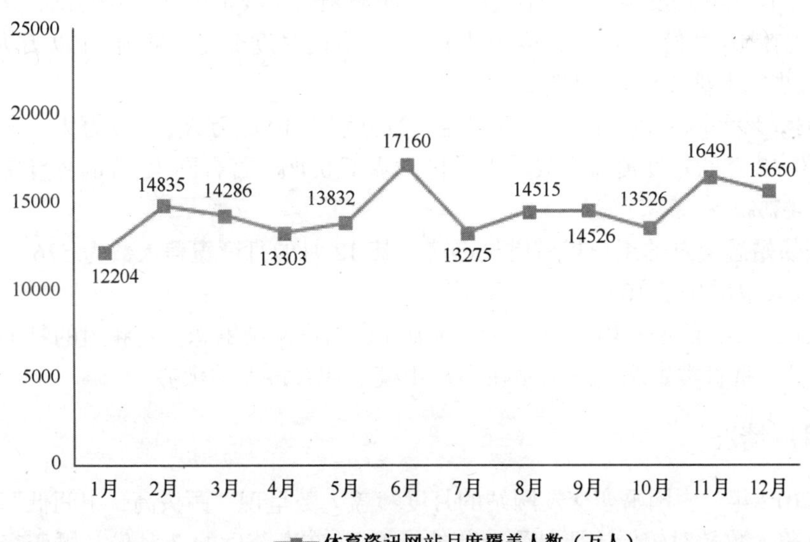

（数据来源：iUserTracker2013.2，基于对40万名家庭及办公（不含公共上网地点）样本网络行为的长期监测数据）

图26.23　2012年中国体育资讯网站月度覆盖人数

26.9 婚恋交友信息服务发展情况

26.9.1 市场动向

随着互联网的高速发展，婚恋网站已成为单身男女相亲交友的重要平台。目前，婚恋交友市场集中度较高，少数几家网站占据大部分的市场份额。

相比其他类型网站而言，婚恋交友网站存在的一个主要问题是用户黏性持久性较差，大多数用户把婚恋网作为一个阶段性工具。所以，如何源源不断地吸引新用户成为了各大婚恋交友网站的重要课题。

目前，国内婚恋交友网站存在同质化严重、商业模式较为接近、付费会员转换率较低、营销成本较高等问题，市场竞争比较激烈。婚恋交友网站的主要营收来源为线上会员及增值服务收费、线下活动收费和高端猎婚服务收费，其中在线会员及增值服务收费是婚恋交友网站的主要收入来源。

国内婚恋交友网站基本都属于大而全的类型，随着用户需求的不断细化，婚恋交友网站将面临拓展细分市场、精准锁定目标客户的课题。

另外，婚恋交友网站的信息可信度与真实性一直是受到质疑的地方，这也直接影响了用户的付费意愿。如何提高交友信息的可信度是婚恋交友网站亟待思考的问题。

26.9.2 网站情况

2012 年，世纪佳缘的月度覆盖人数位居首位，明显领先于其他婚恋交友网站，其月度覆盖人数的峰值出现在 10 月份，高达 2534 万人；其 12 月的月度覆盖人数为 2199 万人，较 1 月份的 2144 万人小幅上涨 2.5%（见图 26.24）。

2012 年 12 月，珍爱网、百合网的月度覆盖人数分别为 1002 万人、830 万人，分别位列二至三位。珍爱网 12 月的月度覆盖人数较 1 月份微降了 0.4%，百合网 12 月的月度覆盖人数较 1 月份上升了 4.7%。

2012 年，网易婚恋交友的用户规模增长迅速，其 12 月的月度覆盖人数为 526 万人，较 1 月份的 257 万人大幅增长了 104.5%。

总体看来，2012 年，除网易婚恋交友外，其他综合门户网站婚恋交友频道的月度覆盖人数均处于较低水平，垂直类婚恋交友网站在用户规模上拥有很大的优势。

26.9.3 用户情况

数据显示，2012 年，中国婚恋交友网站的月度覆盖人数呈现“两头高，中间低”的态势（1 月份的月度覆盖人数相对较低主要是受春节的影响），在春节后的 2 月份，婚恋交友网站的月度覆盖人数快速增长，但从 2 月开始呈下降趋势。从 8 月份开始，互联网交友网站的月度覆盖人数开始呈上升趋势，并在 11 月达到峰值 5360 万人。2012 年 12 月，中国婚恋交友网站的月度覆盖人数为 5344 万人，较 1 月份的 4591 万人增长了 16.4%（见图 26.25）。

其中，综合门户网站婚恋交友网站的用户规模总体要低于垂直类婚恋交友网站。

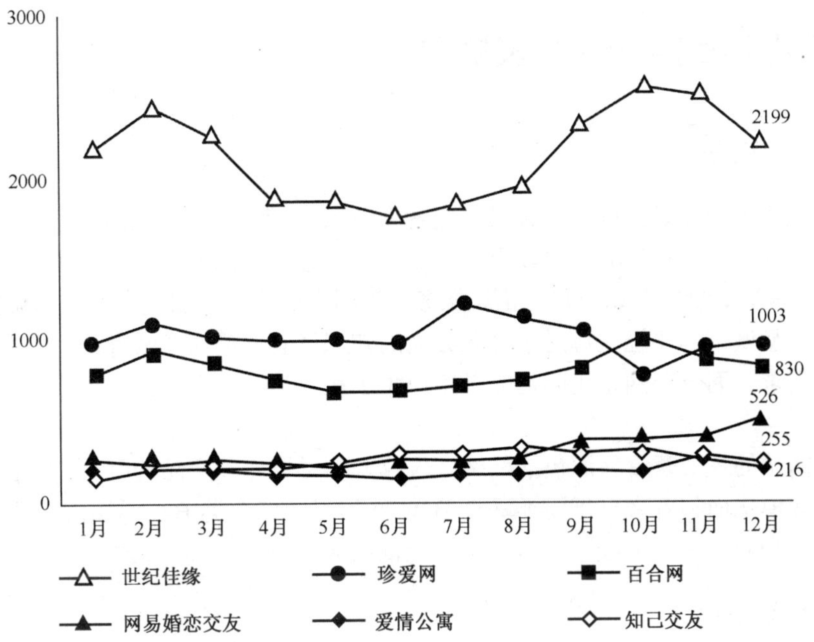

注释：网易婚恋交友包括网易同城约会和网易花田
（数据来源：iUserTracker2013.2，**基于对**40**万名家庭及办公（不含公共上网地点）样本网络行为的长期监测数据获得）**

图26.24　2012年中国主要婚恋交友网站月度覆盖人数（万人）

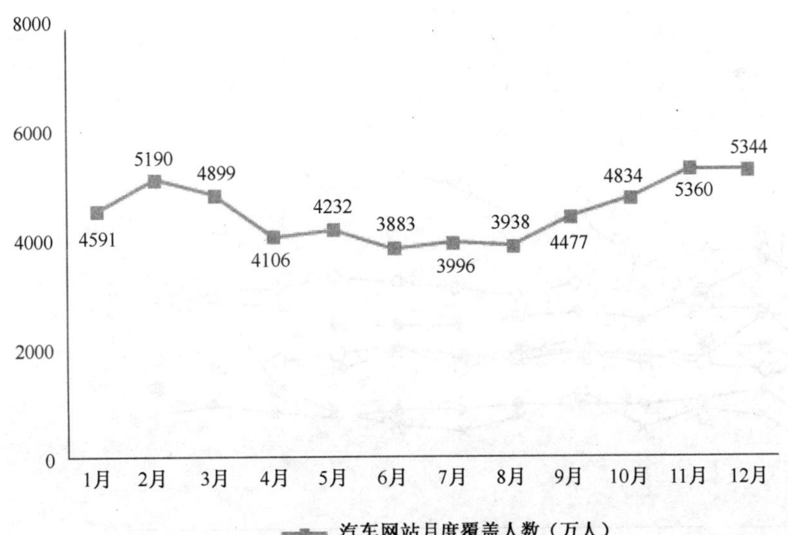

（数据来源：iUserTracker2013.2，**基于对**40**万名家庭及办公（不含公共上网地点）样本网络行为的长期监测数据获得）**

图26.25　2012年中国主要婚恋交友网站月度覆盖人数

26.10 母婴网络信息服务发展情况

26.10.1 市场动向

母婴网络信息服务企业是指面向年轻父母或者准备做父母的夫妇，提供孕育、婴幼儿的营养、健康、智力开发、情感培养、早教等方面的相关信息，为该类人群育儿提供全面、专业的指导的网站。同时，母婴网站也提供论坛服务，为用户搭建育儿知识、经验交流的平台。年轻父母尤其是大型城市的年轻父母对于育儿方面的知识经验、婴幼儿教育，以及婴幼儿相关产品有很大的需求，而母婴网站正满足的是用户关于教育学习、交流、母婴相关产品消费这三方面的需求。

目前，母婴网站的主要营收来源包括网络广告收入和母婴相关产品的电子商务营收，但是电子商务的商业模式面临着来自母婴类垂直 B2C 网站以及综合类 B2C 网站的激烈竞争。部分母婴网站也在积极探索线上线下早教、个性化商品定制等新的商业模式。

26.10.2 网站情况

2012 年，宝宝树的月度覆盖人数位居首位，其月度覆盖人数增长迅速，并逐步拉开了与其他母婴网站的差距。其月度覆盖人数的峰值出现在 12 月份，高达 3474 万人，较 1 月份的 1803 万人大幅上涨 92.6%（见图 26.26）。

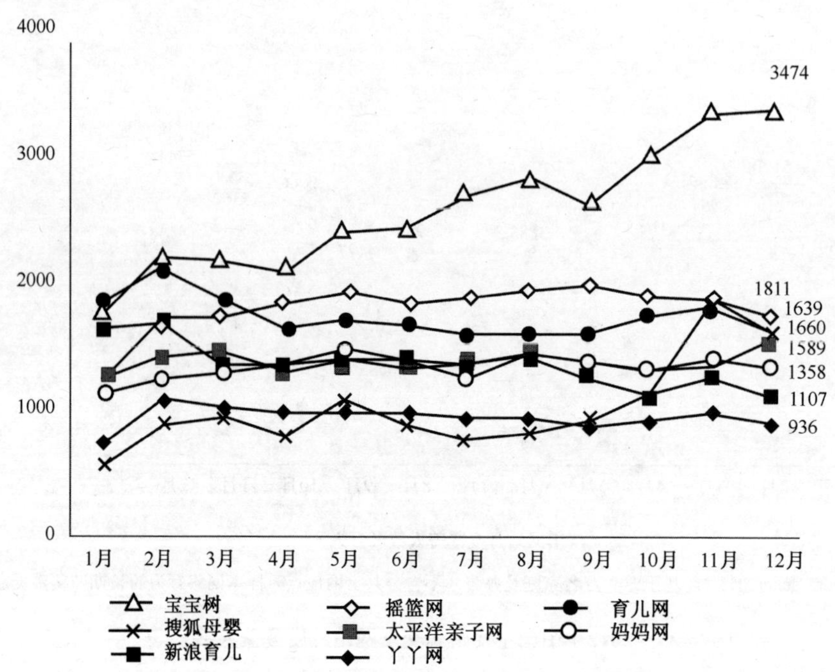

（数据来源：iUserTracker2013.2，基于对40万名家庭及办公（不含公共上网地点）样本网络行为的长期监测数据获得）

图26.26 2012年中国主要婚恋交友网站月度覆盖人数（万人）

2012 年 12 月，摇篮网、育儿网、搜狐母婴、太平洋亲子网的月度覆盖人数分列二至五位，且较为接近，分别为 1811 万人、1639 万人、1660 万人和 1589 万人。其中搜狐母婴的月度覆盖人数增长最为迅速，其 12 月的月度覆盖人数相较 1 月份的 577 万人快速增长了 183.9%。

总体看来，2012 年，在用户规模方面，母婴网站的竞争还比较激烈。另外，垂直类母婴网站在用户规模方面较综合门户网站的母婴育儿频道拥有一定的优势。

26.10.3　用户情况

数据显示，2012 年，中国母婴网站的月度覆盖人数总体呈现上升趋势，其峰值出现在 11 月份，达 12940 万人。2012 年 12 月，中国母婴网站的月度覆盖人数为 12867 万人，较 1 月份的 9081 万人上涨了 41.7%（见图 26.27）。

2012 年，中国母婴网站的月度覆盖人数分别于 4 月份、6 月份、9 月份和 12 月份出现下降，但下降的幅度比较小，总体呈现稳定增长的态势，这也反映出中国网民尤其是年轻父母或即将育儿的夫妇对于母婴育儿相关信息资讯存在较大的需求。

其中，垂直类母婴网站的用户规模总体要高于综合门户的母婴育儿频道。

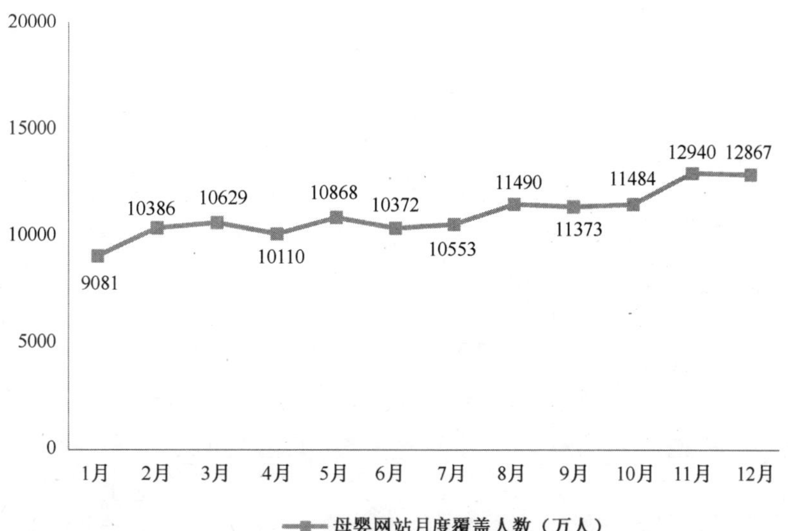

（数据来源：iUserTracker2013.2，基于对40万名家庭及办公（不含公共上网地点）样本网络行为的长期监测数据获得）

图26.27　2012年中国母婴网站月度覆盖人数

（艾瑞咨询　徐昊、王亭亭、张晶）

第四篇

附录

2012年中国互联网发展大事记

2012年全国电信业统计公报

2012年中国互联网发展状况分析报告

附录A　2012年中国互联网发展大事记

1. 2012年伊始，近50家主流媒体网站加入了改制上市大潮。人民网于4月27日成功登陆上海证券交易所，创造了中国资本市场的两个第一：第一家在国内A股上市的新闻网站，第一家在国内A股整体上市的媒体企业。

2. 3月12日，两大网络视频上市公司优酷网与土豆网宣布以100%换股的方式合并，这是中国资本市场首次强强联合。8月20日上午消息，优酷土豆集团公司正式成立，优酷CEO古永锵将担任集团董事长兼CEO。

3. 3月20日，北京警方宣布，经过40多天侦查，破获了CSDN网站用户数据泄露案，疑犯曾某2010年4月利用网站漏洞窃取用户数据。CSDN因技术保护落实不到位，被行政警告处罚。警方由此案还带破另外4起网络案，包括入侵网络商城，窃取用户数据，以及登录微博账号等。

4. 3月21日，移动通信市场分析公司Flurry发布报告称，中国2月采用苹果iOS或谷歌安卓操作系统的智能手机、平板电脑的新增用户数量，首次超过美国，占世界第一位。

5. 3月30日，工信部启动宽带普及及提速工程，旨在推动宽带普及及提速，网络惠及民生。同时包括阿里巴巴、百度、金山等16家企业也表示将积极参与工程，并向全国的互联网界发出积极推进网络网站扩容、创新和丰富网络应用等五条倡议。

6. 5月，工业和信息化部发布《互联网行业“十二五”发展规划》。《规划》明确了“对经济社会贡献持续提高”等七大发展目标，将从网络、市场、技术环境等方面实现产业的全面升级，使之更好地服务于经济发展和社会民生。

7. 6月28日，国务院发布《关于大力推进信息化发展和切实保障信息安全的若干意见》，提出加快建设下一代信息基础设施，推动信息化和工业化深度融合，构建现代信息技术产业体系，全面提高经济社会信息化发展水平。

8. 7月12日，由公安部督办的查处境外淫秽色情网站“MM公寓”在广东肇庆被破获，共抓获犯罪嫌疑人8名，其中刑拘4人，治安处罚4人。一系列涉黄大案要案的侦破，凸显政府管理部门加大网络信息安全处置能力得到了提升。

9. 7月19日，中国互联网络信息中心（CNNIC）发布第30次“中国互联网络发展状况统计报告”显示，截至2012年6月底，通过手机接入互联网的网民数量为3.88亿，通过台式电脑接入互联网的有3.80亿，手机首次超越台式电脑，成为中国网民的第一大上网终端。而微博则成为使用率增幅最大的手机应用。

10. 8月，百度与奇虎360爆发搜索引擎规则之争，引发行业多方关注。11月1日，在中国互联网协会组织下，12 家企业签署《互联网搜索引擎服务自律公约》，承诺积极构建健康、文明、向上的互联网搜索引擎传播秩序，遵循国际通行的行业惯例与商业规则，遵循公平、开放和促进信息自由流动的原则，营造鼓励创新、公平公正的良性竞争环境。

11．11 月 11 日，淘宝天猫平台举行“双 11”购物节活动，全天交易金额达到 191 亿元，创全球网购单日交易额新高。至 11 月 30 日，阿里巴巴集团宣布，淘宝、天猫当年交易总额突破 1 万亿元。

12．12 月 24 日，工业和信息化部发布数据显示，1～11 月，我国移动电话用户累计净增 1.18 亿户，达到 11.04 亿户。其中，3G 用户净增 9206.2 万户，达到 2.20 亿户，移动用户渗透率由上年末的 13%提升至 20%。

13．12 月 28 日，第十一届全国人民代表大会常务委员会通过《关于加强网络信息保护的决定》，规定任何组织和个人不得窃取或者以其他非法方式获取公民个人电子信息，不得出售或者非法向他人提供公民个人电子信息。多个部委、省份发布互联网管理规定，有力地推进了中国互联网的有序发展。

14．截至 3 月底，微信用户突破 1 亿；9 月 17 日，微信用户破 2 亿；截至 2012 年年底，微信用户达 3 亿。中国互联网络信息中心（CNNIC）发布第 30 次“中国互联网络发展状况统计报告”显示，微博成为 2012 年度使用率增幅最大的手机应用。

（中国互联网协会）

附录 B　2012 年全国电信业统计公报

2012 年，面对严峻的国内国际经济形势，我国电信业认真贯彻落实党中央、国务院的决策部署，深入贯彻科学发展观，持续围绕转型和创新两条主线，坚持“稳增长、调结构”的发展目标，着力建设网络基础设施，深入实施“宽带中国”工程，加快普及 3G 业务和应用，电信资费综合价格水平持续下降，市场结构逐步优化，有效推动了国民经济和社会信息化发展，全行业继续保持健康平稳运行。

1. 总体情况

经初步核算，2012 年全行业完成电信业务总量 12984.6 亿元，同比增长 11.1%；实现电信业务收入 10762.9 亿元，同比增长 9.0%；完成电信固定资产投资 3613.8 亿元，同比增长 8.5%。

2012 年，电信综合价格水平同比下降 1.9%（见图 B.1）。

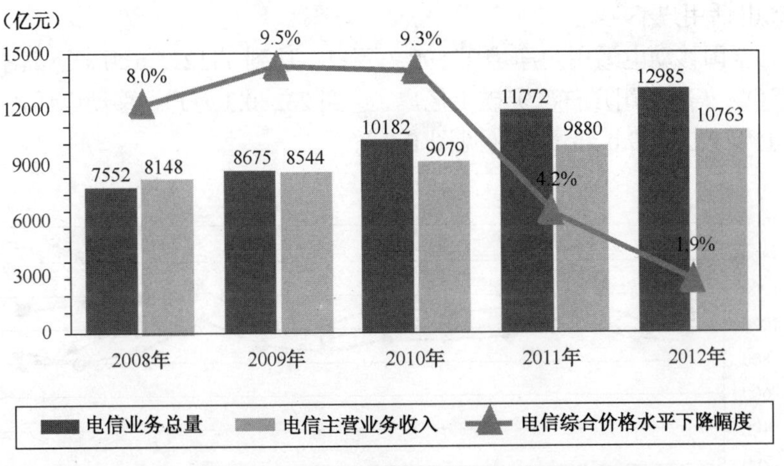

图B.1　2008—2012年电信综合价格水平下降情况

2. 电信用户

2012 年，全国电话用户净增 11895.7 万户，总数达到 139030.8 万户。其中，移动电话用户达到 111215.5 万户，在电话用户总数中所占的比重达到 80.0%（见表 B.1 和图 B.2）。

表 B.1　2008—2012 年电话用户到达数和净增数

	单位	2008 年	2009 年	2010 年	2011 年	2012 年
到达数	万户	98160	106095	115335	127137	139031
净增数	万户	6866	7934	9240	11802	11896

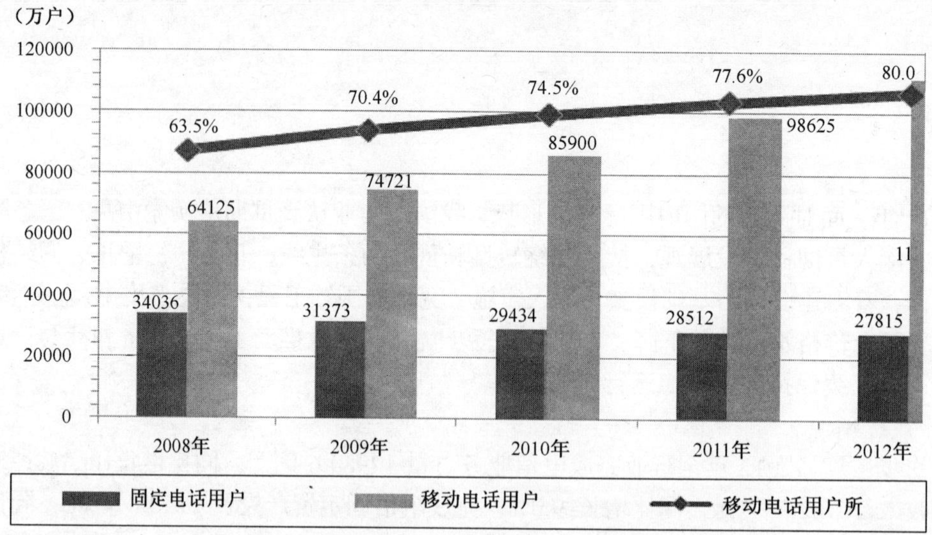

图B.2　2008—2012年移动电话用户所占比重

（1）移动电话用户

2012 年，全国移动电话用户净增 12590.2 万户，达到 111215.5 万户。其中，3G 用户净增 10438.0 万户，年净增用户首次突破 1 亿户，达到 23280.3 万户。移动电话普及率达到 82.6 部/百人，比上年末提高 9.0 部/百人（见图 B.3）。

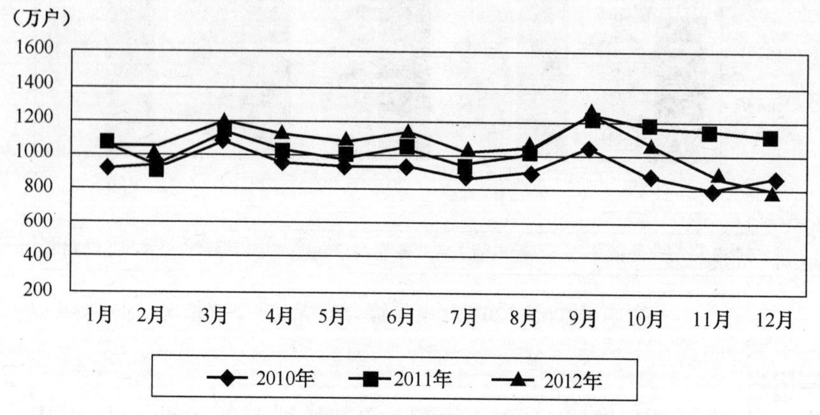

图B.3　2010—2012年移动电话用户各月净增比较

移动增值业务中，移动个性化回铃业务用户达到 60838.4 万户，渗透率达到 54.7%；移动短信业务用户达到 76481.5 万户，渗透率达到 68.8%；移动彩信业务用户达到 20704.3 万户，渗透率达到 18.6%；手机报业务用户达到 9592.5 万户，渗透率达到 8.6%（见图 B.4）。

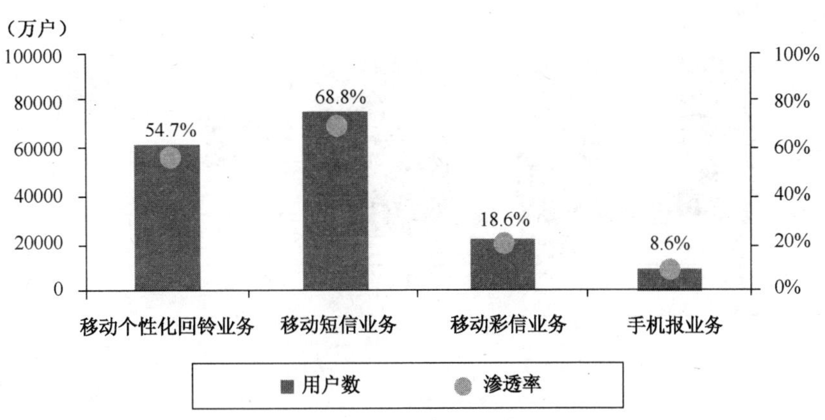

图B.4　2012年主要移动增值业务发展情况

（2）固定电话用户

2012年，全国固定电话用户减少694.5万户，达到27815.3万户。其中，城市电话用户减少228.3万户，达到18893.4万户；农村电话用户减少466.2万户，达到8921.9万户。固定电话普及率达到20.7部/百人，比上年末下降0.6部/百人（见图B.5）。

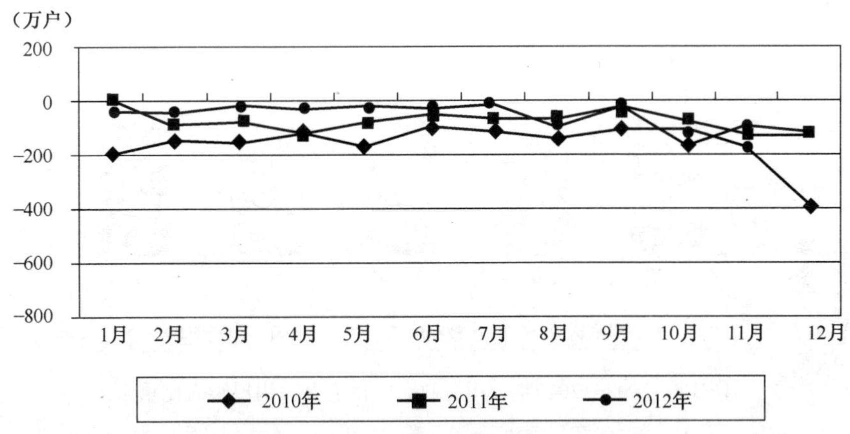

图B.5　2010—2012年固定电话用户各月净增比较

固定电话用户中，传统固定电话用户减少134.2万户，达到26590.4万户；无线市话用户减少560.3万户，达到1224.9万户。无线市话用户在固定电话用户中所占的比重从上年末6.3%下降到4.4%（见图B.6）。

固定电话用户中，住宅电话用户减少950.8万户，达到18322.0万户；政企电话用户净增377.4万户，达到7146.2万户；公用电话用户减少121.1万户，达到2347.1万户。与往年相比，政企电话用户所占比重有所上升，住宅电话用户所占比重有所下降（见图B.7）。

（3）互联网用户

2012年，全国网民数净增0.51亿人，达到5.64亿人。手机网民数净增0.64亿人，达到4.20亿人，占网民总数的74.5%；农村网民数净增0.2亿人，达到1.56亿人，占网民总数的27.7%。网络购物用户净增0.48亿户，总规模达到2.42亿户。微博用户净增0.59亿户，总规模达到3.09亿户。互联网普及率达到42.1%，比2011年年末提高3.8个百分点（见图B.8）。

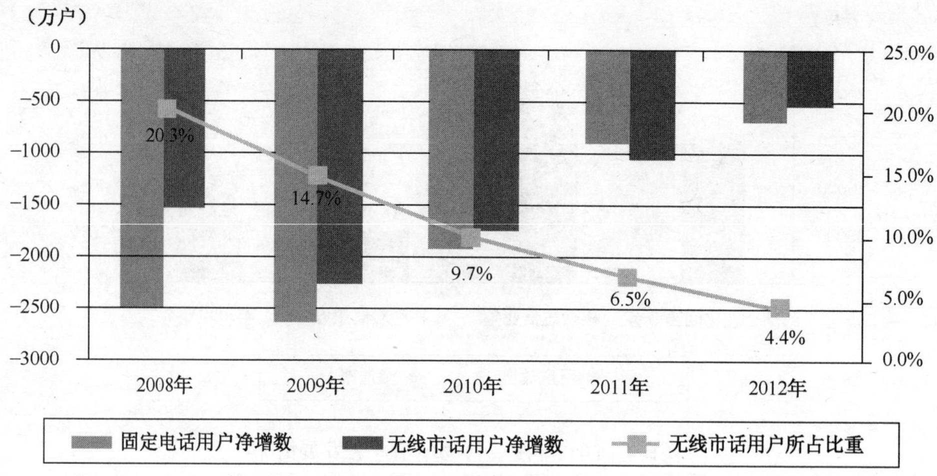

图B.6　2008—2012年无线市话用户所占比重

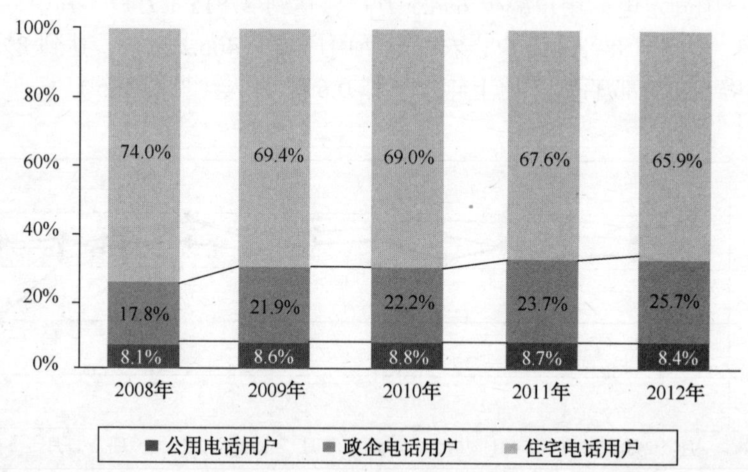

图B.7　2008—2012年公用、政企、住宅电话用户所占比重

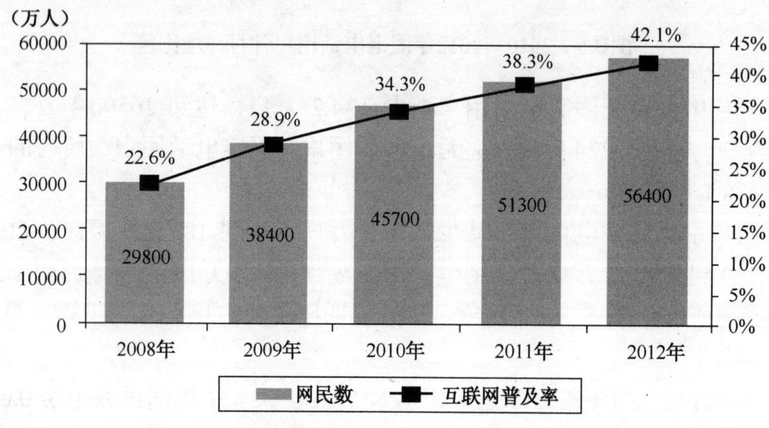

图B.8　2008—2012年网民数和互联网普及率

2012 年，基础电信企业的互联网宽带接入用户净增 2518.1 万户，达到 17518.3 万户。移

动互联网用户净增13004.1万户，达到76436.5万户（见图B.9）。

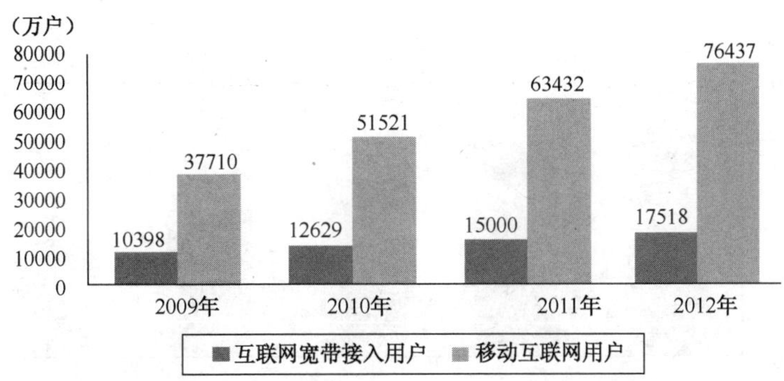

图B.9　2008—2012年互联网宽带接入用户及移动互联网用户比较

3. 业务使用情况

（1）移动电话业务

2012年，全国移动电话去话通话时长达到27603.3亿分钟，增长12.4%。其中，非漫游通话时长24999.4亿分钟，增长10.5%；国内漫游通话时长2597.1亿分钟，增长34.2%；国际漫游通话时长3.6亿分钟，增长36.2%；中国港澳台漫游通话时长3.3亿分钟，增长14.2%（见图B.10）。

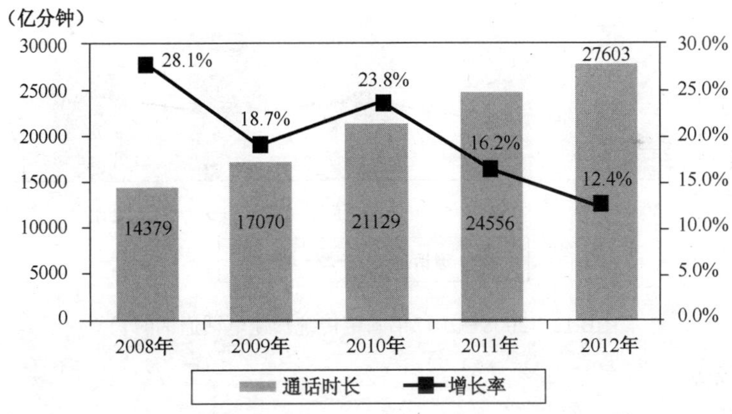

图B.10　2008—2012年移动电话去话通话时长

（2）固定电话业务

2012年，固定本地电话通话量达到2931.4亿次，下降18.2%。其中，本地网内区间通话量397.6亿次，下降18.2%；区内通话量2523.3亿次，下降17.8%；拨号上网通话量10.5亿次，下降57.1%。固定本地通话中，传统电话通话量2839.9亿次，下降14.9%；无线市话通话量91.5亿次，下降62.3%（见图B.11）。

2012年，固定长途电话通话时长累计达到700.7亿分钟，同比下降18.2%（见图B.12）。

（3）IP电话业务

2012年，全国IP电话通话时长达到644.1亿分钟，下降24.8%。其中，从固定电话终端发起的通话时长178.7亿分钟，下降29.2%；从移动电话终端发起的通话时长465.4亿分钟，下降 22.9%。通过移动电话终端发起的 IP 电话所占比重从 2011 年年末 70.5%上升至 72.3%（见图 B.13）。

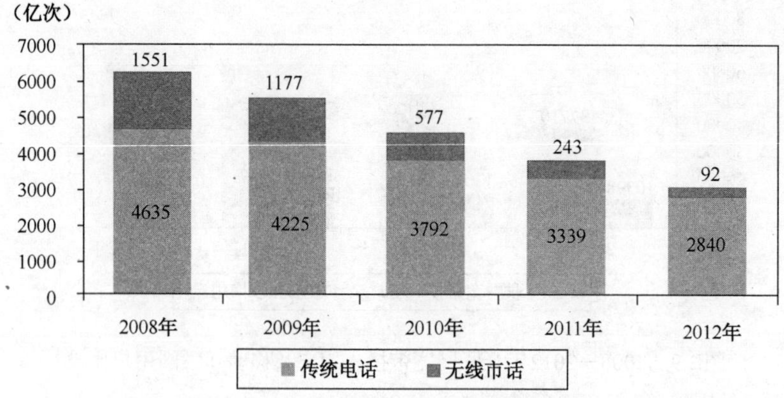

图B.11 2008—2012年固定本地电话通话量

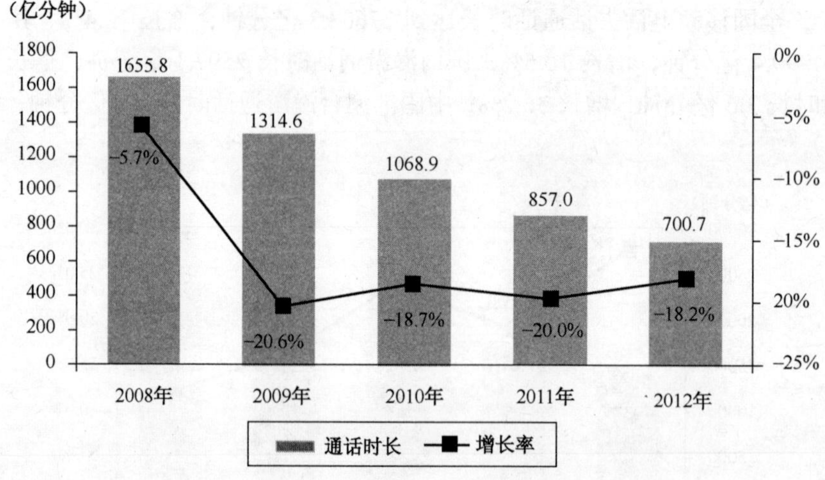

图B.12 2008—2012年固定传统长途电话通话时长

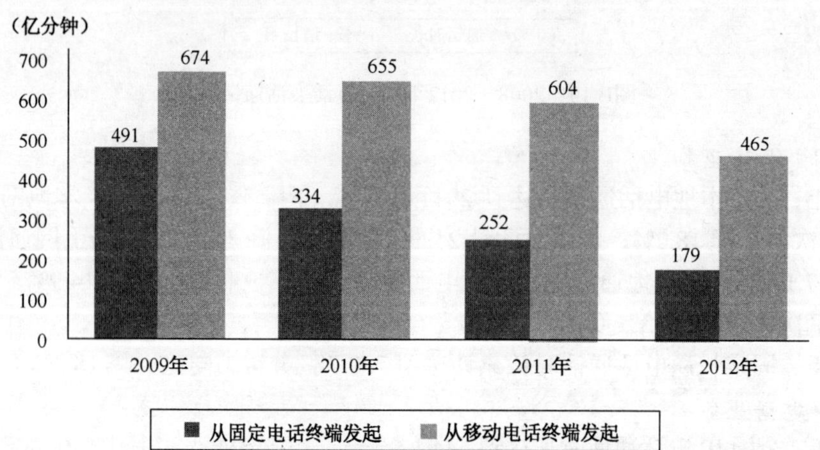

图B.13 2009—2012年IP电话发起方式

（4）移动短信业务

2012年，全国移动短信发送量达到8973.1亿条，增长2.1%。移动彩信业务量达到696.1亿条，增长16.2%（见图B.14）。

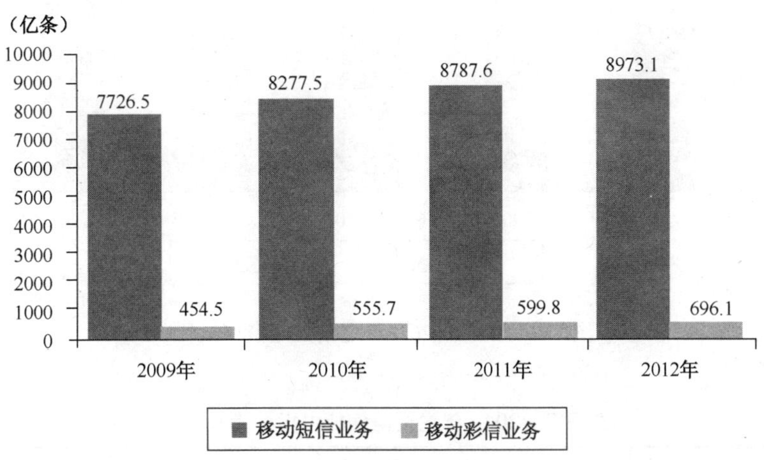

图B.14　2009—2012年移动短信和彩信业务发展情况

4．经济效益

2012年，全国电信业务收入完成10762.9亿元，增长9.0%。其中，移动通信业务收入7933.8亿元，增长10.6%，占电信业务收入的比重上升到73.7%（见图B.15）；固定通信业务收入2829.1亿元，增长4.9%。

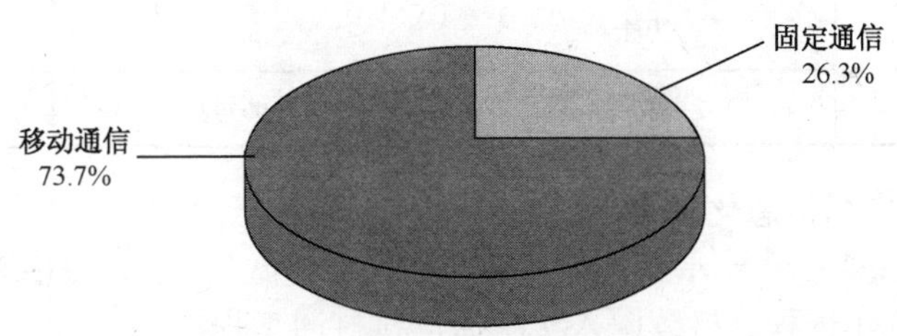

图B.15　2012年电信业务收入构成

电信业务收入中，非语音业务收入5322.1亿元，增长16.9%，占电信业务收入比重上升至49.5%。语音业务收入5440.9亿元，增长2.3%，其中，移动语音业务收入4814.3亿元，增长4.9%；固定语音业务收入626.6亿元，下降13.9%。

电信业务收入中，增值电信业务收入2161.8亿元，增长6.8%。其中，移动增值业务收入1897.1亿元，增长6.1%；固定增值业务收入264.1亿元，增长12.1%。

2012年，完成电信固定资产投资3613.8亿元，增长8.5%（见图B.16）。

5．电信能力建设

2012年，全国光缆线路长度净增268.6万公里，达到1480.6万公里。局用交换机容量（含接入网设备容量）净增478.1万门，达到43906.4万门。移动电话交换机容量净增11233.8万户，达到182869.8万户。基础电信企业互联网宽带接入端口净增3596万个，达到26835.5万个。全国互联网国际出口带宽达到1899792.0Mbps，同比增长36.7%

（见表 B.2）。

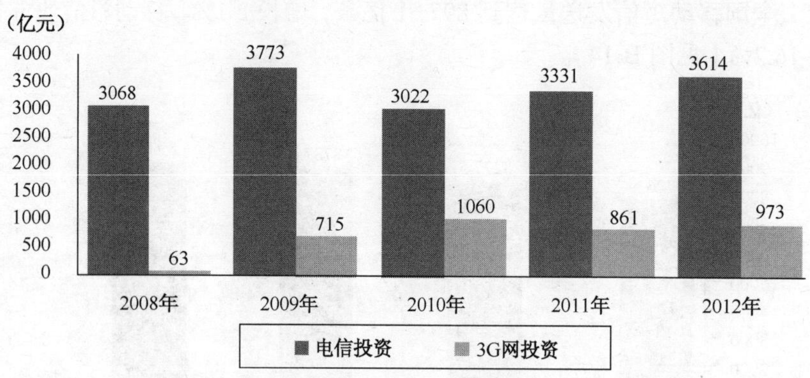

图B.16　2008—2012年电信固定资产投资

表 B.2　2012 年主要电信能力指标增长情况

指标名称	单位	2012 年	比 2011 年末净增
光缆线路长度	万公里	1481	269
固定长途电话交换机容量	万路端	1609	6
局用交换机容量	万门	43906	478
移动电话交换机容量	万户	182870	11234
互联网宽带接入端口	万个	26836	3596
互联网国际出口带宽	Mbps	1899792	510263

6．村通工程与农村信息化建设

2012 年，电信业围绕国家信息化战略和两化融合中心工作，人力推进农村信息通信基础设施建设和农村信息化进程，持续深入实施通信村村通工程。

行政村通宽带方面，全年新增通宽带行政村 1.9 万个，行政村通宽带比例从年初的 84%提高到 87.9%。随着“农村宽带入乡进村”和“公益机构接入普及”计划的组织开展，100 所全国集中连片特困地区中小学和100所残疾人特殊教育学校已开通宽带并提速到4M以上，同时提供三年免费上网。

自然村通电话方面，全年新增 1.1 万个自然村通电话，全国 20 户以上自然村通电话比例从年初的 94.7%提高到 95.2%。

信息下乡方面，全年新增 2005 个乡镇实施信息下乡活动，新建乡信息服务站 2050 个、村信息服务点 29622 个、乡级网上信息库 9940 个、村级网上信息栏目 66780 个。开展信息下乡活动的乡镇比例达到 82%。

2012 年电信业主要指标分省情况见表 B.3、表 B.4 和表 B.5。

表B.3 2012年电信业务总量、收入、投资分省情况

	电信业务总量		电信业务收入		电信固定资产投资	
	2012年（亿元）	比上年（±%）	2012年（亿元）	比上年（±%）	2012年（亿元）	比上年（±%）
全国	12984.6	11.1	10762.9	9.0	3613.8	8.5
北京	488.9	12.3	506.5	8.1	157.4	25.3
天津	159.2	4.2	158.0	8.5	58.4	5.0
河北	538.0	10.0	457.8	10.0	147.8	5.6
山西	308.3	10.4	255.1	9.1	99.6	22.2
内蒙古	258.4	12.1	215.8	12.7	95.6	9.8
辽宁	470.2	8.5	413.6	6.5	144.2	9.9
吉林	240.5	9.2	172.8	5.5	74.7	27.7
黑龙江	297.2	7.3	246.6	7.0	96.0	15.3
上海	452.4	10.4	512.8	8.7	136.9	18.9
江苏	914.8	10.4	821.5	9.6	221.9	−6.5
浙江	809.2	8.3	724.6	8.2	184.6	−1.1
安徽	372.0	12.2	333.3	13.5	101.6	0.3
福建	516.6	13.8	422.7	10.1	120.8	3.3
江西	278.8	10.9	227.7	12.4	67.6	0.0
山东	797.0	10.1	616.6	5.4	193.5	30.4
河南	611.8	13.1	479.2	12.4	176.4	8.0
湖北	438.9	13.3	372.1	11.5	115.2	14.5
湖南	442.6	10.8	373.8	9.1	115.5	5.4
广东	1767.7	9.4	1462.6	7.7	424.3	4.2
广西	342.3	12.4	263.0	10.7	88.3	6.3
海南	95.5	10.2	86.9	10.6	30.4	4.1
重庆	245.8	12.6	200.7	12.7	72.6	18.7
四川	620.0	12.8	492.1	13.5	158.2	6.3
贵州	244.1	19.6	187.5	13.9	71.4	12.3
云南	344.3	14.8	274.5	14.4	90.8	11.4
西藏	32.9	39.0	29.2	20.0	19.4	39.1
陕西	355.1	11.3	293.0	13.2	100.4	20.0
甘肃	180.0	12.0	145.9	12.5	56.7	−5.7
青海	54.5	18.9	43.7	17.1	24.2	12.5
宁夏	61.1	14.4	52.4	12.9	19.1	−3.8
新疆	246.6	16.0	190.3	16.0	83.2	8.7

表 B.4 2012 年电信用户分省情况

	固定电话用户		移动电话用户		互联网宽带接入用户	
	2012 年（万户）	比上年（万户）	2012 年（万户）	比上年（万户）	2012 年（万户）	比上年（万户）
全国	27815.3	−694.5	111215.5	12590.2	17518.3	2518.1
北京	883.2	−0.6	3168.0	592.1	473.7	−37.1
天津	353.7	19.8	1325.2	89.6	204.8	18.1
河北	1207.7	−35.0	5513.1	418.6	963.9	139.5
山西	685.2	3.0	2764.6	317.7	504.8	88.7
内蒙古	368.3	−11.2	2550.1	234.0	274.8	43.8
辽宁	1285.1	−67.0	4291.3	454.8	707.9	52.9
吉林	578.8	−0.5	2257.0	252.8	364.6	57.1
黑龙江	776.1	−17.4	2663.9	287.3	435.8	50.4
上海	902.9	−23.5	3008.3	387.7	541.0	47.5
江苏	2387.2	16.3	7471.4	786.6	1350.7	179.7
浙江	1882.5	−65.4	6442.6	686.6	1152.6	133.0
安徽	1091.4	−152.5	3609.8	350.4	507.0	74.4
福建	1017.3	2.3	4049.2	495.9	738.0	132.7
江西	644.2	−29.8	2573.4	251.4	372.0	59.0
山东	1854.2	−42.4	7588.9	470.9	1364.1	210.0
河南	1288.7	−52.7	5787.6	725.6	927.6	143.1
湖北	1003.6	−16.7	4554.1	600.4	708.0	127.9
湖南	953.9	−57.7	4262.0	512.9	604.4	121.3
广东	3135.8	−11.3	12468.0	1675.2	1903.6	259.7
广西	599.3	−51.6	2884.1	351.5	507.1	92.3
海南	173.0	−2.0	775.6	104.0	95.5	15.1
重庆	575.7	4.5	2069.6	268.5	388.1	68.1
四川	1347.1	−35.7	5498.2	680.3	823.0	154.6
贵州	380.4	−23.5	2321.4	277.1	243.9	39.1
云南	524.3	−15.8	2895.8	306.3	375.5	77.5
西藏	40.5	0.0	235.5	39.1	17.1	4.3
陕西	772.1	−3.4	3264.8	357.6	439.6	69.8
甘肃	377.8	−18.7	1763.5	148.9	163.3	29.7
青海	102.5	−1.7	537.2	73.7	49.9	8.3
宁夏	105.0	−3.5	591.0	70.6	60.9	8.7
新疆	517.9	−0.4	2010.6	339.6	255.0	48.9

表B.5　2012年电信能力、电话普及率分省情况

	光缆线路长度（千米）	互联网宽带接入端口（万个）	局用交换机容量（万门）	移动电话交换机容量（万户）	固定电话普及率（部/百人）	移动电话普及率（部/百人）
全国	14805707	26835.5	43906.4	182869.8	20.7	82.6
北京	187714	1071.8	1586.1	4734.0	43.8	157.2
天津	108956	442.2	645.9	2045.0	26.2	98.1
河北	647276	1491.9	1757.0	11205.2	16.7	76.2
山西	599659	701.9	1071.2	4648.9	19.1	77.0
内蒙古	312729	514.9	863.5	5148.3	14.8	102.8
辽宁	449596	1159.5	2107.2	6261.5	29.3	97.9
吉林	243375	623.1	916.7	3736.0	21.1	82.1
黑龙江	397318	740.7	1371.4	5010.8	20.2	69.5
上海	281142	650.7	3192.1	3973.0	38.5	128.3
江苏	1565303	2173.9	4853.8	9358.7	30.2	94.6
浙江	1009182	1677.4	2776.4	9685.2	34.5	118.0
安徽	612215	863.8	1269.1	7220.9	18.3	60.5
福建	570312	1110.4	1629.9	7702.9	27.4	108.9
江西	457266	627.5	1022.6	3922.9	14.4	57.4
山东	641658	2040.3	1168.2	11103.4	19.2	78.8
河南	718389	1360.8	838.6	8550.4	13.7	61.6
湖北	537604	873.5	1560.2	6805.7	17.4	79.1
湖南	632815	933.5	1428.8	5688.4	14.5	64.6
广东	1054583	2701.6	4360.6	20305.6	29.9	118.7
广西	441060	678.1	1190.2	3865.5	12.9	62.1
海南	85461	143.4	273.2	1512.4	19.7	88.5
重庆	372289	567.3	1129.5	3715.0	19.7	71.0
四川	835255	1020.4	1789.4	13749.2	16.7	68.3
贵州	280581	413.0	925.0	4106.8	11.0	66.9
云南	486971	592.5	889.3	5182.1	11.3	62.6
西藏	63145	32.8	133.6	342.0	13.4	77.7

（续表）

	光缆 线路长度 （千米）	互联网宽带 接入端口 （万个）	局用交换机 容量 （万门）	移动电话 交换机容量 （万户）	固定电话 普及率 （部/百人）	移动电话 普及率 （部/百人）
陕西	385497	718.5	1165.3	4924.4	20.6	87.2
甘肃	295386	384.1	718.9	2502.8	14.7	68.8
青海	95510	76.6	165.0	773.0	18.0	94.6
宁夏	66795	93.6	214.6	967.8	16.4	92.5
新疆	370668	355.5	891.0	4122.0	23.5	91.1

注：①对于本公报所披露的数据，2011 年及以前的数据为年报最终核算数，2012 年的数据为快报初步核算数。2012 年的最终核算数及分省、分企业数据将在 2013 年年中出版的《中国通信统计年度报告（2012）》中公布。

②本公报电信综合指标是基础电信企业的合计数，未包括增值电信企业。增值电信企业年报数据将在 2013 年年中出版的《中国通信统计年度报告（2012）》中公布。

③网民数、互联网普及率、互联网国际出口带宽等数据取自中国互联网络信息中心（CNNIC）发布的《中国互联网络发展状况统计报告（2013 年 1 月）》。

④电信业务总量根据 2010 年不变单价测算。

（工信部运行监测协调局）

附录 C　2012 年中国互联网发展状况分析报告

C.1　网民规模与结构特征

C.1.1　网民规模

1．总体网民规模

截至 2012 年 12 月底，我国网民规模达 5.64 亿，全年共计新增网民 5090 万人。互联网普及率为 42.1%，较 2011 年年底提升 3.8 个百分点，普及率的增长幅度相比 2011 年继续缩小（见图 C.1）。

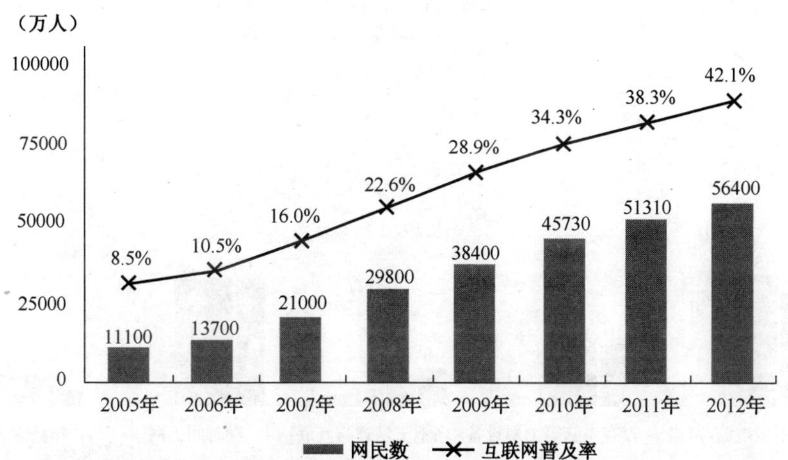

图C.1　中国网民规模与互联网普及率

分析非网民未来上网意愿，未来一段时间内中国互联网或将保持当前增速下行的趋势：在 2011 年年中的调查中，有 65.0%的非网民表示未来半年内肯定不上网或可能不上网，而到 2012 年年底，这一比例已经提升至 77.3%；相比之下，目前没有上网、但未来半年内考虑上网的潜在网民占比仅为 13.4%，保持逐步下滑的趋势。这一结果显示出，原本就有上网意向的潜在网民，正在逐步完成向网民的转换；而对于不准备上网的网民，其上网的意向并没有显著提升（见图 C.2）。

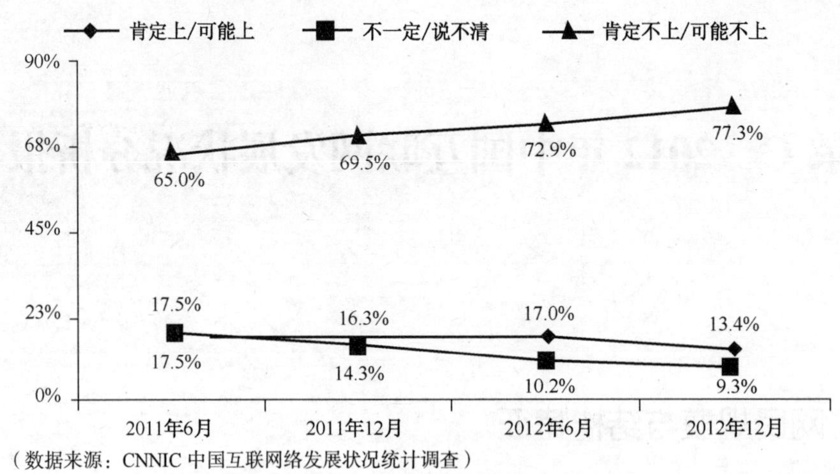

（数据来源：CNNIC 中国互联网络发展状况统计调查）

图C.2 非网民未来上网意向

针对未来上网意向不同的非网民，通过比较其各自不上网的原因，可以发现上网意向比较强烈的非网民（即潜在网民）受到自身生活习惯（没时间上网）和硬件条件（没有上网设备、当地无法联网）的限制相对而言更为明显（见图 C.3）。目前互联网基础设施建设正在完善，网络接入以及上网终端的费用逐步下降，通过政府和互联网业界的努力以及技术的发展，这些限制因素可以通过外部环境的改变来消除，未来网民的增长动力将主要来自于这些潜在用户。

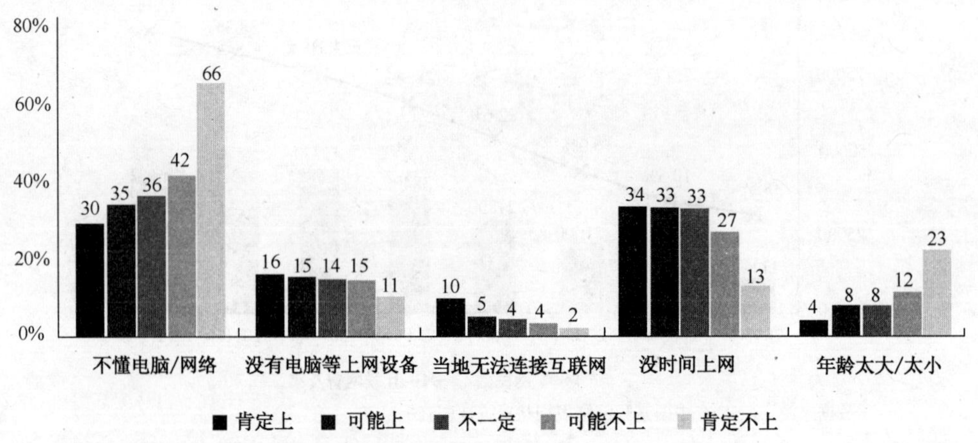

（数据来源：CNNIC 中国互联网络发展状况统计调查）

图C.3 非网民上网意向与不使用互联网的原因

而对于未来没有上网意向的非网民，多是因为不懂电脑和网络，以及年龄太大。造成这一现象的原因相对复杂：部分人群的上网需求不强，互联网上的各种应用与其现实生活仍存在距离，因而没有形成足够的需求去刺激其学习并接受新事物；当前互联网使用还存在技术门槛，对个人的知识技能有一定要求。无论是需求不足还是存在学习门槛，要解决这些问题不仅仅依靠单纯的基础设施建设、费用下调等手段，而且需要互联网应用形式的创新、针对不同人群有更为细致的服务模式、网络世界与线下生活更密切的结合，以及上网硬件设备的智能化和易操作化。

下一代互联网、移动互联网的发展为这些改变的实现创造了机遇。2012年，中国政府针对这些技术的研发和应用制定了一系列政策方针：2月，中国IPv6发展路线和时间表确定；3月工信部组织召开宽带普及提速动员会议，提出“宽带中国”战略；5月《通信业“十二五”发展规划》发布，针对我国宽带普及、物联网和云计算等新型服务业态制定了未来发展目标和规划。这些政策加快了我国新技术的应用步伐，将推动互联网的持续创新。

2．手机网民规模

截至2012年12月底，我国手机网民规模为4.2亿，较上年底增加约6440万人，网民中使用手机上网的人群占比由上年底的69.3%提升至74.5%（见图C.4）。

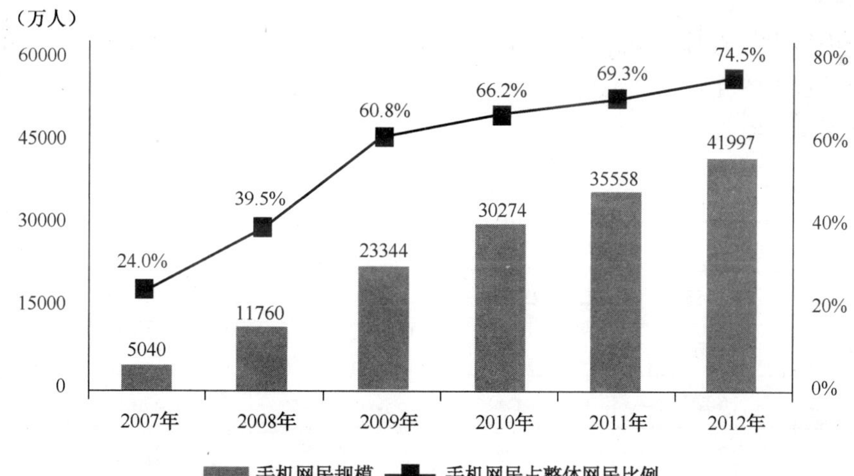

图C.4　手机上网网民规模

手机网民规模在2012年增长迅速，并于年中超越使用台式电脑接入互联网的网民。与此同时，手机上网网民中有相当一部分使用的仍然是功能手机，而非智能手机，因而在上网时长、应用深度、使用功能的丰富性上，与PC终端还存在一定距离。

手机上网快速普及的意义，一方面在于推动了当前移动互联网领域持续不断的创新热潮，以智能手机为主流的智能移动终端，因全新的终端交互方式与用户使用环境和习惯，为互联网从业者提供了广阔的创新空间，2012年出现了许多受到用户欢迎的移动应用，吸引越来越多的网民接入移动互联网。另一方面，手机上网的发展为网络接入、终端获取受到限制的人群和地区提供了使用互联网的可能性，包括偏远农村地区居民、农村进城务工人员、低学历低收入群体。使用价格低廉和操作简易的终端，可以满足这些人员相对初级的上网需求，推动互联网的进一步普及。随着智能终端价格继续走低，大量低端智能手机被推向市场，同时流量资费日益平民化，这些人群将逐步转化为智能手机用户，移动互联网市场还有巨大的发展潜力，特别是针对这些在传统互联网时代无法接入网络的群体。

3. 分省网民规模

2012 年中国内地 31 个省（市、自治区）的网民规模均有不同程度的增长，其中贵州、安徽、广西、江西等互联网普及程度较低的省份网民增长速度最快，而北京、上海、广东等省市的网民普及率较高，网民增速则相应有所放缓。

到 2012 年年底中国共有八省市超过一半常住居民已转化为网民。其中北京和上海的互联网普及率已经在七成左右，达到了北美国家、大部分西欧国家以及日本和韩国等高普及率国家的水平；广东、福建、浙江和天津在 60%左右，辽宁和江苏的互联网普及率在 2012 年也达到了 50%，同处于这一水平的包括俄罗斯和巴西这两个新兴市场国家。而在网民增速方面，这八省市中除天津外，网民增长率均在全国平均水平以下。

山西、海南、新疆、青海、河北、陕西、重庆、宁夏、山东、湖北十省市的互联网普及率在 40%～50%之间，其中河北和宁夏的互联网普及率升幅超过四个百分点，是网民增速较快的两个省份。

另外，内蒙古、吉林、黑龙江、广西、湖南、西藏、四川、安徽、甘肃、河南、贵州、云南、江西等省市的互联网普及率不到 40%，显示出我国不同地区互联网普及程度存在较大差距（见表 C.1）。

表 C.1　2011—2012 年中国内地各省（市、自治区）网民规模和互联网普及率

省份	网民数（万人）	普及率	网民增速	普及率排名	网民增速排名
北京	1458	72.2%	5.8%	1	27
上海	1606	68.4%	5.3%	2	29
广东	6627	63.1%	5.2%	3	30
福建	2280	61.3%	8.5%	4	23
浙江	3221	59.0%	5.5%	5	28
天津	793	58.5%	10.3%	6	18
辽宁	2199	50.2%	5.1%	7	31
江苏	3952	50.0%	7.2%	8	25
山西	1589	44.2%	13.1%	9	13
海南	384	43.7%	13.6%	10	12
新疆	962	43.6%	9.1%	11	21
青海	238	41.9%	14.7%	12	9
河北	3008	41.5%	15.9%	13	7
陕西	1551	41.5%	8.6%	13	22
重庆	1195	40.9%	11.9%	15	16
宁夏	258	40.3%	24.5%	16	1

（续表）

省份	网民数（万人）	普及率	网民增速	普及率排名	网民增速排名
山东	3866	40.1%	6.7%	17	26
湖北	2309	40.1%	8.5%	17	24
内蒙古	965	38.9%	12.9%	19	14
吉林	1062	38.6%	10.0%	20	20
黑龙江	1329	34.7%	10.2%	21	19
广西	1586	34.2%	17.2%	22	4
湖南	2200	33.3%	13.6%	23	10
西藏	101	33.3%	12.7%	23	15
四川	2562	31.8%	14.9%	25	8
安徽	1869	31.3%	17.9%	26	3
甘肃	795	31.0%	13.6%	27	11
河南	2856	30.4%	10.6%	28	17
贵州	991	28.6%	17.9%	29	2
云南	1321	28.5%	15.9%	30	6
江西	1267	28.5%	16.5%	30	5
全国	56400	42.1%	9.9%	-	-

4．农村网民规模

截至2012年12月底，我国网民中农村人口占比为27.6%，相比2011年略有提升，规模达到1.56亿，比上年底增加约1960万人（见图C.5）。

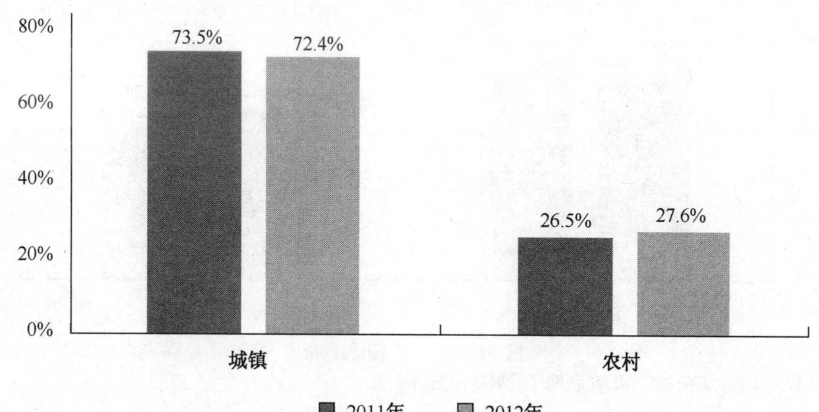

（数据来源：CNNIC中国互联网络发展状况统计调查）

图C.5　中国网民城乡结构

近几年来，中国网民城乡结构变化幅度不大，这与中国急速推进的城镇化进程有关，2011年中国城镇常住人口规模首次超越农村常住人口，城镇化率突破50%的关口，农村人口已经由2008年的7.28亿持续降至目前的6.57亿，因而造成网民中农村人口比例没有显著提升。目前城乡互联网普及率仍存在较大差距：到2012年年底，城镇居民中的互联网普及率已经达到约60%，而农村地区目前只有23.7%，但从2011年开始，互联网在中国农村常住人口中的普及速度开始小幅超越城镇，结束了城乡互联网普及差距持续扩大的趋势，反映出农村互联网普及工作的成效（见图C.5）。

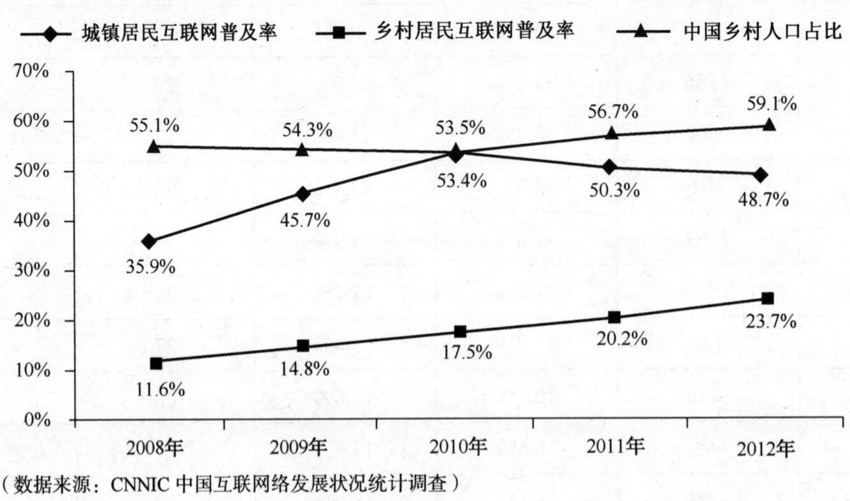

（数据来源：CNNIC中国互联网络发展状况统计调查）

图C.6　中国城乡居民互联网普及率和城镇化进程

C.1.2　网民属性

1. 性别结构

截至2012年12月底，中国网民中男女比例为55.8：44.2，与2011年情况基本保持一致，男性与女性居民的互联网使用率仍存在一定差距（见图C.7）。

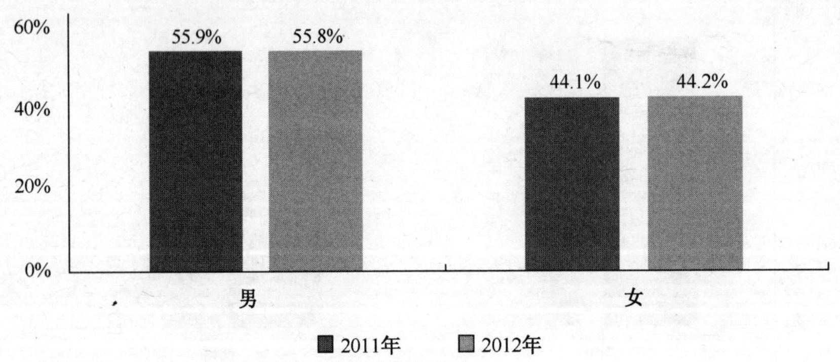

（数据来源：CNNIC中国互联网络发展状况统计调查）

图C.7　中国网民性别结构

2．年龄结构

网民中 10～19 岁人群比例从 2011 年底的 26.7%下降至 24.0%，这与我国该年龄段整体人口总数下降相关。此外，网民中 40 岁以上各年龄段人群占比均有不同程度的提升，互联网在这些群体中的普及速度加快（见图 C.8）。

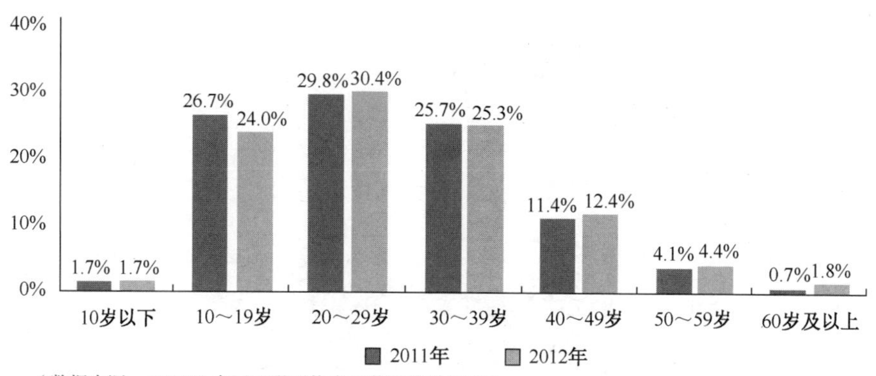

图C.8　中国网民年龄结构

3．学历结构

高中和大专以上学历人群中互联网普及率已经到了较高的水平，尤其是大专以上学历人群上网比例接近饱和，网民的增长动力来自低学历人群，截至 2012 年年底网民中小学及以下人群占比提升至 10.9%（见图 C.9）。

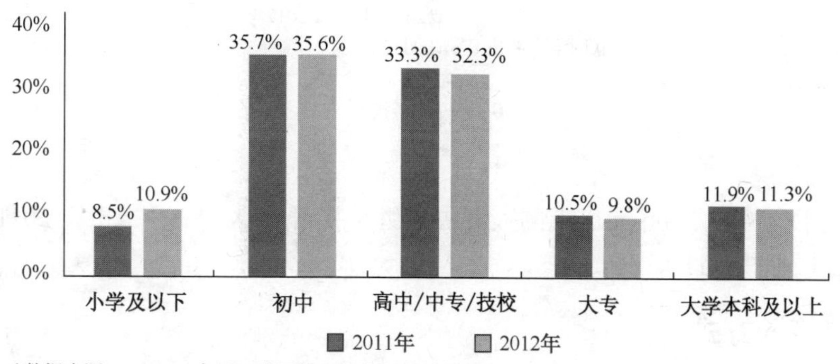

图C.9　中国网民学历结构

4．职业结构

由于学生群体的互联网普及率已经处于高位，同时近年来中国中小学生人数呈逐年下降趋势，作为网民中规模最大的职业群体，学生的占比在 2012 年降至 25.1%。其次个体户/自由职业者占比为 18.1%。企业公司中，管理人员占整体网民的 3.1%，一般职员占 10.1%。党政机关事业单位中，领导干部和一般职员分别占整体网民的 0.5%和 4.2%。另外，专业技术人员占比为 8.1%（见图 C.10）。

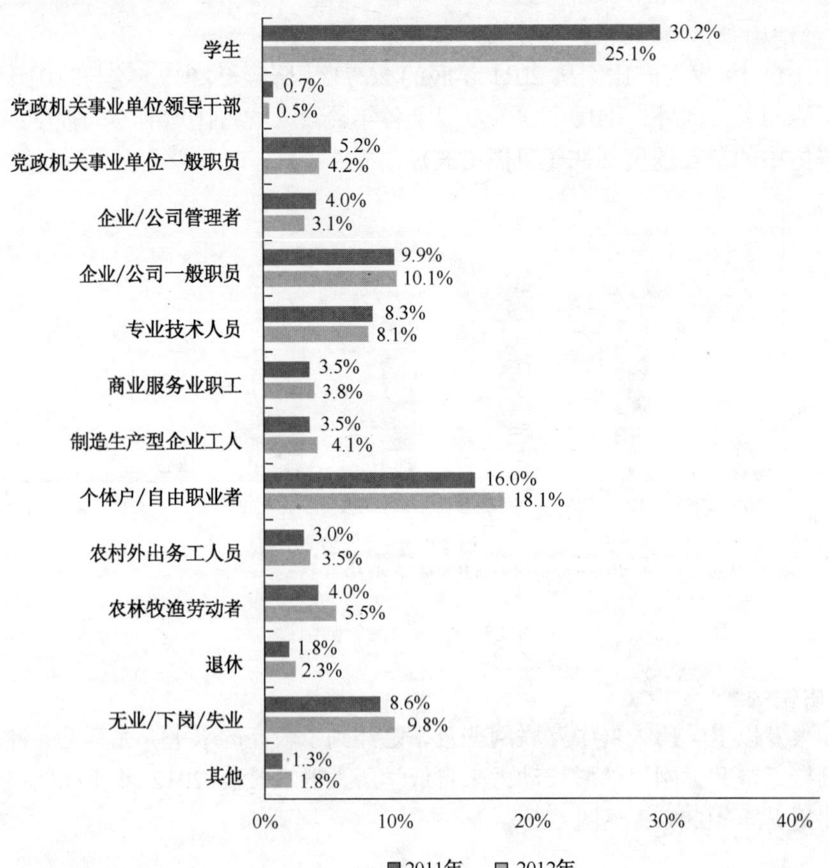

（数据来源：CNNIC 中国互联网络发展状况统计调查）

图C.10　中国网民职业结构

5．收入结构

网民中月收入[1]在 3000 元以上的人群占比继续提升，达 28.8%，相比 2011 年底提升了 6.5 个百分点（见图 C.11）。

C.1.3　接入方式

1．上网设备

2012 年 70.6%的网民通过台式电脑上网，相比 2011 年年底下降了近 3 个百分点。通过笔记本电脑上网的网民比例与 2011 年年底相比略有降低，为 45.9%。手机上网的比例保持较快增速，从 69.3%上升至 74.5%（见图 C.12）。

[1] 其中学生收入包括家庭提供的生活费、勤工俭学工资、奖学金及其他收入；农民收入包括子女提供的生活费、农业生产收入、政府补贴等收入；无业、下岗、失业群体收入包括子女给的生活费、政府救济、补贴、抚恤金、低保等；退休人员收入包括子女提供的生活费、退休金等。

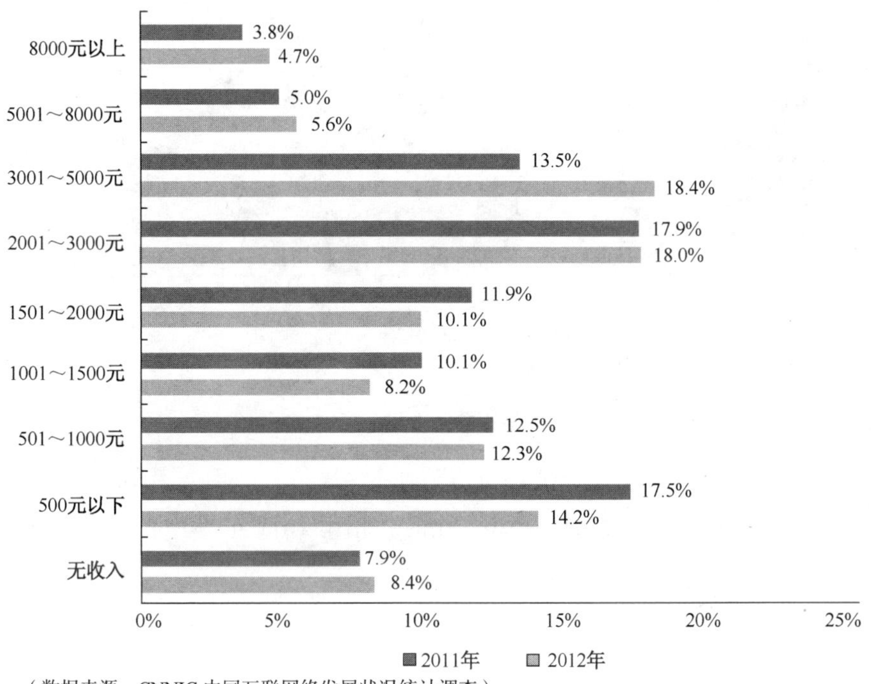

（数据来源：CNNIC 中国互联网络发展状况统计调查）

图C.11　中国网民个人月收入结构

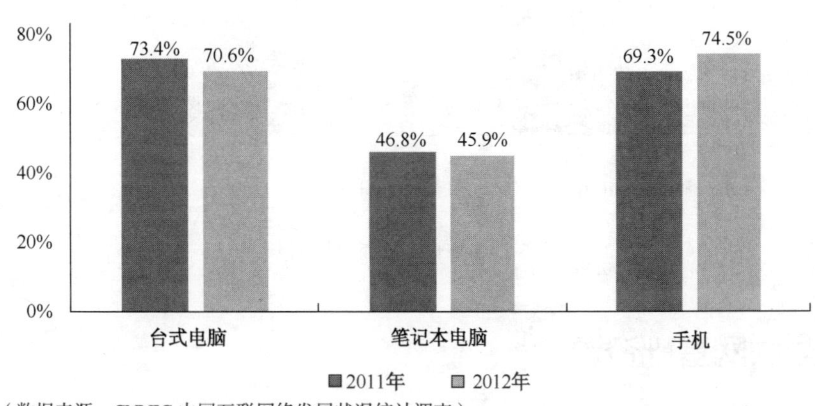

（数据来源：CNNIC 中国互联网络发展状况统计调查）

图C.12　网民上网设备

2．上网地点

在家中接入互联网的比例继续走高，至 2012 年年底有 91.7%的网民在家中上网，较 2011 年年底提升了 2.9 个百分点，显示出家庭互联网接入率的提升。在网吧、学校机房等场所接入互联网的网民比例下降幅度较大，其中网吧网民占比下降了 5.5 个百分点，在学校公共机房上网的网民占比下降了 3 个百分点，这些提供公共上网设施的场所使用率逐年下降，是个人上网设备持有比例提升和网络接入条件改善的必然结果（见图 C.13）。

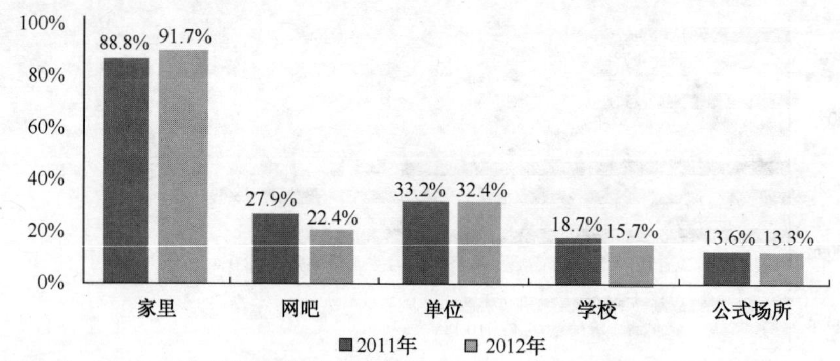

（数据来源：CNNIC 中国互联网络发展状况统计调查）

图C.13　网民使用电脑上网场所

3．上网时长

2012 年中国网民人均每周上网时长达到 20.5 小时，相比 2011 年提升了 1.8 个小时（见图 C.14）。

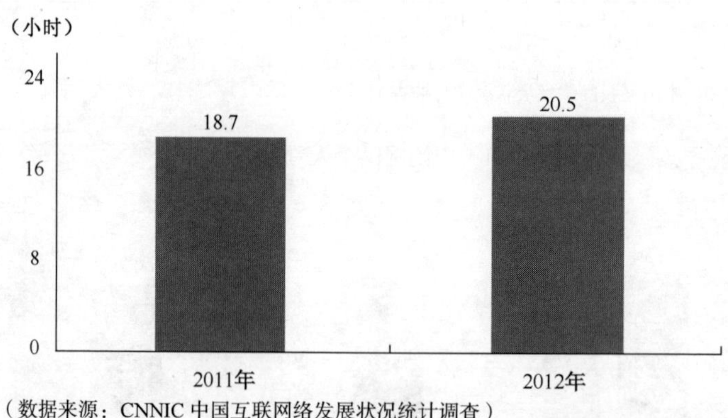

（数据来源：CNNIC 中国互联网络发展状况统计调查）

图C.14　网民平均每周上网时长

C.2　互联网基础资源

1．基础资源概述

截至 2012 年 12 月底，我国 IPv4 地址数量为 3.31 亿，拥有 IPv6 地址 12 535 块/32。

我国域名总数为 1341 万个，其中“.CN”域名总数较去年同期大幅增长 112.8%，达到 751 万个，占中国域名总数比例达到 56.0%；“.中国”域名数量为 28 万个。我国网站总数为 268 万个，较 2011 年同期增长 16.8%。国际出口带宽为 1 899 792Mbps，较去年同期增长 36.7%（见表 C.2）。

表 C.2　2011—2012 年中国互联网基础资源对比

	2011 年 12 月	2012 年 12 月	年增长量	年增长率
IPv4（个）	330 439 936	330 534 912	94 976	0.0%
IPv6（块/32）	9 398	12 535	3 137	33.4%
域名（个）	7 748 459	13 412 079	5 663 620	73.1%
其中.CN 域名（个）	3 528 511	7 507 759	3 979 248	112.8%
其中.中国域名（个）	—	283 484	—	—
网站（个）	2 295 562	2 680 702	385 140	16.8%
其中.CN 下网站（个）	951 609	1 036 864	85 255	9.0%
其中.中国下网站（个）	—	4 095	—	—
国际出口带宽（Mbps）	1 389 529	1 899 792	510 263	36.7%

2. IP 地址

截至 2012 年 12 月底，我国 IPv6 地址数量为 12 535 块/32，较 2011 年同期大幅增长 33.4%，位列世界第三位（见图 C.15）。根据 2012 年 3 月七部委联合下发的《下一代互联网“十二五”发展建议意见的通知》，我国在 2013 年底前逐步开展 IPv6 的小规模商用试点，形成商业模式和技术演进路线，为全面部署 IPv6 做准备。充沛的地址资源是这一过程得以顺利实施的基础。

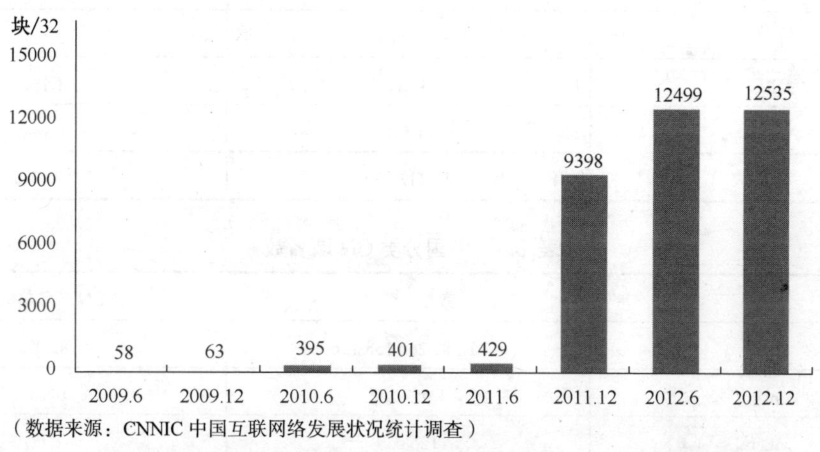

图C.15　中国IPv6地址数量

我国 IPv4 地址总数基本维持不变，截至 2012 年 12 月底共计有 3.31 亿个（见图 C.16）。

3. 域名

在“.CN”域名大幅增长的带动下，我国域名总数增至 1341 万个，相比上年底增速达到 73.1%（见表 C.3）。

截至 2012 年 12 月底，中国.CN 域名总数为 751 万，相比 2011 年同期大幅增长了 112.8%，占中国域名总数比例达到 56.0%；.COM 域名数量为 483 万，占比为 36.0%。另外，“.中国”

域名总数达到 28 万（见表 C.4）。

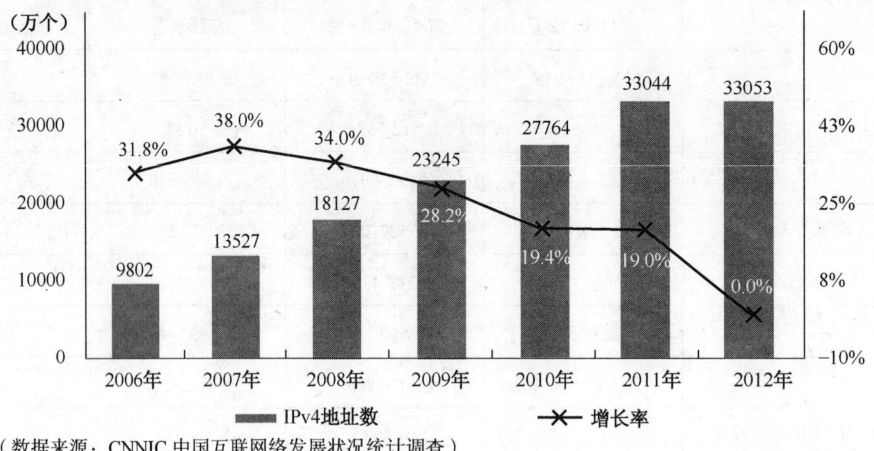

（数据来源：CNNIC 中国互联网络发展状况统计调查）

图C.16　中国IPv4地址资源变化情况

表 C.3　中国分类域名数

	数量（个）	占域名总数比例
CN	7 507 759	56.0%
COM	4 834 690	36.0%
NET	629 154	4.7%
中国	283 484	2.1%
ORG	145 414	1.1%
其他	11 578	0.1%
合计	13 412 079	100.0%

表 C.4　中国分类 CN 域名数

	数量（个）	占 CN 域名总数比例
cn	61 581 266 158 126	82.0%
com.cn	1 059 202	14.1%
net.cn	126 059	1.7%
org.cn	58 117	0.8%
gov.cn	52 889	0.7%
adm.cn	45 586	0.6%
edu.cn	4 026	0.1%
ac.cn	3 711	0.0%
mil.cn	41	0.0%
合计	75 707 759	100.0%

4．网站

截至 2012 年 12 月，中国网站 2 数量为 268 万，全年增长 38 万个，增长率为 16.8%（见图 C.17）。

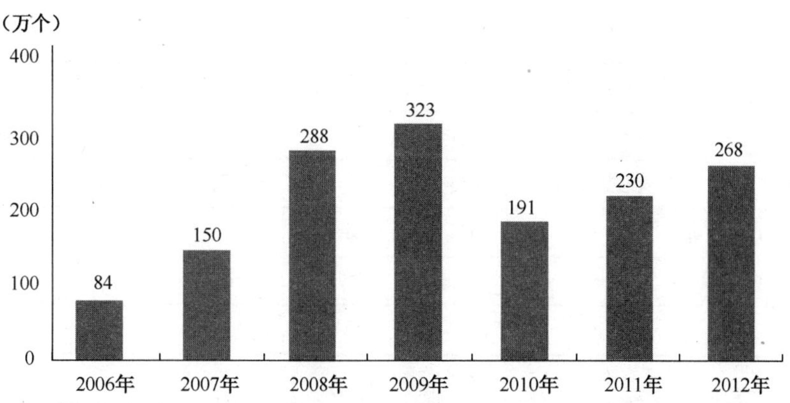

注：数据中不包含.EDU.CN 下网站

（数据来源：CNNIC 中国互联网络发展状况统计调查）

图C.17　中国网站数量

5．网页[1]

2012 年中国单个网站的平均网页数和单个网页的平均字节数均维持增长，显示出中国互联网上的内容更为丰富：平均网站的网页数达到约 4.58 万个，较 2011 年同期增长 21.4%；平均每个网页的字节数为 42KB，增长 10.2%（见图 C.18 和表 C.5）。

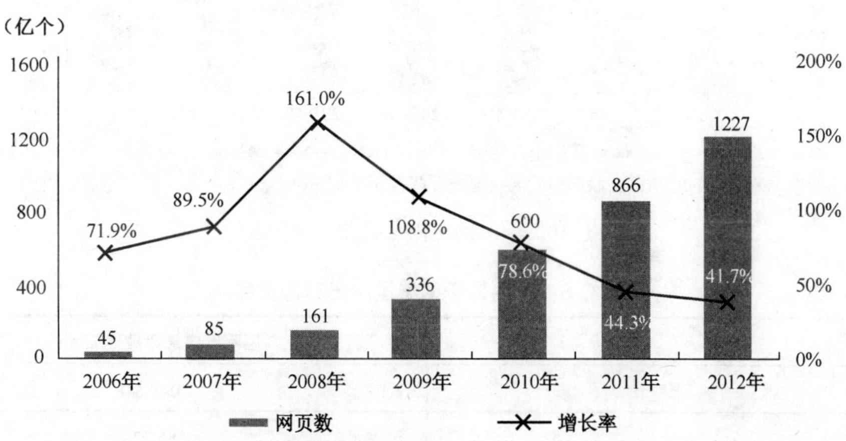

（数据来源：CNNIC 中国互联网络发展状况统计调查）

图C.18　中国网页数量

[1] 数据来源：百度在线网络技术（北京）有限公司

表 C.5　中国网页数

	单位	2011 年	2012 年	增长率
网页总数	个	86 582 298 393	122 746 817 252	41.77%
静态网页	个	59 364 979 522	60 379 347 181	1.71%
	占网页总数比例	68.56%	49.19%	—
动态网页	个	27 217 318 871	62 367 470 077	12.15%
	占网页总数比例	31.44%	50.81%	—
网页长度（总字节数）	KB	3 313 529 625 009	5 140 463 284 447	55.14%
平均每个网站的网页数	个	37 717	45 789	21.40%
平均每个网页的字节数	KB	38	42	10.21%

6．网络国际出口带宽

截至 2012 年 12 月底中国国际出口带宽为 1 899 792Mbps，年增长率为 36.7 %（见图 C.19 和表 C.6）。

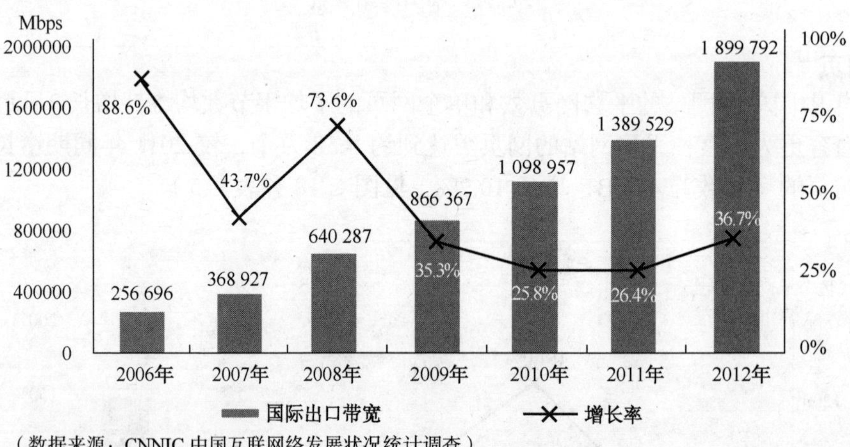

（数据来源：CNNIC 中国互联网络发展状况统计调查）

图C.19　中国国际出口带宽变化情况

表 C.6　主要骨干网络国际出口带宽数

	国际出口带宽数（Mbs）
中国电信	1 048 848
中国联通	586 279
中国移动	206 563
中国教育和科研计算机网	35 500
中国科技网	22 600
中国国际经济贸易互联网	2
合计	1 899 792

C.3　网民互联网应用状况

C.3.1　整体互联网应用状况

2012 年网民互联网应用状况基本保持上一年的发展趋势，即时通信作为第一大上网应用，网民使用率还在继续上升；电子商务类应用继续高速发展；电子邮件、论坛/BBS 等老牌互联网应用使用率持续走低（见表 C.7）。

（1）微博用户持续增长，用户逐渐移动化

微博用户规模在 2012 年达到 3.09 亿，较 2011 年年底增长了 5873 万。微博急速扩张的阶段已经结束，但年增幅仍能达到 23.5%。相当一部分用户访问和发送微博的行为发生在手机终端上，截至 2012 年年底手机微博用户规模达到 2.02 亿，即高达 65.6%的微博用户使用手机终端访问微博。

（2）网络购物和团购保持较高增长率

网络购物用户规模达到 2.42 亿人，网民使用率提升至 42.9%。与 2011 年相比，网购用户增长 4807 万人，增长率为 24.8%。在网民增长速度逐步放缓的背景下，网络购物应用依然呈现迅猛的增长势头，2012 全年用户绝对增长量超出 2011 年，增长率高出 2011 年同期 4 个百分点。团购用户数为 8327 万，使用率提升至 14.8%，较 2011 年年底上升 3.3 个百分点，用户全年增长 28.8%，同样保持了相对较高的用户增长率。

（3）手机端电子商务类应用使用率整体大幅上涨

电子商务类应用在手机端发展迅速，领域整体看涨。相比 2011 年，手机网民使用手机进行网络购物的比例增长了 6.6 个百分点，用户量是 2011 年年底的 2.36 倍；此外，手机团购用户在手机网民中占比较 2011 年年底提升 1.7 个百分点，手机在线支付提升 4.6 个百分点，手机网上银行提升 4.7 个百分点，这三类移动应用的用户规模增速均超过了 80%。

表 C.7　2011—2012 年中国网民对各类网络应用的使用率

	2012 年		2011 年		
应用	用户规模（万）	网民使用率	用户规模（万）	网民使用率	年增长率
即时通信	46775	82.9%	41510	80.9%	12.7%
搜索引擎	45110	80.0%	40740	79.4%	10.7%
网络音乐	43586	77.3%	38585	75.2%	13.0%
博客/个人空间	37299	66.1%	31864	62.1%	17.1%
网络规模	37183	56.9%	32531	63.4%	14.3%
网络游戏	33569	59.5%	32428	63.2%	3.5%
微博	30861	54.7%	24988	48.7%	23.3%
社交网站	27505	48.8%	24424	47.6%	12.6%

（续表）

应用	2012 年		2011 年		年增长率
	用户规模（万）	网民使用率	用户规模（万）	网民使用率	
电子邮件	25080	44.5%	24578	47.9%	2.0%
网络购物	24202	42.9%	19395	37.8%	24.8%
网络文学	23344	41.4%	20268	39.5%	15.2%
网上银行	22148	39.3%	16624	32.4%	33.2%
网上支付	22065	39.1%	16676	32.5%	32.3%
论坛/BBS	14925	26.5%	14469	28.2%	3.2%
旅行预订*	11167	19.8%	4207	8.2%	—
团购	8327	14.8%	6465	12.6%	28.8%
网络炒股	3423	6.1%	4002	7.8%	−14.5%

1. 信息获取

（1）搜索引擎

截至 2012 年年底，我国搜索引擎用户规模为 4.51 亿，较 2011 年年底增长了 4370 万人，年增长率 10.7%，在网民中的渗透率为 80.0%。搜索引擎作为互联网的基础应用，是网民获取信息的重要工具，其使用率自 2010 年后保持在 80%左右水平，稳居互联网第二应用之位。

整体来看，搜索引擎已进入稳定发展阶段，搜索用户市场逐渐从单一用户规模增长向用户体验提升发展。2012 年，新竞争者的进入极大地刺激了已有搜索引擎公司，带动了搜索市场的整体发展。一方面，搜索行业加强自律，对搜索结果进行清理和整顿，减少了虚假信息、不安全链接对用户的干扰，提升了用户使用安全性；另一方面，搜索引擎公司加强技术投入，提高搜索质量，并逐渐融入个性化和社交化等元素，试图智能化地呈现搜索结果以提升用户搜索体验。

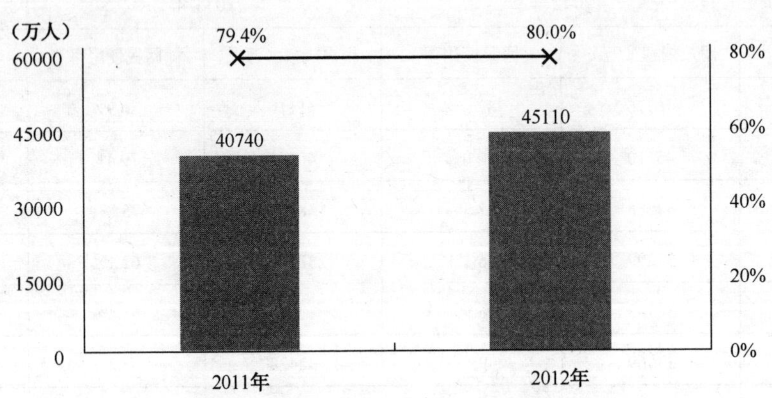

（数据来源：CNNIC 中国互联网络发展状况统计调查）

图C.20　2011—2012年中国搜索引擎用户数及网民使用率

2．商务交易

（1）网络购物

截至2012年12月，我国网络购物用户规模达到2.42亿人，网络购物使用率提升至42.9%。与2011年相比，网购用户增长4807万人，增长率为24.8%（见图C.21）。

在网民增长速度逐步放缓的背景下，网络购物应用依然呈现迅猛的增长势头，2012全年用户绝对增长量超出2011年1463万，增长率高出2011年同期4个百分点（2011年增长量为3344万，增长率为20.8%）。当前，居民消费在拉动国民经济发展中的重要性明显提升，而网络零售更是成为促进消费的重要抓手。此外，手机网络购物成为拉动网络购物用户增长的重要力量，2012年手机网购用户年增长136.5%，达到5550万人。用户购买力的提升，线上消费习惯固着和移动、社交网购形式的结合不断推动网络零售市场的壮大，电商企业频繁的低利润促销也持续激发用户的使用热情，带动了网络购物用户规模的加速增长。

在网络购物用户规模保持快速扩张的同时，市场结构也进入加速优化期。主要的B2C电商企业展开平台化、开放化战略，企业间呈现竞合态势。传统企业成为市场重要组成部分，市场地位得以加固。但网购消费欺诈、用户信息泄漏、企业无序竞争等问题在2012年更加突出，反映了行业监管手段一定程度上滞后于市场发展，行业也进入了一个矛盾易发期。

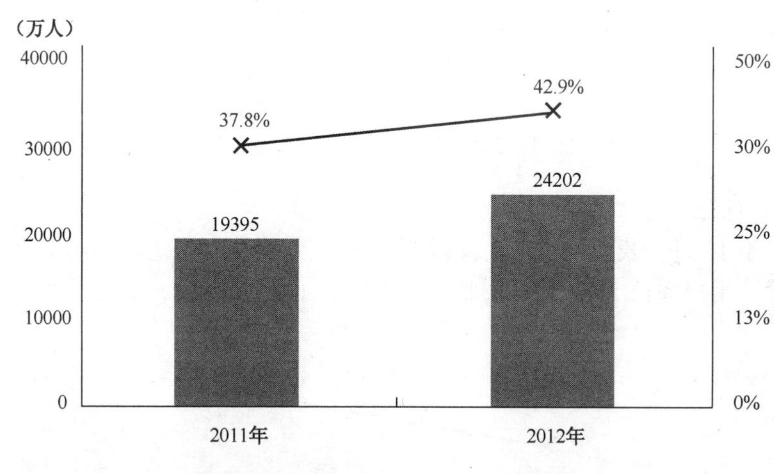

（数据来源：CNNIC中国互联网络发展状况统计调查）

图C.21　2011—2012年中国网络购物用户数及网民使用率

（2）团购

截至2012年12月，我国团购用户数为8327万，使用率提升至14.8%，较2011年底上升3.3个百分点。团购用户全年增长28.8%，依然保持相对较高的用户增长率（见图C.22）。

2012年是团购行业的转型年，市场逐步由扩张转向固守，主要服务商的发展稳中求进。倒闭的一批网站将团购模式速成的狂热熄灭，但团购服务作为一种消费模式在用户端已经扎根，并在电子商务、旅行预订市场结出了硕果。在本地消费电子商务、实物团购和旅行预订领域，都有老牌电商或新兴团购服务商开辟出了一片天地，赢得了稳定的团购用户群，也形成了用户稳定的团购消费行为模式。尤其值得注意的是，依托于老牌电商或其他互联网服务企业的非独立团购网站在市场上的表现十分突出，这些非独立团购网站，可以借助平台的优势，在孤立的团购活动之外，为商家带来持续的价值，具有更持久的营销生命力。

未来团购市场还将在行业集中度持续提升中保持多样化的发展方向，团购服务与其他互联网服务融合趋势将进一步加深。手机团购依然是重要的增长领域，2012 年手机团购用户增长 88.8%，用户规模为 1947 万。

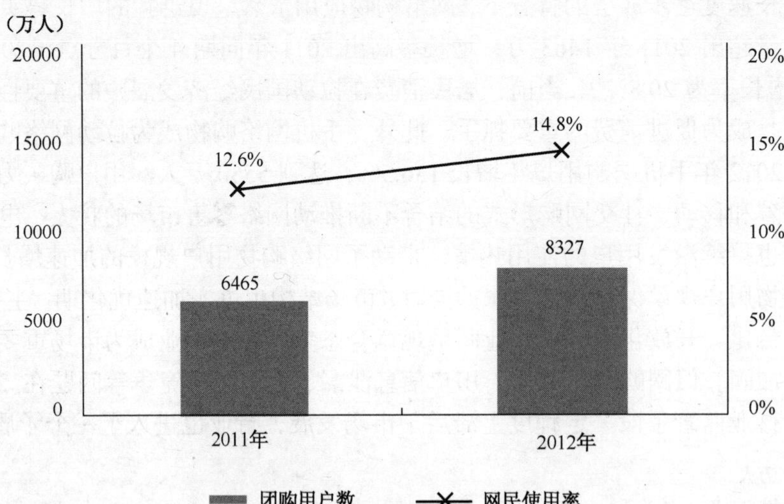

（数据来源：CNNIC 中国互联网络发展状况统计调查）

图C.22　2011—2012年中国团购用户数及网民使用率

（3）网上支付

截至 2012 年 12 月，我国使用网上支付的用户规模达到 2.21 亿，使用率提升至 39.1%。与 2011 年相比，用户增长 5389 万，增长率为 32.3%（见图 C.23）。

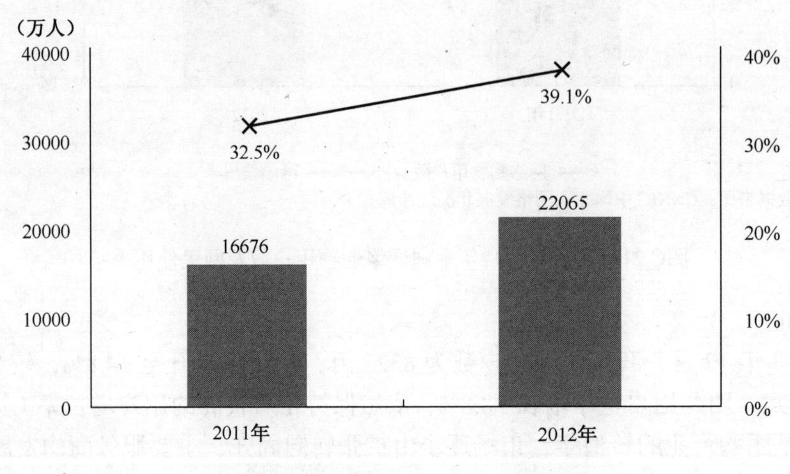

（数据来源：CNNIC 中国互联网络发展状况统计调查）

图C.23　2011—2012年中国网上支付用户数及网民使用率

网上支付用户快速增长离不开网上消费的繁荣发展，随着中国网络零售市场的迅猛发展，线上消费的生活服务类型不断拓宽，交易规模持续增大，也极大地带动了用户网上支付的使用普及。快捷支付、卡通支付等支付便利形式增强了支付的可用性，促进了网上支付在更广泛用户中的覆盖。而随着移动支付技术标准确立，支付企业在手机支付领域的布局与发力，也带动了手机网上支付用户的快速增长。截至 2012 年 12 月，手机网上支付用户达到 5531 万，用户年增长 80.9%，使用率为 13.2%。

2012 年，央行继续发放《支付业务许可证》，陆续出台细分业务领域管理办法，逐步向第三方支付企业开放传统金融领域支付结算业务，在完善监管、细化市场的同时，也形成了包括支付企业、传统银行、电商巨头、电信运营商在内的业态格局。未来支付领域的服务主体和模式更加多样化，网上支付的风险也在加大，需要从健全政府监管政策、加强企业联盟合作、提升消费者安全意识等方面，不断完善网上支付安全的生态环境。

（4）旅游预订[1]

截至 2012 年 12 月底，在网上预订过机票、酒店、火车票和旅行行程的网民规模达到 1.12 亿，占网民比例为 19.8%。其中，9.0%的中国网民在网上预订机票，7.2%在网上预订酒店，5.4%在网上预订旅行行程，14.0%在网上预订火车票（见图 C.24 和图 C.25）。

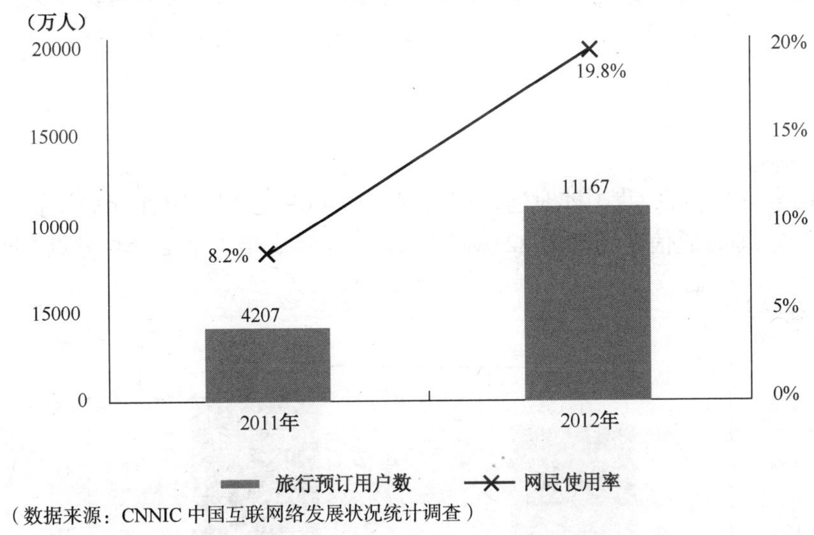

（数据来源：CNNIC 中国互联网络发展状况统计调查）

图C.24　2011—2012年中国网络旅行预订用户数及网民使用率

随着火车票网上预订的快速普及，网上预订火车票的用户群体有了大规模的增长，达到 7897 万人。与其他商务应用相比，我国的机票、酒店、旅行行程网上预订用户相对狭窄，应用渗透水平还较低，未来增长空间广阔。随着居民休闲旅游需求的快速增长，高铁网络进一步扩大，旅游内容的深度挖掘，将持续激发用户的使用行为，推动旅行预订市场的增长。

[1]本报告中旅行预订定义为最近半年在网上预订过机票、酒店、火车票和旅行行程，与之前报告中定义有差异，本次报告增加了网上火车票预订。

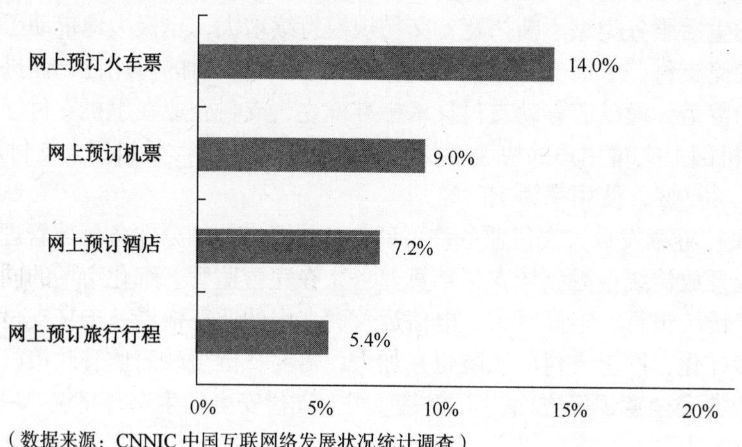

（数据来源：CNNIC 中国互联网络发展状况统计调查）

图C.25　2012年中国网民各类旅行预订服务使用率

在移动互联网的影响下，旅游预订行业已经被深刻改造，企业不断强化自身在无线旅游领域的服务，提升无线旅游的用户体验。由于旅行预订服务与移动互联网具有天然融合特性，无线旅游与 LBS、团购消费、移动支付等应用紧密结合，将在未来开拓了更广泛的应用场景，带动在线旅游整个行业的加速渗透和快速成熟。

3．交流沟通

（1）即时通信

截至 2012 年 12 月底，我国即时通信用户规模达 4.68 亿，比 2011 年底增长 5265 万，年增长率为 12.7%。即时通信使用率为 82.9%，较 2011 年年底增长了 2 个百分点（见图 C.26）。

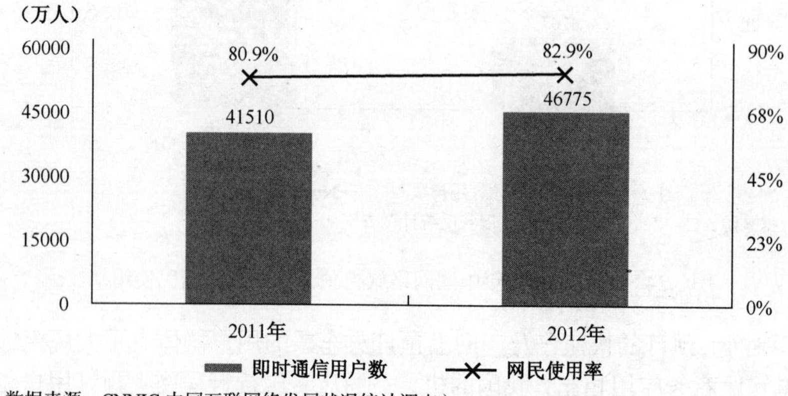

（数据来源：CNNIC 中国互联网络发展状况统计调查）

图C.26　2011—2012年中国即时通信用户数及网民使用率

即时通信使用率从 2007 年出现下滑，2010 年起有所回升，自 2011 年年底，即时通信一跃成为我国第一大上网应用。即时通信产品使用率持续上升源于产品对用户需求的把握，尤其是手机端即时通信产品不断创新，持续拉入新的用户。

即时通信行业发展至今已历经多年，随着厂商对产品功能的不断更新，即时通信产品已越来越符合人们的需求，用户黏性不断增强，成为人们日常生活中重要的交流沟通工具。而智能手机端即时通信产品的发展，为即时通信市场注入了更多活力。随着智能机的普及，尤其是千元智能机的推出，手机即时通信行业快速发展。手机即时通信产品改变着人们的社交方式，OTT 服务、O2O 模式的融入使其不再只是简单的聊天工具。手机即时通信产品不断研发新技术，推动了手机即时通信用户规模的增长，进而壮大整体即时通信市场的用户规模。

（2）博客/个人空间

截至 2012 年 12 月底，我国博客和个人空间用户数量为 3.72 亿人，较 2011 年年底增长 5435 人。网民中博客和个人空间用户占比为 66.1%，较 2011 年年底上升了四个百分点。

QQ 空间等空间网站在发展初期，基础功能与各大博客网站类似，属于同一类型的网络应用；然而近年来空间网站通过不断地改版，完成了向社交网站的转型，迎合了社交化趋势下网民的需求，因而用户量继续保持上升势头。与此同时博客的用户量逐年下降，其发展道路由早期的平民化、草根化逐渐转向精英化，一些“超级博主”的博客、专业类博客仍然保持着较高的点击率和影响力，而普通用户则转向互动性更强的微博和社交网站进行交流沟通、自我展示。截至 2012 年 12 月底，网民中仍在使用博客的网民占比仅为 24.8%，用户规模约为 1.40 亿人。

（3）微博

截至 2012 年 12 月底，我国微博用户规模为 3.09 亿，较 2011 年底增长了 5873 万，增幅达到 23.5%。网民中的微博用户比例较 2011 年年底提升了六个百分点，达到 54.7%（见图 C.27）。

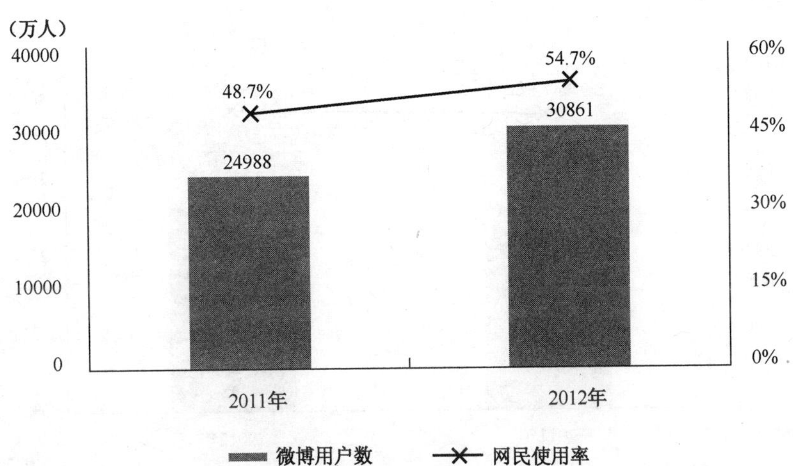

图C.27　2011—2012年中国微博用户数及网民使用率

经过 2011 年的高速发展，微博已经成为中国网民使用的主流应用，庞大的用户规模又进一步巩固了其网络舆论传播中心的地位，微博正在重塑社会舆论生产和传播机制，无论是普通用户，还是意见领袖和传统媒体，其获取新闻、传播新闻、发表意见、制造舆论的途径都不同程度的转向微博平台，这一因素让微博的个人用户规模在 2012 年继续维持着较高的增长速度。

当前阶段，与单纯的用户规模增长相比，更值得关注的是微博用户行为的变化。2012 年下半年 PC 端微博用户的活跃度出现停滞甚至下滑，中国互联网数据平台相关数据显示，2012 年下半年，微博日均覆盖人数呈现出逐月下降的趋势，从 7 月 1.12 亿的峰值下降至 12 月的 0.87 亿；日均访问时长也从 7 月份的峰值 1172 万小时下降至 12 月的 778 万小时。造成这一趋势的原因，一方面因为用户对微博的新鲜感逐渐退去造成使用黏度下降，另一方面，相当一部分用户阅读和发送微博的行为转移到手机终端上，截至 2012 年底手机微博用户规模达到 2.02 亿，即高达 65.6%的微博用户使用手机终端访问微博，用户行为的移动化让微博成为移动互联网时代最具发展潜力的产品之一。

（4）社交网站

截至 2012 年 12 月底，我国使用社交网站的用户规模为 2.75 亿，较 2011 年年底提升了 12.6%（见图 C.28）。网民中社交网站用户比例较 2011 年略有提升，达到 48.8%。"社交化"作为一种功能元素，正在全面融合到各类互联网应用中。一方面，2012 年涌现出大批具备社交基因的新应用，包括图片社交、私密社交、购物分享等，尤其在移动互联网领域，由于手机天生的通讯功能，2012 年许多热门移动应用都具备社交功能；另一方面，搜索、网购、媒体等互联网应用正在融合社交因素，以丰富自身的功能、提升用户体验，创新服务和盈利模式。在整个互联网都走向社交化的大趋势下，传统的实名制社交网站也不断增加平台功能，在原有网站基础上融入以上新型的社交功能组件，尤其是将业务发展重点转向移动终端，进而带动了 2012 年社交网站用户增长。然而，整体上传统的实名制社交网站进入到用户增长的平台或衰退期，引入这些应用很难再刺激用户大规模增长，因而一些社交网站在发展移动应用时甚至另辟道路，推出全新的产品。

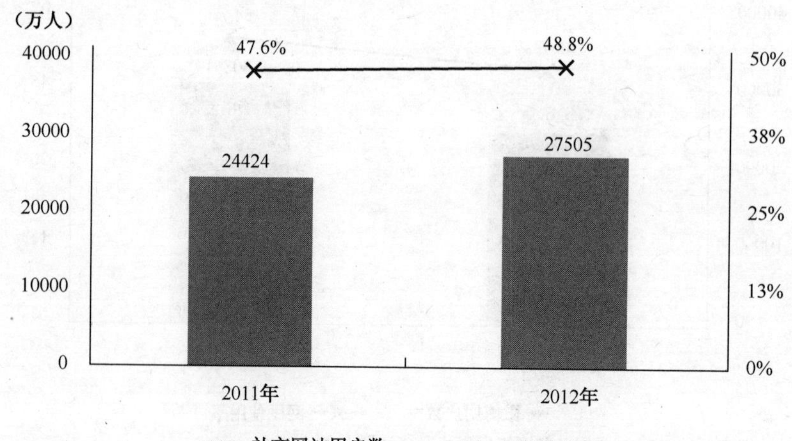

（数据来源：CNNIC 中国互联网络发展状况统计调查）

图C.28　2011—2012年中国社交网站用户数及网民使用率

4．网络娱乐

（1）网络游戏

截至 2012 年底,中国网络游戏用户规模达到 3.36 亿 ，网民渗透率从 2011 年的 63.2%降至 59.5%。用户绝对规模增长 1142 万，增长率仅为 3.5%，再次创新低。自 2010 年开始，受到环境以及游戏行业内部因素影响，中国网络游戏用户一直保持在低位发展（见图 C.29）。

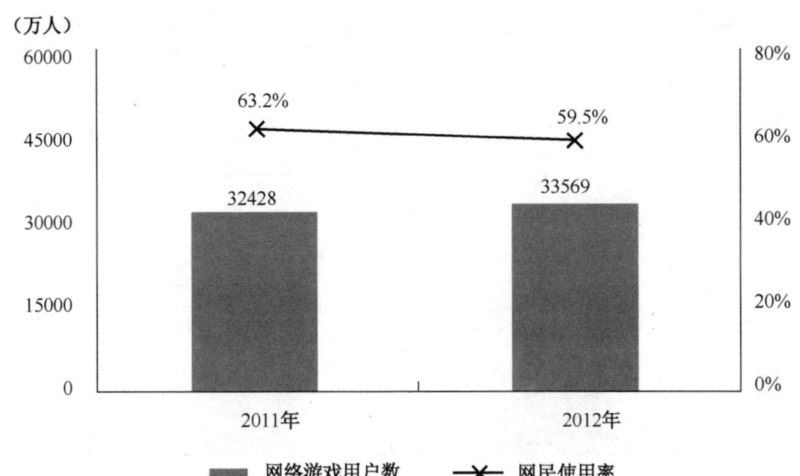

（数据来源：CNNIC 中国互联网络发展状况统计调查）

图C.29　2011—2012年中国网络游戏用户数及网民使用率

首先，移动互联网的高速发展给网络游戏带来的挑战远大于机遇。一方面，移动互联网使用时间的增加稀释了网民对于游戏的使用时长；另一方面，由于游戏是体验性服务产品，受到终端特性限制，在显示效果有限的手机平台上的游戏发展空间有限。

其次，网络游戏行业内在问题依然存在。占游戏行业主导地位的大型客户端游戏发展时间较长，老用户进入使用疲倦期并开始流失。而网络游戏类型较少，创新难度加大，等因素又阻碍新用户的开发。多种行业内在因素进一步困扰行业发展。

最后，网络游戏用户结构的变化也引发行业变革。从发展趋势分析，用户平台依然是网络游戏产品竞争关键。由于涉及推广以及支付等问题，手机游戏依托的平台的优劣直接决定产品的成败。此外，网络游戏行业已经走出规模化盈利的模式，用户使用率的降低，个性化需求明显，很难再有单一游戏产品满足大量用户的情况出现，市场细分成为游戏运营能否盈利的关键。

（2）网络文学

截至 2012 年 12 月底，我国网络文学用户数为 2.33 亿，较 2011 年年底增长了 3077 万人，年增长率为 15.2%。网民网络文学的使用率为 41.4%，比 2011 年年底增长了 1.9 个百分点（见图 C.30）。

我国网络文学使用率不及互联网普及率，网络文学仍然是慢于整体互联网发展的应用。网络文学作为一种新的文学形态，在产生初期，门槛低的特点使其更具大众化特性，促成了海量作品的涌现，并借助其在互联网平台上传播快、受众广的优势，推动了网络文学的迅速发展。而现阶段，网络文学的发展却遭遇困境。一方面低门槛造成网络文学作品中充斥着大量低质量作品；另一方面，为了作品能够迅速更新、快速传播，网络文学的文学性逐渐减弱；此外，为了迎合受众，作品类型化现象日益严重。作品质量粗糙、创新不足、内容类型化是网络文学现阶段面对的问题，成为了网络文学继续前行的阻力。

（3）网络视频

截至 2012 年底中国网络视频用户达到 3.72 亿，较上年底增加了 4653 万人，增长率为

14.3%。网民中上网收看视频的用户比例较上年底提升了 2.5 个百分点，达到 65.9%。

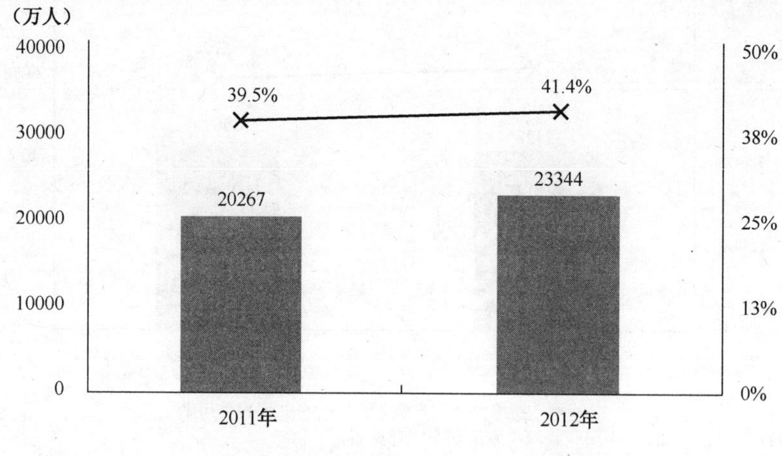

图C.30　2011—2012年中国网络文学用户数及网民使用率

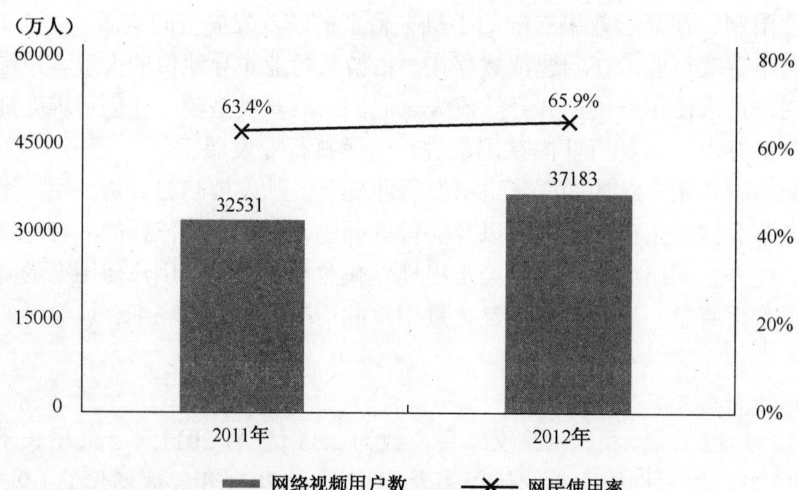

图C.31　2011—2012年中国网络视频用户数及网民使用率

2012 年，中国网络视频企业继续为用户提供优质网络视频服务，同时针对行业发展中存在的问题采取了积极的应对策略。在提升服务质量方面：继续强化网站内容建设，影视剧等长视频内容进一步丰富；台网联动更加密切，合作形式更加多样，从同步播出和联合宣传等初级形式深入到内容策划和制作阶段，通过联合出品、周边节目开发等形式，让节目内容的传播范围和影响力实现最大化；继续加大对自制内容的投入，部分优质内容已经能够输出到电视频道，并逐步形成网站特色。这些因素推动网络视频用户规模稳健提升。

在此基础上，企业通过各种策略来改变近年来由于行业非理性竞争所造成的诸多问题，控制成本，提升营收能力，维护行业健康发展。首先，在内容购买上操作更加精细化，并且通过版权联合购买等形式，有效地遏制了电视剧网络版权价格的非理性上涨；其次，统一步调，积极尝试影响用户行为习惯，比如在用户容忍范围内谨慎延长贴片广告时间，提高广告营收空间，同时探索付费视频模式。总体上，无论是用户发展还是行业环境，2012年视频行业发展整体向好。

5．手机网民应用状况

随着智能手机的普及、互联网企业的发力和无线网络的发展，2012年我国移动互联网发展态势良好，在各应用领域均有较好表现。其中，交流沟通类和信息获取类手机应用依然是手机的主流应用，发展领先，用户规模和使用率均有较大幅度的增长；休闲娱乐类和电子商务类手机应用渗透率虽然相对较低，但发展速度较快，整体领域使用率看涨，成为亮点（见图C.32）。

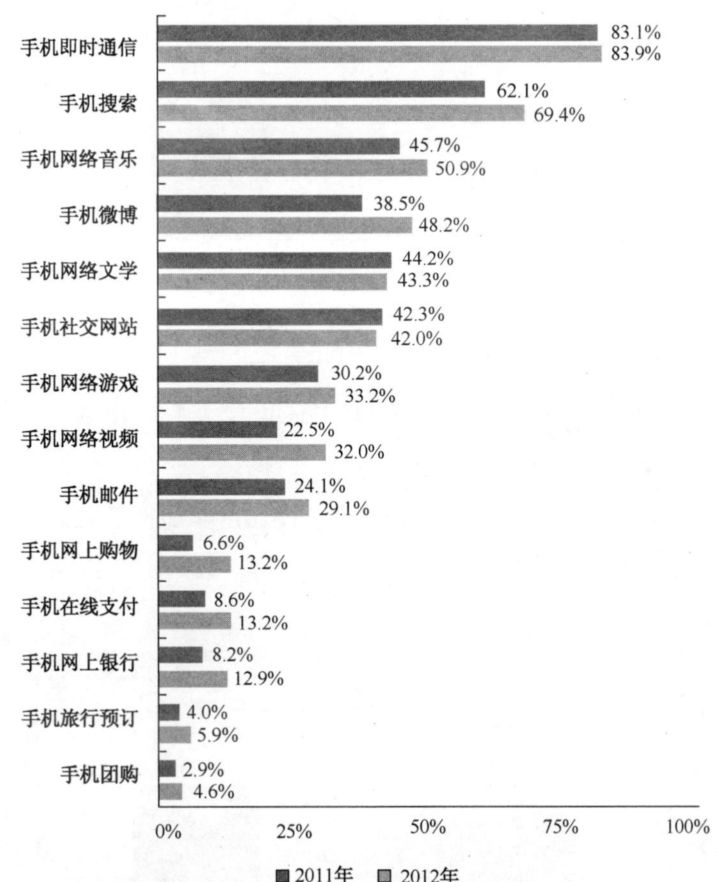

（数据来源：CNNIC中国互联网络发展状况统计调查）

图C.32 2011—2012年中国手机网民网络应用

（1）即时通信使用率稳居第一，成最热手机应用

截至2012年底，我国手机即时通信用户数为3.52亿，使用率为83.9%，自2011年大幅增长后使用率趋于稳定，在手机各应用中排名保持第一，成为最热手机应用（见图C.33）。

手机即时通讯切合了移动社交的特点，使用户能随时随地和朋友进行沟通，加之手机即时通讯中逐渐加入短信、图片、语音和视频等交互元素及地理位置定位、二维码扫描等功能，使沟通变得更加便捷和有趣，吸引了越来越多手机网民使用，用户黏性不断加大，“在线”成为一种常态。

在各大即时通信服务商的市场推动下，即时通信已经成为手机终端的标准预置产品，用户规模不断增加。2012 年，即时通讯用户不断增加的同时其功能也日益丰富，逐渐从单纯的聊天工具向综合化平台方向发展，集成社交、资讯、娱乐等多种功能和企业客户、电子商务等多种服务，使用户能方便获取各种丰富资源，成为移动互联网的又一重要入口，呈现出巨大的商业价值。

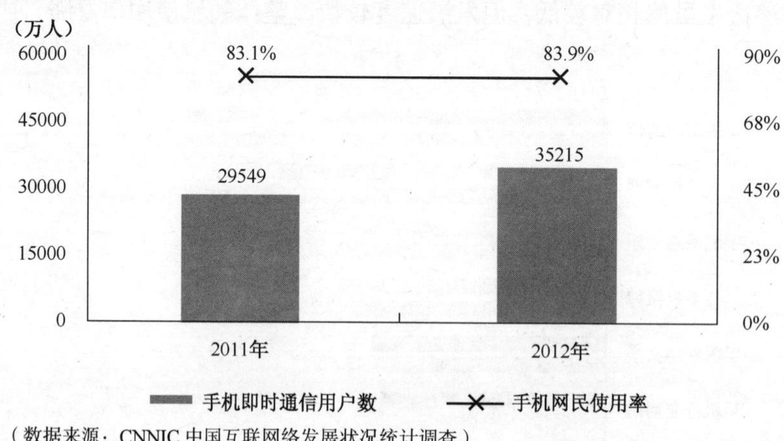

图C.33　2011—2012年中国手机即时通信用户数及手机网民使用率

（2）手机搜索快速发展，入口优势明显

截至2012年底，我国手机搜索用户数达2.91亿，较2011年增长了32.0%；使用率为69.4%，较 2011 年底增长了 7.3%（见图 C.34）。

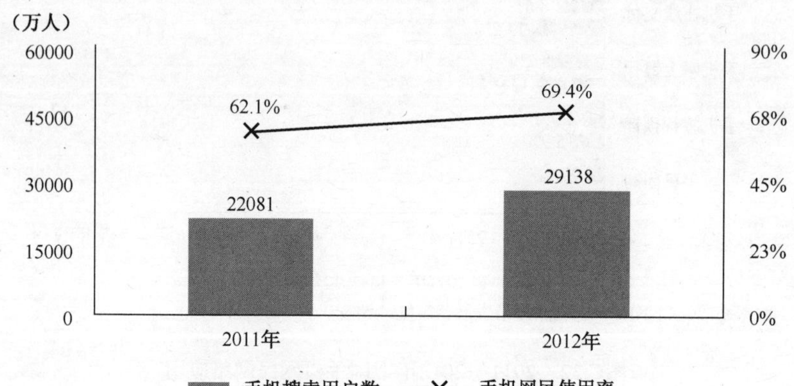

图C.34　2011—2012年中国手机搜索用户数及手机网民使用率

手机搜索使用率排名保持第二，已成为移动互联网的核心应用，其用户规模的大幅增长则进一步体现了手机网民对移动搜索服务的刚性需求，凸显了手机搜索在移动互联网中的入口优势。手机搜索，一方面延续了网民在电脑端使用搜索查找信息的习惯，另一方面还体现了手机的便利性，可以满足用户随时随地查找信息的需求。随着移动互联网的发展，网络信息量的扩大，手机搜索的作用将进一步加大。为更好发展手机搜索，切合手机使用的本地化和碎片化特点，未来手机搜索将主要向两个方向发展：一是加强本地化信息服务，结合用户的位置和行为偏好，呈现更为精准的搜索内容；二是加强多元交互形式，图片、语音等多元化输入方式弥补手机屏幕限制带来的用户体验影响，使用户能在碎片化时间便捷输入和查找。

（3）手机微博增长最快，发展势头强劲

截至 2012 年底，我国用手机上微博的网民数为 2.02 亿，在手机网民中的使用率为 48.2%，相比 2011 年增长了 9.7 个百分点，是连续两年来使用率涨幅最大的手机应用，发展势头强劲，已逐渐成为手机端的主流应用（见图 C.35）。

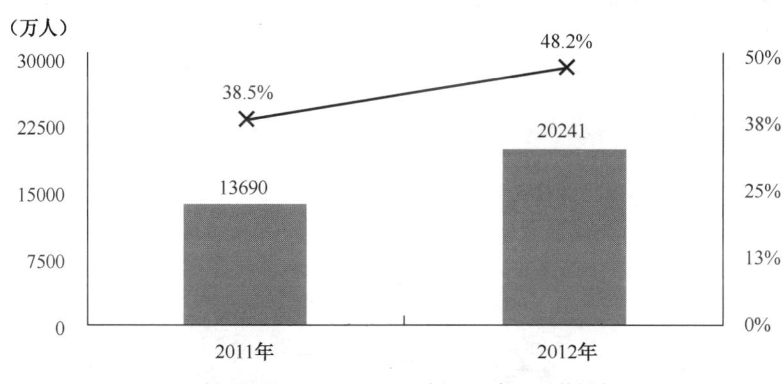

（数据来源：CNNIC 中国互联网络发展状况统计调查）

图C.35　2011—2012年中国手机微博用户数及手机网民使用率

微博在手机端的快速发展，一方面在于手机的随身性，切合了手机微博的及时性，使用户可以随时随地了解最新事情、发表个人评论，成为用户获取信息和好友沟通的重要通道；另一方面在于手机微博的"轻"应用性，简短的文字篇幅、快速的照片分享及便捷的操作方式，较少受手机屏幕限制，使用户可以在碎片化时间方便使用。

（4）手机视频涨幅第二，成娱乐类应用新亮点

截至 2012 年底，我国在手机上使用在线收看或下载视频的网民数为 1.3 亿，在手机网民中的使用率为 32.0%，相比 2011 年增长了 9.5 个百分点，增速仅次于手机微博，成为今年娱乐类应用的新亮点（见图 C.36）。

手机视频吸引越来越多的用户，分析其原因如下：首先，3G、Wi-Fi 等高速网络接入，为手机视频的发展提供基础，使手机视频受流量限制减少，未来随着 4G 技术的普及和无线网络覆盖的加大，手机视频用户规模将进一步加大；其次，智能手机屏幕的加大和手机高清视频 APP 的推出，提高了手机视频观看体验，促进了手机网民的使用，并逐渐养成在家使用手机替代电脑观看视频的习惯；最后，手机视频和社交网站、微博和门户网站等其他网站的互动分享及应用内合作极大地推动了手机视频服务的发展。

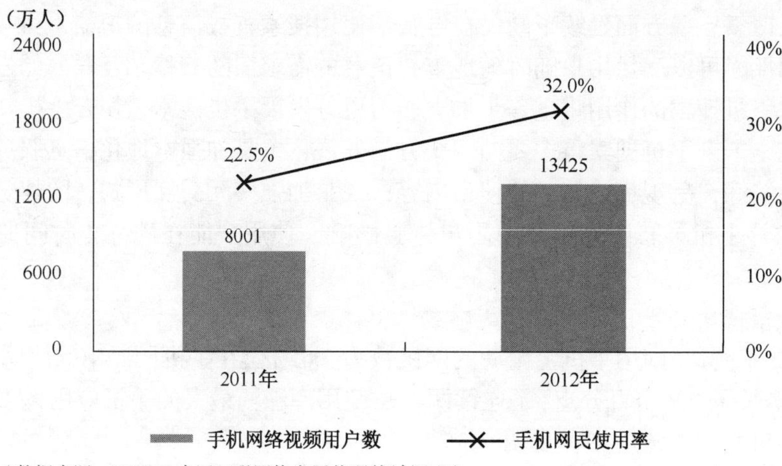

（数据来源：CNNIC 中国互联网络发展状况统计调查）

图C.36　2011—2012年中国手机网络视频用户数及手机网民使用率

（5）手机网游使用率有所增长，成为网络游戏新的突破口

2012 年，我国手机网络游戏的用户规模数为 1.39 亿，在手机网民中的使用率为 33.2%，比 2011 年增长了 3.0 个百分点（见图 C.37）。

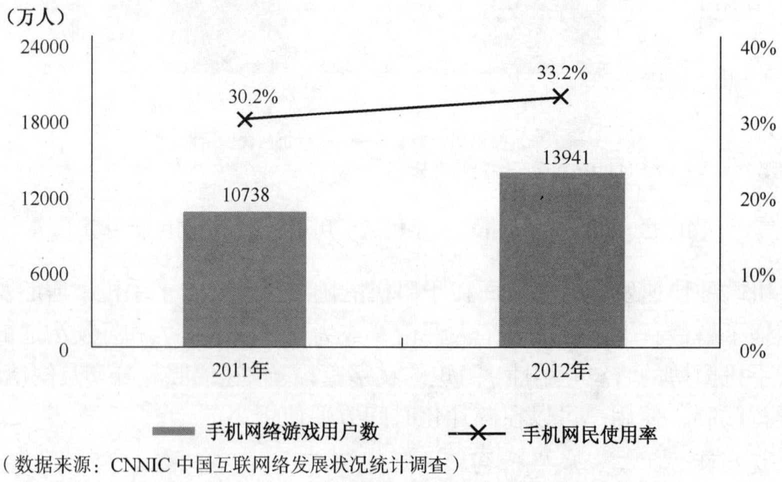

（数据来源：CNNIC 中国互联网络发展状况统计调查）

图C.37　2011—2012年中国手机网络游戏用户数及手机网民使用率

近几年来，网络游戏网民规模增长缓慢，网民使用率不断下降。尤其是电脑端，发展放缓，根据中国互联网数据调查平台（http://www.cnidp.cn/），相比 2012 年 1 月，2012 年 12 月游戏对战平台的日均活跃人数从 1.39 亿下降至 1.35 亿，人均单日使用时间从 12 分 20 秒下降至 8 分 38 秒。网页游戏的出现虽然丰富了游戏承载形式，但因内容、玩法与客户端基本相同，并没有带来太多的用户增长。与之相对的，在 2012 年随着智能手机的普及和移动互联网的发展，手机网络游戏用户规模增长较快，为网络游戏产业注入新的活力。

手机网络游戏快速发展，逐渐成为网民的一种娱乐生活方式，越来越多的用户习惯在碎片化时间玩游戏，公交车、地铁、排队和就餐等各种场景下均随处可见。此外，随着智能手机的普及，逐渐从青年段向全年龄段覆盖，手机网游因其简便性和娱乐性在获得青年用户关注的同时也将吸引较多的大龄用户使用，突破传统电脑端网络游戏的使用门槛。手机网游在吸引大量用户的同时也面临较多问题，对其进一步的发展产生挑战。首先，手机屏幕的视觉效果和操作限制极大影响了手机端游戏的操作感；其次，手机游戏较为耗电，用户对时间的顾虑减低了其使用黏性；最后，前期大量手机网游企业进入，内容同质化严重，创新不足，使手机网游对用户的吸引力有所下降。

（6）电子商务类应用整体看涨，其中手机购物增长最快

2012 年，随着我国移动网络环境的改善和智能手机的普及，我国电子商务类应用在手机端发展迅速，领域整体看涨。相比 2011 年，手机在线支付使用率增长了 4.6 个百分点，手机网上银行使用率增长了 4.7 个百分点，手机购物使用率增长了 6.6 个百分点，手机团购使用率增长了 1.7 个百分点，用户规模增速均超过 80%。其中，以手机购物使用率增长最快，用户规模增长最多，其用户量为 2011 年底的 2.36 倍（见图 C.38）。

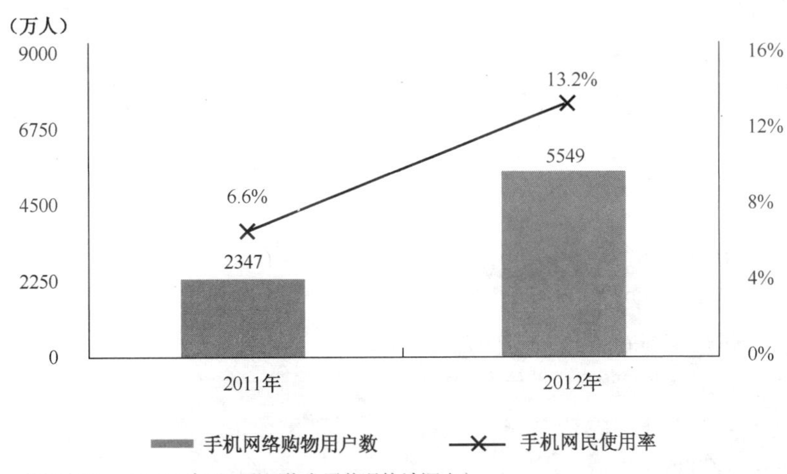

（数据来源：CNNIC 中国互联网络发展状况统计调查）

图C.38　2011—2012年中国手机网络购物用户数及手机网民使用率

手机购物打破了传统购物地点的限制，让交易随时随地发生，成为吸引消费者的重要因素。此外，手机购物的逐渐丰富，从服装日化、电影优惠、手机话费、酒店旅行等日常衣食住用行都可以在手机端完成，极大满足了消费者生活中各个环节的需求，带来便利。再次，手机购物类 APP 的发展和手机支付的完善，使得手机端购物操作体验逐渐提高，越来越多消费者能在手机上完成购物所有的流程，而不必手机查询后转移至电脑端支付，极大提高了购物效率。最后，二维码、条形码、购物比较等功能的发展，促使越来越多的消费者开始把线下购物转移至线上购物，带来手机购物新的增长入口。

（中国互联网络信息中心）

反侵权盗版声明

电子工业出版社依法对本作品享有专有出版权。任何未经权利人书面许可，复制、销售或通过信息网络传播本作品的行为；歪曲、篡改、剽窃本作品的行为，均违反《中华人民共和国著作权法》，其行为人应承担相应的民事责任和行政责任，构成犯罪的，将被依法追究刑事责任。

为了维护市场秩序，保护权利人的合法权益，我社将依法查处和打击侵权盗版的单位和个人。欢迎社会各界人士积极举报侵权盗版行为，本社将奖励举报有功人员，并保证举报人的信息不被泄露。

举报电话：（010）88254396；（010）88258888
传　　真：（010）88254397
E-mail：　dbqq@phei.com.cn
通信地址：北京市万寿路 173 信箱
　　　　　电子工业出版社总编办公室
邮　　编：100036